第二版

220kV及以上微机保护装置检修实用技术

国网福建省电力有限公司 编

中国电力出版社

CHINA ELECTRIC POWER PRESS

内 容 提 要

本书作为继电保护专业的技能培训教材，共分为 24 章，涵盖 220kV 线路保护及辅助装置、220kV 及以上母差保护装置、220kV 及以上发电机及变压器保护装置以及备用电源自动投入装置。主要内容为各种"九统一"版本保护装置调试技巧，包含保护逻辑调试方法、常见故障设置及故障现象、实操案例解析等，涉及的保护装置厂家主要有南瑞继保、国电南自、北京四方、长园深瑞、许继保护、南瑞科技等。

本书可作为电力系统变电二次检修人员、运维人员及教学人员的专业参考书和技能培训教材，也可以作为相关专业技术人员和高校电力专业师生的参考书。

图书在版编目（CIP）数据

220kV 及以上微机保护装置检修实用技术 / 国网福建省电力有限公司编. —2 版. —北京：中国电力出版社，2025．4

ISBN 978-7-5198-8493-2

Ⅰ．①2… Ⅱ．①国… Ⅲ．①微型计算机－继电保护装置－检修－技术培训－教材 Ⅳ．①TM774

中国国家版本馆 CIP 数据核字（2023）第 254336 号

出版发行：中国电力出版社
地　　址：北京市东城区北京站西街 19 号（邮政编码 100005）
网　　址：http://www.cepp.sgcc.com.cn
责任编辑：薛　红　代　旭
责任校对：黄　蓓　王海南　郝军燕
装帧设计：郝晓燕
责任印制：石　雷

印　　刷：北京雁林吉兆印刷有限公司
版　　次：2014 年 6 月第一版　2025 年 4 月第二版
印　　次：2025 年 4 月北京第一次印刷
开　　本：787 毫米×1092 毫米　16 开本
印　　张：29.25
字　　数：711 千字
定　　价：128.00 元

《220kV 及以上微机保护装置检修实用技术（第二版）》

编委会

主　任　陈　灵

副主任　宋福海　　辛志杰

委　员　吴晨阳　　王锐凤

编写组

主　编　黄见虹　　蒋祖立

副主编　翟博龙　　邱碧丹

参　编（按姓氏拼音排列）

陈俊杰　　陈　旭　　何林岚　　黄龙杰

黄星宇　　廖明山　　林海涛　　林锦冰

刘宣慧　　彭斌祥　　王　楚　　鄢旻雯

张陈泽宇　周成龙　　邹　翔

前　言

国网福建省电力有限公司组编的《220kV 及以上微机保护装置检修实用技术》自 2014 年 6 月出版以来，受到广大读者的欢迎，累计已发行几万余册。2014 年出版的版本，即第一版，作为继电保护从业人员的技能提升实训教材和现场作业指导手册，有效提升了从业人员在继电保护装置逻辑调试、装置缺陷检查和二次回路缺陷处理等方面的关键业务能力，提高了培训和现场作业效率。

随着微机保护装置的发展，尤其是国网"九统一"版本新型保护装置的广泛应用，第一版书籍中的部分内容已不再适用，为适应"九统一"版本保护装置调试方法和二次回路的变化，也为了全面提高本书的质量，国网福建省电力有限公司重新组织人员对全书进行了一次修编，全部更新为"九统一"版本保护装置的调试内容，确保教材培训内容更具有针对性、同步性和实用性，更能准确地指导现场作业。本次修编，基本保持原书的体系、结构不变，同时增加了备用电源自动投入装置章节，以满足当前 220kV 及以上开环点变电站新增备用电源自动投入配置的维护需求。

第二版的修编集合了众多继电保护从业专家细细推敲、反复琢磨的智慧结晶。修编人员涵盖了国家电网领军人才、教授博士、全国五一劳动奖章获得者、福建省劳动模范、福建省五一劳动奖章获得者、变电二次检修专业优秀班组长以及各类继电保护竞赛获奖者等，均是长期从事现场作业和技能培训的人员，部分人员也参与过第一版书籍的编制。编者结合第一版书籍的使用反馈，融入近十年来培训的思考，对书籍内容进行补充和修订。

本书共分为四篇，每篇的编写者如下：第一、五章由蒋祖立编写，第二、二十三章由廖明山编写，第三章由陈俊杰编写，第四章由翟博龙编写，第六、七章由黄见虹编写，第八章由黄龙杰编写，第九、十一章由何林岚编写，第十、十二章由林海涛编写，第十三、十四章由陈旭编写，第十五、二十四章由邱碧丹、彭斌祥编写，第十六章由周成龙编写，第十七章由刘宣慧编写，第十八、十九章由张陈泽宇编写，第二十章由鄢旻雯、黄星宇编写，第二十一章由林锦冰编写，第二十二章由邹翔编写，附录部分由王楚编写，线路保护装置、备用电源自动投入装置由黄龙杰统稿，母线保护装置由邹翔统稿，变压器保护装置由彭斌祥统稿，全书由蒋祖立总统稿。黄见虹、翟博龙、邱碧丹、陈月卿、陈雅云、曾旭、林宏彬、庄小河、陈志辉、黄龙杰、邹翔、彭斌祥、黄一民、苏文远、陈彩凤、林幼萍、鄢园、杨阔等分别对各章进行了审核并参加了全书的评审工作。

编者本着对读者负责和精益求精的精神，对本书通篇进行字斟句酌，力求避免瑕疵和错误。但由于水平有限，书中难免还会存在疏漏，敬请读者批评指正。

编　者

2024 年 12 月

目 录

前言

第一篇　220kV 线路保护装置调试

第一章　PCS-931 线路保护装置调试 ………………………………………………………… 2
　　第一节　试验调试方法 …………………………………………………………………… 2
　　第二节　保护常见故障及故障现象 …………………………………………………… 26
第二章　CSC-103A 线路保护装置调试 …………………………………………………… 31
　　第一节　试验调试方法 ………………………………………………………………… 31
　　第二节　保护常见故障及故障现象 …………………………………………………… 49
第三章　NSR-303 线路保护装置调试 ……………………………………………………… 54
　　第一节　试验调试方法 ………………………………………………………………… 54
　　第二节　保护常见故障及故障现象 …………………………………………………… 76
第四章　PRS-753A 线路保护装置调试 …………………………………………………… 82
　　第一节　试验调试方法 ………………………………………………………………… 82
　　第二节　保护常见故障及故障现象 …………………………………………………… 97
第五章　PSL-603U 线路保护装置调试 …………………………………………………… 105
　　第一节　试验调试方法 ………………………………………………………………… 105
　　第二节　保护常见故障及故障现象 …………………………………………………… 122
第六章　PCS-921A 断路器保护装置调试 ………………………………………………… 128
　　第一节　试验调试方法 ………………………………………………………………… 128
　　第二节　保护常见故障及故障现象 …………………………………………………… 138
第七章　CSC-121 断路器保护装置调试 …………………………………………………… 141
　　第一节　试验调试方法 ………………………………………………………………… 141
　　第二节　保护常见故障及故障现象 …………………………………………………… 152
第八章　线路保护及断路器保护实操案例 ………………………………………………… 156
　　第一节　线路保护实操案例 …………………………………………………………… 156

第二节　断路器保护实操案例 ···161

第二篇　母线保护装置调试

第九章　BP-2CA 母线保护装置调试 ··166
第一节　试验调试方法 ··166
第二节　保护常见故障及故障现象 ···176

第十章　PCS-915SA 母线保护装置调试 ···181
第一节　试验调试方法 ··181
第二节　保护常见故障及故障现象 ···198

第十一章　CSC-150A 母线保护装置调试 ··201
第一节　保护试验调试方法 ··201
第二节　保护常见故障及故障现象 ···217

第十二章　NSR-371A 母线保护装置调试 ···220
第一节　试验调试方法 ··220
第二节　保护常见故障及故障现象 ···234

第十三章　SGB-750C 母线保护装置调试（500kV）·······························237
第一节　试验调试方法 ··237
第二节　保护常见故障及故障现象 ···241

第十四章　CSC-150C 母线保护装置调试（500kV）·······························243
第一节　试验调试方法 ··243
第二节　保护常见故障及故障现象 ···248

第十五章　母线保护实操案例 ··249

第三篇　发电机及变压器保护装置调试

第十六章　NSR-378 变压器保护装置调试 ···254
第一节　试验调试方法 ··254
第二节　保护常见故障及故障现象 ···277

第十七章　CSC-326 变压器保护装置调试 ···279
第一节　试验调试方法 ··279
第二节　保护常见故障及故障现象 ···293

第十八章　PCS-978 变压器保护装置调试（500kV）·······························296
第一节　试验调试方法 ··296
第二节　保护常见故障及故障现象 ···312

第十九章　PRS-778 变压器保护装置调试（500kV）‥‥‥‥‥‥‥‥‥‥‥‥ 314

　第一节　试验调试方法 ‥‥‥‥‥‥‥‥‥‥‥‥‥‥‥‥‥‥‥‥‥‥‥‥‥ 314

　第二节　保护常见故障及故障现象 ‥‥‥‥‥‥‥‥‥‥‥‥‥‥‥‥‥‥‥ 328

第二十章　DGT-801 发电机-变压器组保护装置调试 ‥‥‥‥‥‥‥‥‥‥‥‥ 331

　第一节　试验调试方法 ‥‥‥‥‥‥‥‥‥‥‥‥‥‥‥‥‥‥‥‥‥‥‥‥‥ 331

　第二节　保护常见故障及故障现象 ‥‥‥‥‥‥‥‥‥‥‥‥‥‥‥‥‥‥‥ 358

第二十一章　PCS-985B 发电机-变压器组保护装置调试 ‥‥‥‥‥‥‥‥‥‥‥ 360

　第一节　试验调试方法 ‥‥‥‥‥‥‥‥‥‥‥‥‥‥‥‥‥‥‥‥‥‥‥‥‥ 360

　第二节　保护常见故障及故障现象 ‥‥‥‥‥‥‥‥‥‥‥‥‥‥‥‥‥‥‥ 387

第二十二章　发电机及变压器保护实操案例 ‥‥‥‥‥‥‥‥‥‥‥‥‥‥‥‥ 389

　第一节　变压器保护实操案例 ‥‥‥‥‥‥‥‥‥‥‥‥‥‥‥‥‥‥‥‥‥‥ 389

　第二节　发电机保护实操案例 ‥‥‥‥‥‥‥‥‥‥‥‥‥‥‥‥‥‥‥‥‥‥ 393

第四篇　备用电源自动投入装置调试

第二十三章　CSD-246 备用电源自动投入装置调试 ‥‥‥‥‥‥‥‥‥‥‥‥‥ 398

　第一节　试验调试方法 ‥‥‥‥‥‥‥‥‥‥‥‥‥‥‥‥‥‥‥‥‥‥‥‥‥ 398

　第二节　保护常见故障及故障现象 ‥‥‥‥‥‥‥‥‥‥‥‥‥‥‥‥‥‥‥ 408

第二十四章　备用电源自动投入装置实操案例 ‥‥‥‥‥‥‥‥‥‥‥‥‥‥‥ 412

附录 A　线路保护评分标准及检验报告 ‥‥‥‥‥‥‥‥‥‥‥‥‥‥‥‥‥‥ 416

附录 B　母线保护评分标准及检验报告 ‥‥‥‥‥‥‥‥‥‥‥‥‥‥‥‥‥‥ 423

附录 C　变压器保护评分标准及检验报告技能评分标准 ‥‥‥‥‥‥‥‥‥‥‥ 431

附录 D　备用电源自动投入保护评分标准及检验报告 ‥‥‥‥‥‥‥‥‥‥‥‥ 442

　附表一　二次安全措施及前期准备评分表 ‥‥‥‥‥‥‥‥‥‥‥‥‥‥‥‥ 446

　附表二　故障排除及报告编写评分表 ‥‥‥‥‥‥‥‥‥‥‥‥‥‥‥‥‥‥ 447

　附表三　二次工作安全措施票格式 ‥‥‥‥‥‥‥‥‥‥‥‥‥‥‥‥‥‥‥ 448

附录 E　继电保护及综自系统检验项目 ‥‥‥‥‥‥‥‥‥‥‥‥‥‥‥‥‥‥ 450

线路保护装置适用于 220kV 及以上电压等级的高压输电线路，满足双母线、3/2 断路器等各种接线方式，适用于同杆和非同杆线路。常见的线路保护由分相电流差动及零序电流差动组成的纵联电流差动作为全线速动主保护。装置由工频变化量距离元件构成快速 I 段保护，由三段式相间和接地距离以及两段式零序方向过电流构成全套后备保护，保护装置分相跳闸出口，可实现单相重合闸、三相重合闸以及综合重合闸功能。

本篇主要介绍 220kV 线路保护装置，包括 PCS-931 线路保护装置、CSC-103A 线路保护装置、NSR-303 线路保护装置、PRS-753A 线路保护装置、PSL-603U 线路保护装置 PCS-921 断路器保护装置、CSC-121 断路器保护装置的原理逻辑、试验调试方法、常见的故障现象分析及排查方法，并通过特定的案例进行分析。

第一章　PCS-931 线路保护装置调试

PCS-931 系列为由微机实现的数字式超高压线路成套快速保护装置，可用作 220kV 及以上电压等级输电线路的主保护及后备保护。

PCS-931 包括以分相电流差动和零序电流差动为主体的快速主保护，由工频变化量距离元件构成的快速 I 段保护，由三段式相间和接地距离以及两段式零序方向过电流构成的全套后备保护，PCS-931 可分相出口，配有自动重合闸，可实现单相重合闸、三相重合闸以及综合重合闸功能。

第一节　试 验 调 试 方 法

一、纵联保护检验

纵联差动保护定值检验见表 1-1。

表 1-1　　　　　　　　　　　　　　纵联差动保护定值检验

试验项目	纵联差动保护高定值检验（稳态 I 段）——区内、区外检验
相关定值	差动动作电流定值 I_{cd}：0.2A、动作时间装置固有（$t<25$ms）；单相重合闸：置"1"；单相重合闸时间：0.7s
试验条件	（1）硬压板设置： 1）通道一：投入主保护（通道一）压板 1QLP1、退出停用重合闸压板 1QLP5； 2）通道二：投入主保护（通道二）压板 1QLP2、退出停用重合闸压板 1QLP5。 （2）软压板设置： 1）通道一：投入"光纤通道一"软压板，退出停用重合闸软压板； 2）通道二：投入"光纤通道二"软压板，退出停用重合闸软压板。 （3）控制字设置："纵联差动保护"置"1""单相重合闸"置"1""三相重合闸"置"0""三相跳闸方式"置"0"。 （4）断路器状态：合上断路器。 （5）开入量检查：A 相跳位 0、B 相跳位 0、C 相跳位 0、闭锁重合闸 0、低气压闭锁重合闸 0。 （6）"充电完成"指示灯亮
计算方法	计算公式：　$I_{\varphi} = m \times 1.5 \times I_{cd} \times K$ 注：m、K 为系数，K 在通道自环时取 0.5。 计算数据：$m = 1.05$，$I_{\varphi} = 1.05 \times 1.5 \times 0.5 \times 0.2 = 0.1575$(A) 　　　　　$m = 0.95$，$I_{\varphi} = 0.95 \times 1.5 \times 0.5 \times 0.2 = 0.1425$(A)

续表

试验方法	（1）待"充电完成"指示灯亮后加故障量，所加时间小于 0.03s（m=1.2 时测动作时间）。 （2）电压可不考虑		
单相区内故障试验仪器设置（采用状态序列）	状态 1 参数设置（故障前状态）		
	$\dot{U}_A$：57.74∠0.00°V $\dot{U}_B$：57.74∠-120°V $\dot{U}_C$：57.74∠120°V	$\dot{I}_A$：0.00∠0.00°A $\dot{I}_B$：0.00∠0.00°A $\dot{I}_C$：0.00∠0.00°A	状态触发条件：时间控制为 16s
	说明：加故障量前，若主保护压板（含软压板且满足重合闸充电条件）投入已超过 15s，"充电完成"灯已亮，则可不需加故障前状态，直接加入故障状态		
	状态 2 参数设置（故障状态）		
	$\dot{U}_A$：57.74∠0.00°V $\dot{U}_B$：57.74∠-120°V $\dot{U}_C$：57.74∠120°V	$\dot{I}_A$：0.1575∠0.00°A $\dot{I}_B$：0.00∠0.00°A $\dot{I}_C$：0.00∠0.00°A	状态触发条件：时间控制为 0.03s
	说明：纵联差动保护装置固有的动作时间小于 25ms，所以故障态时间不宜加太长，所加时间一般小于 30ms		
	装置报文	（1）00000ms 保护启动。 （2）16ms A 纵联差动保护动作。 （3）757ms 重合闸动作。 （4）故障相别 A。 （5）……	
	装置指示灯	保护跳闸、重合闸	
区外故障	状态参数设置	将区内故障中故障态的故障相电流改为区外计算值，即 $\dot{I}_A$：0.1425∠0.00°	
	装置报文	保护启动	
	装置指示灯	无	

说明：故障试验仪器设置以 A 相故障为例，B、C 相类同

思考：若在做区外故障时所加故障时间大于 0.05s，则会出现什么情况

试验项目	纵联差动保护低定值检验（稳态Ⅱ段）——区内、区外检验
相关定值	差动动作定值 I_{cd}：0.2A、动作时间装置固有(t=40ms 左右)（延时 25ms 动作）；单相重合闸：置"1"；单相重合闸时间：0.7s
试验条件	主保护功能，通道一和通道二应分别检验。 （1）硬压板设置： 1）通道一：投入主保护（通道一）压板 1QLP1、退出停用重合闸压板 1QLP5； 2）通道二：投入主保护（通道二）压板 1QLP2、退出停用重合闸压板 1QLP5。 （2）软压板设置： 1）通道一：投入"光纤通道一"软压板，退出停用重合闸软压板； 2）通道二：投入"光纤通道二"软压板，退出停用重合闸软压板。 （3）控制字设置："纵联差动保护"置"1""单相重合闸"置"1""三相重合闸"置"0""三相跳闸方式"置"0"。 （4）断路器状态：合上断路器。 （5）开入量检查：A 相跳位 0、B 相跳位 0、C 相跳位 0、闭锁重合闸 0、低气压闭锁重合闸 0。 （6）"充电完成"指示灯亮

续表

计算方法	计算公式：$I_\varphi = m \times I_{cd} \times K$ 注：m、K 为系数，K 在通道自环时取 0.5。 计算数据：$m=1.05$，$I_\varphi = 1.05 \times 0.5 \times 0.2 = 0.105(\text{A})$ 　　　　　$m=0.95$，$I_\varphi = 0.95 \times 0.5 \times 0.2 = 0.095(\text{A})$		
试验方法	（1）待"充电完成"指示灯亮后加故障量，所加时间小于 0.06s（$m=1.2$ 时测动作时间）。 （2）电压可不考虑		
单相区内故障试验仪器设置（采用状态序列）	状态 1 参数设置（故障前状态）		
	$\dot{U}_A$：$57.74\angle 0.00°$ V $\dot{U}_B$：$57.74\angle -120°$ V $\dot{U}_C$：$57.74\angle 120°$ V	$\dot{I}_A$：$0.00\angle 0.00°$ A $\dot{I}_B$：$0.00\angle 0.00°$ A $\dot{I}_C$：$0.00\angle 0.00°$ A	状态触发条件：时间控制为 16s
	状态 2 参数设置（故障状态）		
	$\dot{U}_A$：$57.74\angle 0.00°$ V $\dot{U}_B$：$57.74\angle -120°$ V $\dot{U}_C$：$57.74\angle 120°$ V	$\dot{I}_A$：$0.105\angle 0.00°$ A $\dot{I}_B$：$0.00\angle 0.00°$ A $\dot{I}_C$：$0.00\angle 0.00°$ A	状态触发条件：时间控制为 0.06s
	说明：加故障量前，若主保护压板（含软压板且满足重合闸充电条件）投入已超过 15s，"充电完成"灯已亮，则可不需加故障前状态，直接加入故障状态		
	装置报文	（1）00000ms 保护启动。 （2）42ms A 纵联差动保护动作。 （3）783ms 重合闸动作。 （4）故障相别 A	
	装置指示灯	保护跳闸、重合闸	
区外故障	状态参数设置	将区内故障中故障态的故障相电流改为区外计算值，即 $\dot{I}_A$：$0.095\angle 0.00°$	
	装置报文	保护启动	
	装置指示灯	无	

说明：故障试验仪器设置以 A 相故障为例，B、C 相类同

思考：若通道告警，则可能有哪些原因

试验项目	纵联零序差动保护定值检验——区内、区外检验
相关定值（举例）	差动动作定值 I_{cd}：0.2A、动作时间装置固有（$t>45\text{ms}$，60ms 左右）（延时 45ms 动作）；单相重合闸置"1"；单相重合闸时间：0.7s
试验条件	（1）硬压板设置： 1）通道一：投入主保护（通道一）压板 1QLP1、退出停用重合闸压板 1QLP5； 2）通道二：投入主保护（通道二）压板 1QLP2、退出停用重合闸压板 1QLP5。 （2）软压板设置： 1）通道一：投入"光纤通道一"软压板，退出停用重合闸软压板； 2）通道二：投入"光纤通道二"软压板，退出停用重合闸软压板。 （3）控制字设置："纵联差动保护"置"1""单相重合闸"置"1""三相重合闸"置"0""三相跳闸方式"置"0"。 （4）断路器状态：合上断路器。 （5）开入量检查：A 相跳位 0、B 相跳位 0、C 相跳位 0、闭锁重合闸 0、低气压闭锁重合闸 0。 （6）"充电完成"指示灯亮

计算方法	计算公式：电容电流 $I_C = 0.78 \times 0.5 \times I_{cd}$，故障电流 $I = m \times 1.1 \times K \times I_{cd}$ 注：m、K 为系数，K 在通道自环时取 0.5。 计算数据：$I_C = 0.78 \times 0.5 \times 0.2 = 0.078$ $m = 1.05$，$I = 1.05 \times 1.1 \times 0.5 \times 0.2 = 0.1155$(A) $m = 0.95$，$I = 0.95 \times 1.1 \times 0.5 \times 0.2 = 0.104$(A)			
试验方法	待"充电完成"指示灯亮后加故障量，所加时间大于 0.10s（$m=1.2$ 时测动作时间）			
单相区内故障试验仪器设置（采用状态序列）	状态 1 参数设置（故障前状态）			
	$\dot{U}_A$：57.74∠0.00°V $\dot{U}_B$：57.74∠-120°V $\dot{U}_C$：57.74∠120°V	$\dot{I}_A$：0.078∠90.00°A $\dot{I}_B$：0.078∠-30.00°A $\dot{I}_C$：0.078∠210.00°A		状态触发条件：时间控制为 12s
	状态 2 参数设置（故障状态）			
	$\dot{U}_A$：57.74∠0.00°V $\dot{U}_B$：57.74∠-120°V $\dot{U}_C$：57.74∠120°V	$\dot{I}_A$：0.1155∠0.00°A $\dot{I}_B$：0.00∠0.00°A $\dot{I}_C$：0.00∠0.00°A		状态触发条件：时间控制为 0.1s
	说明：加故障量前，若主保护压板（含软压板且满足重合闸充电条件）投入已超过 15s，"充电完成"灯已亮，则可不需加故障前状态，直接加入故障状态			
	装置报文	（1）00000ms 保护启动。 （2）57ms A 纵联差动保护动作。 （3）808ms 重合闸动作。 （4）故障相别 A		
	装置指示灯	保护跳闸、重合闸		
区外故障	状态参数设置	将区内故障中故障态的故障相电流改为区外计算值，即 $\dot{I}_A$：0.104∠0.00°		
	装置报文	保护启动		
	装置指示灯	无		
	说明：故障试验仪器设置以 A 相故障为例，B、C 相类同			
	思考：（1）零序差动保护故障前状态为什么需加入三相电容电流？ （2）加入三相电容电流时间为什么需要大于 10s			
试验项目	TA 断线时纵联差动保护定值检验——区内、区外检验			
相关定值（举例）	差动动作电流定值 I_{cd}：0.2A，TA 断线差流定值 I_{cddx}：0.6A，动作时间装置固有（$t<25$ms）；单相重合闸：置"1"；单相重合闸时间：0.7s			
试验条件	（1）硬压板设置： 1）通道一：投入主保护（通道一）压板 1QLP1、退出停用重合闸压板 1QLP5； 2）通道二：投入主保护（通道二）压板 1QLP2、退出停用重合闸压板 1QLP5。 （2）软压板设置： 1）通道一：投入"光纤通道一"软压板，退出停用重合闸软压板； 2）通道二：投入"光纤通道二"软压板，退出停用重合闸软压板。 （3）控制字设置："纵联差动保护"置"1""单相重合闸"置"1""三相重合闸"置"0""三相跳闸方式"置"0"。 （4）断路器状态：合上断路器。 （5）开入量检查：A 相跳位 0、B 相跳位 0、C 相跳位 0、闭锁重合闸 0、低气压闭锁重合闸 0。 （6）"充电完成"指示灯亮			

计算方法	计算公式：$I = m \times \max\left[I_{cd}, I_{cddx}\right] \times K$ （差动电流定值 0.2A，TA 断线差动定值 0.6A） 注：m、K 为系数，K 在通道自环时取 0.5。 计算数据：$m = 1.05$，$I = 1.05 \times 0.6 \times 0.5 = 0.315(A)$ $m = 0.95$，$I = 0.95 \times 0.6 \times 0.5 = 0.285(A)$
注意事项	（1）TA 断线判据为有自产零序电流而无零序电压，且至少有一相无流，则延时 10s 发 TA 断线异常信号，故障前状态的电流应大于 0.12 倍 I_n（额定电流），所加的时间应大于 TA 断线告警的时间加上整组复归的时间，否则测出的时间不准确。待自检报告中"TA 断线"由"0→1"后加故障量，所加时间大于 0.2s。 （2）电压加三相正常值。 （3）TA 断线告警时装置"纵联保护闭锁"指示灯点亮。 （4）故障前状态中电流为 0 的对应相为断线相

单相区内故障试验仪器设置（采用状态序列，"TA 断线闭锁差动"置"0"）	状态 1 参数设置（故障前状态）		
	$\dot{U}_A$：57.74∠0.00°V	$\dot{I}_A$：0.12∠0.00°A	状态触发条件：时间控制大于 15s
	$\dot{U}_B$：57.74∠−120°V	$\dot{I}_B$：0.12∠−120°A	
	$\dot{U}_C$：57.74∠120°V	$\dot{I}_C$：0.00∠120°A	
	说明：加故障量前，应确保 TA 断线异常报警		
	状态 2 参数设置（故障状态）		
	$\dot{U}_A$：57.74∠0.00°V	$\dot{I}_A$：0.00∠0.00°A	状态触发条件：时间控制为 0.2s
	$\dot{U}_B$：57.74∠−120°V	$\dot{I}_B$：0.00∠−120.00°A	
	$\dot{U}_C$：57.74∠120°V	$\dot{I}_C$：0.315∠120°A	
	说明：若 TA 断线差流定值大于差动启动电流定值，则此动作值按 TA 断线差动定值计算。 思考：此例子断线相为 C 相，若故障电流加在 A 相，则电流值应加多大		
	装置报文	（1）190ms 纵联差动保护动作。 （2）故障相别 C	
	装置指示灯	保护跳闸	

"TA 断线闭锁差动"置"1"	状态参数设置	各试验参数与上同
	说明	本例以 C 相故障为例，则是闭锁 C 相的电流差动保护，非断线相 A、B 相的电流差动保护仍然投入，使用的定值为差动动作电流定值
	装置报文	保护启动
	装置指示灯	无

说明：（1）故障试验仪器设置以 C 相故障为例，A、B 相类同。

（2）TA 断线逻辑：

1）TA 断线后，闭锁零序电流差动保护，同时线路两侧相电流差动保护在满足差动动作条件后经 150ms 三跳并且闭锁重合闸；

2）若控制字"TA 断线闭锁差动"整定为"1"，则闭锁对应 TA 断线相的电流差动保护，非断线相的电流差动保护仍然投入；若控制字"TA 断线闭锁差动"整定为"0"，且 TA 断线相差流大于"TA 断线差流定值（整定值）"，仍开放该相的电流差动保护，非断线相的电流差动保护仍然投入

思考：当 TA 断线差流定值小于差动动作电流定值时，为什么 TA 断线差动定值没起作用

二、工频变化量阻抗保护校验

工频变化量阻抗保护校验见表 1-2。

表 1-2　　　　　　　　　　　　　　　工频变化量阻抗保护校验

试验项目	工频变化量阻抗保护校验（正向区内、外故障；反向故障）
相关定值	工频变化量阻抗（ΔZ_{set}）：2.0Ω，线路正序灵敏角（φ）：82°，零序补偿系数（K_Z）：0.67；单相重合闸时间：0.7s
试验条件	（1）硬压板设置：退出"投入主保护（通道一）"压板 1QLP1、退出"投入主保护（通道二）"压板 1QLP2、退出"投停用重合闸"压板 1QLP5、投入"距离保护"压板 1QLP6。 （2）软压板设置：退出"停用重合闸"软压板。 （3）控制字设置："距离保护Ⅰ段"置"0""工频变化量阻抗"置"1""投三相跳闸方式"置"0""单相重合闸"置"1""三相重合闸"置"0""停用重合闸"置"0"。 （4）断路器状态：三相断路器均处于合位。 （5）开入量检查：A 相跳位 0、B 相跳位 0、C 相跳位 0、闭锁重合闸 0、低气压闭锁重合闸 0。 （6）"TV 断线"灯灭（故障前状态大于 10s），"充电完成"指示灯亮（故障前状态大于 25s）
计算方法	计算公式： （1）单相故障：$U_\varphi = (1 + K_Z) \times I_\varphi \times \Delta Z_{set} + (1-m) \times U_n$ （2）相间故障：$U_{\varphi\varphi} = 2 \times I_\varphi \times \Delta Z_{set} + (1-m) \times \sqrt{3} U_n$ $$U_\varphi = \frac{\sqrt{U_{\varphi\varphi}^2 + U_n^2}}{2} ; \quad \Phi = \arctan(\frac{U_{\varphi\varphi}}{U_n})$$ 式中：I_φ 为故障电流，一般取较大的短路电流，确保故障点电压应大于 0，但计算出的故障电压不应超出额定电压；K_Z 为零序补偿系数；m 为系数；U_n 为额定相电压（57.7V）；U_φ 为相电压；$U_{\varphi\varphi}$ 为线电压；Φ 为相间故障时超前相故障电压的角度。 计算数据： （1）单相故障。 1）区内故障：$m=1.4$ $$U_\varphi = (1 + K_Z) \times I_\varphi \times \Delta Z_{set} + (1-m) \times U_n$$ $$= (1+0.67) \times 10 \times 2 + (1-1.4) \times 57.7 = 10.32(V)$$ 2）区外故障：$m=0.9$ $$U_\varphi = (1 + K_Z) \times I_\varphi \times \Delta Z_{set} + (1-m) \times U_n$$ $$= (1+0.67) \times 10 \times 2 + (1-0.9) \times 57.7 = 39.17(V)$$ （2）相间故障（以 BC 相间故障为例）。 区内故障：$m=1.4$ $$U_{KBC} = 2 \times I_\varphi \times \Delta Z_{set} + (1-m) \times \sqrt{3} U_n$$ $$= 2 \times 15 \times 2 + (1-1.4) \times \sqrt{3} \times 57.7 = 20.03(V)$$ $$U_{KB} = U_{KC} = \frac{\sqrt{20.02^2 + 57.7^2}}{2} = 30.55(V)$$ $$\Phi_1 = \Phi_2 = \arctan(\frac{U_{KBC}}{U_n}) = \arctan(\frac{20.03}{57.7}) = 19.1°$$

续表

计算方法	则 $\dot{U}_{KB}$ 滞后 $\dot{U}_A$ 的角度为 $180°-19.1°=160.9°$； $\dot{U}_{KC}$ 超前 $\dot{U}_A$ 的角度为 $180°-19.1°=160.9°$； $\qquad \varPhi_3 =$ 正序阻抗角 各故障量相量关系如图 1-1 所示。 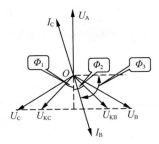 图 1-1　工频变化量阻抗保护相间故障相量图 区外故障：$m=0.9$ $$U_{KBC} = 2 \times I_\varphi \times \Delta Z_{set} + (1-m) \times \sqrt{3}U_n$$ $$= 2 \times 10 \times 2 + (1-0.9) \times \sqrt{3} \times 57.7 = 50(V)$$ $$U_{KB} = U_{KC} = \frac{\sqrt{50^2+57.7^2}}{2} = 38.17(V)$$ $$\varPhi_1 = \varPhi_2 = \arctan\left(\frac{U_{KBC}}{U_n}\right) = \arctan\left(\frac{38.17}{57.7}\right) = 33.48°$$ 则 $\dot{U}_{KB}$ 滞后 $\dot{U}_A$ 的角度为 $180°-33.48°=146.52°$； $\dot{U}_{KC}$ 超前 $\dot{U}_A$ 的角度为 $180°-33.48°=146.52°$； $\qquad \varPhi_3 =$ 正序阻抗角
注意事项	（1）待"异常"（消除 TV 断线）灯灭、"充电完成"指示灯亮后加故障量，所加时间小于 0.05s。 （2）模拟相间故障时第一态故障前状态的相角要改（非故障相电压相角改为 0°，其余两相按正序设置）。 （3）仅让"距离保护Ⅰ段"置"0"是因为距离保护Ⅰ段最可能在工频变化量保护动作时动作。 （4）因该装置充电时间较长，可先投入主保护功能压板，使保护装置充电，这样可以缩短装置的充电时间，但在校验时需要将主保护功能压板退出，否则主保护功能将抢动

正向区内故障试验仪器设置（A 相接地故障）	**状态 1 参数设置（故障前状态）**		
	$\dot{U}_A$: $57.74\angle 0.00°$ V	$\dot{I}_A$: $0.00\angle 0.00°$ A	状态触发条件：时间控制为 28.00s
	$\dot{U}_B$: $57.74\angle -120°$ V	$\dot{I}_B$: $0.00\angle -120°$ A	
	$\dot{U}_C$: $57.74\angle 120°$ V	$\dot{I}_C$: $0.00\angle 120°$ A	
	说明：三相电压正常，电流为零，装置"充电完成"时间默认为 25s，输入 28s 确保"充电完成"指示灯亮		
	状态 2 参数设置（故障状态）		
	$\dot{U}_A$: $10.32\angle 0.00°$ V	$\dot{I}_A$: $10.00\angle -82°$ A	状态触发条件：时间控制为 0.02s
	$\dot{U}_B$: $57.74\angle -120°$ V	$\dot{I}_B$: $0.00\angle -120°$ A	
	$\dot{U}_C$: $57.74\angle 120°$ V	$\dot{I}_C$: $0.00\angle 120°$ A	
	说明：故障相电压降低，电流增大为计算的故障电流（10A），故障相电流滞后故障相电压的角度为线路正序灵敏角 φ，工频变化量阻抗保护装置固有的动作时间小于 20ms，所以故障态时间不宜加太长，所加时间一般小于 20ms		
	装置报文	（1）13ms A 工频变化量阻抗动作。 （2）766ms 重合闸动作	
	装置指示灯	保护跳闸、重合闸	

续表

正向区内故障试验仪器设置（BC相间故障）	状态1参数设置（故障前状态）			
	$\dot{U}_A$：57.74∠0.00°V	$\dot{I}_A$：0.00∠0.00°A	状态触发条件：时间控制为28.00s	
	$\dot{U}_B$：57.74∠-120°V	$\dot{I}_B$：0.00∠0.00°A		
	$\dot{U}_C$：57.74∠120°V	$\dot{I}_C$：0.00∠0.00°A		
	说明：三相电压正常，由于故障态采用非故障相电压相角为0°，则故障前状态正常电压应同步调整，否则影响保护动作行为和测量准确性			
	状态2参数设置（故障状态）			
	$\dot{U}_A$：57.74∠0.00°V	$\dot{I}_A$：0.00∠0.00°A	状态触发条件：时间控制为0.02s	
	$\dot{U}_B$：30.55∠-167.4°V	$\dot{I}_B$：15.0∠-172°A		
	$\dot{U}_C$：30.55∠167.4°V	$\dot{I}_C$：15.0∠8°A		
	说明：两故障相电压降低，角度发生变化，电流增大为计算的故障电流（15A），故障相间电流滞后故障相间电压的角度（90°）为线路正序灵敏角φ，工频变化量阻抗保护装置固有的动作时间小于20ms，所以故障态时间不宜加太长，所加时间一般小于20ms			
	装置报文	（1）13ms ABC工频变化量阻抗动作。（2）故障相别BC		
	装置指示灯	保护跳闸		
区外故障	状态参数设置	将区内故障中故障态的故障相电压、电流的值和角度改用$m=0.9$时的计算值即可		
	装置报文	保护启动		
反向故障	状态参数设置	（1）单相接地故障：将区内故障中故障态的故障相电流角度加上180°，电压角度不变即可。（2）相间故障：将区内故障中故障态的两故障相电流角度对调（I_B为8°，I_C为-172°），电压角度不变即可		
	装置报文	保护启动		
整组试验	出口压板设置	投入"A相跳闸出口"压板1CLP1、"B相跳闸出口"压板1CLP2、"C相跳闸出口"压板1CLP3、"重合闸出口"压板1CLP4		
	操作箱指示灯	（1）单相接地故障：跳闸信号为A相重合闸。（2）相间故障：跳闸信号为A相、B相、C相		

说明：故障试验仪器设置以A相故障和BC相间故障为例，B、C相故障，AB、CA相间故障类同

思考：（1）相间故障时为什么不以U_a或U_b的相量作为基准（零度角），而总是将非故障相的电压相角放在0°的位置？

（2）试着画出AC相间故障时的相量关系图，计算一组定值，并在装置上校验。

（3）当TV断线时，工频变化量阻抗元件能否动作

三、距离保护检验

1. 距离保护定值校验

距离保护定值检验见表1-3。

表 1-3   距离保护定值校验

试验项目	距离保护定值校验（正向区内、外故障；反向故障）
相关定值	以距离 Ⅱ 段为例，接地距离 Ⅱ 段定值（Z_{zdp2}）：4.2Ω，相间距离 Ⅱ 段定值（Z_{zdpp2}）：4.2Ω，接地距离 Ⅱ 段时间（t_{p2}）：0.6s，相间距离 Ⅱ 段时间（t_{pp2}）：0.6s，线路正序灵敏角（φ）：82°，零序补偿系数（K_Z）：0.67，单相重合闸时间：0.7s
试验条件	（1）硬压板设置：退出"投入主保护（通道一）"压板 1QLP1、退出"投入主保护（通道二）"压板 1QLP2、退出"投停用重合闸"压板 1QLP5、投入"距离保护"压板 1QLP6。 （2）控制字设置："距离保护 Ⅱ 段"置"1""投三相跳闸方式"置"0""单相重合闸"置"1""三相重合闸"置"0""停用重合闸"置"0"。 （3）断路器状态：三相断路器均处于合位。 （4）开入量检查：A 相跳位 0、B 相跳位 0、C 相跳位 0、闭锁重合闸 0、低气压闭锁重合闸 0。 （5）"TV 断线"灯灭（故障前状态大于 10s），"充电完成"指示灯亮（故障前状态大于 25s）
计算方法	计算公式：$I_\varphi = I_n$ 单相故障：$U_\varphi = m \times (1 + K_Z) \times I_\varphi \times Z_{zdp2}$ 相间故障：$U_{\varphi\varphi} = m \times 2 \times I_\varphi \times Z_{zdp2}$ $$U_\varphi = \frac{\sqrt{U_{\varphi\varphi}^2 + U_n^2}}{2}; \quad \Phi = \arctan(\frac{U_{\varphi\varphi}}{U_n})$$ 式中：I_n 为故障电流，一般取 1 倍额定电流，应根据定值调整额定电流的倍数，但计算出的故障电压不应超出额定电压；K_Z 为零序补偿系数；m 为系数；U_n 为额定相电压（57.7V）；U_φ 为相电压；$U_{\varphi\varphi}$ 为线电压；Φ 为相间故障时超前相故障电压的角度。 （1）单相故障（以 B 相故障为例）。 电流计算数据：$I_\varphi = 2A$ 电压计算数据： 1）区内故障：$m = 0.95$，$U_\varphi = 0.95 \times (1 + 0.67) \times 2 \times 4.2 = 13.3(V)$ 2）区外故障：$m = 1.05$，$U_\varphi = 1.05 \times (1 + 0.67) \times 2 \times 4.2 = 14.7(V)$ （2）相间故障（以 BC 相间故障为例）。 区内故障：$m = 0.95$ $$U_{KBC} = 0.95 \times 2 \times 2 \times 4.2 = 15.96(V)$$ $$U_{KB} = U_{KC} = \frac{\sqrt{15.96^2 + 57.7^2}}{2} = 29.93(V)$$ $$\Phi_1 = \Phi_2 = \arctan(\frac{U_{KBC}}{U_n}) = \arctan(\frac{15.96}{57.7}) = 15.5°$$ 则 $\dot{U}_{KB}$ 滞后 $\dot{U}_A$ 的角度为 $180° - 15.5° = 164.5°$；$\dot{U}_{KC}$ 超前 $\dot{U}_A$ 的角度为 $180° - 15.5° = 164.5°$。 $\Phi_3 = $ 正序阻抗角 各故障量相量关系如图 1-2 所示。 区外故障：$m = 1.05$ $$U_{KBC} = 1.05 \times 2 \times 2 \times 4.2 = 17.64(V)$$ $$U_{KB} = U_{KC} = \frac{\sqrt{17.64^2 + 57.7^2}}{2} = 30.2(V)$$

续表

计算方法	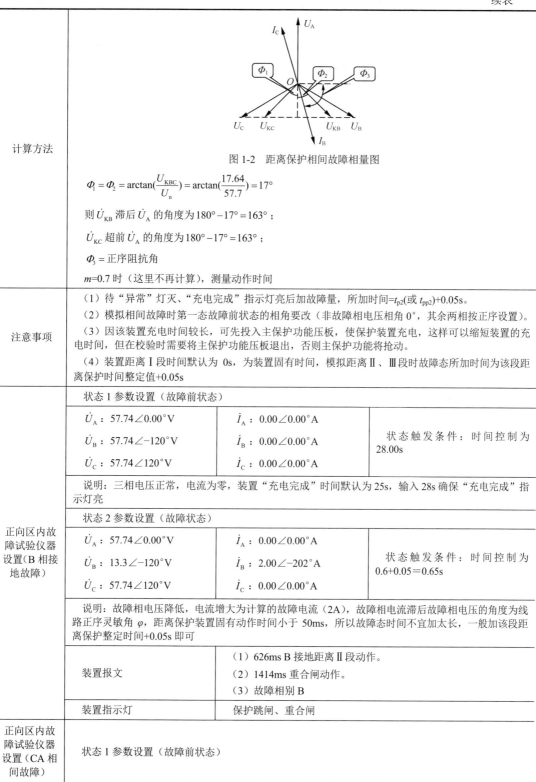 图 1-2　距离保护相间故障相量图 $$\Phi_1 = \Phi_2 = \arctan(\frac{U_{KBC}}{U_n}) = \arctan(\frac{17.64}{57.7}) = 17°$$ 则 $\dot{U}_{KB}$ 滞后 $\dot{U}_A$ 的角度为 $180° - 17° = 163°$； $\dot{U}_{KC}$ 超前 $\dot{U}_A$ 的角度为 $180° - 17° = 163°$； $\Phi_3 =$ 正序阻抗角 $m=0.7$ 时（这里不再计算），测量动作时间
注意事项	（1）待"异常"灯灭、"充电完成"指示灯亮后加故障量，所加时间=t_{p2}(或 t_{pp2})+0.05s。 （2）模拟相间故障时第一态故障前状态的相角要改（非故障相电压相角 0°，其余两相按正序设置）。 （3）因该装置充电时间较长，可先投入主保护功能压板，使保护装置充电，这样可以缩短装置的充电时间，但在校验时需要将主保护功能压板退出，否则主保护功能将抢动。 （4）装置距离Ⅰ段时间默认为 0s，为装置固有时间，模拟距离Ⅱ、Ⅲ段时故障态所加时间为该段距离保护时间整定值+0.05s

正向区内故障试验仪器设置（B 相接地故障）	状态 1 参数设置（故障前状态）		
	$\dot{U}_A$：$57.74\angle0.00°$ V	$\dot{I}_A$：$0.00\angle0.00°$ A	状态触发条件：时间控制为 28.00s
	$\dot{U}_B$：$57.74\angle-120°$ V	$\dot{I}_B$：$0.00\angle0.00°$ A	
	$\dot{U}_C$：$57.74\angle120°$ V	$\dot{I}_C$：$0.00\angle0.00°$ A	
	说明：三相电压正常，电流为零，装置"充电完成"时间默认为25s，输入28s确保"充电完成"指示灯亮		
	状态 2 参数设置（故障状态）		
	$\dot{U}_A$：$57.74\angle0.00°$ V	$\dot{I}_A$：$0.00\angle0.00°$ A	状态触发条件：时间控制为 0.6+0.05=0.65s
	$\dot{U}_B$：$13.3\angle-120°$ V	$\dot{I}_B$：$2.00\angle-202°$ A	
	$\dot{U}_C$：$57.74\angle120°$ V	$\dot{I}_C$：$0.00\angle0.00°$ A	
	说明：故障相电压降低，电流增大为计算的故障电流（2A），故障相电流滞后故障相电压的角度为线路正序灵敏角 φ，距离保护装置固有动作时间小于 50ms，所以故障态时间不宜加太长，一般加该段距离保护整定时间+0.05s 即可		
	装置报文	（1）626ms B 接地距离Ⅱ段动作。 （2）1414ms 重合闸动作。 （3）故障相别 B	
	装置指示灯	保护跳闸、重合闸	

正向区内故障试验仪器设置（CA 相间故障）	状态 1 参数设置（故障前状态）		

正向区内故障试验仪器设置（CA 相间故障）	$\dot{U}_A$：57.74∠120°V $\dot{U}_B$：57.74∠0.00°V $\dot{U}_C$：57.74∠−120°V	$\dot{I}_A$：0.00∠0.00°A $\dot{I}_B$：0.00∠0.00°A $\dot{I}_C$：0.00∠0.00°A	状态触发条件：时间控制为 28.00s
	说明：三相电压正常，由于故障态采用非故障相电压相角为 0°，故障前状态非故障相电压相角也应调整为 0°，故障相电压按正序设置。电流为零，装置"充电完成"时间默认为 25s，输入 28s 确保"充电完成"指示灯亮		
	状态 2 参数设置（故障状态）		
	$\dot{U}_A$：29.93∠164.5°V $\dot{U}_B$：57.74∠0.00°V $\dot{U}_C$：29.93∠−164.5°V	$\dot{I}_A$：2.00∠8°A $\dot{I}_B$：0.00∠0.00°A $\dot{I}_C$：2.00∠−172°A	状态触发条件：时间控制为 0.6+0.05=0.65s
	说明：两故障相电压降低，角度发生变化，电流增大为计算的故障电流（2A），故障相间电流滞后故障相间电压的角度（82°）为线路正序灵敏角 φ，距离保护装置固有动作时间小于 50ms，所以故障态时间不宜加太长，一般加该段相间距离保护整定时间+0.05s 即可		
	装置报文	（1）622ms ABC 相间距离Ⅱ段动作。 （2）故障相别 AC	
	装置指示灯	保护跳闸	
区外故障	状态参数设置	将区内故障中故障态的故障相电压、电流的值和角度改用 $m=1.05$ 时的计算值即可	
	装置报文	保护启动	
反向故障	状态参数设置	（1）单相接地故障：将区内故障中故障态的故障相电流角度加上 180°，电压角度不变即可。 （2）相间故障：将区内故障中故障态的两故障相电流角度对调（I_C 为 8°，I_A 为−172°），电压角度不变即可	
	装置报文	保护启动	
整组试验	出口压板设置	投入"A 相跳闸出口"压板 1CLP1、"B 相跳闸出口"压板 1CLP2、"C 相跳闸出口"压板 1CLP3、"重合闸出口"压板 1CLP4	
	操作箱指示灯	（1）单相接地故障：跳闸信号为 B 相重合闸； （2）相间故障：跳闸信号为 A 相、B 相、C 相	

说明：故障试验仪器设置以 B 相故障和 CA 相间故障为例，A、C 相故障，AB、BC 相间故障类同

思考：（1）模拟距离保护时由于零序保护定值也能达到，导致零序过流Ⅱ段可能比距离保护Ⅲ段先动作，那么要如何防止零序保护抢动？

（2）模拟距离Ⅰ段保护时能正常动作并重合，距离Ⅱ段保护时一动作就三跳的原因是什么（接线正确，模拟量设置正确）？

（3）定值单中有"接地距离偏移角"和"相间距离偏移角"，当这两个角度不是整定为 0°（比如整定为 15°或 30°）时，做距离保护时应如何考虑这两个角度的偏移？距离保护的动作阻抗为一个圆形区域，正常校验时只校验灵敏角度附近的点，若要校验 30°、45°角度下的距离阻抗动作值且考虑偏移角，应该如何校验

2. 手合加速距离 Ⅲ 段（零序）、重合加速距离 Ⅱ 段（零序）

手合加速距离 Ⅲ 段（零序）、重合加速距离 Ⅱ 段（零序）检验见表 1-4。

表 1-4　　　　　手合加速距离 Ⅲ 段（零序）、重合加速距离 Ⅱ 段（零序）检验

试验项目	手合加速距离 Ⅲ 段试验（手合加速零序）		
相关定值	接地距离 Ⅲ 段定值（Z_{zdp3}）：6.0Ω；接地距离 Ⅲ 段时间（t_{p3}）：2.1s；线路正序灵敏角（φ）：82°；零序补偿系数（K_Z）：0.67		
试验条件	让三相断路器处于跳闸位置，检查开入量检查：A 相跳位 1、B 相跳位 1、C 相跳位 1，外其余条件同距离保护定值校		
计算方法	按距离保护定值校验方法计算距离 Ⅲ 定值。 电流计算数据：$I_\varphi = 1A$ 电压计算数据：区内故障 $m = 0.95$，$U_\varphi = 0.95 \times (1 + 0.67) \times 1 \times 6 = 9.519(V)$		
注意事项	待"异常"灯灭、"充电完成"指示灯亮后加故障量，所加时间小于 150ms		
正向区内故障试验仪器设置（A 相接地故障）	状态 1 参数设置（故障前状态）		
	$\dot{U}_A$：57.74∠0.00°V $\dot{U}_B$：57.74∠-120°V $\dot{U}_C$：57.74∠120°V	$\dot{I}_A$：0.00∠0.00°A $\dot{I}_B$：0.00∠0.00°A $\dot{I}_C$：0.00∠0.00°A	状态触发条件：时间控制为 28.00s
	说明：三相电压正常，电流为零，装置"充电完成"时间默认为 25s，输入 28s 确保"充电完成"指示灯亮		
	状态 2 参数设置（故障状态）		
	$\dot{U}_A$：9.519∠0.00°V $\dot{U}_B$：57.74∠-120°V $\dot{U}_C$：57.74∠120°V	$\dot{I}_A$：1.00∠-82°A $\dot{I}_B$：0.00∠0.00°A $\dot{I}_C$：0.00∠0.00°A	状态触发条件：时间控制为 0.15s
	说明：故障相电压降低，电流增大为计算的故障电流（1A），故障相电流滞后故障相电压的角度为线路正序灵敏角 φ，距离保护 Ⅲ 段整定动作时间虽然为 2.1s，但由于断路器在分位，装置判为手合断路器时合于故障，会加速跳闸，所以所加时间小于 150ms 即可		
	装置报文	（1）33ms　ABC 距离加速。 （2）故障相别 A	
	装置指示灯	保护跳闸	
试验项目	重合加速距离 Ⅱ 段（重合加速零序）		
相关定值	接地距离 Ⅱ 段定值（Z_{zdp2}）：4.2Ω；接地距离 Ⅱ 段时间（t_{p2}）：0.6s；线路正序灵敏角（φ）：82°零序补偿系数（K_Z）：0.67；单相重合闸时间：0.7s		
试验条件	同距离保护定值检验		
计算方法	电流计算数据：$I_\varphi = 2A$ 电压计算数据：单相区内故障时 $m = 0.95$，$U_\varphi = 0.95 \times (1 + 0.67) \times 2 \times 4.2 = 13.3(V)$		

续表

注意事项	待"异常"灯灭、"充电完成"指示灯亮后加故障量，所加时间小于 150ms		
正向区内故障试验仪器设置（A 相接地故障）	状态 1 参数设置（故障前状态）		
	$\dot{U}_A$：57.74∠0.00°V $\dot{U}_B$：57.74∠−120°V $\dot{U}_C$：57.74∠120°V	$\dot{I}_A$：0.00∠0.00°A $\dot{I}_B$：0.00∠0.00°A $\dot{I}_C$：0.00∠0.00°A	状态触发条件：时间控制为 28.00s
	说明：三相电压正常，电流为零，装置"充电完成"时间默认为 25s，输入 28s 确保"充电完成"指示灯亮		
	状态 2 参数设置（故障状态）		
	$\dot{U}_A$：13.3∠0.00°V $\dot{U}_B$：57.74∠−120°V $\dot{U}_C$：57.74∠120°V	$\dot{I}_A$：2.00∠−82°A $\dot{I}_B$：0.00∠0.00°A $\dot{I}_C$：0.00∠0.00°A	状态触发条件：时间控制为 故障整定时间+0.03s
	说明：该状态的故障量不一定要用距离Ⅱ段的故障量，可以用其他跳闸故障量，时间比所加故障量整定略大，但不能闭锁重合闸		
	状态 3 参数设置（跳闸后等待重合状态）		
	$\dot{U}_A$：57.74∠0.00°V $\dot{U}_B$：57.74∠−120°V $\dot{U}_C$：57.74∠120°V	$\dot{I}_A$：0.00∠0.00°A $\dot{I}_B$：0.00∠0.00°A $\dot{I}_C$：0.00∠0.00°A	状态触发条件：时间控制为 0.7+0.05=0.75s
	说明：所加时间需略大于重合闸整定时间		
	状态 4 参数设置（故障加速状态）		
	$\dot{U}_A$：13.3∠0.00°V $\dot{U}_B$：57.74∠−120°V $\dot{U}_C$：57.74∠120°V	$\dot{I}_A$：2.00∠−82°A $\dot{I}_B$：0.00∠0.00°A $\dot{I}_C$：0.00∠0.00°A	状态触发条件：时间控制为 0.1s
	说明：（1）重合加速距离保护用的是距离Ⅱ段定值来校验，零序加速用的是"零序过电流加速段定值"。 （2）若采用三相重合闸功能时，状态 4 的时间控制应大于 0.1s+0.05s		
装置报文	（1）624ms A 接地距离Ⅱ段动作。 （2）1365ms 重合闸动作。 （3）1433ms 距离加速动作。		
装置指示灯	保护跳闸、重合闸		

四、零序保护检验

1. 零序过电流定值校验

零序过电流定值校验见表 1-5。

表 1-5 零序过电流定值校验

试验项目	零序过电流定值校验（正向区内、外故障；反向故障）
相关定值	以零序Ⅱ段为例，零序过电流Ⅱ段定值（$I_{0\text{Ⅱ}}$）：3.6A，零序过电流Ⅱ段时间（$t_{0\text{Ⅱ}}$）：0.7s，零序灵敏角（φ_0）：70°，单相重合闸时间：0.7s
试验条件	（1）硬压板设置：退出"投入主保护（通道一）"压板 1QLP1、退出"投入主保护（通道二）"压板 1QLP2、退出"投停用重合闸"压板 1QLP5、投入"零序过流保护"压板 1QLP7。 （2）软压板设置：退出"停用重合闸"软压板。 （3）控制字设置："零序电流保护"置"1""投三相跳闸方式"置"0""单相重合闸"置"1""三相重合闸"置"0""停用重合闸"置"0"。 （4）断路器状态：三相断路器均处于合位。 （5）开入量检查：A相跳位 0、B相跳位 0、C相跳位 0、闭锁重合闸 0、低气压闭锁重合闸 0。 （6）"异常"灯灭（故障前状态大于 10s），"充电完成"指示灯亮（故障前状态大于 25s）
计算方法	计算公式：$I = m \times I_{0\text{Ⅱ}}$ 注：m 为系数。 计算数据： （1）区内故障：$m = 1.05$，$I = 1.05 \times 3.6 = 3.78(\text{A})$。 （2）区外故障：$m = 0.95$，$I = 0.95 \times 3.6 = 3.42(\text{A})$。 （3）测量动作时间：$m = 1.2$，$I = 1.2 \times 3.6 = 4.32(\text{A})$
注意事项	（1）待"异常"灯灭、"充电完成"指示灯亮后加故障量，所加时间= $t_{0\text{Ⅱ}}$ + 0.05s。 （2）装置没有零序Ⅰ段，模拟零序Ⅲ时故障态所加时间为该段零序保护时间整定值+0.05s。 （3）若控制字中"零序Ⅲ段经方向"置 0，即零序三段不经方向原件闭锁，那么模拟零序Ⅲ时反方向依然能动作。 （4）因该装置充电时间较长，可先投入主保护功能压板，使保护装置充电，这样可以缩短装置的充电时间，但在校验时需要将主保护功能压板退出，否则主保护功能将抢动

正向区内故障试验仪器设置（C相接地故障）	状态 1 参数设置（故障前状态）		
	$\dot{U}_A$: 57.74∠0.00°V	$\dot{I}_A$: 0.00∠0.00°A	状态触发条件：时间控制为 28.00s
	$\dot{U}_B$: 57.74∠−120°V	$\dot{I}_B$: 0.00∠0.00°A	
	$\dot{U}_C$: 57.74∠120°V	$\dot{I}_C$: 0.00∠0.00°A	
	说明：三相电压正常，电流为零，装置"充电完成"时间默认为 25s，输入 28s 确保"充电完成"指示灯亮		
	状态 2 参数设置（故障状态）		
	$\dot{U}_A$: 57.74∠0.00°V	$\dot{I}_A$: 0.00∠0.00°A	状态触发条件：时间控制为 $t_{0\text{Ⅱ}}$ + 0.05s = 0.75s
	$\dot{U}_B$: 57.74∠−120°V	$\dot{I}_B$: 0.00∠0.00°A	
	$\dot{U}_C$: 50.00∠120°V	$\dot{I}_C$: 3.78∠50°A	
	说明：故障相电压降低，电流增大为计算的故障电流（3.78A），故障相电流滞后故障相电压的角度为零序灵敏角 φ_0（保证零序功率为正方向），零序保护装置固有动作时间小于 50ms，所以故障态时间不宜加太长，一般加该段零序过电流整定时间+0.05s 即可		
	装置报文	（1）735ms C 零序过电流Ⅱ段动作。 （2）1476ms 重合闸动作。 （3）故障相别 C	
	装置指示灯	保护跳闸、重合闸	

区外故障	状态参数设置	将区内故障中故障态的故障相电流值改用 $m = 0.95$ 时的计算值（3.42A），方向不变
	装置报文	保护启动

续表

反向故障	状态参数设置	将区内故障中故障态的故障相电流角度加上 180°，即 $\dot{I}_\text{C}$：3.78 $\angle 230°$即可
	装置报文	保护启动
整组试验	出口压板设置	投入"A 相跳闸出口"压板 1CLP1、"B 相跳闸出口"压板 1CLP2、"C 相跳闸出口"压板 1CLP3、"重合闸出口"压板 1CLP4
	操作箱指示灯	跳闸信号：C 相重合闸

说明：（1）故障试验仪器设置以 C 相故障为例，A、B 相类同。

（2）校验零序过电流定值及零序方向动作区时故障相电压降低到零序功率方向能动作，建议故障相电压 $\dot{U}_\text{A}$，省去调整故障相电压的步骤，也可防止因故障相电压降太低导致距离保护抢动的情况

思考：自产零序采样正常，外接零序采样为零的情况下对零序保护的动作行为有何影响

2. 零序方向动作区及灵敏角、零序最小动作电压检验

零序方向动作区及灵敏角、零序最小动作电压检验见表 1-6。

表 1-6　　　　零序方向动作区及灵敏角、零序最小动作电压检验

试验项目	零序方向动作区及灵敏角、零序最小动作电压检验
相关定值	以零序 II 段为例，零序过电流 II 段定值（I_0II）：3.6A，零序过流 II 段时间（t_0II）：0.7s，零序过电流 III 段定值（I_0III）：1.5A，零序过电流 III 段时间（t_0III）：2.2s
试验条件	同"零序过电流 II、III 定值校验"
计算方法	（1）零序方向动作区如图 1-3 所示。校验零序方向动作区时故障相电压降低到零序功率方向能可靠动作（建议故障相电压 $U=50$V），以免零序功率不足影响试验结果。 用零序 II 段来校验。 以 $\dot{U}_\text{A}$ 为基准（0°），通入 $\dot{I}_\text{A}$，模拟 A 相接地故障时各故障相量（含零序）关系如图 1-3 所示。图中，动作区以 $3\dot{U}_0$ 为基准，零序灵敏角 φ_sen 定义为 $3\dot{I}_0$ 超前于 $3\dot{U}_0$ 的角度。 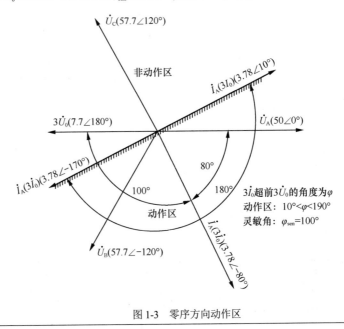 图 1-3　零序方向动作区

计算方法	（2）零序最小动作电压：$3\dot{U}_0 = \dot{U}_A + \dot{U}_B + \dot{U}_C$，单相试验时，$\dot{U}_A$ 降低的值 $\Delta\dot{U}_A$ 就是 $3\dot{U}_0$ 增大的部分，$3\dot{I}_0 = \dot{I}_A$，取 $3\dot{I}_0$ 大于零序过电流 II 段定值，逐步降低 $\dot{U}_A$ 以致零序过电流保护动作
注意事项	（1）这里零序灵敏角定义为 $3\dot{I}_0$ 超前于 $3\dot{U}_0$ 的角度，而非 $\dot{U}_A$ 超前于 $\dot{I}_A$ 的角度。 （2）检修规程规定：零序动作区以 $3\dot{U}_0$ 为基准，灵敏度为 $3\dot{I}_0$ 超前于 $3\dot{U}_0$ 的角度为正。 （3）应大于零序电流动作值，这里取零序 II 段 1.05 倍时的电流值。 （4）若控制字中"零序 III 段经方向"置 0，即零序 III 段不经方向原件闭锁，那么不能用零序 III 段来校验零序方向动作区。 （5）采用手动试验来校验，期间可能造成距离保护先动作，校验前可将距离保护各段的控制字退出。 （6）正常态时可直接将故障电压加 50V，保证 TV 断线能复归即可，这样用手动试验时就不需要修改电压幅值
正向区内故障试验仪器设置（A 相接地故障）	步骤 1（等待 TV 断线恢复） 切换到"手动试验"状态，在模拟量输入框中输入： $\dot{U}_A$：$50.00\angle0.00°$ V　　　　$\dot{I}_A$：$0.00\angle0.00°$ A $\dot{U}_B$：$57.74\angle-120°$ V　　　　$\dot{I}_B$：$0.00\angle0.00°$ A $\dot{U}_C$：$57.74\angle120°$ V　　　　$\dot{I}_C$：$0.00\angle0.00°$ A 再按下"菜单栏"的"输出保持"按钮，这时"步骤 1"中的状态输出被保持 说明：该步骤为故障前状态，保持 10s 以上，待"TV 断线"灯灭，该试验不校验重合闸，可不必等 25s"充电完成"灯亮 步骤 2（确定边界 1） 修改模拟量输入框中模拟量为： $\dot{U}_A$：$50.00\angle0.00°$ V　　　　$\dot{I}_A$：$3.78\angle12.00°$ A $\dot{U}_B$：$57.74\angle-120°$ V　　　　$\dot{I}_B$：$0.00\angle0.00°$ A $\dot{U}_C$：$57.74\angle120°$ V　　　　$\dot{I}_C$：$0.00\angle0.00°$ A 变量及变化步长选择，变量："I_A""相位"，变化步长："1°"。 设置好后再次点击"菜单栏"的"输出保持"按钮，并点击"▼"按钮调节步长，直到零序过电流 II 段保护动作 说明：装置的第 1 个动作边界为 I_A 在 10° 的位置，从 12° 开始下降，可使保护从不动作校验到动作以确定该边界，调节步长每秒点击一下"▼" 步骤 3（确定边界 2） 重复步骤 2，待"TV 断线"灯灭后修改模拟量输入框中模拟量为： $\dot{U}_A$：$50.00\angle0.00°$ V　　　　$\dot{I}_A$：$3.78\angle-172°$ A $\dot{U}_B$：$57.74\angle-120°$ V　　　　$\dot{I}_B$：$0.00\angle0.00°$ A $\dot{U}_C$：$57.74\angle120°$ V　　　　$\dot{I}_C$：$0.00\angle0.00°$ A 变量及变化步长选择，变量："I_A""相位"，变化步长："1°"。 设置好后再次点击"菜单栏"的"输出保持"按钮，并点击"▲"按钮调节步长，直到零序过电流 II 段保护动作 说明：装置的第 2 个动作边界为 I_A 在 -170° 的位置，从 -172° 开始上升，可使保护从不动作校验到动作以确定该边界，调节步长每秒点击一下"▲"

	步骤 1（等待 TV 断线恢复）
零序最小动作电压试验仪器设置（A 相接地故障）	切换到"手动试验"状态，在模拟量输入框中输入： $\dot{U}_A$：$50.00\angle0.00°$ V　　　　$\dot{I}_A$：$0.00\angle0.00°$ A $\dot{U}_B$：$57.74\angle-120°$ V　　　$\dot{I}_B$：$0.00\angle0.00°$ A $\dot{U}_C$：$57.74\angle120°$ V　　　　$\dot{I}_C$：$0.00\angle0.00°$ A 再按下"菜单栏"的"输出保持"按钮，这时"步骤 1"中的状态输出被保持
	说明：该步骤为故障前状态，保持 10s 以上，待"TV 断线"灯灭，该试验不校验重合闸，可不必等 25s"充电完成"灯亮
	步骤 2（确定最小动作电压）
	修改模拟量输入框中模拟量为： $\dot{U}_A$：$50.00\angle0.00°$ V　　　　$\dot{I}_A$：$5.00\angle-80.00°$ A $\dot{U}_B$：$57.74\angle-120°$ V　　　$\dot{I}_B$：$0.00\angle0.00°$ A $\dot{U}_C$：$57.74\angle120°$ V　　　　$\dot{I}_C$：$0.00\angle0.00°$ A 变量及变化步长选择，变量："Va""幅值"，变化步长："0.1" V。 设置好后再次点击"菜单栏"的"输出保持"按钮，并点击"▼"按钮调节步长，直到零序过电流 Ⅱ段保护动作
	说明：动作电流用额定二次电流，装置的零序最小动作电压大约在 0.55V，单相降低到 $57.74-0.55=57.19(V)$ 左右时零序过电流保护动作，保护从不动作校验到动作以确定最小动作电压，调节步长每秒点击一下"▼"

思考：校验零序最小动作电压若不等 TV 断线灯灭会对试验结果产生什么结果

五、重合闸检验

1. 三相重合闸同期定值校验

三相重合闸同期定值校验见表 1-7。

表 1-7　　　　　　　　　　　　三相重合闸同期定值校验

试验项目	三相重合闸同期定值校验	
相关定值	三相重合闸时间：0.5s；同期合闸角：20°	
说明	三相重合闸是在定值单原本整定在单相重合闸的基础上重新设置相关定值来实现的，所以均以能实现单相重合闸时的试验条件为初始状态，计算值也以单相重合闸时的计算值一样，以下不再重复计算	
检同期合闸角定值校验试验仪器设置（A 相接地故障）	试验条件	（1）试验接线：除三相电压外，同期电压的线（1UD5、1UD6）也要接。 （2）修改定值："单相重合闸"置 0、"三相重合闸"置 1、"禁止重合闸"置 0、"停用重合闸"置 0、"重合闸检同期"置 1、"重合闸检无压"置 0
	注意事项	（1）待"异常"灯灭、"充电完成"指示灯亮后加单相重合闸的故障量。 （2）三相重合闸不同于单相重合闸，单相重合时装置不判线路同期电压（即同期合闸角定值仅三相重合闸有用），三相重合时故障前状态的线路电压一定要输入，不能只在状态 3 输入同期条件
	状态 1 参数设置（故障前状态）	

检同期合闸角定值校验试验仪器设置（A相接地故障）	$\dot{U}_A$：$57.74\angle0.00°$V $\dot{U}_B$：$57.74\angle-120°$V $\dot{U}_C$：$57.74\angle120°$V $\dot{U}_X$：$57.74\angle0.00°$V	$\dot{I}_A$：$0.00\angle0.00°$A $\dot{I}_B$：$0.00\angle0.00°$A $\dot{I}_C$：$0.00\angle0.00°$A	状态触发条件：时间控制为28.00s
	说明：三相电压正常，同期电压正常（以 A 相电压做同期电压），电流为零，装置"充电完成"时间默认为25s，输入28s确保"充电完成"指示灯亮		
	状态 2 参数设置（故障状态）		
	$\dot{U}_A$：故障电压$\angle0.00°$V $\dot{U}_B$：$57.74\angle-120°$V $\dot{U}_C$：$57.74\angle120°$V $\dot{U}_X$：故障电压$\angle0.00°$V	$\dot{I}_A$：故障电流$\angle-80°$A $\dot{I}_B$：$0.00\angle0.00°$A $\dot{I}_C$：$0.00\angle0.00°$A	状态触发条件：时间控制为所加时间小于所模拟故障保护整定时间+60ms
	说明：输入计算好的故障电流、电压，同期电压和 A 相电压相同，所加时间小于所模拟的故障保护动作时间+60ms，不要加太长，否则相当于断路器拒动		
	状态 3 参数设置（跳闸后等待重合状态）		
	$\dot{U}_A$：$57.74\angle0.00°$V $\dot{U}_B$：$57.74\angle-120°$V $\dot{U}_C$：$57.74\angle120°$V $\dot{U}_X$：$>42\angle(<\pm20.00°$)V（动作） $\dot{U}_X$：$>42\angle(>\pm20.00°$)V（不动） $\dot{U}_X$：$<38\angle(<\pm20.00°$)V（不动）	$\dot{I}_A$：$0.00\angle0.00°$A $\dot{I}_B$：$0.00\angle0.00°$A $\dot{I}_C$：$0.00\angle0.00°$A	状态触发条件：时间控制为0.6s
	说明： （1）该装置检同期的前提条件是有电压，装置默认的有压定值为相电压40V，同期合闸角：20°。 （2）校验同期角边界时取 U_X：$40\angle18°$V 或 U_X：$40\angle-18°$V（能重合），U_X：$40\angle22°$V 或 U_X：$40\angle-22°$V（不能重合）来确定两个同期角边界。 （3）校验同期电压有压定值时取 U_X：$42\angle0°$V（能重合），U_X：$38\angle0°$V（不能重合）。 （4）该状态时间控制为三相重合闸时间 0.5s+0.1s＝0.6s		
检同期合闸无压定值校验试验仪器设置（A相接地故障）	试验条件	（1）试验接线：除三相电压外，同期电压的线（1UD5、1UD6）也要接。 （2）修改定值："单相重合闸"置 0、"三相重合闸"置 1、"禁止重合闸"置 0、"停用重合闸"置 0、"重合闸检同期"置 0、"重合闸检无压"置 1	
	注意事项	（1）待"异常"灯灭、"充电完成"指示灯亮后加单相重合闸的故障量。 （2）三相重合闸不同于单相重合闸，单相重合时装置不判线路同期电压，三相重合时故障前状态的线路电压一定要输入，不能只在状态 3 输入同期条件	
	状态 1 参数设置（故障前状态）		
	$\dot{U}_A$：$57.74\angle0.00°$V $\dot{U}_B$：$57.74\angle-120°$V $\dot{U}_C$：$57.74\angle120°$V $\dot{U}_X$：$57.74\angle0.00°$V	$\dot{I}_A$：$0.00\angle0.00°$A $\dot{I}_B$：$0.00\angle0.00°$A $\dot{I}_C$：$0.00\angle0.00°$A	状态触发条件：时间控制为28.00s

续表

检同期合闸无压定值校验试验仪器设置（A 相接地故障）	说明：三相电压正常，同期电压正常（以 A 相电压做同期电压），电流为零，装置"充电完成"时间默认为 25s，输入 28s 确保"充电完成"指示灯亮		
	状态 2 参数设置（故障状态）		
	$\dot{U}_A$：故障电压∠0.00°V $\dot{U}_B$：57.74∠−120°V $\dot{U}_C$：57.74∠120°V $\dot{U}_X$：故障电压∠0.00°V	$\dot{I}_A$：故障电流∠−80°A $\dot{I}_B$：0.00∠0.00°A $\dot{I}_C$：0.00∠0.00°A	状态触发条件：时间控制为所加时间小于所模拟故障保护整定时间+60ms
	说明：输入计算好的故障电流、电压，同期电压和 A 相电压相同，所加时间小于所模拟的故障保护动作时间+60ms，不要加太长，否则相当于断路器拒动		
	状态 3 参数设置（跳闸后等待重合状态）		
	$\dot{U}_A$：57.74∠0.00°V $\dot{U}_B$：57.74∠−120°V $\dot{U}_C$：57.74∠120°V $\dot{U}_X$：<30V∠0.00°V（能重合） $\dot{U}_X$：>30V∠0.00°V（不能重合）	$\dot{I}_A$：0.00∠0.00°A $\dot{I}_B$：0.00∠0.00°A $\dot{I}_C$：0.00∠0.00°A	状态触发条件：时间控制大于0.6s
	说明： （1）该装置在母线或线路电压小于 30V 时，检无压条件满足，故可输入 $\dot{U}_X$：28.5∠0.00°V（能重合），$\dot{U}_X$：31.5∠0.00°V（不能重合）来校验无压边界定值。 （2）该状态时间控制为大于三相重合闸时间 0.5s+0.1s=0.6s。 （3）如果使用状态序列检验，则最后一态要使用"按键触发"的方式，防止试验结束后由于最后一态没有电压而使"重合闸无压"条件满足而误判		

2. 重合闸脉冲宽度测试

重合闸脉冲宽度测试见表 1-8。

表 1-8   重合闸脉冲宽度测试

试验项目	重合闸脉冲宽度测试		
说明	重合闸动作时间和脉冲宽度测试不分单相还是三相重合闸，只要保护装置能够重合闸即可，这里以单相重合闸为例说明测试方法		
相关定值	单相重合闸时间：0.7s		
重合闸脉冲宽度测试试验仪器设置（A 相接地故障）	试验条件	（1）输入的故障为能实现屏内试验单相重合闸的状态。 （2）引入保护装置"重合闸出口"触点给试验仪器（开关量输入 D）作为开入量触发条件	
	注意事项	待"异常"灯灭、"充电完成"指示灯亮后加故障量	
	状态 1 参数设置（故障前状态）		
	$\dot{U}_A$：57.74∠0.00°V $\dot{U}_B$：57.74∠−120°V $\dot{U}_C$：57.74∠120°V	$\dot{I}_A$：0.00∠0.00°A $\dot{I}_B$：0.00∠0.00°A $\dot{I}_C$：0.00∠0.00°A	状态触发条件：时间控制为28.00s

续表

重合闸脉冲宽度测试试验仪器设置（A相接地故障）	说明：三相电压正常，电流为零，装置"充电完成"时间默认为25s，输入28s确保"充电完成"指示灯亮

<table>
<tr>
<td rowspan="8">重合闸脉冲宽度测试试验仪器设置（A相接地故障）</td>
<td colspan="3">状态2参数设置（故障状态）</td>
</tr>
<tr>
<td>$\dot{U}_A$：故障电压$\angle 0.00°$V

$\dot{U}_B$：57.74$\angle -120°$V

$\dot{U}_C$：57.74$\angle 120°$V</td>
<td>$\dot{I}_A$：故障电流$\angle -80°$A

$\dot{I}_B$：0.00$\angle 0.00°$A

$\dot{I}_C$：0.00$\angle 0.00°$A</td>
<td>状态触发条件：时间控制为所加时间小于所模拟故障保护整定时间+60ms</td>
</tr>
<tr>
<td colspan="3">说明：输入计算好的故障电流、电压，所加时间小于所模拟的故障保护动作时间+60ms，不要加太长，否则相当于断路器拒动</td>
</tr>
<tr>
<td colspan="3">状态3参数设置（跳闸后等待重合状态）</td>
</tr>
<tr>
<td>$\dot{U}_A$：57.74$\angle 0.00°$V

$\dot{U}_B$：57.74$\angle -120°$V

$\dot{U}_C$：57.74$\angle 120°$V</td>
<td>$\dot{I}_A$：0.00$\angle 0.00°$A

$\dot{I}_B$：0.00$\angle 0.00°$A

$\dot{I}_C$：0.00$\angle 0.00°$A</td>
<td>状态触发条件：
（1）在"状态参数"界面左下角"开入量翻转判别条件"设置中勾选"以上一个状态为参考"。
（2）在"触发条件"——"状态触发条件"中勾选"开入量翻转触发"。
（3）在"开关量输入"栏中仅勾选"D"</td>
</tr>
<tr>
<td colspan="3">说明：勾选开关量输入D是因为接线时就把"重合闸出口"触点接到试验仪器的开关量输入D上，如果接到其他上，就勾选相应开入，该状态除了重合闸开关量开入D以外的开入不能勾选，否则在该状态由于保护动作触点返回翻转，触发后进入下一个状态，这时重合闸动作触点还没动作，那么逻辑就不对了</td>
</tr>
<tr>
<td colspan="3">状态4参数设置（等待重合闸出口触点返回状态）</td>
</tr>
<tr>
<td>$\dot{U}_A$：57.74$\angle 0.00°$V

$\dot{U}_B$：57.74$\angle -120°$V

$\dot{U}_C$：57.74$\angle 120°$V</td>
<td>$\dot{I}_A$：0.00$\angle 0.00°$A

$\dot{I}_B$：0.00$\angle 0.00°$A

$\dot{I}_C$：0.00$\angle 0.00°$A</td>
<td>状态触发条件：时间控制大于200ms</td>
</tr>
<tr>
<td></td>
<td colspan="3">说明：该状态的设置是为了等待重合闸出口触点返回，并记录从动作到返回的时间（即脉冲宽度）所以该状态的模拟量不用设置，按默认的就可以，时间大于200ms是为了比该装置的正常重合闸脉冲长度（117ms左右）长，一般设置1s即可</td>
</tr>
<tr>
<td>注意</td>
<td colspan="3">在"状态参数"界面左下角"开入量翻转判别条件"设置中勾选"以上一个状态为参考"，不能用装置默认的"以第一个状态为参考"</td>
</tr>
<tr>
<td>思考</td>
<td colspan="3">博电继电保护调试仪状态序列的"状态参数"栏中开入量翻转条件有"以第一个状态为参考""以上一个状态为参考"，分别是什么含义？"触发条件"栏中"触发后延时"又是什么含义？在试验结束后测得的各个时间都是从什么时候开始计时的时间</td>
</tr>
</table>

六、线路保护联调检验

1. 采样检查光纤通道检查

交流回路及开入回路检查见表1-9。

表1-9　　　　　　　　　　　　交流回路及开入回路检查

试验项目	采样及开入检查
定值检查	本侧TA变比1200：1，对侧TA变比1200：1
通道检查	（1）通道联调时，应核对两侧装置显示的通道延时是否一致。 （2）线路两侧保护装置和通道均投入正常工作，检查通道正常，无通道告警信号。 （3）将线路两侧的任一侧差动保护主保护压板退出，应同时闭锁两侧的差动保护，通信应正常。 （4）检查两侧识别码、版本号是否一致

续表

电流采样	（1）检查电流回路完好性： 1）从本侧保护装置电流端子加入：$\dot{I}_A$：0.2∠0.00°A，$\dot{I}_B$：0.4∠-120°A，$\dot{I}_C$：0.6∠120°A 对侧保护装置通道对侧电流显示：$\dot{I}_A$：0.2∠0.00°A，$\dot{I}_B$：0.4∠-120°A，$\dot{I}_C$：0.6∠120°A 2）从对侧保护装置电流端子加入：$\dot{I}_A$：0.2∠0.00°A，$\dot{I}_B$：0.4∠-120°A，$\dot{I}_C$：0.6∠120°A 本侧保护装置通道对侧电流显示：$\dot{I}_A$：0.2∠0.00°A，$\dot{I}_B$：0.4∠-120°A，$\dot{I}_C$：0.6∠120°A （2）回路正常后，三相分别加入 0.2、1、2A 进行电流采样精度检查
开入检查	（1）进入装置菜单——保护状态——开入显示，检查开入开位变位情况。 （2）压板、开关跳闸位置、复归、打印、闭锁重合闸开入逐一检查

说明：（1）若两侧 TA 变比不一致（TA 一次额定值、TA 二次额定值都有可能不同），需将对侧的三相电流需要进行相应折算。

（2）假设 M 侧保护的 TA 变比为 M_{ct1}/M_{ct2}，N 侧保护的 TA 变比为 N_{ct1}/N_{ct2}，在 M 侧加电流 I_m，N 侧显示的对侧电流为 $I_m \times (M_{ct1} \times N_{ct2})/(M_{ct2} \times N_{ct1})$，若在 N 侧加电流 I_n，则 M 侧显示的对侧电流为 $I_n \times (N_{ct1} \times M_{ct2})/(M_{ct1} \times N_{ct2})$

2. 联调试验

空充及弱馈功能检验见表 1-10，远方跳闸保护检验见表 1-11。

表 1-10　　　　　　　　　　　空充及弱馈功能检验

试验项目	空充检验——区内、区外检验
相关定值	差动动作电流定值 $\dot{I}_{cd}$：1.0A；单相 TWJ 启动重合：置"1"；单相重合时间：0.7s
试验条件	主保护功能，通道一和通道二应分别检验。 （1）硬压板设置： 1）通道一：投入主保护（通道一）压板 1QLP1、退出停用重合闸压板 1QLP5； 2）通道二：投入主保护（通道二）压板 1QLP2、退出停用重合闸压板 1QLP5。 （2）软压板设置： 1）通道一：投入"光纤通道一"软压板，退出停用重合闸软压板； 2）通道二：投入"光纤通道二"软压板，退出停用重合闸软压板。 （3）控制字设置：两侧保护装置"纵联差动保护"置"1""投三相跳闸方式"置"0""单相重合闸"置"1""三相重合闸"置"0""停用重合闸"置"0"。 （4）断路器状态：三相断路器均处于合位。 （5）开入量检查：A 相跳位 0、B 相跳位 0、C 相跳位 0、闭锁重合闸 0、低气压闭锁重合闸 0。 （6）"异常"灯灭（故障前状态大于 10s），"充电完成"指示灯亮（故障前状态大于 25s）
计算方法 （以稳态Ⅰ段 A 相故障 为例）	计算公式：$I_d = m \times 1.5 \times I_{cd}$ 注：m 为系数。 计算数据：m=1.05，I_d=1.05×1.5×1.0=1.575（A） 　　　　　m=0.95，I_d=0.95×1.5×1.0=1.425（A）
试验方法	（1）待"充电完成"指示灯亮后加故障量，所加时间小于 0.03s（m=2 时测动作时间）。 （2）电压可不考虑。 （3）本侧开关置于合位，对侧开关置于分位。 （4）模拟线路空充时故障或空载时发生故障：对侧开关在分闸位置（注意保护开入量显示有跳闸位置开入，且将主保护压板投入），本侧开关在合闸位置，在本侧模拟各种故障，故障电流大于差动保护定值，本侧差动保护动作，对侧不动作

续表

	状态 1 参数设置（故障状态）		
单相区内故障试验仪器设置（采用状态序列）	$\dot{U}_A$：57.74∠0.00°V $\dot{U}_B$：57.74∠−120°V $\dot{U}_C$：57.74∠120°V	$\dot{I}_A$：1.575∠0.00°A $\dot{I}_B$：0.00∠0.00°A $\dot{I}_C$：0.00∠0.00°A	状态触发条件：时间控制为 0.03s
	本侧装置报文	（1）17ms A 纵联差动保护动作。 （2）760ms 重合闸动作。 （3）故障相别 A	
	本侧装置指示灯	保护跳闸、重合闸	
	对侧装置报文	无	
	对侧装置指示灯	无	
区外故障	参数设置	将故障态的故障相电流改为区外计算值，即 $\dot{I}_A$：1.425∠0.00°A	
	装置报文	保护启动	
	装置指示灯	无	

说明：（1）当线路充电时故障，开关断开侧电流启动元件不动作，开关合闸侧差动保护也就无法动作，因此在逻辑设计时将未合闸侧的开关跳闸位置作为合闸侧差动保护动作允许条件。

（2）本侧断路器在合闸位置，对侧断路器在断开位置，本侧模拟单相故障，本侧差动保护瞬时动作跳开断路器，然后单重。

（3）本侧断路器在合闸位置，对侧断路器在断开位置，本侧模拟相间故障，本侧差动保护瞬时动作跳开断路器

试验项目	弱馈功能检验——区内、区外检验
相关定值（举例）	差动动作电流定值 $\dot{I}_{cd}$：1.0A；单相 TWJ 启动重合：置"1"；单相重合时间：0.7s
试验条件	（1）硬压板设置： 1）通道一：投入主保护（通道一）压板 1QLP1、退出停用重合闸压板 1QLP5； 2）通道二：投入主保护（通道二）压板 1QLP2、退出停用重合闸压板 1QLP5。 （2）软压板设置： 1）通道一：投入"光纤通道一"软压板，退出停用重合闸软压板； 2）通道二：投入"光纤通道二"软压板，退出停用重合闸软压板。 （3）控制字设置：两侧保护装置"纵联差动保护"置"1""投三相跳闸方式"置"0""单相重合闸"置"1""三相重合闸"置"0""停用重合闸"置"0"。 （4）断路器状态：三相断路器均处于合位。 （5）开入量检查：A 相跳位 0、B 相跳位 0、C 相跳位 0、闭锁重合 0、低气压闭锁重合 0。 （6）"异常"灯灭（故障前状态大于 10s），"充电完成"指示灯亮（故障前状态大于 25s）
计算方法（以稳态 I 段 A 相故障为例）	计算公式： $I_d = m \times 1.5 \times I_{cd}$ 注：m 为系数。 计算数值：m=1.05，I_d=1.05×1.5×1.0=1.575（A） 　　　　　m=0.95，I_d=0.95×1.5×1.0=1.425（A）
试验方法	（1）待"充电完成"指示灯亮后加故障量，所加时间小于 0.05s（m=2 时测动作时间）。 （2）两侧开关均置于合位。

续表

试验方法	（3）模拟弱馈功能：对侧开关在合闸位置，主保护压板投入，加正常的三相电压 35V（小于 65%U_N 但是大于 TV 断线的告警电压 33V），装置没有"TV 断线"告警信号，本侧开关在合闸位置，故障电流大于差动保护定值，两侧差动保护均动作跳闸。 （4）本侧加故障电流，对侧加启动电流		
单相区内故障试验仪器设置（采用状态序列）	状态 1 参数设置（正常状态）		
	本侧故障	对侧故障量	状态触发条件：时间控制为 10s
	$\dot{U}_A$：57.74∠0.00°V $\dot{U}_B$：57.74∠−120°V $\dot{U}_C$：57.74∠120°V $\dot{I}_A$：0.00∠0.00°A $\dot{I}_B$：0.00∠0.00°A $\dot{I}_C$：0.00∠0.00°A	$\dot{U}_A$：57.74∠0.00°V $\dot{U}_B$：57.74∠−120°V $\dot{U}_C$：57.74∠120°V $\dot{I}_A$：0.00∠0.00°A $\dot{I}_B$：0.00∠0.00°A $\dot{I}_C$：0.00∠0.00°A	
	状态 2 参数设置（故障状态）		
	本侧故障	对侧故障量	状态触发条件：时间控制为 0.1s
	$\dot{U}_A$：57.74∠0.00°V $\dot{U}_B$：57.74∠−120°V $\dot{U}_C$：57.74∠120°V $\dot{I}_A$：1.575∠0.00°A $\dot{I}_B$：0.00∠0.00°A $\dot{I}_C$：0.00∠0.00°A	$\dot{U}_A$：35∠0.00°V（动作） $\dot{U}_B$：35∠−120°V（动作） $\dot{U}_C$：35∠120°V（动作） $\dot{U}_A$：39∠0.00°V（不动） $\dot{U}_B$：39∠−120°V（不动） $\dot{U}_C$：39∠120°V（不动） $\dot{I}_A$：0.00∠0.00°A $\dot{I}_B$：0.00∠0.00°A $\dot{I}_C$：0.00∠0.00°A	
	本侧装置报文	（1）22ms A 纵联差动保护动作。 （2）763ms 重合闸动作。 （3）故障相别 A	
	本侧装置指示灯	保护跳闸、重合闸	
	对侧装置报文	（1）20ms A 纵联差动保护动作。 （2）760ms 重合闸动作。 （3）故障相别 A	
	对侧装置指示灯	保护跳闸、重合闸	
区外故障	参数设置	将故障态的故障相电流改为区外计算值，即 $\dot{I}_A$：1.425∠0.00°A	
	装置报文	保护启动	
	装置指示灯	无	
说明：对侧 TV 断线会延时 30ms 发允许信号			

表 1-11　　　　　　　　　　　　　　　　远方跳闸保护检验

试验项目	远方跳闸保护检验		
相关定值	变化量启动电流定值：0.2A、控制字"远跳受启动元件控制动"置"1"		
试验条件	（1）硬压板设置： 1）通道一：投入主保护（通道一）压板 1QLP1、退出停用重合闸压板 1QLP5； 2）通道二：投入主保护（通道二）压板 1QLP2、退出停用重合闸压板 1QLP5。 （2）软压板设置： 1）通道一：投入"光纤通道一"软压板，退出停用重合闸软压板； 2）通道二：投入"光纤通道二"软压板，退出停用重合闸软压板。 （3）控制字设置：两侧保护装置"纵联差动保护"置"1""远跳受启动元件控制动"置"1""投三相跳闸方式"置"0""单相重合闸"置"1""三相重合闸"置"0""停用重合闸"置"0"。 （4）断路器状态：三相断路器均处于合位。 （5）开入量检查：A 相跳位 0、B 相跳位 0、C 相跳位 0、闭锁重合闸 0、低气压闭锁重合闸 0。 （6）"异常"灯灭（故障前状态大于 10s），"充电完成"指示灯亮（故障前状态大于 25s）		
计算方法	（1）装置其他保护动作开入，主要为其他保护装置提供通道，使其能切除线路对侧开关。如失灵保护动作，该动作触点接到 PCS-931 的其他保护动作开入，经 20ms 延时确认后，通过通道一和通道二分别发送到对侧。 （2）接收侧收到"收其他保护动作"信号后，如本侧装置已经在启动状态，且开关在合位，则发"远方其他保护动作"信号，出口跳本侧开关，发闭锁重合闸信号。 （3）远跳受启动元件控制，启动后光纤收到"收其他保护动作"信号，三相跳闸并闭锁重合闸；远跳不受启动元件控制，光纤收到"收其他保护动作"信号后直接启动，三相跳闸并闭锁重合闸		
试验方法	（1）所加时间 0.10s。 （2）电压可不考虑。 （3）测试仪器开出触点接本侧保护装置其他保护动作开入（1QD1～1QD11）		
区内故障	状态 1 参数设置　（故障状态）		
	对侧故障量	本侧故障	
	i_A：0.21∠0.00°A i_B：0.00∠0.00°A i_C：0.00∠0.00°A	开出触点：闭合；保持时间为 0.1s	状态触发条件：时间控制为 0.1s
	本侧装置报文	其他保护开入	
	本侧装置指示灯	无	
	对侧装置报文	28ms ABC 远方其他保护动作	
	对侧装置指示灯	保护跳闸	
区外故障	状态参数设置	将故障态的故障相电流改为区外计算值，即 i_A：0.19∠0.00°A	
	装置报文	无	
	装置指示灯	无	
说明：控制字"远跳受启动元件控制动"置"0"，则本侧保护装置无需加启动电流便可实现远跳			

第二节　保护常见故障及故障现象

PCS-931S-G 线路保护装置通用故障设置及故障现象见表 1-12。

表 1-12　　　　　PCS-931S-G 线路保护装置通用故障设置及故障现象

相别	难易	故障属性	故障现象	故障设置地点
通用	易	定值	定值区号错误，无法校验所需校验的定值	修改定值区号
通用	易	定值	二次采样电流值均放大 5 倍	修改装置参数定值——"TA 二次额定值"由 1A 改为 5A
通用	中	定值	保护装置运行灯灭，报"定值校验出错"	修改定值整定逻辑（例如将Ⅲ段保护定值或时间与Ⅱ段对调）
通用	易	定值	重合闸退出	修改软压板定值——"停用重合闸"置"1"
通用	易	定值	任何故障时三跳	修改控制字定值——"单相重合闸"置"0"
				修改控制字定值——"停用重合闸"或"禁止重合闸"置"1"
				修改控制字定值——"投三相跳闸方式"置"1"
通用	易	交流回路	三相电压幅值或角度漂移	虚接 7UD18（1UD4）
				虚接 1UD4（1n-02：12）
通用	易	交流回路	电压切换无正电，采样无电压	虚接 1QD2（7QD1）
				虚接 7QD1（1QD2）
通用	易	交流回路	电压切换无负电，采样无电压	虚接 1QD27（7QD10）
				虚接 7QD10（1QD27）
通用	中	操作回路	Ⅰ、Ⅱ母线电压切换错误	对调 7QD4（4n-16：01）和 7QD6（4n-16：03）
通用	中	操作回路	跳、合闸出口正电源均失去，无法跳、合闸	虚接 1CD1（4QD1）
AB	易	交流回路	A、B 相电压采样相别相反	对调 7UD11（4n-16：07）和 7UD13（4n-16：10）
				对调 1UD1（1n-02：09）和 1UD2（1n-02：10）
BC	易	交流回路	B、C 相电压采样相别相反	对调 7UD13（4n-16：10）和 7UD15（4n-16：13）
				对调 1UD2（1n-02：10）和 1UD3（1n-02：11）
CA	易	交流回路	C、A 相电压采样相别相反	对调 7UD15（4n-16：13）和 7UD11（4n-16：07）
				对调 1UD3（1n-02：11）和 1UD3（1n-02：09）
A	易	交流回路	电压从Ⅰ段加入时 A 相电压虚接，采样消失	虚接 7UD1（4n-16：05）
				虚接 7UD11（4n-16：07）
				虚接 7UD11（1ZKK：1）
				虚接 1UD1（1n-02：09）
				虚接 1UD1（1ZKK：2）

续表

相别	难易	故障属性	故障现象	故障设置地点
B	易	交流回路	电压从Ⅰ段加入时B相电压虚接，采样消失	虚接 7UD2（4n-16：08）
				虚接 7UD13（4n-16：10）
				虚接 7UD13（1ZKK：3）
				虚接 1UD2（1n-02：10）
				虚接 1UD2（1ZKK：4）
C	易	交流回路	电压从Ⅰ段加入时C相电压虚接，采样消失	虚接 7UD3（4n-16：11）
				虚接 7UD15（4n-16：13）
				虚接 7UD15（1ZKK：5）
				虚接 1UD3（1n-02：11）
				虚接 1UD3（1ZKK：6）
A	易	交流回路	电压从Ⅱ段加入时A相电压虚接，采样消失	虚接 7UD6（4n-16：06）
				虚接 7UD11（4n-16：07）
				虚接 7UD11（1ZKK：1）
				虚接 1UD1（1n-02：09）
				虚接 1UD1（1ZKK：2）
B	易	交流回路	电压从Ⅱ段加入时B相电压虚接，采样消失	虚接 7UD7（4n-16：09）
				虚接 7UD13（4n-16：10）
				虚接 7UD13（1ZKK：3）
				虚接 1UD2（1n-02：10）
				虚接 1UD2（1ZKK：4）
C	易	交流回路	电压从Ⅱ段加入时C相电压虚接，采样消失	虚接 7UD9（4n-16：12）
				虚接 7UD15（4n-16：13）
				虚接 7UD15（1ZKK：5）
				虚接 1UD3（1n-02：11）
				虚接 1UD3（1ZKK：6）
A	易	交流回路	A相电流虚接，采样消失	虚接 1ID1（1n-02:01）
				虚接 1ID5（1n-02:02）
B	易	交流回路	B相电流虚接，采样消失	虚接 1ID2（1n-02:03）
				虚接 1ID6（1n-02:04）
C	易	交流回路	C相电流虚接，采样消失	虚接 1ID3（1n-02:05）
				虚接 1ID7（1n-02:06）
AB	易	交流回路	A、B相电流分流，采样异常	短接 1ID1（1n-02:01）与 1ID2（1n-02:03）
BC	易	交流回路	B、C相电流分流，采样异常	短接 1ID2（1n-02:03）与 1ID3（1n-02:05）

27

续表

相别	难易	故障属性	故障现象	故障设置地点
CA	易	交流回路	C、A 相电流分流，采样异常	短接 1ID3（1n-02:05）与 1ID1（1n-02:01）
A	易	交流回路	A 相电流分流，采样异常	短接 1ID1（1n-02:01）与 1ID5（1n-02:02）
B	易	交流回路	B 相电流分流，采样异常	短接 1ID2（1n-02:03）与 1ID5（1n-02:02）
C	易	交流回路	C 相电流分流，采样异常	短接 1ID3（1n-02:05）与 1ID5（1n-02:02）
A	中	交流回路	电压从 I 段加入时相当于 A 相切换出来回到 B 相，A、B 相电压短路	对调 7UD1（4n-16：05）与 7UD13（4n-16：10）
B	中	交流回路	电压从 I 段加入时相当于 B 相切换出来回到 C 相，B、C 相电压短路	对调 7UD2（4n-16：08）与 7UD15（4n-16：13）
C	中	交流回路	电压从 I 段加入时相当于 C 相切换出来回到 A 相，C、A 相电压短路	对调 7UD3（4n-16：11）与 7UD11（4n-16：07）
A	中	交流回路	电压从 II 段加入时相当于 A 相切换出来回到 B 相，A、B 相电压短路	对调 7UD6（4n-16：06）与 7UD13（4n-16：10）
B	中	交流回路	电压从 II 段加入时相当于 B 相切换出来回到 C 相，B、C 相电压短路	对调 7UD7（4n-16：09）与 7UD15（4n-16：13）
C	中	交流回路	电压从 II 段加入时相当于 C 相切换出来回到 A 相，C、A 相电压短路	对调 7UD8（4n-16：12）与 7UD11（4n-16：07）
A	中	开入	整组试验单跳 A 相时闭重开入，三跳	短接 1QD:13（1n-08:22）和 1QD:20（1n-08:17）
B	中	开入	整组试验单跳 B 相时闭重开入，三跳	短接 1QD:15（1n-08:23）和 1QD:20（1n-08:17）
C	中	开入	整组试验单跳 C 相时闭重开入，三跳	短接 1QD:17（1n-08:24）和 1QD:20（1n-08:17）
A	中	操作回路	整组试验单跳 A 相时无法启动操作箱出口，A 跳灯不亮	虚接 1CLP1-2（1n-13:05） 虚接 1CLP1-1（1KD:1） 虚接 1KD:1（1CLP1-1） 虚接 1KD:1（4Q1D:21） 虚接 4Q1D:21（1KD:1）
B	中	操作回路	整组试验单跳 B 相时无法启动操作箱出口，B 跳灯不亮	虚接 1CLP2-2（1n-13:07） 虚接 1CLP2-1（1KD:2） 虚接 1KD:2（1CLP2-1） 虚接 1KD:2（4Q1D:24） 虚接 4Q1D:24（1KD:2）

续表

相别	难易	故障属性	故障现象	故障设置地点
C	中	操作回路	整组试验单跳 C 相时无法启动操作箱出口，C 跳灯不亮	虚接 1CLP3-2（1n-13:09）
				虚接 1CLP3-1（1KD:3）
				虚接 1KD:3（1CLP3-1）
				虚接 1KD:3（4Q1D:27）
				虚接 4Q1D:27（1KD:3）
A	中	操作回路	整组试验单跳 A 相时断路器无法跳开	虚接 4C1D:2（4n-05:10）
				虚接 4C1D:2 端子上至模拟断路器的外部电缆
B	中	操作回路	整组试验单跳 B 相时断路器无法跳开	虚接 4C1D:4（4n-06:10）
				虚接 4C1D:4 端子上至模拟断路器的外部电缆
C	中	操作回路	整组试验单跳 C 相时断路器无法跳开	虚接 4C1D:6（4n-07:10）
				虚接 4C1D:6 端子上至模拟断路器的外部电缆
ABC	中	操作回路	整组试验重合闸时无法启动操作箱出口，重合闸灯不亮	虚接 1CLP4-2（1n-13:11）
				虚接 1CLP4-1（1KD:5）
				虚接 1KD:5（1CLP4-1）
				虚接 1KD:5（4Q1D:30）
				虚接 4Q1D:30（1KD:5）
A	中	操作回路	整组试验重合 A 相时断路器无法合上	虚接 4C1D:9（4n-05:04）
				虚接 4C1D:9 端子上至模拟断路器的外部电缆
B	中	操作回路	整组试验重合 B 相时断路器无法合上	虚接 4C1D:12（4n-06:04）
				虚接 4C1D:12 端子上至模拟断路器的外部电缆
C	中	操作回路	整组试验重合 C 相时断路器无法合上	虚接 4C1D:15（4n-07:04）
				虚接 4C1D:15 端子上至模拟断路器的外部电缆
A	中	操作回路	整组试验单跳 A 相，同时跳 A、B 相	短接 1CLP1-1 与 1CLP2-1
				短接 1KD：1（1CLP1-1）与 1KD：2（1CLP2-1）
				短接 4Q1D:21（1KD:1）与 4Q1D:24（1KD:2）
				短接 4C1D:2（4n-05:10）与 4C1D:4（4n-06:10）
B	中	操作回路	整组试验单跳 B 相，同时跳 B、C 相	短接 1CLP2-1 与 1CLP3-1
				短接 1KD：2（1CLP2-1）与 1KD：3（1CLP3-1）
				短接 4Q1D:24（1KD:2）与 4Q1D:27（1KD:3）
				短接 4C1D:4（4n-06:10）与 4C1D:6（4n-07:10）
C	中	操作回路	整组试验单跳 C 相，同时跳 C、A 相	短接 1CLP3-1 与 1CLP1-1
				短接 1KD：3（1CLP3-1）与 1KD：1（1CLP1-1）
				短接 4Q1D:27（1KD:3）与 4Q1D:21（1KD:1）
				短接 4C1D:6（4n-07:10）与 4C1D:2（4n-05:10）

相别	难易	故障属性	故障现象	故障设置地点
A	难	操作回路	整组试验单跳 A 相时同时收到两相跳位，保护三跳	短接 4P1D:6（4n-11:12）与 4P1D:7（4n-11:13） 短接 1QD:13（1n-08:22）与 1QD:15（1n-08:23）
B	难	操作回路	整组试验单跳 B 相时同时收到两相跳位，保护三跳	短接 4P1D:7（4n-11:13）与 4P1D:8（4n-11:14） 短接 1QD:15（1n-08:23）与 1QD:17（1n-08:24）
C	难	操作回路	整组试验单跳 C 相时同时收到两相跳位，保护三跳	短接 4P1D:8（4n-11:14）与 4P1D:6（4n-11:12） 短接 1QD:17（1n-08:24）与 1QD:13（1n-08:22）
AB	难	操作回路	整组试验单跳 A 或 B 相时同时收到两相跳位，三跳	短接 4P1D:6（4n-11:12）与 4P1D:7（4n-11:13） 短接 1QD:13（1n-08:22）与 1QD:15（1n-08:23）
BC	难	操作回路	整组试验单跳 B 或 C 相时同时收到两相跳位，三跳	短接 4P1D:7（4n-11:13）与 4P1D:8（4n-11:14） 短接 1QD:15（1n-08:23）与 1QD:17（1n-08:24）
CA	难	操作回路	整组试验单跳 C 或 A 相时同时收到两相跳位，三跳	短接 4P1D:8（4n-11:14）与 4P1D:6（4n-11:12） 短接 1QD:17（1n-08:24）与 1QD:13（1n-08:22）
A	难	操作回路	整组试验单跳 A 相时操作箱被复归，A 跳灯不亮，按操作箱复归按钮时 A 相跳闸	短接 4Q1D:21（4n-05:09）与 4Q1D:40（4n-01:05）
B	难	操作回路	整组试验单跳 B 相时操作箱被复归，B 跳灯不亮，按操作箱复归按钮时 B 相跳闸	短接 4Q1D:24（4n-06:09）与 4Q1D:40（4n-01:05）
C	难	操作回路	整组试验单跳 C 相时操作箱被复归，C 跳灯不亮，按操作箱复归按钮时 C 相跳闸	短接 4Q1D:27（4n-07:09）与 4Q1D:40（4n-01:05）
A	中	操作回路	单跳 A 相时操作箱重合闸灯亮，断路器跳不掉，重合时跳 A 相断路器	对调 1KD1（1CLP1-1）和 1KD5（1CLP4-1） 对调 1KD1（4Q1D：21）和 1KD5（4Q1D：30）
B	中	操作回路	单跳 B 相时操作箱重合闸灯亮，断路器跳不掉，重合时跳 B 相断路器	对调 1KD2（1CLP2-1）和 1KD5（1CLP4-1） 对调 1KD2（4Q1D：24）和 1KD5（4Q1D：30）
C	中	操作回路	单跳 C 相时操作箱重合闸灯亮，断路器跳不掉，重合时跳 C 相断路器	对调 1KD3（1CLP1-1）和 1KD5（1CLP4-1） 对调 1KD3（4Q1D：27）和 1KD5（4Q1D：30）
ABC	中	操作回路	跳闸出口正电源失去，无法跳闸	虚接 1CD1（1n-13:02）
ABC	中	操作回路	重合闸出口正电源失去，无法重合闸	虚接 1CD2（1n-13:01）
ABC	难	操作回路	A 相或 B 相或 C 相跳开后无法合闸	4Q1D:6（4n-14:03）虚接，且 4Q1D:10(4n-14:13)虚接 4Q1D:9（4n-14:12）虚接，且 4Q1D:10(4n-14:13)虚接 4Q1D:12（4n-14:09）与 4Q1D:7 短接，且 4Q1D:10(4n-14:13)虚接

第二章 CSC-103A 线路保护装置调试

CSC-103A 数字式超高压线路保护装置适用于 220kV 及以上电压等级的高压输电线路，满足双母线、3/2 断路器等各种接线方式，适用于同杆和非同杆线路。保护装置的主保护为纵联电流差动保护，后备保护为三段式距离保护、两段式零序方向保护。另外装置还配置了自动重合闸，主要用于双母线接线情况。

第一节 试 验 调 试 方 法

一、快速距离保护检验

快速距离保护检验见表 2-1。

表 2-1　　　　　　　　　　　　快速距离保护检验

试验项目	快速接地距离保护检验——正方向：区内、区外故障；反方向
整定定值（举例）	接地距离 I 段保护定值 Z_{setl}：4.00Ω，动作时间装置固有（$t<35ms$）；零序补偿系数 K_R：0.7，K_Z：0.7；正序灵敏角 φ_1：85°，零序灵敏角 φ_0：71°；重合闸方式：单重方式；单重时间：0.7s
试验条件	（1）硬压板设置：投入距离保护投入压板 1KLP2、退出主保护投入（通道一）压板 1KLP6、退出主保护投入（通道二）压板 1KLP7、退出停用重合闸压板 1KLP1。 （2）软压板设置：退出停用重合闸软压板。 （3）控制字设置："快速距离保护"置"1""距离保护 I 段"置"1""单相重合闸"置"1""三相重合闸"置"0""三相跳闸方式"置"0"。 （4）开关状态：合上开关。 （5）开入量检查：A 相跳位 0、B 相跳位 0、C 相跳位 0、闭锁重合闸 0、低气压闭锁重合闸 0。 （6）加入正常三相电压大于 5s 后，"充电完成"指示灯亮
注意事项	计算公式：$U_\varphi = 0.3 \times m \times (1 + K_Z) \times I_\varphi \times Z_{setl}$ 注：m 为系数。 计算数据：$m=0.95$，　$U_\varphi = 0.3 \times 0.95 \times (1+0.7) \times 2 \times 4 = 3.876$（V） 　　　　　　$m=1.05$，　$U_\varphi = 0.3 \times 1.05 \times (1+0.7) \times 2 \times 4 = 4.284$（V）
试验方法	（1）状态 1 加正常电压量，电流为 0，待 TV 断线恢复及"充电完成"指示灯亮转入状态 2。 （2）状态 2 加故障量，所加故障时间大于整定时间+25ms。 （3）为提高快速距离保护动作可靠性，故障电流取 $2I_n$，$I_n=1A$

	采用状态序列			
	区内故障，m=0.95		区外故障，m=1.05	
试验仪器设置	$\dot{U}_A$：57.74∠0.00°V $\dot{U}_B$：57.74∠-120°V $\dot{U}_C$：57.74∠120°V $\dot{I}_A$：0.00∠0.00°A $\dot{I}_B$：0.00∠0.00°A $\dot{I}_C$：0.00∠0.00°A 状态触发条件：时间控制为5.00s	$\dot{U}_A$：3.876∠0.00°V $\dot{U}_B$：57.74∠-120°V $\dot{U}_C$：57.74∠120°V $\dot{I}_A$：2.00∠-90°A $\dot{I}_B$：0.00∠0.00°A $\dot{I}_C$：0.00∠0.00°A 状态触发条件：时间控制为0.025s	$\dot{U}_A$：57.74∠0.00°V $\dot{U}_B$：57.74∠-120°V $\dot{U}_C$：57.74∠120°V $\dot{I}_A$：0.00∠0.00°A $\dot{I}_B$：0.00∠0.00°A $\dot{I}_C$：0.00∠0.00°A 状态触发条件：时间控制为5.00s	$\dot{U}_A$：4.284∠0.00°V $\dot{U}_B$：57.74∠-120°V $\dot{U}_C$：57.74∠120°V $\dot{I}_A$：2.00∠-90°A $\dot{I}_B$：0.00∠0.00°A $\dot{I}_C$：0.00∠0.00°A 状态触发条件：时间控制为0.050s
装置报文	（1）0ms 保护启动。 （2）21ms 接地距离Ⅰ段动作A相，跳A相。 （3）71ms 单跳启动重合。 （4）4.773ms 重合闸动作		0ms 保护启动	
装置指示灯	保护跳闸、重合闸		无	
试验仪器设置（反向故障）	与区内故障设置类似，仅将故障态的故障相电流反180°，即 $\dot{I}_A$=2.00∠90°A			
	装置报文	0ms 保护启动		
	装置指示灯	—		

说明：（1）故障试验仪器设置以A相故障为例，B、C相类同。

（2）由于四边形阻抗继电器电抗定值给定的是90°时的值，因此，接地和相间故障的灵敏角为90°。

（3）做快速距离保护时：①保护动作时间更快（一般不超过15ms）；②保护动作时间实验报文中，没有"快速距离"类似的关键字，但是动作报文与距离Ⅰ段动作的动作报文不同（快速距离保护动作报文中不带电抗 X、电阻 R 的参数）

试验项目	快速距离保护相间故障检验——正方向：区内、区外故障；反方向
整定定值	相间距离Ⅰ段保护定值 $Z_{setI_{pp}}$：4.00Ω；动作时间装置固有（t<35ms）；正序阻抗角：85°；重合闸方式：单重方式；单重时间：0.7s
试验条件	与"快速接地距离保护检验"项目相同设定
注意事项	（1）状态1加正常电压量，电流为0，待TV断线恢复及"充电完成"指示灯亮转入状态2。 （2）状态2加故障量，状态2所加故障时间小于整定时间+25ms
计算方法（常规）	计算公式：$U_{\varphi\varphi}=0.3\times m\times 2\times I_{\varphi\varphi}\times Z_{setI_{pp}}$ 计算数据（举例：如BC相间故障，相量图如图2-1所示）： （1）区内故障：m=0.95，U_{KBC}=0.3×0.95×2×5×4=11.4(V) $U_{KB}=U_{KC}=\sqrt{\left(\dfrac{57.74}{2}\right)^2+\left(\dfrac{U_{KBC}}{2}\right)^2}=29.43(V)$ $\qquad$ $\Phi_1=\Phi_2=\arctan\left(\dfrac{\frac{U_{KBC}}{2}}{\frac{57.74}{2}}\right)=11.2°$ 则 $\dot{U}_{KB}$ 滞后 $\dot{U}_A$ 的角度为 180°-12.2°=167.8°； $\dot{U}_{KC}$ 超前 $\dot{U}_A$ 的角度为 180°-12.2°=167.8°。 Φ_3=正序阻抗角 （2）区外故障：m=1.05，U_{KBC}=0.3×1.05×2×5×4=12.6(V)

续表

计算方法（常规）	$U_{\mathrm{KB}}=U_{\mathrm{KC}}=\sqrt{\left(\dfrac{57.74}{2}\right)^2+\left(\dfrac{U_{\mathrm{BC}}}{2}\right)^2}=29.55\,(\mathrm{V})$ $\qquad$ $\Phi_1=\Phi_2=\arctan\left(\dfrac{\frac{U_{\mathrm{KBC}}}{2}}{\frac{57.74}{2}}\right)=12.3^\circ$ 则 $\dot{U}_{\mathrm{KB}}$ 滞后 $\dot{U}_{\mathrm{A}}$ 的角度为 $180^\circ-12.3^\circ=167.7^\circ$； $\dot{U}_{\mathrm{KC}}$ 超前 $\dot{U}_{\mathrm{A}}$ 的角度为 $180^\circ-12.3^\circ=167.7^\circ$。 Φ_3＝正序阻抗角 计算方法中，假设 U_{A} 的角度为零度。 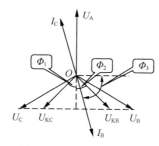 图 2-1　BC 相间故障相量图

采用状态序列

试验仪器设置	区内故障，m=0.95		区外故障，m=1.05	
	$\dot{U}_{\mathrm{A}}$：$57.74\angle0.00^\circ$ V	$\dot{U}_{\mathrm{A}}$：$57.74\angle0.00^\circ$ V	$\dot{U}_{\mathrm{A}}$：$57.74\angle0.00^\circ$ V	$\dot{U}_{\mathrm{A}}$：$57.74\angle0.00^\circ$ V
	$\dot{U}_{\mathrm{B}}$：$57.74\angle-120^\circ$ V	$\dot{U}_{\mathrm{B}}$：$29.43\angle-168.8^\circ$ V	$\dot{U}_{\mathrm{B}}$：$57.74\angle-120^\circ$ V	$\dot{U}_{\mathrm{B}}$：$29.55\angle-167.7^\circ$ V
	$\dot{U}_{\mathrm{C}}$：$57.74\angle120^\circ$ V	$\dot{U}_{\mathrm{C}}$：$29.43\angle168.8^\circ$ V	$\dot{U}_{\mathrm{C}}$：$57.74\angle120^\circ$ V	$\dot{U}_{\mathrm{C}}$：$29.55\angle167.7^\circ$ V
	$\dot{I}_{\mathrm{A}}$：$0.00\angle0.00^\circ$ A	$\dot{I}_{\mathrm{A}}$：$0.00\angle0.00^\circ$ A	$\dot{I}_{\mathrm{A}}$：$0.00\angle0.00^\circ$ A	$\dot{I}_{\mathrm{A}}$：$0.00\angle0.00^\circ$ A
	$\dot{I}_{\mathrm{B}}$：$0.00\angle0.00^\circ$ A	$\dot{I}_{\mathrm{B}}$：$5.00\angle-180^\circ$ A	$\dot{I}_{\mathrm{B}}$：$0.00\angle0.00^\circ$ A	$\dot{I}_{\mathrm{B}}$：$5.00\angle-180^\circ$ A
	$\dot{I}_{\mathrm{C}}$：$0.00\angle0.00^\circ$ A	$\dot{I}_{\mathrm{C}}$：$5.00\angle0.00^\circ$ A	$\dot{I}_{\mathrm{C}}$：$0.00\angle0.00^\circ$ A	$\dot{I}_{\mathrm{C}}$：$5.00\angle0.00^\circ$ A
	状态触发条件：时间控制为 5.00s	状态触发条件：时间控制为 0.025s	状态触发条件：时间控制为 5.00s	状态触发条件：时间控制为 0.025s
装置报文	（1）0ms 保护启动。 （2）21ms 相间距离 I 段动作，BC 相，跳 ABC。 （3）21ms 三跳闭锁重合闸		0ms 保护启动	
装置指示灯	保护跳闸		—	

试验仪器设置（反向故障）	与区内故障设置类似，仅将故障态的相间故障 $\dot{I}_{\mathrm{B}}$、$\dot{I}_{\mathrm{C}}$ 电流反 180°，即 $\dot{I}_{\mathrm{B}}$：$5.00\angle0^\circ$ A、$\dot{I}_{\mathrm{C}}$：$5.00\angle-180^\circ$ A	
	装置报文	0ms 保护启动
	装置指示灯	—

说明：故障试验仪器设置以 BC 相故障为例，AB、CA 相类同

二、差动保护电流定值检验

差动保护电流定值检验见表 2-2。

表 2-2　　　　　　　　　　　　　　差动保护电流定值检验

试验项目	差动保护电流高定值检验——区内、区外检验	
整定定值	保护定值栏中纵联保护中"差动动作电流定值"I_{cd}：0.6A（高定值取 2 倍 I_{cd}）、动作时间装置固有（$t<25$ms）；重合闸方式：单重方式；单重时间：0.7s	
试验条件	主保护功能，通道一和通道二应分别检验。 （1）硬压板设置： 1）通道一：投入主保护（通道一）压板 1KLP6、退出停用重合闸压板 1KLP1； 2）通道二：投入主保护（通道二）压板 1KLP7、退出停用重合闸压板 1KLP1。 （2）软压板设置： 1）通道一：投入"光纤通道一"软压板，退出停用重合闸软压板； 2）通道二：投入"光纤通道二"软压板，退出停用重合闸软压板。 （3）控制字设置："纵联差动保护"置"1""单相重合闸"置"1""三相重合闸"置"0""三相跳闸方式"置"0""通道环回试验"项置"1"。 （4）开关状态：合上开关。 （5）开入量检查：分相跳闸位置 TWJA：0、分相跳闸位置 TWJB：0、分相跳闸位置 TWJC：0、闭锁重合闸 0、低气压闭锁重合闸 0、重合闸充电完成 1。 （6）"充电完成"指示灯亮	
计算方法	计算公式：$I=m\times2\times I_{cd}\times K$ 注：m、K 为系数，K 在通道自环时取 0.5。 计算数据：m=1.05，$I=1.05\times2\times0.6\times0.5=0.63(A)$ 　　　　　m=0.95，$I=0.95\times2\times0.6\times0.5=0.57(A)$ 　　　　　m=2 时，测试动作时间	
注意事项	（1）待"充电完成"指示灯亮后加故障量，所加时间小于 0.03s。 （2）电压可不考虑	
试验仪器设置	区内故障，m=1.05 $\dot{I}_A$：0.63∠0.00°A $\dot{I}_B$：0.00∠0.00°A $\dot{I}_C$：0.00∠0.00°A 状态触发条件：时间控制为 0.03s	区外故障，m=0.95 $\dot{I}_A$：0.57∠0.00°A $\dot{I}_B$：0.00∠0.00°A $\dot{I}_C$：0.00∠0.00°A 状态触发条件：时间控制为 0.03s
装置报文	（1）0ms 保护启动。 （2）24ms 纵联差动保护动作、跳 A 相。 （3）24ms 分相差动动作。 （4）66ms 单跳启动重合闸。 （5）768ms 重合闸动作	0ms 保护启动
装置指示灯	保护跳闸、重合闸	—
说明：故障试验仪器设置以 A 相故障为例，B、C 相类同		

试验项目	差动保护电流低定值检验——区内、区外检验	
整定定值	保护定值栏中纵联保护中"差动动作电流定值"I_{cd}：0.6A（低定值取 1.5 倍 I_{cd}）、动作时间装置固有（$t<25$ms）；重合闸方式：单重方式；单重时间：0.70s	
试验条件	（1）硬压板设置：投入主保护（通道一）压板 1KLP6、投入主保护（通道二 ）压板 1KLP7、退出停用重合闸压板 1KLP1。 （2）软压板设置：投入"光纤通道一软压板""光纤通道二软压板"，退出"停用重合闸软压板"。 （3）控制字设置："纵联差动保护"置"1""单相重合闸"置"1""三相重合闸"置"0""三相跳闸方式"置"0""通道环回试验"项置"1"。 （4）开关状态：合上开关。 （5）开入量检查：分相跳闸位置 TWJA：0、分相跳闸位置 TWJB：0、分相跳闸位置 TWJC：0、闭锁重合闸 0、低气压闭锁重合闸 0、重合闸充电完成 1。 （6）"充电完成"指示灯亮	
计算方法	计算公式：$I = m \times 1.5 \times I_{cd} \times K$ 注：m、K 为系数，K 在通道自环时取 0.5。 计算数据：m=1.05，$I = 1.05 \times 1.5 \times 0.6 \times 0.5 = 0.473(\text{A})$ 　　　　　m=0.95，$I = 0.95 \times 1.5 \times 0.6 \times 0.5 = 0.428(\text{A})$ 　　　　　m=1.2 时，测试动作时间	
注意事项	（1）待"充电完成"指示灯亮后加故障量，所加时间小于 0.06s。 （2）电压可不考虑	
试验仪器设置	区内故障，m=1.05 $\dot{I}_A$：0.473∠0.00°A $\dot{I}_B$：0.00∠0.00°A $\dot{I}_C$：0.00∠0.00°A 状态触发条件：时间控制为 0.06s	区外故障，m=0.95 $\dot{I}_A$：0.428∠0.00°A $\dot{I}_B$：0.00∠0.00°A $\dot{I}_C$：0.00∠0.00°A 状态触发条件：时间控制为 0.06s
装置报文	（1）0ms 保护启动。 （2）57ms 纵联差动保护动作、跳 A 相。 （3）57ms 分相差动动作。 （4）100ms 单跳启动重合闸。 （5）803ms 重合闸动作	0ms 保护启动
装置指示灯	保护跳闸、重合闸	—
说明：故障试验仪器设置以 A 相故障为例，B、C 相类同		

试验项目	纵联零序差动保护定值检验——区内、区外检验
整定定值	保护定值栏中纵联保护中"差动动作电流定值"I_{cd}：0.6A、动作时间装置固有（$t>100$ms）；重合闸方式：单重方式；单重时间：0.70s
试验条件	同"差动保护电流定值检验"项目相同设定
计算方法	计算公式：$I = m \times I_{cd} \times K$ 注：m、K 为系数，K 在通道自环时取 0.5。 计算数据：m=1.05，$I = 1.05 \times 0.6 \times 0.5 = 0.315(\text{A})$ 　　　　　m=0.95，$I = 0.95 \times 0.6 \times 0.5 = 0.285(\text{A})$ 　　　　　m=1.2 时，测试动作时间
注意事项	（1）待"充电完成"指示灯亮后加故障量，所加时间小于 0.13s。 （2）电压可不考虑

续表

	区内故障，m=1.05	区外故障，m=0.95
试验仪器设置	$\dot{I}_A$：0.315∠0.00°A $\dot{I}_B$：0.00∠0.00°A $\dot{I}_C$：0.00∠0.00°A 状态触发条件：时间控制为 0.130s	$\dot{I}_A$：0.285∠0.00°A $\dot{I}_B$：0.00∠0.00°A $\dot{I}_C$：0.00∠0.00°A 状态触发条件：时间控制为 0.130s
装置报文	（1）0ms 零序辅助启动、保护启动。 （2）109ms 纵联差动保护动作、跳 A 相，零序差动作、跳 A 相。 （3）165ms 单跳启动重合。 （4）866ms 重合闸动作	0ms 保护启动
装置指示灯	保护跳闸、重合闸	无

说明：故障试验仪器设置以 A 相故障为例，B、C 相类同

试验项目	TA 断线时纵联差动保护定值检验——区内、区外检验			
整定定值（举例）	保护定值栏中纵联保护中"差动动作电流定值"I_{cd}：0.6A、保护定值栏中自定义中"TA 断线后分相差动定值"$I_{cd.dx}$：4.0A，动作时间装置固有（t<25ms）；重合闸方式：单重方式；单重时间：0.7s			
试验条件	同"差动保护电流定值检验"项目相同设定			
注意事项	计算公式：$I = m \times ([I_{cd}, I_{cd,dx}])_{max} \times K$ 注：m、K 为系数，K 在通道自环时取 0.5。 计算数据：m=1.05，$I = 1.05 \times 4.0 \times 0.5 = 2.1$（A） 　　　　　m=0.95，$I = 0.95 \times 4.0 \times 0.5 = 1.9$（A）			
试验方法	（1）待自检报告中"TA 断线"由"0→1"后加故障量，所加时间大于 0.05s。 （2）电压加三相正常值			
试验仪器设置	（前提："TA 断线闭锁差动"置"0"）采用状态序列			
	区内故障，m=1.05		区外故障，m=0.95	
	状态 1	状态 2	状态 1	状态 2
	$\dot{I}_A$：0.285∠0.00°A $\dot{I}_B$：0.00∠0.00°A $\dot{I}_C$：0.00∠0.00°A 状态触发条件：时间控制大于 15s	$\dot{I}_A$：2.10∠0.00°A $\dot{I}_B$：0.00∠0.00°A $\dot{I}_C$：0.00∠0.00°A 状态触发条件：时间控制为 0.2s	$\dot{I}_A$：0.285∠0.00°A $\dot{I}_B$：0.00∠0.00°A $\dot{I}_C$：0.00∠0.00°A 状态触发条件：时间控制大于 15s	$\dot{I}_A$：1.90∠0.00°A $\dot{I}_B$：0.00∠0.00°A $\dot{I}_C$：0.00∠0.00°A 状态触发条件：时间控制为 0.2s
装置报文	（1）0ms 保护启动。 （2）TA 断线告警，对侧 TA 断线，本侧 TA 断线。 （3）4ms 保护启动。 （4）164ms 纵联差动保护动作、跳 ABC 相，164ms 分相差动动作、跳 ABC 相。 （5）164ms 三跳闭锁重合闸		（1）0ms 保护启动。 （2）TA 断线告警，对侧 TA 断线，本侧 TA 断线 ABC 相。 （3）0ms 保护启动	
装置指示灯	保护跳闸		无	

说明：（1）故障试验仪器设置以 A 相故障为例，B、C 相类同。

（2）状态 1 所加的电流必须大于零序启动电流定值

三、距离保护检验

距离保护检验见表 2-3。

表 2-3　　　　　　　　　　　　　　距离保护检验

试验项目	接地距离 I 段保护检验——正方向：区内、区外故障；反方向
整定定值	与"快速接地距离保护检验"项目相同设定
试验条件	与"快速接地距离保护检验"项目相同设定
注意事项	计算公式：$U_\varphi = m \times (1 + K_Z) \times I_\varphi \times Z_{setl}$，$m$ 为系数。 计算数据：$m=0.95$，$U_\varphi = 0.95 \times (1 + 0.7) \times 1 \times 4 = 6.46(V)$ $m=1.05$，$U_\varphi = 1.05 \times (1 + 0.7) \times 1 \times 4 = 7.14(V)$
试验方法	与"快速接地距离保护检验"项目相同设定
仪器设置	正方向区内故障、正方向区外故障、反方向故障设置参考"快速接地距离保护检验"相关项目
试验项目	相间距离 I 段保护检验——正方向：区内、区外故障；反方向
整定定值	与"快速距离保护相间故障检验"项目相同设定
试验条件	与"快速距离保护相间故障检验"项目相同设定
注意事项	与"快速距离保护相间故障检验"项目相同设定
计算方法	计算公式：$U_{\varphi\varphi} = m \times 2 \times I_{\varphi\varphi} \times Z_{setl_{pp}}$，其他参考"快速距离保护相间故障检验"项目
仪器设置	正方向区内故障、正方向区外故障、反方向故障设置参考"快速距离保护相间故障检验"相关项目
试验项目	接地距离 II 段不定角度检验——正方向：区内、区外故障；反方向
整定定值 （举例）	接地距离 II 段保护定值 X_{DZII}：6.0Ω；负荷限制电阻 R_{DZ}：10.0Ω；动作时间 t_{II}=0.5s；零序补偿系数 K_R：0.7、K_Z：0.7；正序灵敏角 φ_1：85°；零序灵敏角 φ_0：71°；重合闸方式：单重方式；单重时间：0.7s
试验条件	"距离保护 II 段"置"1"，其他同"快速接地距离保护检验"项目设置
注意事项	计算公式：$U_\varphi = m \times (1 + K_Z) \times I_\varphi \times OA$（或 OB），具体是 OA 还是 OB 见计算方法中的分析（如图 2-2 和图 2-3 所示），m 为系数
计算方法	 图 2-2　假设 α 与右侧斜边相交　　　　图 2-3　假设 α 与上侧斜边相交

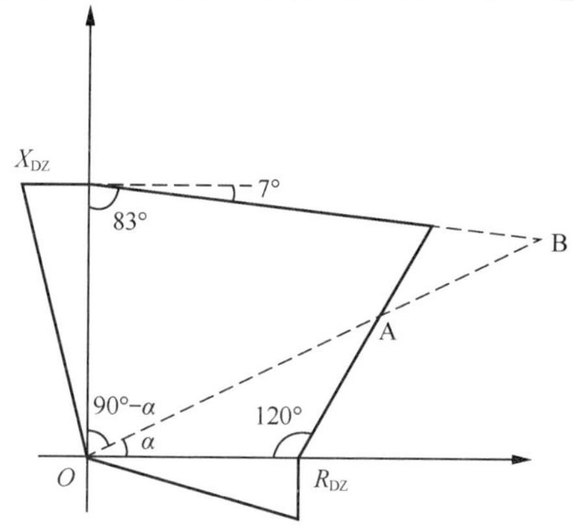

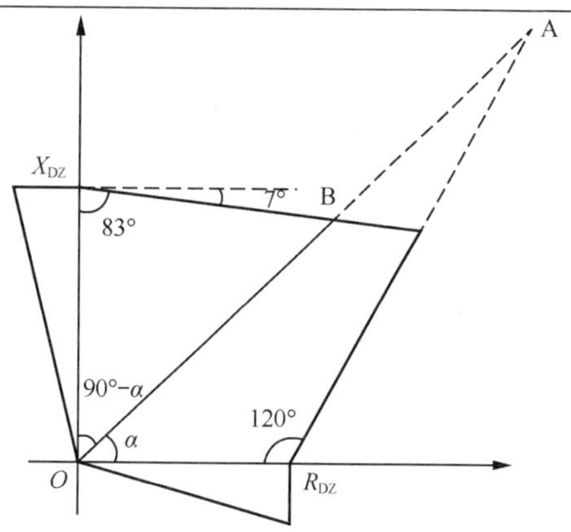

假设要求调试 α（α 为任意角度，大于 0°小于 90°）角度的接地距离保护和相间距离保护，这个时候应该怎么计算它的值呢？根据图 2-2 和图 2-3 所示，图中所画的就是接地距离元件和相间距离元件的四边形特性图。在计算 α 的距离定值时，可以从原点画一个 α 的直线与四边形相交，但是对于任意角度的线，我们不知道它与右侧斜边相交还是与上侧斜边相交，这种情况下，很难计算距离定值。

续表

| 计算方法 | 在这里通过数学逻辑推导方式，给出一个简便易行的计算方法，这种计算方法是 X_{DZ} 整定值和 R_{DZ} 整定值是任意的，α 也是任意的，图 2-2 与图 2-3 分别是在确定的 α 提下，分别假设它与右侧斜边和上侧斜边相交，看它们有什么规律和特点。

（1）先来观察图 2-2，图 2-2 是假设与右斜边线相交，在这种前提下，要计算原点到 A 点的线段长度，可以按照原点与 R_{DZ} 和 A 点组成的三角形，通过正弦定理进行计算，正弦定理的计算原理如下：

$\dfrac{A}{\sin a}=\dfrac{B}{\sin b}=\dfrac{C}{\sin c}$，即在一个三角形中，$A$ 边与对应的角度正弦的比值，等于 B 边或 C 边与其对应角度正弦的比值。那么根据正弦定理，图 2-2 中可以求出 OA 线段长度

$$\frac{OA}{\sin120°}=\frac{R_{DZ}}{\sin(180°-120°-\alpha)} \qquad (2-1)$$

由于 α 和 R_{DZ} 的值是已知的，所以可以计算出 OA 值。另外，将 OA 延长线与上斜边相交，交点为 B，同样，利用正弦定理计算 OB 的值

$$\frac{OB}{\sin83°}=\frac{X_{DZ}}{\sin(7°+\alpha)} \qquad (2-2)$$

同样，由于 α 和 X_{DZ} 的值是已知的，所以可以计算出 OB 值。根据图 2-2 和计算结果比较，均可发现 $OA<OB$。

（2）再来观察图 2-3，图 2-3 是假设 α（此时 α 与图 2-2 相等）的线与右斜边线相交，为了方便与图 2-2 进行比较，此线与上斜边相交点依然是 B 点，它的延长线与右斜边相交点仍然是 A 点。再利用正弦定理计算 OA 与 OB 的值，两者的计算公式同式（2-1）和式（2-2），比较计算结果和图 2-3 可以得出，此时，$OB<OA$。

（3）将图 2-2 和图 2-3 的计算结果进行比较，可以得出一个结论，即 α 的线实际与哪个边相交，那么，它的值就比另一个通过延长线相交的三角形产生的值小，即在图 2-2 中，$OA<OB$，在图 2-3 中 $OB<OA$。总结出这个规律，那么在实际计算中就可以采用以上方法，分别计算它与两个三角形相交后所得的数值，将它们的数值进行比较，取小的数值，这个值就是这条线与相应三角形真实的交点。当然，还有一种特殊情况，那就是两个计算值相等，这时就是这条线刚好穿过顶点。

根据以上要素，下面进行举例计算，假设计算的接地距离 II 角度为 30°，根据上述公式，假设与右斜边相交的是 OA，与上斜相交的是 OB。

$$\frac{OA}{\sin120°}=\frac{R_{DZ}}{\sin(180°-120°-\alpha)}\ \Rightarrow\ OA=\frac{\sin120°×10}{\sin(180°-120°-30°)}=17.32$$

$$\frac{OB}{\sin83°}=\frac{X_{DZ}}{\sin(7°+\alpha)}\ \Rightarrow\ OB=\frac{\sin83°×6}{\sin(7°+30°)}=9.89$$

由于 $OB<OA$，因此 30°动作角度时采用 $OB=9.89$，利用公式 $U_\varphi=m×(1+K_Z)×I_\varphi×OB$ 进行计算，为了防止计算后的动作电压超过额定电压，故障电流取为 3A。

计算数据：$m=0.95$，$U_\varphi=0.95×(1+0.7)×3×9.89=47.92V$；$m=1.05$，$U_\varphi=1.05×(1+0.7)×3×9.89=52.96V$。

注意：由于四边形右侧斜边与 X 轴夹角为 60°，所以当故障角度大于 60°时，仅需要计算 OB。 |
| 仪器设置 | 正方向区内故障、正方向区外故障、反方向故障设置参考"快速接地距离保护检验" 相关项目 |

说明：（1）故障试验仪器设置以 A 相故障为例，B、C 相类同。

（2）"相间距离 II 段不定角度检验"可参考"接地距离 II 段不定角度检验"

四、零序保护检验

零序保护检验见表 2-4。

表 2-4 零序保护检验

试验项目	零序电流保护检验（正、反方向，区内、区外故障）； 零序方向动作区、灵敏角、最小动作电压检验			
整定定值 （举例）	零序过电流Ⅱ段定值 $I_{0Ⅱ}$=0.80A；零序过电流Ⅱ段时间 $t_{0Ⅱ}$=1.00s；线路零序灵敏角 φ_0：71°；重合闸方式：单重方式；单重时间：0.7s			
试验条件	（1）硬压板设置：退出"停用重合闸"1KLP1、投入"零序过电流保护投入"1KLP3。 （2）软压板设置：投入"零序过电流保护软压板"、退出"停用重合闸软压板"。 （3）控制字设置："零序电流保护"置"1"。 （4）开关状态：合上开关。 （5）开入量检查：分相跳闸位置 TWJA：0、分相跳闸位置 TWJB：0、分相跳闸位置 TWJC：0、闭锁重合闸 0、低气压闭锁重合闸 0、重合闸充电完成 1。 （6）"充电完成"指示灯亮			
试验项目	零序电流保护定值检验（正、反方向，区内、区外故障）			
计算方法	计算公式：$I = m \times I_{0Ⅱ}$ 注：m 为系数。 计算数据：m=1.05，$I = 1.05 \times 0.80 = 0.84(\text{A})$ 　　　　　m=0.95，$I = 0.95 \times 0.80 = 0.76(\text{A})$ 　　　　　m=1.2，测试动作时间 注意：零序灵敏角为 99°，零序电流超前零序电压			
试验方法	（1）状态 1 加正常电压量，电流为 0，待 TV 断线恢复及"充电完成"指示灯亮转入状态 2。 （2）状态 2 加故障量（适当降低电压，$3U_0>2V$），所加时间小于保护整定时间+100ms			
试验仪器 设置	采用状态序列			
	区内故障，m=1.05		区外故障，m=0.95	
	$\dot{U}_A$：57.74∠0.00° V $\dot{U}_B$：57.74∠−120° V $\dot{U}_C$：57.74∠120° V $\dot{I}_A$：0.00∠0.00° A $\dot{I}_B$：0.00∠0.00° A $\dot{I}_C$：0.00∠0.00° A 状态触发条件：时间控制为 5.00s	$\dot{U}_A$：50∠0.00° V $\dot{U}_B$：57.74∠−120° V $\dot{U}_C$：57.74∠120° V $\dot{I}_A$：0.84∠−81° A $\dot{I}_B$：0.00∠0.00° A $\dot{I}_C$：0.00∠0.00° A 状态触发条件：时间控制为 1.1s	$\dot{U}_A$：57.74∠0.00° V $\dot{U}_B$：57.74∠−120° V $\dot{U}_C$：57.74∠120° V $\dot{I}_A$：0.00∠0.00° A $\dot{I}_B$：0.00∠0.00° A $\dot{I}_C$：0.00∠0.00° A 状态触发条件：时间控制为 5.00s	$\dot{U}_A$：50∠0.00° V $\dot{U}_B$：57.74∠−120° V $\dot{U}_C$：57.74∠120° V $\dot{I}_A$：0.76∠−81° A $\dot{I}_B$：0.00∠0.00° A $\dot{I}_C$：0.00∠0.00° A 状态触发条件：时间控制为 1.1s
装置报文	（1）0ms 保护启动。 （2）1004ms 零序过电流Ⅱ段动作，跳 A 相。 （3）1127ms 单跳启动重合。 （4）1829ms 重合闸动作		0ms 保护启动	
装置指示灯	保护跳闸、重合闸		—	
仪器设置 （反向故障）	与区内故障设置类似，仅将故障态故障电流反 180°，即：$\dot{I}_A$：0.84∠99° A			
	装置报文	0ms 保护启动		
	装置指示灯	—		
试验项目	零序方向动作区、灵敏角、最小动作电压检验			

动作区试验方法	（1）手动试验界面。 （2）先加正序正常电压量及电流为 0，使 TV 断线复归，按"菜单栏"——"输出保持"按钮（注："输出保持"按钮功能：可保持按下前装置输出量）。 （3）改变电流量大于 $I_{0\text{II}}$ 定值，角度设定为稍大于边界的角度。 （4）在仪器界面右下角——变量及变化步长选择——选择好变量（角度）、变化步长。 （5）放开菜单栏——"输出保持"按钮，调节步长▲或▼，直到保护动作

试验仪器设置 —— 采用手动试验（边界一）

$\dot{U}_A$：57.74∠0.00°V $\dot{I}_A$：0.00∠0.00°A $\dot{U}_B$：57.74∠-120°V $\dot{I}_B$：0.00∠0.00°A $\dot{U}_C$：57.74∠120°V $\dot{I}_C$：0.00∠0.00°A	$\dot{U}_A$：50.00∠0.00°V $\dot{I}_A$：1.00∠10.00°A $\dot{U}_B$：57.74∠-120°V $\dot{I}_B$：0.00∠0.00°A $\dot{U}_C$：57.74∠120°V $\dot{I}_C$：0.00∠0.00°A
设置好后，按"菜单栏"——"输出保持"按钮至 TV 断线复归	"变量及变化步长选择"，变量——角度变化步长——1°设置好后，放开"菜单栏"——"输出保持"按钮调节步长▼，直到保护动作

采用手动试验（边界二）

$\dot{U}_A$：52.74∠0.00°V $\dot{I}_A$：0.00∠0.00°A $\dot{U}_B$：57.74∠-120°V $\dot{I}_B$：0.00∠0.00°A $\dot{U}_C$：57.74∠120°V $\dot{I}_C$：0.00∠0.00°A	$\dot{U}_A$：52.00∠0.00°V $\dot{I}_A$：1.00∠-172.00°A $\dot{U}_B$：57.74∠-120°V $\dot{I}_B$：0.00∠0.00°A $\dot{U}_C$：57.74∠120°V $\dot{I}_C$：0.00∠0.00°A
设置好后，按"菜单栏"——"输出保持"按钮至 TV 断线复归	"变量及变化步长选择"，变量——角度变化步长——1.00°设置好后，放开"菜单栏"——"输出保持"按钮。调节步长▲，直到保护动作

动作区灵敏角

零序灵敏角如图 2-4 所示。

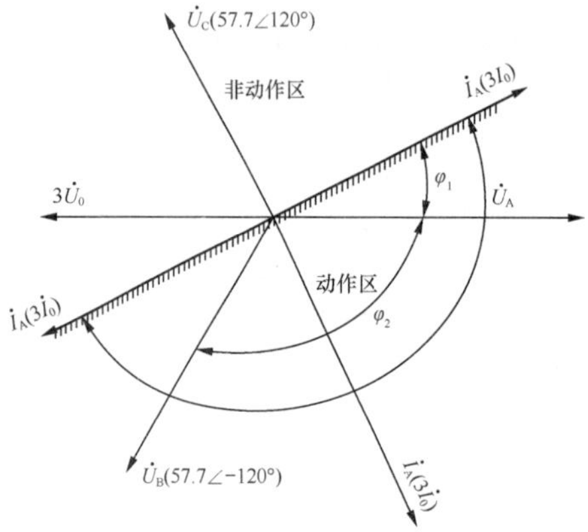

图 2-4 零序灵敏角示意图

测试的角度是以 $\dot{U}_A$ 为基准，动作区：$\varphi_2 < \varphi < \varphi_1$，本装置得到的角度 $\varphi_2 = -161°$，$\varphi_1 = -1°$，转换为以 $3\dot{U}_0$ 为基准，则零序动作区：$180° + \varphi_2 < \varphi < 180° + \varphi_1$，故本装置参考零序动作区：$19° < \varphi < 179°$；$\varphi_{\text{sen}}$ 为 $3\dot{I}_0$ 超前于 $3\dot{U}_0$ 的角度为灵敏角，则 $\varphi_{\text{sen}} = \dfrac{\varphi_1 + \varphi_2}{2} + 180°$

最小动作电压试验方法	（1）手动试验界面。 （2）先加正常电压量，电流为 0（使 TV 断线复归），按"菜单栏"——"输出保持"按钮。 （3）改变电流量，使其等于 I_N（额定电流），角度设置为灵敏角度。 （4）在仪器界面右下角——变量及变化步长选择——选择好变量（幅值）、变化步长。 （5）放开"菜单栏"——"输出保持"按钮，调节步长▼，直到保护动作

试验仪器设置	采用手动试验	
	$\dot{U}_A$：57.74∠0.00°V $\dot{I}_A$：0.00∠0.00°A $\dot{U}_B$：57.74∠-120°V $\dot{I}_B$：0.00∠0.00°A $\dot{U}_C$：57.74∠120°V $\dot{I}_C$：0.00∠0.00°A 设置好后按"菜单栏"——"输出保持"按钮	$\dot{U}_A$：57.00∠0.00°V $\dot{I}_A$：1.00∠-81°A（灵敏角） $\dot{U}_B$：57.74∠-120°V $\dot{I}_B$：0.00∠0.00°A $\dot{U}_C$：57.74∠120°V $\dot{I}_C$：0.00∠0.00°A "变量及变化步长选择"，变量——(U_A）幅值 变化步长——0.1V，设置好后放开"菜单栏"—— "输出保持"按钮，调节步长▼，直到保护动作（参 考值56.5V）

说明：故障试验仪器设置以 A 相故障为例，B、C 相类同

试验项目	手合加速零序电流（手合加速距离Ⅲ段）	
整定定值	零序过电流加速段定值 I_{0JS}：0.38A	
试验条件	（1）开关状态：分位。 （2）其他与"零序电流保护检验"项目设置相同，如果加速距离Ⅲ段，则将"距离保护Ⅲ段"置"1"	
注意事项	计算公式：$I = m \times I_{0JS}$ 注：m 为系数。 计算数据：$m=1.05$，$I = 1.05 \times 0.38 = 0.40(A)$ $m=0.95$，$I = 0.95 \times 0.38 = 0.36(A)$ 如果加速距离Ⅲ段，则按距离Ⅲ段公式进行计算	
试验方法	状态 1 加正常电压，电流为故障电流，所加时间 60ms+50ms=110ms	
试验仪器设置	采用状态序列	
	区内故障，$m=1.05$	区外故障，$m=0.95$
	$\dot{U}_A$：57.74∠0.00°V $\dot{I}_A$：0.40∠-81°A $\dot{U}_B$：57.74∠-120°V $\dot{I}_B$：0.00∠0.00°A $\dot{U}_C$：57.74∠120°V $\dot{I}_C$：0.00∠0.00°A 状态触发条件：时间控制为 0.11s	$\dot{U}_A$：57.74∠0.00°V $\dot{I}_A$：0.36∠-81°A $\dot{U}_B$：57.74∠-120°V $\dot{I}_B$：0.00∠0.00°A $\dot{U}_C$：57.74∠120°V $\dot{I}_C$：0.00∠0.00°A 状态触发条件：时间控制为 0.11s
装置报文	（1）0ms 保护启动。 （2）68ms 零序手合加速动作、跳 ABC 相。 （3）69ms 闭锁重合闸	0ms 保护启动
装置指示灯	保护跳闸	—

说明：故障试验仪器设置以 A 相故障为例，B、C 相类同

试验项目	重合加速零序电流（重合加速距离Ⅱ段）
整定定值	零序过电流加速段定值 I_{0JS}：0.38A
试验条件	"零序加速段带方向"置"0"，其他与"零序电流保护检验"项目设置相同，如果重合加速距离Ⅱ段，则将"距离保护Ⅱ段"置"1"
注意事项	与"手合加速零序电流"项目设置相同，如果加速距离Ⅱ段，则按距离Ⅱ段公式进行计算
试验方法	（1）状态 1 加正常电压量，电流为 0，待 TV 断线复归及"充电完成"指示灯亮转入状态 2。 （2）状态 2 加零序Ⅱ段（距离Ⅱ段）保护范围内的故障量[$I_\varphi = m \times I_{0JS} = 1.05 \times 0.38 = 0.4(A)$]，所加时间小于零序Ⅱ段（距离Ⅱ段）整定时间+100ms。

续表

试验方法	（3）状态 3 加正常电压量，电流为 0，所加时间大于重合时间+50ms。 （4）状态 4 加故障量（零序过流加速段值），所加时间为 60ms+50ms=110ms			
试验仪器设置（区内故障）*m*=1.05	采用状态序列			
	状态 1（正常态）	状态 2（故障态）	状态 3（重合态）	状态 4（故障加速态）
	$\dot{U}_A$：57.74∠0.00°V	$\dot{U}_A$：50∠0.00°V	$\dot{U}_A$：57.74∠0.00°V	$\dot{U}_A$：57.74∠0.00°V
	$\dot{U}_B$：57.74∠−120°V	$\dot{U}_B$：57.74∠−120°V	$\dot{U}_B$：57.74∠−120°V	$\dot{U}_B$：57.74∠−120°V
	$\dot{U}_C$：57.74∠120°V	$\dot{U}_C$：57.74∠120°V	$\dot{U}_C$：57.74∠120°V	$\dot{U}_C$：57.74∠120°V
	$\dot{I}_A$：0.00∠0.00°A	$\dot{I}_A$：0.84∠−81.00°A	$\dot{I}_A$：0.00∠0.00°A	$\dot{I}_A$：0.40∠0.0°A
	$\dot{I}_B$：0.00∠0.00°A	$\dot{I}_B$：0.00∠0.00°A	$\dot{I}_B$：0.00∠0.00°A	$\dot{I}_B$：0.00∠0.00°A
	$\dot{I}_C$：0.00∠0.00°A	$\dot{I}_C$：0.00∠0.00°A	$\dot{I}_C$：0.00∠0.00°A	$\dot{I}_C$：0.00∠0.00°A
	状态触发条件：时间控制为 5.00s	状态触发条件：时间控制为 1.1s	状态触发条件：时间控制为 0.75s	状态触发条件：时间控制为 0.11s
	装置报文	（1）0ms 保护启动。 （2）1004ms 零序过电流Ⅱ段动作、跳 A 相。 （3）1124ms 单跳启动重合闸。 （4）1826ms 重合闸动作。 （5）1934ms 零序加速段动作、跳 ABC。 （6）1934ms 三跳闭锁重合闸		
	装置指示灯	保护跳闸、重合闸		
试验仪器设置（区外故障）	将"故障加速态"中故障电流 $\dot{I}_A$ 改为 0.36∠0.0°A，其他三态与区内故障设置相同			
	装置报文	（1）0ms 保护启动。 （2）1005ms 零序过电流Ⅱ段动作、跳 A 相。 （3）1122ms 单跳启动重合闸。 （4）1823ms 重合闸动作		
	装置指示灯	保护跳闸、重合闸		
说明：故障试验仪器设置以 A 相故障为例，B、C 相类同				

五、重合闸测试

重合闸测试见表 2-5。

表 2-5　　　　　　　　　　　　重合闸测试

试验项目	重合闸时间、重合闸脉冲宽度测试（以零序Ⅱ段模拟接地故障）
整定定值	零序过电流Ⅱ段保护定值 $I_{0Ⅱ}$=0.80A、零序过电流Ⅱ段时间 $t_{0Ⅱ}$=1.00s；线路零序灵敏角φ_0：71.00°；重合闸方式：单重方式；单重时间：0.7s
注意事项	（1）硬压板设置：退出"停用重合闸"1KLP1、投入"零序过电流保护投入"1KLP3。 （2）软压板设置：投入"零序过电流保护软压板"、退出"停用重合闸软压板"。

注意事项	（3）控制字设置："零序电流保护"置"1"。 （4）开关状态：合上开关。 （5）开入量检查：分相跳闸位置 TWJA：0、分相跳闸位置 TWJB：0、分相跳闸位置 TWJC：0、闭锁重合闸 0、低气压闭锁重合闸 0、重合闸充电完成 1。 （6）端子排 1CD1 接测试仪 DI 公共端，"重合闸出口"接测试仪 DI 端
计算方法	计算公式：$I = m \times I_{0\mathrm{II}}$ 注：m 为系数。 计算数据：$m=1.05$，$I=1.05 \times 0.80 = 0.84(\mathrm{A})$ 注意：零序灵敏角为 99°，零序电流超前零序电压
试验方法	（1）状态 1 加正常电压量，电流为 0，待 TV 断线复归及"充电完成"指示灯亮转入状态 2。 （2）状态 2 加故障量（单相故障），所加时间小于所模拟故障保护整定时间+100ms。 （3）状态 3 加正常电压量，电流为 0，开入量翻转触发（重合闸时间测试：在"状态参数"界面左下角"开入量翻转判别条件"设置中勾选"以第一个状态为参考"）。 （4）状态 4 加正常电压量，电流为 0，开入量翻转触发（脉冲宽度测试：在"状态参数"界面左下角"开入量翻转判别条件"设置中勾选"以上一个状态为参考"）

	采用状态序列			
试验仪器设置	状态 1（正常态）	状态 2（故障态）	状态 3（重合态）	状态 4（重合脉冲态）
	$\dot{U}_A$：57.74∠0.00°V	$\dot{U}_A$：50∠0.00°V	$\dot{U}_A$：57.74∠0.00°V	$\dot{U}_A$：57.74∠0.00°V
	$\dot{U}_B$：57.74∠-120°V	$\dot{U}_B$：57.74∠-120°V	$\dot{U}_B$：57.74∠-120°V	$\dot{U}_B$：57.74∠-120°V
	$\dot{U}_C$：57.74∠120°V	$\dot{U}_C$：57.74∠120°V	$\dot{U}_C$：57.74∠120°V	$\dot{U}_C$：57.74∠120°V
	$\dot{I}_A$：0.00∠0.00°A	$\dot{I}_A$：0.84∠-85.00°A	$\dot{I}_A$：0.00∠0.00°A	$\dot{I}_A$：0.00∠0.00°A
	$\dot{I}_B$：0.00∠0.00°A	$\dot{I}_B$：0.00∠0.00°A	$\dot{I}_B$：0.00∠0.00°A	$\dot{I}_B$：0.00∠0.00°A
	$\dot{I}_C$：0.00∠0.00°A	$\dot{I}_C$：0.00∠0.00°A	$\dot{I}_C$：0.00∠0.00°A	$\dot{I}_C$：0.00∠0.00°A
	状态触发条件：时间控制为 5.00s	状态触发条件：时间控制为 1.1s	状态触发条件：开入量翻转触发	状态触发条件：开入量翻转触发
	测试数据	重合闸时间：720ms 左右；重合闸脉冲：121ms 左右		

说明：故障试验仪器设置以 A 相故障为例，B、C 相类同	
试验项目	三相重合闸（以零序 II 段模拟接地故障）
项目 1	检同期校验
整定定值	三相重合闸时间：0.50s；同期合闸角 Φ_T：30.0°；线路有压或母线有压：$70\%U_n = 0.7 \times 57.74 = 40.42$（V）（装置固定）
注意事项	（1）母线及线路电压均需加入。 （2）"单相重合闸"置"0""三相重合闸"置"1""重合闸检同期方式"置"1""重合闸检无压方式"置"0""电压取线路 TV 电压"置"0"。 （3）其他同"零序电流保护检验"项目中设置
计算方法	（1）三相同期合闸角 $\Phi = m \times \Phi_T$，注：m 为系数。 计算数据：$m=1.05$，$\Phi = 1.05 \times 30.0° = 31.5°$ $\quad\quad\quad\quad m=0.95$，$\Phi = 0.95 \times 30.0° = 28.5°$ （2）故障电流计算公式：$I = m \times I_{0\mathrm{II}}$，注：$m$ 为系数。 计算数据：$m=1.05$，$I = 1.05 \times 0.80 = 0.84(\mathrm{A})$ 注意：零序灵敏角为 99°，零序电流超前零序电压

试验方法	（1）状态 1 加正常电压量，电流为 0，待 TV 断线恢复及"充电完成"指示灯亮转入状态 2。 （2）状态 2 加故障量，所加时间为所模拟故障保护整定时间+100ms。 （3）状态 3 加正常电压量，改变线路与母线电压相位角差，电流为 0，所加时间大于重合时间+60ms		
试验仪器 设置（检同 期成功 m=0.95）	采用状态序列		
	状态 1（正常态）	状态 2（故障态）	状态 3（重合态）
	$\dot{U}_{A}$：57.74∠0.00°V	$\dot{U}_{A}$：50.00∠0.00°V	$\dot{U}_{A}$：57.74∠0.00°V
	$\dot{U}_{B}$：57.74∠-120°V	$\dot{U}_{B}$：57.74∠-120°V	$\dot{U}_{B}$：57.74∠-120°V
	$\dot{U}_{C}$：57.74∠120°V	$\dot{U}_{C}$：57.74∠120°V	$\dot{U}_{C}$：57.74∠120°V
	$\dot{U}_{Z}$：57.74∠0.00°V	$\dot{U}_{Z}$：57.74∠0.00°V	$\dot{U}_{Z}$：57.74∠28.5°V
	$\dot{I}_{A}$：0.00∠0.00°A	$\dot{I}_{A}$：0.84∠-81.00°A	$\dot{I}_{A}$：0.00∠0.00°A
	$\dot{I}_{B}$：0.00∠0.00°A	$\dot{I}_{B}$：0.00∠0.00°A	$\dot{I}_{B}$：0.00∠0.00°A
	$\dot{I}_{C}$：0.00∠0.00°A	$\dot{I}_{C}$：0.00∠0.00°A	$\dot{I}_{C}$：0.00∠0.00°A
	状态触发条件：时间控制为 5.00s	状态触发条件：时间控制为 1.1s	状态触发条件：时间控制为 0.560s
试验仪器 设置	检同期不成功设置方法：将状态 3（重合态）的 $\dot{U}_{Z}$ 更改为 57.74∠31.5°V，其他项目设置与检同期成功相同		
项目 2	检有压校验		
整定定值 （举例）	三相重合闸时间：0.50s；同期合闸角：30.0°；线路有压或母线有压 U_{T}：70%U_{n}=0.7×57.74=40.42（V）（装置固定）		
注意事项	与"检同期校验"项目设置相同		
计算方法	（1）线路有压 $U_{\varphi}=m\times U_{T}$，m 为系数。 计算数据：m=1.05，$U_{\varphi}=1.05\times40.42=42.44(V)$ m=0.95，$U_{\varphi}=0.95\times40.42=38.40(V)$ （2）故障电流计算公式：$I=m\times I_{0II}$，m 为系数。 计算数据：m=1.05，$I=1.05\times0.80=0.84(A)$ 注意：零序灵敏角为 99°，零序电流超前零序电压		
试验方法	（1）状态 1 加正常电压量，电流为 0，待 TV 断线恢复及"充电完成"指示灯亮转入状态 2。 （2）状态 2 加故障量，所加时间为所模拟故障保护整定时间+100ms。 （3）状态 3 加正常电压量，改变线路或母线电压幅值，电流为 0，所加时间大于重合时间+60ms		
试验仪器 设置	（1）检有压成功设置方法：将状态 3（重合态）的 $\dot{U}_{Z}$ 更改为 42.44∠0.00°V，其他项目设置与"检同期校验"中检同期成功设置相同。 （2）检有压不成功设置方法：将状态 3（重合态）的 $\dot{U}_{Z}$ 更改为 38.40∠0.00°V，其他项目设置与"检同期校验"中区内故障设置相同		
项目 3	检无压校验		
整定定值 （举例）	三相重合闸时间：0.50s；无压判断值 U_{T}：30%$U_{n}=0.3\times57.74=17.22(V)$（装置固定）		

注意事项	"重合闸检同期方式"置"0""重合闸检无压"置"1",其他与"检同期校验"项目设置相同
计算方法	(1) 线路无压 $U_\varphi = m \times U_T$ 注:m 为系数。 计算数据:$m=1.05$, $U_\varphi = 1.05 \times 17.22 = 18.08(\text{V})$ $\qquad\qquad m=0.95$, $U_\varphi = 0.95 \times 17.22 = 16.36(\text{V})$ (2) 故障电流计算公式:$I = m \times I_{0\text{II}}$, m 为系数。 计算数据:$m=1.05$, $I = 1.05 \times 0.80 = 0.84(\text{A})$ 注意:零序灵敏角为 99°,零序电流超前零序电压
试验方法	(1) 状态 1 加正常电压量,电流为 0,待 TV 断线恢复及"充电完成"指示灯亮转入状态 2。 (2) 状态 2 加故障量,所加时间为所模拟故障保护整定时间+100ms。 (3) 状态 3 加正常电压量,改变线路电压,电流为 0,所加时间大于重合时间+60ms
试验仪器设置	(1) 检无压成功设置方法:将状态 3(重合态)的 $\dot{U}_Z$ 更改为 $16.36\angle 0.00°\text{V}$,其他项目设置与"检同期校验"中区内故障设置相同。 (2) 检无压不成功设置方法:将状态 3(重合态)的 $\dot{U}_Z$ 更改为 $18.08\angle 0.00°\text{V}$,其他项目设置与区内故障相同
说明:加单相故障时,试验仪器设置以 A 相故障为例,B、C 相类同	

六、纵联保护通道检验

1. 采样检查光纤通道检查

交流回路及开入回路检查见表 2-6。

表 2-6　　　　　　　交流回路及开入回路检查

试验项目	采样及开入检查
定值检查	对侧 TA 变比系数为 2000/1,本侧 TA 变比系数为 2000/1
通道检查	(1) 通道联调时,应核对两侧装置显示的通道延时是否一致。 (2) 线路两侧保护装置和通道均投入正常工作,检查通道正常,无通道告警信号。 (3) 将线路两侧的任一侧差动保护主保护压板退出,应同时闭锁两侧的差动保护,通信应正常。 (4) 检查两侧识别码、版本号是否一致
电流采样	(1) 检查电流回路完好性: 1) 从本侧保护装置电流端子加入:$\dot{I}_A$:$0.2\angle 0.00°$,$\dot{I}_B$:$0.4\angle -120°$,$\dot{I}_C$:$0.6\angle 120°$ 对侧保护装置的通道对侧电流显示:$\dot{I}_A$:$0.201\angle 0.00°$,$\dot{I}_B$:$0.402\angle -120°$,$\dot{I}_C$:$0.602\angle 120°$ 2) 从对侧保护装置电流端子加入:$\dot{I}_A$:$0.2\angle 0.00°$,$\dot{I}_B$:$0.4\angle -120°$,$\dot{I}_C$:$0.6\angle 120°$ 本侧保护装置通道对侧电流显示:$\dot{I}_A$:$0.201\angle 0.00°$,$\dot{I}_B$:$0.402\angle -120°$,$\dot{I}_C$:$0.602\angle 120°$ (2) 回路正常后,三相分别加入 0.2、1、2A 进行电流采样精度检查
开入检查	(1) 进入装置菜单——保护状态——开入显示,检查开入开位变位情况。 (2) 压板、开关跳闸位置、复归、打印、闭锁重合闸开入逐一检查

说明:(1) 若两侧 TA 变比不一致(TA 一次额定值、TA 二次额定值都有可能不同),需将对侧的三相电流需要进行相应折算。

(2) 假设 M 侧保护的 TA 变比为 $M_{\text{ct1}}/M_{\text{ct2}}$,N 侧保护的 TA 变比为 $N_{\text{ct1}}/N_{\text{ct2}}$,在 M 侧加电流 I_m,N 侧显示的对侧电流为 $I_\text{m} \times (M_{\text{ct1}} \times N_{\text{ct2}})/(M_{\text{ct2}} \times N_{\text{ct1}})$,若在 N 侧加电流 I_n,则 M 侧显示的对侧电流为 $I_\text{n} \times (N_{\text{ct1}} \times M_{\text{ct2}})/(M_{\text{ct1}} \times N_{\text{ct2}})$

2. 联调测试

纵联保护通道联调见表 2-7。

表 2-7 纵联保护通道联调

项目 1	模拟线路空充时故障或空载时发生故障——区内、区外检验	
整定定值（举例）	保护定值栏中纵联保护中"差动动作电流定值"I_{cd}：0.6A（低定值取 1.5 倍 I_{cd}）、动作时间装置固有（$t<25\text{ms}$）；重合闸方式：单重方式；单重时间：0.7s	
试验条件	（1）硬压板设置：投入主保护（通道一）压板 1KLP6、投入主保护（通道二）压板 1KLP7、退出停用重合闸压板 1KLP1。 （2）软压板设置：投入"光纤通道一软压板""光纤通道二软压板"，退出"停用重合闸软压板"。 （3）控制字设置："纵联差动保护"置"1""单相重合闸"置"1""三相重合闸"置"0""三相跳闸方式"置"0""通道环回试验"项置"0"。 （4）开关状态：合上开关。 （5）开入量检查：分相跳闸位置 TWJA：0、分相跳闸位置 TWJB：0、分相跳闸位置 TWJC：0、闭锁重合闸 0、低气压闭锁重合闸 0、重合闸充电完成 1	
计算方法	计算公式：$I = m \times 1.5 \times I_{cd}$ 注：m 为系数。 计算数据：$m=1.05$，$I=1.05 \times 1.5 \times 0.6 = 0.946(\text{A})$ $m=0.95$，$I=0.95 \times 1.5 \times 0.6 = 0.856(\text{A})$	
注意事项	（1）待"充电完成"指示灯亮后加故障量，所加时间小于 0.03s。 （2）电压可不考虑。 （3）对侧开关在分闸位置（注意保护开入量显示有跳闸位置开入，且将主保护压板投入），本侧开关在合闸位置，在本侧模拟各种故障，故障电流大于差动保护定值，本侧差动保护动作，对侧不动作	
试验仪器设置	$\dot{I}_A$：0.946∠0.00°A $\dot{I}_B$：0.00∠0.00°A $\dot{I}_C$：0.00∠0.00°A 状态触发条件：时间控制为 0.03s	$\dot{I}_A$：0.856∠0.00°A $\dot{I}_B$：0.00∠0.00°A $\dot{I}_C$：0.00∠0.00°A 状态触发条件：时间控制为 0.03s
本侧装置报文	（1）0ms 保护启动。 （2）20ms 纵联差动保护动作、跳 A 相。 （3）20ms 分相差动动作。 （4）64ms 单跳启动重合闸。 （5）765ms 重合闸动作	0ms 保护启动
对侧装置报文	—	—
装置指示灯	保护跳闸、重合闸	—
说明：加单相故障时，试验仪器设置以 A 相故障为例，B、C 相类同		
项目 2	模拟弱馈功能	
整定定值（举例）	保护定值栏中纵联保护中"差动动作电流定值"I_{cd}：0.6A（低定值取 1.5 倍 I_{cd}）、动作时间装置固有（$t<25\text{ms}$）；重合闸方式：单重方式；单重时间：0.7s	

试验条件	（1）硬压板设置：投入主保护（通道一）压板 1KLP6、投入主保护（通道二 ）压板 1KLP7、退出停用重合闸压板 1KLP1。 （2）软压板设置：投入"光纤通道一软压板""光纤通道二软压板"，退出"停用重合闸软压板"。 （3）控制字设置："纵联差动保护"置"1""单相重合闸"置"1""三相重合闸"置"0""三相跳闸方式"置"0""通道环回试验"项置"0"。 （4）开关状态：合上开关。 （5）开入量检查：分相跳闸位置 TWJA：0、分相跳闸位置 TWJB：0、分相跳闸位置 TWJC：0、闭锁重合闸 0、低气压闭锁重合闸 0、重合闸充电完成 1
计算方法	计算公式：$I = m \times 1.5 \times I_{cd}$ 注：m 为系数。 计算数据：$m=1.05$，$I = 1.05 \times 1.5 \times 0.6 = 0.946(\mathrm{A})$ $\qquad\qquad m=0.95$，$I = 0.95 \times 1.5 \times 0.6 = 0.856(\mathrm{A})$
试验方法	（1）待"充电完成"指示灯亮后加故障量，所加时间小于 0.1s（$m=2$ 时测动作时间）。 （2）两侧开关均置于合位。 （3）模拟弱馈功能：弱馈侧收到对侧启动信号后，满足以下所有条件时，弱馈侧保护被拉入故障处理程序，允许强电源侧保护动作，本侧也能跳闸。 1）收到对侧启动信号； 2）至少有一相差动电流大于动作值：$I_D > I_{DZ}$； 3）对应的相电压低于 36V 或相间电压低于 60V。 （4）M 侧开关在合闸位置，在 M 侧加正常的三相电压，无 TV 断线告警信号，N 侧满足上述条件，M 侧故障电流大于差动保护定值，M、N 侧差动保护均动作跳闸

单相区内故障试验仪器设置（采用状态序列）	状态 1 参数设置（正常状态）		
	本侧故障	对侧故障量	
	$\dot{U}_A$：$57.74 \angle 0.00°$ V	$\dot{U}_A$：$57.74 \angle 0.00°$ V	状态触发条件：时间控制为 5s
	$\dot{U}_B$：$57.74 \angle -120°$ V	$\dot{U}_B$：$57.74 \angle -120°$ V	
	$\dot{U}_C$：$57.74 \angle 120°$ V	$\dot{U}_C$：$57.74 \angle 120°$ V	
	$\dot{I}_A$：$0.00 \angle 0.00°$ A	$\dot{I}_A$：$0.00 \angle 0.00°$ A	
	$\dot{I}_B$：$0.00 \angle 0.00°$ A	$\dot{I}_B$：$0.00 \angle 0.00°$ A	
	$\dot{I}_C$：$0.00 \angle 0.00°$ A	$\dot{I}_C$：$0.00 \angle 0.00°$ A	
	状态 2 参数设置（故障状态）		
	本侧故障	对侧故障量	
	$\dot{U}_A$：$57.74 \angle 0.00°$ V	$\dot{U}_A$：$35 \angle 0.00°$ V（动作）	状态触发条件:时间控制为 0.1s
	$\dot{U}_B$：$57.74 \angle -120°$ V	$\dot{U}_B$：$35 \angle -120°$ V（动作）	
	$\dot{U}_C$：$57.74 \angle 120°$ V	$\dot{U}_C$：$35 \angle 120°$ V（动作）	
	$\dot{I}_A$：$0.946 \angle 0.00°$ A	$\dot{U}_A$：$39 \angle 0.00°$ V（不动）	
	$\dot{I}_B$：$0.00 \angle 0.00°$ A	$\dot{U}_B$：$39 \angle -120°$ V（不动）	
	$\dot{I}_C$：$0.00 \angle 0.00°$ A	$\dot{U}_C$：$39 \angle 120°$ V（不动）	
		$\dot{I}_A$：$0.00 \angle 0.00°$ A	
		$\dot{I}_B$：$0.00 \angle 0.00°$ A	
		$\dot{I}_C$：$0.00 \angle 0.00°$ A	

续表

单相区内故障试验仪器设置（采用状态序列）	本侧装置报文	（1）0ms 保护启动。 （2）28ms 纵联差动保护动作、跳 A 相。 （3）28ms 分相差动动作、对侧差动动作。 （4）70ms 单跳启动重合闸。 （5）772ms 重合闸动作
	本侧装置指示灯	保护跳闸、重合闸
	对侧装置报文	（1）0ms 差动弱馈启动。 （2）19ms 保护启动。 （3）26ms 纵联差动保护动作、跳 A 相。 （4）26ms 分相差动动作、对侧差动动作。 （5）69ms 单跳启动重合闸。 （6）770ms 重合闸动作
	对侧装置指示灯	保护跳闸、重合闸
区外故障	参数设置	将故障态的故障相电流改为区外计算值，即 $\dot{I}_A$：0.856∠0.00A
	装置报文	0ms 保护启动
	装置指示灯	无

说明：加单相故障时，试验仪器设置以 A 相故障为例，B、C 相类同

项目 3	远方跳闸保护检验
相关定值	变化量启动电流定值：0.20A、控制字"远跳受启动元件控制动"置"1"
试验条件	（1）硬压板设置：投入主保护（通道一）压板 1KLP6、投入主保护（通道二）压板 1KLP7、退出停用重合闸压板 1KLP1。 （2）软压板设置：投入"光纤通道一软压板""光纤通道二软压板"，退出"停用重合闸软压板"。 （3）控制字设置："纵联差动保护"置"1""单相重合闸"置"1""三相重合闸"置"0""三相跳闸方式"置"0""通道环回试验"项置"0"。 （4）开关状态：合上开关。 （5）开入量检查：分相跳闸位置 TWJA：0、分相跳闸位置 TWJB：0、分相跳闸位置 TWJC：0、闭锁重合闸 0、低气压闭锁重合闸 0、重合闸充电完成 1
计算方法	（1）装置其他保护动作开入，主要为其他保护装置提供通道，使其能切除线路对侧开关。如失灵保护动作，该动作触点接到 CSC-103A 的其他保护动作开入，经 20ms 延时确认后，通过通道一和通道二分别发送到对侧。 （2）接收侧收到"收其他保护动作"信号后，如本侧装置已经在启动状态，且开关在合位，则发"远方其他保护动作"信号，出口跳本侧开关，发闭锁重合闸信号。 （3）远跳受启动元件控制，启动后光纤收到"收其他保护动作"信号，三相跳闸并闭锁重合闸；远跳不受启动元件控制，光纤收到"收其他保护动作"信号后直接启动，三相跳闸并闭锁重合闸
试验方法	（1）所加时间 0.10s。 （2）电压可不考虑。 （3）测试仪器开出触点接对侧保护装置其他保护动作开入（1QD13）

参数设置 （故障状态）			
对侧故障量		本侧故障量	状态触发条件：时间控制为 0.10s
$\dot{I}_A$：0.21∠0.00°A $\dot{I}_B$：0.00∠−120°A $\dot{I}_C$：0.00∠120°A		开出触点：闭合；保持时间：0.10s	
区内故障	本侧装置报文	其他保护动作开入	
	本侧装置指示灯	无	
	对侧装置报文	（1）0ms 保护启动。 （2）13ms 远方其他保护动作、跳 ABC 相。 （3）20ms 三跳闭锁重合闸。 （4）70ms 单跳启动重合闸。 （5）772ms 重合闸动作	
	对侧装置指示灯	保护跳闸	
区外故障	状态参数设置	将故障态的故障相电流改为区外计算值，即 $\dot{I}_A$：0.19∠0.00A，其余同区内故障	
	装置报文	无	
	装置指示灯	无	
说明：控制字"远跳受启动元件控制动"置"0"，则本侧保护装置无需加启动电流便可实现远跳			

第二节 保护常见故障及故障现象

一、通用故障设置

CSC-103A 线路保护通用故障设置及故障现象见表 2-8。

表 2-8 　　　　　　　　　　CSC-103A 线路保护通用故障设置及故障现象

相别	难易	故障属性	故障现象	故障设置地点
通用	易	装置参数	两侧差动有误	TA 系数改为 0.5
通用	易	装置参数	差动保护无法动作	软件压板控制中"光纤通道一软压板""光纤通道二软压板"置"0"
通用	易	装置参数	保护动作值不准	TA 二次额定值由 1A 改为 5A
通用	易	装置参数	定值区错误	将定值区由"0"区改为"1"区
通用	中	装置参数	接地距离Ⅱ段三跳不重合	控制字"Ⅱ段保护闭锁重合闸"整定为"1"
通用	易	装置参数	充电完成灯不亮，单相跳闸无法重合	保护控制字禁止重合闸置"1"
通用	中	装置参数	任意故障三跳	保护控制字三相跳闸方式置"1"
通用	中	装置参数	差动保护无效	本侧、对侧识别码置"1"，通道环回试验置"0"

续表

相别	难易	故障属性	故障现象	故障设置地点
通用	易	装置参数	零序电流保护无法动作	保护控制字零序电流保护置 0
通用	易	装置参数	距离保护无法动作	保护控制字距离保护 I 段、II 段、III 段置 0
通用	易	采样回路	三相电流虚接	1ID4 虚接
通用	易	采样回路	$3I_0$ 电流被分流	1ID4 与 1ID5 短接
通用	易	采样回路	电压 N 线虚接	1UD4 上 7UD24 虚接
通用	中	采样回路	I、II 母输入对调	4nx17:01 与 4nx17:09 对调；4nx17:02 与 4nx17:10 对调；4nx17:03 与 4nx17:11 对调
通用	中	采样回路	负电源无	1nx10-a26 虚接
通用	易	采样回路	U_B 与 U_C 对调	1nx1-a9 与 1nx1-b9 对调
通用	中	采样回路	B、C 相分流，$3I_0$ 无电流	1ID2 与 1ID3 用焊锡丝短接，1ID4 与 1ID5 对调
通用	中	采样回路	U_B 与 U_C 短接	4nx18-02 与 4n×18-03 短接
通用	易	采样回路	电流错误	1ID1 与 1ID6 对调，短接片改为 4567
通用	易	采样回路	I、II 母 U_B 同时输入	4nx17-02 与 4nx17-10 短接
通用	易	采样回路	U_B、U_C 短接	1nx1-a9 与 1nx1-b9 短接
通用	中	采样回路	I、II 母电压回路同时励磁，II 母 A、B 短接	7QD4 与 7QD6 短接，7UD10 与 7UD11 短接
通用	易	采样回路	电压 A、B 相短接	1UD1 与 1UD2 短接
通用	易	采样回路	I、II 母 U_C 输入对调	4nx17:03 与 4nx17:11 对调
通用	中	采样回路	I、II 母 U_C 输入对调，负电源无	4nx17:03 与 4nx17:11 对调，4nx16-10 虚接
通用	易	采样回路	电压 N 线虚接	1nx1-b10 虚接
通用	易	采样回路	电压回路 B 相接线虚接	电压回路 7UD20 至空气开关接线虚接
通用	易	采样回路	电压回路 C、N 相接线对调	电压回路 1nx1-b9 与 1nx1-b10 接线对调
通用	中	采样回路	电压切换电源负电无	7QD9-7QD10 短接片解开
通用	中	采样回路	电流 C 与 N 极性对调	将 1ID3、1ID7 接线对调
通用	易	采样回路	电压 B 相与 C 相显示反	操作箱背板 4nx18:02 与 4nx18:03 接线对调
通用	易	采样回路	电压 N 虚掉	保护背板 1nx1-b10 线插至 1nx1-b11 孔
通用	易	采样回路	电压无法切换进入保护	4nx16:10 虚接或 7QD9 与 7QD10 短接片解除
通用	中	采样回路	$3I_0$ 为零，零序保护无法动作	1ID4-1ID5 内部短接
通用	难	开入回路	三相合位闭锁低气压	4QD43 与 4QD48 短接
通用	易	开入回路	距离保护与停用重合的压板同时开入	1KLP1 与 1KLP2 下端短接
通用	难	开入回路	低气压与闭锁重合闸同时开入	1QD16 与 1QD17 短接
通用	难	开入回路	三相不一致，重合闸放电	4nx08:05 与 4nx08:07 短接，4nx08:06 与 4nx08:08 短接

续表

相别	难易	故障属性	故障现象	故障设置地点
通用	中	开入回路	无正电源闭锁低气压	4Q1D3 上 4nx03-02 虚接
通用	易	开入回路	投主保护(通道一)压板、投主保护(通道二)/压板无法开入/	1KLP6-1 上至 1nx10-a2 虚接;1KLP7-1 上至 1nx10-a2 虚接
通用	易	开入回路	B 相与 A 相跳位对调	4nx06:04 与 4nx06:01 对调
通用	难	开入回路	A 相合位时 C 相跳位灯亮	4nx06:07 与 4nx06:11 短接
通用	易	开入回路	B 相与 C 相跳位对调	4nx06:04 与 4nx06:07 对调
通用	易	开入回路	A 相与 B 相跳位对调	4C1D8 与 4C1D11 内部线对调
通用	难	开入回路	B 相合位时 C 相跳位灯亮	4nx06:07 与 4nx06:13 短接
通用	中	开入回路	B 相跳位指示灯不亮	4C1D11 处标号 4nx06:04 虚接
通用	易	开入回路	装置外部无法开入	1QD2 上 1nx10-a20 虚接
通用	易	开入回路	A 相与 C 相跳位对调	4nx06:01 与 4nx06:07 对调
通用	中	开入回路	低气压闭锁重合闸	4nx03-02 与 4nx03-04 短接
通用	中	开入回路	任意一相跳位闭锁低气压	4QD42 与 4QD48 短接
通用	中	开入回路	C 相跳位启动远方跳闸	4P1D8 与 4P1D9 内部线对调
通用	易	开入回路	A 相跳位指示灯不亮	4nx06:01 虚接
通用	难	开入回路	低气压闭重	4nx03-02 和 4nx03-04 短接,4Q1D43 与 4Q1D47 短接
通用	难	开入回路	手跳时报低气压闭重	4P1D11 与 4P1D12 短接
通用	中	开入回路	B 相跳位与远方跳闸短接	4P1D7 与 4P1D9 短接
通用	中	开入回路	B 相跳位与闭锁重合闸开入短接	4P1D7 与 4P1D11 短接
通用	中	开入回路	C 相跳位同时,发远方跳闸令	1QD12 与 1QD13 短接
通用	中	开入回路	压力电源消失	操作箱背板 X02-2 线接到 X02-3 孔
通用	中	开入回路	A 相合位指示灯不亮	4C1D1 与 4C1D2 短接片取消
通用	难	开入回路	操作箱压力灯不亮且有压力低闭锁重合闸等告警	操作箱 4nx03-02 虚接,4Q1D43 与 4Q1D47 短接
通用	中	开入回路	A 相跳位与启动远方跳闸对调	4P1D6 与 4P1D9 内部线对调
通用	中	操作回路	跳 B 相与跳 A 相对调	4nx04:07 与 4nx04:06 对调
通用	难	操作回路	手合同时手跳	4nx04:01 与 4nx04:13 短接
通用	难	操作回路	复归信号变为手合	4nx04:09 与 4nx04:13 短接
通用	难	操作回路	重合闸同时闭锁重合闸	4nx04:11 与 4nx04:10 短接
通用	难	操作回路	复归信号同时手跳	4Q1D35 与 4Q1D38 短接
通用	难	操作回路	跳 B 相同时跳 TJF,同时 TJF 一直励磁,无法手合	4Q1D16 与 4Q1D22 短接
通用	难	操作回路	手合启动重合闸	4nx04:12 与 4nx04:11 短接
通用	很难	操作回路	手跳启动 TJQ,重合闸启动手跳	4nx04:01 与 4nx04:03 短接,4Q1D29 与 4Q1D35 短接

续表

相别	难易	故障属性	故障现象	故障设置地点
通用	中	操作回路	跳 C 相变为跳 B 相	1KD2、1KD3 内部线对调
通用	中	操作回路	C 相跳闸压板被短接	1CLP3 上下短接
通用	中	操作回路	重合闸压板上下短接	1CLP4 上下端短接
通用	很难	操作回路	跳 C 相同时启动手跳，手跳启动 TJR	4Q1D25 与 4Q1D35 短接，4nx04:02 与 4nx04:01 短接
通用	难	操作回路	重合闸时跳 C 相	1KD3、1KD5 短接
通用	很难	操作回路	操作箱 JFZ 重合闸指示灯不亮	4QD30 上 1KD5 接到 4QD28 上；4nx04:11 虚接
通用	难	操作回路	复归信号 4FA 时跳 TJF	4nx04:09 与 4nx04:04 短接
通用	易	操作回路	无法跳 A 相	4Q1D21（外部线 1KD1）包胶布
通用	中	操作回路	A 相、B 相跳错相别	4Q1D21(1KD1)、4Q1D24(1KD2）外部线对调
通用	难	操作回路	重合闸指示灯不亮	4Q1D30 上 1KD5 接到 4Q1D28
通用	中	操作回路	无法复归信号	4Q1D5 上 4FA1-13 虚接
通用	中	操作回路	无法跳闸及重合闸	4Q1D6 上 1CD1 虚接
通用	很难	操作回路	合 A 相同时跳 C 相	4nx06:02 与 4nx06:16 短接
通用	难	操作回路	复归信号变为手合	4nx04:09 与 4nx04:13 短接
通用	中	操作回路	跳 A 同时跳 TJF	4Q1D16 与 4Q1D19 短接
通用	中	操作回路	A 相跳闸与重合闸接线对调	1KD1 和 1KD5 接线对调
通用	难	操作回路	重合同时启动手跳	4Q1D29 与 4Q1D35 短接
通用	很难	操作回路	重合闸动作复归操作箱指示灯，操作箱按钮按下重合闸动作	操作箱背板线 4nx04-11 与 4nx04-09 线反掉
通用	中	操作回路	保护跳 B 相，实际开关跳 C 相	端子排 4Q1D19(4nx04:06) 与 4Q1D22(4nx04:07）对调
通用	中	操作回路	A 相开关合不上	4C1D9(4nx06:02)胶布包扎
通用	中	操作回路	保护跳 B 相，C 相跟着跳	1KD2-1KD3 外部短接

二、专用故障设置

CSC-103A 线路保护专用故障设置及故障现象见表 2-9。

表 2-9   CSC-103A 线路保护专用故障设置及故障现象

保护类型	难易	故障属性	故障现象	故障设置地点
通用	难	其他	保护装置无电源	1nx10 插件（从前面打开）电源关闭
主保护	中	保护通信	光纤差动无法通信	光纤通道一 RX 插头用胶布包扎；光纤通道二 RX 插头用胶布包扎
主保护	中	保护通信	光纤差动无法通信	光纤通道一 RX 和 TX 接反；光纤通道二 RX 和 TX 接反
通用	难	操作回路	无法重合闸	1nx9 开出插件虚接

续表

保护类型	难易	故障属性	故障现象	故障设置地点
主保护	难	保护通信	光纤差动无法通信	光纤通道一 RX 和通道二 RX 接反；光纤通道一 TX 和通道二 TX 接反
通用	中	开入回路	压板无法开入	1nx4 开入插件虚接
通用	难	操作回路	无法跳闸出口	1nx7 开出插件虚接
主保护	中	其他	通道告警	光纤接口有异物或尾纤脏污
主保护	易	定值	通道告警	纵联码未修改成自环试验方式
重合闸	中	定值	长时间不重合	保护定值"单相重合闸时间"改成 7s
重合闸	易	定值	重合方式整定错	单相重合闸、三相重合闸、禁止重合闸、停用重合闸四项中任两相同时置"1"
距离保护	易	保护控制字	距离保护某段退出	保护控制字："距离保护某段"置"0"
零序保护	易	保护控制字	零序电流保护退出	保护控制字："零序电流保护"置"0"
出口方式	易	保护控制字	任意故障均三跳	三相跳闸方式置"1"

第三章 NSR-303 线路保护装置调试

NSR-303 数字式超高压线路保护装置适用于 220kV 及以上电压等级输电线路的主保护及后备保护，满足双母线、一个半断路器等各种接线方式，适用于同杆和非同杆线路。保护装置的主保护为纵联电流差动保护，后备保护为三段式距离保护、两段式零序方向保护及零序反时限保护。另外装置还配置了自动重合闸、三相不一致保护，主要用于双母线接线情况。

第一节 试验调试方法

一、纵联差动保护检验

纵联差动保护是 NSR-303 瞬时动作主保护，其定值检验见表 3-1。

表 3-1 纵联差动保护定值检验

试验项目	纵联差动保护高定值检验（稳态 I 段）——区内、区外检验
相关定值（举例）	差动动作电流定值 I_{cd}：1.2A；单相 TWJ 启动重合：置"1"；单相重合时间：0.7s
试验条件	主保护功能，通道一和通道二应分别检验。 （1）硬压板设置： 1）通道一：投入主保护（通道一）压板 1RLP1、退出停用重合闸压板 1RLP5； 2）通道二：投入主保护（通道二）压板 1RLP2、退出停用重合闸压板 1RLP5。 （2）软压板设置： 1）通道一：投入"光纤通道一"软压板，退出停用重合闸软压板； 2）通道二：投入"光纤通道二"软压板，退出停用重合闸软压板。 （3）控制字设置："纵联差动保护"置"1"。 （4）满足充电条件： 1）控制字设置："单相重合闸"置"1""三相重合闸"置"0""禁止重合闸"置"0""停用重合闸"置"0"； 2）开入量检查：A 相跳位 0、B 相跳位 0、C 相跳位 0、闭锁重合闸 0、压力低闭锁重合闸 0； 3）投入纵差主保护压板或者加入正常三相电压大于 15s 后，"充电完成"指示灯亮
计算方法	计算公式：$I_d = m \times 1.5 \times I_{cd} \times K$ 注：m、K 为系数，K 在通道自环时取 0.5。 计算数据：m=1.05，$I_d = 1.05 \times 1.5 \times 1.2 \times 0.5 = 0.945$（A） m=0.95，$I_d = 0.95 \times 1.5 \times 1.2 \times 0.5 = 0.855$（A）

试验方法	(1) 待"充电完成"指示灯亮后加故障量，所加时间小于 0.03s（m=2 时测动作时间）。 (2) 电压可不考虑		
单相区内故障试验仪器设置（采用状态序列）	状态 1 参数设置（故障状态）		
	$\dot{U}_A$：$57.74\angle0.00°V$	$\dot{I}_A$：$0.945\angle0.00°A$	状态触发条件：时间控制为 0.03s
	$\dot{U}_B$：$57.74\angle-120°V$	$\dot{I}_B$：$0.00\angle0.00°A$	
	$\dot{U}_C$：$57.74\angle120°V$	$\dot{I}_C$：$0.00\angle0.00°A$	
	装置报文	(1) 0ms 保护启动。 (2) 00013ms 保护动作 A。 (3) 00013ms 纵联差动保护动作 A。 (4) 00755ms 重合闸动作。 (5) 故障测距	
	装置指示灯	保护跳闸、重合闸	
区外故障	参数设置	将故障态的故障相电流改为区外计算值，即 $\dot{I}_A$：$0.855\angle-00.00°A$	
	装置报文	保护启动　0ms	
	装置指示灯	无	

说明：(1) 故障试验仪器设置以 A 相故障为例，B、C 相类同。
(2) TA 断线时若 "TA 断线闭锁" 控制字置 "1"，则分相闭锁差动保护，否则若满足差动判据，则出口

试验项目	纵联差动保护低定值检验（稳态Ⅱ段）——区内、区外检验
相关定值（举例）	差动动作电流定值 $\dot{I}_{cd}$：1.20A；单相 TWJ 启动重合：置 "1"；单相重合时间：0.7s
试验条件	主保护功能，通道一和通道二应分别检验。 (1) 硬压板设置： 1) 通道一：投入主保护（通道一）压板 1RLP1、退出停用重合闸压板 1RLP5； 2) 通道二：投入主保护（通道二）压板 1RLP2、退出停用重合闸压板 1RLP5。 (2) 软压板设置： 1) 通道一：投入 "光纤通道一" 软压板，退出停用重合闸软压板； 2) 通道二：投入 "光纤通道二" 软压板，退出停用重合闸软压板。 (3) 控制字设置："纵联差动保护" 置 "1"。 (4) 满足充电条件： 1) 控制字设置："单相重合闸" 置 "1" "三相重合闸" 置 "0" "禁止重合闸" 置 "0" "停用重合闸" 置 "0"； 2) 开入量检查：A 相跳位 0、B 相跳位 0、C 相跳位 0、闭锁重合闸 0、压力低闭锁重合闸 0； 3) 投入纵差主保护压板或者加入正常三相电压大于 15s 后，"充电完成" 指示灯亮
计算方法	计算公式：$I_d = m \times I_{cd} \times K$ 注：m、K 为系数，K 在通道自环时取 0.5。 计算数据：m=1.05，$I_d = 1.05 \times 1.2 \times 0.5 = 0.63$（A） 　　　　　m=0.95，$I_d = 0.95 \times 1.2 \times 0.5 = 0.57$（A）
试验方法	(1) 待 "充电完成" 指示灯亮后加故障量，所加时间小于 0.05s（m=1.2 时测动作时间）。 (2) 电压可不考虑

续表

单相区内故障试验仪器设置（采用状态序列）	状态1参数设置（故障状态）		
	$\dot{U}_A$：57.74∠0.00°V	$\dot{I}_A$：0.63∠0.00°A	状态触发条件：时间控制为 0.05s
	$\dot{U}_B$：57.74∠-120°V	$\dot{I}_B$：0.00∠0.00°A	
	$\dot{U}_C$：57.74∠120°V	$\dot{I}_C$：0.00∠0.00°A	
	装置报文	（1）0ms 保护启动。 （2）00034ms 保护动作 A。 （3）00034ms 纵联差动保护动作 A。 （4）00776ms 重合闸动作。 （5）故障测距	
	装置指示灯	保护跳闸、重合闸	
区外故障	参数设置	将故障态的故障相电流改为区外计算值，即 $\dot{I}_A$：0.57∠-00.00°A	
	装置报文	保护启动 0ms	
	装置指示灯	无	

说明：（1）故障试验仪器设置以 A 相故障为例，B、C 相类同。

（2）TA 断线时若"TA 断线闭锁"控制字置"1"，则分相闭锁差动保护，否则若满足差动判据，则出口

零序纵联差动保护定值检验见表 3-2。

表 3-2   零序纵联差动保护定值检验

试验项目	零序电流差动保护定值检验——区内、区外检验
相关定值（举例）	差动动作电流定值 I_{cd}：1.2A，动作时间装置固有（100ms 左右）；加入动作时间大于 100ms；单相重合：置"1"；单相重合时间：0.7s
试验条件	主保护功能，通道一和通道二应分别检验。 （1）硬压板设置： 1）通道一：投入主保护（通道一）压板 1RLP1、退出停用重合闸压板 1RLP5； 2）通道二：投入主保护（通道二）压板 1RLP2、退出停用重合闸压板 1RLP5。 （2）软压板设置： 1）通道一：投入"光纤通道一"软压板，退出停用重合闸软压板； 2）通道二：投入"光纤通道二"软压板，退出停用重合闸软压板。 （3）控制字设置："纵联差动保护"置"1"。 （4）满足充电条件： 1）控制字设置："单相重合闸"置"1""三相重合闸"置"0""禁止重合闸"置"0""停用重合闸"置"0"； 2）开入量检查：A 相跳位 0、B 相跳位 0、C 相跳位 0、闭锁重合闸 0、压力低闭锁重合闸 0； 3）投入纵差主保护压板或者加入正常三相电压大于 15s 后，"充电完成"指示灯亮
计算方法	零序差动动作电流（I_{ocd}）：差动动作电流定值和 1.25I_{Cap}（注：I_{Cap} 为电容电流）中的大者。 稳态 II 段动作电流：差动动作电流定值、1.5I_{Cap}、1.25U_N/X_{C1} 三者中的大者。 电容补偿电流加 0.8 倍差动动作电流定值，零序差动动作电流为（差动动作电流定值）为 1.25 I_{Cap}，稳态 II 段动作电流为 1.5I_{Cap}，此时可校验零序差动动作电流动作情况。计算公式：$I_d = m \times K \times I_{0cd}$，注：$m$、$K$ 为系数，K 在通道自环时取 0.5

计算方法	计算数据：$m=1.05$，$I_d=1.05\times1.20\times0.5=0.63$（A） $m=0.95$，$I_d=0.95\times1.20\times0.5=0.57$（A）		
试验方法	（1）所加时间大于 0.10s（$m=1.2$ 时测动作时间）。 （2）电压可不考虑		
区内故障	状态 1 参数（故障前状态）	状态 2 参数（故障状态）	状态触发条件：时间控制为 0.12s
	$\dot{I}_A$：$0.48\angle90.00°$ A $\dot{I}_B$：$0.48\angle-30.00°$ A $\dot{I}_C$：$0.48\angle210.00°$ A	$\dot{I}_A$：$0.63\angle0.00°$ A $\dot{I}_B$：$0.00\angle0.00°$ A $\dot{I}_C$：$0.00\angle0.00°$ A	
	装置报文	（1）0ms 保护启动。 （2）00060ms 保护动作 A。 （3）00060ms 纵联差动保护动作 A。 （4）00861ms 重合闸动作。 （5）故障测距	
	装置指示灯	保护跳闸、重合闸	
区外故障	状态参数设置	将故障态的故障相电流改为区外计算值，即 $\dot{I}_A$：$0.57\angle0.00°$ A	
	装置报文	保护启动　0ms	
	装置指示灯	无	

说明：故障试验仪器设置以 A 相故障为例，B、C 相类同

二、工频变化量阻抗保护检验

工频变化量阻抗保护校验见表 3-3。

表 3-3　　　　　　　　　　　　工频变化量阻抗保护校验

试验项目	工频变化量阻抗保护校验（正向区内、外故障；反向故障）
相关定值	工频变化量阻抗：5.0Ω，线路正序灵敏角：82°；零序补偿系数：0.67；TA 二次额定值：1A；单相重合闸时间：0.7s
试验条件	（1）硬压板设置：退出"主保护（通道一）"压板 1RLP1、退出"主保护（通道二）"压板 1RLP2、退出"停用重合闸"压板 1RLP5、投入"距离保护压板 1RLP3"。 （2）软压板设置：投入"距离保护"软压板、退出"停用重合闸"软压板。 （3）控制字设置："工频变化量距离"置"1""投三相跳闸方式"置"0"。 （4）满足充电条件： 1）控制字设置："单相重合闸"置"1""三相重合闸"置"0""禁止重合闸"置"0""停用重合闸"置"0"； 2）开入量检查：A 相跳位 0、B 相跳位 0、C 相跳位 0、闭锁重合闸 0、压力低闭锁重合闸 0； 3）加入正常三相电压大于 15s 后，"充电完成"指示灯亮

	单相故障： $U_\varphi = (1 + K_Z) \times I_\varphi \times \Delta Z_{set} + (1 - 1.05 \times m) \times U_n$

相间故障： $U_{\varphi\varphi} = 2 \times I_\varphi \times \Delta Z_{set} + (1 - 1.05 \times m) \times \sqrt{3} U_n$

$$U_\varphi = \frac{\sqrt{U_{\varphi\varphi}^2 + U_n^2}}{2} ; \quad \Phi = \arctan\left(\frac{U_{\varphi\varphi}}{U_n}\right)$$

式中： I_φ 为故障电流，一般取较大的短路电流，确保故障点电压应大于 0，但计算出的故障电压不应超过额定电压； K_Z 为零序补偿系数； m 为系数； U_n 为额定相电压（57.7V）； U_φ 为相电压， $U_{\varphi\varphi}$ 为线电压； Φ 为相间故障时超前相故障电压的角度。

（1）单相故障。

区内故障： $m = 1.1$

$$U_\varphi = (1 + K_Z) \times I_\varphi \times \Delta Z_{set} + (1 - 1.05 \times m) \times U_n$$
$$= (1 + 0.67) \times 5 \times 5 + (1 - 1.05 \times 1.1) \times 57.7 = 32.81(V)$$

区外故障： $m = 0.9$

$$U_\varphi = (1 + K_Z) \times I_\varphi \times \Delta Z_{set} + (1 - 1.05 \times m) \times U_n$$
$$= (1 + 0.67) \times 5 \times 5 + (1 - 1.05 \times 0.9) \times 57.7 = 44.92(V)$$

（2）相间故障（以 BC 相间故障为例）。

区内故障： $m = 1.1$

$$U_{KBC} = 2 \times I_\varphi \times \Delta Z_{set} + (1 - 1.05 \times m) \times \sqrt{3} U_n$$
$$= 2 \times 5 \times 5 + (1 - 1.05 \times 1.1) \times 100 = 34.5(V)$$

$$U_{KB} = U_{KC} = \frac{\sqrt{U_{KBC}^2 + U_n^2}}{2} = 33.63(V)$$

$$\Phi_1 = \Phi_2 = \arctan\left(\frac{U_{KBC}}{U_n}\right) = 30.85°$$

计算方法

则 $\dot{U}_{KB}$ 滞后 $\dot{U}_A$ 的角度为 $180° - 30.85° = 149.15°$ ； $\dot{U}_{KC}$ 超前 $\dot{U}_A$ 的角度为 $180° - 30.85° = 149.15°$ 。

$\Phi_3 = $ 正序阻抗角

U_B 和 U_C 对称于 $-U_A$ ，超前相 U_B 相角为 θ ，滞后相 U_C 相角为 $-\theta$ ，非故障相 U_A 相角始终为 $180°$ ，故障相间电压 U_{BC} 相角始终为 $90°$ ，根据 $90°$ 接线，BC 相间故障时 U_{BC} 超前 I_{BC} 线路正序灵敏角 φ （82°），所以 I_{BC} 角度为 $90° - 82° = 8°$ ， I_B 角度同 I_{BC} ， I_C 角度为 $-(180° - 8°) = -172°$ 。

各故障量相量关系如图 3-1 所示。

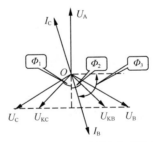

图 3-1　工频变化量阻抗保护相间故障相量图

区外故障： $m = 0.9$

$$U_{KBC} = 2 \times I_\varphi \times \Delta Z_{set} + (1 - 1.05 \times m) \times \sqrt{3} U_n$$
$$= 2 \times 5 \times 5 + (1 - 1.05 \times 0.9) \times 100 = 55.5(V)$$

$$U_{KB} = U_{KC} = \frac{\sqrt{U_{KBC}^2 + U_n^2}}{2} = 40.0(V)$$

$$\Phi_1 = \Phi_2 = \arctan\left(\frac{U_{BC}}{U_n}\right) = 43.8°$$

$m = 1.2$ 时（这里不再计算），测量动作时间

注意事项	（1）待"TV 断线"灯灭、"充电"指示灯亮后加故障量，所加时间小于 0.05s。 （2）模拟相间故障时第一态故障前状态的相角要改（非故障相电压 180°，两故障相：超前相 60°，滞后相−60°），要不可能影响试验数据。 （3）仅让"距离保护 I 段"置"0"是因为距离保护 I 段最可能在工频变化量保护动作时动作		
正向区内故障试验仪器设置（A 相接地故障）	**状态 1 参数设置（故障前状态）**		
	$\dot{U}_A$: 57.74∠0.00°V $\dot{U}_B$: 57.74∠−120°V $\dot{U}_C$: 57.74∠120°V	$\dot{I}_A$: 0.00∠0.00°A $\dot{I}_B$: 0.00∠0.00°A $\dot{I}_C$: 0.00∠0.00°A	状态触发条件:时间控制为18.00s
	说明：三相电压正常，电流为零，装置"充电"时间默认为 15s，输入 18s 确保"充电完成"灯亮		
	状态 2 参数设置（故障状态）		
	$\dot{U}_A$: 32.81∠0.00°V $\dot{U}_B$: 57.74∠−120°V $\dot{U}_C$: 57.74∠120°V	$\dot{I}_A$: 5.00∠−82°A $\dot{I}_B$: 0.00∠0.00°A $\dot{I}_C$: 0.00∠0.00°A	状态触发条件:时间控制为0.02s
	说明：故障相电压降低，电流增大为计算的故障电流，故障相电流滞后故障相电压的角度为线路正序灵敏角 φ，工频变化量阻抗保护装置固有的动作时间小于 20ms，所以故障态时间不宜加太长，所加时间一般小于 20ms		
	装置报文	（1）00000ms 保护启动。 （2）9ms 保护动作 A。 （3）9ms 工频变化量距离动作 A。 （4）815ms 重合闸动作	
	装置指示灯	保护跳闸、重合闸	
正向区内故障试验仪器设置（BC 相间故障）	**状态 1 参数设置（故障前状态）**		
	$\dot{U}_A$: 57.74∠180°V $\dot{U}_B$: 57.74∠60°V $\dot{U}_C$: 57.74∠−60°V	$\dot{I}_A$: 0.00∠0.00°A $\dot{I}_B$: 0.00∠0.00°A $\dot{I}_C$: 0.00∠0.00°A	状态触发条件:时间控制为18.00s
	说明：三相电压正常，由于故障态采用非故障相电压为 180°，故障前状态非故障相电压也应调整为 180°，故障相电压相应调整。电流为零，装置"充电"时间默认为 15s，输入 18s 确保"充电完成"灯亮		
	状态 2 参数设置（故障状态）		
	$\dot{U}_A$: 57.74∠180°V $\dot{U}_B$: 33.63∠30.85°V $\dot{U}_C$: 33.63∠−30.85°V	$\dot{I}_A$: 0.00∠0.00°A $\dot{I}_B$: 5.0∠8.00°A $\dot{I}_C$: 5.0∠−172°A	状态触发条件:时间控制为0.02s
	说明： 两故障相电压降低，角度发生变化，电流增大为计算的故障电流（10A），故障相间电流滞后故障相间电压的角度（90°）为线路正序灵敏角 φ，工频变化量阻抗保护装置固有的动作时间小于 20ms，所以故障态时间不宜加太长，一般不超过 20ms		
	装置报文	（1）00000ms 保护启动。 （2）10ms 保护动作 ABC。 （3）10ms 工频变化量距离动作 ABC	
	装置指示灯	保护跳闸	
区外故障	状态参数设置	将区内故障中故障态的故障相电压、电流的值和角度改用 m=0.9 时的计算值即可	
	装置报文	00000ms 保护启动	

续表

反向故障	状态参数设置	（1）单相接地故障：将区内故障中故障态的故障相电流角度加上 180°，电压角度不变即可。 （2）相间故障：将区内故障中故障态的两故障相电流角度对调（I_b 为−172°，I_c 为 8°），电压角度不变即可
	装置报文	00000ms 保护启动
整组试验	出口压板设置	投入 "A 相跳闸出口" 压板 1CLP1、"B 相跳闸出口" 压板 1CLP2、"C 相跳闸出口" 压板 1CLP3、"重合闸出口" 压板 1CLP4
	操作箱指示灯	（1）单相接地故障：跳闸信号：A 相重合闸。 （2）相间故障：跳闸信号：A 相、B 相、C 相

说明：故障试验仪器设置以 A 相故障和 BC 相间故障为例，B、C 相故障，AB、CA 相间故障类同

思考：（1）相间故障时为什么不以 U_a 或 U_b 的相量作为基准（零度角），而总是将非故障相的电压相角放在 180° 的位置？
（2）试着画出 AC 相间故障时的相量关系图，计算一组定值，并在装置上校验

三、距离保护试验

分为三段式相间距离和接地距离，距离保护定值校验见表 3-4。

表 3-4　　　　　　　　　　　　　距离保护定值校验

试验项目	接地距离 I 段保护检验——正方向：区内、区外故障；反方向
相关定值（举例）	接地距离 I 段保护定值 Z_{set}^I：1Ω、动作时间装置固有（$t<35$ms）；零序补偿系数 K_Z：0.58；单相重合闸：置 "1"；单相重合闸时间：0.7s
试验条件	（1）硬压板设置：退出 "主保护（通道一）" 压板 1RLP1、退出 "主保护（通道二）" 压板 1RLP2、退出 "停用重合闸" 压板 1RLP5、投入 "距离保护压板 1RLP3"。 （2）软压板设置：投入 "距离保护" 软压板、退出 "停用重合闸" 软压板。 （3）控制字设置："距离保护 I 段" 置 "1""投三相跳闸方式" 置 "0""单相重合闸" 置 "1""三相重合闸" 置 "0""停用重合闸" 置 "0"。 （4）满足充电条件： 1）控制字设置："单相重合闸" 置 "1""三相重合闸" 置 "0""禁止重合闸" 置 "0""停用重合闸" 置 "0"； 2）开入量检查：A 相跳位 0、B 相跳位 0、C 相跳位 0、闭锁重合闸 0、压力低闭锁重合闸 0； 3）加入正常三相电压大于 15s 后，"充电完成" 指示灯亮
计算方法	计算公式：$U_\varphi = m \times (1+K_Z) \times I_e \times Z_{set}^I$ 注：m 为系数。 计算数据：$m=0.95$，$U_\varphi =0.95 \times (1+0.58) \times 1 \times 1 = 1.501$（V） 　　　　　$m=1.05$，$U_\varphi =1.05 \times (1+0.58) \times 1 \times 1 = 1.665$（V）
试验方法	（1）状态 1 加正常电压量，待 TV 断线恢复及 "充电完成" 指示灯亮转入状态 2。 （2）状态 2 加故障量，所加故障时间小于整定时间+50ms；（$m=0.7$ 时测动作时间）

单相区内故障试验仪器设置（采用状态序列）	状态 1 参数设置（故障前状态）		
	$\dot{U}_A$：57.74∠0.00°V	$\dot{I}_A$：0.00∠0.00°A	状态触发条件：时间控制为 18s
	$\dot{U}_B$：57.74∠−120°V	$\dot{I}_B$：0.00∠0.00°A	
	$\dot{U}_C$：57.74∠120°V	$\dot{I}_C$：0.00∠0.00°A	
	状态 2 参数设置（故障状态）		

单相区内故障试验仪器设置（采用状态序列）	$\dot{U}_\mathrm{A}$：25.517∠0.00° V $\dot{U}_\mathrm{B}$：57.74∠-120° V $\dot{U}_\mathrm{C}$：57.74∠120° V	$\dot{I}_\mathrm{A}$：1.00∠-82.00° A $\dot{I}_\mathrm{B}$：0.00∠0.00° A $\dot{I}_\mathrm{C}$：0.00∠0.00° A	状态触发条件：时间控制为0.05s
	说明：故障状态前使得"充电完成"灯亮		
	装置报文	（1）0ms 保护启动。 （2）00028ms 保护动作 A。 （3）00028ms 接地距离 I 段动作 A。 （4）00758ms 重合闸动作。 （5）故障测距	
	装置指示灯	保护跳闸、重合闸	
区外故障	状态参数设置	将区内故障中故障态的故障相电压改为区外计算值，即 $\dot{U}_\mathrm{A}$：28.203∠0.00° V	
	装置报文	00000ms 保护启动	
	装置指示灯	无	
反向故障	状态参数设置	将区内故障中故障态的故障相电流角度加上180°，即 $\dot{I}_\mathrm{A}$：5∠（-90°+180°）A	
	装置报文	00000ms 保护启动	
	装置指示灯	无	

说明：（1）故障试验仪器设置以 A 相故障为例，B、C 相类同。
（2）接地距离 II、III 段同上类似，注意所加故障时间应大于该段保护定值整定时间。
（3）距离 II 控制字"II 段保护闭锁重合闸"设为"1"时，保护出口动作不重合，三相跳闸

试验项目	相间距离 I 段保护检验——正方向：区内、区外故障；反方向
相关定值（举例）	相间距离 I 段保护定值 $Z^\mathrm{I}_\mathrm{set}$：5Ω；动作时间装置固有（$t<35$ms）；正序阻抗角：82°；单相重合：置"1"；单相重合时间：0.7s
试验条件	（1）硬压板设置：退出"主保护（通道一）"压板 1RLP1、退出"主保护（通道二）"压板 1RLP2、投入距离保护压板 1RLP3、退出停用重合闸压板 1RLP5。 （2）软压板设置：投入"距离保护"软压板，退出"停用重合闸"软压板。 （3）控制字设置："距离保护 I 段"置"1"。 （4）其余同接地距离保护
计算方法	相间故障计算公式： $$U_{\varphi\varphi} = m \times 2 \times I_\varphi \times Z^\mathrm{I}_\mathrm{set}$$ $$U_\varphi = \frac{\sqrt{U^2_{\varphi\varphi} + U^2_\mathrm{n}}}{2}$$ $$\varPhi = \arctan(\frac{U_{\varphi\varphi}}{U_\mathrm{n}})$$ 计算数据：（举例：如 BC 相间故障） 区内故障：m=0.95，$U_{\varphi\varphi}$=0.95×2×1×5=9.5（V） $$U_\mathrm{KB} = U_\mathrm{KC} = \sqrt{\left(\frac{57.74}{2}\right)^2 + \left(\frac{U_\mathrm{BC}}{2}\right)^2}$$ $$= \sqrt{\left(\frac{57.74}{2}\right)^2 + \left(\frac{9.5}{2}\right)^2} = 29.26\text{(V)}$$ $$\varPhi_1 = \varPhi_2 = \arctan\left(\frac{\frac{U_\mathrm{KBC}}{2}}{\frac{57.74}{2}}\right) = \arctan\left(\frac{\frac{9.5}{2}}{\frac{57.74}{2}}\right) = 9.34°$$ 则 $\dot{U}_\mathrm{KB}$ 滞后 $\dot{U}_\mathrm{A}$ 的角度为 180°-9.34°=170.66°；$\dot{U}_\mathrm{KC}$ 超前 $\dot{U}_\mathrm{A}$ 的角度为 180°-9.34°=170.66°。 $\varPhi_3$ = 正序阻抗角

计算方法	各故障量相量关系如图 3-2 所示： 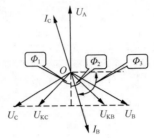 图 3-2　距离保护相间故障相量图 区外故障：$m=1.05$，$U_{KBC}=1.05\times2\times1\times5=10.5(V)$ $$U_{KB}=U_{KC}=\sqrt{\left(\frac{57.74}{2}\right)^2+\left(\frac{U_{BC}}{2}\right)^2}$$ $$=\sqrt{\left(\frac{57.74}{2}\right)^2+\left(\frac{10.5}{2}\right)^2}=29.34(V)$$ $$\varPhi_1=\varPhi_2=\arctan\left(\frac{\frac{U_{KBC}}{2}}{\frac{57.74}{2}}\right)=\arctan\left(\frac{\frac{9.5}{2}}{\frac{57.74}{2}}\right)=10.30°$$ 则 $\dot U_{KB}$ 滞后 $\dot U_A$ 的角度为 $180°-10.3°=169.7°$； $\dot U_{KC}$ 超前 $\dot U_A$ 的角度为 $180°-10.3°=169.7°$； $\varPhi_3$＝正序阻抗角
试验方法	（1）状态 1 加正常电压量，待 TV 断线恢复及"充电完成"指示灯亮转入状态 2。 （2）状态 2 加故障量，所加故障时间小于整定时间+50ms（$m=0.7$ 时测动作时间）

相间区内故障试验仪器设置（采用状态序列）	状态 1 参数设置（故障前状态）		
	$\dot U_A$：$57.74\angle0.00°$V	$\dot I_A$：$0.00\angle0.00°$A	状态触发条件：时间控制为 18s
	$\dot U_B$：$57.74\angle-120°$V	$\dot I_B$：$0.00\angle0.00°$A	
	$\dot U_C$：$57.74\angle120°$V	$\dot I_C$：$0.00\angle0.00°$A	
	状态 2 参数设置（故障状态）		
	$\dot U_A$：$57.74\angle0.00°$V	$\dot I_A$：$0.00\angle0.00°$A	状态触发条件：时间控制为 0.05s
	$\dot U_B$：$29.26\angle-170.66°$V	$\dot I_B$：$1.00\angle-172°$A	
	$\dot U_C$：$29.26\angle170.66°$V	$\dot I_C$：$1.00\angle8°$A	
	装置报文	（1）0ms 保护启动。 （2）00031ms 保护动作 ABC。 （3）00031ms 相间距离Ⅰ段动作 ABC。 （4）故障测距	
	装置指示灯	保护跳闸	

区外故障	状态参数设置	将区内故障中故障态的故障相电压改为区外计算值，即 $\dot U_B$：$29.34\angle-169.7°$V、$\dot U_C$：$29.34\angle169.7°$V
	装置报文	00000ms 保护启动
	装置指示灯	无

续表

反向故障	状态参数设置	将区内故障中故障态的故障相电流角度加上 180°，即 $\dot{I}_B$：5.00∠7.70°A、$\dot{I}_C$：5.00∠−172.30°A
	装置报文	00000ms 保护启动
	装置指示灯	无

说明：（1）故障试验仪器设置以 BC 相故障为例，AB、CA 相类同。

（2）相间距离 Ⅱ、Ⅲ 段同上类似，注意所加故障时间应大于该段保护定值整定时间

四、零序电流保护试验

零序电流保护是主要针对接地故障而设置的后备保护，一般不投 Ⅰ 段，主要投入 Ⅱ、Ⅲ 段，共同构成零序保护。

1. 零序电流保护定值校验

零序电流保护定值校验见表 3-5。

表 3-5　　　　　　　　　　　　　　　零序电流保护定值校验

项目	零序电流保护定值检验（正向区内、区外故障；反方向故障）		
相关定值	零序电流Ⅱ段保护定值 I_{0II} =3.6A、动作时间 t_{0II} =0.50s；零序灵敏角（φ_0）：79°；单相重合：置"1"；单相重合时间：0.7s		
试验条件	（1）硬压板设置：退出"主保护（通道一）"压板 1RLP1、退出"主保护（通道二）"压板 1RLP2、投入零序过流保护投入压板 1RLP4、退出停用重合闸压板 1RLP5。 （2）软压板设置：投入"零序过电流保护"软压板，退出"停用重合闸"软压板。 （3）控制字设置："零序电流保护"置"1""投三相跳闸方式"置"0""单相重合闸"置"1""三相重合闸"置"0""停用重合闸"置"0"。 （4）满足充电条件： 1）控制字设置："单相重合闸"置"1""三相重合闸"置"0""禁止重合闸"置"0""停用重合闸"置"0"； 2）开入量检查：A 相跳位 0、B 相跳位 0、C 相跳位 0、闭锁重合闸 0、压力低闭锁重合闸 0； 3）加入正常三相电压大于 15s 后，"充电完成"指示灯亮		
计算方法	计算公式：$I = m \times I_{0II}$ 注：m 为系数。 计算数据：m=1.05，I=1.05×3.6=3.78（A） 　　　　　m=0.95，I=0.95×3.6=3.42（A）		
试验方法	（1）状态 1 加正常电压量，电流为 0，待 TV 断线复归及"充电完成"指示灯亮转入状态 2。 （2）状态 2 加故障量，状态 2 所加故障时间小于整定时间+100ms（m=1.2 时测动作时间）		
单相区内故障试验仪器设置（采用状态序列）	状态 1 参数设置（故障前状态）		
	$\dot{U}_A$：57.74∠0.00°V	$\dot{I}_A$：0.00∠0.00°A	
	$\dot{U}_B$：57.74∠−120°V	$\dot{I}_B$：0.00∠0.00°A	状态触发条件：时间控制为 18s
	$\dot{U}_C$：57.74∠120°V	$\dot{I}_C$：0.00∠0.00°A	
	状态 2 参数设置（故障状态）		
	$\dot{U}_A$：50∠0.00°V	$\dot{I}_A$：3.78∠−79.00°A	
	$\dot{U}_B$：57.74∠−120°V	$\dot{I}_B$：0.00∠0.00°A	状态触发条件：时间控制为 0.6s
	$\dot{U}_C$：57.74∠120°V	$\dot{I}_C$：0.00∠0.00°A	

续表

单相区内故障试验仪器设置（采用状态序列）	装置报文	（1）0ms 保护启动。 （2）00520ms 保护动作 A。 （3）00520ms 零序过电流Ⅱ段动作 A。 （4）01313ms 重合闸动作； （5）故障测距
	装置指示灯	保护跳闸、重合闸
区外故障	状态参数设置	将区内故障中故障态的故障相电流改为区外计算值，即 $\dot{I}_A$：3.42∠-79°A
	装置报文	00000ms 保护启动
	装置指示灯	无
反向故障	状态参数设置	将区内故障中故障态的故障相电流角度加上180°，即 $\dot{I}_A$：5.25∠101°A
	装置报文	00000ms 保护启动
	装置指示灯	无

说明：（1）故障试验仪器设置以 A 相故障为例，B、C 相类同。
（2）零序Ⅱ段固定经方向，零序Ⅲ段是否经方向经控制字"零序过电流Ⅲ段经方向"投退。
（3）"Ⅱ段保护闭锁重合闸"置"1"时，零序Ⅱ段保护出口三跳不重合

2. 零序方向动作区、灵敏角检验

零序方向动作区、灵敏角检验见表 3-6。

表 3-6 **零序方向动作区、灵敏角检验**

项目	零序电流保护检验（零序方向动作区、灵敏角检验）
相关定值	零序电流Ⅱ段保护定值 $I_{0Ⅱ}$=3.6A、动作时间 $t_{0Ⅱ}$=0.7s；线路零序灵敏角 φ_0：79°；单相重合：置"1"；单相重合时间：0.7s
试验条件	同零序Ⅱ段电流保护
计算方法	校验零序方向动作区时故障相电压降低到零序功率方向能可靠动作（建议故障相电压 U=50V），以免零序功率不足影响试验结果。 用零序Ⅱ段来校验。 以 U_a 为基准（0°），通入 I_a，模拟 A 相接地故障时各故障相量（含零序）关系如图 3-3 所示。 图 3-3 模拟 A 相接地故障时各故障相量（含零序）关系图

续表

计算方法	测试的角度是以 $\dot{U}_A$ 为基准,动作区:$\varphi_2 < \varphi < \varphi_1$,本装置得到的角度 $\varphi_2 = -167°$,$\varphi_1 = 11°$,转换为以 $3\dot{U}_0$ 为基准,则零序动作区:$180° + \varphi_2 < \varphi < 180° + \varphi_1$,故本装置参考零序动作区:$13° < \varphi < 191°$;$\varphi_{sen}$ 为 $3\dot{I}_0$ 超前于 $3\dot{U}_0$ 的角度为灵敏角,则 $\varphi_{sen} = \dfrac{\varphi_1 + \varphi_2}{2} + 180° = 102°$	
试验仪器设置	手动试验（边界一）	
	$\dot{U}_A$：$57.00\angle 0.00°\text{V}$　　$\dot{I}_A$：$0.00\angle 0.00°\text{A}$ $\dot{U}_B$：$57.74\angle -120°\text{V}$　　$\dot{I}_B$：$0.00\angle 0.00°\text{A}$ $\dot{U}_C$：$57.74\angle 120°\text{V}$　　$\dot{I}_C$：$0.00\angle 0.00°\text{A}$	$\dot{U}_A$：$50.00\angle 0.00°\text{V}$　　$\dot{I}_A$：$3.78\angle 14.0°\text{A}$ $\dot{U}_B$：$57.74\angle -120°\text{V}$　　$\dot{I}_B$：$0.00\angle 0.00°\text{A}$ $\dot{U}_C$：$57.74\angle 120°\text{V}$　　$\dot{I}_C$：$0.00\angle 0.00°\text{A}$
	设置好后,按"菜单栏"——"输出保持"按钮至 TV 断线复归	"变量及变化步长选择":变量——角度,变化步长——1.00°,设置好后,放开"菜单栏"——"输出保持"按钮,调节步长▼,直到保护动作
	手动试验（边界二）	
	$\dot{U}_A$：$57.00\angle 0.00°\text{V}$　　$\dot{I}_A$：$0.00\angle 0.00°\text{A}$ $\dot{U}_B$：$57.74\angle -120°\text{V}$　　$\dot{I}_B$：$0.00\angle 0.00°\text{A}$ $\dot{U}_C$：$57.74\angle 120°\text{V}$　　$\dot{I}_C$：$0.00\angle 0.00°\text{A}$	$\dot{U}_A$：$50.00\angle 0.00°\text{V}$　　$\dot{I}_A$：$3.78\angle -170.00°\text{A}$ $\dot{U}_B$：$57.74\angle -120°\text{V}$　　$\dot{I}_B$：$0.00\angle 0.00°\text{A}$ $\dot{U}_C$：$57.74\angle 120°\text{V}$　　$\dot{I}_C$：$0.00\angle 0.00°\text{A}$
	设置好后,按"菜单栏"——"输出保持"按钮至 TV 断线复归	"变量及变化步长选择":变量——角度;变化步长——1°。设置好后,放开"菜单栏"——"输出保持"按钮,调节步长▲,直到保护动作

3. 零序最小动作电压检验

零序最小动作电压检验见表 3-7。

表 3-7　　　　　　　　　零序最小动作电压检验

项目	零序电流保护检验（零序最小动作电压检验）	
最小动作电压试验方法	（1）手动试验界面。 （2）先加正常电压量,电流为 0（使 TV 断线复归）,按"菜单栏"——"输出保持"按钮。 （3）改变电流量,使其等于 I_n（额定电流）,角度调为灵敏角度。 （4）在仪器界面右下角——变量及变化步长选择——选择好变量（幅值）、变化步长。 （5）放开菜单栏"——"输出保持"按钮,调节步长▼,直到保护动作	
试验仪器设置	$\dot{U}_A$：$57.00\angle 0.00°\text{V}$　　$\dot{I}_A$：$0.0\angle 0.0°\text{A}$ $\dot{U}_B$：$57.74\angle -120°\text{V}$　　$\dot{I}_B$：$0.0\angle 0.0°\text{A}$ $\dot{U}_C$：$57.74\angle 120°\text{V}$　　$\dot{I}_C$：$0.0\angle 0.0\text{A}$	$\dot{U}_A$：$57.50\angle 0.00°\text{V}$　　$\dot{I}_A$：$3.78\angle -78.0°\text{A}$ $\dot{U}_B$：$57.74\angle -120°\text{V}$　　$\dot{I}_B$：$0.0\angle 0.0°\text{A}$ $\dot{U}_C$：$57.74\angle 120°\text{V}$　　$\dot{I}_C$：$0.0\angle 0.0\text{A}$
	设置好后,按"菜单栏"——"输出保持"按钮至 TV 断线复归	"变量及变化步长选择":变量——（U_a）幅值;变化步长——0.1V。设置好后放开"菜单栏"——"输出保持"按钮,调节步长▼,直到保护动作（57.2V 动作）

说明:由于试验人员操作试验仪器有差别,测试出的动作区、灵敏角及最小动作电压会有略微出入

五、手合加速试验

手合加速是指在开关手动合闸于故障时装置能快速动作,具体试验见表 3-8。

表 3-8   手合加速试验

试验项目	手合加速零序电流试验	
整定定值	零序过电流加速段定值 I_{0JS}：1.0A	
试验条件	（1）开关状态：分闸。 （2）其他与"零序电流保护检验"项目设置相同，如果加速距离Ⅲ段，则将"距离保护Ⅲ段"置"1"	
注意事项	计算公式：$I = m \times I_{0JS}$ m 为系数。 计算数据：m=1.05 时，$I = 1.05 \times 1.0 = 1.05(\text{A})$ m=0.95 时，$I = 0.95 \times 1.0 = 0.95(\text{A})$ 如果加速距离Ⅲ段，则按距离Ⅲ段公式进行计算	
试验方法	状态 1 加正常电压，电流为故障电流，所加时间小于 150ms	
试验仪器设置	采用状态序列	
	区内故障，m=1.05	区外故障，m=0.95
	$\dot{U}_A$：$57.74\angle0.00°$V $\dot{I}_A$：$1.05\angle-79°$A $\dot{U}_B$：$57.74\angle-120°$V $\dot{I}_B$：$0.00\angle0.00°$A $\dot{U}_C$：$57.74\angle120°$V $\dot{I}_C$：$0.00\angle0.00°$A 状态触发条件：时间控制为 0.11s	$\dot{U}_A$：$57.74\angle0.00°$V $\dot{I}_A$：$0.95\angle-79°$A $\dot{U}_B$：$57.74\angle-120°$V $\dot{I}_B$：$0.00\angle0.00°$A $\dot{U}_C$：$57.74\angle120°$V $\dot{I}_C$：$0.00\angle0.00°$A 状态触发条件：时间控制为 0.11s
装置报文	（1）0ms 保护启动。 （2）107ms 保护动作 ABC。 （3）107ms 零序加速动作 ABC。 （4）故障测距	0ms 保护启动
装置指示灯	保护跳闸	—
说明：故障试验仪器设置以 A 相故障为例，B、C 相类同		

试验项目	手合加速距离Ⅲ段试验
相关定值	距离Ⅲ段保护定值 Z_{set}^{III}：5.36Ω；接地（相间）距离Ⅲ段时间：2.30s；零序电抗补偿系数 K_X：0.58； 正序阻抗角 φ_1：82.00°
试验条件	（1）硬压板设置：投入距离保护投入压板 1RLP3、退出停用重合闸压板 1RLP5。 （2）软压板设置：投入"距离保护"软压板，退出"停用重合闸"软压板。 （3）控制字设置："距离保护Ⅱ、Ⅲ段"置"1"。 （4）开入量检查：三相跳位为1、闭锁重合闸0、压力低闭锁重合闸0。 （5）开关状态：分闸状态
计算方法	计算公式：$U_\varphi = m \times (1+K_X) \times I_e \times Z_{set}^{III}$ 注：m 为系数。 计算数据：m=0.95，U_φ=$0.95 \times (1+0.58) \times 1 \times 5.36$=8.05（V） m=1.05，U_φ=$1.05 \times (1+0.58) \times 1 \times 5.36$=8.89（V）
注意事项	（1）状态 1 加正常电压量，电流为 0，待 TV 断线复归及"充电完成"灯亮转入状态 2。 （2）状态 2 加故障量（距离Ⅲ段范围内均可），所加时间小于 100ms。 （3）该实验包括正方向区内、区外故障和反方向出口故障，测量动作时间采用 m=0.7

续表

	区外故障 m=0.95		区内故障 m=1.05	
	状态 1	状态 2	状态 1	状态 2
单相故障 A 相为例	$\dot{U}_A$：$57.74\angle 0.00°$V $\dot{U}_B$：$57.74\angle -120°$V $\dot{U}_C$：$57.74\angle 120°$V $\dot{I}_A$：$0.00\angle 0.00°$A $\dot{I}_B$：$0.00\angle 0.00°$A $\dot{I}_C$：$0.00\angle 0.00°$A	$\dot{U}_A$：$8.05\angle 0.00°$V $\dot{U}_B$：$57.74\angle -120°$V $\dot{U}_C$：$57.74\angle 120°$V $\dot{I}_A$：$1.00\angle -82.0°$A $\dot{I}_B$：$0.00\angle 0.00°$A $\dot{I}_C$：$0.00\angle 0.00°$A	$\dot{U}_A$：$57.74\angle 0.00°$V $\dot{U}_B$：$57.74\angle -120°$V $\dot{U}_C$：$57.74\angle 120°$V $\dot{I}_A$：$0.00\angle 0.00°$A $\dot{I}_B$：$0.00\angle 0.00°$A $\dot{I}_C$：$0.00\angle 0.00°$A	$\dot{U}_A$：$8.89\angle 0.00°$V $\dot{U}_B$：$57.74\angle -120°$V $\dot{U}_C$：$57.74\angle 120°$V $\dot{I}_A$：$1.00\angle -82.0°$A $\dot{I}_B$：$0.00\angle 0.00°$A $\dot{I}_C$：$0.00\angle 0.00°$A
状态触发	时间控制：18s	时间控制：0.01s	时间控制：18s	时间控制：0.01s
装置报文	（1）0ms 保护启动。 （2）36ms 保护动作 ABC。 （3）36ms 距离加速动作 ABC。 （4）故障测距		0ms 保护启动	
指示灯	保护跳闸		—	
说明	（1）各个态的状态量计算与接地距离Ⅲ段的相同。 （2）故障前状态 18s 使得 TV 断线复归并充电完成。 （3）手合时总是加速距离Ⅲ段			
思考	TV 断线，手合加速距离Ⅲ段能否动作			

六、重合闸后加速试验

重合闸后加速是指当线路发生永久性故障，开关重合于故障线路时通过后加速快速跳闸。具体试验见表 3-9。

表 3-9   **重合闸后加速试验**

试验项目	重合加速距离Ⅱ段试验
相关定值	距离Ⅱ段保护定值 Z_{set}^{II}：3.49Ω；接地（相间）距离Ⅱ段时间：1.00s；零序电抗补偿系数 K_X：0.58；正序阻抗角 φ_1：82.00°
试验条件	（1）硬压板设置：投入距离保护投入压板 1RLP3、退出停用重合闸压板 1RLP5。 （2）软压板设置：投入"距离保护"软压板，退出停用重合闸软压板。 （3）控制字设置："距离保护Ⅱ段"置"1""单相重合闸"置"1""三相重合闸"置"0""禁止重合闸"置"0""停用重合闸"置"0"。 （4）满足充电条件： 1）控制字设置："单相重合闸"置"1""三相重合闸"置"0""禁止重合闸"置"0""停用重合闸"置"0"； 2）开入量检查：A 相跳位 0、B 相跳位 0、C 相跳位 0、闭锁重合闸 0、压力低闭锁重合闸 0； 3）加入正常三相电压大于 15s 后，"充电完成"指示灯亮。 （5）开关状态：合闸位置
计算方法	计算公式：$U_\varphi = m\times(1+K_X)\times I_e \times Z_{set}^{II}$ 注：m 为系数。 计算数据：m=0.95，U_φ=0.95×（1+0.58）×1×3.49=5.24（V） m=1.05，U_φ=1.05×（1+0.58）×1×3.49=5.79（V）

续表

注意事项	（1）状态 1 加正常电压量，电流为 0，待 TV 断线复归及"充电完成"指示灯亮转入状态 2。 （2）状态 2 加故障量，所加时间小于所模拟故障保护整定时间+50ms。 （3）状态 3 加正常电压量，电流为 0，所加时间大于重合时间+50ms。 （4）状态 4 加故障量（距离Ⅱ段值），所加时间小于 120ms			
重合加速距离Ⅱ段	区内故障 m=0.95			
	状态 1（正常态）	状态 2（故障态）	状态 3（重合态）	状态 4（加速态）
	$\dot{U}_A$：57.74∠0.00°V	$\dot{U}_A$：1.00∠0.00°V	$\dot{U}_A$：57.74∠0.00°V	$\dot{U}_A$：5.24∠0.00°V
	$\dot{U}_B$：57.74∠-120°V	$\dot{U}_B$：57.74∠-120°V	$\dot{U}_B$：57.74∠-120°V	$\dot{U}_B$：57.74∠-120°V
	$\dot{U}_C$：57.74∠120°V	$\dot{U}_C$：57.74∠120°V	$\dot{U}_C$：57.74∠120°V	$\dot{U}_C$：57.74∠120°V
	$\dot{I}_A$：0.00∠0.00°A	$\dot{I}_A$：5.00∠-82.00°A	$\dot{I}_A$：0.00∠0.00°A	$\dot{I}_A$：1.00∠-82.00°A
	$\dot{I}_B$：0.00∠0.00°A	$\dot{I}_B$：0.00∠0.00°A	$\dot{I}_B$：0.00∠0.00°A	$\dot{I}_B$：0.00∠0.00°A
	$\dot{I}_C$：0.00∠0.00°A	$\dot{I}_C$：0.00∠0.00°A	$\dot{I}_C$：0.00∠0.00°A	$\dot{I}_C$：0.00∠0.00°A
状态触发	时间控制：18s	时间控制：0.06s	时间控制：0.75s	时间控制：0.12s
装置报文	（1）0ms 保护启动。 （2）27ms 保护动作 A。 （3）27ms 接地距离Ⅰ段动作 A。 （4）814ms 重合闸动作。 （5）914ms 保护动作 ABC。 （6）914ms 距离加速动作 ABC			
指示灯	保护跳闸、重合闸			
说明	单相重合闸，初次故障态只能单相瞬时故障，可采用距离Ⅰ段或Ⅱ段定值，再次故障则单相、相间均可			
思考	重合后（第四态），反方向故障距离加速能否动作			
试验项目	重合后加速零序试验			
相关定值（举例）	零序加速段定值：1.0A、零序电流Ⅱ段保护定值 I_{0u} =3.6A、动作时间 t_{0u} =0.50s；零序灵敏角（φ_0）：79°；单相重合：置"1"；单相重合时间：0.7s			
试验条件	（1）硬压板设置：投入零序过电流保护投入压板 1RLP4、退出停用重合闸压板 1RLP5。 （2）软压板设置：投入"零序过电流保护"软压板，退出停用重合闸软压板。 （3）控制字设置："零序电流保护"置"1""单相重合闸"置"1""三相重合闸"置"0""禁止重合闸"置"0""停用重合闸"置"0"。 （4）满足充电条件： 1）控制字设置："单相重合闸"置"1""三相重合闸"置"0""禁止重合闸"置"0""停用重合闸"置"0"； 2）开入量检查：A 相跳位 0、B 相跳位 0、C 相跳位 0、闭锁重合闸 0、压力低闭锁重合闸 0； 3）加入正常三相电压大于 15s 后，"充电完成"指示灯亮。 （5）开关状态：合闸位置			
试验方法	（1）状态 1 加正常电压量，电流为 0，待 TV 断线复归及"充电完成"指示灯亮转入状态 2。 （2）状态 2 加故障量（m=0.95 定值），所加时间小于整定时间+50ms。 （3）状态 3 加正常电压量，电流为 0，所加时间大于重合时间+50ms。 （4）状态 4 加故障量（零序加速段），所加时间小于 100ms			
单相区内故障试验仪器设置（采用状态序列）	状态 1 参数设置（故障前状态）			
	$\dot{U}_A$：57.74∠0.00°V	$\dot{I}_A$：0.00∠0.00°A		状态触发条件：时间控制为 18s
	$\dot{U}_B$：57.74∠-120°V	$\dot{I}_B$：0.00∠0.00°A		
	$\dot{U}_C$：57.74∠120°V	$\dot{I}_C$：0.00∠0.00°A		

单相区内故障试验仪器设置（采用状态序列）	状态 2 参数设置（故障状态）		
	$\dot{U}_{\mathrm{A}}$：$50\angle0.00°$V $\dot{U}_{\mathrm{B}}$：$57.74\angle-120°$V $\dot{U}_{\mathrm{C}}$：$57.74\angle120°$V	$\dot{I}_{\mathrm{A}}$：$4\angle-79.00°$A $\dot{I}_{\mathrm{B}}$：$0.00\angle0.00°$A $\dot{I}_{\mathrm{C}}$：$0.00\angle0.00°$A	状态触发条件：时间控制为整定时间+50ms
	状态 3 参数设置（重合状态）		
	$\dot{U}_{\mathrm{A}}$：$57.74\angle0.00°$V $\dot{U}_{\mathrm{B}}$：$57.74\angle-120°$V $\dot{U}_{\mathrm{C}}$：$57.74\angle120°$V	$\dot{I}_{\mathrm{A}}$：$0.00\angle0.00°$A $\dot{I}_{\mathrm{B}}$：$0.00\angle0.00°$A $\dot{I}_{\mathrm{C}}$：$0.00\angle0.00°$A	状态触发条件：时间控制为重合时间+50ms
	状态 4 参数设置（重合于故障状态）		
	$\dot{U}_{\mathrm{A}}$：$50\angle0.00°$V $\dot{U}_{\mathrm{B}}$：$57.74\angle-120°$V $\dot{U}_{\mathrm{C}}$：$57.74\angle120°$V	$\dot{I}_{\mathrm{A}}$：$1.05\angle-79.00°$A $\dot{I}_{\mathrm{B}}$：$0.00\angle0.00°$A $\dot{I}_{\mathrm{C}}$：$0.00\angle0.00°$A	状态触发条件：时间控制为0.10s
	说明：单相重合时，零序过电流加速经 60ms 延时三相跳闸		
	装置报文	（1）0ms 保护启动。 （2）00520ms 保护动作 A。 （3）00520ms 零序过电流 Ⅱ 段动作 A。 （4）01313ms 重合闸动作。 （5）1375ms 保护动作 ABC。 （6）1375ms 零序加速动作 ABC	
	装置指示灯	保护跳闸、重合闸	

思考：有什么方法可使状态 1 触发时间缩短，同时满足试验条件

七、重合闸功能测试

重合闸功能测试见表 3-10。

表 3-10　　　　　　　　　　　　重合闸功能测试

试验项目	单相重合脉冲宽度测试
相关定值	单相重合闸置"1"；单相重合时间：0.7s
试验条件	（1）硬压板设置： 1）通道一：投入主保护（通道一）压板 1RLP1、退出停用重合闸压板 1RLP5； 2）通道二：投入主保护（通道二）压板 1RLP2、退出停用重合闸压板 1RLP5。 （2）软压板设置： 1）通道一：投入"光纤通道一"软压板，退出停用重合闸软压板； 2）通道二：投入"光纤通道二"软压板，退出停用重合闸软压板。 （3）控制字设置："纵联差动保护"置"1"。 （4）满足充电条件： 1）控制字设置："单相重合闸"置"1""三相重合闸"置"0""禁止重合闸"置"0""停用重合闸"置"0"； 2）开入量检查：A 相跳位 0、B 相跳位 0、C 相跳位 0、闭锁重合闸 0、压力低闭锁重合闸 0； 3）投入纵差主保护压板或者加入正常三相电压超过 15s 后，"充电完成"指示灯亮

试验方法	（1）状态 1 加正常电压量，电流为 0，待 TV 断线复归及"充电完成"指示灯亮转入状态 2。 （2）状态 2 加故障量（单相故障），所加时间小于所模拟故障保护整定时间+60ms。 （3）状态 3 加正常电压量，电流为 0，开入量翻转触发。 （4）状态 4 加空态（电压加不加都行），开入量翻转触发或时间触发大于 200ms。 （5）注意：在"状态参数"界面左下角"开入量翻转判别条件"设置中勾选"以上一个状态为参考"		
单相区内故障试验仪器设置（采用状态序列）	状态 1 参数设置（故障前状态）		
	$\dot{U}_A$：57.74∠0.00°V $\dot{U}_B$：57.74∠-120°V $\dot{U}_C$：57.74∠120°V	$\dot{I}_A$：0.00∠0.00°A $\dot{I}_B$：0.00∠0.00°A $\dot{I}_C$：0.00∠0.00°A	状态触发条件：时间控制为 18s
	状态 2 参数设置（故障状态）		
	$\dot{U}_A$：30∠0.00°V $\dot{U}_B$：57.74∠-120°V $\dot{U}_C$：57.74∠120°V	$\dot{I}_A$：0.945∠-85.00°A $\dot{I}_B$：0.00∠0.00°A $\dot{I}_C$：0.00∠0.00°A	状态触发条件：时间控制为整定时间+50ms
	状态 3 参数设置（重合状态）		
	$\dot{U}_A$：57.74∠0.00°V $\dot{U}_B$：57.74∠-120°V $\dot{U}_C$：57.74∠120°V	$\dot{I}_A$：0.00∠0.00°A $\dot{I}_B$：0.00∠0.00°A $\dot{I}_C$：0.00∠0.00°A	状态触发条件：时间控制为开入量翻转触发
	状态 4 参数设置（重合脉冲测试状态）		
	$\dot{U}_A$：57.74∠0.00°V $\dot{U}_B$：57.74∠-120°V $\dot{U}_C$：57.74∠120°V	$\dot{I}_A$：0.00∠0.00°A $\dot{I}_B$：0.00∠0.00°A $\dot{I}_C$：0.00∠0.00°A	状态触发条件：开入量翻转触发（状态量中选择以上一状态为参考量）
	装置报文	（1）0ms 保护启动。 （2）00013ms 保护动作 A。 （3）00013ms 纵联差动保护动作 A。 （4）00755ms 重合闸动作。 （5）故障测距	
	装置指示灯	保护跳闸、重合闸	
试验项目	三相重合检同期检验		
相关定值	三相重合时间：0.5s；同期合闸角：20°；线路电压及母线电压：>40V（装置固定）		
试验条件	（1）硬压板设置： 1）通道一：投入主保护（通道一）压板 1RLP1、退出停用重合闸压板 1RLP5； 2）通道二：投入主保护（通道二）压板 1RLP2、退出停用重合闸压板 1RLP5。 （2）软压板设置： 1）通道一：投入"光纤通道一"软压板，退出停用重合闸软压板； 2）通道二：投入"光纤通道二"软压板，退出停用重合闸软压板。 （3）控制字设置："纵联差动保护"置"1"。 （4）满足充电条件： 1）控制字设置："单相重合闸"置"1""三相重合闸"置"0""禁止重合闸"置"0""停用重合闸"置"0"； 2）开入量检查：A 相跳位 0、B 相跳位 0、C 相跳位 0、闭锁重合闸 0、压力低闭锁重合闸 0； 3）投入纵差主保护压板或者加入正常三相电压超过 15s 后，"充电完成"指示灯亮		

试验方法	（1）状态 1 加正常电压量，电流为 0，待 TV 断线复归及"充电完成"指示灯亮转入状态 2。 （2）状态 2 加故障量，所加时间小于所模拟故障保护整定时间+60ms。 （3）状态 3 加正常电压量，改变线路与母线电压相位角差，电流为 0，所加时间大于重合时间+60ms

单相区内故障试验仪器设置（采用状态序列）	状态 1 参数设置（故障前状态）		
	$\dot{U}_{\mathrm{A}}$：57.74∠0.00°V $\dot{U}_{\mathrm{B}}$：57.74∠−120°V $\dot{U}_{\mathrm{C}}$：57.74∠120°V	$\dot{I}_{\mathrm{A}}$：0.00∠0.00°A $\dot{I}_{\mathrm{B}}$：0.00∠0.00°A $\dot{I}_{\mathrm{C}}$：0.00∠0.00°A	状态触发条件：时间控制为 18s
	状态 2 参数设置（故障状态）		
	$\dot{U}_{\mathrm{A}}$：30∠0.00°V $\dot{U}_{\mathrm{B}}$：57.74∠−120°V $\dot{U}_{\mathrm{C}}$：57.74∠120°V	$\dot{I}_{\mathrm{A}}$：0.945∠−85.00°A $\dot{I}_{\mathrm{B}}$：0.00∠0.00°A $\dot{I}_{\mathrm{C}}$：0.00∠0.00°A	状态触发条件：时间控制为整定时间+50ms
	状态 3 参数设置（重合状态）		
	$\dot{U}_{\mathrm{A}}$：57.74∠0.00°V $\dot{U}_{\mathrm{B}}$：57.74∠−120°V $\dot{U}_{\mathrm{C}}$：57.74∠120°V $\dot{U}_{\mathrm{Z}}$：>40∠（<±20.00°）V（动作） $\dot{U}_{\mathrm{Z}}$：>40∠（>±20.00°）V（不动） $\dot{U}_{\mathrm{Z}}$：<40∠（<±20.00°）V（不动）	$\dot{I}_{\mathrm{A}}$：0.00∠0.00°A $\dot{I}_{\mathrm{B}}$：0.00∠0.00°A $\dot{I}_{\mathrm{C}}$：0.00∠0.00°A	状态触发条件：时间控制为 0.80s
	装置报文	（1）0ms 保护启动。 （2）00013ms 保护动作 A。 （3）00013ms 纵联差动保护动作 A。 （4）00755ms 重合闸动作。 （5）故障测距	
	装置指示灯	保护跳闸、重合闸	

试验项目	三相重合检无压检验
相关定值（举例）	三相重合时间：0.50s；母线电压：>40V（装置固定）；无压判断值：30V（装置固定）
试验条件	（1）硬压板设置： 1）通道一：投入主保护（通道一）压板 1RLP1、退出停用重合闸压板 1RLP5； 2）通道二：投入主保护（通道二）压板 1RLP2、退出停用重合闸压板 1RLP5。 （2）软压板设置： 1）通道一：投入"光纤通道一"软压板，退出停用重合闸软压板； 2）通道二：投入"光纤通道二"软压板，退出停用重合闸软压板。 （3）控制字设置："纵联差动保护"置"1"。 （4）满足充电条件： 1）控制字设置："单相重合闸"置"1""三相重合闸"置"0""禁止重合闸"置"0""停用重合闸"置"0"； 2）开入量检查：A 相跳位 0、B 相跳位 0、C 相跳位 0、闭锁重合闸 0、压力低闭锁重合闸 0； 3）投入纵差主保护压板或者加入正常三相电压超过 15s 后，"充电完成"指示灯亮
试验方法	（1）状态 1 加正常电压量，电流为 0，待 TV 断线复归及"充电完成"指示灯亮转入状态 2。 （2）状态 2 加故障量，所加时间小于所模拟故障保护整定时间+60ms。 （3）状态 3 加正常电压量，改变线路电压，电流为 0，所加时间大于重合时间+60ms

	状态1参数设置（故障前状态）		
单相区内故障试验仪器设置（采用状态序列）	$\dot{U}_A$：$57.74\angle0.00°$V $\dot{U}_B$：$57.74\angle-120°$V $\dot{U}_C$：$57.74\angle120°$V $\dot{U}_Z$：$57.74\angle0.00°$V	$\dot{I}_A$：$0.00\angle0.00°$A $\dot{I}_B$：$0.00\angle0.00°$A $\dot{I}_C$：$0.00\angle0.00°$A	状态触发条件：时间控制为18s
	状态2参数设置（故障状态）		
	$\dot{U}_A$：$30\angle0.00°$V $\dot{U}_B$：$57.74\angle-120°$V $\dot{U}_C$：$57.74\angle120°$V	$\dot{I}_A$：$0.945\angle-85.00°$A $\dot{I}_B$：$0.00\angle0.00°$A $\dot{I}_C$：$0.00\angle0.00°$A	状态触发条件：时间控制为整定时间+50ms
	状态3参数设置（重合状态）		
	$\dot{U}_A$：$57.74\angle0.00°$V $\dot{U}_B$：$57.74\angle-120°$V $\dot{U}_C$：$57.74\angle120°$V $\dot{U}_Z$：$<30\angle0.00°$V（动作） $\dot{U}_Z$：$>30\angle0.00°$V（不动）	$\dot{I}_A$：$0.00\angle0.00°$A $\dot{I}_B$：$0.00\angle0.00°$A $\dot{I}_C$：$0.00\angle0.00°$A	状态触发条件：时间控制为0.80s
	装置报文	（1）0ms 保护启动。 （2）00013ms 保护动作 A。 （3）00013ms 纵联差动保护动作 A。 （4）00755ms 重合闸动作。 （5）故障测距	
	装置指示灯	保护跳闸、重合闸	

八、线路保护联调检验

1. 交流回路及开入回路检查

交流回路及开入回路检查见表 3-11。

表 3-11 交流回路及开入回路检查

试验项目	采样及开入检查
定值检查	本侧 TA 变比 1200：1，对侧 TA 变比 2000：1
通道检查	（1）通道联调时，应核对两侧装置显示的通道延时是否一致。 （2）线路两侧保护装置和通道均投入正常工作，检查通道正常，无通道告警信号。 （3）将线路两侧的任一侧差动保护主保护压板退出，应同时闭锁两侧的差动保护，通信应正常。 （4）检查两侧识别码、版本号是否一致
电流采样	（1）检查电流回路完好性： 1）从本侧保护装置电流端子加入：$\dot{I}_A$：$0.2\angle0.00°$A，$\dot{I}_B$：$0.4\angle-120°$A，$\dot{I}_C$：$0.6\angle120°$A 对侧保护装置通道对侧电流显示：$\dot{I}_A$：$0.12\angle0.00°$A，$\dot{I}_B$：$0.24\angle-120°$A，$\dot{I}_C$：$0.36\angle120°$A 2）从对侧保护装置电流端子加入：$\dot{I}_A$：$0.2\angle0.00°$A，$\dot{I}_B$：$0.4\angle-120°$A，$\dot{I}_C$：$0.6\angle120°$A 本侧保护装置通道对侧电流显示：$\dot{I}_A$：$0.33\angle0.00°$A，$\dot{I}_B$：$0.66\angle-120°$A，$\dot{I}_C$：$0.99\angle120°$A （2）回路正常后，三相分别加入 0.2、1、2A 进行电流采样精度检查
开入检查	（1）进入装置菜单——保护状态——开入显示，检查开入位变位情况。 （2）压板、开关跳闸位置、复归、打印、闭锁重合闸开入逐一检查

2．联调测试

空充检验见表 3-12，远方跳闸检验见表 3-13。

表 3-12 空充检验

试验项目	空充检验——区内、区外检验		
相关定值 （举例）	差动动作电流定值 $\dot{I}_{cd}$：1.2A；单相 TWJ 启动重合：置"1"；单相重合时间：0.7s		
试验条件	主保护功能，通道一和通道二应分别检验。 （1）硬压板设置： 1）通道一：投入主保护（通道一）压板 1RLP1、退出停用重合闸压板 1RLP5； 2）通道二：投入主保护（通道二）压板 1RLP2、退出停用重合闸压板 1RLP5。 （2）软压板设置： 1）通道一：投入"光纤通道一"软压板，退出停用重合闸软压板； 2）通道二：投入"光纤通道二"软压板，退出停用重合闸软压板。 （3）控制字设置："纵联差动保护"置"1"。 （4）满足充电条件： 1）控制字设置："单相重合闸"置"1""三相重合闸"置"0""禁止重合闸"置"0""停用重合闸"置"0"； 2）开入量检查：A 相跳位 0、B 相跳位 0、C 相跳位 0、闭锁重合闸 0、压力低闭锁重合 0； 3）投入纵差主保护压板或者加入正常三相电压超过 15s 后，"充电完成"指示灯亮。		
计算方法	计算公式：$I_d = m \times 1.5 \times I_{cd}$ 注：m 为系数。 计算数据：m=1.05，I_d=1.05×1.5×1.2=1.89（A） 　　　　　m=0.95，I_d=0.95×1.5×1.2=1.71（A）		
试验方法	（1）待"充电完成"指示灯亮后加故障量，所加时间小于 0.03s（m=1.2 时测动作时间）。 （2）电压可不考虑。 （3）本侧开关置于合位，对侧开关置于分位。 （4）模拟线路空充时故障或空载时发生故障：对侧开关在分闸位置（注意保护开入量显示有跳闸位置开入，且将主保护压板投入），本侧开关在合闸位置，在本侧模拟各种故障，故障电流大于差动保护定值，本侧差动保护动作，对侧不动作		
单相区内故障试验仪器设置（采用状态序列）	状态 1 参数设置（故障状态）		
	$\dot{U}_A$：57.74∠0.00°V $\dot{U}_B$：57.74∠-120°V $\dot{U}_C$：57.74∠120°V	$\dot{I}_A$：1.89∠0.00°A $\dot{I}_B$：0.00∠0.00°A $\dot{I}_C$：0.00∠0.00°A	状态触发条件：时间控制为 0.03s
	本侧装置报文	（1）0ms 保护启动。 （2）00018ms 保护动作 A。 （3）00018ms 纵联差动保护动作 A。 （4）00760ms 重合闸动作。 （5）故障测距	
	本侧装置指示灯	保护跳闸、重合闸	
	对侧装置报文	无	
	对侧装置指示灯	无	
区外故障	参数设置	将故障态的故障相电流改为区外计算值：$\dot{I}_A$：1.71∠-00.00°A	
	装置报文	0ms 保护启动	
	装置指示灯	无	

说明：（1）当线路充电时故障，开关断开侧电流启动元件不动作，开关合闸侧差动保护也就无法动作，因此就产生通过开关跳闸位置启动使差动保护动作的功能。

（2）本侧断路器在合闸位置，对侧断路器在断开位置，本侧模拟单相故障，本侧差动保护瞬时动作跳开断路器，然后单重。

（3）本侧断路器在合闸位置，对侧断路器在断开位置，本侧模拟相间故障，本侧差动保护瞬时动作跳开断路器

试验项目	弱馈功能检验——区内、区外检验			
相关定值（举例）	差动动作电流定值 $\dot{I}_{cd}$：1.2A；单相 TWJ 启动重合：置"1"；单相重合时间：0.7s			
试验条件	主保护功能，通道一和通道二应分别检验。 （1）硬压板设置： 1）通道一：投入主保护（通道一）压板 1RLP1、退出停用重合闸压板 1RLP5； 2）通道二：投入主保护（通道二）压板 1RLP2、退出停用重合闸压板 1RLP5。 （2）软压板设置： 1）通道一：投入"光纤通道一"软压板，退出停用重合闸软压板； 2）通道二：投入"光纤通道二"软压板，退出停用重合闸软压板。 （3）控制字设置："纵联差动保护"置"1"。 （4）满足充电条件： 1）控制字设置："单相重合闸"置"1""三相重合闸"置"0""禁止重合闸"置"0""停用重合闸"置"0"； 2）开入量检查：A 相跳位 0、B 相跳位 0、C 相跳位 0、闭锁重合闸 0、压力低闭锁重合闸 0； 3）投入纵差主保护压板或者加入正常三相电压超过 15s 后，"充电完成"指示灯亮			
计算方法	计算公式：$I_d = m \times 1.5 \times I_{cd}$ 注：m 为系数。 计算数据：m=1.05，I_d=1.05×1.5×1.2=1.89（A） m=0.95，I_d=0.95×1.5×1.2=1.71（A）			
试验方法	（1）待"充电完成"指示灯亮后加故障量，所加时间小于 0.05s（m=1.2 时测动作时间）。 （2）两侧开关均置于合位。 （3）模拟弱馈功能：对侧开关在合闸位置，主保护压板投入，加正常的三相电压 35V（小于 65% U_n 但是大于 TV 断线的告警电压 33V），装置没有"TV 断线"告警信号，本侧开关在合闸位置，故障电流大于差动保护定值，两侧差动保护均动作跳闸			
单相区内故障试验仪器设置（采用状态序列）	状态 1 参数设置（故障状态）			
	本侧电压	本侧电流	对侧电压	
	$\dot{U}_A$：57.74∠0.00°V $\dot{U}_B$：57.74∠-120°V $\dot{U}_C$：57.74∠120°V	$\dot{I}_A$：1.89∠0.00°A $\dot{I}_B$：0.00∠0.00°A $\dot{I}_C$：0.00∠0.00°A	$\dot{U}_A$：35∠0.00°V（动作） $\dot{U}_B$：35∠-120°V（动作） $\dot{U}_C$：35∠120°V（动作） $\dot{U}_A$：40∠0.00°V（不动） $\dot{U}_B$：40∠-120°V（不动） $\dot{U}_C$：40∠120°V（不动）	状态触发条件：时间控制为 0.03s
	本侧装置报文	（1）0ms 保护启动。 （2）00035ms 保护动作 A。 （3）00034ms 纵联差动保护动作 A。 （4）00776ms 重合闸动作。 （5）故障测距		
	本侧装置指示灯	保护跳闸、重合闸		
	对侧装置报文	（1）0ms 保护启动。 （2）00025ms 保护动作 A。 （3）00025ms 纵联差动保护动作 A。 （4）00776ms 重合闸动作。 （5）故障测距		
	对侧装置指示灯	保护跳闸、重合闸		

续表

区外故障	参数设置	将故障态的故障相电流改为区外计算值：$\dot{I}_A$：$1.71\angle-00.00°$A
	装置报文	0ms 保护启动
	装置指示灯	无

说明：对侧 TV 断线会延时 30ms 发允许信号

表 3-13　　　　　　　　　　　　　　远方跳闸保护检验

试验项目	远方跳闸保护检验		
相关定值（举例）	变化量启动电流定值：0.2A、控制字"远跳受启动元件控制动"置"1"		
试验条件	主保护功能，通道一和通道二应分别检验。 （1）硬压板设置： 1）通道一：投入主保护（通道一）压板 1RLP1、退出停用重合闸压板 1RLP5； 2）通道二：投入主保护（通道二）压板 1RLP2、退出停用重合闸压板 1RLP5。 （2）软压板设置： 1）通道一：投入"光纤通道一"软压板，退出停用重合闸软压板； 2）通道二：投入"光纤通道二"软压板，退出停用重合闸软压板。 （3）控制字设置："纵联差动保护"置"1"。 （4）满足充电条件： 1）控制字设置："单相重合闸"置"1""三相重合闸"置"0""禁止重合闸"置"0""停用重合闸"置"0"； 2）开入量检查：A 相跳位 0、B 相跳位 0、C 相跳位 0、闭锁重合闸 0、压力低闭锁重合闸 0； 3）投入纵差主保护压板或者加入正常三相电压超过 15s 后，"充电完成"指示灯亮		
计算方法	装置其他保护动作开入，主要为其他保护装置提供通道，使其能切除线路对侧开关。如失灵保护动作，该动作触点接到 NSR-303 的其他保护动作开入，经 20ms 延时确认后，通过通道一和通道二分别发送到对侧。接收侧收到"收其他保护动作"信号后，如本侧装置已经在启动状态，且开关在合位，则发"远方其他保护动作"信号，出口跳本开关，发闭锁重合闸信号		
试验方法	（1）所加时间 0.10s。 （2）电压可不考虑。 （3）测试仪器开出触点接对侧保护装置其他保护动作开入（1QD1～1QD11）		
区内故障	参数设置　（故障状态）		
	对侧故障量	本侧故障量	状态触发条件：时间控制为 0.1s
	$\dot{I}_A$：$0.21\angle0.00°$A $\dot{I}_B$：$0.00\angle0.00°$A $\dot{I}_C$：$0.00\angle0.00°$A	开出触点：闭合；保持时间为 0.1s	
	本侧装置报文	无	
	本侧装置指示灯	无	
	对侧装置报文	（1）0ms 保护启动。 （2）00025ms 保护动作 ABC。 （3）00025ms 远方其他保护动作 ABC	
	对侧装置指示灯	保护跳闸	

续表

区外故障	状态参数设置	将故障态的故障相电流改为区外计算值：$\dot{I}_A$：0.19∠0.00，其余同区内故障
	装置报文	无
	装置指示灯	无

说明：控制字"远跳受启动元件控制动"置"0"，则本侧保护装置无需加启动电流便可实现远跳

第二节　保护常见故障及故障现象

一、通用故障设置

NSR-303 保护装置线路保护通用故障设置及故障现象见表 3-14。

表 3-14　　　　　NSR-303 保护装置线路保护通用故障设置及故障现象

相别	难易	故障属性	故障现象	故障设置地点
通用	易	定值	定值区号错误，无法校验所需校验的定值	修改定值区号
通用	易	定值	二次采样电流值均缩小（或放大）5倍，重启装置后报"该区定值无效"	修改装置参数定值——"TA 二次额定值"由 5A 改为 1A（或 1A 改为 5A）
通用	中	定值	保护装置运行灯灭，报"定值校验出错"	修改定值整定逻辑（例如将Ⅲ段保护定值或时间与Ⅱ段对调）
通用	易	交流回路	电压失去基准，三相电压角度漂移	虚接 7UD16 内部线（电压 N 端 1UD4）
				虚接 1UD4 内部线（电压 N 端 1n-304）
通用	易	交流回路	电压切换无正电，采样无电压	虚接 1QD3 上内部线（切换正电源 7QD1）
				虚接 7QD1 上内部线（切换正电源 1QD3）
通用	易	交流回路	电压切换无负电，采样无电压	虚接 1QD21 上外部线（切换负电源 7QD10）
				虚接 7QD10 上内部线（切换正电源 1QD21）
通用	中	操作回路	Ⅰ、Ⅱ母线电压切换错误	对调 7QD4（Ⅰ母电压 4n208）和 7QD6（Ⅱ母电压 4n209）
通用	中	开入	保护装置复归按钮不响应	1QD2 内部线（1FA-13）虚接[1QD7 内部线（1FA-14）虚接]
通用	中	操作回路	跳闸出口正电源失去，无法跳闸	虚接 1CD1 外部线（4Q1D10）
通用	中	操作回路	合闸出口正电源均失去，无法合闸	虚接 1CD3 外部线（4Q1D3）
A	易	交流回路	A、B 相电压采样相别相反	对调 7UD9 内部线（A 相电压 4n201）和 7UD11 内部线（B 相电压 4n202）
				对调 1UD1 内部线（A 相电压 1n301）和 1UD2 内部线（B 相电压 1n302）
B	易	交流回路	B、C 相电压采样相别相反	对调 7UD11 内部线（B 相电压 4n202）和 7UD13 内部线（C 相电压 4n203）
				对调 1UD2 内部线（B 相电压 1n302）和 1UD3 内部线（C 相电压 1n303）

续表

相别	难易	故障属性	故障现象	故障设置地点
C	易	交流回路	A、C 相电压采样相别相反	对调 7UD13 内部线（C 相电压 4n203）和 7UD9 内部线（A 相电压 4n201）
				对调 1UD3 内部线（C 相电压 1n303）和 1UD1 内部线（A 相电压 1n301）
A	易	交流回路	电压从Ⅰ段加入时 A 相电压虚接，采样消失	虚接 7UD1 内部线（A 相电压 4n191）
				虚接 7UD9 内部线（A 相电压 4n201）
				虚接 7UD10 外部线（A 相电压 1ZKK-1）
				虚接 1UD1 内部线（A 相电压 1n301）
				虚接 1UD1 外部线（A 相电压 1ZKK-2）
B	易	交流回路	电压从Ⅰ段加入时 B 相电压虚接，采样消失	虚接 7UD2 内部线（B 相电压 4n192）
				虚接 7UD11 外部线（B 相电压 4n202）
				虚接 7UD12 外部线（B 相电压 1ZKK-3）
				虚接 1UD2 内部线（B 相电压 1n302）
				虚接 1UD2 外部线（B 相电压 1ZKK-4）
C	易	交流回路	电压从Ⅰ段加入时 C 相电压虚接，采样消失	虚接 7UD3 内部线（C 相电压 4n193）
				虚接 7UD13 外部线（C 相电压 4n203）
				虚接 7UD14 外部线（C 相电压 1ZKK-5）
				虚接 1UD3 内部线（B 相电压 1n303）
				虚接 1UD3 外部线（C 相电压 1ZKK-6）
A	易	交流回路	电压从Ⅱ段加入时 A 相电压虚接，采样消失	虚接 7UD5 内部线（A 相电压 4n196）
				虚接 7UD9 内部线（A 相电压 4n201）
				虚接 7UD10 外部线（A 相电压 1ZKK-1）
				虚接 1UD1 内部线（A 相电压 1n301）
				虚接 1UD1 外部线（A 相电压 1ZKK-2）
B	易	交流回路	电压从Ⅱ段加入时 B 相电压虚接，采样消失	虚接 7UD6 内部线（B 相电压 4n197）
				虚接 7UD11 外部线（B 相电压 4n202）
				虚接 7UD12 外部线（B 相电压 1ZKK-3）
				虚接 1UD2 内部线（B 相电压 1n302）
				虚接 1UD2 外部线（B 相电压 1ZKK-4）
C	易	交流回路	电压从Ⅱ段加入时 C 相电压虚接，采样消失	虚接 7UD7 内部线（C 相电压 4n198）
				虚接 7UD13 外部线（C 相电压 4n203）
				虚接 7UD14 外部线（C 相电压 1ZKK-5）
				虚接 1UD3 内部线（B 相电压 1n303）
				虚接 1UD3 外部线（C 相电压 1ZKK-6）

续表

相别	难易	故障属性	故障现象	故障设置地点
A	易	交流回路	A 相电流虚接，采样消失	虚接 1ID1 内部线（A 相电流 1n307）
				虚接 1ID5 内部线（A 相电流 1n308）
B	易	交流回路	B 相电流虚接，采样消失	虚接 1ID2 内部线（B 相电流 1n309）
				虚接 1ID6 内部线（B 相电流 1n310）
C	易	交流回路	C 相电流虚接，采样消失	虚接 1ID3 内部线（C 相电流 1n311）
				虚接 1ID7 内部线（C 相电流 1n312）
A	易	交流回路	A、B 相电流分流，采样异常	短接 1ID1（A 相电流 1n307）与 1ID2（B 相电流 1n309）内部线
B	易	交流回路	B、C 相电流分流，采样异常	短接 1ID2（B 相电流 1n309）与 1ID3（C 相电流 1n311）内部线
C	易	交流回路	C、A 相电流分流，采样异常	短接 1ID3（C 相电流 1n311）与 1ID1（A 相电流 1n307）内部线
A	易	交流回路	A 相电流分流，采样异常	短接 1ID1（A 相电流 1n307）与 1ID5（N 相电流）内部端子
B	易	交流回路	B 相电流分流，采样异常	短接 1ID2（A 相电流 1n309）与 1ID5（N 相电流）内部端子
C	易	交流回路	C 相电流分流，采样异常	短接 1ID3（A 相电流 1n311）与 1ID5（N 相电流）内部端子
A	中	交流回路	电压从 I 段加入时相当于 A 相切换出来回到 B 相，A、B 相电压短路	对调 7UD1（I 段切换前 A 相电压 4n191）与 7UD11（B 切换后电压 4n202）
B	中	交流回路	电压从 I 段加入时相当于 B 相切换出来回到 C 相，B、C 相电压短路	对调 7UD2（I 段切换前 B 相电压 4n192）与 7UD13（C 切换后电压 4n203）
C	中	交流回路	电压从 I 段加入时相当于 C 相切换出来回到 A 相，C、A 相电压短路	对调 7UD3（I 段切换前 C 相电压 4n193）与 7UD11（A 相切换后电压 4n201）
A	中	交流回路	电压从 II 段加入时相当于 A 相切换出来回到 B 相，A、B 相电压短路	对调 7UD5（II 段切换前 A 相电压 4n196）与 7UD11（B 相切换后电压 4n202）
B	中	交流回路	电压从 II 段加入时相当于 B 相切换出来回到 C 相，B、C 相电压短路	对调 7UD6（II 段切换前 B 相电压 4n197）与 7UD13（C 相切换后电压 4n203）
C	中	交流回路	电压从 II 段加入时相当于 C 相切换出来回到 A 相，C、A 相电压短路	对调 7UD7（II 段切换前 C 相电压 4n198）与 7UD11（A 相切换后电压 4n201）
A	中	开入	整组试验单跳 A 相时闭重开入，三跳	短接 1QD13（A 相跳位 1n1015）和 1QD17 端子内部（闭重开入 1n1013）
B	中	开入	整组试验单跳 B 相时闭重开入，三跳	短接 1QD14（B 相跳位 1n1016）和 1QD17 端子内部（闭重开入 1n1013）
C	中	开入	整组试验单跳 C 相时闭重开入，三跳	短接 1QD15（C 相跳位 1n1017）和 1QD17 端子内部（闭重开入 1n1013）
A	中	操作回路	整组试验单跳 A 相时无法启动操作箱出口，A 跳灯不亮	虚接屏后 A 相出口压板下端线（1n1321）
				虚接屏后 A 相出口压板上端线（A 相出口去 1KD1）
				虚接 1KD1 端子上内部线（A 相出口去 1CLP1-1）
				虚接 1KD1 端子上外部电缆（A 相出口 J233A）

相别	难易	故障属性	故障现象	故障设置地点
B	中	操作回路	整组试验单跳 B 相时无法启动操作箱出口，B 跳灯不亮	虚接屏后 B 相出口压板下端线（1n1323）
				虚接屏后 B 相出口压板上端线（B 相出口 1KD2）
				虚接 1KD2 端子上内部线（B 相出口 1CLP2-1）
				虚接 1KD2 端子上外部电缆（B 相出口 J233B）
C	中	操作回路	整组试验单跳 C 相时无法启动操作箱出口，C 跳灯不亮	虚接屏后 C 相出口压板下端线（1n1325）
				虚接屏后 C 相出口压板上端线（C 相出口 1KD3）
				虚接 1KD3 端子上内部线（C 相出口 1CLP3-1）
				虚接 1KD3 端子上外部电缆（C 相出口 J233C）
A	中	操作回路	整组试验重合闸时无法启动操作箱出口，重合闸灯不亮	虚接屏后重合闸出口压板下端线（1n1330）
				虚接屏后重合闸出口压板上端线（1KD5）
				虚接 1KD5 端子上内部线（重合闸出口 1CLP4-1）
				虚接 1KD5 端子上外部电缆（重合闸出口 4QD29）
				虚接 4QD29 端子上外部线（重合闸出口 J3）
A	中	操作回路	整组试验单跳 A 相时三跳	短接屏后 A、B 相出口压板上端
				短接 1KD1、2（A、B 相出口）端子
B	中	操作回路	整组试验单跳 B 相时三跳	短接屏后 B、C 相出口压板上端
				短接 1KD2、3（B、C 相出口）端子
C	中	操作回路	整组试验单跳 C 相时三跳	短接屏后 C、A 相出口压板上端
				短接 1KD3、1（C、A 相出口）端子
B	中	操作回路	整组试验单跳 B 相时三跳	短接屏后 A、B 相出口压板上端
				短接 1KD1、2（A、B 相出口）端子
C	中	操作回路	整组试验单跳 C 相时三跳	短接屏后 B、C 相出口压板上端
				短接 1KD2、3（B、C 相出口）端子
A	中	操作回路	整组试验单跳 A 相时三跳	短接屏后 C、A 相出口压板上端
				短接 1KD3、1（C、A 相出口）端子
AB	中	操作回路	整组试验单跳 A 或 B 相时三跳	短接屏后 A、B 相出口压板上端
				短接 1KD1、2（A、B 相出口）端子
BC	中	操作回路	整组试验单跳 B 或 C 相时三跳	短接屏后 B、C 相出口压板上端
				短接 1KD2、3（B、C 相出口）端子

续表

相别	难易	故障属性	故障现象	故障设置地点
CA	中	操作回路	整组试验单跳 C 或 A 相时三跳	短接屏后 C、A 相出口压板上端
				短接 1KD3、1（C、A 相出口）端子
A	难	操作回路	整组试验单跳 A 相时同时收到两相跳位，三跳	短接 1QD13、14（A、B 相跳闸位置）端子
B	难	操作回路	整组试验单跳 B 相时同时收到两相跳位，三跳	短接 1QD14、15（B、C 相跳闸位置）端子
C	难	操作回路	整组试验单跳 C 相时同时收到两相跳位，三跳	短接 1QD15、13（C、A 相跳闸位置）端子
B	难	操作回路	整组试验单跳 B 相时同时收到两相跳位，三跳	短接 1QD13、14（A、B 相跳闸位置）端子
C	难	操作回路	整组试验单跳 C 相时同时收到两相跳位，三跳	短接 1QD14、15（B、C 相跳闸位置）端子
A	难	操作回路	整组试验单跳 A 相时同时收到两相跳位，三跳	短接 1QD15、13（C、A 相跳闸位置）端子
AB	难	操作回路	整组试验单跳 A 或 B 相时同时收到两相跳位，三跳	短接 1QD13、14（A、B 相跳闸位置）端子
BC	难	操作回路	整组试验单跳 B 或 C 相时同时收到两相跳位，三跳	短接 1QD14、15（B、C 相跳闸位置）端子
CA	难	操作回路	整组试验单跳 C 或 A 相时同时收到两相跳位，三跳	短接 1QD15、13（C、A 相跳闸位置）端子
A	中	操作回路	单跳 A 相时操作箱重合闸灯亮，断路器跳不掉，重合时跳 A 相断路器	对调 1KD1（A 相出口 1CLP1-1）和 1KD5（重合闸出口）端子内部接线
B	中	操作回路	单跳 B 相时操作箱重合闸灯亮，断路器跳不掉，重合时跳 B 相断路器	对调 1KD2（B 相出口 1CLP2-1）和 1KD5（重合闸出口）端子内部接线
C	中	操作回路	单跳 C 相时操作箱重合闸灯亮，断路器跳不掉，重合时跳 C 相断路器	对调 1KD3（C 相出口 1CLP3-1）和 1KD5（重合闸出口 1CLP4-1）端子内部接线
A	中	操作回路	跳闸出口正电源失去，无法跳闸	虚接 1CD1 内部线（1n1327）
A	中	操作回路	重合闸出口正电源失去，无法重合闸	虚接 1CD3 内部线（1n1329）

二、专用故障设置

NSR-303 系列线路保护专用故障设置及故障现象见表 3-15。

表 3-15　　　　　　　　NSR-303 系列线路保护专用故障设置及故障现象

保护类型	适用装置	难易	故障属性	故障设置地点	故障现象
主保护	NSR-303	易	定值	软压板中光纤通道置"0"	电流差动保护退出
主保护	NSR-303	易	定值	修改控制字定值——"纵联差动保护"置"0"	电流差动保护退出
主保护	NSR-303	中	其他	光纤接口有异物或尾纤脏污	通道告警
主保护	NSR-303	易	定值	纵联码未修改成自环试验方式	通道告警

续表

保护类型	适用装置	难易	故障属性	故障设置地点	故障现象
主保护	NSR-303	中	定值	保护控制字中电流补偿置"1"	电流差动保护校验数值不正确
距离保护	NSR-303	易	定值	修改控制字定值——"Ⅱ段保护闭重"置"1"	距离Ⅱ段保护动作不重合闸
零序保护	NSR-303	易	定值	修改控制字定值——"Ⅱ段保护闭重"置"1"	零序Ⅱ段保护动作不重合闸
零序保护	NSR-303	易	定值	修改控制字定值——"零序电流保护"置"0"	零序电流保护退出
零序保护	NSR-303	易	定值	修改保护定值——零序过电流"X"段定值的值	零序过电流"X"段定值校验不准
零序保护	NSR-303	易	定值	修改保护定值——零序过电流加速段定值的值	零序过电流加速段定值校验不准
零序保护	NSR-303	难	交流回路	解除 1ID8 和 1ID4 内部线，并用假线替代	外接零序电流被短接，零序启动值为零，零序电流保护无法模拟
零序保护	NSR-303	中	交流回路	1ID8 内部线（1n313）虚接，1ID4、1ID5 可靠短接	外接零序电流被短接，零序启动值为零，零序电流保护无法模拟
重合闸	NSR-303	易	定值	修改软压板定值——"停用重合闸"置"1"	重合闸退出
重合闸	NSR-303	易	定值	修改控制字定值——"单相重合闸"置"0"	任何故障时三跳
重合闸	NSR-303	易	定值	修改控制字定值——"停用重合闸"或"禁止重合闸"置"1"	任何故障时三跳
重合闸	NSR-303	易	定值	修改控制字定值——"投三相跳闸方式"置"1"	任何故障时三跳
重合闸	NSR-303	中	定值	修改保护定值——"单相重合闸时间"，例如 0.7s 改为 7s（需≤15s）	单相重合闸时间错误
重合闸	NSR-303	中	定值	修改保护定值——"三相重合闸时间"例如 0.5s 改为 5s（需≤15s）	三相重合闸时间错误
重合闸	NSR-303	易	定值	修改保护定值——"同期合闸角"定值	修改保护定值"同期合闸角"定值校验出错

第四章 PRS-753A 线路保护装置调试

PRS-753A 线路保护装置主要适用于传统变电站内 220kV 及以上电压等级的常规输电线路保护。保护装置以分相电流差动元件为全线速动的主保护，并配有零序电流差动元件的后备差动段；后备保护配置三段式相间距离、三段式接地距离保护及两段零序电流保护，并配有灵活的自动重合闸功能；保护装置具备独立的选相能力，并具备振荡闭锁功能，装置具有自动重合闸功能，可实现单相重合闸、三相重合闸、禁止重合闸和停用重合闸功能。

第一节 试验调试方法

一、纵联差动保护检验

1. 纵联差动保护定值检验

纵联差动保护定值检验见表 4-1。

表 4-1　　　　　　　　　　　　　纵联差动保护定值检验

试验项目	纵联差动保护高定值检验（稳态 I 段）——区内、区外检验
相关定值	差动动作电流定值 I_{dz}：1.2A，变化量启动电流定值：0.5A，零序启动电流定值 I_{0set}：0.5A；重合闸方式：单重方式；单重时间：0.7s
试验条件	主保护功能，通道一和通道二应分别检验。 （1）硬压板设置： 1）通道一：投入主保护（通道一）压板 1KLP1、退出停用重合闸压板 1KLP3； 2）通道二：投入主保护（通道二）压板 1KLP2、退出停用重合闸压板 1KLP3。 （2）软压板设置： 1）通道一：投入"光纤通道一"软压板，退出停用重合闸软压板； 2）通道二：投入"光纤通道二"软压板，退出停用重合闸软压板。 （3）控制字设置："纵联差动保护"置"1""单相重合闸"置"1""三相重合闸"置"0""三相跳闸方式"置"0"。 （4）开关状态：合上开关。 （5）开入量检查：A 相跳位 0、B 相跳位 0、C 相跳位 0、闭锁重合闸 0、低气压闭锁重合闸 0。 （6）"充电完成"指示灯亮

计算方法	计算公式：$I = m \times 1.5 \times I_{dz} \times K$ 注：m、K 为系数，K 在通道自环时取 0.5。 计算数据：$m = 1.05$，$I = 1.05 \times 1.5 \times 1.2 \times 0.5 = 0.945(A)$ $m = 0.95$，$I = 0.95 \times 1.5 \times 1.2 \times 0.5 = 0.855(A)$			
注意事项	(1) 待充电完成灯亮后加故障量，所加时间小于 0.03s。 (2) 此实验不必考虑电压的设置			
A 相故障 状态序列	区内故障 m=1.05		区外故障 m=0.95	
	状态 1	状态 2	状态 1	状态 2
	$\dot{U}_A$：$57.74\angle 0.00^\circ$V $\dot{U}_B$：$57.74\angle -120^\circ$V $\dot{U}_C$：$57.74\angle 120^\circ$V $\dot{I}_A$：$0.945\angle -85.0^\circ$A $\dot{I}_B$：$0.00\angle 0.00^\circ$A $\dot{I}_C$：$0.00\angle 0.00^\circ$A	$\dot{U}_A$：$57.74\angle 0.00^\circ$V $\dot{U}_B$：$57.74\angle -120^\circ$V $\dot{U}_C$：$57.74\angle 120^\circ$V $\dot{I}_A$：$0.00\angle -85.0^\circ$A $\dot{I}_B$：$0.00\angle 0.00^\circ$A $\dot{I}_C$：$0.00\angle 0.00^\circ$A	$\dot{U}_A$：$57.74\angle 0.00^\circ$V $\dot{U}_B$：$57.74\angle -120^\circ$V $\dot{U}_C$：$57.74\angle 120^\circ$V $\dot{I}_A$：$0.855\angle -85.0^\circ$A $\dot{I}_B$：$0.00\angle 0.00^\circ$A $\dot{I}_C$：$0.00\angle 0.00^\circ$A	$\dot{U}_A$：$57.74\angle 0.00^\circ$V $\dot{U}_B$：$57.74\angle -120^\circ$V $\dot{U}_C$：$57.74\angle 120^\circ$V $\dot{I}_A$：$0.00\angle -85.0^\circ$A $\dot{I}_B$：$0.00\angle 0.00^\circ$A $\dot{I}_C$：$0.00\angle 0.00^\circ$A
状态触发	时间：0.03s	时间：1s	时间：0.03s	时间：1s
装置报文	(1) 18ms 分相差动动作。 (2) 766ms 重合闸动作		保护启动	
指示灯	保护跳闸、重合闸		—	
说明	(1) 故障试验仪器设置以 A 相故障为例，B、C 相类同。 (2) 测量保护动作时间应取电流定值的 2 倍。 (3) 整组实验类同			
思考	(1) 在通道自环状态下完成该试验时，是否需要修改本侧和对侧纵联码？ (2) 为什么电流差动保护不必考虑电压的变化情况？ (3) 为什么差动动作电流定值比启动值小，保护还能动作			

2. 零序纵联差动保护定值检验

零序纵联差动保护定值检验见表 4-2。

表 4-2　　　　　　　　　　**零序纵联差动保护定值检验**

试验项目	纵联零序电流差动保护定值检验——区内、区外检验
相关定值	差动动作电流定值 I_{dz}：1.2A，变化量启动电流定值：0.5A，零序启动电流定值 I_{0set}：0.5A，动作时间装置固有（$t > 100ms$）；重合闸方式：单重方式；单重时间：0.7s
试验条件	条件与表 4-1 检验差动动作一致
计算方法	计算公式：$I = \max\{m \times I_{dz} \times K, I_{0set}\}$ 注：m、K 为系数，K 在通道自环时取 0.5。 计算数据：$m = 0.95$，$I = 0.95 \times 1.2 \times 0.5 = 0.57(A)$ $m = 1.05$，$I = 1.05 \times 1.2 \times 0.5 = 0.63(A)$

注意事项	（1）待"充电完成"指示灯亮后加故障量，所加时间小于 0.04s。 （2）电压可不考虑。 （3）零序差动保护只有在分相差动不动作的情况下投入			
	区内故障 $m=1.05$		区外故障 $m=0.95$	
	状态 1	状态 2	状态 1	状态 2
A 相故障 状态序列	$\dot{U}_A$: $57.74\angle 0.00°$ V $\dot{U}_B$: $57.74\angle -120°$ V $\dot{U}_C$: $57.74\angle 120°$ V $\dot{I}_A$: $0.63\angle 0.00°$ A $\dot{I}_B$: $0.00\angle 0.00°$ A $\dot{I}_C$: $0.00\angle 0.00°$ A	$\dot{U}_A$: $57.74\angle 0.00°$ V $\dot{U}_B$: $57.74\angle -120°$ V $\dot{U}_C$: $57.74\angle 120°$ V $\dot{I}_A$: $0.00\angle 0.00°$ A $\dot{I}_B$: $0.00\angle 0.00°$ A $\dot{I}_C$: $0.00\angle 0.00°$ A	$\dot{U}_A$: $57.74\angle 0.00°$ V $\dot{U}_B$: $57.74\angle -120°$ V $\dot{U}_C$: $57.74\angle 120°$ V $\dot{I}_A$: $0.57\angle 0.00°$ A $\dot{I}_B$: $0.00\angle 0.00°$ A $\dot{I}_C$: $0.00\angle 0.00°$ A	$\dot{U}_A$: $57.74\angle 0.00°$ V $\dot{U}_B$: $57.74\angle -120°$ V $\dot{U}_C$: $57.74\angle 120°$ V $\dot{I}_A$: $0.00\angle 0.00°$ A $\dot{I}_B$: $0.00\angle 0.00°$ A $\dot{I}_C$: $0.00\angle 0.00°$ A
状态触发	时间：0.2s	时间：1s	时间：0.2s	时间：1s
装置报文	（1）113ms 零序差动动作。 （2）865ms 重合闸动作		保护启动	
指示灯	保护跳闸、重合闸		—	
说明	（1）故障试验仪器设置以 A 相故障为例，B、C 相类同。 （2）测量保护动作时间应取电流定值的 1.2 倍。 （3）整组实验类同			
思考	零序差动经 250ms 延时应如何校验			

二、距离保护检验

距离保护定值校验见表 4-3。

表 4-3 距离保护定值校验

试验项目	接地距离 I 段保护检验——正方向：区内、区外故障；反方向
相关定值 I 段为例	以距离 I 段为例：接地距离 I 段定值 (Z_{zdpl}):0.96Ω；线路线路正序灵敏角 φ：85°；零序补偿系数 (K_X):0.7；TA 二次额定值 (I_n):1A；单相重合闸时间：0.7s
试验条件	（1）硬压板设置：退出"主保护（通道一）"压板 1KLP1、退出"主保护（通道二）"压板 1KLP2、退出"停用重合闸"压板 1KLP3、投入"距离保护投入"压板 1KLP4。 （2）软压板设置：退出"停用重合闸"软压板；投入"距离保护"软压板。 （3）控制字设置："距离保护 I 段"置"1""投三相跳闸方式"置"0""单相重合闸"置"1""三相重合闸"置"0""停用重合闸"置"0"。 （4）开关状态：三相开关均处于合位。 （5）开入量检查：A 相跳位 0、B 相跳位 0、C 相跳位 0、闭锁重合闸 0、低气压闭锁重合闸 0。 （6）"异常"（TV 断线）灯灭（故障前状态大于 10s），"充电完成"指示灯会自动计时自动点亮
计算方法	计算公式：$\dot{U}_\varphi = m \times (1+K_X) \times I_\varphi \times Z_{zdpl}$ 计算数据：$m=0.95$，$\dot{U}_\varphi = 0.95 \times (1+0.7) \times 5 \times 0.96 = 7.752$ （V） 　　　　　$m=1.05$，$\dot{U}_\varphi = 1.05 \times (1+0.7) \times 5 \times 0.96 = 8.568$ （V）

注意事项	（1）待"异常"（TV 断线）灯灭、"充电完成"指示灯亮后加故障量，所加时间=整定时间+0.1s。 （2）装置距离Ⅰ段时间默认为 0s，为装置固有延时，模拟距离Ⅰ、Ⅱ、Ⅲ段时故障态所加时间为该段距离保护时间整定值+0.1s			
A 相故障 状态序列	区内故障 m=0.95		区外故障 m=1.05	
	状态 1 参数	状态 2 参数	状态 1 参数	状态 2 参数
	$\dot{U}_{\mathrm{A}}$：57.7∠0.00°V	$\dot{U}_{\mathrm{A}}$：7.752∠0.00°V	$\dot{U}_{\mathrm{A}}$：57.74∠0.00°V	$\dot{U}_{\mathrm{A}}$：8.568∠0.00°V
	$\dot{U}_{\mathrm{B}}$：57.7∠−120°V	$\dot{U}_{\mathrm{B}}$：57.74∠−120°V	$\dot{U}_{\mathrm{B}}$：57.74∠−120°V	$\dot{U}_{\mathrm{B}}$：57.74∠−120°V
	$\dot{U}_{\mathrm{C}}$：57.7∠120°V	$\dot{U}_{\mathrm{C}}$：57.74∠120°V	$\dot{U}_{\mathrm{C}}$：57.74∠120°V	$\dot{U}_{\mathrm{C}}$：57.74∠120°V
	$\dot{I}_{\mathrm{A}}$：0.00∠−85°A	$\dot{I}_{\mathrm{A}}$：5.00∠−85°A	$\dot{I}_{\mathrm{A}}$：0.00∠−85°A	$\dot{I}_{\mathrm{A}}$：5.00∠−85°A
	$\dot{I}_{\mathrm{B}}$：0.00∠0.00°A	$\dot{I}_{\mathrm{B}}$：0.00∠0.00°A	$\dot{I}_{\mathrm{B}}$：0.00∠0.00°A	$\dot{I}_{\mathrm{B}}$：0.00∠0.00°A
	$\dot{I}_{\mathrm{C}}$：0.00∠0.00°A	$\dot{I}_{\mathrm{C}}$：0.00∠0.00°A	$\dot{I}_{\mathrm{C}}$：0.00∠0.00°A	$\dot{I}_{\mathrm{C}}$：0.00∠0.00°A
状态触发	时间：3s	时间：0.06s	时间：3s	时间：0.06s
装置报文	（1）43ms 接地距离Ⅰ段动作。 （2）774ms 重合闸动作		保护启动	
指示灯	保护跳闸、重合闸		—	
反向故障	状态参数	将故障态（m=0.95）的故障相电流角度加上 180°即：$\dot{I}_{\mathrm{A}}$：5.00∠95.00°		
说明	故障状态最好不超过 200ms，否则保护可能判为单跳失败三跳			
试验项目	相间距离保护检验——正方向：区内、区外故障；反方向			
以Ⅰ段定 值为例	相间距离Ⅰ段定值（$Z_{\mathrm{set\,I}}$）：0.96Ω；正序阻抗角 φ：85°；重合闸方式：单重方式；单重时间：0.7s			
试验条件	TV 断线复归，充电完成灯亮			
计算方法 BC 故障	计算公式：$U_{\varphi\varphi}=m\times 2\times I_{\varphi\varphi}\times Z_{\mathrm{set\,I}}$（相量图如图 4-1 所示） $U_{\varphi}=\dfrac{\sqrt{U_{\varphi\varphi}^{2}+U_{\mathrm{n}}^{2}}}{2}$；　$\varPhi=\arctan\left(\dfrac{U_{\varphi\varphi}}{U_{\mathrm{n}}}\right)$ 区内故障 m=0.95 $U_{\mathrm{KBC}}=0.95\times 2\times 5\times 0.96=9.12(\mathrm{V})$ $U_{\mathrm{KB}}=U_{\mathrm{KC}}=\sqrt{\left(\dfrac{57.74}{2}\right)^{2}+\left(\dfrac{U_{\mathrm{KBC}}}{2}\right)^{2}}=29.22(\mathrm{V})$ $\varPhi_{1}=\varPhi_{2}=\arctan\left(\dfrac{U_{\mathrm{KBC}}}{57.74}\right)=9.77°$ 则 $\dot{U}_{\mathrm{KB}}$ 滞后 $\dot{U}_{\mathrm{A}}$ 的角度为 $180°-9.77°=170.23°$； $\dot{U}_{\mathrm{KC}}$ 超前 $\dot{U}_{\mathrm{A}}$ 的角度为 $180°-9.77°=170.23°$； $\varPhi_{3}=$ 正序阻抗角 区外故障 m=1.05 $U_{\mathrm{KBC}}=1.05\times 2\times 5\times 0.96=10.08(\mathrm{V})$ $U_{\mathrm{KB}}=U_{\mathrm{KC}}=\sqrt{\left(\dfrac{57.74}{2}\right)^{2}+\left(\dfrac{U_{\mathrm{KBC}}}{2}\right)^{2}}=29.31(\mathrm{V})$ $\varPhi_{1}=\varPhi_{2}=\arctan\left(\dfrac{U_{\mathrm{KBC}}}{57.74}\right)=9.9°$			

计算方法 BC 故障	则 $\dot{U}_{KB}$ 滞后 $\dot{U}_A$ 的角度为 $180° - 9.9° = 170.1°$ ； $\dot{U}_{KC}$ 超前 $\dot{U}_A$ 的角度为 $180° - 9.9° = 170.1°$ ； $\Phi_3 =$ 正序阻抗角 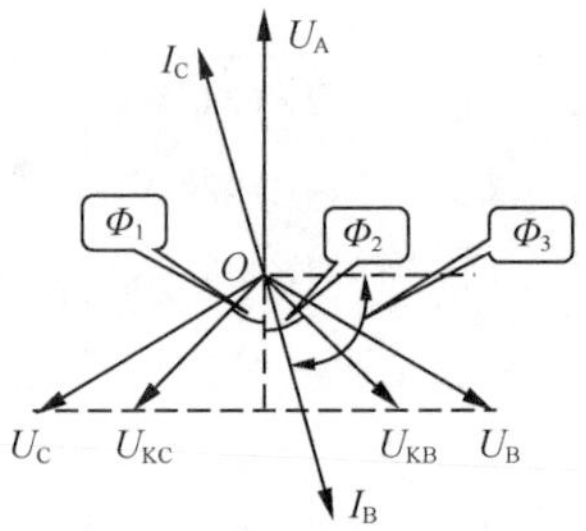 图 4-1 相间故障相量图
注意事项	（1）状态 1 加正常电压量，电流为 0，待 TV 断线恢复及"充电完成"灯亮转入状态 2。 （2）状态 2 加故障量，所加时间=整定时间+50ms。 （3）若采取非故障相旋转为 0°或 180°的方法时，故障前状态的相角要同步修改，否则影响动作行为和试验数据

相间故障 BC 为例	区内故障 m=0.95		区外故障 m=1.05	
	状态 1 参数	状态 2 参数	状态 1 参数	状态 2 参数
	$\dot{U}_A$: $57.74\angle 0.00°$ V	$\dot{U}_A$: $57.74\angle 0.00°$ V	$\dot{U}_A$: $57.74\angle 0.00°$ V	$\dot{U}_A$: $57.74\angle 0.00°$ V
	$\dot{U}_B$: $57.74\angle -120°$ V	$\dot{U}_B$: $29.22\angle -170.1°$ V	$\dot{U}_B$: $57.74\angle -120°$ V	$\dot{U}_B$: $29.31\angle -170.1°$ V
	$\dot{U}_C$: $57.74\angle 120°$ V	$\dot{U}_C$: $29.22\angle 170.1°$ V	$\dot{U}_C$: $57.74\angle 120°$ V	$\dot{U}_C$: $29.31\angle 170.1°$ V
	$\dot{I}_A$: $0.00\angle 0.00°$ A	$\dot{I}_A$: $0.00\angle 0.00°$ A	$\dot{I}_A$: $0.00\angle 0.00°$ A	$\dot{I}_A$: $0.00\angle 0.00°$ A
	$\dot{I}_B$: $0.00\angle 0.00°$ A	$\dot{I}_B$: $5.00\angle -175.0°$ A	$\dot{I}_B$: $0.00\angle 0.00°$ A	$\dot{I}_B$: $5.00\angle -175.0°$ A
	$\dot{I}_C$: $0.00\angle 0.00°$ A	$\dot{I}_C$: $5.00\angle 5.00°$ A	$\dot{I}_C$: $0.00\angle 0.00°$ A	$\dot{I}_C$: $5.00\angle 5.00°$ A
状态触发	时间：12s	时间：0.05s	时间：12s	时间：0.05s
装置报文	42ms 相间距离 I 段动作		保护启动	
指示灯	保护跳闸		—	

相间反方 向故障	状态参数 设置	将正方向区内故障态(m=0.95)的故障相电流角度加上 180°，即 $\dot{I}_A$: $0.00\angle 0.00°$ A； $\dot{I}_B$: $5.00\angle 5.00°$ A； $\dot{I}_C$: $5.00\angle -175.00°$ A
说明		（1）故障前状态 12s 使得 TV 断线复归。 （2）距离 II、III 段校验同 I 段，区别在于整定值及动作时间。 （3）接地及相间距离 III 段保护均为永跳出口
思考		（1）模拟距离保护时由于零序保护定值也能达到，导致零序过电流保护可能比距离保护先动作，那么要如何防止零序保护抢动？ （2）模拟距离 I 段保护时能正常动作并重合，模拟距离 II 段保护时一动作就三跳可能是什么原因（接线正确，模拟量设置正确）？ （3）定值单中有"接地距离偏移角"当这两个角度不是整定为 0°（比如整定为 15°或 30°）时，做距离保护时应如何考虑这两个角度的偏移？距离保护的动作阻抗为一个圆形区域，正常校验时只校验灵敏角度附近的点，若要校验 30°、45°角度下的距离阻抗动作值且考虑偏移角，应该如何校验
试验项目		手合总是加速距离 III 段
相关定值		距离 III 段保护定值 $(Z_{zdp\,3})$ ：2.18Ω ；接地（相间）距离 III 段时间：1.8 s ；零序电抗补偿系数 (K_x) ：0.7 ； 正序阻抗角 φ ：85°

试验条件	让三相开关处于跳闸位置，检查开入量：A 相跳位 1、B 相跳位 1、C 相跳位 1，其余条件同检验距离保护的定值
计算方法	计算公式：$U_\varphi = m \times (1 + K_X) \times I_\varphi \times Z_{zdp3}$ 计算数据：$m = 0.95$，$U_\varphi = 0.95 \times (1 + 0.7) \times 1 \times 2.18 = 3.52$ （V） $m = 1.05$，$U_\varphi = 1.05 \times (1 + 0.7) \times 1 \times 2.18 = 3.89$ （V）
注意事项	待"异常"（TV 断线）灯灭加故障量，所加时间 0.1s
装置报文	36ms 距离加速动作
指示灯	保护跳闸
说明	故障相电压降低，电流增大为计算的故障电流（1A），故障相电流滞后故障相电压的角度为线路正序灵敏角 φ，距离保护Ⅲ段整定动作时间虽然为 2.1s，但由于开关在分位，装置判为手合开关时合于故障，会加速跳闸，所以所加时间大于 100ms 即可
思考	TV 断线时，手合加速距离Ⅲ段能否动作
试验项目	重合加速距离Ⅱ段
相关定值	距离Ⅱ段保护定值(Z_{zdp2})：0.72Ω；接地（相间）距离Ⅱ段时间：1.0 s；零序电抗补偿系数(K_X)：0.7；正序阻抗角(φ)：85°
试验条件	合上开关，检查开入正常，面板"充电完成"灯亮
计算方法	计算公式：$U_\varphi = m \times (1 + K_X) \times I_\varphi \times Z_{zdp2}$ 计算数据：$m = 0.95$，$U_\varphi = 0.95 \times (1 + 0.7) \times 2 \times 0.72 = 2.32V$ $m = 1.05$，$U_\varphi = 1.05 \times (1 + 0.7) \times 2 \times 0.72 = 2.57V$
实验步骤	（1）状态 1 加正常电压量，电流为 0，待 TV 断线恢复及充电完成指示灯亮转入状态 2。 （2）状态 2 加故障量，所加时间=模拟故障保护整定时间+50ms。 （3）状态 3 加正常电压量，电流为 0，所加时间=重合时间+50ms。 （4）状态 4 加故障量（距离Ⅱ段值），所加时间=100ms
装置报文	（1）708ms 接地距离Ⅱ段动作。 （2）1473ms 重合闸动作。 （3）1540ms 距离加速动作
指示灯	保护跳闸、重合闸
说明	单相重合闸，初次故障态只能单相瞬时故障，再次故障则单相相间均可
思考	重合加速距离Ⅱ段检验过程中，状态 4 是否需要考虑方向

三、零序电流保护

1. 零序电流保护定值校验

零序电流保护定值校验见表 4-4。

表 4-4　　　　　　　　　零序电流保护定值校验

试验项目	零序电流定值检验（正方向区内、区外故障，反方向故障）
相关定值	零序过流Ⅱ段定值(I_{0II}):4.0A；零序过流Ⅱ段时间(t_{0II}): 0.7s；零序阻抗角(φ)：80°；单相重合闸时间：0.7s

计算方法	计算公式：$I_\varphi = m \times I_{0II}$ 计算数据：$m = 1.05$，$I_\varphi = 1.05 \times 4.0 = 4.2(A)$ 　　　　　$m = 0.95$，$I_\varphi = 0.95 \times 4.0 = 3.8(A)$
试验步骤	（1）状态 1 加正常电压量，电流为 0，待 TV 断线恢复及"充电完成"指示灯亮转入状态 2。 （2）状态 2 加故障量（电压 $3U_0 > 1.0V$），所加时间=保护整定时间+50ms
装置报文	（1）705ms 零序过电流 II 段动作。 （2）1474ms 重合闸动作
指示灯	保护跳闸、重合闸
反方向故障	状态参数设置　｜　将正方向区内故障态（m=1.05）的故障相电流角度加上 180°即可
说明	零序电流定值校验中，零序电流和零序电压的夹角应取零序灵敏角，且必须有零序电压
思考	自产零序采样正常，外接零序采样为零的情况下对零序保护的动作行为有何影响

2. 零序方向动作区、灵敏角校验

零序方向动作区、灵敏角校验见表 4-5。

表 4-5　　　　　　　　　　　　　零序方向动作区、灵敏角校验

试验项目	零序方向动作区、灵敏角校验			
定值	零序过电流 II 段定值（I_{0II}）：4.0A ；零序过电流 II 段时间（t_{0II}）：0.7s；零序阻抗角（φ）：80°； 单相重合闸时间：0.7s			
试验条件	（1）"零序 III 段经方向"置"1"。 （2）检验的条件同"零序过电流 II、III 定值校验"			
注意事项	（1）这里线路零序灵敏角定义为 $3I_0$ 超前于 $3U_0$ 的角度，而非 U_a 超前于 I_a 的角度。 （2）$3I_0$ 应大于零序电流动作值，这里取零序 II 段 1.05 倍时的电流值。 （3）控制字中"零序 III 段经方向"置 1，防止零序过电流 III 段因不带方向抢先动作。 （4）采用手动试验来校验，期间可能造成距离保护先动作，校验前可将距离保护的硬压板退出，并将零序 II 段定值适当降低（不能低于零序 III 段，否则装置会告警）；也可采取故障相电压不要降太多只达到零序电压开放的方法，防止距离保护抢动。 （5）采用手动试验时，若是采用触点来监视动作时间的话，那么结合试验仪器中的"输出保持"，并将控制字中"零序 III 段经方向"置 1，可方便测试角度。 （6）定值"线路零序灵敏角"会影响测试的角度			
A 相故障手动试验	边界一		边界二	
	手动试验状态 1 参数	手动试验状态 2 参数	手动试验状态 1 参数	手动试验状态 2 参数
	$\dot{U}_A$：57.74∠0.00°V	$\dot{U}_A$：54.00∠0.00°V	$\dot{U}_A$：57.74∠0.00°V	$\dot{U}_A$：54.00∠0.00°V
	$\dot{U}_B$：57.74∠-120°V	$\dot{U}_B$：57.74∠-120°V	$\dot{U}_B$：57.74∠-120°V	$\dot{U}_B$：57.74∠-120°V
	$\dot{U}_C$：57.74∠120°V	$\dot{U}_C$：57.74∠120°V	$\dot{U}_C$：57.74∠120°V	$\dot{U}_C$：57.74∠120°V
	$\dot{I}_A$：0.00∠0.00°A	$\dot{I}_A$：4.2∠15.0°A	$\dot{I}_A$：0.00∠0.00°A	$\dot{I}_A$：4.2∠-180.0°A
	$\dot{I}_B$：0.00∠0.00°A	$\dot{I}_B$：0.00∠0.00°A	$\dot{I}_B$：0.00∠0.00°A	$\dot{I}_B$：0.00∠0.00°A
	$\dot{I}_C$：0.00∠0.00°A	$\dot{I}_C$：0.00∠0.00°A	$\dot{I}_C$：0.00∠0.00°A	$\dot{I}_C$：0.00∠0.00°A

续表

选 I_A 的相角为变量，步长设为 1°	按"输出保持"按钮至 TV 断线复归后	松开"输出保持"按钮，慢按▼，直到保护动作	按"输出保持"按钮至 TV 断线复归后	松开"输出保持"按钮，慢按▲，直到保护动作
灵敏角的计算	零序灵敏角如图 4-2 所示 图 4-2　零序灵敏角示意图		测试的角度是以 $\dot{U}_A$ 为基准，动作区：$\varphi_2 < \varphi < \varphi_1$，本装置得到的角度 $\varphi_2 = -171°$，$\varphi_1 = 8°$，转换为以 $3\dot{U}_0$ 为基准，则零序动作区：$180° + \varphi_2 < \varphi < 180° + \varphi_1$，故本装置参考零序动作区：$9° < \varphi < 188°$；$\varphi_{sen}$ 为 $3\dot{I}_0$ 超前于 $3\dot{U}_0$ 的角度为灵敏角，则 $\varphi_{sen} = \dfrac{\varphi_1 + \varphi_2}{2} + 180°$	
说明	（1）电压量在 54V > U_A > 51V 范围内装置不会报"TV 断线"信号，这样正常态时可直接加故障电压，范围在 54V > U_A > 51V 之间。 （2）检修规程规定：零序动作区以 $3\dot{U}_0$ 为基准，灵敏度为 $3\dot{I}_0$ 超前于 $3\dot{U}_0$ 的角度为正			

3. 零序最小动作电压校验

零序最小动作电压校验见表 4-6。

表 4-6　　　　　　　　　　　**零序最小动作电压校验**

试验项目	零序最小动作电压检验		
试验方法	（1）手动试验界面。 （2）先加正常电压量，电流为 0（让 TV 断线恢复），按"菜单栏"——"输出保持"按钮。 （3）改变电流量，使其等于（额定电流），应大于零序过电流 Ⅱ 段定值，角度调为灵敏角度。 （4）在仪器界面右下角——变量及变化步长选择——选择好变量（幅值）、变化步长。 （5）放开"输出保持"按钮，调节步长▼，直至保护动作		
A 相为例手动试验	手动试验状态 1：正常态按"输出保持"按钮至 TV 断线复归后再进行电流的设置		
	手动试验状态 2：如下		
	$\dot{U}_A$：56.7∠0.00°V	$\dot{I}_A$：5.000∠-80.00°A（灵敏角）	选择 U_A 的幅值为变量，设置步长为 0.1V 后，放开"输出保持"按钮，调节步长▼，直到保护动作
	$\dot{U}_B$：57.74∠-120°V	$\dot{I}_B$：0.00∠0.00°A	
	$\dot{U}_C$：57.74∠120°V	$\dot{I}_C$：0.00∠0.00°A	
说明	最小动作电压大致为 1.1V		

四、重合闸时间及脉冲宽度测试

重合闸时间及脉冲宽度测试见表 4-7。

表 4-7   **重合闸时间及脉冲宽度测试**

试验项目	重合闸时间及脉冲宽度测试			
相关定值	单相重合闸：0.7s			
试验条件	（1）"充电完成"灯亮； （2）将保护装置"跳闸出口""重合闸出口"触点接入试验仪器开入			
	状态 1 参数	状态 2 参数	状态 3 参数	状态 4 参数
重合闸脉冲时间及宽度测试（以 A 相瞬时性故障为例）	$\dot{U}_A$：57.74∠0.00°V $\dot{U}_B$：57.74∠-120°V $\dot{U}_C$：57.74∠120°V $\dot{I}_A$：0.00∠0.00°A $\dot{I}_B$：0.00∠0.00°A $\dot{I}_C$：0.00∠0.00°A	$\dot{U}_A$：1.000∠0.00°V $\dot{U}_B$：57.74∠-120°V $\dot{U}_C$：57.74∠120°V $\dot{I}_A$：10.00∠-80°A $\dot{I}_B$：0.00∠0.00°A $\dot{I}_C$：0.00∠0.00°A	$\dot{U}_A$：57.74∠0.00°V $\dot{U}_B$：57.74∠-120°V $\dot{U}_C$：57.74∠120°V $\dot{I}_A$：0.00∠0.00°A $\dot{I}_B$：0.00∠0.00°A $\dot{I}_C$：0.00∠0.00°A	$\dot{U}_A$：57.74∠0.00°V $\dot{U}_B$：57.74∠-120°V $\dot{U}_C$：57.74∠120°V $\dot{I}_A$：0.00∠0.00°A $\dot{I}_B$：0.00∠0.00°A $\dot{I}_C$：0.00∠0.00°A
状态触发	时间：12s	开入量：跳闸闭合	开入量：重合闭合	开入量：重合断开
装置报文	（1）43ms 接地距离 I 段动作。 （2）775ms 重合闸动作			
指示灯	保护跳闸、重合闸			
说明	测试重合闸脉冲宽度时，状态序列应设置"以上一个状态为参考"			

五、三相重合闸检同期、三相检无压定值检验

三相重合闸检同期、三相检无压定值检验见表 4-8。

表 4-8   **三相重合闸检同期、三相检无压定值检验**

试验项目	三相检同期方式校验		
相关定值	三相重合闸时间：0.50s；同期合闸角：20.0°		
试验条件	（1）试验接线：除三相电压外，同期电压的线（1UD5、1UD7）也要接。 （2）修改定值："单相重合闸"置0、"三相重合闸"置1、"禁止重合闸"置0、"停用重合闸"置0、"重合闸检同期"置1、"重合闸检无压"置0		
注意事项	（1）待"异常"（TV 断线）灯灭、"充电完成"指示灯亮后加单相重合闸的故障量，充电时间应大于 15s。 （2）三相重合闸不同于单相重合闸，单相重合时装置不判线路同期电压（即同期合闸角定值仅供三相重合闸使用），三相重合时故障前状态的线路电压要输入，否则无法充电。 （3）如果使用状态序列检验，则最后一态要使用"按键触发"的方式，防止试验结束后由于最后一态没有电压而使"重合闸无压"条件满足而误判		
	状态 1 参数（正常态）	状态 2 参数（故障态）	状态 3 参数（重合态）
三相检同期重合闸三跳三重	$\dot{U}_A$：57.74∠0.00°V $\dot{U}_B$：57.74∠-120°V $\dot{U}_C$：57.74∠120°V $\dot{U}_Z$：57.74∠0.00°V $\dot{I}_A$：0.00∠0.00°A $\dot{I}_B$：0.00∠0.00°A $\dot{I}_C$：0.00∠0.00°A	$\dot{U}_A$：1.00∠0.00°V $\dot{U}_B$：57.74∠-120°V $\dot{U}_C$：57.74∠120°V $\dot{U}_Z$：1∠0.00°V $\dot{I}_A$：5.00∠-80°A $\dot{I}_B$：0.00∠00.00°A $\dot{I}_C$：0.00∠00.00°A	$\dot{U}_A$：57.74∠0.00°V $\dot{U}_B$：57.74∠-120°V $\dot{U}_C$：57.74∠120°V $\dot{U}_Z$：>42∠（<±20.00°）V（动作） $\dot{U}_Z$：>42∠（>±20.00°）V（不动） $\dot{U}_Z$：<38∠（<±20.00°）V（不动） $\dot{I}_A=\dot{I}_B=\dot{I}_C=0.0∠0.0°$ A

续表

状态触发	时间控制：15s	时间控制：0.05s	时间控制：0.6s
装置报文	（1）42ms 接地距离 Ⅰ 段动作。 （2）574ms 重合闸动作		
指示灯	保护跳闸、重合闸		
说明	（1）该装置检同期的前提条件是有电压，装置默认的有压定值为相电压大于 40V，且母线线电压均大于 70V，同期合闸角：20.0°。 （2）校验同期角边界时取 U_X：40∠18° 或 U_X：40∠-18°（能重合），U_X：40∠22° 或 U_X：40∠-22°（不能重合）来确定两个同期角边界。 （3）校验同期电压有压定值时取 U_X：42∠0°（能重合），U_X：38∠0°（不能重合）		
试验项目	三相检无压方式校验		
相关定值	三相重合闸时间：0.5 s；无压判断值：30.0V（装置固有）		
试验步聚	同检同期		
说明	（1）该装置在母线或线路电压小于 30V 时，检无压条件满足，故可输入 U_X：28.5V∠0.00°（能重合），U_X：31.5V∠0.00°（不能重合）来校验无压边界定值； （2）如果使用状态序列检验，则最后一态要使用"按键触发"的方式，防止试验结束后由于最后一态没有电压而使"重合闸无压"条件满足而误判		

六、快速距离保护检验

快速距离保护定值校验见表 4-9。

表 4-9　　　　　　　　　　　　　快速距离保护定值校验

试验项目	快速接地距离检验——正方向：区内、区外故障；反方向			
快速距离接地保护定值	快速距离定值（ΔZ_{set}）:5.0Ω；线路正序灵敏角（φ）:85°；零序补偿系数（K_X）:0.7；TA 二次额定值（I_n）:5A；单相重合闸时间：0.7s			
试验条件	（1）硬压板设置：退出"主保护（通道一）"压板 1KLP1、退出"主保护（通道二）"压板 1KLP2、退出"停用重合闸"压板 1KLP3、投入"距离保护投入"压板 1KLP4。 （2）软压板设置：退出"停用重合闸"软压板、投入"距离保护"软压板。 （3）控制字设置："快速距离保护"置"1""投三相跳闸方式"置"0""单相重合闸"置"1""三相重合闸"置"0""停用重合闸"置"0"。 （4）开关状态：三相开关均处于合位。 （5）开入量检查：A 相跳位 0、B 相跳位 0、C 相跳位 0、闭锁重合闸 0、低气压闭锁重合闸 0。 （6）"异常"（TV 断线）灯灭（故障前状态大于 10s），"充电完成"指示灯会自动计时自动点亮			
计算方法	计算公式：$U_\varphi = (1 + K_X) \times I_n \times \Delta Z_{set} + (1 - 1.05 \times m) \times 57.7$ 计算数据：$m = 1.1$，$U_\varphi = (1 + 0.7) \times 5 \times 5 + (1 - 1.05 \times 1.1) \times 57.7 = 33.55$（V） 　　　　　　$m = 0.9$，$U_\varphi = (1 + 0.7) \times 5 \times 5 + (1 - 1.05 \times 0.9) \times 57.7 = 45.67$（V）			
注意事项	待"异常"（消除 TV 断线）灯灭、"充电完成"指示灯亮后加故障量，所加时间小于 0.1s			
A 相故障状态序列	区内故障 m=0.95		区外故障 m=1.05	
	状态 1 参数	状态 2 参数	状态 1 参数	状态 2 参数

续表

A 相故障 状态序列	$\dot{U}_A$：$57.7\angle0.00°$ V $\dot{U}_B$：$57.7\angle-120°$ V $\dot{U}_C$：$57.7\angle120°$ V $\dot{I}_A$：$0.00\angle-85°$ A $\dot{I}_B$：$0.00\angle0.00°$ A $\dot{I}_C$：$0.00\angle0.00°$ A	$\dot{U}_A$：$33.55\angle0.00°$ V $\dot{U}_B$：$57.74\angle-120°$ V $\dot{U}_C$：$57.74\angle120°$ V $\dot{I}_A$：$5.00\angle-85°$ A $\dot{I}_B$：$0.00\angle0.00°$ A $\dot{I}_C$：$0.00\angle0.00°$ A	$\dot{U}_A$：$57.74\angle0.00°$ V $\dot{U}_B$：$57.74\angle-120°$ V $\dot{U}_C$：$57.74\angle120°$ V $\dot{I}_A$：$0.00\angle-85°$ A $\dot{I}_B$：$0.00\angle0.00°$ A $\dot{I}_C$：$0.00\angle0.00°$ A	$\dot{U}_A$：$45.67\angle0.00°$ V $\dot{U}_B$：$57.74\angle-120°$ V $\dot{U}_C$：$57.74\angle120°$ V $\dot{I}_A$：$5.00\angle-85°$ A $\dot{I}_B$：$0.00\angle0.00°$ A $\dot{I}_C$：$0.00\angle0.00°$ A
状态触发	时间：3s	时间：0.05s	时间：3s	时间：0.05s
装置报文	（1）29ms 快速距离动作。 （2）753ms 重合闸动作		保护启动	
指示灯	保护跳闸、重合闸		—	
反向故障	状态参数将故障态（$m=1.1$）的故障相电流角度加上 180°即：$\dot{I}_A$：$5.00\angle95.00°$ A			
试验项目	快速相间距离检验——正方向：区内、区外故障；反方向			
定值	与上面快速接地距离检验的定值一致			
试验条件	与上面快速接地距离检验的试验条件一致			
计算方法 BC 故障	计算公式：$U_{\varphi\varphi}=2\times I_n\times\Delta Z_{set}+(1-1.05\times m)\times100$ （相量图如图 4-3 所示） 区内故障：$m=1.1$，$U_{KBC}=2\times5\times5+(1-1.05\times1.1)\times100=34.5$ (V) $U_{KB}=U_{KC}=\sqrt{\left(\dfrac{57.74}{2}\right)^2+\left(\dfrac{U_{KBC}}{2}\right)^2}=33.63$(V) $\Phi_1=\Phi_2=\arctan\left(\dfrac{\dfrac{U_{KBC}}{2}}{\dfrac{57.74}{2}}\right)=30.9°$ 则 $\dot{U}_{KB}$ 滞后 $\dot{U}_A$ 的角度为 $180°-30.9°=149.1°$； $\dot{U}_{KC}$ 超前 $\dot{U}_A$ 的角度为 $180°-30.9°=149.1°$； $\Phi_3=$ 正序阻抗角 区外故障：$m=0.9$，$U_{KBC}=2\times5\times5+(1-1.05\times0.9)\times100=55.5$(V) $U_{KB}=U_{KC}=\sqrt{\left(\dfrac{57.74}{2}\right)^2+\left(\dfrac{U_{KBC}}{2}\right)^2}=40$ (V) $\Phi_1=\Phi_2=\arctan\left(\dfrac{\dfrac{U_{KBC}}{2}}{\dfrac{57.74}{2}}\right)=40.9°$； 则 $\dot{U}_{KB}$ 滞后 $\dot{U}_A$ 的角度为 $180°-40.9°=139.1°$； $\dot{U}_{KC}$ 超前 $\dot{U}_A$ 的角度为 $180°-40.9°=139.1°$； $\Phi_3=$ 正序阻抗角 图 4-3　相间故障相量图			

注意事项	(1) 状态 1 加正常电压量，电流为 0，待 TV 断线恢复及充电完成灯亮转入状态 2。 (2) 状态 2 加故障量，所加时间=整定时间+50ms。 (3) 若采取非故障相旋转为 0°或 180°的方法时，故障前状态的相角要同步修改，否则影响动作行为和试验数据			
相间故障 BC 为例	区内故障 m=0.95		区外故障 m=1.05	
	状态 1 参数	状态 2 参数	状态 1 参数	状态 2 参数
	$\dot{U}_A$：57.74∠0.00°V	$\dot{U}_A$：57.74∠0.00°V	$\dot{U}_A$：57.74∠0.00°V	$\dot{U}_A$：57.74∠0.00°V
	$\dot{U}_B$：57.74∠-120°V	$\dot{U}_B$：33.63∠-149°V	$\dot{U}_B$：57.74∠-120°V	$\dot{U}_B$：40.00∠-139°V
	$\dot{U}_C$：57.74∠120°V	$\dot{U}_C$：33.63∠149°V	$\dot{U}_C$：57.74∠120°V	$\dot{U}_C$：40.00∠139°V
	$\dot{I}_A$：0.00∠0.00°A	$\dot{I}_A$：0.00∠0.00°A	$\dot{I}_A$：0.00∠0.00°A	$\dot{I}_A$：0.00∠0.00°A
	$\dot{I}_B$：0.00∠0.00°A	$\dot{I}_B$：5.00∠-175.0°A	$\dot{I}_B$：0.00∠0.00°A	$\dot{I}_B$：5.00∠-175.0°A
	$\dot{I}_C$：0.00∠0.00°A	$\dot{I}_C$：5.00∠5.00°A	$\dot{I}_C$：0.00∠0.00°A	$\dot{I}_C$：5.00∠5.00°A
状态触发	时间：3s	时间：0.05s	时间：3s	时间：0.05s
装置报文	31ms 快速距离动作		保护启动	
指示灯	保护跳闸		—	
相间反方向 故障	状态参数 设置	将正方向区内故障态（m=0.95）的故障相电流角度加上 180°，即 $\dot{I}_A$：0.00∠0.00°A；$\dot{I}_B$：5.00∠5.00°A；$\dot{I}_C$：5.00∠-175.00°A		
说明	如果做的值不准确，可以适当加、减改变角度 1°			

七、线路保护联调检验

1. 交流回路及开入回路检查

交流回路及开入回路检查见表 4-10。

表 4-10　　　　　　　　　　交流回路及开入回路检查

试验项目	采样及开入检查
定值检查	本侧 TA 变比 1200：1，对侧 TA 变比 2500：1
通道检查	(1) 通道联调时，应核对两侧装置显示的通道延时是否一致。 (2) 线路两侧保护装置和通道均投入正常工作，检查通道正常，无通道告警信号。 (3) 将线路两侧的任一侧差动保护主保护压板退出，应同时闭锁两侧的差动保护，通信应正常。 (4) 检查两侧识别码、版本号是否一致
电流采样	(1) 检查电流回路完好性： 1) 从本侧保护装置电流端子加入：$\dot{I}_A$：0.2∠0.00°A，$\dot{I}_B$：0.4∠-120°A，$\dot{I}_C$：0.6∠120°A 对侧保护装置通道对侧电流显示：$\dot{I}_A$：0.09∠0.00°A，$\dot{I}_B$：0.19∠-120°A，$\dot{I}_C$：0.28∠120°A 2) 从对侧保护装置电流端子加入：$\dot{I}_A$：0.2∠0.00°A，$\dot{I}_B$：0.4∠-120°A，$\dot{I}_C$：0.6∠120°A 本侧保护装置通道对侧电流显示：$\dot{I}_A$：0.42∠0.00°A，$\dot{I}_B$：0.84∠-120°A，$\dot{I}_C$：1.25∠120°A (2) 回路正常后，三相分别加入 0.2、1、2A 进行电流采样精度检查
开入检查	(1) 进入装置菜单——保护状态——开入显示，检查开入开位变位情况。 (2) 压板、开关跳闸位置、复归、打印、闭锁重合闸开入逐一检查

说明：若两侧 TA 变比不一致（TA 一次额定值、TA 二次额定值都有可能不同），需将对侧的三相电流进行相应折算。

　　　假设 M 侧保护的 TA 变比为 M_{ct1}/M_{ct2}，N 侧保护的 TA 变比为 N_{ct1}/N_{ct2}，在 M 侧加电流 I_m，N 侧显示的对侧电流为 $I_m \times (M_{ct1} \times N_{ct2})/(M_{ct2} \times N_{ct1})$，若在 N 侧加电流 I_n，则 M 侧显示的对侧电流为 $I_n \times (N_{ct1} \times M_{ct2})/(M_{ct1} \times N_{ct2})$

2. 联调测试

空充及弱馈功能检验见表 4-11，远方跳闸保护检验见表 4-12。

表 4-11　　　　　　　　　　　　　　　　**空充及弱馈功能检验**

试验项目	空充检验——区内、区外检验		
相关定值	差动动作电流定值 I_{cd}：1.0A；单相 TWJ 启动重合：置"1"；单相重合时间：0.7s		
试验条件	主保护功能，通道一和通道二应分别检验。 （1）硬压板设置： 1）通道一：投入主保护（通道一）压板 1KLP1、退出停用重合闸压板 1KLP3； 2）通道二：投入主保护（通道二）压板 1KLP2、退出停用重合闸压板 1KLP3。 （2）软压板设置： 1）通道一：投入"光纤通道一"软压板，退出停用重合闸软压板； 2）通道二：投入"光纤通道二"软压板，退出停用重合闸软压板。 （3）控制字设置：两侧保护装置"纵联差动保护"置"1""投三相跳闸方式"置"0""单相重合闸"置"1""三相重合闸"置"0""停用重合闸"置"0"。 （4）断路器状态：三相断路器均处于合位。 （5）开入量检查：A 相跳位 0、B 相跳位 0、C 相跳位 0、闭锁重合闸 0、低气压闭锁重合闸 0。 （6）"异常"灯灭（故障前状态大于 10s），"充电完成"指示灯亮（故障前状态大于 25s）		
计算方法 （以稳态 I 段 A 相故障 为例）	计算公式：$I_d = m \times 1.5 \times I_{cd}$ 注：m 为系数。 计算数据：m=1.05，I_d=1.05×1.5×1.0=1.575（A） 　　　　　m=0.95，I_d=0.95×1.5×1.0=1.425（A）		
试验方法	（1）待"充电完成"指示灯亮后加故障量，所加时间小于 0.03s（m=2 时测动作时间）。 （2）电压可不考虑。 （3）本侧开关置于合位，对侧开关置于分位。 （4）模拟线路空充时故障或空载时发生故障：对侧开关在分闸位置（注意保护开入量显示有跳闸位置开入，且将主保护压板投入），本侧开关在合闸位置，在本侧模拟各种故障，故障电流大于差动保护定值，本侧差动保护动作，对侧不动作		
单相区内故障试验仪器设置（采用状态序列）	状态 1 参数设置（故障状态）		
	$\dot{U}_A$：57.74∠0.00°V $\dot{U}_B$：57.74∠-120°V $\dot{U}_C$：57.74∠120°V	$\dot{I}_A$：1.575∠0.00°A $\dot{I}_B$：0.00∠0.00°A $\dot{I}_C$：0.00∠0.00°A	状态触发条件： 时间控制为 0.03s
	本侧装置报文	（1）19ms 分相差动保护动作。 （2）773ms 重合闸动作。 （3）故障相别 A	
	本侧装置指示灯	保护跳闸、重合闸	
	对侧装置报文	无	
	对侧装置指示灯	无	
区外故障	参数设置	将故障态的故障相电流改为区外计算值：$\dot{I}_A$：1.425∠0.00°A	
	装置报文	保护启动	
	装置指示灯	无	

说明：（1）当线路充电时故障，开关断开侧电流启动元件不动作，开关合闸侧差动保护也就无法动作，因此就产生通过开关跳闸位置启动使差动保护动作的功能；

（2）本侧断路器在合闸位置，对侧断路器在断开位置，本侧模拟单相故障，本侧差动保护瞬时动作跳开断路器，然后单重；

（3）本侧断路器在合闸位置，对侧断路器在断开位置，本侧模拟相间故障，本侧差动保护瞬时动作跳开断路器

试验项目	弱馈功能检验——区内、区外检验	
相关定值 （举例）	差动动作电流定值 I_{cd}：1.0A；单相 TWJ 启动重合：置"1"；单相重合时间：0.7s	
试验条件	（1）硬压板设置： 1）通道一：投入主保护（通道一）压板 1KLP1、退出停用重合闸压板 1KLP3； 2）通道二：投入主保护（通道二）压板 1KLP2、退出停用重合闸压板 1KLP3。 （2）软压板设置： 1）通道一：投入"光纤通道一"软压板，退出停用重合闸软压板； 2）通道二：投入"光纤通道二"软压板，退出停用重合闸软压板。 （3）控制字设置：两侧保护装置"纵联差动保护"置"1""投三相跳闸方式"置"0""单相重合闸"置"1""三相重合闸"置"0""停用重合闸"置"0"。 （4）断路器状态：三相断路器均处于合位。 （5）开入量检查：A 相跳位 0、B 相跳位 0、C 相跳位 0、闭锁重合闸 0、低气压闭锁重合闸 0。 （6）"异常"灯灭（故障前状态大于 10s），"充电完成"指示灯亮（故障前状态大于 25s）	
计算方法（以稳态 Ⅰ 段 A 相故障为例）	计算公式：$I_d = m \times 1.5 \times I_{cd}$ 注：m 为系数。 计算数据：m=1.05，I_d=1.05×1.5×1.0=1.575（A）。 m=0.95，I_d=0.95×1.5×1.0=1.425（A）	
试验方法	（1）待"充电完成"指示灯亮后加故障量，所加时间小于 0.05s（m=2 时测动作时间）。 （2）两侧开关均置于合位。 （3）模拟弱馈功能： 1）本侧任一相差流大于差流启动门槛，同时本侧该相低电压（90%额定电压）及对侧突变量启动或零序过电流启动，延时 3ms 置本侧保护启动。保证空载线路区内严重故障，弱馈侧可以快速启动。 2）本侧仅有一相差流大于差流启动门槛且该相差流波形开放，同时对侧复合电压及对侧突变量启动或零序过电流启动，延时 25ms 置本侧保护启动。保证高阻接地故障的远故障端可靠启动	

单相区内故障试验仪器设置（采用状态序列）	状态 1 参数设置（正常状态）		
	本侧故障	对侧故障量	
	$\dot{U}_A$：57.74∠0.00°V	$\dot{U}_A$：57.74∠0.00°V	
	$\dot{U}_B$：57.74∠-120°V	$\dot{U}_B$：57.74∠-120°V	
	$\dot{U}_C$：57.74∠120°V	$\dot{U}_C$：57.74∠120°V	状态触发条件：时间控制为 10s
	$\dot{I}_A$：0.00∠0.00°A	$\dot{I}_A$：0.00∠0.00°A	
	$\dot{I}_B$：0.00∠0.00°A	$\dot{I}_B$：0.00∠0.00°A	
	$\dot{I}_C$：0.00∠0.00°A	$\dot{I}_C$：0.00∠0.00°A	

220kV 及以上微机保护装置检修实用技术（第二版）<<<

续表

	状态 2 参数设置（故障状态）		
单相区内故障试验仪器设置（采用状态序列）	本侧故障	对侧故障量	
	$\dot{U}_A$：57.74∠0.00°V $\dot{U}_B$：57.74∠−120°V $\dot{U}_C$：57.74∠120°V $\dot{I}_A$：1.575∠0.00°A $\dot{I}_B$：0.00∠0.00°A $\dot{I}_C$：0.00∠0.00°A	$\dot{U}_A$：49.3∠0.00°V（动作） $\dot{U}_B$：49.3∠−120°V（动作） $\dot{U}_C$：49.3∠120°V（动作） $\dot{U}_A$：54.5∠0.00°V（不动） $\dot{U}_B$：54.5∠−120°V（不动） $\dot{U}_C$：54.5∠120°V（不动） $\dot{I}_A$：0.00∠0.00°A $\dot{I}_B$：0.00∠0.00°A $\dot{I}_C$：0.00∠0.00°A	状态触发条件：时间控制为 0.1s
	本侧装置报文	（1）43ms A 相纵联差动保护动作。 （2）773ms 重合闸动作。 （3）故障相别 A 相	
	本侧装置指示灯	保护跳闸、重合闸	
	对侧装置报文	（1）5ms A 相纵联差动保护动作。 （2）706ms 重合闸动作。 （3）故障相别 A 相	
	对侧装置指示灯	保护跳闸、重合闸	
区外故障	参数设置	将故障态的故障相电流改为区外计算值：$\dot{I}_A$：1.425∠−00.00°A	
	装置报文	保护启动	
	装置指示灯	无	

说明：对侧 TV 断线会延时 30ms 发允许信号

表 4-12　　　　　　　　　　远方跳闸保护检验

试验项目	远方跳闸保护检验
相关定值	变化量启动电流定值：0.20A、控制字"远跳受启动元件控制动"置"1"
试验条件	（1）硬压板设置： 1）通道一：投入主保护（通道一）压板 1KLP1、退出停用重合闸压板 1KLP3； 2）通道二：投入主保护（通道二）压板 1KLP2、退出停用重合闸压板 1KLP3。 （2）软压板设置： 1）通道一：投入"光纤通道一"软压板，退出停用重合闸软压板； 2）通道二：投入"光纤通道二"软压板，退出停用重合闸软压板。 （3）控制字设置：两侧保护装置"纵联差动保护"置"1""远跳受启动元件控制动"置"1""投三相跳闸方式"置"0""单相重合闸"置"1""三相重合闸"置"0""停用重合闸"置"0"。 （4）断路器状态：三相断路器均处于合位。 （5）开入量检查：A 相跳位 0、B 相跳位 0、C 相跳位 0、闭锁重合闸 0、低气压闭锁重合闸 0。 （6）"异常"灯灭（故障前状态大于 10s），"充电完成"指示灯亮（故障前状态大于 25s）

计算方法	（1）装置其他保护动作开入，主要为其他保护装置提供通道，使其能切除线路对侧开关。如失灵保护动作，该动作触点接到 PRS-753 的其他保护动作开入，通过通道一和通道二分别发送到对侧。 （2）接收侧收到"收其他保护动作"信号后，如本侧装置已经在启动状态，且开关在合位，则发"远方其他保护动作"信号，出口跳本开关，发闭锁重合闸信号。 （3）远跳受启动元件控制，启动后光纤收到"收其他保护动作"信号，三相跳闸并闭锁重合闸；远跳不受启动元件控制，光纤收到"收其他保护动作"信号后直接启动，三相跳闸并闭锁重合闸
试验方法	（1）所加时间 0.10s。 （2）电压可不考虑。 （3）测试仪器开出触点接对侧保护装置其他保护动作开入（1QD1～1QD11）

区内故障

参数设置（故障状态）

对侧故障量	本侧故障	
$\dot{I}_A$：0.21∠0.00°A $\dot{I}_B$：0.00∠0.00°A $\dot{I}_C$：0.00∠0.00°A	开出触点：闭合；保持时间为 0.1s	状态触发条件：时间控制为 0.1s

本侧装置报文	保护启动
本侧装置指示灯	无
对侧装置报文	17ms 远方其他保护动作
对侧装置指示灯	保护跳闸

区外故障

状态参数设置	将故障态的故障相电流改为区外计算值：$\dot{I}_A$：0.19∠0.00°A
装置报文	无
装置指示灯	无

说明：控制字"远跳受启动元件控制动"置"0"，则本侧保护装置无需加启动电流便可实现远跳

第二节 保护常见故障及故障现象

PRS-753A-G 线路保护故障设置及故障现象见表 4-13 所示。

表 4-13　　　　　　　PRS-753A-G 线路保护故障设置及故障现象

相别	难易	故障属性	故障现象	故障设置地点
通用	易	定值	定值区号错误，无法校验所需校验的定值	修改定值区号
通用	易	定值	二次采样电流值均放大 5 倍，重启装置后报"该区定值无效"	修改装置参数定值——"TA 二次额定值"由 1A 改为 5A
通用	中	定值	保护装置运行灯灭，报"定值校验出错"	修改定值整定逻辑（例如将Ⅲ段保护定值或时间与Ⅱ段对调）
通用	易	交流回路	三相电压采样不准	虚接 7UD18（1UD4）或 1UD4（1n901）
通用	易	交流回路	电压切换Ⅰ母无正电，采样无电压	虚接 1QD5（7QD1）或 7QD1（1QD5）

相别	难易	故障属性	故障现象	故障设置地点
通用	易	交流回路	电压Ⅰ母无法切换，采样无电压	虚接 7QD4（4nB28）
通用	易	交流回路	电压切换Ⅱ母无正电，采样无电压	虚接 1QD5（7QD1）或 7QD1（1QD5）
通用	易	交流回路	电压Ⅱ母无法切换，采样无电压	虚接 7QD6（4nB30）
通用	易	交流回路	电压切换无负电，采样无电压	虚接 1QD25（7QD10）或 7QD10（1QD25）
通用	中	交流回路	Ⅰ、Ⅱ母线电压切换错误	对调 7QD4（4nB28）和 7QD6（4nB30）
通用	中	交流回路	Ⅰ、Ⅱ母线电压短路	短接 7UD1（Ⅰ母电压 4nB33）与 7UD13（Ⅱ母电压 1UK-3）
A	易	交流回路	A、B 相电压采样相别相反	对调 7UD11（A 相电压 4nB17）和 7UD13 内部线（B 相电压 4nB18）
				对调 1UD1 内部线（A 相电压 1n917）和 1UD2 内部线（B 相电压 1n918）
B	易	交流回路	B、C 相电压采样相别相反	对调 7UD13 内部线（B 相电压 4nB18）和 7UD15 内部线（C 相电压 4nB19）
				对调 1UD2 内部线（B 相电压 1n918）和 1UD3 内部线（C 相电压 1n919）
C	易	交流回路	C、A 相电压采样相别相反	对调 7UD11 内部线（A 相电压 4nB17）和 7UD15 内部线（C 相电压 4nB19）
				对调 1UD1 内部线（A 相电压 1n917）和 1UD3 内部线（C 相电压 1n919）
A	易	交流回路	电压从Ⅰ段加入时 A 相电压虚接，采样消失	虚接 7UD1（4nB33）
				虚接 7UD11 内部线（4nB17）
B	易	交流回路	电压从Ⅰ段加入时 B 相电压虚接，采样消失	虚接 7UD2（4nB34）
				虚接 7UD13 内部线（4nB18）
C	易	交流回路	电压从Ⅰ段加入时 C 相电压虚接，采样消失	虚接 7UD3（4nB35）
				虚接 7UD15 内部线（4nB19）
A	易	交流回路	电压从Ⅱ段加入时 A 相电压虚接，采样消失	虚接 7UD4（4nB48）
				虚接 7UD11 内部线（4nB17）
B	易	交流回路	电压从Ⅱ段加入时 B 相电压虚接，采样消失	虚接 7UD5（4nB47）
				虚接 7UD13 内部线（4nB18）
C	易	交流回路	电压从Ⅱ段加入时 C 相电压虚接，采样消失	虚接 7UD6（4nB46）
				虚接 7UD15 内部线（4nB19）
A	易	交流回路	A 相电流虚接，采样消失	虚接 1ID1（1n921）
				虚接 1ID5（1n905）
B	易	交流回路	B 相电流虚接，采样消失	虚接 1ID2（1n922）
				虚接 1ID6（1n906）
C	易	交流回路	C 相电流虚接，采样消失	虚接 1ID3（1n923）
				虚接 1ID7（1n907）

续表

相别	难易	故障属性	故障现象	故障设置地点
A	易	交流回路	A、B 相电流分流，采样异常	短接 1ID1（1n921）与 1ID2（1n922）
B	易	交流回路	B、C 相电流分流，采样异常	短接 1ID2（1n922）与 1ID3（1n923）
C	易	交流回路	C、A 相电流分流，采样异常	短接 1ID3（1n923）与 1ID1（1n921）
B	易	交流回路	A 相电流分流，采样异常	短接 1ID1（1n921）与 1ID5（1n905）
C	易	交流回路	B 相电流分流，采样异常	短接 1ID2（1n922）与 1ID6（1n906）
A	易	交流回路	C 相电流分流，采样异常	短接 1ID3（1n923）与 1ID7（1n907）
AB	易	交流回路	B、C 相电流开路，采样异常	1ID4（1n908）与 1ID5（1n905）对调
BC	易	交流回路	C、A 相电流开路，采样异常	1ID4（1n908）与 1ID6（1n906）对调
CA	易	交流回路	C、A 相电流开路，采样异常	1ID4（1n908）与 1ID7（1n907）对调
通用	易	交流回路	零序电流采样异常	1ID4（1n908）与 1ID8（1n924）对调
A	中	交流回路	电压从 I 段加入时相当于 A 相切换出来回到 B 相，A、B 相电压短路	对调 7UD1（4nB33）与 7UD13（4nB18）
B	中	交流回路	电压从 I 段加入时相当于 B 相切换出来回到 C 相，B、C 相电压短路	对调 7UD2（4nB34）与 7UD15（4nB19）
C	中	交流回路	电压从 I 段加入时相当于 C 相切换出来回到 A 相，C、A 相电压短路	对调 7UD3（4nB35）与 7UD15（4nB17）
A	中	交流回路	电压从 II 段加入时相当于 A 相切换出来回到 B 相，A、B 相电压短路	对调 7UD6（4nB48）与 7UD13（4nB18）
B	中	交流回路	电压从 II 段加入时相当于 B 相切换出来回到 C 相，B、C 相电压短路	对调 7UD7（4nB47）与 7UD15（4nB19）
C	中	交流回路	电压从 II 段加入时相当于 C 相切换出来回到 A 相，C、A 相电压短路	对调 7UD8（4nB46）与 7UD15（4nB17）
通用	易	开入	保护装置无开入电源	虚接 1QD4（1KLP1-1）
A	难	开入回路	A 相跳位时闭锁低气压开入	1QD8（1n437）与 1QD13（1n448）短接
B	难	开入回路	B 相跳位时闭锁低气压开入	1QD9（1n438）与 1QD13（1n448）短接
C	难	开入回路	C 相跳位时闭锁低气压开入	1QD10（1n439）与 1QD13（1n448）短接
A	难	开入回路	A 相跳位时闭锁重合闸开入	1QD8（1n437）与 1QD13（1n447）短接
B	难	开入回路	B 相跳位时闭锁重合闸开入	1QD8（1n438）与 1QD13（1n447）短接
C	难	开入回路	C 相跳位时闭锁重合闸开入	1QD9（1n439）与 1QD13（1n447）短接
A	易	开入回路	A 相跳位一直开入	1QD8（1n437）与 1QD6 短接
B	易	开入回路	B 相跳位一直开入	1QD9（1n438）与 1QD6 短接
C	易	开入回路	C 相跳位一直开入	1QD10（1n439）与 1QD6 短接
A	易	开入回路	A、B 跳位同时开入	1QD8（1n437）与 1QD9（1n438）短接或 4P1D6（4nA18）与 4P1D7（4nA19）短接
B	易	开入回路	B、C 相跳位同时开入	1QD9（1n438）与 1QD10（1n439）短接或 4P1D7（4nA19）与 4P1D8（4nA20）短接

续表

相别	难易	故障属性	故障现象	故障设置地点
C	易	开入回路	C、A 相跳位同时开入	1QD10（1n439）与 1QD8（1n437）短接或 4P1D8（4nA20）与 4P1D6（4nA18）短接
A	中	开入回路	A 与 B 跳位对调	1QD8（1n437）与 1QD9（1n438）对调
B	中	开入回路	A 与 C 跳位对调	1QD9（1n438）与 1QD10（1n439）对调
C	中	开入回路	B 与 C 跳位对调	1QD10（1n439）与 1QD8（1n437）对调
A	中	开入回路	A 相跳位启动远方跳闸	1QD8（1n437）与 1QD11（1n446）短接
B	中	开入回路	B 相跳位启动远方跳闸	1QD8（1n438）与 1QD11（1n446）短接
C	中	开入回路	C 相跳位启动远方跳闸	1QD9（1n439）与 1QD11（1n446）短接
A	难	开入回路	A 相跳闸闭锁重合闸	1KLP3-2 与 1CLP1-2 短接
B	难	开入回路	B 相跳闸闭锁重合闸	1KLP3-2 与 1CLP2-2 短接
C	难	开入回路	C 相跳闸闭锁重合闸	1KLP3-2 与 1CLP3-2 短接
通用	易	开入回路	差动与闭重压板同时开入	1KLP1-2 与 1KLP3-2 下端短接
通用	难	开入回路	三相不一致闭锁重合闸	4XD1（4n801）与 4P1D3（4n433）短接，同时 4XD15（4n802）与 4P1D11（4n434）短接
通用	易	开入回路	无正电源闭锁低气压	4Q1D3（4n103）虚接
通用	易	开入回路	无负电源闭锁低气压	4Q1D48（4n116）虚接
通用	易	开入回路	压力低闭锁重合闸	4Q1D43（4n224）与 4Q1D48（4n116）短接
				1QD13（1n448）与 1QD6 短接
通用	易	开入回路	开入回路光耦无负电，装置外部无法开入	1QD24（1n461）虚接
通用	易	开入回路	闭锁重合闸开入	1KLP3-1 与 1KLP3-2 短接
				1QD13（1n447）与 1QD6 短接
通用	易	操作回路	跳、合闸出口正电源均失去，无法跳、合闸	虚接 4Q1D5（1CD1）或 4Q1D2（4n101）
通用	易	操作回路	跳、合闸出口负电源均失去，无法跳、合闸	虚接 4Q1D47（4n114）
A	中	操作回路	整组试验单跳 A 相时无法启动操作箱出口，A 跳灯不亮	虚接 1CLP1-2
				虚接 1KD1（1CLP1-1）
				虚接 1KD1（4Q1D19）
				虚接 4C1D2（4n501）
A	难	操作回路	整组试验时单跳 A 相时操作箱信号灯不亮	短接 4C1D2（4n501）与 4Q1D19（4n503）
B	中	操作回路	整组试验单跳B相时无法启动操作箱出口，B 跳灯不亮	虚接 1CLP2-2
				虚接 1KD2（1CLP2-1）
				虚接 1KD2（4Q1D22）
				虚接 4C1D4（4n601）

续表

相别	难易	故障属性	故障现象	故障设置地点
B	难	操作回路	整组试验时单跳 B 相时操作箱信号灯不亮	短接 4C1D4（4n601）与 4Q1D22（4n603）
C	中	操作回路	整组试验单跳 C 相时无法启动操作箱出口，C 相跳灯不亮	虚接 1CLP3-2
				虚接 1KD3（1CLP3-1）
				虚接 1KD3（4Q1D25）
				虚接 4C1D6（4n701）
C	难	操作回路	整组试验时单跳 C 相时操作箱信号灯不亮	短接 4C1D6（4n701）与 4Q1D25（4n703）
ABC	中	操作回路	整组试验重合闸时无法启动操作箱出口，重合闸灯不亮	虚接 1KD5（1CLP4-1）
				虚接 1CLP4-2
				虚接 1KD5（4Q1D29）
				虚接 1CD2（1n301）
A	中	操作回路	合位时，A 相的操作箱不会亮	虚接 4C1D1（4n823）
B	中	操作回路	合位时，B 相的操作箱不会亮	虚接 4C1D3（4n824）
C	中	操作回路	合位时，C 相的操作箱不会亮	虚接 4C1D5（4n825）
A	中	操作回路	跳位时，A 相的操作箱不会亮	虚接 4C1D8（4nA01）
B	中	操作回路	跳位时，B 相的操作箱不会亮	虚接 4C1D11（4nA02）
C	中	操作回路	跳位时，C 相的操作箱不会亮	虚接 4C1D14（4nA03）
A	中	操作回路	整组试验重合 A 相时操作箱重合闸灯亮，但开关无法合上	虚接 4C1D9（4n517）
				虚接 4C1D9 端子上至模拟断路器的外部电缆
B	中	操作回路	整组试验重合 B 相时操作箱重合闸灯亮，但开关无法合上	虚接 4C1D12（4n617）
				虚接 4C1D12 端子上至模拟断路器的外部电缆
C	中	操作回路	整组试验重合 C 相时操作箱重合闸灯亮，但开关无法合上	虚接 4C1D15（4n717）
				虚接 4C1D15 端子上至模拟断路器的外部电缆
A	中	操作回路	整组试验单跳 A 相时跳 AB 相	短接 4Q1D19（4n503）与 4Q1D22（4n603）
				短接 1KD1（1CLP1-1）与 1KD2（1CLP2-1）
				短接 1CLP1-2 与 1CLP2-2
B	中	操作回路	整组试验单跳 B 相时跳 BC 相	短接 4Q1D22（4n603）与 4Q1D25（4n703）
				短接 1KD2（1CLP2-1）与 1KD3（1CLP3-1）
				短接 1CLP2-2 与 1CLP3-2
C	中	操作回路	整组试验单跳 C 相时跳 CA 相	短接 4Q1D25（4n703）与 4Q1D22（4n503）
				短接 1KD3（1CLP3-1）与 1KD1（1CLP1-1）
				短接 1CLP3-2 与 1CLP1-2

相别	难易	故障属性	故障现象	故障设置地点
A	中	操作回路	整组试验单跳 A 相时重合闸灯亮	短接 1CLP1-1 与 1CLP4-1
				短接 1KD1（1CLP1-1）与 1KD5（1CLP4-1）
				短接 1CLP1-2 与 1CLP4-2
B	中	操作回路	整组试验单跳 B 相时重合闸灯亮	短接 1CLP2-1 与 1CLP4-1
				短接 1KD2（1CLP2-1）与 1KD5（1CLP4-1）
				短接 1CLP2-2 与 1CLP4-2
C	中	操作回路	整组试验单跳 C 相时重合闸灯亮	短接 1CLP3-1 与 1CLP4-1
				短接 1KD3（1CLP3-1）与 1KD5（1CLP4-1）
				短接 1CLP3-2 与 1CLP4-2
ABC	难	操作回路	整组试验单跳 A 相或 B 相或 C 相时三跳	短接 1CLP1-1、1CLP2-1、1CLP3-1
				短接 1KD1（1CLP1-1）、1KD2（1CLP2-1）、1KD3（1CLP3-1）
				短接 1CLP1-2、1CLP2-2、C1LP3-2
A	难	操作回路	整组试验单跳 A 相时同时保护三跳	短接 1QD8（1n437）与 1QD9（1n438）
				短接 1QD8（1n437）与 1QD10（1n439）
B	难	操作回路	整组试验单跳 B 相时同时保护三跳	短接 1QD9（1n438）与 1QD8（1n437）
				短接 1QD9（1n438）与 1QD10（1n439）
C	难	操作回路	整组试验单跳 C 相时同时保护三跳	短接 1QD10（1n439）与 1QD8（1n437）
				短接 1QD10（1n439）与 1QD9（1n438）
A	难	操作回路	整组试验单跳 A 相时操作箱被复归，A 跳灯不亮，按操作箱复归按钮时 A 相跳闸	短接 4Q1D19（4n503）与 4Q1D38（4n519）
				短接 4C1D2（4n501）与 4Q1D38（4n519）
B	难	操作回路	整组试验单跳 B 相时操作箱被复归，B 相跳灯不亮，按操作箱复归按钮时 B 相跳闸	短接 4Q1D22（4n603）与 4Q1D38（4n519）
				短接 4C1D4（4n601）与 4Q1D38（4n519）
C	难	操作回路	整组试验单跳 C 相时操作箱被复归，C 相跳灯不亮，按操作箱复归按钮时 C 相跳闸	短接 4Q1D25（4n703）与 4Q1D38（4n519）
				短接 4C1D6（4n701）与 4Q1D38（4n519）
A	中	操作回路	跳 A 相时变成跳 B 相，且信号灯同时反	对调 1KD1（1CLP1-1）与 1KD2（1CLP2-1）
				对调 4Q1D19（4n503）与 4Q1D22（4n603）
B	中	操作回路	跳 B 相时变成跳 C 相，且信号灯同时反	对调 1KD2（1CLP2-1）与 1KD3（1CLP3-1）
				对调 4Q1D22（4n603）与 4Q1D25（4n703）
C	中	操作回路	跳 C 相时变成跳 A 相，且信号灯同时反	对调 1KD3（1CLP3-1）与 1KD1（1CLP1-1）
				对调 4Q1D25（4n703）与 4Q1D19（4n503）
A	中	操作回路	单跳 A 相时操作箱重合闸灯亮，开关跳不掉，重合时跳 A 相开关	对调 1KD1（1CLP1-1）与 1KD5（1CLP4-1）
				对调 4Q1D19（4n503）与 4Q1D29（4n121）

相别	难易	故障属性	故障现象	故障设置地点
B	中	操作回路	单跳 B 相时操作箱重合闸灯亮，开关跳不掉，重合时跳 B 相开关	对调 1KD2（1CLP2-1）与 1KD5（1CLP4-1）
				对调 4Q1D22（4n603）与 4Q1D29（4n121）
C	中	操作回路	单跳 C 相时操作箱重合闸灯亮，开关跳不掉，重合时跳 C 相开关	对调 1KD3（1CLP3-1）与 1KD5（1CLP4-1）
				对调 4Q1D25（4n703）与 4Q1D29（4n121）
ABC	难	操作回路	跳合闸出口正电源失去，无法跳合闸	虚接 4Q1D5（4n201）、4Q1D3（4n103）、1QD15（1n448）
				虚接 4Q1D5（4n201）、4Q1D42（4n213）
				虚接 4Q1D5（4n201）且短接 4Q1D40（4n217）、4Q1D6
A	难	操作回路	整组试验单跳 A 相时防跳继电器动作无法重合	短接 4Q1D6 与 4C1D10（4n518）
B	难	操作回路	整组试验单跳 B 相时防跳继电器动作无法重合	短接 4Q1D6 与 4C1D13（4n618）
C	难	操作回路	整组试验单跳 C 相时防跳继电器动作无法重合	短接 4Q1D6 与 4C1D16（4n718）
ABC	中	操作回路	操作箱跳闸指示灯不会亮	短接 4Q1D6 与 4Q1D38（4n519）
ABC	中	操作回路	操作箱无任何信号灯	虚接 4Q1D47（4n114）
				虚接 4Q1D2（4n101）
ABC	难	操作回路	手合同时手跳	短接 4Q1D31（4n208）与 4Q1D35（4n312）
ABC	难	操作回路	复归信号变为手跳	短接 4Q1D38（4n519）与 4Q1D35（4n312）
ABC	难	操作回路	复归信号变为手合	短接 4Q1D38（4n519）与 4Q1D31（4n208）
A	难	操作回路	跳 A 相同时跳 TJF，同时 TJF 一直励磁，无法手合	短接 4Q1D19（4n503）与 4Q1D16（4n828）
B	难	操作回路	跳 B 相同时跳 TJF，同时 TJF 一直励磁，无法手合	短接 4Q1D22（4n603）与 4Q1D16（4n828）
C	难	操作回路	跳 C 相同时跳 TJF，同时 TJF 一直励磁，无法手合	短接 4Q1D25（4n703）与 4Q1D16（4n828）
ABC	难	操作回路	手合启动重合闸	短接 4Q1D31（4n208）与 4Q1D29（4n121）
ABC	难	操作回路	手跳启动重合闸	短接 4Q1D35（4n312）与 4Q1D29（4n121）
ABC	难	操作回路	重合闸启动手跳，手跳启动 TJQ	短接 4Q1D35（4n312）与 4Q1D29（4n121），同时短接 4Q1D35（4n312）与 4Q1D11（4n310）
A	中	操作回路	A 相跳闸压板被短接	1CLP1 上下短接
B	中	操作回路	B 相跳闸压板被短接	1CLP2 上下短接
C	中	操作回路	C 相跳闸压板被短接	1CLP3 上下短接
ABC	中	操作回路	重合闸压板上下短接	1CLP4 上下端短接
A	难	操作回路	跳 A 相启动手跳，手跳启动 TJR	短接 4Q1D35（4n312）与 4Q1D19（4n503），同时短接 4Q1D35（4n312）与 4Q1D14（4n311）

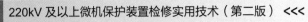

续表

相别	难易	故障属性	故障现象	故障设置地点
B	难	操作回路	跳 B 相启动手跳，手跳启动 TJR	短接 4Q1D35（4n312）与 4Q1D22（4n603），同时短接 4Q1D35（4n312）与 4Q1D14（4n311）
C	难	操作回路	跳 C 相启动手跳，手跳启动 TJR	短接 4Q1D35（4n312）与 4Q1D25（4n703），同时短接 4Q1D35（4n312）与 4Q1D14（4n311）
ABC	难	操作回路	A→C，C→B，B→A,跳错相别	对调 4Q1D19（4n503）与 4Q1D22（4n603），同时对调 1KD3（1CLP3-1）与 1KD1（1CLP1-1）
ABC	中	操作回路	重合闸指示灯无法复归	虚接 4Q1D38（4n519）
A	难	操作回路	合 A 相同时跳 C 相	短接 4C1D9（4n517）与 4C1D6（4n701）
B	难	操作回路	合 B 相同时跳 C 相	短接 4C1D12（4n617）与 4C1D6（4n701）
C	难	操作回路	合 A 相同时跳 B 相	短接 4C1D9（4n517）与 4C1D3（4n601）

第五章　PSL-603U 线路保护装置调试

PSL-603U 线路保护装置可用作 220kV 及以上电压等级输电线路的主、后备保护。由分相电流差动及零序电流差动组成的纵联电流差动作为全线速动主保护。装置还设有快速距离保护、三段相间保护、接地距离保护、零序方向过电流保护等。保护装置分相跳闸出口，具有自动重合闸功能。

第一节　试 验 调 试 方 法

一、纵联差动保护检验

1. 纵联差动保护定值检验
纵联差动保护定值检验见表 5-1。

表 5-1　　　　　　　　　　　　　纵联差动保护定值检验

试验项目	纵联差动保护高定值检验（稳态 I 段）
相关定值	差动动作电流定值 I_{cd}：0.2A；重合闸方式：单重；单重时间：0.7s
试验条件	（1）主保护设置，通道一和通道二应分别检验： 1）通道一：投入主保护（通道一）压板 1KLP1、投入"纵联差动保护"控制字、光纤通道一软压板； 2）通道二：投入主保护（通道二）压板 1KLP2、投入"纵联差动保护"控制字、光纤通道二软压板。 （2）充电完成灯亮，其条件如下： 1）重合闸设置："单相重合闸"置"1""三相重合闸"置"0""三相跳闸方式"置"0"；退出"停用重合闸"硬压板；"停用重合闸"软压板置"0"。 2）开关状态：合上开关。 3）开入量检查：三相跳位均为"0"、闭锁重合闸为"0"、低气压闭锁重合闸为"0"
计算方法	计算公式：　$I_{\varphi} = m \times 1.5 \times I_{cd} \times K$ 注：m、K 为系数，K 在通道自环时取 0.5。 计算数据：　$m = 1.05$，$I_{\varphi} = 1.05 \times 1.5 \times 0.2 \times 0.5 = 0.1575(A)$ 　　　　　　$m = 0.95$，$I_{\varphi} = 0.95 \times 1.5 \times 0.2 \times 0.5 = 0.1425(A)$
注意事项	（1）所加时间小于 0.03s。 （2）此实验不必考虑电压的设置。 （3）测量保护实际动作时间应采用 $m=2$

A 相故障状态序列	区内故障 m=1.05		区内故障 m=0.95	
	状态 1 参数（故障态）	状态 2 参数（重合态）	状态 1 参数（故障态）	状态 2 参数（重合态）
	$\dot{U}_A$：57.74∠0.00°V	$\dot{U}_A$：57.74∠0.00°V	$\dot{U}_A$：57.74∠0.00°V	$\dot{U}_A$：57.74∠0.00°V
	$\dot{U}_B$：57.74∠-120°V	$\dot{U}_B$：57.74∠-120°V	$\dot{U}_B$：57.74∠-120°V	$\dot{U}_B$：57.74∠-120°V
	$\dot{U}_C$：57.74∠120°V	$\dot{U}_C$：57.74∠120°V	$\dot{U}_C$：57.74∠120°V	$\dot{U}_C$：57.74∠120°V
	$\dot{I}_A$：0.1575∠0.00°A	$\dot{I}_A$：0.00∠0.00°A	$\dot{I}_A$：0.1425∠0.00°A	$\dot{I}_A$：0.00∠0.00°A
	$\dot{I}_B$：0.00∠0.00°A	$\dot{I}_B$：0.00∠0.00°A	$\dot{I}_B$：0.00∠0.00°A	$\dot{I}_B$：0.00∠0.00°A
	$\dot{I}_C$：0.00∠0.00°A	$\dot{I}_C$：0.00∠0.00°A	$\dot{I}_C$：0.00∠0.00°A	$\dot{I}_C$：0.00∠0.00°A
状态触发	时间控制：0.03s	时间控制：1s	时间控制：0.03s	时间控制：1s
装置报文	（1）19ms 分相差动动作。（2）19ms 保护 A 跳出口。（3）753ms 重合闸动作		00000ms 保护启动	
指示灯	保护跳闸、重合闸		—	
说明	（1）纵联差动保护只与电流有关系，无需故障前的状态。（2）设置故障后状态大于 0.7s 时才能检测重合闸触点动作的时间。（3）测量保护动作时间应取电流定值的 2 倍。（4）"纵联保护闭锁"灯亮时应检查差动通道情况			
整组试验	出口压板设置	投入"A 相跳闸"压板 1CLP1、"B 相跳闸"压板 1CLP2、"C 相跳闸"压板 1CLP3、"重合闸出口"压板 1CLP4		
	操作箱指示灯	Ⅰ 跳 A 相、Ⅱ 跳 A、重合闸		
思考	（1）纵联差动保护设置稳态量Ⅰ、Ⅱ段和零序差动保护的目的是什么？（2）故障前若存在电容电流时应如何进行检验			
试验项目	纵联差动保护低定值检验（稳态Ⅱ段）			
相关定值	差动动作电流定值 I_{cd}：0.2A；重合闸方式：单相重合闸；单重时间：0.7s			
试验条件	合上开关，检查开入正常，无闭锁重合闸开入，面板"充电完成"指示灯亮			
计算方法	计算公式：$I_\varphi = m \times 1.0 \times I_{cd} \times K$ 注：m、K 为系数，K 在通道自环时取 0.5。计算数据：m=1.05，$I_\varphi = 1.05 \times 1.0 \times 0.2 \times 0.5 = 0.105$(A) m=0.95，$I_\varphi = 0.95 \times 1.0 \times 0.2 \times 0.5 = 0.095$(A)			
注意事项	（1）0.05s＜所加时间＜0.10s。（2）该实验测量保护实际动作时间应采用 m=1.2。（3）稳态Ⅱ段有固定延时 40ms			
A 相故障状态序列	区内故障 m=1.05		区内故障 m=0.95	
	状态 1 参数（故障态）	状态 2 参数（重合态）	状态 1 参数（故障态）	状态 2 参数（重合态）
	$\dot{U}_A$：57.74∠0.00°V	$\dot{U}_A$：57.74∠0.00°V	$\dot{U}_A$：57.74∠0.00°V	$\dot{U}_A$：57.74∠0.00°V
	$\dot{U}_B$：57.74∠-120°V	$\dot{U}_B$：57.74∠-120°V	$\dot{U}_B$：57.74∠-120°V	$\dot{U}_B$：57.74∠-120°V

续表

A 相故障状态序列	$\dot{U}_{\mathrm{C}}$：57.74∠120°V $\dot{I}_{\mathrm{A}}$：0.105∠0.00°A $\dot{I}_{\mathrm{B}}$：0.00∠0.00°A $\dot{I}_{\mathrm{C}}$：0.00∠0.00°A	$\dot{U}_{\mathrm{C}}$：57.74∠120°V $\dot{I}_{\mathrm{A}}$：0.00∠0.00°A $\dot{I}_{\mathrm{B}}$：0.00∠0.00°A $\dot{I}_{\mathrm{C}}$：0.00∠0.00°A	$\dot{U}_{\mathrm{C}}$：57.74∠120°V $\dot{I}_{\mathrm{A}}$：0.095∠0.00°A $\dot{I}_{\mathrm{B}}$：0.00∠0.00°A $\dot{I}_{\mathrm{C}}$：0.00∠0.00°A	$\dot{U}_{\mathrm{C}}$：57.74∠120°V $\dot{I}_{\mathrm{A}}$：0.00∠0.00°A $\dot{I}_{\mathrm{B}}$：0.00∠0.00°A $\dot{I}_{\mathrm{C}}$：0.00∠0.00°A
状态触发	时间控制：0.06s	时间控制：1s	时间控制：0.06s	时间控制：1s
装置报文	（1）49ms 分相差动作。 （2）49ms 保护 A 跳出口。 （3）784ms 重合闸动作。		00000ms 保护启动	
指示灯	保护跳闸、重合闸		—	

2. 零序纵联差动保护定值检验

零序纵联差动保护定值检验见表 5-2。

表 5-2 零序纵联差动保护定值检验

试验项目	纵联零序电流差动保护定值检验			
相关定值	差动动作电流定值 I_{cd}：0.2A；　重合闸方式：单相重合闸；时间：0.7s			
试验条件	合上开关，检查开入正常，无闭锁重合闸开入，面板"充电完成"指示灯亮			
计算方法	计算公式：　$I_{\varphi}=m\times1.0\times I_{\mathrm{cd}}\times K$ 注：m、K 为系数，K 在通道自环时取 0.5。 计算数据：　$m=1.05$，$I_{\varphi}=1.05\times0.2\times1.0\times0.5=0.105(\mathrm{A})$ 　　　　　　$m=0.95$，$I_{\varphi}=0.95\times0.2\times1.0\times0.5=0.095(\mathrm{A})$			
注意事项	（1）动作时间：100ms＜t＜130ms，所加时间应在 0.10s＜t＜0.15s 的范围内。 （2）该实验测量保护动作时间应采用 $m=1.2$			
单相故障 （A 相为例）	区内故障 $m=1.05$		区内故障 $m=0.95$	
	状态 1 参数（故障态）	状态 2 参数（重合态）	状态 1 参数（故障态）	状态 2 参数（重合态）
	$\dot{U}_{\mathrm{A}}$：57.74∠0.00°V $\dot{U}_{\mathrm{B}}$：57.74∠−120°V $\dot{U}_{\mathrm{C}}$：57.74∠120°V $\dot{I}_{\mathrm{A}}$：0.105∠0.00°A $\dot{I}_{\mathrm{B}}$：0.00∠0.00°A $\dot{I}_{\mathrm{C}}$：0.00∠0.00°A	$\dot{U}_{\mathrm{A}}$：57.74∠0.00°V $\dot{U}_{\mathrm{B}}$：57.74∠−120°V $\dot{U}_{\mathrm{C}}$：57.74∠120°V $\dot{I}_{\mathrm{A}}$：0.00∠0.00°A $\dot{I}_{\mathrm{B}}$：0.00∠0.00°A $\dot{I}_{\mathrm{C}}$：0.00∠0.00°A	$\dot{U}_{\mathrm{A}}$：57.74∠0.00°V $\dot{U}_{\mathrm{B}}$：57.74∠−120°V $\dot{U}_{\mathrm{C}}$：57.74∠120°V $\dot{I}_{\mathrm{A}}$：0.095∠0.00°A $\dot{I}_{\mathrm{B}}$：0.00∠0.00°A $\dot{I}_{\mathrm{C}}$：0.00∠0.00°A	$\dot{U}_{\mathrm{A}}$：57.74∠0.00°V $\dot{U}_{\mathrm{B}}$：57.74∠−120°V $\dot{U}_{\mathrm{C}}$：57.74∠120°V $\dot{I}_{\mathrm{A}}$：0.00∠0.00°A $\dot{I}_{\mathrm{B}}$：0.00∠0.00°A $\dot{I}_{\mathrm{C}}$：0.00∠0.00°A
状态触发	时间控制：0.13s	时间控制：1s	时间控制：0.13s	时间控制：1s
装置报文	（1）119ms 零序差动出口。 （2）911ms 重合闸动作		00000ms 保护启动	
指示灯	保护跳闸、重合闸		—	
思考	（1）短接零序电流 $3I_0$ 采样回路对零序差动保护的影响。 （2）如何模拟零序差动 II 段动作			

二、距离保护检验

1. 距离保护定值校验

距离保护定值校验见表 5-3。

表 5-3　　　　　　　　　　　　　距离保护定值校验

试验项目	接地距离保护检验（以 I 段为例）			
相关定值	接地距离 I 段保护定值 Z_{setI}：0.5Ω；零序电抗补偿系数 K_X：0.38；正序阻抗角 φ_1：85°；重合闸方式：单相重合闸；时间：0.7s			
试验条件	（1）退出主保护压板 1KLP1、1KLP2，投入"距离 I 段"控制字、距离保护软压板，投入距离保护硬压板 1KLP4。 （2）TV 断线复归。 （3）合上开关，检查开入正常，无闭锁重合闸开入，面板"充电完成"指示灯亮			
计算方法	计算公式：$\dot{U}_\varphi = m \times (1 + K_X) \times \dot{I}_\varphi \times Z_{setI}$ 计算数据：$m = 0.95$，$\dot{U}_\varphi = 0.95 \times (1 + 0.38) \times 5 \times 0.5 = 3.278(\text{V})$ $m = 1.05$，$\dot{U}_\varphi = 1.05 \times (1 + 0.38) \times 5 \times 0.5 = 3.623(\text{V})$			
注意事项	（1）状态 1 加正常电压量，电流为 0，待 TV 断线恢复及"充电完成"灯亮转入状态 2。 （2）状态 2 加故障量，整定时间＜所加时间＜整定时间+120ms，否则保护会三跳不重合。 （3）该实验包括正方向区内故障、正方向区外故障、反方向故障，测量动作时间应采用 $m=0.7$			
A 相故障 状态序列	区内故障 $m=0.95$		区外故障 $m=1.05$	
	状态 1 参数（正常态）	状态 2 参数（故障态）	状态 1 参数（正常态）	状态 2 参数（故障态）
	$\dot{U}_A$：57.74∠0.00°V	$\dot{U}_A$：3.278∠0.00°V	$\dot{U}_A$：57.74∠0.00°V	$\dot{U}_A$：3.623∠0.00°V
	$\dot{U}_B$：57.74∠−120°V	$\dot{U}_B$：57.74∠−120°V	$\dot{U}_B$：57.74∠−120°V	$\dot{U}_B$：57.74∠−120°V
	$\dot{U}_C$：57.74∠120°V	$\dot{U}_C$：57.74∠120°V	$\dot{U}_C$：57.74∠120°V	$\dot{U}_C$：57.74∠120°V
	$\dot{I}_A$：0.00∠−85.0°A	$\dot{I}_A$：5.00∠−85.0°A	$\dot{I}_A$：0.00∠−85.0°A	$\dot{I}_A$：5.00∠−85.0°A
	$\dot{I}_B$：0.00∠0.00°A	$\dot{I}_B$：0.00∠0.00°A	$\dot{I}_B$：0.00∠0.00°A	$\dot{I}_B$：0.00∠0.00°A
	$\dot{I}_C$：0.00∠0.00°A	$\dot{I}_C$：0.00∠0.00°A	$\dot{I}_C$：0.00∠0.00°A	$\dot{I}_C$：0.00∠0.00°A
状态触发	时间控制：3s	时间控制：0.06s	时间控制：3s	时间控制：0.06s
装置报文	（1）47ms 接地距离 I 段动作。 （2）47ms 保护 A 跳出口。 （3）781ms 重合闸动作		00000ms 保护启动	
指示灯	保护跳闸、重合闸		—	
反向故障	状态参数设置	将故障态（$m=0.95$）的故障相电流角度加上 180°即：$\dot{I}_A$：5.00∠95.0°A		
说明	（1）故障前状态约 1.25s 可使 TV 断线复归，习惯设置为 3s。 （2）故障状态最好不超过 150ms，否则保护可能判为单跳失败三跳。 （3）距离保护试验，以最灵敏正序角 85°为阻抗角进行校验			
思考	如何进行不同阻抗角（30°、45°、60°等）的距离保护定值校验			
试验项目	相间距离保护检验（以 I 段为例）			
相关定值	相间距离 I 段保护定值 Z_{setI}：0.5Ω；正序阻抗角 φ_1：85.00°；重合闸方式：单相重合闸；时间：0.7s			
试验条件	（1）退出主保护压板 1KLP1、1KLP2，投入"距离 I 段"控制字、距离保护软压板，投入距离保护硬压板 1KLP4； （2）TV 断线复归； （3）合上开关，检查开入正常，无闭锁重合闸开入，面板"充电完成"指示灯亮			

计算方法 BC 故障	BC 相间故障相量图如图 5-1 所示。 计算公式：$U_{\varphi\varphi}=m\times 2\times I_{\varphi}\times Z_{\text{set}}$ $U_{\varphi}=\dfrac{\sqrt{U_{\varphi\varphi}^{2}+U_{n}^{2}}}{2}$ ；　$\Phi=\arctan\left(\dfrac{U_{\varphi\varphi}}{U_{n}}\right)$ 区内故障：$m=0.95$ $U_{\text{KBC}}=0.95\times 2\times 5\times 0.5=4.75(\text{V})$ $U_{\text{KB}}=U_{\text{KC}}=\sqrt{\left(\dfrac{57.74}{2}\right)^{2}+\left(\dfrac{U_{\text{KBC}}}{2}\right)^{2}}=28.96(\text{V})$ $\Phi_{1}=\Phi_{2}=\arctan\left(\dfrac{U_{\text{KBC}}}{57.74}\right)=4.7°$ 则 $\dot{U}_{\text{KB}}$ 滞后 $\dot{U}_{\text{A}}$ 的角度为 $180°-4.7°=175.3°$； $\dot{U}_{\text{KC}}$ 超前 $\dot{U}_{\text{A}}$ 的角度为 $180°-4.7°=175.3°$； $\Phi_{3}=$ 正序阻抗角 区外故障：$m=1.05$ $U_{\text{KBC}}=1.05\times 2\times 5\times 0.5=5.25(\text{V})$ $U_{\text{KB}}=U_{\text{KC}}=\sqrt{\left(\dfrac{57.74}{2}\right)^{2}+\left(\dfrac{U_{\text{KBC}}}{2}\right)^{2}}=28.99(\text{V})$ $\Phi_{1}=\Phi_{2}=\arctan\left(\dfrac{U_{\text{KBC}}}{57.74}\right)=5.2°$ 则 $\dot{U}_{\text{KB}}$ 滞后 $\dot{U}_{\text{A}}$ 的角度为 $180°-5.2°=174.8°$； $\dot{U}_{\text{KC}}$ 超前 $\dot{U}_{\text{A}}$ 的角度为 $180°-5.2°=174.8°$； $\Phi_{3}=$ 正序阻抗角 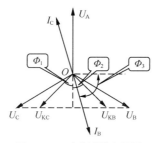 图 5-1　BC 相间故障相量图

注意事项	（1）状态 1 加正常电压量，电流为 0，待 TV 断线恢复及"充电完成"灯亮转入状态 2。 （2）状态 2 加故障量，整定时间＜所加时间＜整定时间+120ms。 （3）该实验包括正方向区内故障、正方向区外故障、反方向出口故障，测量实际动作时间采用 $m=0.7$

相间故障 BC 为例	区内故障 $m=0.95$		区外故障 $m=1.05$	
	状态 1 参数（正常态）	状态 2 参数（故障态）	状态 1 参数（正常态）	状态 2 参数（故障态）
	$\dot{U}_{\text{A}}$：$57.74\angle 0.00°\,\text{V}$	$\dot{U}_{\text{A}}$：$57.74\angle 0.00°\,\text{V}$	$\dot{U}_{\text{A}}$：$57.74\angle 0.00°\,\text{V}$	$\dot{U}_{\text{A}}$：$57.74\angle 0.00°\,\text{V}$
	$\dot{U}_{\text{B}}$：$57.74\angle -120°\,\text{V}$	$\dot{U}_{\text{B}}$：$28.96\angle -175.3°\,\text{V}$	$\dot{U}_{\text{B}}$：$57.74\angle -120°\,\text{V}$	$\dot{U}_{\text{B}}$：$28.99\angle -174.8°\,\text{V}$
	$\dot{U}_{\text{C}}$：$57.74\angle 120°\,\text{V}$	$\dot{U}_{\text{C}}$：$28.96\angle 175.3°\,\text{V}$	$\dot{U}_{\text{C}}$：$57.74\angle 120°\,\text{V}$	$\dot{U}_{\text{C}}$：$28.99\angle 174.8°\,\text{V}$
	$\dot{I}_{\text{A}}$：$0.00\angle 0.00°\,\text{A}$	$\dot{I}_{\text{A}}$：$0.00\angle 0.00°\,\text{A}$	$\dot{I}_{\text{A}}$：$0.00\angle 0.00°\,\text{A}$	$\dot{I}_{\text{A}}$：$0.00\angle 0.00°\,\text{A}$
	$\dot{I}_{\text{B}}$：$0.00\angle 0.00°\,\text{A}$	$\dot{I}_{\text{B}}$：$5.00\angle -175.0°\,\text{A}$	$\dot{I}_{\text{B}}$：$0.00\angle 0.00°\,\text{A}$	$\dot{I}_{\text{B}}$：$5.00\angle -175.0°\,\text{A}$
	$\dot{I}_{\text{C}}$：$0.00\angle 0.00°\,\text{A}$	$\dot{I}_{\text{C}}$：$5.00\angle 5.00°\,\text{A}$	$\dot{I}_{\text{C}}$：$0.00\angle 0.00°\,\text{A}$	$\dot{I}_{\text{C}}$：$5.00\angle 5.00°\,\text{A}$

续表

状态触发	时间控制：3s	时间控制：0.06s	时间控制：3s	时间控制：0.06s
装置报文	（1）46ms 相间距离Ⅰ段动作。 （2）46ms 保护永跳出口		00000ms 保护启动	
指示灯	保护跳闸		—	
反向故障	状态参数设置	将正方向区内故障态（$m=0.95$）的故障相电流角度加上180°，即 $\dot{I}_A$：$0.00\angle 0.00°$A； $\dot{I}_B$：$5.00\angle 5.00°$A；$\dot{I}_C$：$5.00\angle -175.00°$A		
说明	（1）相间故障，保护三跳不重合，故障前状态 3s 使得 TV 断线复归。 （2）接地及相间距离Ⅲ段保护均为永跳出口			

2. 手合加速距离Ⅲ段校验

手合加速距离Ⅲ段校验见表 5-4。

表 5-4　　　　　　　　　　　　　　　手合加速距离Ⅲ段校验

试验项目	手合总是加速距离Ⅲ段			
相关定值	距离Ⅲ段保护定值 $Z_{\text{setⅢ}}$：2.18Ω；接地（相间）距离Ⅲ段时间 $t_{\text{setⅢ}}$：1.80s；零序电抗补偿系数 K_X：0.38； 正序阻抗角 φ_1：85.00°			
试验条件	开关处在分位状态，合上操作电源空气开关，检查保护开入量中三相跳位均为 1			
计算方法	计算公式：$U_\varphi = m \times (1 + K_X) \times I_\varphi \times Z_{\text{setⅡ}}$ 计算数据：$m=0.95$，$U_\varphi = 0.95 \times (1+0.38) \times 2 \times 2.18 = 5.72$(V) $m=1.05$，$U_\varphi = 1.05 \times (1+0.38) \times 2 \times 2.18 = 6.32$(V)			
注意事项	（1）状态 1 加正常电压量，电流为 0，待 TV 断线恢复及"充电完成"灯亮转入状态 2。 （2）状态 2 加故障量（距离Ⅲ段范围内均可），所加时间小于 100ms。 （3）该实验包括正方向区内故障、正方向区外故障、反方向出口故障，测动作时间采用 $m=0.7$			
单相故障（A 相为例）	区外故障 $m=0.95$		区内故障 $m=1.05$	
	状态 1 参数	状态 2 参数	状态 1 参数	状态 2 参数
	$\dot{U}_A$：$57.74\angle 0.00°$V $\dot{U}_B$：$57.74\angle -120°$V $\dot{U}_C$：$57.74\angle 120°$V $\dot{I}_A$：$0.00\angle 0.00°$A $\dot{I}_B$：$0.00\angle 0.00°$A $\dot{I}_C$：$0.00\angle 0.00°$A	$\dot{U}_A$：$5.72\angle 0.00°$V $\dot{U}_B$：$57.74\angle -120°$V $\dot{U}_C$：$57.74\angle 120°$V $\dot{I}_A$：$2.00\angle -85.0°$A $\dot{I}_B$：$0.00\angle 0.00°$A $\dot{I}_C$：$0.00\angle 0.00°$A	$\dot{U}_A$：$57.74\angle 0.00°$V $\dot{U}_B$：$57.74\angle -120°$V $\dot{U}_C$：$57.74\angle 120°$V $\dot{I}_A$：$0.00\angle 0.00°$A $\dot{I}_B$：$0.00\angle 0.00°$A $\dot{I}_C$：$0.00\angle 0.00°$A	$\dot{U}_A$：$6.32\angle 0.00°$V $\dot{U}_B$：$57.74\angle -120°$V $\dot{U}_C$：$57.74\angle 120°$V $\dot{I}_A$：$2.00\angle -85.0°$A $\dot{I}_B$：$0.00\angle 0.00°$A $\dot{I}_C$：$0.00\angle 0.00°$A
状态触发	时间控制：3s	时间控制：0.01s	时间控制：3s	时间控制：0.01s
装置报文	（1）37ms 距离手合加速动作。 （2）37ms 保护永跳出口		00000ms 保护启动	
指示灯	保护跳闸		—	

续表

说明	（1）各个状态的状态量计算与接地距离Ⅲ段的相同。 （2）故障前状态 3s 使得 TV 断线复归。 （3）因为定值较高，计算时故障电压应小于 57.74V
思考	TV 断线，手合加速距离Ⅲ段能否动作

3. 重合加速距离Ⅱ段校验

重合加速距离Ⅱ段校验见表 5-5。

表 5-5　　　　　　　　　　重合加速距离Ⅱ段校验

试验项目	重合加速距离Ⅱ段			
相关定值	距离Ⅱ段保护定值 $Z_{setⅡ}$：0.72Ω；接地（相间）距离Ⅱ段时间：1.00s；零序电抗补偿系数 K_X：0.38；正序阻抗角 φ_1：85.00°			
试验条件	合上开关，检查开入正常，无闭锁重合闸开入，面板"充电完成"指示灯亮			
计算方法	计算公式：$U_\varphi = m \times (1 + K_X) \times I_\varphi \times Z_{setⅡ}$ 计算数据：$m = 0.95$，$U_\varphi = 0.95 \times (1 + 0.38) \times 5 \times 0.72 = 4.72(V)$ $\quad\quad\quad\quad\quad m = 1.05$，$U_\varphi = 1.05 \times (1 + 0.38) \times 5 \times 0.72 = 5.22(V)$			
注意事项	（1）状态 1 加正常电压量，电流为 0，待 TV 断线恢复及"充电完成"指示灯亮转入状态 2。 （2）状态 2 加故障量，所加时间小于所模拟故障保护整定时间+50ms。 （3）状态 3 加正常电压量，电流为 0，所加时间大于重合时间+50ms。 （4）状态 4 加故障量（距离Ⅱ段值），所加时间小于 100ms			
	区内故障 $m=0.95$			
	状态 1 参数（正常态）	状态 2 参数（故障态）	状态 3 参数（重合态）	状态 4 参数（加速态）
重合加速距离Ⅱ段	$\dot{U}_A$：57.74∠0.00°V $\dot{U}_B$：57.74∠−120°V $\dot{U}_C$：57.74∠120°V $\dot{I}_A$：0.00∠0.00°A $\dot{I}_B$：0.00∠0:00°A $\dot{I}_C$：0.00∠0.00°A	$\dot{U}_A$：1.00∠0.00°V $\dot{U}_B$：57.74∠−120°V $\dot{U}_C$：57.74∠120°V $\dot{I}_A$：5.00∠−85.00°A $\dot{I}_B$：0.00∠0.00°A $\dot{I}_C$：0.00∠0.00°A	$\dot{U}_A$：57.74∠0.00°V $\dot{U}_B$：57.74∠−120°V $\dot{U}_C$：57.74∠120°V $\dot{I}_A$：0.00∠0.00°A $\dot{I}_B$：0.00∠0.00°A $\dot{I}_C$：0.00∠0.00°A	$\dot{U}_A$：4.72∠0.00°V $\dot{U}_B$：57.74∠−120°V $\dot{U}_C$：57.74∠120°V $\dot{I}_A$：1.00∠−85.00°A $\dot{I}_B$：0.00∠0.00°A $\dot{I}_C$：0.00∠0.00°A
状态触发	时间控制：3s	时间控制：0.06s	时间控制：0.75s	时间控制：0.1s
装置报文	（1）16ms 接地距离Ⅰ段动作。 （2）16ms 保护 A 跳出口。 （3）771ms 重合闸动作。 （4）832ms 距离重合加速动作。 （5）832ms 保护永跳出口			
指示灯	保护跳闸、重合闸			
说明	单相重合闸，初次故障态只能单相瞬时故障，可采用距离Ⅰ段或Ⅱ段定值，再次故障则单相相间均可			
思考	重合后（第四态），反方向故障距离加速能否动作			

4. 非全相运行期间固定延时1.5s的距离Ⅲ段校验

非全相运行期间固定延时 1.5s 的距离Ⅲ段校验见表 5-6。

表 5-6　　　　　　　　　非全相运行期间固定延时 1.5s 的距离Ⅲ段校验

试验项目	非全相运行期间固定延时 1.5s 的距离Ⅲ段		
相关定值	距离Ⅲ段保护定值 $Z_{\text{setⅢ}}$：2.18Ω；距离Ⅲ段时间：2.00s；零序电抗补偿系数 K_{X}：0.38		
试验条件	合上开关，检查开入正常，无闭锁重合闸开入，面板"充电完成"指示灯亮		
计算方法	计算公式：$U_{\varphi} = m \times (1 + K_{\text{X}}) \times I_{\varphi} \times Z_{\text{setⅢ}}$ 计算数据：$m = 0.95$，$U_{\varphi} = 0.95 \times (1 + 0.38) \times 2 \times 2.18 = 5.72(\text{V})$ 　　　　　　$m = 1.05$，$U_{\varphi} = 1.05 \times (1 + 0.38) \times 2 \times 2.18 = 6.32(\text{V})$		
注意事项	（1）状态 1 加正常电压量，电流为 0，待 TV 断线恢复及"充电完成"指示灯亮转入状态 2。 （2）状态 2 加故障量（单相故障），所加时间小于所模拟故障保护整定时间+50ms。 （3）状态 3 加距离Ⅲ段故障量（另一相故障），1500ms＜所加时间＜距离Ⅲ段定值时间。 （4）此实验为转换性故障，两次故障的相别应为不同相		
A 相先瞬时故障紧接着 B 相故障	单相区外故障 m=0.95		
	状态 1 参数（正常态）	状态 2 参数（故障态）	状态 3 参数（故障态）
	$\dot{U}_{\text{A}}$：57.74∠0.00°V $\dot{U}_{\text{B}}$：57.74∠−120°V $\dot{U}_{\text{C}}$：57.74∠120°V $\dot{I}_{\text{A}}$：0.00∠0.00°A $\dot{I}_{\text{B}}$：0.00∠0.00°A $\dot{I}_{\text{C}}$：0.00∠0.00°A	$\dot{U}_{\text{A}}$：1.00∠0.00°V $\dot{U}_{\text{B}}$：57.74∠−120°V $\dot{U}_{\text{C}}$：57.74∠120°V $\dot{I}_{\text{A}}$：5.00∠−85.00°A $\dot{I}_{\text{B}}$：0.00∠0.00°A $\dot{I}_{\text{C}}$：0.00∠0.00°A	$\dot{U}_{\text{A}}$：57.74∠0.00°V $\dot{U}_{\text{B}}$：5.72∠−120°V $\dot{U}_{\text{C}}$：57.74∠120°V $\dot{I}_{\text{A}}$：0.00∠0.00°A $\dot{I}_{\text{B}}$：2.000∠−205°A $\dot{I}_{\text{C}}$：0.00∠0.00°A
状态触发	时间控制：3s	时间控制：0.05s	时间控制：1.6s
装置报文	（1）19ms 接地距离Ⅰ段动作。 （2）19ms 保护 A 跳出口。 （3）772ms 重合闸动作。 （4）1569ms 接地距离Ⅲ段出口		
指示灯	保护跳闸、重合闸		
说明	当发生转换性故障时，距离Ⅲ段的动作时间将被缩短为 1.5s		
思考	（1）发生转换性故障时，保护装置重合闸能否动作？ （2）状态 3 发生 B 相反方向故障，接地距离Ⅲ段能否动作		

三、零序电流保护

1. 零序电流保护定值校验

零序电流保护定值校验见表 5-7。

表 5-7 零序电流保护定值校验

试验项目	零序电流保护定值校验			
相关定值	零序电流Ⅱ段保护定值 I_{0II}：4.00A；动作时间 t_{0II}：0.7s；线路零序灵敏角 φ_0：71.00°			
试验条件	（1）退出主保护压板 1KLP1、1KLP2，投入"零序电流保护"控制字、零序过电流保护软压板，投入零序过电流保护硬压板 1KLP5。 （2）TV 断线复归。 （3）合上开关，检查开入正常，无闭锁重合闸开入，面板"充电完成"指示灯亮			
计算方法	计算公式：$I_{\varphi} = m \times I_{0II}$ 计算数据：$m=1.05$，$I_{\varphi}=1.05 \times 4.0 = 4.2(A)$ $\quad\quad\quad\quad m=0.95$，$I_{\varphi}=0.95 \times 4.0 = 3.8(A)$			
注意事项	（1）状态 1 加正常电压量，电流为 0，待 TV 断线恢复及"充电完成"指示灯亮转入状态 2。 （2）状态 2 加故障量（电压降低，保证 $3U_0$ 大于 2.5V），故障电压若降太低，将造成距离保护抢动，所加故障时间小于保护整定时间+50ms。 （3）该实验包括正方向区内故障、正方向区外故障、反方向出口故障，测量动作时间应采用 $m=1.2$			
单相区内故障 A 相为例	区外故障 $m=1.05$		区内故障 $m=0.95$	
	状态 1 参数（正常态）	状态 2 参数（故障态）	状态 1 参数（正常态）	状态 2 参数（故障态）
	$\dot{U}_A$：57.74∠0.00°V $\dot{U}_B$：57.74∠-120°V $\dot{U}_C$：57.74∠120°V $\dot{I}_A$：0.00∠0.00°A $\dot{I}_B$：0.00∠0.00°A $\dot{I}_C$：0.00∠0.00°A	$\dot{U}_A$：50.00∠0.00°V $\dot{U}_B$：57.74∠-120°V $\dot{U}_C$：57.74∠120°V $\dot{I}_A$：4.2∠-71.0°A $\dot{I}_B$：0.00∠0.00°A $\dot{I}_C$：0.00∠0.00°A	$\dot{U}_A$：57.74∠0.00°V $\dot{U}_B$：57.74∠-120°V $\dot{U}_C$：57.74∠120°V $\dot{I}_A$：0.00∠0.00°A $\dot{I}_B$：0.00∠0.00°A $\dot{I}_C$：0.00∠0.00°A	$\dot{U}_A$：50.00∠0.00°V $\dot{U}_B$：57.74∠-120°V $\dot{U}_C$：57.74∠120°V $\dot{I}_A$：3.8∠-71.0°A $\dot{I}_B$：0.00∠0.00°A $\dot{I}_C$：0.00∠0.00°A
状态触发	时间控制：3s	时间控制：0.75s	时间控制：3s	时间控制：0.75s
装置报文	（1）731ms 零序过电流Ⅱ段动作。 （2）731ms 保护 A 跳出口。 （3）1474ms 重合闸动作		0000ms 保护启动	
指示灯	保护跳闸、重合闸		—	
说明	（1）零序电流定值校验中必须加零序电压，且是正方向。 （2）反方向故障时，故障态的故障相电流角度取反即可，即 I_A：4.2∠109°。 （3）当发生 TV 断线后，零序Ⅱ段保护自动退出，零序Ⅲ段在 TV 断线后自动不带方向			

2. 零序方向动作区、灵敏角校验

零序方向动作区、灵敏角校验见表 5-8。

表 5-8 零序方向动作区、灵敏角校验

试验项目	零序方向动作区、灵敏角检验
定值	零序电流Ⅱ段保护定值 I_{0II}=4.0A；动作时间 t_{0II}=0.70s；线路零序灵敏角 φ_0：71.00°
试验条件	（1）退出主保护压板 1KLP1、1KLP2，投入"零序电流保护"控制字、零序过电流保护软压板，投入零序过电流保护硬压板 1KLP5。 （2）TV 断线复归。 （3）合上开关

续表

动作区 试验方法	（1）进入手动试验界面。 （2）待 TV 断线恢复，按"菜单栏"——"输出保持"按钮锁定数据。 （3）改变电流量大于 $I_{0\mathrm{II}}$ 定值，角度设置为临近边界的角度（保护不动作）。 （4）在仪器界面右下角——变量及变化步长选择——选择好变量（角度）、变化步长。 （5）解除"菜单栏"——"输出保持"按钮，按"▲或▼"调节角度，直到保护动作			
注意事项	本实验利用手动试验测试动作区			
A 相故障 手动试验	边界一		边界二	
	状态 1 参数（正常态）	状态 2 参数（故障态）	状态 1 参数（正常态）	状态 2 参数（故障态）
	$\dot U_\mathrm{A}$: $57.74\angle0.00°\mathrm{V}$	$\dot U_\mathrm{A}$: $50.00\angle0.00°\mathrm{V}$	$\dot U_\mathrm{A}$: $57.74\angle0.00°\mathrm{V}$	$\dot U_\mathrm{A}$: $50.00\angle0.00°\mathrm{V}$
	$\dot U_\mathrm{B}$: $57.74\angle-120°\mathrm{V}$	$\dot U_\mathrm{B}$: $57.74\angle-120°\mathrm{V}$	$\dot U_\mathrm{B}$: $57.74\angle-120°\mathrm{V}$	$\dot U_\mathrm{B}$: $57.74\angle-120°\mathrm{V}$
	$\dot U_\mathrm{C}$: $57.74\angle120°\mathrm{V}$	$\dot U_\mathrm{C}$: $57.74\angle120°\mathrm{V}$	$\dot U_\mathrm{C}$: $57.74\angle120°\mathrm{V}$	$\dot U_\mathrm{C}$: $57.74\angle120°\mathrm{V}$
	$\dot I_\mathrm{A}$: $0.00\angle0.00°\mathrm{A}$	$\dot I_\mathrm{A}$: $4.2\angle4.00°\mathrm{A}$	$\dot I_\mathrm{A}$: $0.00\angle0.00°\mathrm{A}$	$\dot I_\mathrm{A}$: $4.2\angle-144.0°\mathrm{A}$
	$\dot I_\mathrm{B}$: $0.00\angle0.00°\mathrm{A}$	$\dot I_\mathrm{B}$: $0.00\angle0.00°\mathrm{A}$	$\dot I_\mathrm{B}$: $0.00\angle0.00°\mathrm{A}$	$\dot I_\mathrm{B}$: $0.00\angle0.00°\mathrm{A}$
	$\dot I_\mathrm{C}$: $0.00\angle0.00°\mathrm{A}$	$\dot I_\mathrm{C}$: $0.00\angle0.00°\mathrm{A}$	$\dot I_\mathrm{C}$: $0.00\angle0.00°\mathrm{A}$	$\dot I_\mathrm{C}$: $0.00\angle0.00°\mathrm{A}$
调试步骤	选 I_A 的相角为变量，步长设为 1°。按"输出保持"按钮至 TV 断线复归	松开"输出保持"按钮，慢按"▼"，直到保护动作	按"输出保持"按钮至 TV 断线复归	松开"输出保持"按钮，慢按"▲"，直到保护动作
灵敏角 的计算	零序灵敏角示意图如图 5-2 所示。 图 5-2 零序灵敏角示意图 测试的角度是以 $\dot U_\mathrm{A}$ 为基准，动作区： $\varphi_2<\varphi<\varphi_1$ ，本装置得到的角度 $\varphi_2=-144°$， $\varphi_1=4°$； 转换为以 $3\dot U_0$ 为基准，则零序动作区： $180°+\varphi_2<\varphi<180°+\varphi_1$ ，故本装置参考零序动作区： $36°<\varphi<184°$； φ_sen 为 $3\dot I_0$ 超前于 $3\dot U_0$ 的角度为灵敏角，则 $\varphi_\mathrm{sen}=\dfrac{\varphi_1+\varphi_2}{2}+180°$			
说明	（1）按下"▼"不能太快，间隔时间需大于零序动作时间。 （2）角度取值应尽量接近边界值，防止 TA 长期不平衡而导致运行异常告警。 （3）因消除 TV 断线时间较短，也可采用状态序列测试。 （4）检修规程规定：零序动作区以 $3\dot U_0$ 为基准，灵敏度为 $3\dot I_0$ 超前于 $3\dot U_0$ 的角度为正			

3. 零序最小动作电压校验

零序最小动作电压校验见表 5-9。

表 5-9　　　　　　　　　　　　　　零序最小动作电压校验

试验项目	零序最小动作电压检验		
试验方法	（1）手动试验界面。 （2）先加正常电压量，电流为 0（让 TV 断线恢复），按"菜单栏"——"输出保持"按钮。 （3）改变电流量大于 $I_{0\,II}$ 定值，角度设为实际测出的灵敏角。 （4）在仪器界面右下角——变量及变化步长选择——选择好变量（幅值）、变化步长。 （5）放开"菜单栏"——"输出保持"按钮，按"▼"调节电压幅值，直到保护动作		
A 相为例 手动试验	手动试验状态 1：正常态按"输出保持"锁定，直至 TV 断线复归后再进行电流的设置		
	手动试验状态 2：		
	$\dot{U}_A$：57.24∠0.00°V $\dot{U}_B$：57.74∠-120°V $\dot{U}_C$：57.74∠120°V	$\dot{I}_A$：5.000∠-70.00°A $\dot{I}_B$：0.00∠0.00°A $\dot{I}_C$：0.00∠0.00°A	选 U_A 的幅值为变量，步长设为 0.1V，松开"输出保持"按钮； 按"▼"调节电压幅值，直到保护动作
说明	（1）最小动作电压大致为 0.5V。 （2）测试最小动作电压时电流角度应以实际测出的灵敏角为准		

4. 非全相运行时零序Ⅲ段动作校验

非全相运行时零序Ⅲ段动作校验见表 5-10。

表 5-10　　　　　　　　　　　　　非全相运行时零序Ⅲ段动作校验

试验项目	模拟非全相运行时零序Ⅲ段动作行为，测动作时间（t_{0III} -500ms）		
相关定值	零序电流Ⅲ段保护定值 I_{0III}=0.50A；零序电流Ⅲ段时间 t_{0III}=4.0s		
试验条件	合上开关，检查开入正常，无闭锁重合闸开入，面板"充电完成"指示灯亮		
计算方法	计算公式：$I_\varphi = m \times I_{0III}$ 计算数据：$m=1.05$，$I_\varphi =1.05\times 0.5 = 0.525(A)$ 　　　　　　$m=0.95$，$I_\varphi =0.95\times 0.5 = 0.475(A)$		
注意事项	此实验为转换性故障，两次故障的相别应为不同相		
A 相先瞬 时故障，B 相再故障	状态序列		
	状态 1 参数（正常态）	状态 2 参数（故障态）	状态 3 参数（故障态）
	$\dot{U}_A$：57.74∠0.00°V $\dot{U}_B$：57.74∠-120°V $\dot{U}_C$：57.74∠120°V $\dot{I}_A$：0.00∠0.00°A $\dot{I}_B$：0.00∠0.00°A $\dot{I}_C$：0.00∠0.00°A	$\dot{U}_A$：50.00∠0.00°V $\dot{U}_B$：57.74∠-120°V $\dot{U}_C$：57.74∠120°V $\dot{I}_A$：5.00∠-71.00°A $\dot{I}_B$：0.00∠0.00°A $\dot{I}_C$：0.00∠0.00°A	$\dot{U}_A$：57.74∠0.00°V $\dot{U}_B$：50.00∠-120°V $\dot{U}_C$：57.74∠120°V $\dot{I}_A$：0.00∠0.00°A $\dot{I}_B$：0.525∠-191°A $\dot{I}_C$：0.00∠0.00°A

续表

状态触发	时间控制：3s	时间控制：0.75s	时间控制：3.6s
装置报文	（1）735ms 零序保护Ⅱ段出口。 （2）1472 重合闸出口。 （3）3775ms 零序保护Ⅲ段出口		
指示灯	保护动作、重合闸		
说明	（1）转换性故障，零序Ⅲ段缩短 500ms。 （2）若整定值小于 0.5s 时动作时间按整定值。 （3）非全相期间零序Ⅲ段自动不带方向、零序Ⅱ段退出		

四、重合闸功能测试

重合闸功能测试见表 5-11。

表 5-11　　　　　　　　　　　　重合闸功能测试

试验项目	重合闸时间及脉冲宽度测试			
相关定值	单相重合闸：0.7s			
试验条件	（1）合上开关，检查开入正常，无闭锁重合闸开入，面板"充电完成"指示灯亮。 （2）将保护装置"重合闸出口"触点接入试验仪器开入			
试验方法	（1）状态 1 加正常电压量，电流为 0，待 TV 断线恢复及"充电完成"灯亮转入状态 2。 （2）状态 2 加故障量（单相故障），所加时间小于所模拟故障保护整定时间＋60ms。 （3）状态 3 加正常电压量，电流为 0，开入量翻转触发。 （4）状态 4 加空态（不考虑电压情况），开入量翻转触发或时间触发大于 200ms。 （5）注意：在"状态参数"界面中将"开入量翻转判别条件"设置为"以上一个状态为参考"			
A 相瞬时性故障重合闸脉冲时间及宽度测试	状态 1 参数（正常态） $\dot{U}_A$：57.74∠0.00°V $\dot{U}_B$：57.74∠−120°V $\dot{U}_C$：57.74∠120°V $\dot{I}_A$：0.00∠0.00°A $\dot{I}_B$：0.00∠0.00°A $\dot{I}_C$：0.00∠0.00°A	状态 2 参数（故障态） $\dot{U}_A$：1.00∠0.00°V $\dot{U}_B$：57.74∠−120°V $\dot{U}_C$：57.74∠120°V $\dot{I}_A$：5.00∠0.00°A $\dot{I}_B$：0.00∠0.00°A $\dot{I}_C$：0.00∠0.00°A	状态 3 参数（重合态） $\dot{U}_A$：57.74∠0.00°V $\dot{U}_B$：57.74∠−120°V $\dot{U}_C$：57.74∠120°V $\dot{I}_A$：0.00∠0.00°A $\dot{I}_B$：0.00∠0.00°A $\dot{I}_C$：0.00∠0.00°A	状态 4 参数（重合脉冲态） $\dot{U}_A$：57.74∠0.00°V $\dot{U}_B$：57.74∠−120°V $\dot{U}_C$：57.74∠120°V $\dot{I}_A$：0.00∠0.00°A $\dot{I}_B$：0.00∠0.00°A $\dot{I}_C$：0.00∠0.00°A
状态触发	时间：3s	时间：0.05s	开入量：重合闭合	开入量：重合断开
装置报文	（1）16ms 接地距离Ⅰ段动作。 （2）19ms 保护 A 跳出口。 （3）772ms 重合闸出口			
指示灯	保护跳闸、重合闸			
说明	（1）状态 2 可设置为时间触发，但是设置为触点触发得到的重合闸时间更为准确。 （2）测试重合闸脉冲宽度时，状态序列应注意设置"以上一个状态为参考"			
试验项目	三相重合闸检同期、三相检无压定值检验			
项目一	三相检同期方式校验			

相关定值	三相重合闸时间：0.50s；同期合闸角：20.0°		
试验条件	（1）控制字设置："单相重合闸"置 0、"三相重合闸"置 1、"重合闸检同期方式"置 1、"重合闸检无压式"置 0。 （2）母线及线路电压均需要加量。 （3）合上开关，检查开入正常，无闭锁重合闸开入，面板"充电完成"指示灯亮		
注意事项	（1）状态 1 加正常电压量，电流为 0，待 TV 断线恢复及"充电完成"指示灯亮转入状态 2。 （2）状态 2 加故障量，所加时间小于所模拟故障保护整定时间+60ms。 （3）状态 3 加正常电压量，改变线路与母线电压相位角差，电流为 0，所加时间应大于放电时间		
	状态 1 参数（正常态）	状态 2 参数（故障态）	状态 3 参数（重合态）
三相检同期重合闸三跳三重	$\dot{U}_A$：$57.74\angle0.00°$V $\dot{U}_B$：$57.74\angle-120°$V $\dot{U}_C$：$57.74\angle120°$V $\dot{U}_Z$：$57.74\angle0.00°$V $\dot{I}_A$：$0.00\angle0.00°$A $\dot{I}_B$：$0.00\angle0.00°$A $\dot{I}_C$：$0.00\angle0.00°$A	$\dot{U}_A$：$1.00\angle0.00°$V $\dot{U}_B$：$57.74\angle-120°$V $\dot{U}_C$：$57.74\angle120°$V $\dot{U}_Z$：$1.00\angle0.00°$V $\dot{I}_A$：$5.00\angle-80°$A $\dot{I}_B$：$0.00\angle0.00°$A $\dot{I}_C$：$0.00\angle0.00°$A	$\dot{U}_A$：$57.74\angle0.00°$V $\dot{U}_B$：$57.74\angle-120°$V $\dot{U}_C$：$57.74\angle120°$V $\dot{U}_Z$：$>43\angle(<\pm20.00°)$V（动作） $\dot{U}_Z$：$>43\angle(>\pm20.00°)$V（不动） $\dot{U}_Z$：$<43\angle(<\pm20.00°)$V（不动） $\dot{I}_A=\dot{I}_B=\dot{I}_C=0.00\angle0.00°$A
状态触发	时间控制：18s	时间控制：0.05s	时间控制：0.6s
装置报文	（1）19ms 接地距离 Ⅰ 段动作。 （2）574ms 重合闸动作		
指示灯	保护跳闸、重合闸		
说明	（1）检同期三相重合的条件是母线电压或线路电压大于 75%额定电压（43V），且相角差小于角度定值（20°），即 U_Z：$>43\angle(<\pm20.0°)$V（动作）、U_Z：$>43\angle(>\pm20.0°)$V（不动）、U_Z：$<43\angle(<\pm20.0°)$V（不动）。 （2）注意单相重合闸与三相重合闸充电时间的区别，三相重合闸充电时间应大于 15s		
项目二	三相检无压方式校验		
相关定值	三相重合闸时间：0.5s；无压判断值：30.0V（装置固有）		
试验条件	（1）控制字设置："单相重合闸"置 0、"三相重合闸"置 1、"重合闸检同期方式"置 0、"重合闸检无压式"置 1。 （2）合上开关，检查开入正常，面板"充电完成"指示灯亮。 （3）母线及线路电压均需要加		
注意事项	（1）状态 1 加正常电压量，电流为 0，待 TV 断线恢复及"充电完成"指示灯亮转入状态 2。 （2）状态 2 加故障量，所加时间小于所模拟故障保护整定时间+60ms。 （3）状态 3 加正常电压量，改变线路电压，电流为 0，所加时间大于重合时间+60ms		
	状态 1 参数（正常态）	状态 2 参数（故障态）	状态 3 参数（重合态）
三相检无压重合闸三跳三重	$\dot{U}_A$：$57.74\angle0.00°$V $\dot{U}_B$：$57.74\angle-120°$V $\dot{U}_C$：$57.74\angle120°$V $\dot{U}_Z$：$57.74\angle0.00°$V $\dot{I}_A$：$0.00\angle0.00°$A $\dot{I}_B$：$0.00\angle0.00°$A $\dot{I}_C$：$0.00\angle0.00°$A	$\dot{U}_A$：$1.00\angle0.00°$V $\dot{U}_B$：$57.74\angle-120°$V $\dot{U}_C$：$57.74\angle120°$V $\dot{U}_Z$：$1.00\angle0.00°$V $\dot{I}_A$：$5.00\angle-80°$A $\dot{I}_B$：$0.00\angle0.00°$A $\dot{I}_C$：$0.00\angle0.00°$A	$\dot{U}_A$：$57.74\angle0.00°$V $\dot{U}_B$：$57.74\angle-120°$V $\dot{U}_C$：$57.74\angle120°$V $\dot{U}_Z$：$<30\angle0.00°$V（动作） $\dot{U}_Z$：$>30\angle0.00°$V（不动） $\dot{I}_A=\dot{I}_B=\dot{I}_C=0.00\angle0.00°$A

续表

状态触发	时间控制：18s	时间控制：0.05s	按键触发
装置报文	（1）19ms 接地距离Ⅰ段动作。 （2）574ms 重合闸动作		
指示灯	保护跳闸、重合闸		
说明	（1）检无压重合条件：电压幅值小于无压定值，即 U_z：<30∠0.0°V（动作）、U_z：>30∠0.0°V（不动）； （2）检无压功能校验时，注意状态 3（重合态）应改为按键控制，否则状态 3 电压切除后满足检无压条件，仍会继续重合，无法判断测试数据的准确性		

五、线路保护联调检验

1. 交流回路及开入回路检查

交流回路及开入回路检查见表 5-12。

表 5-12 　　　　　　　　　　　交流回路及开入回路检查

试验项目	交流回路及开入回路检查
定值检查	本侧 TA 变比 2500∶1，对侧 TA 变比 1200∶1
通道检查	（1）通道联调时，应核对两侧装置显示的通道延时是否一致。 （2）线路两侧保护装置和通道均投入正常工作，检查通道正常，无通道告警信号。 （3）将线路两侧的任一侧差动保护主保护压板退出，应同时闭锁两侧的差动保护，通信应正常。 （4）检查两侧识别码、版本号是否一致
电流采样	（1）检查电流回路完好性： 1）从本侧保护装置电流端子加入：$\dot{I}_A$：0.2∠0.00°A，$\dot{I}_B$：0.4∠−120°A，$\dot{I}_C$：0.6∠120°A 对侧保护装置通道对侧电流显示：$\dot{I}_A$：0.412∠0.00°A，$\dot{I}_B$：0.826∠−120°A，$\dot{I}_C$：1.242∠120°A 2）从对侧保护装置电流端子加入：$\dot{I}_A$：0.2∠0.00°A，$\dot{I}_B$：0.4∠−120°A，$\dot{I}_C$：0.6∠120°A 本侧保护装置通道对侧电流显示：$\dot{I}_A$：0.095∠0.00°A，$\dot{I}_B$：0.19∠−120°A，$\dot{I}_C$：0.286∠120°A （2）回路正常后，三相分别加入 0.2、1、2A 进行电流采样精度检查
开入检查	（1）进入装置菜单——保护状态——开入显示，检查开入开位变位情况。 （2）压板、开关跳闸位置、复归、打印、闭锁重合闸开入逐一检查

说明：若两侧 TA 变比不一致（TA 一次额定值、TA 二次额定值都有可能不同），需将对侧的三相电流需要进行相应折算。

假设 M 侧保护的 TA 变比为 M_{ct1}/M_{ct2}，N 侧保护的 TA 变比为 N_{ct1}/N_{ct2}，在 M 侧加电流 I_m，N 侧显示的对侧电流为 $I_m×(M_{ct1}×N_{ct2})/(M_{ct2}×N_{ct1})$，若在 N 侧加电流 I_n，则 M 侧显示的对侧电流为 $I_n×(N_{ct1}×M_{ct2})/(M_{ct1}×N_{ct2})$

2. 联调测试

空充及弱馈功能检验见表 5-13，远方跳闸保护检验见表 5-14。

表 5-13 　　　　　　　　　　　空充及弱馈功能检验

试验项目	空充检验——区内、区外检验
相关定值	差动动作电流定值 $\dot{I}_{cd}$：1.0A；单相 TWJ 启动重合：置"1"；单相重合时间：0.7s

试验条件	主保护功能，通道一和通道二应分别检验。 （1）硬压板设置： 1）通道一：投入主保护（通道一）压板 1KLP1、退出停用重合闸压板 1KLP3； 2）通道二：投入主保护（通道二）压板 1KLP2、退出停用重合闸压板 1KLP3。 （2）软压板设置： 1）通道一：投入"光纤通道一"软压板，退出停用重合闸软压板； 2）通道二：投入"光纤通道二"软压板，退出停用重合闸软压板。 （3）控制字设置：两侧保护装置"纵联差动保护"置"1""投三相跳闸方式"置"0""单相重合闸"置"1""三相重合闸"置"0""停用重合闸"置"0"。 （4）断路器状态：三相断路器均处于合位。 （5）开入量检查：A 相跳位 0、B 相跳位 0、C 相跳位 0、闭锁重合闸 0、低气压闭锁重合闸 0。 （6）"异常"灯灭（故障前状态大于 10s），"充电完成"指示灯亮（故障前状态大于 25s）
计算方法 （以稳态 I 段 A 相故障 为例）	计算公式：$I_d = m \times 1.5 \times I_{cd}$ 注：m 为系数。 计算数据：$m=1.05$，$I_d=1.05 \times 1.5 \times 1.0 = 1.575$（A） $m=0.95$，$I_d=0.95 \times 1.5 \times 1.0 = 1.425$（A）
试验方法	（1）待"充电完成"指示灯亮后加故障量，所加时间小于 0.03s（m=2 时测动作时间）。 （2）电压可不考虑。 （3）本侧开关置于合位，对侧开关置于分位。 （4）模拟线路空充时故障或空载时发生故障：对侧开关在分闸位置（注意保护开入量显示有跳闸位置开入，且将主保护压板投入），本侧开关在合闸位置，在本侧模拟各种故障，故障电流大于差动保护定值，本侧差动保护动作，对侧不动作

单相区内故障试验仪器设置（采用状态序列）	状态 1 参数设置（故障状态）		
	$\dot{U}_A$：$57.74 \angle 0.00°$ V	$\dot{I}_A$：$1.575 \angle 0.00°$ A	状态触发条件：时间控制为 0.03s
	$\dot{U}_B$：$57.74 \angle -120°$ V	$\dot{I}_B$：$0.00 \angle 0.00°$ A	
	$\dot{U}_C$：$57.74 \angle 120°$ V	$\dot{I}_C$：$0.00 \angle 0.00°$ A	
	本侧装置报文	（1）21ms 分相差动动作。 （2）保护 A 跳出口。 （3）769ms 重合闸动作。 （4）故障类型 AN	
	本侧装置指示灯	保护跳闸、重合闸	
	对侧装置报文	无	
	对侧装置指示灯	无	

区外故障	参数设置	将故障态的故障相电流改为区外计算值：$\dot{I}_A$：$1.425 \angle -0.00°$ A
	装置报文	保护启动
	装置指示灯	无

说明：（1）当线路充电时故障，开关断开侧电流启动元件不动作，开关合闸侧差动保护也就无法动作，因此就产生通过开关跳闸位置启动使差动保护动作的功能；

（2）本侧断路器在合闸位置，对侧断路器在断开位置，本侧模拟单相故障，本侧差动保护瞬时动作跳开断路器，然后单重；

（3）本侧断路器在合闸位置，对侧断路器在断开位置，本侧模拟相间故障，本侧差动保护瞬时动作跳开断路器

试验项目	弱馈功能检验——区内、区外检验	
相关定值 （举例）	差动动作电流定值 $\dot{I}_{cd}$：1.0A；单相 TWJ 启动重合：置"1"；单相重合时间：0.7s	
试验条件	（1）硬压板设置： 1）通道一：投入主保护（通道一）压板 1KLP1、退出停用重合闸压板 1KLP3； 2）通道二：投入主保护（通道二）压板 1KLP2、退出停用重合闸压板 1KLP3。 （2）软压板设置： 1）通道一：投入"光纤通道一"软压板，退出停用重合闸软压板； 2）通道二：投入"光纤通道二"软压板，退出停用重合闸软压板。 （3）控制字设置：两侧保护装置"纵联差动保护"置"1""投三相跳闸方式"置"0""单相重合闸"置"1""三相重合闸"置"0""停用重合闸"置"0"。 （4）断路器状态：三相断路器均处于合位。 （5）开入量检查：A 相跳位 0、B 相跳位 0、C 相跳位 0、闭锁重合闸 0、低气压闭锁重合闸 0。 （6）"异常"灯灭（故障前状态大于 10s），"充电完成"指示灯亮（故障前状态大于 25s）	
计算方法（以稳态 I 段 A 相故障为例）	计算公式： $I_d = m \times 1.5 \times I_{cd}$ 注：m 为系数。 计算数据：$m=1.05$，$I_d=1.05 \times 1.5 \times 1.0 = 1.575$（A） $\qquad\qquad m=0.95$，$I_d=0.95 \times 1.5 \times 1.0 = 1.425$（A）	
试验方法	（1）待"充电完成"指示灯亮后加故障量，所加时间小于 0.05s（$m=2$ 时测动作时间）。 （2）两侧开关均置于合位。 （3）模拟弱馈功能：纵联电流差动保护中，用于弱馈侧和高阻故障的辅助启动元件，同时满足以下两个条件时动作： 1）对侧保护装置启动； 2）以下条件满足任何一个： a）零序 II 段条件满足 100ms； b）本侧有零序电流； c）任一侧相电压或相间电压小于 65% 额定电压； d）任一侧零序电压或零序电压突变量大于 1V。 （4）M 侧开关在合闸位置，在 M 侧加正常的三相电压，无 TV 断线告警信号，N 侧满足上述条件，M 侧故障电流大于差动保护定值，M、N 侧差动保护均动作跳闸	

单相区内故障试验仪器设置（采用状态序列）	状态 1 参数设置（正常状态）		
	本侧故障	对侧故障量	
	$\dot{U}_A$：$57.74\angle 0.00°$ V	$\dot{U}_A$：$57.74\angle 0.00°$ V	
	$\dot{U}_B$：$57.74\angle -120°$ V	$\dot{U}_B$：$57.74\angle -120°$ V	
	$\dot{U}_C$：$57.74\angle 120°$ V	$\dot{U}_C$：$57.74\angle 120°$ V	状态触发条件：时间控制为 10s
	$\dot{I}_A$：$0.00\angle 0.00°$ A	$\dot{I}_A$：$0.00\angle 0.00°$ A	
	$\dot{I}_B$：$0.00\angle 0.00°$ A	$\dot{I}_B$：$0.00\angle 0.00°$ A	
	$\dot{I}_C$：$0.00\angle 0.00°$ A	$\dot{I}_C$：$0.00\angle 0.00°$ A	

单相区内故障试验仪器设置（采用状态序列）	状态 2 参数设置（故障状态）		
	本侧故障	对侧故障量	
	$\dot{U}_A$：57.74∠0.00°V $\dot{U}_B$：57.74∠-120°V $\dot{U}_C$：57.74∠120°V $\dot{I}_A$：1.575∠0.00°A $\dot{I}_B$：0.00∠0.00°A $\dot{I}_C$：0.00∠0.00°A	$\dot{U}_A$：35.00∠0.00°V（动作） $\dot{U}_B$：35.00∠-120°V（动作） $\dot{U}_B$：35.00∠120°V（动作） $\dot{U}_A$：39.00∠0.00°V（不动作） $\dot{U}_B$：39.00∠-120°V（不动作） $\dot{U}_B$：39.00∠120°V（不动作） $\dot{I}_A$：0.00∠0.00°A $\dot{I}_B$：0.00∠0.00°A $\dot{I}_C$：0.00∠0.00°A	状态触发条件：时间控制为 0.1s
	本侧装置报文	（1）24ms 分相差动作。 （2）保护 A 跳出口。 （3）772ms 重合闸动作。 （4）故障类型 AN	
	本侧装置指示灯	保护跳闸、重合闸	
	对侧装置报文	（1）22ms 分相差动作。 （2）保护 A 跳出口。 （3）769ms 重合闸动作。 （4）故障类型 AN	
	对侧装置指示灯	保护跳闸、重合闸	
区外故障	参数设置	将故障态的故障相电流改为区外计算值：$\dot{I}_A$：1.425∠0.00°A	
	装置报文	保护启动	
	装置指示灯	无	
说明：对侧 TV 断线会延时 30ms 发允许信号			

表 5-14 　　　　　　　　　　　　　　　**远方跳闸保护检验**

试验项目	远方跳闸保护检验
相关定值	变化量启动电流定值：0.20A、控制字"远跳受启动元件控制动"置"1"
试验条件	（1）硬压板设置： 1）通道一：投入主保护（通道一）压板 1KLP1、退出停用重合闸压板 1KLP3； 2）通道二：投入主保护（通道二）压板 1KLP2、退出停用重合闸压板 1KLP3。 （2）软压板设置： 1）通道一：投入"光纤通道一"软压板，退出停用重合闸软压板； 2）通道二：投入"光纤通道二"软压板，退出停用重合闸软压板。 （3）控制字设置：两侧保护装置"纵联差动保护"置"1""远跳受启动元件控制动"置"1""投三相跳闸方式"置"0""单相重合闸"置"1""三相重合闸"置"0""停用重合闸"置"0"。 （4）断路器状态：三相断路器均处于合位。 （5）开入量检查：A 相跳位 0、B 相跳位 0、C 相跳位 0、闭锁重合闸 0、低气压闭锁重合闸 0。 （6）"异常"灯灭（故障前状态大于 10s），"充电完成"指示灯亮（故障前状态大于 25s）

续表

计算方法	（1）装置其他保护动作开入，主要为其他保护装置提供通道，使其能切除线路对侧开关。如失灵保护动作，该动作触点接到 PSL-603U 的其他保护动作开入，通过通道一和通道二分别发送到对侧。 （2）接收侧收到"收其他保护动作"信号后，如本侧装置已经在启动状态，且开关在合位，则发"远方其他保护动作"信号，出口跳本开关，发闭锁重合闸信号。 （3）远跳受启动元件控制，启动后光纤收到"收其他保护动作"信号，三相跳闸并闭锁重合闸；远跳不受启动元件控制，光纤收到"收其他保护动作"信号后直接启动，三相跳闸并闭锁重合闸
试验方法	（1）所加时间 0.10s。 （2）电压可不考虑。 （3）测试仪器开出触点接本侧保护装置其他保护动作开入（1QD1～1QD14）

	参数设置（故障状态）		
区内故障	对侧故障量	本侧故障	
	$\dot{I}_\mathrm{A}$：$0.21\angle 0.00°$A $\dot{I}_\mathrm{B}$：$0.00\angle 0.00°$A $\dot{I}_\mathrm{C}$：$0.00\angle 0.00°$A	开出触点：闭合；保持时间为 0.1s	状态触发条件：时间控制为 0.1s
	本侧装置报文	保护启动	
	本侧装置指示灯	无	
	对侧装置报文	（1）39ms 远方其他保护动作。 （2）39ms 保护永跳出口。 （3）故障类型 A	
	对侧装置指示灯	保护跳闸	
区外故障	状态参数设置	将故障态的故障相电流改为区外计算值：$\dot{I}_\mathrm{A}$：$0.19\angle 0.00°$A	
	装置报文	无	
	装置指示灯	无	

第二节 保护常见故障及故障现象

PSL-603U 线路保护故障设置及故障现象如表 5-15 所示。

表 5-15 　　　　　　　PSL-603U 线路保护故障设置及故障现象

相别	难易	故障属性	故障现象	故障设置地点
通用	中	定值	保护单相跳闸，不重合	禁止重合闸控制字置"1"
通用	易	定值	差动保护无法动作	纵联差动保护控制字置"0"
通用	易	定值	任何故障均三跳	三相跳闸方式控制字置"0"
通用	易	定值	距离保护Ⅱ段三跳，无法重合	Ⅱ段保护闭锁重合闸控制字置"1"
通用	易	定值	重合闸时间不准确	单相重合闸时间误整为 0.8s
通用	易	定值	三相电流均放大 5 倍	TA 二次额定值误整为 5A
通用	易	定值	定值区不准确	定值区号由 00 区改为 01 区

续表

相别	难易	故障属性	故障现象	故障设置地点
通用	易	定值	定值检验不准确	改动定值中参数的数值
通用	易	定值	故障测距不准确	线路总长度增大或减小
通用	易	软压板	保护装置无法充电	停用重合闸软压板置"1"
通用	易	软压板	差动保护无法动作	纵联差动保护软压板置"0"
通用	易	软压板	通道一无法动作	光纤通道一软压板置"0"
通用	易	软压板	通道二无法动作	光纤通道二软压板置"0"
通用	易	软压板	距离保护无法动作	距离保护软压板置"0"
通用	易	软压板	零序保护无法动作	零序过电流保护软压板置"0"
通用	易	定值	测试零序动作区时零序Ⅲ段区外抢动	零序过电流Ⅲ段经方向控制字置"0"
通用	易	开入	所有功能硬压板投入时均无变位	1QD1（1KLP1:1）内部线虚接或短接片中间螺丝虚接
通用	中	开入	所有开入时均无变位	1QD26（1n6x28）内部线虚接或短接片中间螺丝虚接
通用	易	开入	跳闸位置、闭锁重合闸等开入均无变位	1QD5（4P1D3）内部线虚接或短接片中间螺丝虚接
C	难	开入	C 相整组传动时放电、无法重合	1QD12（1n6x19）与 1QD16（1n6x20）内部线对调或短接
C	难	开入	C 相整组传动时放电、无法重合	4P1D8（4n13x5）与 4P1D8（4n1x17）内部线对调或短接
通用	易	开入	闭锁重合闸开入一直置"1"	1QD6（1ZJ:5）与 1QD16（1n6x20）短接
通用	易	开入	停用重合闸开入一直置"1"	1KLP3 压板上、下端短接
通用	难	开入	投入距离保护压板时停用重合闸开入置"1"	1KLP3：2 与 1KLP5：2 压板下端短接
通用	难	开入	投入距离保护压板时光纤通道二开入量置"1"	1KLP2：2 与 1KLP5：2 压板下端短接
AB	难	开入	AB 相跳位同时开入，跳 A 相出口时三跳	1QD8（1n6x17）与 1QD10（1n6x18）短接
AB	中	开入	A 相与 B 相跳位反接	1QD8（4P1D6）与 1QD10（4P1D8）反接
A	易	开入	A 相跳位一直置"1"	4P1D4、4P1D6 端子排短接
通用	易	通道	"纵联保护闭锁"指示灯亮	通道光纤收或发接口未插紧
				通道收或发的光纤纤芯断
				纵联码整定错误，与定值不一致
				通道一和通道二的光纤交叉
通用	难	闭重回路	4YJJ 闭锁重合闸	背板 4n1x16 与 4n1x17 下移两个
A	易	跳合位	A 相跳位灯不亮	操作箱背板 4n11x24 虚接
A	中	三跳回路	整组传动跳 A 相，开关三跳（手跳）	端子 4Q1D19 与 4Q1D36（4n6x3）手跳短接

相别	难易	故障属性	故障现象	故障设置地点
AB	中	跳合位	B 相开关分位时 A、B 相跳位灯都会亮	端子 4C1D8（4n11x-24）短接 4C1D12
A	中	跳合位	A 相相合位灯不亮	操作箱背板 4n8x17 虚接
				4C1D1、4C1D2 短接片取掉
AB	难	跳合位	A 相开关在分位时 A、B 相跳位灯亮	端子排 4C1D8 短接 4C1D12
AB	难	跳合位	A 相开关在分位时 A 相合位灯亮、B 相跳位灯亮	4C1D8（4n11x-24）、4C1D12（4n12x-24）反接
ABC	易	电流回路	三相电流开路	1ID4（1n1x8）或 1ID8（1n1x7）虚接
ABC	易	电流回路	三相电流采样异常	1ID1（1n1x1）、1ID2（1n1x3）、1ID3（1n1x5）短接
A	易	电流回路	A 相电流显示为 0	保护背板 1n1x1 虚接或 1ID1（1n1x1）虚接
N	中	电流回路	$3I_0$ 电流回路采样为 0	1ID5、1ID6、1ID7、1ID8 短接片上移一格
A	易	电流回路	$3I_0$ 电流及 A 相电流采样均不准确	端子 1ID1 与 1ID4 短接
AB	易	电流回路	A、B 相电流采样均不准确	保护背板 1n1x1 与 1n1x3 短接
N	易	电流回路	$3I_0$ 电流不准确	端子 1ID4 与 1ID5 短接
AB	难	电流回路	A、B 相电流开路	端子 1ID6 与 1ID7 短接片断开
AB	难	电流回路	A、B 相电流不正确	背板 1n1x2 短接 1n1x3，端子 1ID5 虚
通用	难	电流回路	电流 A、B、C 相不正确	1ID1 短接 1ID2，背板 1n1x3 短接 1n1x5
AB	易	电压回路	A 相电压与 B 相电压对调	背板上 4n14x10（7UD11）与 4n14x11（7UD12）线对调
通用	易	电压回路	三相电压不正确	背板 4n14x（10.11.12）均下移一格
通用	易	电压回路	三相电压采样漂移	1UD4（1n1x12）虚接
AC	难	电压回路	AC 相短路	7UD9（4n15x6）与 7UD11（4n14x10）反接
ABC	复合	电压回路	N600 虚，而 A 相、B 相电压分别是 AC 和 BC 的相间电压	7UD13（4n14x12）短接 7UD15（1UD5）且 1UD5 在 7UD15 处端子排绝缘
ABC	复合	电压回路	N600 虚，而 C 相、A 相电压分别是 CB 和 AB 的相间电压	7UD12（4n14x11）短接 7UD15（1UD5）且 1UD5 在 7UD15 处端子排绝缘
B	中	电压回路	B 相电压和 N600 反接	保护背板 1n1x10 调换 1n1x12
AC	中	电压回路	A 相电压和 C 相电压采样不正确	保护背板 1n1x9 调换 1n1x11
AB	难	电压回路	A 相电压与 B 相电压短路	端子 7UD11 短接 7UD2
AB	易	电压回路	AB 相电压短路	操作箱 4n14x10、4n14x11 短接或 7UD11、7UD12 短接
C	中	电压回路	电压以 C 相为基准	端子 7UD13 与 7UD14 内部线对调
通用	易	切换回路	切换回路负电源消失	端子 7QD9 与 7QD10 内部线上移一格
A	中	合闸回路	A 相开关一合闸就跳闸	操作箱背板 4n3x1 短至 4n3x5
A	易	合闸回路	A 相开关无法合闸	端子排 4C1D9（4n3x3）虚接
A	易	跳合位	A 相合位灯灭	操作箱背板 4n8x1 虚接

续表

相别	难易	故障属性	故障现象	故障设置地点
A	易	跳合位	A 相跳位灯灭	端子排 4C1D12（4n11x24）虚接
AB	难	跳闸回路	A 相、B 相开关同时跳闸	端子 4C1D2（4n3x5）短 4C1D4（4n4x5）
AB	难	跳闸回路	A 相、B 相开关同时跳闸	端子 4C1D3 与 4C1D7 短接
通用	易	切换回路	操作箱切换指示灯不亮	端子排 7QD10（4n14x24）处虚接
通用	难	闭重回路	带开关整组时，开关非全相时闭重	4XD1 短接 4P1D1 且 4xD15 短接 4P1D11
通用	难	电源回路	闭重开入合，操作箱电源灯不亮	4Q1D47（4n1x22）虚接
通用	中	压力闭重	压力低闭重开入合	4Q1D4（4n1x3）虚接
A	中	跳闸回路	A 相开关跳不了	A 相跳闸回路 4C1D2（4n3x5）处虚接
A	中	跳闸回路	保护无法跳 A 相	端子排 4C1D20（1KD1）处虚接
A	难	跳闸回路	保护跳 A 相时开关三跳	4C1D21（4n3x5）与 4C1D17（4n6x6）反接
通用	中	跳闸回路	保护分相跳闸跳不了	1CD1（1n8x1）虚接
A	难	跳闸回路	A 相开关跳但操作箱无信号	保护背板 4n3x4 与 4n3x5 短接
通用	中	重合闸	开关重合不了	4Q1D30（4n2x2）虚接或 4Q1D30（4n2x2）、4Q1D29（4n2x1）短接片取掉
通用	中	三跳回路	操作箱复归按钮一按就三跳	端子 4Q1D38 与 4Q1D35 短接
A	难	闭重回路	跳 A 就闭重（瞬动）	屏后 1CLP1-2（跳 A）与 1LP3-2 短接
通用	难	闭重回路	闭重开入，操作箱电源指示灯不亮	端子排上 4Q1D46（4DK1:4）虚接
通用	难	闭重回路	闭重开入，操作箱电源指示灯不亮	4Q1D5（4DK1:2）、4Q1D1（4n1x1）虚接
通用	易	切换回路	操作箱电压切换指示灯不正确	端子排 7QD4 与 7QD6 对调
AB	难	跳闸回路	跳 A 相同时跳 B 相	背板 1n8x10 短 1n8x11，且 1CLP2 被短接
通用	易	开入回路	闭重一直在	端子 1QD1 短接 1QD16
通用	难	开入回路	其他保护动开入一直在	1ZJ6（1n6x9）调至 1ZJ5
通用	中	重合闸	信号复归，无法复归重合闸灯	背板 4n2x6 与 4n2x7 对调
AB	难	跳合位	A 相合位灯与 B 相跳位灯都同时亮	端子 4C1D1 短接 4C1D12
A	中	跳合位	A 相跳位不正确	背板 4n11x1 虚接
A	中	三跳回路	跳 A 相后开关三跳，且三相跳闸信号灯亮	端子 4Q1D16 短接 4Q1D19
A	中	开入回路	A 相跳位与其他保护动作同时开入	端子 1QD8 短接 1QD14
通用	中	闭重回路	始终有闭锁重合闸开入	操作箱背板 4n6x37 短接 4n6x38
通用	易	电源回路	电压切换无负电，母线指示灯不亮	取下 7QD9 与 7QD10 连片
通用	易	电源回路	操作箱 I、II 母指示灯不亮	1QD3（7QD1）虚接
通用	易	电源回路	闭重，第一组控制电源灯不亮	4Q1D1（4n1x1）虚接
通用	易	电源回路	压力闭重开入	4Q1D3（4n1x3）虚接

续表

相别	难易	故障属性	故障现象	故障设置地点
通用	易	电源回路	压力闭重开入	4Q1D48（4n1x24）虚接
通用	中	开入回路	投差动保护压板时无开入	保护背板 1n5x1 虚接
通用	难	压力闭重	低气压闭锁重合闸开入	端子排 4Q1D43 短接至 4Q1D47
通用	易	复归回路	操作箱重合闸动作红灯无法复归	操作箱背板 4n2x7 虚
A	易	复归回路	操作箱 A 相跳闸信号灯无法复归	操作箱背板 4n3x8 虚
通用	中	开入回路	单相故障保护三跳	背板 1n6x1 与 1n6x2 与 1n6x3 短接
A	中	跳闸回路	A 相开关跳不开	操作箱背板 4n3x4 虚
ABC	难	跳闸回路	出口短接，保护分相三跳	背板 1n8x10、1n8x11、1n8x12 短接
通用	难	重合闸	开关无法重合闸	4Q1D8（4n6x1）虚接、4Q1D8（4n1x4）与 4Q1D47 短接
A	中	闭重回路	跳 A 后闭锁重合闸	端子 4P1D11 与 4P1D6 短接
通用	中	闭重回路	正电闭锁重合闸	端子 4P1D11 与 4P1D1 短接
A	难	三跳回路	保护 A 跳，开关三跳	端子 4Q1D19 上的 1KD1 与 4Q1D15 短接
ABC	难	开入回路	单相跳闸时，保护不重合	端子 1QD8、1QD9、1QD10 短接
A	中	跳闸回路	A 相跳闸回路断线	端子 4C1D2 外部线虚接
AB	复合	跳闸回路	跳 A 开关跳到 B 开关	4C1D-2（4n3x-5）在端子排与 4C1D-4（4n4x-5）短接，且 4n3x-5 虚接
BC	复合	跳闸回路	跳 B 开关跳到 C 开关	4C1D-4（4n4x-5）在端子排与 4C1D-6（4n5x-5）短接，且 4n4x-5 虚接
CA	复合	跳闸回路	跳 C 开关跳到 A 开关	4C1D-6（4n5x-5）在端子排与 4C1D-2（4n3x-5）短接，且 4n5x-5 虚接
AB	复合	电压回路	A 相电压与 B 相电压对调	背板上 4n14x-10 与 4n14x-11 对调，且号头对调
BC	复合	电压回路	B 相电压与 C 相电压对调	背板上 4n14x-11 与 4n14x-12 对调，且号头对调
AC	复合	电压回路	A 相电压与 C 相电压对调	背板上 4n14x-10 与 4n14x-12 对调，且号头对调
AB	复合	电压回路	切换后的 A 相电压与空开后的 B 相电压短路	在 7UD11（1ZKK：1）和 1UD2（1n1x10）将两根内部线藏起来，制作假线短接，并套上原号头
BC	复合	电压回路	切换后的 B 相电压与空开后的 C 相电压短路	在 7UD12（1ZKK:3）和 1UD3（1n1x11）将两根内部线藏起来，制作假线短接，并套上原号头
CA	复合	电压回路	切换后的 C 相电压与空开后的 A 相电压短路	在 7UD13（1ZKK:5）和 1UD1（1n1x9）将两根内部线藏起来，制作假线短接，并套上原号头
A	复合	防跳回路	A 相无法合闸，分合控制电源空开后才能手合	4C1D11（4n3x1）与 4P1D1 短接
B	复合	防跳回路	B 相无法合闸，分合控制电源空开后才能手合	4C1D15（4n4x1）与 4P1D1 短接

续表

相别	难易	故障属性	故障现象	故障设置地点
C	复合	防跳回路	C 相无法合闸，分合控制电源空开后才能手合	4C1D19（4n5x1）与 4P1D1 短接
A	复合	跳闸回路	A 相跳闸出口压板未投入时跳 A 相	1CD1 短接 1CD7，1CLP9 压板上下短接，1KD11 短接 1KD1
B	复合	跳闸回路	B 相跳闸出口压板未投入时跳 B 相	1CD1 短接 1CD7,1CLP9 压板上下短接，1KD12 短接 1KD2
C	复合	跳闸回路	C 相跳闸出口压板未投入时跳 C 相	1CD1 短接 1CD7,1CLP9 压板上下短接，1KD13 短接 1KD3
A	复合	三跳回路	跳 A 相时开关三跳，跳闸信号灯不亮	4Q1D19（4n3x4）短接 4Q1D36（4n6x3）
B	复合	三跳回路	跳 B 相时开关三跳，跳闸信号灯不亮	4Q1D22（4n4x4）短接 4Q1D36（4n6x3）
C	复合	三跳回路	跳 C 相时开关三跳，跳闸信号灯不亮	4Q1D25（4n5x4）短接 4Q1D36（4n6x3）
A	复合	三跳回路	整组传动跳 A 相，开关三跳（三跳），且 4Q1D11 上无电位	4Q1D19（4n3x4）短接 4Q1D11 的内部线 4n6x3 后，且 4n6x3 与端子排虚接
B	复合	三跳回路	整组传动跳 B 相，开关三跳（三跳），且 4Q1D11 上无电位	4Q1D22（4n4x4）短接 4Q1D11 的内部线 4n6x3 后，且 4n6x3 与端子排虚接
C	复合	三跳回路	整组传动跳 C 相，开关三跳（三跳），且 4Q1D11 上无电位	4Q1D25（4n5x4）短接 4Q1D11 的内部线 4n6x3 后，且 4n6x3 与端子排虚接
A	复合	三跳回路	整组传动跳 A 相，开关三跳（永跳），且 4Q1D14 无电位	4Q1D19（4n3x4）短接 4Q1D14 的内部线 4n6x4 后，4n6x4 与端子排虚接
B	复合	三跳回路	整组传动跳 B 相，开关三跳（永跳），且 4Q1D14 无电位	4Q1D22（4n4x4）短接 4Q1D14 的内部线 4n6x4 后，4n6x4 与端子排虚接
C	复合	三跳回路	整组传动跳 C 相，开关三跳（永跳），且 4Q1D14 无电位	4Q1D25（4n5x4）短接 4Q1D14 的内部线 4n6x4 后，4n6x4 与端子排虚接
通用	复合	三跳回路	开关重合闸时开关三跳（手跳）	4Q1D29 短接 4Q1D36（4n6x3）
通用	复合	三跳回路	开关重合闸时开关三跳（永跳）	4Q1D29 短接 4Q1D11（4n6x4）
通用	复合	三跳回路	开关重合闸时开关三跳（永跳）	4Q1D29 短接 4Q1D14（4n6x5）
通用	复合	三跳回路	开关重合闸时开关三跳	4Q1D29 短接 4Q1D16（4n6x6）
通用	复合	复归回路	无法复归重合闸动作红灯	背板 4n2x7 与 4n2x8 接线对调
通用	复合	压力闭重	重合压力低闭锁触点 2YJJ 开入到"闭锁重合闸"	4Q1D44 与 4Q1D47 短接，且内部线 4n1x5 与 4n1x6 互换
通用	复合	电流回路	电流采样不正确	背板上 1n1x4 短接 1n1x5；1ID6 与 1ID7 的短接片打开；且 1ID4 短接 1ID5

第六章 PCS-921A 断路器保护装置调试

PCS-921A 是由微机实现的数字式断路器保护与自动重合闸装置，适用于 220kV 及以上各种电压等级的 3/2 接线与三角形接线的断路器。装置功能包括断路器失灵保护、三相不一致保护、死区保护、充电保护和自动重合闸功能。

第一节 试 验 调 试 方 法

一、瞬时跟跳逻辑检验

瞬时跟跳逻辑检验见表 6-1。

表 6-1 瞬时跟跳逻辑检验

试验项目	单相跟跳		
相关定值 （举例）	相过流元件定值：$0.06I_n$；单相重合闸时间：0.7s		
试验条件	（1）控制字设置：投"跟跳本断路器"置 1。 （2）断路器状态：三相断路器均处于合位。 （3）开入量检查：A 相跳位为 0、B 相跳位为 0、C 相跳位为 0、闭锁重合闸为 0、低气压闭锁重合闸为 0。 （4）重合闸方式为"单重"方式。 （5）"充电"指示灯亮（故障前状态大于 15s）		
注意事项	待"充电"指示灯亮后加故障量，所加时间应较小，如 0.05s		
$m = 1.05$ 试验仪器设置（采用状态序列）	状态 1 参数设置（故障前状态）		
	$\dot{U}_A$：$57.74\angle 0.00°$ V	$\dot{I}_A$：$0.00\angle 0.00°$ A	状态触发条件：时间控制为 16.00s
	$\dot{U}_B$：$57.74\angle -120°$ V	$\dot{I}_B$：$0.00\angle 0.00°$ A	
	$\dot{U}_C$：$57.74\angle 120°$ V	$\dot{I}_C$：$0.00\angle 0.00°$ A	
	说明：三相电压正常，电流为零，装置"充电"时间默认为 15s，输入 16s 确保"充电"灯亮		

$m =1.05$ 试验仪器设置（采用状态序列）	状态 2 参数设置（故障状态）		
	$\dot{U}_A$：57.74∠0.00°V $\dot{U}_B$：57.74∠−120°V $\dot{U}_C$：57.74∠120°V	$\dot{I}_A$：0.063∠0.00°A $\dot{I}_B$：0.00∠0.00°A $\dot{I}_C$：0.00∠0.00°A	状态触发条件：时间控制为 0.05s
	说明：仪器同时开出一个开量量 A 给装置 A 相跳闸开入（TA=1），且此时所加电流满足电流量启动条件		
	装置报文	（1）15ms A 相跟跳动作。 （2）757ms 重合闸动作	
	装置指示灯	A 相跳闸、重合闸	

备注：（1）同理校验 0.95 倍过电流定值，保护不出口跳闸，只显示重合闸动作。

（2）故障试验仪器设置以 A 相故障为例，B、C 相类同。

（3）验证"两相跳闸联跳三相"（"跟跳本断路器"可不投入），如 BC 相，两相电流满足相过电流元件定值，同时仪器输出相应两相的跳闸开入触点[B 相跳闸开入 1（TB=1）、C 相跳闸开入 1（TC=1）]，动作时间比单相跟跳长 15ms，故障量时间仍可设置为 50ms，装置指示灯：A 相跳闸、B 相跳闸、C 相跳闸；报文：15ms B 相跟跳动作；15ms C 相跟跳动作；18ms 沟通三相跳闸动作；29ms ABC 两相联跳三相动作。

（4）验证"三相跟跳"，任一相电流满足相过电流元件定值，同时开入"三相的跳闸开入（TA=1，TB=1，TC=1 或者 TABC=1）"触点，故障量时间可设置为 50ms，装置指示灯：A 相跳闸、B 相跳闸、C 相跳闸；报文：15ms ABC 三相跟跳动作；17ms 沟通三相跳闸动作

二、失灵保护检验

失灵保护检验见表 6-2。

表 6-2　　　　　　　　　　　　失灵保护检验

试验项目	失灵相电流定值校验		
相关定值（举例）	失灵相电流定值：0.2A，失灵跳本断路器时间：0.15s，失灵跳相邻断路器时间时 0.25s		
试验条件	（1）控制字设置："投失灵保护"置"1"、其他保护控制字置"0"；为防止跟跳保护抢动，将"投跟跳本断路器"置"0"。 （2）断路器状态：三相断路器均处于合位。 （3）开入量检查：A 相跳位为 0、B 相跳位为 0、C 相跳位为 0、闭锁重合闸为 0、低气压闭锁重合闸为 0。 （4）"充电"指示灯亮（故障前状态大于 15s）		
计算方法	计算公式：$I = mI_{set}$ 注：m 为系数。 计算数据：$m = 1.05$，$I = 1.05 \times 0.2 = 0.21$（A） 　　　　　$m = 0.95$，$I = 0.95 \times 0.2 = 0.19$（A）		
注意事项	（1）待"TV 断线"灯灭、"充电"指示灯亮后加故障量，所加时间大于 0.15s 小于 0.25s 时再跳本断路器，大于 0.25s 时跳相邻断路器、远跳线路对侧断路器、主变压器其他电源侧断路器和启动母差保护跳闸。 （2）失灵相电流定值用于三跳启动失灵。分相启动失灵用有流元件，未用该定值		
$m = 1.05$ 试验仪器设置（采用状态序列）	状态 1 参数设置（故障前状态）		
	$\dot{U}_A$：57.74∠0.00°V $\dot{U}_B$：57.74∠−120°V $\dot{U}_C$：57.74∠120°V	$\dot{I}_A$：0.00∠0.00°A $\dot{I}_B$：0.00∠0.00°A $\dot{I}_C$：0.00∠0.00°A	状态触发条件：时间控制为 16.00s

	说明：三相电压正常，电流为零，装置"充电"时间默认为15s，输入16s确保"充电"灯亮

m =1.05 试验仪器设置（采用状态序列）	状态2参数设置（故障状态）		
	$\dot{U}_{\mathrm{A}}$：57.74∠0.00°V	$\dot{I}_{\mathrm{A}}$：0.21∠0.00°A	状态触发条件：时间控制为0.3s
	$\dot{U}_{\mathrm{B}}$：57.74∠-120°V	$\dot{I}_{\mathrm{B}}$：0.21∠-120°A	
	$\dot{U}_{\mathrm{C}}$：57.74∠120°V	$\dot{I}_{\mathrm{C}}$：0.21∠120°A	
	说明：仪器同时开出线路三跳给装置三相跳闸开入（TABC=1），闭合保持时间0.3s；此处加入三相电流是为避免零序电流定值和负序电流定值抢动		
	装置报文	（1）9ms ABC 沟通三相跳闸动作。 （2）172ms ABC 失灵跳本开关动作。 （3）272ms ABC 失灵保护动作	
	装置指示灯	A 相跳闸、B 相跳闸、C 相跳闸、失灵动作	

说明：同理校验0.95倍失灵电流定值，失灵保护不动作

试验项目	零序电流定值校验		
相关定值（举例）	失灵零序电流定值：0.1A，失灵跳本断路器时间：0.15s，失灵跳相邻断路器时间：0.25s		
试验条件	（1）控制字设置："投失灵保护"置"1"、其他保护控制字置"0"。 （2）断路器状态：三相断路器均处于合位。 （3）开入量检查：A 相跳位为 0、B 相跳位为 0、C 相跳位为 0、闭锁重合闸为 0、低气压闭锁重合闸为 0。 （4）"充电"指示灯亮（故障前状态大于15s）		
计算方法	计算公式：$I = mI_{\mathrm{set}}$ 注：*m* 为系数。 计算数据：*m* =1.05，$I = 1.05×0.1 = 0.105$（A） 　　　　　*m* =0.95，$I = 0.95×0.1 = 0.095$（A）		
注意事项	待"充电"指示灯亮后加故障量，所加时间大于 0.15s 小于 0.25s 时跳本断路器，大于 0.25s 时跳本断路器及相邻断路器，主变压器其他电源侧断路器和启动母差保护跳闸		
m =1.05 试验仪器设置（采用状态序列）	状态1参数设置（故障前状态）		
	$\dot{U}_{\mathrm{A}}$：57.74∠0.00°V	$\dot{I}_{\mathrm{A}}$：0.00∠0.00°A	状态触发条件：时间控制为16.00s
	$\dot{U}_{\mathrm{B}}$：57.74∠-120°V	$\dot{I}_{\mathrm{B}}$：0.00∠0.00°A	
	$\dot{U}_{\mathrm{C}}$：57.74∠120°V	$\dot{I}_{\mathrm{C}}$：0.00∠0.00°A	
	说明：三相电压正常，电流为零，装置"充电"时间默认为15s，输入16s确保"充电"亮		
	状态2参数设置（故障状态）		
	$\dot{U}_{\mathrm{A}}$：57.74∠0.00°V	$\dot{I}_{\mathrm{A}}$：0.105∠0.00°A	状态触发条件：时间控制为0.3s
	$\dot{U}_{\mathrm{B}}$：57.74∠-120°V	$\dot{I}_{\mathrm{B}}$：0.00∠0.00°A	
	$\dot{U}_{\mathrm{C}}$：57.74∠120°V	$\dot{I}_{\mathrm{C}}$：0.00∠0.00°A	
	说明：在断路器量设置中，仪器同时开出一个开出量 TA 给装置开入，闭合保持时间 0.3s		

续表

| $m=1.05$ 试验仪器设置（采用状态序列） | 装置报文 | （1）164ms ABC 失灵跳本开关动作。
（2）170ms ABC 沟通三相跳闸动作。
（3）264ms ABC 失灵保护动作 |
| | 装置指示灯 | A 相跳闸、B 相跳闸、C 相跳闸、失灵动作 |

说明：（1）同理校验 0.95 倍失灵电流定值，失灵保护不动作。

（2）故障试验仪器设置以 A 相故障为例，B、C 相类同

试验项目	负序电流定值校验
相关定值（举例）	负序过电流定值：0.1A，失灵跳本断路器时间：0.15s，失灵跳相邻断路器时间：0.25s
试验条件	（1）控制字设置："投失灵保护"置"1"、其他保护控制字置"0"。 （2）断路器状态：三相断路器均处于合位。 （3）开入量检查：A 相跳位为 0、B 相跳位为 0、C 相跳位为 0、闭锁重合闸为 0、低气压闭锁重合闸为 0。 （4）"充电"指示灯亮（故障前状态大于 15s）
计算方法	计算公式：$I = mI_{\text{set}}$ 注：m 为系数。 计算数据：$m=1.05$，$I = 1.05 \times 0.1 = 0.105$（A） $\quad\quad\quad\quad m=0.95$，$I = 0.95 \times 0.1 = 0.095$（A）
注意事项	待"充电"指示灯亮后加故障量，所加时间大于 0.15s 小于 0.25s 时跳本断路器，大于 0.25s 时跳本断路器及相邻断路器

$m=1.05$ 试验仪器设置（采用状态序列）	状态 1 参数设置（故障前状态）		
	$\dot{U}_{\text{A}}$：57.74∠0.00°V	$\dot{I}_{\text{A}}$：0.00∠0.00°A	状态触发条件：时间控制为 16.00s
	$\dot{U}_{\text{B}}$：57.74∠-120°V	$\dot{I}_{\text{B}}$：0.00∠0.00°A	
	$\dot{U}_{\text{C}}$：57.74∠120°V	$\dot{I}_{\text{C}}$：0.00∠0.00°A	
	说明：三相电压正常，电流为零，装置"充电"时间默认为 15s，输入 16s 确保"充电"亮		
	状态 2 参数设置（故障状态）		
	$\dot{U}_{\text{A}}$：57.74∠0.00°V	$\dot{I}_{\text{A}}$：0.105∠0.00°A	状态触发条件：时间控制为 0.3s
	$\dot{U}_{\text{B}}$：57.74∠-120°V	$\dot{I}_{\text{B}}$：0.105∠120°A	
	$\dot{U}_{\text{C}}$：57.74∠120°V	$\dot{I}_{\text{C}}$：0.105∠-120°A	
	说明：在断路器量设置中，仪器同时开出一个开出量给装置开入，闭合保持时间 0.3s		
	装置报文	（1）164ms ABC 失灵跳本开关动作。 （2）170ms ABC 沟通三相跳闸动作。 （2）264ms ABC 失灵保护动作	
	装置指示灯	A 相跳闸、B 相跳闸、C 相跳闸、失灵动作	

说明：（1）同理校验 0.95 倍失灵电流定值，失灵保护不动作。

（2）故障试验仪器设置以 A 相故障为例，B、C 相类同

续表

试验项目	低功率因素定值校验
相关定值 （举例）	低功率因素角定值：45°，失灵跳本断路器时间：0.15s，失灵跳相邻断路器时间：0.25s
试验条件	（1）控制字设置："投失灵保护"置 1、"三跳经低功率因数"置 1、其他保护控制字置 0。 （2）定值设置：抬高失灵保护零序电流、负序电流、相电流定值，防止抢动。 （3）断路器状态：三相断路器均处于合位。 （4）开入量检查：A 相跳位为 0、B 相跳位为 0、C 相跳位为 0、闭锁重合闸为 0、低气压闭锁重合闸为 0。 （5）"充电"指示灯亮（故障前状态大于 15s）
计算方法	计算公式：$\varphi = \varphi_{set} \pm 2°$（$\varphi$ 为电压超前电流的角度）
注意事项	待"充电"指示灯亮后加故障量，所加时间大于 0.15s 小于 0.25s 时跳本断路器，大于 0.25s 时跳本断路器及相邻断路器

试验仪器设置（采用状态序列）	状态 1 参数设置（故障前状态）		
	$\dot{U}_A$: 57.74∠0.00°V $\dot{U}_B$: 57.74∠−120°V $\dot{U}_C$: 57.74∠120°V	$\dot{I}_A$: 0.00∠0.00°A $\dot{I}_B$: 0.00∠0.00°A $\dot{I}_C$: 0.00∠0.00°A	状态触发条件：时间控制为 16s
	说明：三相电压正常，电流为零，装置"充电"时间默认为 15s，输入 16s 确保"充电"亮		
	状态 2 参数设置（故障状态）		
	$\dot{U}_A$: 57.74∠0.00°V $\dot{U}_B$: 57.74∠−120°V $\dot{U}_C$: 57.74∠120°V	$\dot{I}_A$: 0.10∠−47°A $\dot{I}_B$: 0.10∠−167°A $\dot{I}_C$: 0.10∠73°A	状态触发条件：时间控制为 0.3s
	说明：在断路器量设置中，仪器同时开出三个开出量 TA=TB=TC=1，给装置开入，闭合保持时间 0.3s。加入电流 0.1A 是为大于低功率因素过电流值 $0.06I_n$。相电压应大于 $0.3U_n$。		
	装置报文	（1）12ms ABC 沟通三相跳闸动作。 （2）158ms ABC 失灵跳本开关动作。 （3）257ms ABC 失灵保护动作	
	装置指示灯	A 相跳闸、B 相跳闸、C 相跳闸、失灵动作	

说明：（1）当电压超前电流的角度=低功率因素角定值−2°，即 43°时，失灵保护不应动作。

（2）低功率因素过电流定值为 $0.06I_n$，同理校验 1.05 倍及 0.95 倍下低功率因素过电流定值

三、死区保护检验

死区保护检验见表 6-3。

表 6-3 死区保护检验

试验项目	死区保护过电流定值校验
相关定值 （举例）	死区保护过电流定值采用失灵保护相电流定值：0.2A，死区保护时间整定值：0.2s

试验条件	（1）控制字设置："投死区保护"置"1"、其他保护控制字置"0"。 （2）断路器状态：三相断路器均处于分位。 （3）开入量检查：A 相跳位 1、B 相跳位 1、C 相跳位 1		
计算方法	计算公式：$I = mI_{set}$ 注：m 为系数。 计算数据：$m = 1.05$，$I = 1.05 \times 0.2 = 0.21$（A） 　　　　　　$m = 0.95$，$I = 0.95 \times 0.2 = 0.19$（A）		
$m = 1.05$ 试验仪器设置（采用状态序列）	状态 1 参数设置（故障状态）		
	$\dot{U}_A$：57.74∠0.00°V $\dot{U}_B$：57.74∠−120°V $\dot{U}_C$：57.74∠120°V	$\dot{I}_A$：0.21∠0.00°A $\dot{I}_B$：0.21∠−120°A $\dot{I}_C$：0.21∠120°A	状态触发条件：时间控制为 0.25s
	备注：在断路器量设置中，仪器同时开出给装置三相跳闸触点（TA=TB=TC=1，或 TABC=1）与三相跳闸位置（TWJA=TWJB=TWJC=1）		
	装置报文	（1）10ms ABC 沟通三相跳闸动作。 （2）219ms ABC 死区保护动作	
	装置指示灯	A 相跳闸、B 相跳闸、C 相跳闸	
说明：同理校验 0.95 倍死区保护过电流定值，保护无死区保护动作报文			

四、充电过电流保护定值校验

充电过电流保护定值校验见表 6-4。

表 6-4　　　　　　　　　　　充电过电流保护定值校验

试验项目	充电保护过电流定值校验（正方向区内、区外故障）		
相关定值（举例）	充电保护过电流Ⅰ段定值：0.2A，充电Ⅰ段时间定值：0.01s		
试验条件	（1）压板设置：投入"充电过电流保护"软压板和硬压板。 （2）控制字设置："投充电保护Ⅰ段"置"1"、其他保护控制字置"0"。 （3）断路器状态：三相断路器均处于合位。 （4）开入量检查：A 相跳位为 0、B 相跳位为 0、C 相跳位为 0、闭锁重合闸为 0、低气压闭锁重合闸为 0		
计算方法	计算公式：$I = mI_{set}$ 注：m 为系数。 计算数据：$m = 1.05$，$I = 1.05 \times 0.2 = 0.21$（A） 　　　　　　$m = 0.95$，$I = 0.95 \times 0.2 = 0.19$（A）		
$m = 1.05$ 试验仪器设置（采用状态序列）	状态 1 参数设置（故障状态）		
	$\dot{U}_A$：57.74∠0.00°V $\dot{U}_B$：57.74∠−120°V $\dot{U}_C$：57.74∠120°V	$\dot{I}_A$：0.21∠0.00°A $\dot{I}_B$：0.00∠−120°A $\dot{I}_C$：0.00∠120°A	状态触发条件：时间控制为 0.1s
	装置报文	29ms ABC 充电过电流Ⅰ段动作	
	装置指示灯	A 相跳闸、B 相跳闸、C 相跳闸	

续表

说明：（1）同理校验 0.95 倍充电保护过电流Ⅰ段定值，充电保护不动作，只显示保护启动；

（2）故障试验仪器设置以 A 相故障为例，B、C 相类同；

（3）同理校验充电保护过电流Ⅱ段定值及零序充电定值

五、沟通三跳功能校验

沟通三跳功能校验见表 6-5。

表 6-5　　　　　　　　　　　　　沟通三跳功能校验

试验项目	沟通三跳功能校验		
相关定值（举例）	电流变化量启动值：0.05A。零序启动电流：0.05A		
试验条件	投入重合闸为"三相重合闸"或"停用重合闸"方式，退出其他保护		
仪器设置（采用状态序列）	状态 1 参数设置		
	$\dot{U}_A$：57.74∠0.00°V	$\dot{I}_A$：0.10∠0.00°A	状态触发条件：时间控制为 0.1s
	$\dot{U}_B$：57.74∠−120°V	$\dot{I}_B$：0.00∠−120°A	
	$\dot{U}_C$：57.74∠120°V	$\dot{I}_C$：0.00∠120°A	
	说明：加入的故障电流应保证零序或突变量启动元件动作且大于有流定值。在断路器量设置中，仪器同时开出给装置任一跳闸开入触点，闭合保持时间 0.1s		
	装置报文	8ms ABC 沟通三相跳闸动作	
	装置指示灯	A 相跳闸、B 相跳闸、C 相跳闸	

备注：故障试验仪器设置以 A 相故障为例，B、C 相类同

六、重合闸定值校验

重合闸定值校验见表 6-6。

表 6-6　　　　　　　　　　　　　重合闸定值校验

试验项目	单相重合闸动作时间测试
相关定值（举例）	单相重合闸时间：0.7s，单相重合闸控制字：1
试验条件	（1）断路器状态：三相断路器均处于合位。 （2）控制字设置："单相重合闸"置 1、"三相重合闸"置 0、"禁止重合闸"置 0，"停用重合闸"置 0、"投跟跳本断路器"置 1。 （3）开入量检查：A 相跳位为 0、B 相跳位为 0、C 相跳位为 0、闭锁重合闸为 0、低气压闭锁重合闸为 0。 （4）"充电"指示灯亮（故障前状态大于 15s）

	状态 1 参数设置（正常状态）		
	$\dot{U}_A$：57.74∠0.00°V $\dot{U}_B$：57.74∠-120°V $\dot{U}_C$：57.74∠120°V	$\dot{I}_A$：0.00∠0.00°A $\dot{I}_B$：0.00∠0.00°A $\dot{I}_C$：0.00∠0.00°A	状态触发条件：时间控制为 16s
	说明：三相电压正常，电流为零，装置"充电"时间默认为15s，输入16s确保"充电"亮		
	状态 2 参数设置（故障状态）		
	$\dot{U}_A$：57.74∠0.00°V $\dot{U}_B$：57.74∠-120°V $\dot{U}_C$：57.74∠120°V	$\dot{I}_A$：0.10∠0.00°A $\dot{I}_B$：0.00∠0.00°A $\dot{I}_C$：0.00∠0.00°A	状态触发条件：时间控制为 0.1s
仪器设置（采用状态序列）	说明：仪器同时开出给装置某相跳闸开入触点，如将开出量A接至A相跳闸开入，闭合保持时间0.1s		
	状态 3 参数设置（重合状态）		
	$\dot{U}_A$：57.74∠0.00°V $\dot{U}_B$：57.74∠-120°V $\dot{U}_C$：57.74∠120°V	$\dot{I}_A$：0.00∠0.00°A $\dot{I}_B$：0.00∠0.00°A $\dot{I}_C$：0.00∠0.00°A	状态触发条件：时间控制为 0.8s
	备注：断开开出量A，断开保持时间0.8s，同时将装置重合闸输出触点接至测试仪的开入量A，测量重合闸的时间，状态3的时间控制应大于重合闸时间定值0.7s，取0.8s		
装置报文	（1）6msA相跟跳动作。 （2）802ms重合闸动作		
装置指示灯	A相跳闸、重合闸		

说明：故障试验仪器设置以A相故障为例，B、C相类同

试验项目	重合闸脉冲宽度测试
相关定值（举例）	单相重合闸时间：0.7s，重合闸出口保持时间：80ms，单相重合闸控制字：1
试验条件	（1）断路器状态：三相断路器均处于合位。 （2）控制字设置："单相重合闸"置1、"三相重合闸"置0、"禁止重合闸"置0，"停用重合闸"置0，"投跟跳本断路器"置1。 （3）开入量检查：A相跳位为0、B相跳位为0、C相跳位为0、闭锁重合闸为0、低气压闭锁重合闸为0。 （4）"充电"指示灯亮（故障前状态大于15s）

仪器设置（采用状态序列）	状态 1 参数设置（正常状态）		
	$\dot{U}_A$：57.74∠0.00°V $\dot{U}_B$：57.74∠-120°V $\dot{U}_C$：57.74∠120°V	$\dot{I}_A$：0.00∠0.00°A $\dot{I}_B$：0.00∠0.00°A $\dot{I}_C$：0.00∠0.00°A	状态触发条件：时间控制为 16s
	说明：三相电压正常，电流为零，装置"充电"时间默认为15s，输入16s确保"充电"亮		

仪器设置（采用状态序列）	状态 2 参数设置（故障状态）		
	$\dot{U}_A$：57.74∠0.00°V $\dot{U}_B$：57.74∠-120°V $\dot{U}_C$：57.74∠120°V	$\dot{I}_A$：0.10∠0.00°A $\dot{I}_B$：0.00∠0.00°A $\dot{I}_C$：0.00∠0.00°A	状态触发条件：时间控制为 0.1s
	说明：仪器同时开出给装置某相跳闸开入触点，如将开出量 A 接至 A 相跳闸开入，闭合保持时间 0.1s		
	状态 3 参数设置（重合状态）		
	$\dot{U}_A$：57.74∠0.00°V $\dot{U}_B$：57.74∠-120°V $\dot{U}_C$：57.74∠120°V	$\dot{I}_A$：0.00∠0.00°A $\dot{I}_B$：0.00∠0.00°A $\dot{I}_C$：0.00∠0.00°A	状态触发条件：开入量翻转触发
	说明：装置重合闸输出触点接至测试仪的开入量 A，同时触发条件改为开入量翻转触发		
	状态 4 参数设置（正常状态）		
	$\dot{U}_A$：57.74∠0.00°V $\dot{U}_B$：57.74∠-120°V $\dot{U}_C$：57.74∠120°V	$\dot{I}_A$：0.00∠0.00°A $\dot{I}_B$：0.00∠0.00°A $\dot{I}_C$：0.00∠0.00°A	状态触发条件：开入量翻转触发
	备注：测试仪设置开入量以上一状态为参考		
装置报文	（1）6msA 相跟跳动作。 （2）802ms 重合闸动作		
装置指示灯	A 相跳闸、重合闸		

说明：故障试验仪器设置以 A 相故障为例，B、C 相类同

试验项目	三相重合闸检同期校验
相关定值（举例）	三相重合闸时间：0.5s；三相重合闸控制字：1；同期合闸角：20°；检同期方式：1；线路电压及母线电压大于 40V（装置固定）
试验条件	（1）断路器状态：三相断路器均处于合位。 （2）控制字设置："单相重合闸"置 0、"三相重合闸"置 1、"禁止重合闸"置 0，"停用重合闸"置 0、"检同期方式"置 1、"检无压方式"置 0、"投跟跳本断路器"置 1。 （3）开入量检查：A 相跳位为 0、B 相跳位为 0、C 相跳位为 0、闭锁重合闸为 0、低气压闭锁重合闸为 0。 （4）"充电"指示灯亮（故障前状态大于 15s）。 （5）"TV 断线"复归

仪器设置（采用状态序列）	状态 1 参数设置（正常状态）		
	$\dot{U}_A$：57.74∠0.00°V $\dot{U}_B$：57.74∠-120°V $\dot{U}_C$：57.74∠120°V	$\dot{I}_A$：0.00∠0.00°A $\dot{I}_B$：0.00∠0.00°A $\dot{I}_C$：0.00∠0.00°A	状态触发条件：时间控制为 28s
	说明：三相电压正常，电流为零，确保"充电"亮且"TV 断线"复归		

仪器设置（采用状态序列）	状态 2 参数设置（故障状态）		
	$\dot{U}_A$：57.74∠0.00°V $\dot{U}_B$：57.74∠-120°V $\dot{U}_C$：57.74∠120°V	$\dot{I}_A$：0.10∠0.00°A $\dot{I}_B$：0.00∠0.00°A $\dot{I}_C$：0.00∠0.00°A	状态触发条件：时间控制为 0.1s
	说明：仪器同时开出给装置某相跳闸开入触点，如将开出量 A 接至 A 相跳闸开入，闭合保持时间 0.1s		
	状态 3 参数设置（重合状态）		
	$\dot{U}_A$：57.74∠0.00°V $\dot{U}_B$：57.74∠-120°V $\dot{U}_C$：57.74∠120°V $\dot{U}_Z$：>40∠18°V	$\dot{I}_A$：0.00∠0.00°A $\dot{I}_B$：0.00∠0.00°A $\dot{I}_C$：0.00∠0.00°A	状态触发条件：时间控制为 0.6s
	备注：断开开出量 A，同时将装置重合闸输出触点接至测试仪的开入量 A，测量重合闸的时间，状态 3 的时间控制应大于重合闸时间定值 0.5s，取 0.6s		
	装置报文	（1）6msA 相跟跳动作。 （2）8ms ABC 沟通三相跳闸动作。 （3）602ms 重合闸动作	
	装置指示灯	A 相跳闸、B 相跳闸、C 相跳闸、重合闸	
	说明：（1）重复状态 1、2、3，把状态 3 中的 $\dot{U}_Z$ 改为：>40∠22°V，装置不重合。 （2）重复状态 1、2、3，把状态 3 中的 $\dot{U}_Z$ 改为：<40∠18°V，装置不重合		
试验项目	三相重合闸检无压校验		
相关定值（举例）	三相重合闸时间：0.5s；三相重合闸控制字：1；检无压方式：1；线路电压或母线电压小于 30V（装置固定）		
试验条件	（1）断路器状态：三相断路器均处于合位。 （2）控制字设置："单相重合闸"置 0、"三相重合闸"置 1、"禁止重合闸"置 0，"停用重合闸"置 0、"检同期方式"置 0、"检无压方式"置 1、"投跟跳本断路器"置 1。 （3）开入量检查：A 相跳位为 0、B 相跳位为 0、C 相跳位为 0、闭锁重合闸为 0、低气压闭锁重合闸为 0。 （4）"充电"指示灯亮（故障前状态大于 15s）。 （5）"TV 断线"复归		
仪器设置（采用状态序列）	状态 1 参数设置（正常状态）		
	$\dot{U}_A$：57.74∠0.00°V $\dot{U}_B$：57.74∠-120°V $\dot{U}_C$：57.74∠120°V	$\dot{I}_A$：0.00∠0.00°A $\dot{I}_B$：0.00∠0.00°A $\dot{I}_C$：0.00∠0.00°A	状态触发条件：时间控制为 28s
	说明：三相电压正常，电流为零，确保"充电"亮且"TV 断线"复归		
	状态 2 参数设置（故障状态）		
	$\dot{U}_A$：57.74∠0.00°V $\dot{U}_B$：57.74∠-120°V $\dot{U}_C$：57.74∠120°V	$\dot{I}_A$：0.10∠0.00°A $\dot{I}_B$：0.00∠0.00°A $\dot{I}_C$：0.00∠0.00°A	状态触发条件：时间控制为 0.1s
	说明：仪器同时开出给装置某相跳闸开入触点，如将开出量 A 接至 A 相跳闸开入，闭合保持时间 0.1s		

仪器设置（采用状态序列）	状态 3 参数设置（重合状态）		
	$\dot{U}_A$：57.74∠0.00°V $\dot{U}_B$：57.74∠-120°V $\dot{U}_C$：57.74∠120°V $\dot{U}_Z$：<30∠0.00°V	$\dot{I}_A$：0.00∠0.00°A $\dot{I}_B$：0.00∠0.00°A $\dot{I}_C$：0.00∠0.00°A	状态触发条件：时间控制为 0.6s
	备注：断开开出量 A，同时将装置重合闸输出触点接至测试仪的开入量 A，测量重合闸的时间，状态 3 的时间控制应大于重合闸时间定值 0.5s，取 0.6s		
装置报文	（1）6msA 相跟跳动作。 （2）8ms ABC 沟通三相跳闸动作。 （3）602ms 重合闸动作		
装置指示灯	A 相跳闸、B 相跳闸、C 相跳闸、重合闸		
说明：重复状态 1、2、3，把状态 3 中的 $\dot{U}_Z$ 改为：>30∠0.00°V，装置不重合			

第二节　保护常见故障及故障现象

PCS-921A 开关保护故障设置及故障现象见表 6-7 所示。

表 6-7　　　　　　　　PCS-921A 开关保护故障设置及故障现象

相别	难易度	故障属性	故障现象	故障设置地点
通用	易	保护定值	单重时间很长	保护定值"单相重合闸时间"改成 7s
通用	易	保护定值	闭锁重合闸开入虽为 0，但是仍不能充电，不重合	压板定值中，"停用重合闸软压板"由 0 改为 1
通用	中	保护定值	"投充电保护"压板投入，但充电保护功能无法实现	压板定值中，"充电过电流保护软压板"为 0
A	易	采样回路	A 相电流采样采不到，报电流开路	3ID1 端子 3n0201 或 3ID5 端子 3n0202 虚接
B	易	采样回路	B 相电流采样采不到，报电流开路	3ID2 端子 3n0203 或 3ID6 端子 3n0204 虚接
C	易	采样回路	C 相电流采样采不到，报电流开路	3ID3 端子 3n0205 或 3ID7 端子 3n0206 虚接
A	易	采样回路	A 相电流采样角度不正确	3ID1 端子 3n0201 和 3ID5 端子 3n0202 调换
B	易	采样回路	B 相电流采样角度不正确	3ID2 端子 3n0203 和 3ID6 端子 3n0204 调换
C	易	采样回路	C 相电流采样角度不正确	3ID3 端子 3n0205 和 3ID7 端子 3n0206 调换
A	中	采样回路	A 相电流采样采不到	用细线短接 3ID1（3n0201）和 3ID5（3n0202）
B	中	采样回路	B 相电流采样采不到	用细线短接 3ID2（3n0203）和 3ID6（3n0204）
C	中	采样回路	C 相电流采样采不到	用细线短接 3ID3（3n0205）和 3ID7（3n0206）

续表

相别	难易度	故障属性	故障现象	故障设置地点
AB	中	采样回路	AB 采样值调换	3ID1（3n0201）和 3ID2（3n0203）调换
AC	中	采样回路	AC 采样值调换	3ID1（3n0201）和 3ID3（3n0205）调换
BC	中	采样回路	BC 采样值调换	3ID2（3n0203）和 3ID3（3n0205）调换
AB	中	采样回路	AB 两相的电流采样不正确	3ID1（3n0201）和 3ID2（3n0203）短接
AC	中	采样回路	AC 两相的电流采样不正确	3ID1（3n0201）和 3ID3（3n0205）短接
BC	中	采样回路	BC 两相的电流采样不正确	3ID2（3n0203）和 3ID3（3n0205）短接
通用	中	采样回路	试验加三相不相等电压时，角度和幅值漂移	电压 N 虚接：3UD4（3n0212）虚接
A	难	采样回路	A 相电压采不到	UD1（3ZKK1:1）或 3UD1（3ZKK1:2 或 3n0209）虚接
B	难	采样回路	B 相电压采不到	UD3（3ZKK1:3）或 3UD2（3ZKK1:4 或 3n0210）虚接
C	难	采样回路	C 相电压采不到	UD5（3ZKK1:5）或 3UD3（3ZKK1:6 或 3n0211）虚接
AB	中	采样回路	采样时，AB 相的采样值对调	3UD1（3n0209）和 3UD2（3n0210）调换 3UD1（3ZKK1:2）和 3UD2（3ZKK1:4）调换 UD1（3ZKK1:1）和 UD3（3ZKK1:3）调换
BC	中	采样回路	采样时，BC 相的采样值对调	3UD3（3ZKK1:6）和 3UD2（3ZKK1:4）调换 3UD3（3n0211）和 3UD2（3n0210）调换 UD5（3ZKK1:5）和 UD3（3ZKK1:3）调换
AC	中	采样回路	采样时，AC 相的采样值对调	3UD1（3ZKK1:2）和 3UD3（3ZKK1:6）调换 3UD1（3n0209）和 3UD3（3n0211）调换 UD1（3ZKK1:1）和 UD5（3ZKK1:5）调换
通用	中	采样回路	装置采样：一相电压正常，另两相电压不对	正常相与 N 相电压接线对调
通用	中	开入回路	投保护压板无开入	3QD3 上内部线（3QLP1:1）虚接
通用	中	开入回路	任何开入均无效，报光耦电源异常	3QD36 端子上的 3n0815 内部线虚接
通用	难	开入回路	投压板 3QLP1 开入无效，投压板 3QLP2 及压板 3QLP3 开入都有效	压板 3QLP1-2 端与压板接线柱虚接，或与背板接线虚接
通用	难	开入回路	投压板 3QLP2 开入无效，投压板 3QLP1 及压板 3QLP3 开入都有效	压板 3QLP2-2 端与压板接线柱虚接，或与背板接线虚接
通用	难	开入回路	投压板 3QLP3 开入无效，投压板 3QLP1 及压板 3QLP2 开入都有效	压板 3QLP3-2 端与压板接线柱虚接，或与背板接线虚接
通用	难	开入回路	闭锁重合闸压板开入一直为 1，不能充电	用细线短接闭锁重合闸压板上下脚

相别	难易度	故障属性	故障现象	故障设置地点
通用	难	开入回路	重合压力闭锁为 1，不能充电	3QD19 短接 3QD36
通用	中	开入回路	TWJ 异常，不能充电	短接 3QD2、3QD12（TWJA=1）
通用	难	开入回路	保护装置复归按钮不能复归	3QD9 上的 3FA-14 或 3QD9（3n0804） 虚接
通用	中	开入回路	投入检修压板时闭锁重合闸压板同时投入	将 3QLP3-2 与 3QLP4-2 短接
A	中	开入回路	断路器 A 相单跳不重合且开入有闭锁重合闸，断路器一合上，闭锁重合闸开入消失	A 相跳位 TWJA 与闭锁重合闸短接：3QD12 短接 3QD16（或 3QD17 和 3QD18）
B	中	开入回路	断路器 B 相单跳不重合且开入有闭锁重合闸，断路器一合上，闭锁重合闸开入消失	B 相跳位 TWJB 与闭锁重合闸短接：3QD13 短接 3QD16（或 3QD17 和 3QD18）
C	中	开入回路	断路器 C 相单跳不重合且开入有闭锁重合闸，断路器一合上，闭锁重合闸开入消失	C 相跳位 TWJC 与闭锁重合闸短接：3QD13 短接 3QD16（或 3QD17 和 3QD18）
通用	中	操作回路	操作箱复归按钮不能复归	4Q1D2 上的 4FA:13 内部线虚接
AB	中	操作回路	屏内试验正常，整组试验跳单跳 A、B 相时三跳	3KD1、3KD2（A、B 相出口）上端两相短接 A、B 相出口压板上端两相短接
BC	中	操作回路	屏内试验正常，整组试验跳单跳 B、C 相时三跳	3KD2、3KD3（B、C 相出口）上端两相短接 B、C 相出口压板上端两相短接
AC	中	操作回路	屏内试验正常，整组试验跳单跳 A、C 相时三跳	3KD1、3KD3（A、C 相出口）上端两相短接 A、C 相出口压板上端两相短接
通用	中	操作回路	单相跟跳时报两相跳闸	跳闸开入触点短接：3QD20 短接 3QD24（或 3QD20 短接 3QD28，3QD24 短接 3QD28）
A	中	操作回路	单跳时先发重合令操作箱重合闸灯先亮，断路器跳不掉，重合时断路器跳掉故障相，仅故障相断路器在跳位	3KD1（A 相出口）和重合闸出口 3KD5 内或外部线对调
B	中	操作回路	单跳时先发重合令操作箱重合闸灯先亮，断路器跳不掉，重合时断路器跳掉故障相，仅故障相断路器在跳位	3KD2（B 相出口）和重合闸出口 3KD5 内或外部线对调
C	中	操作回路	单跳时先发重合令操作箱重合闸灯先亮，断路器跳不掉，重合时断路器跳掉故障相，仅故障相断路器在跳位	3KD3（C 相出口）和重合闸出口 3KD5 内或外部线对调
A	难	操作回路	断路器 A 相单跳引起三相跳闸	3KD1、3KD2、3KD3 短接在一起或 4C1D1、4C1D3、4C1D5 短接在一起
B	难	操作回路	断路器 B 相单跳引起三相跳闸	3KD1、3KD2、3KD3 短接在一起或 4C1D1、4C1D3、4C1D5 短接在一起
C	难	操作回路	断路器 C 相单跳引起三相跳闸	3KD1、3KD2、3KD3 短接在一起或 4C1D1、4C1D3、4C1D5 短接在一起

第七章 CSC-121 断路器保护装置调试

CSC-121A 是由微机实现的数字式断路器保护与自动重合闸装置，适用于 220kV 及以上各种电压等级的 3/2 接线与三角形接线的断路器。包括失灵保护、死区保护、充电过电流保护、三相不一致保护、自动重合闸等功能元件，可以满足 3/2 接线中重合闸和断路器辅助保护按断路器装设的要求。

第一节 试验调试方法

一、失灵保护瞬时跟跳逻辑检验

失灵保护瞬时跟跳逻辑检验见表 7-1。

表 7-1 瞬时跟跳逻辑检验

试验项目	失灵保护单相瞬时跟跳		
相关定值（举例）	失灵保护零序电流定值：0.1A，失灵保护负序电流定值：0.1A，单相重合闸时间：0.7s		
试验条件	（1）控制字设置："断路器失灵保护"置 1、"投跟跳本断路器"置 1、"单相重合闸"置 1、其他保护控制字置 0。 （2）断路器状态：三相断路器均处于合位。 （3）开入量检查：A 相跳位为 0、B 相跳位为 0、C 相跳位为 0、闭锁重合闸为 0、低气压闭锁重合闸为 0。 （4）重合闸方式为"单重"方式。 （5）"充电"指示灯亮（故障前状态大于 15s）		
注意事项	待"充电"指示灯亮后加故障量，所加时间应较小，如 0.05s		
m =1.05 试验仪器设置（采用状态序列）	状态 1 参数设置（故障前状态）		
	$\dot{U}_\mathrm{A}$：57.74∠0.00°V	$\dot{I}_\mathrm{A}$：0.00∠0.00°A	状态触发条件：时间控制为 16.00s
	$\dot{U}_\mathrm{B}$：57.74∠−120°V	$\dot{I}_\mathrm{B}$：0.00∠0.00°A	
	$\dot{U}_\mathrm{C}$：57.74∠120°V	$\dot{I}_\mathrm{C}$：0.00∠0.00°A	
	说明：三相电压正常，电流为零，装置"充电"时间默认为 15s，输入 16s 确保"充电"灯亮		

续表

m =1.05 试验仪器设置（采用状态序列）	状态 2 参数设置（故障状态）		
	$\dot{U}_{\mathrm{A}}$：57.74∠0.00°V	$\dot{I}_{\mathrm{A}}$：0.105∠0.00°A	
	$\dot{U}_{\mathrm{B}}$：57.74∠−120°V	$\dot{I}_{\mathrm{B}}$：0.00∠0.00°A	状态触发条件:时间控制为 0.05s
	$\dot{U}_{\mathrm{C}}$：57.74∠120°V	$\dot{I}_{\mathrm{C}}$：0.00∠0.00°A	
	说明：（1）仪器同时开出一个开出量 A 给装置给 A 相跳闸开入（TA=1），对应相电流超过 0.06 I_{n}，且满足失灵零序电流定值或失灵负序电流定值，跟跳动作。 （2）此状态加量为验证失灵零序电流定值。 （3）如验证失灵负序电流定值时，在状态 2 中电流加量改为 $\dot{I}_{\mathrm{A}}$：0.105∠0.00°A、$\dot{I}_{\mathrm{B}}$：0.105∠120.00°A、$\dot{I}_{\mathrm{C}}$：0.105∠−120.00°A		
	装置报文	（1）23ms A 相跟跳动作。 （2）759ms 重合闸动作	
	装置指示灯	跳本断路器、重合闸	

说明：（1）同理校验 0.95 倍电流定值，保护不出口跳闸，只显示保护启动。
（2）故障试验仪器设置以 A 相故障为例，B、C 相类同

试验项目	失灵保护三相瞬时跟跳		
相关定值（举例）	失灵相电流定值：0.2A，失灵保护零序电流定值：0.1A，失灵保护负序电流定值：0.1A		
试验条件	（1）控制字设置："断路器失灵保护"置1、"投跟跳本断路器"置1、其他保护控制字置0。 （2）断路器状态：三相断路器均处于合位。 （3）开入量检查：A 相跳位为0、B 相跳位为0、C 相跳位为0、闭锁重合闸为0、低气压闭锁重合闸为0。 （4）重合闸方式为"单重"方式。 （5）"充电"指示灯亮（故障前状态大于 15s）		
注意事项	待"充电"指示灯亮后加故障量，所加时间应较小，如 0.05s		
m =1.05 试验仪器设置（采用状态序列）	状态 1 参数设置（故障前状态）		
	$\dot{U}_{\mathrm{A}}$：57.74∠0.00°V	$\dot{I}_{\mathrm{A}}$：0.00∠0.00°A	
	$\dot{U}_{\mathrm{B}}$：57.74∠−120°V	$\dot{I}_{\mathrm{B}}$：0.00∠0.00°A	状态触发条件：时间控制为 16.00s
	$\dot{U}_{\mathrm{C}}$：57.74∠120°V	$\dot{I}_{\mathrm{C}}$：0.00∠0.00°A	
	说明：三相电压正常，电流为零，装置"充电"时间默认为 15s，输入 16s 确保"充电"灯亮		
	状态 2 参数设置（故障状态）		
	$\dot{U}_{\mathrm{A}}$：57.74∠0.00°V	$\dot{I}_{\mathrm{A}}$：0.21∠0.00°A	
	$\dot{U}_{\mathrm{B}}$：57.74∠−120°V	$\dot{I}_{\mathrm{B}}$：0.21∠−120°A	状态触发条件：时间控制为 0.05s
	$\dot{U}_{\mathrm{C}}$：57.74∠120°V	$\dot{I}_{\mathrm{C}}$：0.21∠120°A	
	说明：（1）仪器同时开出三个开出量给装置给 A、B、C 相跳闸开入（TA=TB=TC=1 或者 TABC=1），且满足失灵相电流定值，三相瞬时跟跳动作。 （2）此状态加量为验证失灵相电流定值。		

$m=1.05$ 试验仪器设置（采用状态序列）	（3）如验证失灵零序电流定值时，在状态 2 中电流加量改为 $\dot{I}_A$：0.105∠0.00°A、$\dot{I}_B$：0.00∠120.00°A、$\dot{I}_C$：0.00∠-120.00°A。 （4）如验证失灵负序电流定值时，在状态 2 中电流加量改为 $\dot{I}_A$：0.105∠0.00°A、$\dot{I}_B$：0.105∠120.00°A、$\dot{I}_C$：0.105∠-120.00°A	
	装置报文	（1）11ms 三跳闭锁重合闸。 （2）23ms 三相跟跳动作
	装置指示灯	跳本断路器

说明：同理校验 0.95 倍电流定值，保护不出口跳闸，只显示三跳闭锁重合闸		
相关定值（举例）	低功率因素角定值：45°	
试验条件	（1）控制字设置："断路器失灵保护"置 1、"投跟跳本断路器"置 1、"三相失灵经低功率因数" 置 1、其他保护控制字置 0。 （2）断路器状态：三相断路器均处于合位。 （3）开入量检查：A 相跳位为 0、B 相跳位为 0、C 相跳位为 0、闭锁重合闸为 0、低气压闭锁重合闸为 0。 （4）重合闸方式为"单重"方式。 （5）"充电"指示灯亮（故障前状态大于 15s）	
注意事项	待"充电"指示灯亮后加故障量，所加时间应较小，如 0.05s	

试验仪器设置（采用状态序列）	状态 1 参数设置（故障前状态）		
	$\dot{U}_A$：57.74∠0.00°V $\dot{U}_B$：57.74∠-120°V $\dot{U}_C$：57.74∠120°V	$\dot{I}_A$：0.00∠0.00°A $\dot{I}_B$：0.00∠0.00°A $\dot{I}_C$：0.00∠0.00°A	状态触发条件：时间控制为 16.00s
	说明：三相电压正常，电流为零，装置"充电"时间默认为 15s，输入 16s 确保"充电"灯亮		
	状态 2 参数设置（故障状态）		
	$\dot{U}_A$：57.74∠0.00°V $\dot{U}_B$：57.74∠-120°V $\dot{U}_C$：57.74∠120°V	$\dot{I}_A$：0.1∠-47°A $\dot{I}_B$：0.00∠-120°A $\dot{I}_C$：0.00∠120°A	状态触发条件：时间控制为 0.1s
	说明：仪器同时开出触点给保护装置三相跳闸开入，三相瞬时跟跳		
	装置报文	69ms 三相跟跳动作	
	装置指示灯	跳本断路器	

说明：当电压超前电流的角度=低功率因素角定值-2°，即 43°时，失灵保护不应动作		

二、失灵保护校验

失灵保护校验见表 7-2。

表 7-2 失灵保护校验

试验项目	失灵相电流定值校验		
相关定值（举例）	失灵相电流定值：0.2A，失灵跳本断路器时间：0.15s，失灵跳相邻断路器时间：0.25s		
试验条件	（1）控制字设置："投失灵保护"置 1、其他保护控制字置 0；为防止跟跳保护抢动，将"投跟跳本断路器"置 0。 （2）断路器状态：三相断路器均处于合位。 （3）开入量检查：A 相跳位为 0、B 相跳位为 0、C 相跳位为 0、闭锁重合闸为 0、低气压闭锁重合闸为 0。 （4）"充电"指示灯亮（故障前状态大于 15s）		
计算方法	计算公式：$I = mI_{set}$ 注：m 为系数。 计算数据：$m = 1.05$，$I = 1.05 \times 0.2 = 0.21$（A） $m = 0.95$，$I = 0.95 \times 0.2 = 0.21$（A）		
注意事项	待"TV 断线"灯灭、"充电"指示灯亮后加故障量，所加时间大于 0.15s 小于 0.25s 时再跳本断路器，大于 0.25s 时跳相邻断路器、远跳线路对侧断路器、主变压器其他电源侧断路器和启动母差保护跳闸		
$m = 1.05$ 试验仪器设置（采用状态序列）	状态 1 参数设置（故障前状态）		
	$\dot{U}_A$：57.74∠0.00°V $\dot{U}_B$：57.74∠−120°V $\dot{U}_C$：57.74∠120°V	$\dot{I}_A$：0.00∠0.00°A $\dot{I}_B$：0.00∠0.00°A $\dot{I}_C$：0.00∠0.00°A	状态触发条件：时间控制为 16.00s
	说明：三相电压正常，电流为零，装置"充电"时间默认为 15s，输入 16s 确保"充电"灯亮		
	状态 2 参数设置（故障状态）		
	$\dot{U}_A$：57.74∠0.00°V $\dot{U}_B$：57.74∠−120°V $\dot{U}_C$：57.74∠120°V	$\dot{I}_A$：0.21∠0.00°A $\dot{I}_B$：0.21∠−120°A $\dot{I}_C$：0.21∠120°A	状态触发条件：时间控制为 0.3s
	说明：仪器同时开出三个开出量给装置三相跳闸开入（TABC=1），闭合保持时间 0.3s		
	装置报文	（1）14ms 三跳闭锁重合闸。 （2）174ms 三相跟跳动作。 （3）274ms 失灵保护动作	
	装置指示灯	跳本断路器、失灵	
说明：同理校验 0.95 倍失灵电流定值，失灵保护不动作			
试验项目	零序电流定值校验		
相关定值（举例）	失灵零序电流定值：0.1A， 失灵跳本断路器时间：0.15s，失灵跳相邻断路器时间：0.25s		
试验条件	（1）控制字设置："投失灵保护"置 1、其他保护控制字置 0。 （2）断路器状态：三相断路器均处于合位。 （3）开入量检查：A 相跳位为 0、B 相跳位为 0、C 相跳位为 0、闭锁重合闸为 0、低气压闭锁重合闸为 0。 （4）"充电"指示灯亮（故障前状态大于 15s）		

续表

计算方法	计算公式： $I=mI_{set}$ 注： m 为系数。 计算数据： $m=1.05$ ， $I=1.05\times0.1=0.105$ （A） 　　　　　　 $m=0.95$ ， $I=0.95\times0.1=0.095$ （A）
注意事项	待"充电"指示灯亮后加故障量，所加时间大于0.15s小于0.25s时跳本断路器，大于0.25s时跳本断路器及相邻断路器、主变压器其他电源侧断路器和启动母差保护跳闸

$m=1.05$ 试验仪器设置（采用状态序列）	状态1参数设置（故障前状态）		
	$\dot U_A$： 57.74∠0.00°V $\dot U_B$： 57.74∠-120°V $\dot U_C$： 57.74∠120°V	$\dot I_A$： 0.00∠0.00°A $\dot I_B$： 0.00∠0.00°A $\dot I_C$： 0.00∠0.00°A	状态触发条件：时间控制为16.00s
	说明：三相电压正常，电流为零，装置"充电"时间默认为15s，输入16s确保"充电"亮		
	状态2参数设置（故障状态）		
	$\dot U_A$： 57.74∠0.00°V $\dot U_B$： 57.74∠-120°V $\dot U_C$： 57.74∠120°V	$\dot I_A$： 0.105∠0.00°A $\dot I_B$： 0.00∠0.00°A $\dot I_C$： 0.00∠0.00°A	状态触发条件：时间控制为0.3s
	说明：在断路器量设置中，仪器同时开出一个开出量TA（BC）给装置开入，闭合保持时间0.3s		
	装置报文	（1）173ms三相跟跳动作。 （2）174ms三跳闭锁重合闸。 （3）175ms沟通三相跳闸动作。 （4）273ms失灵保护动作	
	装置指示灯	跳本断路器、失灵	

说明：（1）同理校验0.95倍失灵零序电流定值，失灵保护不动作。
（2）故障试验仪器设置以A相故障为例，B、C相类同

试验项目	负序电流定值校验
相关定值（举例）	负序过电流定值：0.1A，失灵跳本断路器时间：0.15s，失灵跳相邻断路器时间：0.25s
试验条件	（1）控制字设置："投失灵保护"置1、其他保护控制字置0。 （2）断路器状态：三相断路器均处于合位。 （3）开入量检查：A相跳位为0、B相跳位为0、C相跳位为0、闭锁重合闸为0、低气压闭锁重合闸为0。 （4）"充电"指示灯亮（故障前状态大于15s）
计算方法	计算公式： $I=mI_{set}$ 注： m 为系数。 计算数据： $m=1.05$ ， $I=1.05\times0.1=0.105$ （A） 　　　　　　 $m=0.95$ ， $I=0.95\times0.1=0.095$ （A）
注意事项	待"充电"指示灯亮后加故障量，所加时间大于0.15s小于0.25s时跳本断路器，大于0.25s时跳本断路器及相邻断路器

续表

	状态 1 参数设置（故障前状态）		
	$\dot{U}_{\mathrm{A}}$：57.74∠0.00°V $\dot{U}_{\mathrm{B}}$：57.74∠−120°V $\dot{U}_{\mathrm{C}}$：57.74∠120°V	$\dot{I}_{\mathrm{A}}$：0.00∠0.00°A $\dot{I}_{\mathrm{B}}$：0.00∠0.00°A $\dot{I}_{\mathrm{C}}$：0.00∠0.00°A	状态触发条件：时间控制为 16.00s
	说明：三相电压正常，电流为零，装置"充电"时间默认为 15s，输入 16s 确保"充电"亮		
m =1.05 试验仪器设置（采用状态序列）	状态 2 参数设置（故障状态）		
	$\dot{U}_{\mathrm{A}}$：57.74∠0.00°V $\dot{U}_{\mathrm{B}}$：57.74∠−120°V $\dot{U}_{\mathrm{C}}$：57.74∠120°V	$\dot{I}_{\mathrm{A}}$：0.105∠0.00°A $\dot{I}_{\mathrm{B}}$：0.105∠120°A $\dot{I}_{\mathrm{C}}$：0.105∠−120°A	状态触发条件：时间控制为 0.3s
	说明：在断路器量设置中，仪器同时开出一个开出量 TA（BC）给装置开入，闭合保持时间 0.3s		
	装置报文	（1）173ms 三相跟跳动作。 （2）174ms 三跳闭锁重合闸。 （3）175ms 沟通三相跳闸动作。 （4）273ms 失灵保护动作	
	装置指示灯	跳本断路器、失灵	

说明：（1）同理校验 0.95 倍失灵负序电流定值，失灵保护不动作。

（2）故障试验仪器设置以 A 相故障为例，B、C 相类同

试验项目	低功率因素定值校验		
相关定值（举例）	低功率因素角定值：45°，失灵跳本断路器时间：0.15s，失灵跳相邻断路器时间：0.25s		
试验条件	（1）控制字设置："投失灵保护""三跳经低功率因数"置 1、其他保护控制字置 0。 （2）定值设置：防止加入单相故障电流造成单相失灵定值逻辑动作，失灵电流定值需大于"低功率因数过电流"定值。 （3）断路器状态：三相断路器均处于合位。 （4）开入量检查：A 相跳位为 0、B 相跳位为 0、C 相跳位为 0、闭锁重合闸为 0、低气压闭锁重合闸为 0。 （5）"充电"指示灯亮（故障前状态大于 15s）		
计算方法	计算公式：$\varphi = \varphi_{\mathrm{set}} \pm 2°$（$\varphi$ 为电压超前电流的角度）		
注意事项	待"充电"指示灯亮后加故障量，所加时间大于 0.15s 小于 0.25s 时跳本断路器，大于 0.25s 时跳本断路器及相邻断路器		
试验仪器设置（采用状态序列）	状态 1 参数设置（故障前状态）		
	$\dot{U}_{\mathrm{A}}$：57.74∠0.00°V $\dot{U}_{\mathrm{B}}$：57.74∠−120°V $\dot{U}_{\mathrm{C}}$：57.74∠120°V	$\dot{I}_{\mathrm{A}}$：0.00∠0.00°A $\dot{I}_{\mathrm{B}}$：0.00∠0.00°A $\dot{I}_{\mathrm{C}}$：0.00∠0.00°A	状态触发条件：时间控制为 16.00s
	说明：三相电压正常，电流为零，装置"充电"时间默认为 15s，输入 16s 确保"充电"亮		

	状态 2 参数设置（故障状态）		
试验仪器设置（采用状态序列）	$\dot{U}_A$：57.74∠0.00°V $\dot{U}_B$：57.74∠-120°V $\dot{U}_C$：57.74∠120°V	$\dot{I}_A$：0.10∠-47°A $\dot{I}_B$：0.10∠-167°A $\dot{I}_C$：0.10∠73°A	状态触发条件：时间控制为 0.3s
	说明：在断路器量设置中，仪器同时开出一个保护三相跳闸给装置开入，闭合保持时间 0.3s		
	装置报文	（1）197ms 三相跟跳动作。 （2）297ms 失灵保护动作	
	装置指示灯	跳本断路器、失灵	
说明：当电压超前电流的角度=低功率因素角定值-2°，即 43°时，失灵保护不动作			

三、死区保护校验

死区保护校验见表 7-3。

表 7-3　　　　　　　　　　　　死区保护校验

试验项目	死区保护过电流定值校验		
相关定值（举例）	死区保护过电流定值采用失灵保护相电流定值：0.2A，死区保护时间整定值：0.2s		
试验条件	（1）控制字设置："投死区保护"置 1、其他保护控制字置 0。 （2）断路器状态：三相断路器均处于分位。 （3）开入量检查：A 相跳位 1、B 相跳位 1、C 相跳位 1		
计算方法	计算公式：$I = mI_{set}$ 注：m 为系数。 计算数据：$m = 1.05$，$I = 1.05 \times 0.2 = 0.21$（A） 　　　　　$m = 0.95$，$I = 0.95 \times 0.2 = 0.19$（A）		
$m = 1.05$ 试验仪器设置（采用状态序列）	状态 1 参数设置（故障状态）		
	$\dot{U}_A$：57.74∠0.00°V $\dot{U}_B$：57.74∠-120°V $\dot{U}_C$：57.74∠120°V	$\dot{I}_A$：0.21∠0.00°A $\dot{I}_B$：0.21∠-120°A $\dot{I}_C$：0.21∠120°A	状态触发条件：时间控制为 0.25s
	备注：在断路器量设置中，仪器同时开出给装置三相跳闸触点（TA=TB=TC=1，或 TABC=1）与三相跳闸位置（TWJA=TWJB=TWJC=1）		
	装置报文	214ms 死区保护动作	
	装置指示灯	失灵	
说明：同理校验 0.95 倍死区保护过电流定值，保护无死区保护动作报文			

四、充电保护过电流定值校验

充电保护过电流定值校验见表 7-4。

表 7-4 充电保护过电流定值校验

试验项目	充电保护过电流定值校验		
相关定值（举例）	充电保护过电流 I 段定值：0.2A，充电 I 段时间定值：0.01s		
试验条件	（1）压板设置：投入"充电保护"软压板和硬压板。 （2）控制字设置："投充电保护 I 段"置1、其他保护控制字置0。 （3）断路器状态：三相断路器均处于合位。 （4）开入量检查：A 相跳位为 0、B 相跳位为 0、C 相跳位为 0、闭锁重合闸为 0、低气压闭锁重合闸为 0		
计算方法	计算公式：$I = mI_{set}$ 注：m 为系数。 计算数据：$m = 1.05$，$I = 1.05 \times 0.2 = 0.21$（A） $\qquad\qquad m = 0.95$，$I = 0.95 \times 0.2 = 0.19$（A）		
$m = 1.05$ 试验仪器设置（采用状态序列）	状态 1 参数设置（故障状态）		
	$\dot{U}_A$：$57.74\angle 0.00° V$ $\dot{U}_B$：$57.74\angle -120° V$ $\dot{U}_C$：$57.74\angle 120° V$	$\dot{I}_A$：$0.21\angle 0.00° A$ $\dot{I}_B$：$0.00\angle -120° A$ $\dot{I}_C$：$0.00\angle 120° A$	状态触发条件：时间控制为 0.1s
	装置报文	27ms 充电过电流 I 段动作	
	装置指示灯	充电跳闸	
说明：（1）同理校验 0.95 倍充电保护过电流 I 段定值，充电保护不动作，只显示保护启动； （2）故障试验仪器设置以 A 相故障为例，B、C 相类同； （3）同理校验充电保护过电流 II 段定值及零序充电定值			

五、沟通三跳功能校验

沟通三跳功能校验见表 7-5。

表 7-5 沟通三跳功能校验

试验项目	沟通三跳功能校验		
相关定值（举例）	电流变化量启动值：0.05A，零序启动电流：0.05A		
试验条件	投入重合闸为"三相重合闸"或"停用重合闸"方式，退出其他保护		
仪器设置（采用状态序列）	状态 1 参数设置		
	$\dot{U}_A$：$57.74\angle 0.00° V$ $\dot{U}_B$：$57.74\angle -120° V$ $\dot{U}_C$：$57.74\angle 120° V$	$\dot{I}_A$：$0.105\angle 0.00° A$ $\dot{I}_B$：$0.00\angle -120° A$ $\dot{I}_C$：$0.00\angle 120° A$	状态触发条件：时间控制为 0.1s
	说明：加入的故障电流应大于 $0.1 I_n$ 且零序或负序电流大于零序启动电流定值。在断路器量设置中，仪器同时开出给装置任一跳闸开入触点，闭合保持时间 0.1s		
	装置报文	21ms 沟通三相跳闸动作	
	装置指示灯	跳本断路器	
备注：故障试验仪器设置以 A 相故障为例，B、C 相类同			

六、重合闸定值校验

重合闸定值校验见表 7-6。

表 7-6 重合闸定值校验

试验项目	单相重合闸动作时间测试		
相关定值（举例）	单相重合闸时间：0.7s，单相重合闸控制字：1		
试验条件	（1）断路器状态：三相断路器均处于合位。 （2）控制字设置："单相重合闸"置1、"三相重合闸"置0、"禁止重合闸"置0、"停用重合闸"置0、"断路器失灵保护"置1、"投跟跳本断路器"置1。 （3）开入量检查：A相跳位为0、B相跳位为0、C相跳位为0、闭锁重合闸为0、低气压闭锁重合闸为0。 （4）"充电"指示灯亮（故障前状态大于15s）		
仪器设置（采用状态序列）	状态1参数设置（正常状态）		
	$\dot{U}_A$：57.74∠0.00°V $\dot{U}_B$：57.74∠−120°V $\dot{U}_C$：57.74∠120°V	$\dot{I}_A$：0.00∠0.00°A $\dot{I}_B$：0.00∠0.00°A $\dot{I}_C$：0.00∠0.00°A	状态触发条件：时间控制为16s
	说明：三相电压正常，电流为零，装置"充电"时间默认为15s，输入16s确保"充电"亮		
	状态2参数设置（故障状态）		
	$\dot{U}_A$：57.74∠0.00°V $\dot{U}_B$：57.74∠−120°V $\dot{U}_C$：57.74∠120°V	$\dot{I}_A$：0.20∠0.00°A $\dot{I}_B$：0.00∠0.00°A $\dot{I}_C$：0.00∠0.00°A	状态触发条件：时间控制为0.1s
	说明：仪器同时开出给装置某相跳闸开入触点，如将开出量A接至A相跳闸开入，闭合保持时间0.1s		
	状态3参数设置（重合状态）		
	$\dot{U}_A$：57.74∠0.00°V $\dot{U}_B$：57.74∠−120°V $\dot{U}_C$：57.74∠120°V	$\dot{I}_A$：0.00∠0.00°A $\dot{I}_B$：0.00∠0.00°A $\dot{I}_C$：0.00∠0.00°A	状态触发条件：时间控制为0.8s
	备注：断开开出量A，断开保持时间0.8s，同时将装置重合闸输出触点接至测试仪的开入量A，测量重合闸的时间，状态3的时间控制应大于重合闸时间定值0.7s，取0.8s		
	装置报文	（1）14ms A相跟跳动作。 （2）109ms A相单跳启动重合。 （3）811ms 重合闸动作	
	装置指示灯	跳本断路器、重合闸	
说明：故障试验仪器设置以A相故障为例，B、C相类同			
试验项目	重合闸脉冲宽度测试		
相关定值（举例）	单相重合闸时间：0.7s，单相重合闸控制字：1		

试验条件	（1）断路器状态：三相断路器均处于合位。 （2）控制字设置："单相重合闸"置 1、"三相重合闸"置 0、"禁止重合闸"置 0、"停用重合闸"置 0、"断路器失灵保护"置 1、"投跟跳本断路器"置 1。 （3）开入量检查：A 相跳位为 0、B 相跳位为 0、C 相跳位为 0、闭锁重合闸为 0、低气压闭锁重合闸为 0。 （4）"充电"指示灯亮（故障前状态大于 15s）		
仪器设置（采用状态序列）	状态 1 参数设置（正常状态）		
	$\dot{U}_A$：57.74∠0.00°V $\dot{U}_B$：57.74∠−120°V $\dot{U}_C$：57.74∠120°V	$\dot{I}_A$：0.00∠0.00°A $\dot{I}_B$：0.00∠0.00°A $\dot{I}_C$：0.00∠0.00°A	状态触发条件：时间控制为 16s
	说明：三相电压正常，电流为零，装置"充电"时间默认为 15s，输入 16s 确保"充电"亮		
	状态 2 参数设置（故障状态）		
	$\dot{U}_A$：57.74∠0.00°V $\dot{U}_B$：57.74∠−120°V $\dot{U}_C$：57.74∠120°V	$\dot{I}_A$：0.20∠0.00°A $\dot{I}_B$：0.00∠0.00°A $\dot{I}_C$：0.00∠0.00°A	状态触发条件：时间控制为 0.1s
	说明：仪器同时开出给装置某相跳闸开入触点，如将开出量 A 接至 A 相跳闸开入，闭合保持时间 0.1s		
	状态 3 参数设置（重合状态）		
	$\dot{U}_A$：57.74∠0.00°V $\dot{U}_B$：57.74∠−120°V $\dot{U}_C$：57.74∠120°V	$\dot{I}_A$：0.00∠0.00°A $\dot{I}_B$：0.00∠0.00°A $\dot{I}_C$：0.00∠0.00°A	状态触发条件：开入量翻转触发
	说明：装置重合闸输出触点接至测试仪的开入量 A，同时触发条件改为开入量翻转触发		
	状态 4 参数设置（正常状态）		
	$\dot{U}_A$：57.74∠0.00°V $\dot{U}_B$：57.74∠−120°V $\dot{U}_C$：57.74∠120°V	$\dot{I}_A$：0.00∠0.00°A $\dot{I}_B$：0.00∠0.00°A $\dot{I}_C$：0.00∠0.00°A	状态触发条件：开入量翻转触发
	备注：测试仪设置开入量以上一状态为参考		
	装置报文	（1）14ms A 相跟跳动作。 （2）109ms A 相单跳启动重合。 （3）811ms 重合闸动作	
	装置指示灯	跳本断路器、重合闸	
说明：故障试验仪器设置以 A 相故障为例，B、C 相类同			

试验项目	三相重合闸检同期校验
相关定值（举例）	三相重合闸时间：0.5s；三相重合闸控制字：1；同期合闸角：20°；检同期方式：1；线路电压及母线电压大于额定电压的 70%（装置固定）

续表

试验条件	（1）断路器状态：三相断路器均处于合位。 （2）控制字设置："单相重合闸"置0、"三相重合闸"置1、"禁止重合闸"置0、"停用重合闸"置0、"检同期方式"置1、"检无压方式"置0、"断路器失灵保护"置1、"投跟跳本断路器"置1。 （3）开入量检查：A相跳位为0、B相跳位为0、C相跳位为0、闭锁重合闸为0、低气压闭锁重合闸为0。 （4）"充电"指示灯亮（故障前状态大于15s）。 （5）"TV断线"复归		
仪器设置（采用状态序列）	状态1参数设置（正常状态）		
	$\dot{U}_A$：57.74∠0.00°V $\dot{U}_B$：57.74∠-120°V $\dot{U}_C$：57.74∠120°V	$\dot{I}_A$：0.00∠0.00°A $\dot{I}_B$：0.00∠0.00°A $\dot{I}_C$：0.00∠0.00°A	状态触发条件：时间控制为28s
	说明：三相电压正常，电流为零，确保"充电"亮且"TV断线"复归		
	状态2参数设置（故障状态）		
	$\dot{U}_A$：57.74∠0.00°V $\dot{U}_B$：57.74∠-120°V $\dot{U}_C$：57.74∠120°V	$\dot{I}_A$：0.20∠0.00°A $\dot{I}_B$：0.00∠0.00°A $\dot{I}_C$：0.00∠0.00°A	状态触发条件：时间控制为0.1s
	说明：仪器同时开出给装置某相跳闸开入触点，如将开出量A接至A相跳闸开入，闭合保持时间0.1s		
	状态3参数设置（重合状态）		
	$\dot{U}_A$：57.74∠0.00°V $\dot{U}_B$：57.74∠-120°V $\dot{U}_C$：57.74∠120°V $\dot{U}_Z$：>40∠18°V	$\dot{I}_A$：0.00∠0.00°A $\dot{I}_B$：0.00∠0.00°A $\dot{I}_C$：0.00∠0.00°A	状态触发条件：时间控制为0.6s
	备注：断开开出量A，同时将装置重合闸输出触点接至测试仪的开入量A，测量重合闸的时间，状态3的时间控制应大于重合闸时间定值0.5s，取0.6s		
	装置报文	（1）17ms三相跟跳动作。 （2）17ms沟通三相跳闸动作。 （3）113ms A相单跳启动重合。 （4）614ms重合闸动作	
	装置指示灯	跳本断路器、重合闸	
	说明：（1）重复状态1、2、3，把状态3中的$\dot{U}_Z$改为：>40∠22°V，装置不重合。 （2）重复状态1、2、3，把状态3中的$\dot{U}_Z$改为：<40∠18°V，装置不重合		
试验项目	三相重合闸检无压校验		
相关定值（举例）	三相重合闸时间：0.5s；三相重合闸控制字：1；检无压方式：1；线路电压或母线电压小于额定电压的30%（装置固定）		

续表

试验条件	（1）断路器状态：三相断路器均处于合位。 （2）控制字设置："单相重合闸"置0、"三相重合闸"置1、"禁止重合闸"置0、"停用重合闸"置0、"检同期方式"置0、"检无压方式"置1。 （3）开入量检查：A相跳位为0、B相跳位为0、C相跳位为0、闭锁重合闸为0、低气压闭锁重合闸为0。 （4）"充电"指示灯亮（故障前状态大于15s）。 （5）"TV 断线"复归		
仪器设置（采用状态序列）	状态1参数设置（正常状态）		
	$\dot{U}_A$：57.74∠0.00°V $\dot{U}_B$：57.74∠-120°V $\dot{U}_C$：57.74∠120°V	$\dot{I}_A$：0.00∠0.00°A $\dot{I}_B$：0.00∠0.00°A $\dot{I}_C$：0.00∠0.00°A	状态触发条件：时间控制为28s
	说明：三相电压正常，电流为零，确保"充电"亮且"TV 断线"复归		
	状态2参数设置（故障状态）		
	$\dot{U}_A$：57.74∠0.00°V $\dot{U}_B$：57.74∠-120°V $\dot{U}_C$：57.74∠120°V	$\dot{I}_A$：0.20∠0.00°A $\dot{I}_B$：0.00∠0.00°A $\dot{I}_C$：0.00∠0.00°A	状态触发条件：时间控制为0.1s
	说明：仪器同时开出给装置某相跳闸开入触点，如将开出量A接至A相跳闸开入，闭合保持时间0.1s		
	状态3参数设置（重合状态）		
	$\dot{U}_A$：57.74∠0.00°V $\dot{U}_B$：57.74∠-120°V $\dot{U}_C$：57.74∠120°V $\dot{U}_Z$：<17.32∠0.00°V	$\dot{I}_A$：0.00∠0.00°A $\dot{I}_B$：0.00∠0.00°A $\dot{I}_C$：0.00∠0.00°A	状态触发条件：时间控制为0.6s
	备注：断开开出量A，同时将装置重合闸输出触点接至测试仪的开入量A，测量重合闸的时间，状态3的时间控制应大于重合闸时间定值0.5s，取0.6s		
	装置报文	（1）17ms 三相跟跳动作。 （2）17ms 沟通三相跳闸动作。 （3）113ms A相单跳启动重合。 （4）614ms 重合闸动作	
	装置指示灯	跳本断路器、重合闸	
	说明：重复状态1、2、3，把状态3中的改为：$\dot{U}_Z$ >17.32∠0.00°V，装置不重合		

第二节 保护常见故障及故障现象

CSC-121A 开关保护故障设置及故障现象见表 7-7。

表 7-7　　　　　　　　　　　CSC-121A 开关保护故障设置及故障现象

相别	难易度	故障属性	故障现象	故障设置地点
通用	易	保护定值	单重时间很长	保护定值"单相重合闸时间"改成 7s
通用	易	保护定值	闭锁重合闸开入虽为 0，但是仍不能充电，不重合	压板定值中，"停用重合闸软压板"由 0 改为 1
通用	中	保护定值	"投充电保护"压板投入，但充电保护功能无法实现	压板定值中，"充电过流保护软压板"为 0
A	易	采样回路	A 相电流采样采不到，报电流开路	3ID1 端子 3x1-a1 或 3ID5 端子 3x1-b1 虚接
B	易	采样回路	B 相电流采样采不到，报电流开路	3ID2 端子 3x1-a2 或 3ID6 端子 3x1-b2 虚接
C	易	采样回路	C 相电流采样采不到，报电流开路	3ID3 端子 3x1-a3 或 3ID7 端子 3x1-b3 虚接
A	易	采样回路	A 相电流采样角度不正确	3ID1 端子 3x1-a1 和 3ID5 端子 3x1-b1 调换
B	易	采样回路	B 相电流采样角度不正确	3ID2 端子 3x1-a2 和 3ID6 端子 3x1-b2 调换
C	易	采样回路	C 相电流采样角度不正确	3ID3 端子 3x1-a3 和 3ID7 端子 3x1-b3 调换
A	中	采样回路	A 相电流采样采不到	用细线短接 3ID1 和 3ID5
B	中	采样回路	B 相电流采样采不到	用细线短接 3ID2 和 3ID6
C	中	采样回路	C 相电流采样采不到	用细线短接 3ID3 和 3ID7
AB	中	采样回路	AB 采样值调换	3ID1（3x1-a1）和 3ID2（3x1-a2）调换
AC	中	采样回路	AC 采样值调换	3ID1（3x1-a1）和 3ID3（3x1-a3）调换
BC	中	采样回路	BC 采样值调换	3ID2（3x1-a2）和 3ID3（3x1-a3）调换
AB	中	采样回路	AB 两相的电流采样不准确	3ID1（3x1-a1）和 3ID2（3x1-a2）短接
AC	中	采样回路	AC 两相的电流采样不准确	3ID1（3x1-a1）和 3ID3（3x1-a3）短接
BC	中	采样回路	BC 两相的电流采样不准确	3ID2（3x1-a2）和 3ID3（3x1-a3）短接
通用	中	采样回路	试验加三相不相等电压时，角度和幅值漂移	电压 N 虚接：3UD4（3x1-b10）虚接
A	难	采样回路	A 相电压采不到	UD1（3ZKK1:1）或 3UD1（3ZKK1:2 或 3x1-a10）虚接
B	难	采样回路	B 相电压采不到	UD3（3ZKK1:3）或 3UD2（3ZKK1:4 或 3x1-a9）虚接
C	难	采样回路	C 相电压采不到	UD5（3ZKK1:5）或 3UD3（3ZKK1:6 或 3x1-b9）虚接
AB	中	采样回路	采样时，AB 相的采样值调换	3UD1（3x1-a10）和 3UD2（3x1-a9）调换
				3UD1（3ZKK1:2）和 3UD2（3ZKK1:4）调换
				UD1（3ZKK1:1）和 UD3（3ZKK1:3）调换

续表

相别	难易度	故障属性	故障现象	故障设置地点
BC	中	采样回路	采样时，BC 相的采样值调换	3UD3（3ZKK1:6）和 3UD2（3ZKK1:4）调换
				3UD3（3x1-b9）和 3UD2（3x1-a9）调换
				UD5（3ZKK1:5）和 UD3（3ZKK1:3）调换
AC	中	采样回路	采样时，AC 相的采样值调换	3UD1（3ZKK1:2）和 3UD3（3ZKK1:6）调换
				3UD1（3x1-a10）和 3UD3（3x1-b9）调换
				UD1（3ZKK1:1）和 UD5（3ZKK1:5）调换
通用	中	采样回路	装置采样：一相电压正常，另两相电压不对	正常相与 N 相电压接线对调
通用	难	开入回路	投压板 3KLP1 开入无效，投压板 3KLP2 及压板 3KLP3 开入都有效	压板 3KLP1-1 端与压板接线柱虚接，或与背板接线虚接
通用	难	开入回路	投压板 3KLP2 开入无效，投压板 3KLP1 及压板 3KLP3 开入都有效	压板 3KLP2-2 端与压板接线柱虚接，或与背板接线虚接
通用	难	开入回路	投压板 3KLP3 开入无效，投压板 3KLP1 及压板 3KLP2 开入都有效	压板 3KLP3-3 端与压板接线柱虚接，或与背板接线虚接
通用	难	开入回路	闭锁重合闸压板开入一直为 1，不能充电	用细线短接闭锁重合闸压板上下脚
通用	难	开入回路	重合压力闭锁为 1，不能充电	短接 3QD1 和 3QD16 或短接 4P3D1 和 4P3D10
通用	中	开入回路	TWJ 异常，不能充电	短接 3QD1、3QD7（TWJA=1）
通用	中	开入回路	投入检修压板时闭锁重合闸压板同时投入	将 3KLP2-2 与 3KLP3-2 短接
A	中	开入回路	断路器 A 相单跳不重合且开入有闭锁重合闸，断路器一合上，闭锁重合闸开入消失	A 相跳位 TWJA 与闭锁重合闸短接：3QD7 短接 3QD13
B	中	开入回路	断路器 B 相单跳不重合且开入有闭锁重合闸，断路器一合上，闭锁重合闸开入消失	B 相跳位 TWJB 与闭锁重合闸短接：3QD8 短接 3QD13
C	中	开入回路	断路器 C 相单跳不重合且开入有闭锁重合闸，断路器一合上，闭锁重合闸开入消失	C 相跳位 TWJC 与闭锁重合闸短接：3QD9 短接 3QD13
通用	中	操作回路	操作箱复归按钮不能复归	4Q1D3 上的 4FA1-3 内部线虚接
AB	中	操作回路	屏内试验正常，整组试验跳单跳 A、B 相时三跳	3CD21、3CD22（A、B 相出口）短接
				4Q1D20、4Q1D23（A、B 相出口）短接
				A、B 相出口压板上端两相短接
BC	中	操作回路	屏内试验正常，整组试验跳单跳 B、C 相时三跳	3CD22、3CD23（B、C 相出口）短接
				4Q1D23、4Q1D26（B、C 相出口）短接
				B、C 相出口压板上端两相短接

续表

相别	难易度	故障属性	故障现象	故障设置地点
AC	中	操作回路	屏内试验正常,整组试验跳单跳 A、C 相时三跳	3CD21、3CD23（A、C 相出口）短接
				4Q1D20、4Q1D26（A、C 相出口）短接
				A、C 相出口压板上端两相短接
通用	中	操作回路	单相跟跳时报三相跳闸	跳闸开入触点短接：3QD17 短接 3QD21（或 3QD21 短接 3QD25、3QD17 短接 3QD25）
A	中	操作回路	单跳时先发重合令操作箱重合闸灯先亮，断路器跳不掉，重合时路器跳掉故障相，仅故障相断路器在跳位	3CD21（A 相出口）和重合闸出口 3CD25 内或外部线对调［或者 4Q1D19（4x04-06）和 4Q1D29（4x04-11）对调］
B	中	操作回路	单跳时先发重合令操作箱重合闸灯先亮，断路器跳不掉，重合时断路器跳掉故障相，仅故障相断路器在跳位	3CD22（B 相出口）和重合闸出口 3CD25 内或外部线对调［或者 4Q1D22（4x04-07）和 4Q1D29（4x04-11）对调］
C	中	操作回路	单跳时先发重合令操作箱重合闸灯先亮，断路器跳不掉，重合时断路器跳掉故障相，仅故障相断路器在跳位	3CD23（C 相出口）和重合闸出口 3CD25 内或外部线对调［或者 4Q1D25（4x04-08）和 4Q1D29（4x04-11）对调］
A	难	操作回路	断路器 A 相单跳引起三相跳闸	3CD21、3CD22、3CD23 短接在一起或 4Q1D20、4Q1D23、4Q1D26 短接在一起
B	难	操作回路	断路器 B 相单跳引起三相跳闸	3CD21、3CD22、3CD23 短接在一起或 4Q1D20、4Q1D23、4Q1D26 短接在一起
C	难	操作回路	断路器 C 相单跳引起三相跳闸	3CD21、3CD22、3CD23 短接在一起或 4Q1D20、4Q1D23、4Q1D26 短接在一起

第八章 线路保护及断路器保护实操案例

第一节 线路保护实操案例

本案例以 PCS-931 线路保护装置为例。假设 PCS-931 保护装置及二次回路中存在 4 处故障，通过定值核对、模拟量校验及开入量检查、逻辑校验、整组传动等手段，引导学员熟悉保护装置及二次回路，掌握故障分析及排查的技巧。

故障类型及故障点见表 8-1。

表 8-1 故障类型及故障点

序号	故障类型	故障点
1	定值（软压板）	"纵联差动保护"置 0
2	采样（电流短路）	1ID：2（B 相电流）、1ID：3（C 相电流） 端子内侧短接
3	开入（压板开路）	主保护硬压板"1QLP1"下端接线虚接
4	开出（跳、合闸错误）	1KD:1（4Q1D:21）虚接，4Q1D:21（A 相跳闸回路）与 4QD-29（重合闸回路）端子内侧短接

试验项目、要求及条件见表 8-2。

表 8-2 试验项目、要求及条件

序号	项目	要求	条件
1	纵联零序保护校验	模拟 C 相瞬时性故障，校验纵联零序差动保护定值	（1）被试设备安装在继电保护实训室内，所带断路器为分相跳闸模拟断路器。 （2）安全措施按一次设备处于冷备用状态执行，按最新检验规程要求进行检验。
2	距离保护检验	模拟线路末端 A 相瞬时性故障，并进行整组传动试验	（3）试验仪器电源接至继保试验电源屏，保护装置电源应取自移动式直流电源。 （4）母线二次电压从切换前 I 段母线电压端子加入，线路保护重合闸方式整定为单跳单重

具体试验及故障分析排查。

1. 执行安全措施

按线路断路器处于冷备用状态要求做好安全隔离措施，执行二次工作安全措施票，继电保护调试仪电源必须接至试验电源屏，保护装置电源应取自移动式直流电源。

2. 打印并核对定值单

（1）试验方法。检查并确认装置运行的定值区与定值单相同，打印并核对所有定值，包含装置参数、保护整定值、控制字、软压板等。

（2）试验现象。核对过程中发现"纵联差动保护"软压板被置"0"，与定值单不一致。

（3）分析排查。将"纵联差动保护"软压板置"1"。

3. 模拟量幅值、相位特性检验

（1）试验方法。按图 8-1 将继电保护调试仪与端子排的相应电流端子用电流试验线连接，通入三相电压采样值：$\dot{U}_\text{A}$：10.00∠0.00°V、$\dot{U}_\text{B}$：20.00∠−120°V、$\dot{U}_\text{C}$：30.00∠120°V，三相电流采样值：$\dot{I}_\text{A}$：1.00∠0.00°A、$\dot{I}_\text{B}$：2.00∠0.00°A、$\dot{I}_\text{C}$：3.00∠0.00°A，为便于故障判断，此处三相电流相角设置相同。

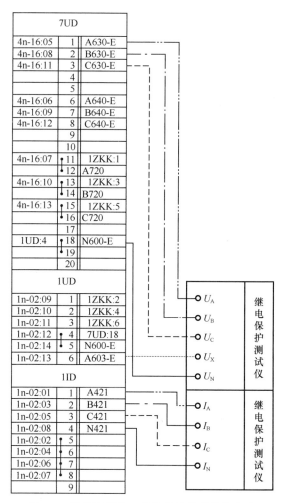

图 8-1　模拟量幅值、相位特性检验接线方式

（2）试验现象。

1）三相电压采样幅值和相位均正确。

2）A相电流采样幅值和相位均正确。

3）B、C两相电流采样幅值不正确，B相采样电流 $\dot{I}_B$：2.38∠0.00° A，C相采样电流 $\dot{I}_C$：2.60∠0.00° A，采样值显示 B、C两相电流幅值大致相等，且是 $\dot{I}_B + \dot{I}_C$ 合成后的一半。

4）自产零序电流幅值及相位均正确。

（3）分析排查。

1）三相电压采样值正确，判断电压回路无故障。

2）A相电流采样幅值和相位均正确，判断A相电流回路无故障。

3）B、C两相电流幅值不为零，判断电流回路未开路。B相幅值偏大，C相幅值偏小，相位正确，若为B、C两相与N线之间存在短路，则B、C相分流后均应变小，而试验中B相电流变大，可判断B、C两相电流回路之间存在短路故障。

4）自产零序电流值等于 6A，判断零序电流回路正常，B、C两相电流短路分流且都流经装置形成自产零序电流，判断短路点应位于1ID：2、1ID：3端子处，如图8-2所示，为了更精确定位短路位置，可将B、C两相电流回路在1ID：2、1ID：3端子上的接线（含试验接线）解开，并将1ID：2、1ID：3端子中间的试验端子连接片打开，用万用表导通挡分别对端子排左、右两侧端子进行导通测试确定具体的短路位置。

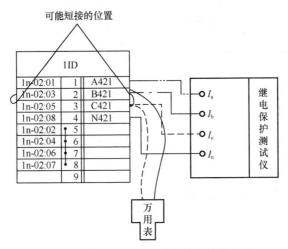

图8-2 电流幅值、相位特性检查接线方式

4. 开入量检验

（1）试验方法。进入装置菜单逐一查看开入量状态，压板、开关跳闸位置、复归、压力低闭锁重合闸、闭锁重合闸等开入应与实际情况一致。检查某一开入时应同时观察其他开入量的变位情况，若同时发生变位，则判断可能存在开入量接线短接的情况。

（2）试验现象。开入量检查时，开关跳闸位置、复归、压力低闭锁重合闸、闭锁重合闸等开入与实际情况一致，在投入主保护硬压板 1QLP1 时，装置面板未出现变位报文，在装置开入量菜单查看相应开入量显示为"0"。

（3）分析排查。保护装置硬压板开入回路检查如图8-3所示。在投入主保护硬压板 1QLP1

后发现装置开入量未变位，此时不要退出该压板，继续投入停用重合闸硬压板 1QLP5 等其他功能压板，检查相关压板开入情况，开入变位显示正常，判断开入量公共的正负电源回路无故障，即开入量正电源端子 1QD:4 至主保护硬压板 1QLP1-1（上端）之间的回路无故障，故障点可能在主保护硬压板 1QLP1-2（下端）或压板组件。解除 1QLP1 外的其他功能压板，用万用表直流电压挡分别测量 1QLP1-1、1QLP1-2 的对地电位，对地电位测试正常，判断故障点应该在 1QLP1-2 与内部线 1n-08:05 之间，即 1QLP1-2 与内部线 1n-08:05 虚接。

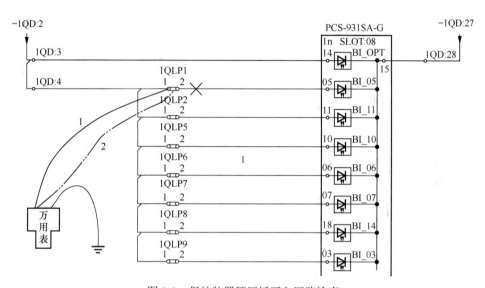

图 8-3 保护装置硬压板开入回路检查

5. 定值校验及整组传动

（1）试验方法。

1）纵联零序差动保护定值校验。不带模拟断路器的情况下在屏内模拟纵联零序差动保护 C 相瞬时性故障，校验装置纵联零序差动保护定值，检查装置动作情况正确。

2）距离保护单体试验。线路末端故障不在距离保护 I 段范围内，因此模拟距离保护 II 段 A 相瞬时性故障，检查装置动作情况正确。

3）距离保护整组试验。

a. 方法一：距离保护单体试验正确后投入所有跳闸出口压板和重合闸出口压板，再次模拟故障，带模拟断路器进行整组试验。

b. 方法二：模拟任一保护快速动作，逐一投入各相跳闸出口压板验证跳闸回路的唯一性、正确性，确定回路正确后进行距离保护整组试验。

（2）试验现象。

1）模拟纵联零序差动保护 C 相瞬时性故障，保护装置"保护跳闸"灯先亮，经重合闸延时后"重合闸"灯亮。

2）屏内模拟距离保护 II 段 A 相瞬时性故障，保护装置"保护跳闸"灯先亮，经重合闸延时后"重合闸"灯亮。

3）用方法一进行距离保护 II 段 A 相瞬时性故障整组试验。保护装置"保护跳闸"灯先亮，但操作箱"A 相跳闸Ⅰ"信号灯不亮，经重合闸延时后保护装置"重合闸"灯亮，操作箱"A 相跳闸Ⅰ"和"重合闸"信号灯同时亮。检查开关动作情况，A 相断路器在分闸位置。

4）方法二用任一保护动作分相检验跳闸出口回路，分别投入各相跳闸出口压板，分相验证。保护装置动作时三相跳闸灯均会亮，在仅投入 A 相跳闸出口压板时，操作箱三相跳闸信号灯均不亮，A 相断路器未跳开，判断 A 相跳闸回路可能存在虚接。在排除 A 相跳闸回路虚接故障后，再次重复试验，操作箱"A 相跳闸Ⅰ""重合闸"灯同时亮，A 相断路器跳开，判断 A 项跳闸出口回路与重合闸出口回路可能短接。排除 A 相跳闸与重合闸回路的短接故障后，再次进行整组试验，试验正确。

（3）分析排查。在前面的定值核对过程中已经将纵联保护软压板被置"0"的故障排除，因此模拟纵联零序保护 C 相瞬时性故障时，现象均正确。在不投入跳闸出口压板时模拟距离保护Ⅱ段 A 相瞬时性故障，现象也正确。进行距离保护Ⅱ段 A 相瞬时性故障整组试验：

1）方法一：在试验过程中，保护装置"保护跳闸"灯先亮，但操作箱"A 相跳闸Ⅰ"信号灯不亮，经重合闸延时后保护装置"重合闸"灯亮，操作箱"A 相跳闸Ⅰ"和"重合闸"信号灯同时亮。故障现象较为复杂，且断路器跳闸情况与故障灯难以对应，查找故障难度较大，造成这种现象的原因是可能存在复合故障。

2）方法二：如图 8-4 所示，操作回路上存在两处故障，使用任一保护动作进行 A 相跳闸出口回路检验，投入 A 相跳闸出口压板 1CLP1 时操作箱"A 相跳闸Ⅰ"灯不亮，断路器未跳开，故障现象相对简单，采用逐点逼近法检查 A 相跳闸回路，万用表切换到直流电压挡，负表笔搭接地铜排，正表笔分别从操作箱控制电源负端 4C1D：1 开始，向正端移动，4C1D：1、4Q1D：21 对地电位均为 -110V，当正表笔移动到 1KD：1 上时电位变为 0，说明虚接点应在 4Q1D：21 和 1KD：1 之间，检查之间的配线就能找到虚接点，恢复该故障点。

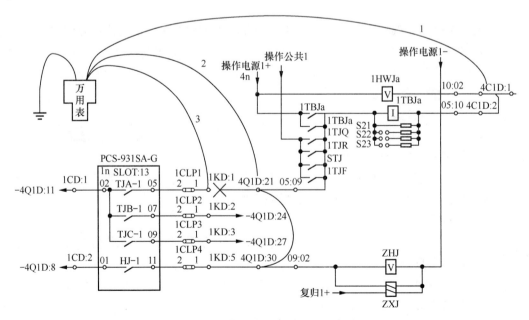

图 8-4　操作回路复合型故障回路图

排除 A 相跳闸回路虚接故障后，再次重复该试验，操作箱"A 相跳闸Ⅰ""重合闸"灯同时亮，A 相断路器跳开。判断 A 相跳闸回路和重合闸回路之间有关联，断开操作电源，对 A 相跳闸回路与重合闸回路进行分段查找。先打开端子 1KD:1 和 1KD:5 中间的连接片，将 A 相跳闸、合闸回路分成正电源到断开点和负电源到断开点两部分，用万用表导通挡分别测量 A 相跳闸与重合闸回路是否导通，可判断短接点为负电源到断开点之间。保护动作时操作箱跳闸、重合闸灯亮，判断短接点应该在正电源进入操作箱之前的回路，故障点被定位在 1KD：1 到 4Q1D：21 以及 1KD：5 到 4Q1D：30 之间的两段回路之间，检查上述四个端子发现短接处为 4Q1D：21 和 4Q1D：30 端子之间，解除短接故障即可。

用同样的试验方法进行 B、C 相跳闸回路检验，故障现象正常，最后投入三相跳闸出口压板和重合闸出口压板，进行距离保护Ⅱ段 A 相瞬时性故障整组试验，故障现象正常。

6. 检验结束恢复安全措施

拆除试验接线，关闭试验设备电源，将安全措施和保护装置等设备恢复至开工前原始状态，确认各信号均正常，打印、核对定值正确。

第二节　断路器保护实操案例

断路器保护实操案例以 PCS-921A 为例。假设 PCS-921A 保护装置中存在 4 处故障（具体故障见表 8-3），通过核对定值、采样及开入检查、逻辑校验（具体检验内容见表 8-4）、整组开出传动等手段，引导学员熟悉保护装置及二次回路，掌握故障分析及排查的技巧。

表 8-3　　　　　　　　　　　　故障类型及故障点

序号	故障类型	故障点
1	定值	压板定值中，"停用重合闸软压板"由 0 改为 1
2	采样	3ID：1（3n0201）和 3ID：2（3n0203）调换
3	开出	3KD：1（A 相出口）和重合闸出口 3KD：4 内部线对调，4Q1D：30 外部线虚接
4	开入	3QD：36 端子上的 3n0815 内部线虚接

表 8-4　　　　　　　　　　　　试验项目、要求及条件

序号	项目	要求	条件
1	跟跳逻辑校验	模拟 A 相瞬时故障，校验跟跳逻辑，整组传动正确	（1）被试设备安装在继电保护实训室内，所带断路器为模拟分相跳闸断路器。
2	重合闸定值校验	进行重合闸动作时间测试（投单重方式），并测试重合闸脉冲宽度，整组传动正确	（2）安全措施按一次设备处于冷备用状态执行，按最新检验规程要求进行检验。（3）试验仪器电源接至继保试验电源屏，保护装置电源应取自移动式直流电源

具体试验及故障分析排查：

1. 执行安全措施

执行二次工作安全措施票，继电保护调试仪电源必须接至试验电源屏，保护装置电源应取自移动式直流电源。

2. 打印并核对定值单

在核对定值的过程中，便可发现压板定值中，"停用重合闸软压板"由 0 改为 1，如果漏查出也可在装置重合闸无法充电中发现。

3. 模拟量输入的幅值、相位特性检验

（1）试验方法。按图纸将继电保护调试仪与端子排的相应端子用电流线连接，通入三相电流采样值：$\dot{I}_A$：$1.00\angle 0.00°\,A$、$\dot{I}_B$：$2.00\angle 0.00°\,A$、$\dot{I}_C$：$3.00\angle 0.00°\,A$。

（2）故障现象。A 相、B 相电流回路采样值对调。

（3）分析排查。实际看到的采样值为 $\dot{I}_A$：$2.00\angle 0.00°\,A$、$\dot{I}_B$：$1.00\angle 0.00°\,A$，相角正确，很明显，调试仪的 A 相电流被输入到装置 B 相采样回路中，只可能 A、B 两相的头部（进保护装置之前）被对调，那么故障只可能将 3ID：1（3n0201）和 3ID：2（3n0203）对调（如图 8-5 所示），该故障查看内部线号头一般可定位，若故障设置将两线对调后再将线号也对调，看似接线没错，但实际是对调了。

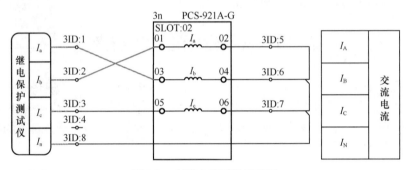

图 8-5　交流电流采样原理图

4. 开入量检验

（1）试验方法。投退保护硬压板和给装置开入，在开入量及压板状态中应有相应变位。

（2）故障现象。任何开入均无效，报光耦电源异常。

（3）分析排查。任何开入无效，且装置报光耦电源异常，明显是开入公共端虚接。装置正常上电说明−3QD：1 及 3QD：36 电位正确；而装置压板开入和光耦监视开入的正端为两根内部线，负端为同一根内部线，二者同时没有开入更可能为负端虚接。检查 3QD：36 端子上的 3n0815 内部线，发现 3QD：36 端子上的 3n0815 内部线虚接，如图 8-6 所示。

5. 定值校验及整组传动

（1）试验方法。投入三相跳闸压板和重合闸压板，模拟 A 相瞬时故障，带模拟断路器进行整组试验。

（2）故障现象。

1）保护装置保护跳闸及重合闸灯亮；

2）操作箱上跳 A 灯亮，重合灯不亮；

3）A 相断路器跳开未重合。

如图 8-7 所示，开出回路上存在两处故障，在投入 A 相跳闸出口压板及重合闸出口压板且保护动作后跳闸灯及重合闸灯亮，而操作箱上重合闸灯不亮，且断路器 A 相跳开不重合，可以判断保护至操作箱重合闸回路出现故障。采用电位测量的方式检查重合闸回路,将万用表切换至直流电压挡,负表笔搭接接地铜排,正表笔从 4Q1D:30 开始朝正电源移动,若回路完整,则在 3KD:4 处可以测+110V 的电压,当测量 4Q1D:30 端子为+110V,3KD:4 端子为 0V,说明虚接点应在 4Q1D:30 和 3KD:4 端子之间,检查这之间的配线即可找到虚接点。

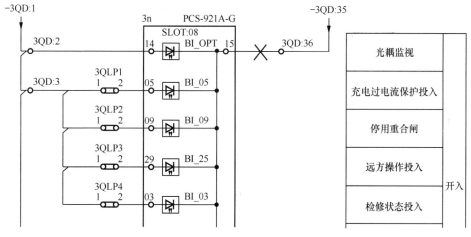

图 8-6　装置开入原理图

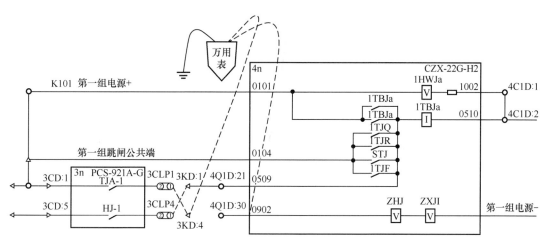

图 8-7　跳闸及重合闸出口原理图

在拆除重合闸回路的虚接点故障后,再次重复该试验,保护跳闸灯亮且重合闸灯亮,而操作箱重合闸灯先亮,A 相跳闸灯后亮,A 相断路器跳开未重合。从现象上可以判断,A 相跳闸回路和重合闸回路有对调。断开操作电源后,用万用表导通挡检查跳闸回路的导通情况(如图 8-8 所示),发现 3KD:1 和 4C1D:2 能正确导通,3CLP1-1 和 4C1D:2 无法导通,说明故障点在 3CLP1-1 和 3KD:1 之间,检查号头发现 3KD:1 和 3KD:4 端子内部线对调。排除故障后,再次进行传动,传动结果正确。

到此为止已经将 4 个故障全部排除。

6. 检验结束恢复安全措施

拆除试验接线,关闭试验设备电源,将安全措施和保护装置等设备恢复至开工前原始状态，确认各信号均正常，打印、核对定值正确。

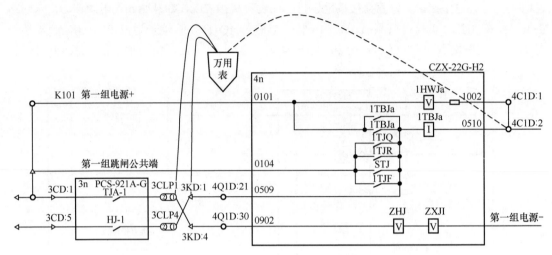

图 8-8　万用表检查回路示意图

第二篇
母线保护装置调试

　　母线保护是发电厂和变电站重要组成部分之一。母线又称汇流排，是汇集电能及分配电能的重要设备。当发电厂和变电站母线发生故障时，如不及时切除故障，将会损坏众多电力设备及破坏系统的稳定性，从而造成全厂或全变电站大停电，乃至全电力系统瓦解。因此设置动作可靠、性能良好的母线保护，使之能迅速检测出母线上的故障并及时有选择性的切除故障是非常必要的。母线的接线方式种类有很多，其中 220kV 以双母接线为主，500kV 以 3/2 接线为主，对应的母线保护原理也有所差异，常见的 220kV 母线保护通常会配置母线差动保护，母联失灵保护，母联死区保护，复合电压闭锁元件、断路器失灵保护等功能，常见的 500kV 母线保护会配置差动保护、失灵经母差跳闸等功能。

　　本篇主要介绍母线保护装置[包括 BP-2CA 母线保护、PCS-915SA 母线保护、CSC-150A 母线保护、NSR-371A 母线保护、SGB-750C 母线保护（500kV）、CSC-150C 母线保护（500kV）]的主要保护的原理逻辑、试验调试方法、常见的故障现象分析及排查方法，并通过特定的案例进行分析。

第九章　BP-2CA 母线保护装置调试

BP-2CA/D-G 微机母线保护装置适用于 1000kV 及以下电压等级,包括单母线、单母分段、单母三分段、双母线、双母单分段以及双母双分段在内的各种主接线方式,母线上连接元件的最大规模为 24 个支路(本装置支路 1 为母联、支路 2 为主变压器 1,支路 3 为主变压器 2,支路 14 为主变压器 3,支路 15 为主变压器 4,其余支路为线路支路)。

BP-2CA/D-G 微机母线保护装置可以实现母线差动保护、断路器失灵保护、母联失灵保护、母联死区保护、TA 断线判别功能及 TV 断线判别功能。

第一节　试　验　调　试　方　法

一、母差保护调试项目

1. 母线保护负荷平衡态检验

母线保护负荷平衡态检验见表 9-1。

表 9-1　　　　　　　　　　　　　母线保护负荷平衡态检验

序号	调试项目	BP-2CA 母线保护负荷平衡态检验
1	定值检查	(1) 打印核对定值,检查各支路 TA 变比、基准变比是否正确。 (2) 采样前应先检查"装置设定——其他设置——相位基准"是否为 I 段电压 A 相,否则加采样时角度会漂移,不便于观察判断
2	电压采样	(1) 正序加入: $\dot{U}_A$:10∠0°V 、 $\dot{U}_B$:20∠240°V 、 $\dot{U}_C$:30∠120°V 。 (2) 分段进行采样,否则不利于故障分析排除。 (3) 检查 I 母电压采样,正常进入下一步骤。 (4) 短接 I 、 II 母源头 N(应在 I 母采样正常后短接,否则无法排除两段 N 线对调的故障),检查 II 母采样,如果某相有压,则两段采样值相同的相别有短接。 (5) 将 I 、 II 母电压按相短接,检查两段电压采样。 (6) 待 I 、 II 母电压均检查正常后,电压记得改加入正常量
3	电流采样	应先按题意,画出潮流分布图及试验接线图(便于接线及故障分析)。 例题一: 以 BP-2CA 为例 运行方式: 支路 L2、L4 合于 I 母; 支路 L3、L5 合于 II 母,双母线并列运行。

3	电流采样	变比：L2(1200/1)、L3(1200/1)、L4(2500/1)、L5(2500/1)、L1(2500/1)。 基准变比：2500/1。 试验要求：220kV Ⅰ、Ⅱ 母电压正常。母联 C 相一次电流由 Ⅰ 母流入 Ⅱ 母，二次值为 1A，L4 流入母线，二次值为 0.52A，L5 流出母线，二次值为 1.48A。调整其他支路电流，使差流平衡，屏上无任何告警、动作信号。负荷平衡态下电流潮流及接线图如图 9-1 所示。 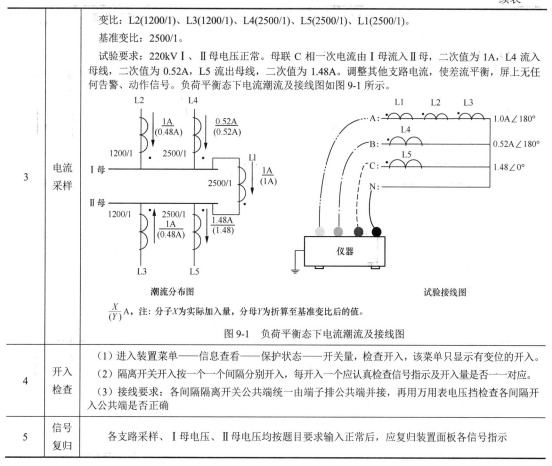 潮流分布图 试验接线图 $\dfrac{X}{(Y)}$A，注：分子X为实际加入量，分母Y为折算至基准变比后的值。 图 9-1 负荷平衡态下电流潮流及接线图
4	开入检查	（1）进入装置菜单——信息查看——保护状态——开关量，检查开入，该菜单只显示有变位的开入。 （2）隔离开关开入按一个一个间隔分别开入，每开入一个应认真检查信号指示及开关量是否一一对应。 （3）接线要求：各间隔隔离开关公共端统一由端子排公共端并接，再用万用表电压挡检查各间隔开入公共端是否正确
5	信号复归	各支路采样、Ⅰ 母电压、Ⅱ 母电压均按题目要求输入正常后，应复归装置面板各信号指示

2. 母线保护差动启动值检验

母线保护差动启动值检验见表 9-2。

表 9-2   母线保护差动启动值检验

序号	调试项目	BP-2CA 母线保护差动启动值检验
1	试验接线	（1）任选 Ⅰ（Ⅱ）母线上的一条支路，加入故障电流。 （2）接入 Ⅰ（Ⅱ）母线上的任一支路出口触点作为试验仪器"停表"开入，用于测试时间。 （3）差动保护启动电流定值：0.24A
2	装置报文	21ms Ⅰ（Ⅱ）母线差动
3	信号指示	保护跳闸

3. 大差比率制动系数高值校验

大差比率制动系数高值校验见表 9-3。

表 9-3　　　　　　　　　　　　　　　大差比率制动系数高值校验

序号	调试项目	母线保护：大差比率制动系数高值校验
1	试验接线	（1）任选Ⅰ、Ⅱ母线上各两条支路及母联支路加入故障电流。 注：一般不用改变接线，在负荷平衡态运行方式下校验。 （2）母联断路器合（母联 TWJ 触点无开入，且分裂压板退出）
2	试验例题	例题二：运行方式及间隔变比等条件如例题一 试验要求：Ⅰ母 C 相故障，验证大差比率制动系数高值，做 2 个点（要求 5 个间隔均要通流）。 计算如下：大差比率制动高值为"0.5"，小差比率制动系数固定为"0.5"。 以单独外加量的支路为变量（例题 L4 支路），先按平衡态值求出第一点，再在第一点基础上将各支路外加量乘或除以一个倍数求出第二点。 第一点（平衡态基础上）： $I_d = X$ $I_r - I_d = (0.48 + 0.52 + 0.48 + 1.48 + X - X) = 2.96(A)$ 将上两式代入公式：$I_d > K_r \times (I_r - I_d)$ 推出：$X > 0.5 \times 2.96 = 1.48(A)$ 求得：$I_{L4} > (0.52 + X) \times \dfrac{基准变比}{支路变比} = 2(A)$ 注：因 L1（母联）电流小于 L3 和 L5 电流的绝对值之和，故Ⅰ母小差比率制动系数必先于大差比率制动高值满足 0.5 的要求。 第二点（将各支路外加量乘或除以一个倍数）： 取值：$\dfrac{I_{L1}}{2} = 0.5(A)$; $\dfrac{I_{L2}}{2} = 0.5(A)$; $\dfrac{I_{L3}}{2} = 0.5(A)$; $\dfrac{I_{L5}}{2} = 0.74(A)$ 求得：$I_{L4} > \dfrac{2}{2} = 1(A)$ 图 9-2 为例题二示意图。 潮流分布图　　　　　　　　　　　　　　试验接线图 $\dfrac{X}{(Y)}$ A，注：分子 X 为实际加入量，分母 Y 为折算至基准变比后的值。 图 9-2 "大差比率制动系数高值校验"例题二示意图
3	装置报文	20ms Ⅰ母线差动
4	信号指示	保护跳闸

4. 大差比率制动系数低值校验

大差比率制动系数低值校验见表 9-4。

表 9-4　　　　　　　　　　　　大差比率制动系数低值校验

序号	调试项目	母线保护：大差比率制动系数低值校验
1	试验接线	（1）任选Ⅰ、Ⅱ母线上各两条支路加入故障电流。 （2）母联断路器断开（母联 TWJ 触点有开入，且分裂压板投入）
2	试验方法	采用试验仪器的"手动试验"模拟故障： （1）故障母线 2 个支路加入方向相同、大小相等的电流，正常母线保持平衡。 （2）固定正常母线支路电流，调节故障母线支路电流大小，使母线差动动作。 （3）记录所加电流，验证大差比率系数低值
3	试验例题	例题三：运行方式及间隔变比等条件如例题一 试验要求：验证Ⅱ母 C 相故障，大差比率制动系数低值，做 2 个点（要求 4 个间隔均要通流）。 计算如下（大差比率制动低值 K_r 固定为"0.3"，令Ⅰ母差流平衡，Ⅱ母 L3、L5 输入电流相等）： Ⅰ母差流平衡：$I_2 = \dfrac{2.5}{1.2} I_4$ 大差差流：$I_d = I_5 \times \dfrac{2.5+1.2}{2.5} = 1.48 I_5 (A)$ 将上两式代入公式：$I_d > K_r \times (I_r - I_d)$，$I_r = 2I_4 + 1.48I_5$，故 $I_r - I_d = 2I_4$ 求得：$\dfrac{1.48I_5}{2I_4} > 0.3 \Rightarrow I_5 > 0.4054 I_4$ 取值：（1）第一点：$I_4 = 1(A)$；　$I_2 = 2.083(A)$；　$I_5 = I_3 > 0.4054(A)$ 　　　　（2）第二点：$I_4 = 2(A)$；　$I_2 = 4.167(A)$；　$I_3 = I_5 > 0.8108(A)$ 注：因Ⅱ母差动电流与制动电流相等，故Ⅱ母小差比率制动系数满足 0.5 的要求。 图 9-3 为例题三示意图。 $\dfrac{X}{(Y)}$A，注：分子 X 为实际加入量，分母 Y 为折算至基准变比后的值。 图 9-3　"大差比率制动系数低值校验"例题三示意图

续表

4	装置报文	20ms Ⅱ 母线差动
5	信号指示	保护跳闸

5. 小差比率制动系数校验

小差比率制动系数校验见表 9-5。

表 9-5　　　　　　　　　　　　　　　　小差比率制动系数校验

序号	调试项目	母线保护：小差比率制动系数校验
1	试验方法	采用试验仪器的"手动试验"模拟故障： （1）任选同一母线上两条支路，加入方向相反、大小不同的电流。 （2）固定其中一支路电流为 I_1，调节另一支路电流 I_2 大小，使母线差动动作。 （3）记录所加电流，验证小差比率系数（0.5）
2	试验例题	例题四：运行方式及间隔变比等条件如例题一 试验要求：验证 Ⅰ 母 C 相故障，小差比率制动系数，做 2 个点。 计算如下： 小差差流：$I_{d1} = I_4 - 0.48I_2$ $$I_{r1} - I_{d1} = I_4 + 0.48I_2 - (I_4 - 0.48I_2) = 0.96I_2$$ 将上两式代入公式：$I_{d1} > K_{r1} \times (I_{r1} - I_{d1})$ 求得：$$\dfrac{I_4 - 0.48I_2}{0.96I_2} > 0.5 \Rightarrow I_4 > 0.96I_2\,(A)$$ 取值：（1）第一点：$I_2 = 1(A)$；$I_4 > 0.96(A)$ 　　　　（2）第二点：$I_2 = 2(A)$；$I_4 > 1.92(A)$ 图 9-4 为例题四示意图。 图 9-4 "小差比率制动系数高值校验"例题四示意图 注：因前面单独校验过大差制动系数为 0.5 的试验，故本处未再优先满足大差制动系数大于 0.5，若试验仅单独校验小差比率制动系数时，则应在另一段母线一条支路加与差动同极性的电流，且该电流小于"差动保护启动电流定值"。如本试验项目，可在 Ⅱ 母 L5 支路加 0.2A∠0°（"差动保护启动电流定值"=0.24A）以优先满足大差制动系数大于 0.5

3	装置报文	19ms Ⅰ母线差动
4	信号指示	保护跳闸

6. 母差保护电压闭锁元件定值校验

母差保护电压闭锁元件定值校验见表 9-6。

表 9-6　　　　　　　　　　　**母差保护电压闭锁元件定值校验**

序号	调试项目	母线保护：母差保护电压闭锁元件定值校验
1	试验方法	采用试验仪器的"状态序列"模拟。 状态 1：Ⅰ、Ⅱ母通入正常电压，不通入电流。 状态 2：选取Ⅰ（Ⅱ）母线某支路通入故障电流，同时该支路母线电压按：①低电压开放差动：同时降低三相电压至 40.4V 左右；②零序电压开放差动：升高（降低）某相电压 6V 左右；③负序电压开放差动：利用计算器按正序正常电压+4.2V（3.8V）负序电压叠加的方式。 开放条件为低电压（相）：0.7U_n，零序电压：6V，负序电压：4V（装置固化定值）。 注：复压开放时无任何报文，无法通过"手动试验"的方式进行；若加入平衡电流，非空母线复压开放 9s 后报"Ⅰ（Ⅱ）TV 断线"，异常灯亮
2	装置报文	—
3	信号指示	—

7. 母联失灵保护校验

母联失灵保护校验见表 9-7。

表 9-7　　　　　　　　　　　**母联失灵保护校验**

序号	调试项目	母线保护：母联失灵保护校验
1	试验接线	（1）任选Ⅰ、Ⅱ母线上各一支路，将母联和这两个支路加入方向相同、大小相等（折算至基准变比后）的电流。 （2）接入Ⅰ、Ⅱ母支路出口触点作为试验仪器"停表"开入，用于测试时间
2	计算方法	母联分段失灵电流定值=0.19A m=1.05，I=1.05×0.19=0.20（A） m=0.95，I=0.95×0.19=0.18（A） 母联 TA 变比与基准变比一致，故无需变换
3	试验方法	采用试验仪器的"状态序列"模拟故障。 状态 1：Ⅰ、Ⅱ母通入正常电压，不通入电流；状态触发条件：手动触发。 状态 2：加载Ⅱ某支路故障电流（折算至基准变比后）大于差动保护启动电流定值，Ⅰ母平衡，母联大于（小于）母联失灵定值，Ⅱ母差动先动作，启动母联失灵，经母联失灵延时后，Ⅰ、Ⅱ母失灵动作；状态触发条件：时间控制大于母联失灵时间。 注：母联失灵属于母线差动保护，仅投入"差动保护"硬压板即可
4	试验例题	图 9-5 为母联失灵保护校验示意图

续表

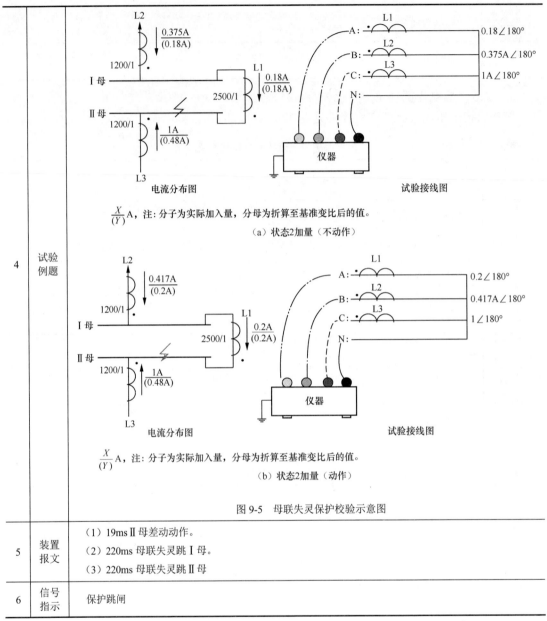

图 9-5　母联失灵保护校验示意图

4	试验例题	见图9-5
5	装置报文	（1）19ms Ⅱ 母差动动作。 （2）220ms 母联失灵跳 Ⅰ 母。 （3）220ms 母联失灵跳 Ⅱ 母
6	信号指示	保护跳闸

8. 母联并列运行时死区故障功能校验

母联并列运行时死区故障功能校验见表 9-8。

表 9-8　　　　　　　　　　母联并列运行时死区故障功能校验

序号	调试项目	母线保护：母联并列运行时死区故障功能校验
1	试验接线	（1）任选 Ⅰ、Ⅱ 母线上各一支路，将母联和这两支路加入方向相同、大小相等（折算至基准变比后）的电流。

1	试验接线	（2）将故障母线上支路的跳闸触点作为母联 TWJ 触点的控制开入量。 若实际带母联断路器传动，可不引该触点。 （3）接入Ⅰ、Ⅱ母支路出口触点作为试验仪器"停表"开入。 （4）母联断路器处合位
2	试验方法	采用试验仪器的"状态序列"模拟故障：加载故障电流（折算至基准变比后）大于差动保护启动电流定值，故障母线母差先动作，母联 TWJ 开入触点动作，母联断路器断开，经 150ms 死区延时后封母联 TA，非故障母线母差动作
3	试验例题	图 9-6 为母联并列运行时死区故障功能校验示意图。 图 9-6 母联并列运行时死区故障功能校验示意图
4	装置报文	（1）19msⅡ母差动作。 （2）160msⅡ母差动母联死区动作
5	信号指示	保护跳闸

9. 母联分列运行时死区故障功能校验

母联分列运行时死区故障功能校验见表 9-9。

表 9-9 母联分列运行时死区故障功能校验

序号	调试项目	母线保护：母联分列运行时死区故障功能校验
1	试验接线	（1）模拟母联 TA 一次靠Ⅱ母、DL 靠Ⅰ母的母联死区故障：任选Ⅱ母线上一支路，将母联和该支路加入方向相反、大小相等（折算至基准变比后）的电流。 （2）接入Ⅰ、Ⅱ母线电压。 （3）母联断路器断开（母联 TWJ 触点有开入，且分裂压板投入）
2	试验方法	采用试验仪器的"状态序列"模拟故障。 （1）状态 1：Ⅰ、Ⅱ母线加载正常电压。状态触发条件：时间控制为 1s。 （2）状态 2：加载故障电流（折算至基准变比后）大于差动保护启动电流定值，并降低Ⅱ母电压，Ⅱ母差动作

续表

3	试验例题	图 9-7 为母联分列运行时死区故障功能校验示意图。 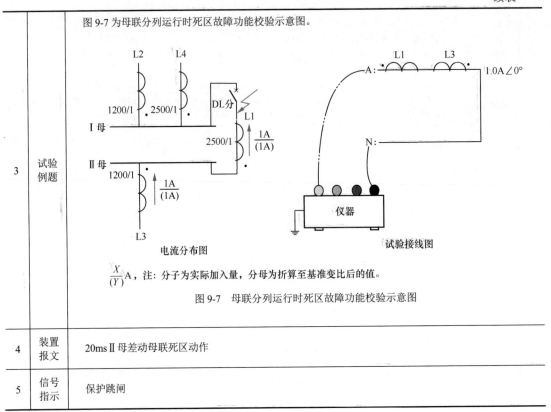 图 9-7 母联分列运行时死区故障功能校验示意图
4	装置报文	20ms II 母差动母联死区动作
5	信号指示	保护跳闸

10. 母联充电至死区故障功能校验

母联充电至死区故障功能校验见表 9-10。

表 9-10　　　　　　　　　　**母联充电至死区故障功能校验**

序号	调试项目	母线保护：母联充电至死区故障功能校验
1	试验接线	模拟 I 母线向 II 母线充电，母联死区（TA 在 II 母侧）有故障： （1）任选 I 母线上一支路，加入试验电流。 （2）试验仪器开出一对触点接至"母联手合"开入。 （3）接入 I 母线电压
2	试验方法	用试验仪器的"状态序列"模拟故障。 状态 1：I 母线加载正常电压。状态触发条件：时间控制为小于 0.1s。 状态 2：加入故障电流，并模拟故障降低 I 母线电压。 状态触发条件：时间控制为 0.1s。 时间控制：小于 0.3s 仅母联动作，大于 0.3s 母联动作后差动动作

3	试验例题	图 9-8 为母联充电至死区故障功能校验示意图。 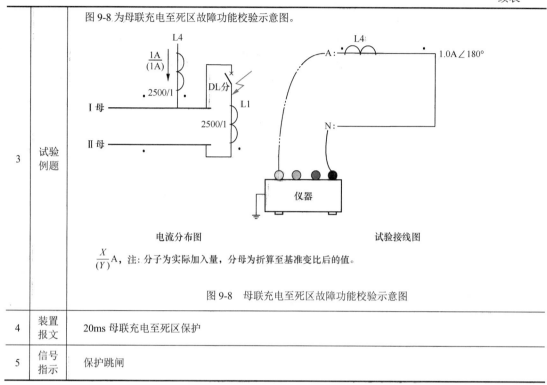 电流分布图　　　　　　　　　　　试验接线图 $\dfrac{X}{(Y)}$A，注：分子为实际加入量，分母为折算至基准变比后的值。 图 9-8　母联充电至死区故障功能校验示意图
4	装置报文	20ms 母联充电至死区保护
5	信号指示	保护跳闸

二、失灵保护

1. 失灵保护电流定值校验

失灵保护电流定值校验见表 9-11。

表 9-11　　　　　　　　　　　　失灵保护电流定值校验

序号	调试项目	失灵保护：失灵保护电流定值校验
1	试验接线	（1）线路支路失灵： 1）任选母线上一线路支路，加入试验电流。 2）试验仪器开出一对触点接至"该支路失灵启动"开入。 （2）主变压器支路失灵： 1）任选母线上一主变压器支路，加入试验电流。 2）母差保护动作跳该主变压器支路或试验仪器开出一对触点接至"该支路三相失灵启动"开入
2	试验方法	用试验仪器的"状态序列"模拟故障。 状态 1：Ⅰ、Ⅱ母线加载正常电压。状态触发条件：手动控制。 状态 2：加入故障电流，并模拟故障降低故障母线电压。 状态触发条件：时间控制为 0.1s。 时间控制：失灵保护 1 时限跳母联，失灵保护 2 时限跳其他支路
3	两者差别	（1）线路支路失灵：相电流定值为 $0.04I_n$；零序/负序电流定值=定值单定值。相电流元件与零序（或负序）电流元件同时满足。 （2）主变压器支路失灵：相电流定值=定值单定值；零序/负序电流定值=定值单定值。相电流元件、零序（或负序）电流元件仅一个满足即可

续表

4	试验方法	状态 1：Ⅰ、Ⅱ母线加载正常电压。状态触发条件：手动控制。 （1）线路支路。状态 2：在支路加入试验电流，应同时满足该支路相电流过电流、零序过电流（或负序过电流）条件；试验仪器开出一对触点接至"该支路失灵启动"开入。 状态触发条件：时间控制大于失灵保护时间。 （2）主变压器支路。状态 2：在支路加入试验电流，满足该支路相电流过电流、零序过电流、负序过电流某一条件。试验仪器开出一对触点接至"该支路失灵启动"开入。 或者，状态 2：在主变压器支路所在母线上的线路支路上加入差动电流，同时主变压器支路加入失灵试验电流，满足该支路相电流过电流、零序过电流、负序过电流某一条件。试验仪器开出一对触点接至"该支路失灵启动"开入。 以上试验均应满足故障母线失灵复压开放的条件。 状态触发条件：时间控制大于失灵保护时间。 失灵开入不应长期闭合，否则失灵保护不会动
5	装置报文	（1）线路支路（模拟 05 支路挂Ⅱ母）。 1）310ms 失灵保护跳母联。 2）Ⅱ母失灵保护动作。 3）05 支路失灵启动出口。 （2）主变压器支路（模拟 02 支路挂Ⅰ母）。 310ms 失灵保护跳母联。 1）Ⅰ母失灵保护动作。 2）02 支路失灵启动出口。 3）变压器 1 失灵联跳
6	信号指示	保护跳闸

2. 失灵保护电压闭锁元件定值校验

失灵保护电压闭锁元件定值校验见表 9-12。

表 9-12　　　　　　　　　　失灵保护电压闭锁元件定值校验

序号	调试项目	失灵保护：失灵保护电压闭锁元件定值校验
1	试验方法	采用试验仪器的"手动试验"模拟： （1）低电压开放差动：同时降低三相电压，直至报信号"Ⅰ或Ⅱ母电压开放"。 （2）零序电压开放差动：升高零序电压，直至报信号"Ⅰ或Ⅱ母电压开放"。 （3）负序电压开放差动：升高负序电压，直至报信号"Ⅰ或Ⅱ母电压开放"
2	装置报文	—
3	信号指示	—

第二节　保护常见故障及故障现象

BP-2CA 母差保护常见故障及故障现象见表 9-13。

表 9-13   BP-2CA 母差保护常见故障及故障现象

类型	难易度	故障属性	故障现象	故障设置地点
A	易	电流回路	单间隔（L1 支路）A 相电流采样分流	1I1D1-1I1D4、3n113-3n101 短接
A	难	电流回路	双间隔（L1-L2 支路）A 相电流采样分流	1I1D1-1I2D1、3n113-3n116、1I1D4-1I2D1、3n101-3n116、1I1D1-1I2D4、3n113-3n104 短接
A	中	电流回路	L1 支路 A 相电流回路开路，装置采样值为 0，试验仪器报警灯亮	1I1D1（3n113）、1I1D4（3n101）虚接
B	易	电流回路	单间隔（L1 支路）B 相电流采样分流	1I1D2-1I1D4、3n114-3n102 短接
B	难	电流回路	双间隔（L1-L2 支路）B 相电流采样分流	1I1D2-1I2D2、3n114-3n117、1I1D2-1I2D4、3n114-3n104、1I1D4-1I2D2、3n101-3n117 短接
B	中	电流回路	L1 支路 B 相电流回路开路，装置采样值为 0，试验仪器报警灯亮	1I1D2（3n114）、1I1D4（3n101）虚接
C	易	电流回路	单间隔（L1 支路）C 相电流采样分流	1I1D3-1I1D4、3n115-3n103 短接
C	难	电流回路	双间隔（L1-L2 支路）C 相电流采样分流	1I1D3-1I2D3、3n115-3n118、1I1D3-1I2D4、3n115-3n104、1I1D4-1I2D3、3n101-3n118 短接
C	中	电流回路	L1 支路 C 相电流回路开路，装置采样值为 0，试验仪器报警灯亮	1I1D3（3n115）、1I1D4（3n101）虚接
A	中	电压回路	I 段母线 TV 二次回路 AN 短路，试验仪器报警	UD1-UD4、3n713-3n701、1UD1-1UD4 短接
B	中	电压回路	I 段母线 TV 二次回路 BN 短路，试验仪器报警	UD2-UD4、3n714-3n701、1UD2-1UD4 短接
C	中	电压回路	I 段母线 TV 二次回路 CN 短路，试验仪器报警	UD3-UD4、3n715-3n701、1UD3-1UD4 短接
AB	中	电压回路	I 段母线 TV 二次回路 AB 短路，试验仪器报警	UD1-UD2、3n713-3n714、1UD1-1UD2 短接
CA	中	电压回路	I 段母线 TV 二次回路 CA 短路，试验仪器报警	UD1-UD3、3n713-3n715、1UD1-1UD3 短接
BC	中	电压回路	I 段母线 TV 二次回路 BC 短路，试验仪器报警	UD2-UD3、3n714-3n715、1UD2-1UD3 短接
A	易	电压回路	I 段母线 TV 二次回路 A 相开路，该相电压采样值为 0	UD1（1UK1-1）、1UD1（1UK1-2）、1UD1（3n713）、3n713 虚接
B	易	电压回路	I 段母线 TV 二次回路 B 相开路，该相电压采样值为 0	UD2（1UK1-3）、1UD2（1UK1-4）、1UD2（3n714）、3n714 虚接
C	易	电压回路	I 段母线 TV 二次回路 C 相开路，该相电压采样值为 0	UD3（1UK1-5）、1UD3（1UK1-6）、1UD3（3n715）、3n715 虚接
N	易	电压回路	I 段母线 TV 二次回路 N 相开路，三相电压采样值不正确	UD4（1UD4）、1UD4（UD4）、1UD4（3n701）、3n701 虚接
A	中	电压回路	II 段母线 TV 二次回路 AN 短路，试验仪器报警	UD5-UD8、3n716-3n704、1UD5-1UD8 短接

续表

类型	难易度	故障属性	故障现象	故障设置地点
B	中	电压回路	Ⅱ段母线 TV 二次回路 BN 短路，试验仪器报警	UD6-UD8、3n717-3n704、1UD6-1UD8 短接
C	中	电压回路	Ⅱ段母线 TV 二次回路 CN 短路，试验仪器报警	UD7-UD8、3n718-3n704、1UD7-1UD8 短接
AB	中	电压回路	Ⅱ段母线 TV 二次回路 AB 短路，试验仪器报警	UD5-UD6、3n716-3n717、1UD5-1UD6 短接
CA	中	电压回路	Ⅱ段母线 TV 二次回路 CA 短路，试验仪器报警	UD7-UD5、3n716-3n718、1UD5-1UD7 短接
BC	中	电压回路	Ⅱ段母线 TV 二次回路 BC 短路，试验仪器报警	UD6-UD7、3n717-3n718、1UD6-1UD7 短接
A	易	电压回路	Ⅱ段母线 TV 二次回路 A 相开路，该相电压采样值为 0	UD5（1UK2-1）、1UD5（1UK2-2）、1UD5（3n716）、3n716 虚接
B	易	电压回路	Ⅱ段母线 TV 二次回路 B 相开路，该相电压采样值为 0	UD6（1UK2-3）、1UD6（1UK2-4）、1UD6（3n717）、3n717 虚接
C	易	电压回路	Ⅱ段母线 TV 二次回路 C 相开路，该相电压采样值为 0	UD7（1UK2-5）、1UD7（1UK2-6）、1UD7（3n718）、3n718 虚接
N	易	电压回路	Ⅱ段母线 TV 二次回路 N 相开路，三相电压采样值不正确	UD8（1UD8）、1UD8（UD8）、1UD8（3n704）、3n704 虚接
ⅠA-ⅡA	难	电压回路	Ⅰ、Ⅱ段母线 TV 二次回路 A 相短接，加任一路电压另一路均有读数	UD1-UD5、3n713-3n716、1UD1-1UD5 短接
ⅠA-ⅡB	难	电压回路	Ⅰ母 TV A 相和Ⅱ母 TV B 相短接，加电压时试验仪器报警	UD1-UD6、3n713-3n717、1UD1-1UD6 短接
ⅠA-ⅡC	难	电压回路	Ⅰ母 TV A 相和Ⅱ母 TV C 相短接，加电压时试验仪器报警	UD1-UD7、3n713-3n718、1UD1-1UD7 短接
ⅠB-ⅡA	难	电压回路	Ⅰ母 TV B 相和Ⅱ母 TV A 相短接，加电压时试验仪器报警	UD2-UD5、3n714-3n716、1UD2-1UD5 短接
ⅠB-ⅡB	难	电压回路	Ⅰ、Ⅱ段母线 TV 二次回路 B 相短接，加任一路电压另一路均有读数	UD2-UD6、3n714-3n717、1UD2-1UD6 短接
ⅠB-ⅡC	难	电压回路	Ⅰ母 TV B 相和Ⅱ母 TV C 相短接，加电压时试验仪器报警	UD2-UD7、3n714-3n718、1UD2-1UD7 短接
ⅠC-ⅡA	难	电压回路	Ⅰ母 TV C 相和Ⅱ母 TV A 相短接，加电压时试验仪器报警	UD3-UD5、3n715-3n716、1UD3-1UD5 短接
ⅠC-ⅡB	难	电压回路	Ⅰ母 TV C 相和Ⅱ母 TV B 相短接，加电压时试验仪器报警	UD3-UD6、3n715-3n717、1UD3-1UD6 短接
ⅠC-ⅡC	难	电压回路	Ⅰ、Ⅱ段母线 TV 二次回路 C 相短接，加任一路电压另一路均有读数	UD3-UD7、3n715-3n718、1UD3-1UD7 短接
Ⅰ母隔离开关	易	开入回路	短 L2 间隔Ⅰ母隔离开关，隔离开关模拟屏灯不亮，开入无变位	1C2D11（5n103）、1C2D7（1C1D8）、1C1D8（1C2D7）、5n103 虚接
Ⅰ母隔离开关	中	开入回路	短 L2 间隔Ⅰ母隔离开关，开入无变位	5n403、1n102 虚接

续表

类型	难易度	故障属性	故障现象	故障设置地点
双隔离开关	易	开入回路	短 L2 间隔Ⅰ母隔离开关或Ⅱ母隔离开关，隔离开关模拟屏Ⅰ母隔离开关、Ⅱ母隔离开关灯均亮，Ⅰ母隔离开关、Ⅱ母隔离开关开入均变位	1C2D11-1C2D12、5n103-5n104 短接
双隔离开关	中	开入回路	短 L2 间隔Ⅰ母隔离开关或Ⅱ母隔离开关，开入Ⅰ/Ⅱ隔离开关均变位	5n403-5n404、1n102-1n202 短接
双隔离开关	中	开入回路	短 L2 间隔Ⅰ母隔离开关，隔离开关模拟屏 L3 间隔Ⅰ母隔离开关灯也亮，开入变位	1C2D11-1C3D11、5n103-5n105 短接
双隔离开关	中	开入回路	短 L2 间隔Ⅰ母隔离开关，L3 间隔Ⅰ母隔离开关开入也变位	5n403-5n405、1n102-1n103 短接
双隔离开关	中	开入回路	短 L2 间隔Ⅰ母隔离开关，隔离开关模拟屏 L3 间隔Ⅱ母隔离开关灯也亮，开入变位	1C2D11-1C3D12、5n103-5n106 短接
双隔离开关	中	开入回路	短 L2 间隔Ⅰ母隔离开关，L3 间隔Ⅱ母隔离开关开入也变位	5n403-5n406、1n102-1n203
双隔离开关	中	开入回路	短 L2 间隔Ⅱ母隔离开关，隔离开关模拟屏 L3 间隔Ⅰ母隔离开关灯也亮，开入变位	1C2D12-1C3D11、5n104-5n105 短接
双隔离开关	中	开入回路	短 L2 间隔Ⅱ母隔离开关，L3 间隔Ⅰ母隔离开关开入也变位	5n404-5n405、1n202-1n103
双隔离开关	中	开入回路	短 L2 间隔Ⅱ母隔离开关，隔离开关模拟屏 L3 间隔Ⅱ母隔离开关灯也亮，开入变位	1C2D12-1C3D12、5n104-5n106 短接
双隔离开关	中	开入回路	短 L2 间隔Ⅱ母隔离开关，L3 间隔Ⅱ母隔离开关开入也变位	5n404-5n406、1n202-1n203 短接
—	中	开入回路	隔离开关模拟屏上隔离开关切换无反应	1QD5（5n716）虚接
—	中	开入回路	装置黑屏，面板"管理运行""保护运行""闭锁运行"灯灭	1QD1（1n901）、1QD28（1n902）虚接（装置电源）
—	中	开入回路	面板"闭锁运行"灯灭，按复归按钮无反应	1QD2（1nA01）、1QD29（1nA02）虚接（装置电源）
—	中	开入回路	任一开入均无反映	1QD3（1nA05）、1QD30（1nA06）虚接（操作电源）
—	中	开入回路	按复归按钮无反应	1QD7（FA-23）虚接（复归按钮正电）
—	中	开入回路	短任一间隔Ⅰ母隔离开关、母联断路器开入、投入母联相关功能压板均无反映	1QD31（1n133）、1n133（1QD31）虚接（装置背板 1n1 负电）
—	中	开入回路	短任一间隔Ⅱ母隔离开关、投入母差相关功能压板、按复归按钮均无反应	1QD31（1n233）、1n233（1QD31）虚接（装置背板 1n2 负电）
—	中	开入回路	投某一压板，另一开入也变位	任两块功能压板下端短接

类型	难易度	故障属性	故障现象	故障设置地点
一	难	开入回路	差动保护动作时，面板无信号	1n225-1n226（复归-差动保护）短接
一	难	开入回路	失灵保护动作时，面板无信号	1n225-1n227（复归-失灵保护）短接
一	中	开入回路	短接母联跳位，开入无变位	1QD12（1n126）、1n126（1QD12）虚接（母联跳位开入）
一	中	开入回路	短接母联手合，开入无变位	1QD15（1n125）、1n125（1QD15）虚接（母联 SHJ 开入）
一	中	开入回路	母联跳位开入一直为 1	1QD5-1QD12 短接（母联跳位开入）
一	难	开入回路	母联跳位开入变位时，复归按钮跟着变位	1QD12-1QD19 短接（母联跳位与复归按钮开入）
一	中	开入回路	复归按钮开入一直有	1QD5-1QD19 短接（复归按钮开入）
一	易	开入回路	短接 L2 间隔三相失灵启动开入，开入无变位	1C2D13（1n302）虚接（L2 间隔三相失灵启动开入）
一	易	开入回路	短接 L4 间隔 A 相失灵启动开入，开入无变位	1C4D14（1n410）虚接（L4 间隔 A 相失灵启动开入）
I	中	开出回路	L1 间隔第 I 组无法开出，断路器无法传动	1C1D1（2n401）、1C1D4（1C1LP1-1）虚接（L1 间隔第 I 组开出）
II	中	开出回路	L1 间隔第 II 组无法开出，时间无法测试	1C1D2（2n433）、1C1D5（1C1LP2-1）虚接（L1 间隔第 II 组开出）
I	难	开出回路	L2 间隔第 I 组开出时间测试不准	1C2D1-1C2D4 短接（L2 间隔第 I 组开出）
定值区	易	定值	定值核对不一致	定值区改变
定值	易	定值	定值校验不准	某定值改变
母差保护	易	控制字	差动保护无法动作	差动保护控制字退出
母差保护	中	软压板	差动保护无法动作	差动保护软压板退出
失灵保护	易	控制字	失灵保护无法动作	失灵保护控制字退出
失灵保护	中	软压板	失灵保护无法动作	失灵保护软压板退出
平衡态	易	定值	采样不准，无法平衡	支路 TA 一次值改变
平衡态	易	定值	采样不准，无法平衡	支路 TA 二次值改变
平衡态	易	定值	无法平衡	基准 TA 一次值改变
平衡态	易	定值	无法平衡	基准 TA 二次值改变

第十章　PCS-915SA 母线保护装置调试

PCS-915SA 型微机母线保护装置，设有母线差动保护、母联（分段）死区保护、母联（分段）失灵保护以及断路器失灵保护等功能，适用于 220kV 及以上电压等级的双母主接线、双母双分主接线、单母分段主接线和单母主接线系统。对于各种电压等级的双母双分段主接线方式，需要由两套 PCS-915SA 装置实现对双母双分段母线的保护。

第一节　试　验　调　试　方　法

一、负荷平衡态校验

母线保护负荷平衡态校验见表 10-1。

表 10-1　　　　　　　　　　　　母线保护负荷平衡态检验

试验项目	母线保护负荷平衡态校验
试验例题	支路 L3（2000/1）、L5（1500/1）接 I 母运行，L2（2000/1）、L4（1000/1）接 II 母运行，TA 基准变比为 2500/1；两段母线并列运行，电压正常。已知母联（2500/1）间隔 C 相一次电流流出 II 母，L4 间隔方向相反，母联一次电流幅值为 2500A，L4 间隔一次电流幅值为 500A。调整 L2、L3、L5 支路电流，使差流平衡，屏上无任何告警、动作信号
试验条件	（1）硬压板设置：投入"差动保护投入"压板 1QLP1。 （2）软压板设置：投入"差动保护"软压板。 （3）控制字设置："差动保护"置"1"。 （4）"运行"指示灯亮
计算方法	（1）根据题意，母联一次电流幅值为 2500A，L4 间隔一次电流幅值为 500A。 　　则 L1 间隔二次电流=2500/2500×1=1A，换算为基准变比下的电流为 1A； 　　　L4 间隔二次电流=500/1000×1=0.5A，换算为基准变比下的电流为 0.2A。 　　（2）根据题意，L1 流出 II 母，L4 流入 II 母，L2 间隔电流应为流入 II 母且幅值为 L1、L4 之差。 　　故 L2 间隔一次电流=L1−L4=2500−500=2000A， 　　　　　二次电流=2000/2000×1=1A，换算为基准变比下的电流为 0.8A。 　　（3）对 L3、L5 支路的电流进行推算。由于只使用三相电流进行试验，必须对电流回路进行串接且 5 个支路的电流只能有 3 个数值。 　　取 L5 支路二次电流为 1A（换算为基准变比下的电流为 0.6A），且支路电流流进 I 母。 　　由于 L1、L5 支路电流均流进 I 母，则 L3 支路电流应流出 I 母，且其一次值等于 L1、L5 支路一次电流之和。

计算方法	故 L3 支路一次电流=2500+1×1500/1=4000A， 　　　　二次电流=2A，换算为基准变比下的电流为 1.6A。 综上可得： L1：$1\angle180°$A L2：$1\angle180°$A L3：$2\angle0°$A L4：$0.5\angle180°$A L5：$1\angle180°$A
接线方式	（1）接线时，基本原则是试验仪器的各相电流均按极性端接入各支路电流极性端，这种接线的方式我们把它称为正接，反之为反接；在进行平衡态试验和大小差比率制动试验时，有时需要根据题意对几个支路进行接线串接；建议尽量按照正接的方式进行试验接线，电流角度通过仪器调整。 （2）I_a 正接入 L1 间隔 C 相，正接串 L2 间隔 C 相，正接串 L5 间隔 C 相；I_b 正接入 L3 间隔 C 相；I_c 正接入 L4 间隔 C 相
负荷平衡态试验仪器设置（手动方式）	参数设置 $\dot{U}_A$：57.74$\angle$0.00°V $\dot{U}_B$：57.74$\angle$-120°V $\dot{U}_C$：57.74$\angle$120°V　｜　$\dot{I}_A$：1$\angle$180°A $\dot{I}_B$：2$\angle$0.00°A $\dot{I}_C$：0.5$\angle$180°A　｜　状态触发条件：手动控制
装置报文	无
装置指示灯	无
注意事项	（1）各间隔电流角度为通过装置菜单读到的角度；设置时，如果某支路一次电流从 TA 的同名端流进，则该支路电流采样读到的角度应为 0°。 （2）根据说明书，各支路 TA 的同名端在母线侧，母联 TA 同名端在 I 母侧。 （3）互联压板不能投入，因为投入后保护装置不计算小差差流，存在母联电流计算错误或接线错误，但装置无告警的情况。 （4）PCS-915 保护不能改变相位基准，相位基准固定为 I 母 TV 的 A 相电压，I 母无压时固定为 II 母 TV 的 A 相电压
思考	（1）L5 支路取 0.5A 或变更电流流向是否可行？从 L3 支路开始推算应如何计算？ （2）如何通过基准变比进行计算？

二、差动保护检验

差动保护检验见表 10-2。表中检验的比率制动系数均为常规比率差动元件。为防止在母联开关断开的情况下，弱电源侧母线发生故障时大差比率差动元件的灵敏度不够。因此比率差动元件的比率制动系数设高、低两个定值：大差高值固定取 0.5，小差高值固定取 0.6；大差低值固定取 0.3，小差低值固定取 0.5。当大差高值和小差低值同时动作，或大差低值和小差高值同时动作时，比率差动元件动作。

表 10-2　　　　　　　　　　　　　　差动保护检验

试验项目	差动启动值定值检验
相关定值	差动启动电流 I_{cdzd}=0.24A
试验条件	（1）硬压板设置：投入"差动保护投入"压板 1QLP1。 （2）软压板设置：投入"差动保护"软压板。 （3）控制字设置："差动保护"置"1"。 （4）I_b 接 L2 间隔

续表

计算方法	计算公式: L2 支路启动值: $I_{dz}=I_{cdzd}/[(支路 TA 变比)/(基准 TA 变比)]$ 　　　　　　　$=0.24/[(2000/1)/(2500/1)]$ 　　　　　　　$=0.3(A)$ 　　$m=1.05$, $I=0.3×1.05=0.315(A)$ 　　$m=0.95$, $I=0.3×0.95=0.285(A)$ 　　测试时间, $m=2$, $I=0.3×2=0.6(A)$ 其他支路类似可得
$m=1.05$ 时 仪器设置 (以状态序列 为例)	状态 1 参数设置 表格如下

状态 1 参数设置

$\dot{U}_A$: 57.74∠0.00°V $\dot{U}_B$: 57.74∠−120°V $\dot{U}_C$: 57.74∠120°V	$\dot{I}_A$: 0.00∠0.00°A $\dot{I}_B$: 0.00∠0.00°A $\dot{I}_C$: 0.00∠0.00°A	状态触发条件: 手动控制 或时间控制为 0.1s

状态 2 参数设置

$\dot{U}_A$: 57.74∠0.00°V $\dot{U}_B$: 25.00∠−120°V $\dot{U}_C$: 57.74∠120°V	$\dot{I}_A$: 0.00∠0.00°A $\dot{I}_B$: 0.315∠0.00°A $\dot{I}_C$: 0.00∠0.00°A	状态触发条件: 触点返回 或时间控制为 0.1s

装置报文	(1) 差动保护跳母联。 (2) 变化量差动跳Ⅰ母。 (3) 稳态量差动跳Ⅰ母。 (4) Ⅰ母差动作
装置指示灯	保护跳闸
说明	差动保护动作时间应以 2 倍动作电流进行测试
注意事项	(1) 应保证复压闭锁条件开放,可降低对应相电压; (2) 可采用状态序列或手动试验
思考	启动值试验能否用母联间隔进行校验,为什么
试验项目	大差比率制动系数高值校验
相关定值	大差比率制动系数高值: 0.5
试验例题	(1) 运行方式为: 支路 L3、L5 合于Ⅰ母;支路 L2、L4 合于Ⅱ母,双母线并列运行。 (2) 变比: L2(2000/1)、L3(2000/1)、L4(1000/1)、L5(1500/1)、L1(2500/1)。 (3) 基准变比: 2500/1。 试验要求: Ⅰ母 C 相故障,验证大差比率制动系数高值,做 2 个点(要求 3 个间隔均要通流)
试验条件	(1) 硬压板设置: 投入"差动保护投入"压板 1QLP1。 (2) 软压板设置: 投入"差动保护"软压板。 (3) 控制字设置: "差动保护"置"1"。 (4) 母联开关合(母联 TWJ 开入为"0",且分裂压板退出)。 (5) I_a 正接入 L1 间隔 C 相; I_b 正接入 L2 间隔 C 相; I_c 正接入 L3 间隔 C 相
计算方法	先按平衡态值求出第一点,再在第一点基础上将各支路外加量乘或除以一个系求出第二点。 第一点: 设故障发生在Ⅰ母,满足小差斜率在(0.5,0.6)区间,取 0.52,再调节支路 L2 电流,使其满足大差斜率 0.5 的要求,取 L1 支路 $I_{L1}=2A$ 计算:

计算方法	$I_{L3}-I_{L1}=0.52$（$I_{L3}+I_{L1}$） $I_{L3}-I_{L2}\geqslant0.5$（$I_{L3}+I_{L2}$） $I_{L1}=2A$ $\Rightarrow I_{L3}=6.333 \qquad I_{L2}\leqslant2.111$ 以上为基准值，实际值： $I'_{L1}=2A\angle0°A$ $I'_{L3}=6.333/[(2500/1)/(2000/1)]=7.917\angle180°A$ $I'_{L2}\leqslant2.111/[(2500/1)/(2000/1)]=2.639\angle0°A$ 注：此时 Ⅱ 母将出现一定差流，但是差流较小，不影响试验过程。 第二点：将各支路外加量乘或除以一个系数。 计算：略

大差比率制动系数试验仪器设置（以状态序列为例）第一点	状态 1 参数设置		
	$\dot{U}_A:57.74\angle0.00°V$ $\dot{U}_B:57.74\angle-120°V$ $\dot{U}_C:57.74\angle120°V$	$\dot{I}_A:0.00\angle0.00°A$ $\dot{I}_B:0.00\angle0.00°A$ $\dot{I}_C:0.00\angle0.00°A$	状态触发条件：手动控制或时间控制为 0.1s
	状态 2 参数设置		
	$\dot{U}_A:57.74\angle0.00°V$ $\dot{U}_B:57.74\angle-120°V$ $\dot{U}_C:25\angle120°V$	$\dot{I}_A:2\angle0.00°A$ $\dot{I}_B:2.63\angle0.00°A$ $\dot{I}_C:7.917\angle180°A$	状态触发条件：触点返回或时间控制为 0.1s
大差比率制动系数试验仪器设置（以状态序列为例）第二点	状态 1 参数设置		
	$\dot{U}_A:57.74\angle0.00°V$ $\dot{U}_B:57.74\angle-120°V$ $\dot{U}_C:57.74\angle120°V$	$\dot{I}_A:0.00\angle0.00°A$ $\dot{I}_B:0.00\angle0.00°A$ $\dot{I}_C:0.00\angle0.00°A$	状态触发条件：手动控制或时间控制为 0.1s
	状态 2 参数设置		
	$\dot{U}_A:57.74\angle0.00°V$ $\dot{U}_B:57.74\angle-120°V$ $\dot{U}_C:25\angle120°V$	$\dot{I}_A:1\angle0.00°A$ $\dot{I}_B:1.315\angle0°A$ $\dot{I}_C:3.958\angle180°A$	状态触发条件：触点返回或时间控制为 0.1s

装置报文	（1）差动保护跳母联。 （2）变化量差动跳 Ⅰ 母。 （3）稳态量差动跳 Ⅰ 母。 （4）Ⅰ 母差动动作
装置指示灯	保护跳闸
注意事项	（1）应保证复压闭锁条件开放，可降低对应相电压。 （2）模拟 Ⅰ 母小差动作，应降低 Ⅰ 母电压。 （3）可采用状态序列或手动试验
思考	若此时 Ⅱ 母故障，要验证大差比率制动系数高值，各支路该如何加量，如何接线
试验项目	大差比率制动系数低值校验
相关定值	大差比率制动系数低值 K_r：0.3

试验例题	(1) 运行方式为: 支路 L3、L5 合于 Ⅰ 母; 支路 L4 合于 Ⅱ 母, 双母线分列运行。 (2) 变比: L2(2000/1)、L3(2000/1)、L4(1000/1)、L5(1500/1)、L1(2500/1)。 (3) 基准变比: 2500/1。 试验要求: Ⅱ 母 C 相故障, 验证大差比率制动系数低值, 做 2 个点 (要求 3 个间隔均要通流)
试验条件	(1) 硬压板设置: 投入 "差动保护投入" 压板 1QLP1。 (2) 软压板设置: 投入 "差动保护" 软压板。 (3) 控制字设置: "差动保护" 置 "1"。 (4) 母联间隔不加电流。 (5) I_a 正接入 L5 间隔 C 相; I_b 正接入 L3 间隔 C 相; I_c 正接入 L4 间隔 C 相
计算方法	第一点: 设置 Ⅰ 母平衡。 (1) L5 流入 Ⅰ 母, 二次电流 1A (换算成基准变比下的电流为 0.6A)。 (2) L3 流出 Ⅰ 母, 二次电流 0.75A (换算成基准变比下的电流为 0.6A)。 (3) L4 电流为变量, 方向流入 Ⅱ 母, 设其幅值为 X。 则 $$\begin{cases} I_d = X \\ I_r = (0.6+0.6+X) = 1.2+X \\ I_d > K_r \times I_r \end{cases}$$ 得出: $X > 0.3 \times (1.2+X)$ $X > 0.515$ 换算成支路电流: $0.515 \times (2500/1000) = 1.2875$ (A) 第二点: 将各支路外加量乘或除以一个系数。 计算: 略。 注: (1) 因 Ⅱ 母小差斜率为 1, 大于 0.6, 故此时满足大差斜率即可。 (2) 计算值不宜过小, 因条件 $I_d \geqslant 0.24A$ 容易忽略

大差比率制动系数低值试验仪器设置 (以状态序列为例) 第一点	状态 1 参数设置		
	$\dot{U}_A$:57.74∠0.00°V $\dot{U}_B$:57.74∠−120°V $\dot{U}_C$:57.74∠120°V	$\dot{I}_A$:0∠0.00°A $\dot{I}_B$:0∠0.00°A $\dot{I}_C$:0∠0.00°A	状态触发条件: 手动控制或时间控制为 0.1s
	状态 2 参数设置		
	$\dot{U}_A$:57.74∠0.00°V $\dot{U}_B$:57.74∠−120°V $\dot{U}_C$:25∠120°V	$\dot{I}_A$:1∠180°A $\dot{I}_B$:0.75∠0.00°A $\dot{I}_C$:1.2875∠180°A	状态触发条件: 触点返回或时间控制为 0.1s
大差比率制动系数低值试验仪器设置 (以状态序列为例) 第二点	状态 1 参数设置		
	$\dot{U}_A$:57.74∠0.00°V $\dot{U}_B$:57.74∠−120°V $\dot{U}_C$:57.74∠120°V	$\dot{I}_A$:0.00∠0.00°A $\dot{I}_B$:0.00∠0.00°A $\dot{I}_C$:0.00∠0.00°A	状态触发条件: 手动控制或时间控制为 0.1s
	状态 2 参数设置		
	$\dot{U}_A$:57.74∠0.00°V $\dot{U}_B$:57.74∠−120°V $\dot{U}_C$:25∠120°V	$\dot{I}_A$:2∠180°A $\dot{I}_B$:1.5∠0.00°A $\dot{I}_C$:2.575∠180°A	状态触发条件: 触点返回或时间控制为 0.1s

续表

装置报文	（1）差动保护跳母联。 （2）变化量差动跳Ⅱ母。 （3）稳态量差动跳Ⅱ母。 （4）Ⅱ母差动动作
装置指示灯	保护跳闸
注意事项	（1）应保证复压闭锁条件开放，可降低对应相电压。 （2）可采用状态序列或手动试验
思考	上述运行方式，模拟Ⅰ母故障，能否验证大差比率制动系数低值
试验项目	小差比率制动系数高值校验
相关定值	小差比率制动系数低值：0.6
试验例题	（1）运行方式为：支路 L3、L5 合于Ⅰ母；支路 L2、L4 合于Ⅱ母，双母线分列运行。 （2）变比：L2(2000/1)、L3(2000/1)、L4(1000/1)、L5(1500/1)、L1(2500/1)。 （3）基准变比：2500/1。 试验要求：Ⅰ母 C 相故障，验证小差比率制动系数高值，做 2 个点（要求 3 个间隔均要通流）
试验条件	（1）硬压板设置：投入"差动保护投入"压板 1QLP1。 （2）软压板设置：投入"差动保护"软压板。 （3）控制字设置："差动保护"置"1"。 （4）母联间隔不加电流。 （5）I_a 正接入 L1 间隔 C 相；I_b 正接入 L2 间隔 C 相；I_c 正接入 L3 间隔 C 相
计算方法	第一点：设故障发生在Ⅰ母，满足大差斜率在（0.3，0.5）区间，取 0.32，再调节支路 L1 电流，使其满足小差斜率 0.6 的要求，取 L2 支路 I_{L2}=2A 计算： $I_{L3}-I_{L2}=0.32（I_{L3}+I_{L2}）$ $I_{L3}-I_{L1}\geqslant0.6（I_{L3}+I_{L1}）$ $I_{L2}=2A$ $\Rightarrow I_{L3}=3.882 \qquad I_{L1}\leqslant0.971$ 以上为基准值，实际值： $I'_{L2}=2A/[(2500/1)/(2000/1)]=2.5\angle0°A$ $I'_{L3}=3.882/[(2500/1)/(2000/1)]=4.853\angle180°A$ $I'_{L1}\leqslant0.971\angle0°A$ 注：此时Ⅱ母将出现一定差流，但是差流较小，不影响试验过程。 第二点：将各支路外加量乘或除以一个系数。 计算：略

大差比率制动系数低值试验仪器设置（以状态序列为例）第一点	状态 1 参数设置		
	$\dot{U}_A:57.74\angle0.00°V$ $\dot{U}_B:57.74\angle-120°V$ $\dot{U}_C:57.74\angle120°V$	$\dot{I}_A:0.00\angle0.00°A$ $\dot{I}_B:0.00\angle0.00°A$ $\dot{I}_C:0.00\angle0.00°A$	状态触发条件：手动控制或时间控制为 0.1s
	状态 2 参数设置		
	$\dot{U}_A:57.74\angle0.00°V$ $\dot{U}_B:57.74\angle-120°V$ $\dot{U}_C:25\angle120°V$	$\dot{I}_A:0.965\angle0.00°A$ $\dot{I}_B:2.5\angle0.00°A$ $\dot{I}_C:4.853\angle180°A$	状态触发条件：触点返回或时间控制为 0.1s

大差比率制动系数低值试验仪器设置（以状态序列为例）第二点	状态 1 参数设置		
	$\dot{U}_A$: 57.74∠0.00°V $\dot{U}_B$: 57.74∠−120°V $\dot{U}_C$: 57.74∠120°V	$\dot{I}_A$: 0.00∠0.00°A $\dot{I}_B$: 0.00∠0.00°A $\dot{I}_C$: 0.00∠0.00°A	状态触发条件：手动控制或时间控制为 0.1s
	状态 2 参数设置		
	$\dot{U}_A$: 57.74∠0.00°V $\dot{U}_B$: 57.74∠−120°V $\dot{U}_C$: 25∠120°V	$\dot{I}_A$: 1.942∠0.00°A $\dot{I}_B$: 5∠0.00°A $\dot{I}_C$: 9.706∠180°A	状态触发条件：触点返回或时间控制为 0.1s
装置报文	（1）差动保护跳母联。 （2）变化量差动跳Ⅰ母。 （3）稳态量差动跳Ⅰ母。 （4）Ⅰ母差动动作		
装置指示灯	保护跳闸		
注意事项	（1）应保证复压闭锁条件开放，可降低对应相电压。 （2）可采用状态序列或手动试验		
思考	若此时要求Ⅱ母故障，验证大差比率制动系数高值，各支路该如何加量，如何接线		
试验项目	小差比率制动系数低值校验		
相关定值	小差比率制动系数低值：0.5		
试验例题	（1）运行方式为：支路 L3、L5 合于Ⅰ母；支路 L2、L4 合于Ⅱ母。 （2）变比：L2(2000/1)、L3(2000/1)、L4(1000/1)、L5(1500/1)、L1(2500/1)。 （3）基准变比：2500/1。 试验要求：Ⅱ母 C 相故障，验证小差比率制动系数低值，做 2 个点		
试验条件	（1）硬压板设置：投入"差动保护投入"压板 1QLP1。 （2）软压板设置：投入"差动保护"软压板。 （3）控制字设置："差动保护"置"1"。 （4）I_a 正接入 L1 间隔 C 相；I_b 正接入 L2 间隔 C 相；I_c 正接入 L3 间隔 C 相		
计算方法	先按平衡态值求出第一点，再在第一点基础上将各支路外加量乘或除以一个系求出第二点。 第一点：设故障发生在Ⅱ母，满足大差斜率大于 0.5，取 0.52，再调节支路 L1 电流，使其满足大差斜率 0.5 的要求，取 L3 支路 I_{L3}=2A 计算： $I_{L2}-I_{L3}=0.52（I_{L2}+I_{L3}）$ $I_{L2}-I_{L1}\geqslant0.5（I_{L2}+I_{L1}）$ $I_{L3}=2A$ $\Rightarrow I_{L2}=6.333 \qquad I_{L1}\leqslant2.111$ 以上为基准值，实际值： I'_{L1} =2.111A∠180°A I'_{L3} =2/[(2500/1)/(2000/1)]=2.5∠0°A I'_{L2} ≤6.333/[(2500/1)/(2000/1)]=7.917∠180°A 注：此时Ⅰ母将出现一定差流，但是差流较小，不影响试验过程。 第二点：将各支路外加量乘或除以一个系数。 计算：略		

小差比率制动系数试验仪器设置（以状态序列为例）第一点	状态 1 参数设置			
	$\dot{U}_A:57.74\angle0.00°V$ $\dot{U}_B:57.74\angle-120°V$ $\dot{U}_C:57.74\angle120°V$	$\dot{I}_A:0.00\angle0.00°A$ $\dot{I}_B:0.00\angle0.00°A$ $\dot{I}_C:0.00\angle0.00°A$	状态触发条件：手动控制或时间控制为 0.1s	
	状态 2 参数设置			
	$\dot{U}_A:57.74\angle0.00°V$ $\dot{U}_B:57.74\angle-120°V$ $\dot{U}_C:25\angle120°V$	$\dot{I}_A:2.05\angle180°A$ $\dot{I}_B:7.917\angle180°A$ $\dot{I}_C:2.5\angle0.00°A$	状态触发条件：触点返回或时间控制为 0.1s	
小差比率制动系数试验仪器设置（以状态序列为例）第二点	状态 1 参数设置			
	$\dot{U}_A:57.74\angle0.00°V$ $\dot{U}_B:57.74\angle-120°V$ $\dot{U}_C:57.74\angle120°V$	$\dot{I}_A:0.00\angle0.00°A$ $\dot{I}_B:0.00\angle0.00°A$ $\dot{I}_C:0.00\angle0.00°A$	状态触发条件：手动控制或时间控制为 0.1s	
	状态 2 参数设置			
	$\dot{U}_A:57.74\angle0.00°V$ $\dot{U}_B:57.74\angle-120°V$ $\dot{U}_C:25\angle120°V$	$\dot{I}_A:4.15\angle180°A$ $\dot{I}_B:15.834\angle180°A$ $\dot{I}_C:5\angle0.00°A$	状态触发条件：触点返回或时间控制为 0.1s	
装置报文	（1）差动保护跳母联。 （2）变化量差动跳 II 母。 （3）稳态量差动跳 II 母。 （4）II 母差动动作			
装置指示灯	保护跳闸			
注意事项	（1）应保证复压闭锁条件开放，可降低对应相电压。 （2）可采用状态序列或手动试验			
思考	如果要求母联有电流，计算小差，还应考虑什么因素			
试验项目	差动保护电压闭锁元件校验			
相关定值	$U_{bs}=0.7U_n$，$U_{0bs}=6V$，$U_{2bs}=4V$（U_{bs} 为相电压闭锁值；U_{0bs} 为零序电压闭锁值；U_{2bs} 为负序电压闭锁值）			
试验例题	差动保护电压闭锁元件校验			
试验条件	两段母线 TV 正常接线			
计算方法	略			
差动保护电压闭锁元件校验（手动方式）	相电压闭锁值 U_{bs} 参数设置			
	$\dot{U}_A:57.7\angle0.00°V$ $\dot{U}_B:57.7\angle-120°V$ $\dot{U}_C:57.7\angle120°V$	$\dot{I}_A:0.00\angle0.00°A$ $\dot{I}_B:0.00\angle0.00°A$ $\dot{I}_C:0.00\angle0.00°A$	选"三相电压"为变量、降至 40.4V 左右动作	
	零序电压闭锁值 U_{0bs} 参数设置			
	$\dot{U}_A:57.74\angle0.00°V$ $\dot{U}_B:57.74\angle-120°V$ $\dot{U}_C:57.74\angle120°V$	$\dot{I}_A:0.00\angle0.00°A$ $\dot{I}_B:0.00\angle0.00°A$ $\dot{I}_C:0.00\angle0.00°A$	选"零序电压"为变量，监视"序分量"小视窗，升至 2V 左右动作（此时 $3U_0=6V$）	

差动保护电压闭锁元件校验（手动方式）	负序电压闭锁值 U_{2bs} 参数设置		
	$\dot{U}_A : 57.74\angle0.00°$ V $\dot{U}_B : 57.74\angle-120°$ V $\dot{U}_C : 57.74\angle120°$ V	$\dot{I}_A : 0.00\angle0.00°$ A $\dot{I}_B : 0.00\angle0.00°$ A $\dot{I}_C : 0.00\angle0.00°$ A	选"负序电压"为变量，监视"序分量"小视窗，升至 4V 左右动作
装置报文	"Ⅰ母电压闭锁开放"或"Ⅱ母电压闭锁开放"		
装置指示灯	无		
注意事项	在动作于故障母线跳闸时必须经相应的母线电压闭锁元件闭锁。对于双母双分的分段开关来说，差动跳分段不需经电压闭锁。 （1）复压闭锁定值由装置固化，不能整定。 （2）零序电压闭锁值 U_{0bs} 为自产零序电压 $3U_0$，负序电压闭锁值 U_{2bs} 为负序相电压。 （3）采用手动试验方式		
试验项目	充电闭锁元件校验		
相关定值	差动启动电流 I_{cdzd}=0.24A		
试验例题	（1）运行方式为：支路 L3、L5 合于Ⅰ母运行；母联、Ⅱ母热备用状态。 （2）变比：L2(2000/1)、L3(2000/1)、L4(1000/1)、L5(1500/1)、L1(2500/1)。 （3）基准变比：2500/1。 试验要求：模拟由Ⅰ母向Ⅱ母充电，Ⅱ母存在故障时母差保护的动作行为（母联 TA 靠近Ⅱ母）		
试验条件	（1）硬压板设置：投入"差动保护投入"压板 1QLP1。 （2）软压板设置：投入"差动保护"软压板。 （3）控制字设置："差动保护"置"1"。 （4）I_a 正接入 L3 间隔 A 相，I_b 正接入接 L1 间隔 A 相。 （5）Ⅱ母电压不接线。 （6）短接母联 TWJ 触点（1QD5-1QD16/17），测试仪器开出触点接保护装置母联 SHJ 开入（1QD5-1QD18/19）		
计算方法	略		
充电闭锁功能试验仪器设置（状态序列）	状态 1 参数设置		
	$\dot{U}_A : 57.74\angle0.00°$ V $\dot{U}_B : 57.74\angle-120°$ V $\dot{U}_C : 57.74\angle120°$ V	$\dot{I}_A : 0.00\angle0.00°$ A $\dot{I}_B : 0.00\angle0.00°$ A $\dot{I}_C : 0.00\angle0.00°$ A	开出触点：闭合；保持时间为 0s	状态触发条件：时间控制为 0.1s
	状态 2 参数设置		
	$\dot{U}_A : 57.74\angle0.00°$ V $\dot{U}_B : 57.74\angle-120°$ V $\dot{U}_C : 57.74\angle120°$ V	$\dot{I}_A : 0.00\angle0.00°$ A $\dot{I}_B : 0.00\angle0.00°$ A $\dot{I}_C : 0.00\angle0.00°$ A	开出触点：闭合；保持时间为 0.1s	状态触发条件：时间控制为 0.1s
	状态 3 参数设置		
	$\dot{U}_A : 20\angle0.00°$ V $\dot{U}_B : 57.74\angle-120°$ V $\dot{U}_C : 57.74\angle120°$ V	$\dot{I}_A : 0.625\angle180°$ A $\dot{I}_B : 0.00\angle0.00°$ A $\dot{I}_C : 0.00\angle0.00°$ A	开出触点：闭合；保持时间为 0s	状态触发条件：时间控制为 0.4s
装置报文	（1）3ms 差动保护跳母联。 （2）300ms 变化量差动跳Ⅰ母。 （3）300ms 稳态量差动跳Ⅰ母。 （4）Ⅰ母差动动作		

装置指示灯	保护跳闸
注意事项	（1）充电闭锁功能只开放 300ms，正常情况下，充电闭锁功能跳开母联开关后就已将故障点隔离。 （2）母联 TWJ 返回大于 500ms 或母联合闸开入正翻转 1s 后，母差功能恢复正常。 （3）采用状态序列。 （4）无需校验定值，但所输入的故障量应大于差动定值。 （5）PCS-915SA 保护的充电闭锁功能相当于 BP-2C 的充电至死区保护，其故障点位于母联开关与母联 TA 之间
思考	（1）如果母联有电流，故障点在哪里？差动保护会如何动作？是否还是充电闭锁功能？ （2）充电闭锁和母联分位死区的区别是什么？ （3）自行验证状态 3 时间小于 0.3s 时的动作行为

三、母联保护校验

母联保护校验见表 10-3。

表 10-3　　　　　　　　　　　母联保护检验

试验项目	外部启动母联失灵保护校验			
相关定值	母联分段失灵电流定值：0.2A；母联分段失灵时间：0.2s			
试验条件	（1）硬压板设置：投入"差动保护投入"压板 1QLP1，"母联投失灵开入"压板 1TMLP。 （2）软压板设置：投入"差动保护"软压板。 （3）控制字设置："差动保护"置"1"。 （4）三相电流接 L1 间隔。 （5）测试仪器开出触点接母联间隔失灵开入触点（1CMD9-1CMD14）			
计算方法	m=1.05，I=1.05×0.2=0.21（A） m=0.95，I=0.95×0.2=0.19（A） 说明：母联 TA 变比与基准变比一致，故无需变换			
试验仪器设置 （状态序列 m=1.05）	状态 1 参数设置			
	$\dot{U}_A:57.74\angle0.00°V$ $\dot{U}_B:57.74\angle-120°V$ $\dot{U}_C:57.74\angle120°V$	$\dot{I}_A:0.00\angle0.00°A$ $\dot{I}_B:0.00\angle0.00°A$ $\dot{I}_C:0.00\angle0.00°A$	开出触点：闭合； 保持时间：0s	状态触发条件： 时间控制为 0.1s
	状态 2 参数设置			
	$\dot{U}_A:20\angle0.00°V$ $\dot{U}_B:57.74\angle-120°V$ $\dot{U}_C:57.74\angle120°V$	$\dot{I}_A:0.21\angle0.00°A$ $\dot{I}_B:0.00\angle0.00°A$ $\dot{I}_C:0.00\angle0.00°A$	开出触点：闭合； 保持时间：0.3s	状态触发条件： 时间控制为 0.3s
试验仪器设置 （状态序列 m=0.95）	参数设置略			
装置报文	200ms 母联失灵保护动作			
装置指示灯	保护跳闸			
注意事项	电流定值应换算到基准变比			
思考	什么保护会启动母联失灵保护			

试验项目	母联失灵保护校验			
相关定值	差动启动电流 I_{cdzd}=0.24A；母联分段失灵电流定值：0.2A；母联分段失灵时间：0.2s			
试验例题	（1）运行方式为：支路 L3、L5 合于 I 母运行；支路 L2、L4 合于 II 母，双母线并列运行。 （2）变比：L2(2000/1)、L3(2000/1)、L4(1000/1)、L5(1500/1)、L1(2500/1)。 （3）基准变比：2500/1。 试验要求：模拟由 I 母故障，母联开关失灵保护动作			
试验条件	（1）硬压板设置：投入"差动保护投入"压板 1QLP1。 （2）软压板设置：投入"差动保护"软压板。 （3）控制字设置："差动保护"置"1"。 （4）I_a 正接入 L1 间隔 A 相，I_b 正接入 L3 间隔 A 相			
计算方法	m=1.05，I=1.05×0.2=0.21A m=0.95，I=0.95×0.2=0.19A 说明：母联 TA 变比与基准变比一致，故无需变换			
试验仪器设置（状态序列 m=1.05）	状态 1 参数设置			
	$\dot{U}_A$:57.74∠0.00°V $\dot{U}_B$:57.74∠−120°V $\dot{U}_C$:57.74∠120°V	$\dot{I}_A$:0.00∠0.00°A $\dot{I}_B$:0.00∠0.00°A $\dot{I}_C$:0.00∠0.00°A	开出触点：无	状态触发条件：时间控制为 0.1s
	状态 2 参数设置			
	$\dot{U}_A$:20∠0.00°V $\dot{U}_B$:57.74∠−120°V $\dot{U}_C$:57.74∠120°V	$\dot{I}_A$:0.21∠0.00°A $\dot{I}_B$:0.3∠0.00°A $\dot{I}_C$:0.00∠0.00°A	开出触点：无	状态触发条件：时间控制为 0.3s
试验仪器设置（状态序列 m=0.95）	参数设置略			
装置报文	（1）3ms 差动保护跳母联。 （2）3ms 变化量差动跳 I 母。 （3）3ms 稳态量差动跳 I 母。 （4）200ms 母联失灵保护动作			
装置指示灯	保护跳闸			
注意事项	电流定值应换算到基准变比			
思考	（1）母联 TA 的安装位置对母联失灵保护试验有什么影响？ （2）母联失灵保护与合位死区的区别			
试验项目	母联合位死区保护校验			
相关定值	差动启动电流 I_{cdzd}=0.24A			
试验例题	（1）运行方式为：支路 L3、L5 合于 I 母运行；支路 L2、L4 合于 II 母，双母线并列运行，母联 TA 靠 II 母安装。 （2）变比：L2(2000/1)、L3(2000/1)、L4(1000/1)、L5(1500/1)、L1(2500/1)。 （3）基准变比：2500/1。 试验要求：模拟母联开关合位死区保护动作			

试验条件	（1）硬压板设置：投入"差动保护投入"压板 1QLP1。 （2）软压板设置：投入"差动保护"软压板。 （3）控制字设置："差动保护"置"1"。 （4）I_a 正接入 L1 间隔 A 相，I_b 正接入 L2 间隔 A 相。 （5）仪器开出触点接母联 TWJ（1QD5-1QD16/17）
计算方法	略。大差、母联 TA 侧母线差流满足启动值即可，L1 电流满足有流条件大于 $0.1I_n$ 即可

试验仪器设置 （状态序列）	状态 1 参数设置			
	$\dot{U}_A : 57.74\angle 0.00°\text{V}$ $\dot{U}_B : 57.74\angle -120°\text{V}$ $\dot{U}_C : 57.74\angle 120°\text{V}$	$\dot{I}_A : 0.00\angle 0.00°\text{A}$ $\dot{I}_B : 0.00\angle 0.00°\text{A}$ $\dot{I}_C : 0.00\angle 0.00°\text{A}$	开出触点：闭合； 保持时间：0s	状态触发条件：时间 控制为 0.1s
	状态 2 参数设置			
	$\dot{U}_A : 20\angle 0.00°\text{V}$ $\dot{U}_B : 57.74\angle -120°\text{V}$ $\dot{U}_C : 57.74\angle 120°\text{V}$	$\dot{I}_A : 0.32\angle 180°\text{A}$ $\dot{I}_B : 0.4\angle 180°\text{A}$ $\dot{I}_C : 0.00\angle 0.00°\text{A}$	开出触点：闭合； 保持时间：0.2s	状态触发条件：时间 控制为 0.2s

装置报文	（1）3ms 差动保护跳母联。 （2）3ms 变化量差动跳 I 母。 （3）3ms 稳态量差动跳 I 母。 （4）3ms I 母差动动作。 （5）150ms 母联死区。 （6）150ms 变化量差动跳 II 母。 （7）150ms 稳态量差动跳 II 母。 （8）150ms II 母差动动作
装置指示灯	保护跳闸
注意事项	（1）母联开关合位死区故障指的是故障点位于母联开关和母联 TA 之间，母联 TA 安装位置会影响先跳哪一段母线。本题中，根据题意，母联 TA 应该安装在母联开关与 II 母之间，为 I 母保护区内。注意：母联 TA 安装位置可在母联开关两侧，但 TA 的同名端始终靠 I 母。 （2）进行试验时，后跳的母线的小差可以没有差流，但支路（非母联）必须要有电流。 （3）合位死区保护延时 150ms，为固有延时，不能整定。 （4）母联 TWJ 要变位
思考	母联合位死区保护和分位死区保护的区别是什么
试验项目	母联分位死区保护校验
相关定值	差动启动电流 I_{cdzd}=0.24A
试验例题	（1）运行方式为：支路 L3、L5 合于 I 母运行；支路 L2、L4 合于 II 母，双母线分列运行，母联 TA 靠 II 母安装。 （2）变比：L2(2000/1)、L3(2000/1)、L4(1000/1)、L5(1500/1)、L1(2500/1)。 （3）基准变比：2500/1。 试验要求：模拟母联开关分位死区保护动作
试验条件	（1）硬压板设置：投入"差动保护投入"压板 1QLP1。 （2）软压板设置：投入"差动保护"软压板，"母联分列"软压板。 （3）控制字设置："差动保护"置"1"。 （4）I_a 正接入 L1 间隔 A 相，I_b 正接入 L2 间隔 B 相。 （5）短接母联 TWJ（1QD5-1QD16/17）

计算方法	略。大差、母联 TA 侧母线差流满足启动值即可			
试验仪器设置 （状态序列）	状态 1 参数设置			
	$\dot{U}_A$:57.74∠0.00°V $\dot{U}_B$:57.74∠−120°V $\dot{U}_C$:57.74∠120°V	$\dot{I}_A$:0.00∠0.00°A $\dot{I}_B$:0.00∠0.00°A $\dot{I}_C$:0.00∠0.00°A	开出触点：无	状态触发条件： 时间控制为 0.6s
	状态 2 参数设置			
	$\dot{U}_A$:20∠0.00°V $\dot{U}_B$:57.74∠−120°V $\dot{U}_C$:57.74∠120°V	$\dot{I}_A$:0.32∠180°A $\dot{I}_B$:0.4∠180°A $\dot{I}_C$:0.00∠0.00°A	开出触点：无	状态触发条件： 时间控制为 0.1s
装置报文	（1）3ms 差动保护跳母联。 （2）3ms 变化量差动跳Ⅱ母。 （3）3ms 稳态量差动跳Ⅱ母。 （4）3msⅡ母差动动作。 （5）3ms 母联死区			
装置指示灯	保护跳闸			
注意事项	（1）母联开关分位死区故障指的是故障点位于母联开关和母联 TA 之间。本题中，根据题意，母联 TA 应该安装在母联开关与Ⅱ母之间，为Ⅰ母保护区内。注意：母联 TA 安装位置可在母联开关两侧，但 TA 的同名端始终靠Ⅰ母。 （2）分位死区保护无延时，只跳可靠母联 TA 的母线。 （3）母联 TWJ 和分列压板必须同时为"1"。 （4）故障前母线分列运行需两条母线均在运行且母联三相无流（≤0.04I_n）超过 400ms			
思考	母联合位死区保护和分位死区保护的区别是什么			

四、失灵保护校验

失灵保护校验见表 10-4。

表 10-4 失灵保护校验

试验项目	线路间隔三相失灵保护校验
相关定值	失灵电流门槛：0.1I_n；失灵保护 1 时限：0.3s；失灵保护 2 时限：0.5s
试验例题	（1）运行方式为：支路 L3、L5 合于Ⅰ母运行；支路 L2、L4 合于Ⅱ母，双母线并列运行。 （2）变比：L2(2000/1)、L3(2000/1)、L4(1000/1)、L5(1500/1)、L1(2500/1)。 （3）基准变比：2500/1。 试验要求：测试 L4 支路三相失灵保护定值及动作时间
试验条件	（1）硬压板设置：投入"失灵保护投入"压板 1QLP2、"线路 4 投失灵开入"压板 1T4LP、"母联跳闸 1"压板 1CMLP1、"支路 2 跳闸 1"压板 1C2LP1。 （2）软压板设置：投入"失灵保护"软压板。 （3）控制字设置："失灵保护"置"1"。 （4）三相电流接 L4 间隔。 （5）测试仪器开出触点接 L4 间隔三跳失灵开入触点（1C4D9-1C4D14）；测试仪器开入触点接母联出口（1CMD1-1CMD4，1 时限出口）和 L2 出口（1C2D1-1C2D4，2 时限出口）

续表

计算方法	$m=1.05$ $I=1.05\times0.1\times1\times(2500/1000)=0.2625(A)$ $m=0.95$ $I=0.95\times0.1\times1\times(2500/1000)=0.2375(A)$			
试验仪器设置 （状态序列 $m=1.05$）	状态 1 参数设置			
	$\dot{U}_A:57.74\angle0.00°V$ $\dot{U}_B:57.74\angle-120°V$ $\dot{U}_C:57.74\angle120°V$	$\dot{I}_A:0.00\angle0.00°A$ $\dot{I}_B:0.00\angle0.00°A$ $\dot{I}_C:0.00\angle0.00°A$	开出触点：闭合；保持时间为 0s	状态触发条件：时间控制为 0.1s
	状态 2 参数设置			
	$\dot{U}_A:20\angle0.00°V$ $\dot{U}_B:57.74\angle-120°V$ $\dot{U}_C:57.74\angle120°V$	$\dot{I}_A:0.263\angle0.00°A$ $\dot{I}_B:0.263\angle-120°A$ $\dot{I}_C:0.263\angle120°A$	开出触点：闭合；保持时间为 0.6s	状态触发条件：时间控制为 0.6s
试验仪器设置 （状态序列 $m=0.95$）	参数设置略			
装置报文	（1）300ms 失灵保护跳母联。 （2）500ms Ⅱ 母失灵保护动作			
装置指示灯	保护跳闸			
注意事项	（1）电流定值应换算到基准变比。 （2）失灵保护出口有两个时限，1 时限跳母联，2 时限跳母线。 （3）三相失灵时，三相电流均应满足定值，可不考虑零序、负序电流。 （4）线路三相跳闸失灵时，需三相电流均大于失灵电流门槛 $0.1I_n$（固有定值）且任一相电流工频变化量动作			
试验项目	线路间隔单相失灵保护校验			
相关定值	失灵零序电流定值：0.1A；失灵负序电流定值：0.1A；单相有流定值：固定 $0.04I_n$；失灵保护 1 时限：0.3s；失灵保护 2 时限：0.5s			
试验例题	（1）运行方式为：支路 L3、L5 合于 Ⅰ 母运行；支路 L2、L4 合于 Ⅱ 母，双母线并列运行。 （2）变比：L2(2000/1)、L3(2000/1)、L4(1000/1)、L5(1500/1)、L1(2500/1)。 （3）基准变比：2500/1。 试验要求：测试 L4 支路失灵保护零序电流定值			
试验条件	（1）硬压板设置：投入"失灵保护投入"压板 1QLP2，"线路 4 投失灵开入"压板 1T4LP。 （2）软压板设置：投入"失灵保护"软压板。 （3）控制字设置："失灵保护"置"1"。 （4）三相电流接 L4 间隔。 （5）测试仪器开出触点接 L4 间隔 A 相失灵开入触点（1C4D9-1C1D15）			
计算方法	$m=1.05$ $I=1.05\times0.1\times(2500/1000)=0.2625(A)$ $m=0.95$ $I=0.95\times0.1\times(2500/1000)=0.2375(A)$			
试验仪器设置 （状态序列 $m=1.05$）	状态 1 参数设置			
	$\dot{U}_A:57.74\angle0.00°V$ $\dot{U}_B:57.74\angle-120°V$ $\dot{U}_C:57.74\angle120°V$	$\dot{I}_A:0.00\angle0.00°A$ $\dot{I}_B:0.00\angle0.00°A$ $\dot{I}_C:0.00\angle0.00°A$	开出触点：闭合；保持时间为 0s	状态触发条件：时间控制为 0.1s

试验仪器设置（状态序列 m=1.05）	状态 2 参数设置

试验仪器设置（状态序列 m=1.05）	$\dot{U}_\text{A}:20\angle0.00°\text{V}$ $\dot{U}_\text{B}:57.74\angle-120°\text{V}$ $\dot{U}_\text{C}:57.74\angle120°\text{V}$	$\dot{I}_\text{A}:0.263\angle0.00°\text{A}$ $\dot{I}_\text{B}:0.00\angle0.00°\text{A}$ $\dot{I}_\text{C}:0.00\angle0.00°\text{A}$	开出触点：闭合；保持时间为 0.6s	状态触发条件：时间控制为 0.6s
试验仪器设置（状态序列 m=0.95）	参数设置略			
装置报文	（1）300ms 失灵保护跳母联。 （2）500ms Ⅱ 母失灵保护动作			
装置指示灯	保护跳闸			
注意事项	（1）电流定值应换算到基准变比。 （2）失灵保护出口有两个时限，1 时限跳母联，2 时限跳母线。 （3）零序电流按 $3I_0$ 整定，负序电流按 I_2 整定。 （4）测试负序电流定值的方法与零序电流类似，注意负序电流值等于单相电流的 1/3，测试时可以临时调整零序电流定值。 （5）线路单相跳闸失灵时，对应相电流需大于有流定值门槛 $0.04I_\text{n}$（固有定制）且零序电流需大于零序电流定值（或负序电流大于负序电流定值）			
思考	线路间隔和主变压器间隔失灵保护有什么异同			
试验项目	主变压器间隔失灵保护校验			
相关定值	三相失灵相电流定值：0.3A；失灵零序电流定值：0.1A；失灵负序电流定值：0.1A；失灵保护 1 时限：0.3s；失灵保护 2 时限：0.5s			
试验例题	（1）运行方式为：支路 L3、L5 合于 Ⅰ 母运行；支路 L2、L4 合于 Ⅱ 母，双母线并列运行。 （2）变比：L2(2000/1)、L3(2000/1)、L4(1000/1)、L5(1500/1)、L1(2500/1)。 （3）基准变比：2500/1。 试验要求：测试 L2 支路三相失灵保护定值及动作时间			
试验条件	（1）硬压板设置：投入"失灵保护投入"压板 1QLP2、"支路 2 投失灵开入"压板 1T2LP、"母联跳闸 1"压板 1CMLP1、"支路 4 跳闸 1"压板 1C4LP1。 （2）软压板设置：投入"失灵保护"软压板。 （3）控制字设置："失灵保护"置"1"。 （4）三相电流接 L2 间隔。 （5）测试仪器开出触点接 L2 间隔三跳启动失灵开入触点（1C2D9-1C2D15）；测试仪器开入触点接母联出口（1CMD1-1CMD4，1 时限出口）和 L4 出口（1C4D1-1C4D4，2 时限出口）			
计算方法	相电流定值： m=1.05，I=1.05×0.3×(2500/2000)=0.39375（A） m=0.95，I=0.95×0.3×(2500/2000)=0.35625（A） 零序电流定值： m=1.05，I=1.05×0.1×(2500/2000)=0.13125（A） m=0.95，I=0.95×0.1×(2500/2000)=0.11875（A） 负序电流定值： m=1.05，I=1.05×0.1×3×(2500/2000)=0.39375（A） m=0.95，I=0.95×0.1×3×(2500/2000)=0.35625（A）			

试验仪器设置（状态序列 m=1.05）	状态 1 参数设置			
	$\dot{U}_A$：57.74∠0.00°V $\dot{U}_B$：57.74∠−120°V $\dot{U}_C$：57.74∠120°V	$\dot{I}_A$：0.00∠0.00°A $\dot{I}_B$：0.00∠0.00°A $\dot{I}_C$：0.00∠0.00°A	开出触点：闭合；保持时间为 0s	状态触发条件：时间控制为 0.1s
	状态 2 参数设置			
	$\dot{U}_A$：20∠0.00°V $\dot{U}_B$：57.74∠−120°V $\dot{U}_C$：57.74∠120°V	$\dot{I}_A$：0.394∠0.00°A $\dot{I}_B$：0.394∠−120°A $\dot{I}_C$：0.394∠120°A	开出触点：闭合；保持时间为 0.6s	状态触发条件：时间控制为 0.6s
试验仪器设置（状态序列 m=0.95）	参数设置略			
装置报文	失灵保护动作			
装置指示灯	保护跳闸			
注意事项	（1）电流定值应换算到基准变比。 （2）失灵保护出口有两个时限，1 时限跳母联，2 时限跳母线。 （3）例题以相电流定值为例进行故障量设置，零序、负序电流测试的故障量设置与其类似。 （4）测试负序电流定值的方法与零序电流类似，注意负序电流值等于单相电流的 1/3，测试时可以临时调整零序电流定值。 （5）主变压器间隔相电流定值只要一相电流大于定值即可。 （6）母差保护动作后启动主变压器断路器失灵功能，采取内部逻辑实现，在母差保护动作断开主变压器所在支路同时，启动该支路的断路器失灵保护。装置内固定支路 2、3、14、15 为主变压器支路			
思考	如果故障态电压正常，应如何设置解除复压闭锁开入，失灵保护才能正确动作			
试验项目	失灵保护电压闭锁元件校验			
相关定值	低电压闭锁定值：40.4V；零序电压闭锁定值：5V；负序电压闭锁定值：2V			
试验例题	（1）运行方式为：支路 L3、L5 合于 I 母运行；支路 L2、L4 合于 II 母，双母线并列运行。 （2）变比：L2(2000/1)、L3(2000/1)、L4(1000/1)、L5(1500/1)、L1(2500/1)。 （3）基准变比：2500/1。 试验要求：测试 L2 支路失灵保护复压闭锁元件定值			
试验条件	两段母线 TV 正常接线			
计算方法	略			
失灵保护低电压闭锁功能试验仪器设置（状态序列 m=1.05）	状态 1 参数设置			
	$\dot{U}_A$：57.74∠0.00°V $\dot{U}_B$：57.74∠−120°V $\dot{U}_C$：57.74∠120°V	$\dot{I}_A$：0.00∠0.00°A $\dot{I}_B$：0.00∠0.00°A $\dot{I}_C$：0.00∠0.00°A	开出触点：闭合；保持时间为 0s	状态触发条件：时间控制为 0.1s
	状态 2 参数设置			
	$\dot{U}_A$：38.38∠0.00°V $\dot{U}_B$：38.38∠−120°V $\dot{U}_C$：38.38∠120°V	$\dot{I}_A$：0.394∠0.00°A $\dot{I}_B$：0.394∠−120°A $\dot{I}_C$：0.394∠120°A	开出触点：闭合；保持时间为 0.6s	状态触发条件：时间控制为 0.6s

失灵保护低电压闭锁功能试验仪器设置（状态序列 m=0.95）	参数设置略			
失灵保护零序电压闭锁功能试验仪器设置（状态序列 m=1.05）	状态 1 参数设置			
	$\dot{U}_A$: 57.74∠0.00˚V $\dot{U}_B$: 57.74∠−120˚V $\dot{U}_C$: 57.74∠120˚V	$\dot{I}_A$: 0.00∠0.00˚A $\dot{I}_B$: 0.00∠0.00˚A $\dot{I}_C$: 0.00∠0.00˚A	开出触点：闭合；保持时间为 0s	状态触发条件：时间控制为 0.1s
	状态 2 参数设置			
	$\dot{U}_A$: 52.49∠0.00˚V $\dot{U}_B$: 57.74∠−120˚V $\dot{U}_C$: 57.74∠120˚V	$\dot{I}_A$: 0.394∠0.00˚A $\dot{I}_B$: 0.394∠−120˚A $\dot{I}_C$: 0.394∠120˚A	开出触点：闭合；保持时间为 0.6s	状态触发条件：时间控制为 0.6s
失灵保护零序电压闭锁功能试验仪器设置（状态序列 m=0.95）	参数设置略			
失灵保护负序电压闭锁功能试验仪器设置（状态序列 m=1.05）	状态 1 参数设置			
	$\dot{U}_A$: 57.74∠0.00˚V $\dot{U}_B$: 57.74∠−120˚V $\dot{U}_C$: 57.74∠120˚V	$\dot{I}_A$: 0.00∠0.00˚A $\dot{I}_B$: 0.00∠0.00˚A $\dot{I}_C$: 0.00∠0.00˚A	开出触点：闭合；保持时间为 0s	状态触发条件：时间控制为 0.1s
	状态 2 参数设置			
	$\dot{U}_A$: 51.44∠0.00˚V $\dot{U}_B$: 57.74∠−120˚V $\dot{U}_C$: 57.74∠120˚V	$\dot{I}_A$: 0.394∠0.00˚A $\dot{I}_B$: 0.394∠−120˚A $\dot{I}_C$: 0.394∠120˚A	开出触点：闭合；保持时间为 0.6s	状态触发条件：时间控制为 0.6s
失灵保护负序电压闭锁功能试验仪器设置（状态序列 m=0.95）	参数设置略			
装置报文	失灵保护动作			
装置指示灯	保护跳闸			
注意事项	（1）低电压闭锁值为 0.95 时失灵动作，1.05 时不动作；零序、负序电压闭锁值为 1.05 时失灵动作，0.95 时不动作。 （2）零序电压闭锁值为自产零序电压 $3U_0$，负序电压闭锁值 U_{2bs} 为负序相电压。 （3）进行零序、负序电压闭锁值试验时，可以临时调整相关定值			
思考	失灵保护复压闭锁和差动保护复压闭锁有什么区别？试验方法可否互换			

第二节　保护常见故障及故障现象

PCS-915SA 母差保护常见故障及故障现象见表 10-5。

表 10-5　　　　　　　　PCS-915SA 母差保护常见故障及故障现象

类型	难易度	故障属性	故障现象	故障设置地点
A、B、C	易	电流回路	本间隔（L1 支路 A、B、C 相）电流采样分流。其他间隔类似	1IMD1-1IMD4、1IMD2-1IMD4、1IMD3-1IMD4 短接
A	难	电流回路	不同间隔之间（L1 支路和 L2 支路）A 相电流分流。其他间隔、相别类似	1IMD1-1I2D1 短接
A	中	电流回路	L1 支路 A 相电流回路开路，装置采样值为"0"，试验仪器报警灯亮。其他间隔、相别类似	1IMD1（屏内 1n-16:01）或 1IMD4（屏内 1n-16:02）虚接
A、B、C	中	电压回路	Ⅰ 段母线 TV 二次回路 AN、BN、CN 短路，试验仪器报警。Ⅱ 段母线 TV 类似	UD1（或 1UD1）与 UD4（或 1UD4）短接（AN）
AB、BC、CA	中	电压回路	Ⅰ 段母线 TV 二次回路 AB、BC、CA 短路，试验仪器报警。Ⅱ 段母线 TV 类似	UD1（或 1UD1）与 UD2（或 1UD2）短接（AB）
A、B、C	易	电压回路	Ⅰ 段母线 TV 二次回路 A、B、C 相开路，该相电压采样值为"0"。Ⅱ 段母线 TV 类似	UD1（屏内 1ZKK1-1）或 1UD1（屏内 1ZKK1-2）或 1UD1（屏内 1n-28:07）虚接（Ⅰ 母 A）
N	易	电压回路	Ⅰ 段母线 TV 二次回路 N 相开路，三相电压采样值不正确。Ⅱ 段母线 TV 类似	UD4（屏内 1UD4）或 1UD4（屏内 UD4）或 1UD4（屏内 1n-28:12）虚接（Ⅰ 母 N）
Ⅰ A-Ⅱ A	难	电压回路	Ⅰ、Ⅱ 段母线 TV 二次回路 A 相短接，加任一路电压另一路均有读数。两段母线 TV 其他相别类似	UD1（或 1UD1）与 UD6（或 1UD5）短接
Ⅰ 母隔离开关	易	开入回路	短 L2 间隔 Ⅰ 母隔离开关，隔离开关模拟屏灯不亮，开入无变位。其他间隔类似	1C2D12（屏内 3n:A:2）虚接
Ⅰ 母隔离开关	难	开入回路	短 L2 间隔 Ⅰ 母隔离开关，隔离开关模拟屏灯不亮，开入无变位。其他间隔类似	隔离开关模拟盘端子 3n:A:2（屏内 1C2D12）虚接
Ⅱ 母隔离开关	易	开入回路	短 L2 间隔 Ⅱ 母隔离开关，隔离开关模拟屏灯不亮，开入无变位。其他间隔类似	1C2D13（屏内 3n:B:2）虚接
Ⅱ 母隔离开关	难	开入回路	短 L2 间隔 Ⅱ 母隔离开关，隔离开关模拟屏灯不亮，开入无变位。其他间隔类似	隔离开关模拟盘端子 3n:B:2（屏内 1C2D13）虚接
双隔离开关	易	开入回路	短 L2 间隔 Ⅰ 或 Ⅱ 母隔离开关，隔离开关模拟屏 Ⅰ、Ⅱ 母刀闸灯均亮，Ⅰ、Ⅱ 母隔离开关开入均变位。其他间隔类似	1C2D12-1C2D13 短接
双隔离开关	中	开入回路	短 L2 间隔 Ⅰ 母隔离开关，隔离开关模拟屏 L3 间隔 Ⅰ 母隔离开关灯也亮，开入变位。其他间隔类似	1C2D12-1C3D12 短接
—	中	开入回路	装置黑屏，面板运行灯灭	1QD1（1K1:4、1n-P1:10）虚接（装置电源正电）或 1QD31（1K1:2、1n-P1:11）虚接（装置电源负电）

续表

类型	难易度	故障属性	故障现象	故障设置地点
—	中	开入回路	所有Ⅰ、Ⅱ母隔离开关及母联间隔开入无反应	1QD3（屏内 1CMD7）或 1CMD7（屏内 1QD3）虚接
—	中	开入回路	所有Ⅰ、Ⅱ母隔离开关开入无反应	1CMD8（屏内 1C2D7）或 1C2D7（屏内 1CMD8）虚接
—	中	开入回路	光耦失电，且所有功能压板及复归按钮无效	1QD2（1K2:4）虚接（装置强电开入电源正电）；1QD32（1K2:2、1n-04:15）虚接（装置强电开入电源负电）
—	中	开入回路	所有功能压板无效	1QD3（1QLP1:1）虚接
—	中	开入回路	复归按钮无效	1QD4（1YA:13）虚接
—	难	开入回路	投差动保护或失灵保护压板，另一压板开入也变位	1QLP1:2 和 1QLP2:2 短接
—	中	开入回路	短接母联跳位，开入无变位	1QD16（1n-05:01）虚接（母联跳位开入）
—	中	开入回路	短接母联手合，开入无变位	1QD18（1n-05:03）虚接（母联手合信号开入）
—	中	开入回路	母联跳位开入一直为1	1QD5-1QD16 短接（母联跳位开入）
—	中	开入回路	复归按钮开入一直接通，跳闸后装置无信号无报文	1QD4-1QD12 短接（复归按钮开入）
—	易	开入回路	短接 L2 间隔三相失灵开入，开入无变位。L3 间隔类似	1C2D15（1n-06:01）虚接（L2 间隔三相失灵开入）
—	中	开入回路	短接 L2 间隔解除失灵电压闭锁开入，开入无变位。L3 间隔类似	1C2D17（1n-05:02）虚接（L2 间隔解除失灵电压闭锁开入）
—	易	开入回路	L2 间隔三相失灵长期开入。L3 间隔类似	1C2D9 和 1C2D15 短接（L2 间隔三相失灵开入）
—	中	开入回路	L2 间隔解除电压闭锁长期开入。L3 间隔类似	1C2D10 和 1C2D17 短接（L2 间隔解除电压闭锁开入）
—	易	开入回路	短接 L4 间隔三相失灵开入，开入无变位。L5 间隔类似	1C4D14（1n-06:08）虚接（L4 间隔三相失灵开入）
A、B、C	易	开入回路	短接 L4 间隔 A、B、C 相失灵开入，开入无变位。L5 间隔类似	1C4D15（1n-06:05）虚接（L4 间隔 A 相失灵开入）
Ⅰ	中	开出回路	L1 间隔第Ⅰ组无法开出，开关无法传动	1CMD1（1n-12:01）、1CMD4（1CMLP1:1）虚接（L1 间隔第Ⅰ组开出）
Ⅱ	中	开出回路	L1 间隔第Ⅱ组无法开出，时间无法测试	1CMD2（1n-12:03）、1CMD5（1CMLP2:1）虚接（L1 间隔第Ⅱ组开出）
Ⅱ	难	开出回路	L1 间隔第Ⅱ组无法开出，时间无法测试	1CMD2-1CMD5 短接（L1 间隔第Ⅱ组开出）
Ⅰ	中	开出回路	L2 间隔第Ⅰ组无法开出，时间无法测试。L3 间隔类似	1C2D1（1n-12:05）、1C2D4（1C2LP1:1）虚接（L2 间隔第Ⅰ组开出）

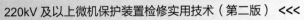 220kV 及以上微机保护装置检修实用技术（第二版） <<<

续表

类型	难易度	故障属性	故障现象	故障设置地点
Ⅰ	难	开出回路	L2 间隔第Ⅰ组无法开出，时间无法测试。L3 间隔类似	1C2D1-1C2D4 短接（L2 间隔第Ⅰ组开出）
Ⅱ	中	开出回路	L2 间隔第Ⅱ组无法开出，时间无法测试。L3 间隔类似	1C2D2（1n-12:07）、1C2D5（1C2LP2:1）虚接（L2 间隔第Ⅱ组开出）
Ⅱ	难	开出回路	L2 间隔第Ⅱ组无法开出，时间无法测试。L3 间隔类似	1C2D2-1C2D5 短接（L2 间隔第Ⅱ组开出）
—	中	开出回路	L2 间隔失灵联跳无法开出，时间无法测试。L3 间隔类似	1S2D1（1n-15:11）、1S2D4（1S2LP1:1）虚接（L2 间隔失灵联跳开出）
—	难	开出回路	L2 间隔失灵联跳无法开出，时间无法测试。L3 间隔类似	1S2D1-1S2D4 短接（L2 间隔失灵联跳开出）
Ⅰ	中	开出回路	L4 间隔第Ⅰ组无法开出，时间无法测试。L5 间隔类似	1C4D1（1n-12:13）、1C4D4（1C4LP1:1）虚接（L4 间隔第Ⅰ组开出）
Ⅰ	难	开出回路	L4 间隔第Ⅰ组无法开出，时间无法测试。L5 间隔类似	1C4D1-1C4D4 短接（L4 间隔第Ⅰ组开出）
Ⅱ	中	开出回路	L4 间隔第Ⅱ组无法开出，时间无法测试。L5 间隔类似	1C4D2（1n-12:15）、1C4D5（1C4LP2:1）虚接（L4 间隔第Ⅱ组开出）
Ⅱ	难	开出回路	L4 间隔第Ⅱ组无法开出，时间无法测试。L5 间隔类似	1C4D2-1C4D5 短接（L4 间隔第Ⅱ组开出）

第十一章 CSC-150A 母线保护装置调试

CSC-150A 型微机母线保护装置，设有母线差动保护、母联/分段死区保护、母联/分段失灵保护、断路器失灵保护以及母联/分段过电流保护等功能，CSC-150A-G 数字式母线保护装置适用于单母线、单母分段、双母线、双母双分段接线方式的系统。该型号母线保护各支路间隔的定义：支路 1 为母联、支路 2 为主变压器 1、支路 3 为主变压器 2、支路 14 为主变压器 3、支路 15 为主变压器 4、支路 23 为分段 1、支路 24 为分段 2。其中母联和分段开关的 TA 极性规定为母联的 TA 极性固定与Ⅰ母一致，分段 1 的 TA 极性与Ⅰ母一致，分段 2 的 TA 极性与Ⅱ母一致。

对于双母双分段接线的系统，需要配置两套 CSC-150A-G 母线保护装置，并且在接线时注意两套装置之间的配合。

第一节 保护试验调试方法

一、母差保护调试项目

1. 负荷平衡态校验

CSC-150A 母线保护负荷平衡态检验见表 11-1。

表 11-1　　　　　　　　　　CSC-150A 母线保护负荷平衡态检验

试验项目	负荷平衡态校验
试验例题	支路 L2（1200/1）、L4（2500/1）接Ⅰ母运行，L3（1200/1）、L5（2500/1）接Ⅱ母运行，TA 基准变比为 2500/1；两段母线并列运行，电压正常。已知支路 L1 母联（2500/1）和 L3 间隔 C 相一次电流均流出Ⅱ母，母联一次电流幅值为 2500A，L3 间隔一次电流幅值为 1200A。调整 L2、L4、L5 支路电流，使差流平衡，屏上无任何告警、动作信号
试验条件	（1）硬压板设置：投入"投母差保护"压板 1KLP1。 （2）软压板设置：投入"差动保护软压板"。 （3）控制字设置："差动保护"置"1"。 （4）"运行"指示灯亮
计算方法	（1）根据题意，母联一次电流幅值为 2500A，L3 间隔一次电流幅值为 1200A。则 L1 间隔二次电流 =2500/2500×1=1（A），换算为基准变比下的电流为 1A；L3 间隔二次电流=1200/1200×1=1（A），换算为基准变比下的电流为 0.48A。

计算方法	（2）根据题意，L1、L3 电流均流出 II 母，L5 间隔电流应为流入 II 母且幅值为 L1、L3 之和。 故 L5 间隔一次电流=$I_{L1}+I_{L3}$=2500+1200=3700（A）， 二次电流=3700/2500×1=1.48（A），换算为基准变比下的电流为 1.48A。 （3）对 L2、L4 支路的电流进行推算。由于只使用测试仪的三相电流模块进行试验，仪器仅能输出三个不同电流值，一种简单的办法是将 L2 支路或 L4 支路的二次电流值设置成和母联电流二次值一致。本例中因 L2 支路变比较小，选取 L2 支路流出 I 母，电流二次值为 1A，如此设计，L1、L2 和 L3 支路可以通过电流串接的方式输入同一、二次电流值。 取 L2 支路二次电流为 1A（换算为基准变比下的电流为 0.48A），且支路电流流出 I 母；由于 L1 支路电流为流进 I 母、L2 支路电流为流出 I 母，则 L4 支路电流应流出 I 母，且其一次值等于 L1、L2 支路一次电流之差。 故，L4 支路一次电流=2500−1×1200/1=1300 二次电流=0.52A，换算为基准变比下的电流为 0.52A 综上可得： L1：$1\angle180°$A L2：$1\angle0°$A L3：$1\angle0°$A L4：$0.52\angle0°$A L5：$1.48\angle180°$A 平衡小技巧：五支路平衡时，选用 I、II 母支路中较小变比的各一支路和母联支路，使三条支路二次电流一致，并令其中有最大支路母线的两支路电流方向相反，另一条母线则两支路电流方向相同
接线方式	（1）接线时，基本原则是试验仪器的各相电流均按极性端接入各支路电流极性端，这种接线的方式称为正接，反之为反接；在进行平衡态试验和大小差比率制动试验时，有时需要根据题意对几个支路进行接线串接；建议尽量按照正接的方式进行试验接线，电流角度通过仪器调整。 （2）I_a 接入 L1 间隔 C 相，反接，正接串 L2，正接串 L3；I_b 接 L4 间隔 C 相，正接；I_c 接入 L5 间隔 C 相，正接

负荷平衡态试验仪器设置（手动方式）	参数设置		
	U_A：$57.74\angle0.00°$V	I_A：$1.00\angle0.00°$A	
	U_B：$57.74\angle-120°$V	I_B：$0.52\angle0.00°$A	状态触发条件：手动控制
	U_C：$57.74\angle120°$V	I_C：$1.48\angle180°$A	

装置报文	无
装置指示灯	无
注意事项	（1）各间隔电流角度为通过装置菜单读到的角度；设置时，如果某支路一次电流从 TA 的同名端流进，则该支路电流采样读到的角度应为 0°。 （2）根据说明书，各支路 TA 的同名端在母线侧，母联 TA 同名端在 I 母侧。 （3）CSC-150A 保护不能改变相位基准，相位基准固定为 I 母 TV 的 A 相电压。 （4）互联压板不能投入，因为投入后保护装置不计算小差差流，存在母联电流计算错误或接线错误，但装置无告警的情况
思考	（1）L4 支路取 1A 或变更电流流向是否可行？从 L2 支路开始推算应如何计算？ （2）如何通过基准变比进行计算

2. 差动保护检验

CSC-150A 差动保护检验见表 11-2。

表 11-2　　　　　　　　　　　　CSC-150A 差动保护检验

试验项目	差动启动值定值检验		
相关定值	差动启动电流 I_{cdzd}=0.24A		
试验条件	(1) 硬压板设置：投入"差动保护投入"压板 1KLP1。 (2) 软压板设置：投入"差动保护软压板"。 (3) 控制字设置："差动保护"置"1"。 (4) I_a 接 L2 间隔，模拟 A 相故障。 (5) 模拟断路器处将母联置合		
计算方法	计算公式： L2 支路启动值：$I_{dz}=I_{cdzd}\times$基准 TA 变比/支路 TA 变比 　　　　　　　$=0.24\times(2500/1)/(1200/1)=0.5(A)$ 　　　$m=1.05$，$I=0.5\times1.05=0.525(A)$ 　　　$m=0.95$，$I=0.5\times0.95=0.475(A)$ 　　　测试时间，$m=2$，$I=0.5\times2=1(A)$ 其他支路类似可得		
m=1.05 时 仪器设置 （以状态序列 为例）	状态 1 参数设置		
	U_A：57.74∠0.00°V U_A：57.74∠−120°V U_C：57.74∠120°V	I_A：0.00∠0.00°A I_B：0.00∠0.00°A I_C：0.00∠0.00°A	状态触发条件：手动控制 或时间控制为 0.1s
	状态 2 参数设置		
	U_A：25∠0.00°V U_A：57.74∠−120°V U_C：57.74∠120°V	I_A：0.525∠0.00°A I_B：0.00∠0.00°A I_C：0.00∠0.00°A	状态触发条件：触点返回 或时间控制为 0.1s
装置报文	(1) 差动保护启动。 (2) 17ms Ⅰ母差动跳母联。 (3) 17ms Ⅰ母差动动作		
装置指示灯	保护跳闸		
说明	差动保护动作时间应以两倍动作电流进行测试		
注意事项	(1) 应保证复压闭锁条件开放，可降低一相电压。 (2) 可采用状态序列或手动试验		
思考	启动值试验能否用母联间隔进行校验，为什么		
试验项目	大差比率制动系数校验		
相关定值	大差比率制动系数：0.3；小差比率制动系数：0.5		
试验例题	(1) 运行方式为：支路 L2、支路 L4 合于Ⅰ母；支路 L3、L5 合于Ⅱ母，双母线并列运行。 (2) 变比：L2(1200/1)、L3(1200/1)、L4(2500/1)、L5(2500/1)、L1(2500/1)。 (3) 基准变比：2500/1。 试验要求：Ⅰ母 C 相故障，验证大差比率制动系数，做 2 个点。		

试验例题	注：在平衡态的基础上校验大差比率制动系数 0.3 时，应优先满足小差比率制动系数 0.5，反之亦然；此时应注意如果母联电流为某一母线其他支路电流绝对值之和，则该母线可以进行优先满足小差比率制动系数 0.5，后满足大差比率制动系数 0.3 的可能；另一条母线则无法满足，因为此时大差和小差的比率制动系数是一样的
试验条件	（1）硬压板设置：投入"投母差保护"压板 1KLP1。 （2）软压板设置：投入"差动保护软压板"。 （3）控制字设置："差动保护"置"1"。 （4）母联断路器合（母联 TWJ 开入为"0"，且分列压板退出）。 （5）I_a 接入 L2 间隔 C 相，正接；I_b 接 L3 间隔 C 相，正接；I_c 接入 L5 间隔 C 相，正接（取消 L1、L4 支路电流）
计算方法	改变 L2 支路电流为流入 I 母，电流为 X，L3 流出 II 母（2500A），L5 流入 II 母（2500A）求出第一点，再在第一点基础上将各支路外加量乘或除以一个系数求出第二点。 第一点：设 L2 支路的电流值为 X， $$\begin{cases} I_d = I_{d1} = X \\ I_r = 2+X \\ I_d > K_r \times I_r \end{cases}$$ $\Rightarrow$ $X > 0.3(2+X)$ $X > 0.857$ 求得：$I_{L2} > 0.857 \times$（基准变比/支路变比）=1.786(A) 同时应优先满足小差比率制动系数 0.5 的要求： $$\begin{cases} I_{d1} = |X| \\ I_{r1} = X \\ I_{d1} > K_{r1} \times I_{r1} \end{cases}$$ $\Rightarrow$ $X > 0.5 \times X$ $X > 0$ 综上所述：$I_{L2} > 1.786A$ 满足要求 第二点：（将各支路外加量乘或除以一个系数） 计算：（略）
大差比率制动系数试验仪器设置（以状态序列为例）第一点	**状态 1 参数设置** 	U_A: 57.74∠0.00°V	I_A: 0.00∠0.00°A	状态触发条件：手动控制或时间控制为 0.1s
U_B: 57.74∠-120°V	I_B: 0.00∠0.00°A	
U_C: 57.74∠120°V	I_C: 0.00∠0.00°A	| **状态 2 参数设置** | U_A: 57.74∠0.00°V	I_A: 1.790∠180°A（大于1.786）	状态触发条件：触点返回或时间控制为 0.1s
U_B: 57.74∠-120°V	I_B: 2.083∠0.00°A	
U_C: 25∠120°V	I_C: 1∠180°A		
大差比率制动系数试验仪器设置（以状态序列为例）第二点	**状态 1 参数设置** 	U_A: 57.74∠0.00°V	I_A: 0.00∠0.00°A	状态触发条件：手动控制或时间控制为 0.1s
U_B: 57.74∠-120°V	I_B: 0.00∠0.00°A	
U_C: 57.74∠120°V	I_C: 0.00∠0.00°A		

大差比率制动系数试验仪器设置（以状态序列为例）第二点	状态 2 参数设置		
	U_A：57.74∠0.00°V	I_A：3.75∠180°A	状态触发条件：触点返回或时间控制为 0.1s
	U_B：57.74∠−120°V	I_B：4.166∠0.00°A	
	U_C：25∠120°V	I_C：2∠180°A	
装置报文	（1）差动保护启动。 （2）17ms Ⅰ 母差动跳母联。 （3）17ms Ⅰ 母差动动作		
装置指示灯	保护跳闸		
注意事项	（1）应保证复压闭锁条件开放，可降低一相电压。 （2）可采用状态序列或手动试验		
思考	若此时 Ⅱ 母故障，要验证大差比率制动系数高值，各支路该如何加量，如何接线		
试验项目	小差比率制动系数校验		
相关定值	小差比率制动系数：0.5；大差比率制动系数：0.3		
试验例题	（1）运行方式为：支路 L3、L5 合于 Ⅱ 母。 （2）变比：L3(1200/1)、L5(2500/1)。 （3）基准变比：2500/1。 试验要求：Ⅱ 母 C 相故障，验证小差比率制动系数值，做 2 个点		
试验条件	（1）硬压板设置：投入"投母差保护"压板 1KLP1。 （2）软压板设置：投入"差动保护软压板"。 （3）控制字设置："差动保护"置"1"。 （4）I_a 接入 L3 间隔 C 相，正接；I_b 接 L5 间隔 C 相，正接		
计算方法	第一点：设置 Ⅰ 母无流，自动满足平衡：L3 电流流出 Ⅱ 母，二次电流 2.083A（换算成基准变比为 1A）；L5 电流为变量，方向与 L3 相反，设其幅值为 X。 则 $$\begin{cases} I_d = X - 1 \\ I_d > K_r \times I_r \\ I_r = X + 1 \end{cases}$$ ⇒ $X - 1 > 0.5 \times (X + 1)$ $X > 3$ 换算成支路电流：3×(2500/2500)=3(A) 第二点：将各支路外加量乘或除以一个系数。 计算：略		
小差比率制动系数试验仪器设置（以状态序列为例）第一点	状态 1 参数设置		
	U_A：57.74∠0.00°V	I_A：0.00∠0.00°A	状态触发条件：手动控制或时间控制为 0.1s
	U_B：57.74∠−120°V	I_B：0.00∠0.00°A	
	U_C：57.74∠120°V	I_C：0.00∠0.00°A	
	状态 2 参数设置		
	U_A：57.74∠0.00°V	I_A：2.083∠0.00°A	状态触发条件：触点返回或时间控制为 0.1s
	U_B：57.74∠−120°V	I_B：3.05∠180°A（大于 3）	
	U_C：25∠120°V	I_C：0.00∠0.00°A	

小差比率制动系数试验仪器设置（以状态序列为例）第二点	状态 1 参数设置			
	U_A：57.74∠0.00°V	I_A：0.00∠0.00°A	状态触发条件：手动控制或时间控制为0.1s	
	U_B：57.74∠−120°V	I_B：0.00∠0.00°A		
	U_C：57.74∠120°V	I_C：0.00∠0.00°A		
	状态 2 参数设置			
	U_A：57.74∠0.00°V	I_A：4.166∠0.00°A	状态触发条件：触点返回或时间控制为0.1s	
	U_B：57.74∠−120°V	I_B：6.3∠180°A		
	U_C：25∠120°V	I_C：0.00∠0.00°A		
装置报文	（1）差动保护启动。 （2）16ms Ⅱ 母差动动作。 （3）16ms Ⅱ 母差动跳母联			
装置指示灯	保护跳闸			
注意事项	（1）应保证复压闭锁条件开放，可降低一相电压。 （2）可采用状态序列或手动试验			
思考	如果要求母联有电流，计算小差，还应考虑什么因素			
试验项目	差动保护电压闭锁元件校验			
相关定值	U_{bs}=40V，U_{0bs}=6V，U_{2bs}=4V（注意差动复压定值与失灵复压定值有区别，差动复压定值固定，失灵复压定值可整定）			
试验例题	差动保护电压闭锁元件校验			
试验条件	两段母线 TV 正常接线			
计算方法	略			
差动保护电压闭锁元件校验（手动方式）	相电压闭锁值 U_{bs} 参数设置			
	U_A：57.74∠0.00°V	I_A：0.00∠0.00°A	选"三相电压"为变量、降至40V左右动作	
	U_B：57.74∠−120°V	I_B：0.00∠0.00°A		
	U_C：57.74∠120°V	I_C：0.00∠0.00°A		
	零序电压闭锁值 U_{0bs} 参数设置			
	U_A：57.74∠0.00°V	I_A：0.00∠0.00°A	选"零序电压"为变量，监视"序分量"小视窗，升至 2V 左右动作（此时 $3U_0$=6V）（选"U_A 电压"为变量，增加量达到 6V 左右动作）	
	U_B：57.74∠−120°V	I_B：0.00∠0.00°A		
	U_C：57.74∠120°V	I_C：0.00∠0.00°A		
	负序电压闭锁值 U_{2bs} 参数设置			
	U_A：57.74∠0.00°V	I_A：0.00∠0.00°A	选"负序电压"为变量，监视"序分量"小视窗，升至4V左右动作	
	U_B：57.74∠−120°V	I_B：0.00∠0.00°A		
	U_C：57.74∠120°V	I_C：0.00∠0.00°A		

装置报文	（1）保护启动。 （2）"Ⅰ母差动电压开放"或"Ⅱ母差动电压开放"。 注：该装置正常失压不会报差动电压开放，只有"保护启动"后才会报，说明书并无保护启动的相关定值，建议做该项目时差流加一小于"差动保护启动电流定值"的值
装置指示灯	无
注意事项	（1）复压闭锁定值由装置固化，不能整定。 （2）零序电压闭锁值 U_{0bs} 为自产零序电压 $3U_0$，负序电压闭锁值 U_{2bs} 为负序相电压。 （3）采用手动试验方式
思考	能否直接加三相负序电压验证负序电压闭锁值
试验项目	充电闭锁元件校验
相关定值	大差比率制动系数：0.3，小差比率制动系数：0.5，差动启动电流 $I_{cdzd}=0.24A$
试验例题	（1）运行方式为：支路 L2、支路 L4 合于Ⅰ母运行；母联、Ⅱ母热备用状态。 （2）变比：L2(1200/1)、L3(1200/1)、L4(2500/1)、L5(2500/1)、L1(2500/1)。 （3）基准变比：2500/1。 试验要求：模拟由Ⅰ母向Ⅱ母充电，Ⅱ母发生区内 C 相接地故障时母差保护的动作行为（母联 TA 靠近Ⅱ母）
试验条件	（1）硬压板设置：投入"投母差保护"压板 1KLP1。 （2）软压板设置：投入"差动保护软压板"。 （3）控制字设置："差动保护"置"1"。 （4）I_a 接 L2。 （5）Ⅱ母电压不接线。 （6）短接母联 TWJ 触点（1QD5-1QD12），测试仪器开出触点接保护装置母联 SHJ 开入（1QD5-1QD13）
计算方法	略

充电闭锁功能试验仪器设置（状态序列）	状态 1 参数设置				
	U_A：57.74∠0.00°V	I_A：0.00∠0.00°A	开出触点：闭合；保持时间为 0.1s		状态触发条件：时间控制为 0.1s
	U_B：57.74∠−120°V	I_B：0.00∠0.00°A			
	U_C：57.74∠120°V	I_C：0.00∠0.00°A			
	状态 2 参数设置				
	U_A：57.74∠0.00°V	I_A：3∠0.00°A	开出触点：闭合；保持时间为 0.4s		状态触发条件：时间控制为 0.4s
	U_B：57.74∠−120°V	I_B：0.00∠0.00°A			
	U_C：25∠120°V	I_C：0.00∠0.00°A			

装置报文	（1）3msⅠ母差动跳母联。 （2）300msⅠ母差动动作
装置指示灯	保护跳闸
注意事项	（1）充电闭锁功能只闭锁 300ms，正常情况下充电闭锁功能跳开母联断路器后就已将故障点隔离。 （2）采用状态序列。 （3）无需校验定值，但所输入的故障量应大于差动定值

注意事项	（4）CSC-150A 保护的充电闭锁功能相当于 BP-2C 的充电至死区保护，其故障点位于母联断路器与母联 TA 之间。 （5）不建议在故障态时才设置开出量 SHJ 闭合，此时会导致保护故障程序已启动，导致无法及时闭锁差动元件，故建议在故障态前 0.1s 将 SHJ 闭合。 （6）闭锁时间为 1s，调试时也可以尝试在故障前 $0.7s < t < 1.0s$ 闭合 SHJ，校验保护动作时间
思考	（1）如果母联有电流，故障点在哪里，差动保护会如何动作，是否还是充电闭锁功能？ （2）充电闭锁和母联分位死区的区别是什么？ （3）自行验证状态 2 时间小于 0.3s 时的动作行为

3．母联保护校验

CSC-150A 母联保护校验见表 11-3。

表 11-3   **CSC-150A 母联保护校验**

试验项目	外部启动母联失灵保护校验			
相关定值	母联分段失灵电流定值：0.19A；母联分段失灵时间：0.2s			
试验条件	（1）硬压板设置：投入"投母差保护"压板 1KLP1。 （2）软压板设置：投入"差动保护软压板"。 （3）控制字设置："差动保护"置"1"。 （4）三相电流接 L1 间隔。 （5）测试仪器开出触点接母联间隔失灵开入触点（1QD5-1QD14/15）			
计算方法	$m=1.05$ $I=1.05×0.19=0.20$（A） $m=0.95$ $I=0.95×0.19=0.18$（A） 母联 TA 变比与基准变比一致，故无需变换			
试验仪器设置（状态序列 $m=1.05$）	状态 1 参数设置			
	U_A：$57.74∠0.00°$V U_B：$57.74∠-120°$V U_C：$57.74∠120°$V	I_A：$0.00∠0.00°$A I_B：$0.00∠0.00°$A I_C：$0.00∠0.00°$A	开出触点：不闭合	状态触发条件：时间控制为 1s
	状态 2 参数设置			
	U_A：$30∠0.00°$V U_B：$30∠-120°$V U_C：$30∠120°$V	I_A：$0.20∠0.00°$A I_B：$0.20∠-120°$A I_C：$0.20∠120°$A	开出触点：闭合；保持时间为 0.3s	状态触发条件：时间控制为 0.3s
试验仪器设置（状态序列 $m=0.95$）	参数设置略			
装置报文	（1）3ms 保护启动。 （2）204ms 母联失灵保护动作，跳闸单元 7 个（包括 1/22/23 及其余投入支路）			
装置指示灯	保护跳闸			
注意事项	电流定值应换算到基准变比			
思考	什么保护会启动母联失灵保护			
试验项目	母联失灵保护校验			
相关定值	母联分段失灵电流定值：0.19A；母联分段失灵时间：0.2s			

试验例题	(1) 运行方式为：支路 L2 合于Ⅰ母运行；支路 L3 合于Ⅱ母，双母线并列运行。 (2) 变比：L2(1200/1)、L3(1200/1)、L1(2500/1)。 (3) 基准变比：2500/1。 试验要求：模拟由Ⅰ母故障（A 相接地故障），母联断路器失灵保护动作
试验条件	(1) 硬压板设置：投入"投母差保护"压板 1KLP1。 (2) 软压板设置：投入"差动保护软压板"。 (3) 控制字设置："差动保护"置"1"。 (4) I_a 接 L1 间隔，I_b 接 L2 间隔，I_c 接 L3 间隔
计算方法	$m=1.05$ $I=1.05 \times 0.19=0.20$（A） $m=0.95$ $I=0.95 \times 0.19=0.18$（A） 母联 TA 变比与基准变比一致，故无需变换

<table>
<tr><td rowspan="5">试验仪器设置
（状态序列
$m=1.05$）</td><td colspan="4">状态 1 参数设置</td></tr>
<tr><td>U_A：57.74∠0.00° V
U_B：57.74∠-120° V
U_C：57.74∠120° V</td><td>I_A：0.00∠0.00° A
I_B：0.00∠0.00° A
I_C：0.00∠0.00° A</td><td>开出触点：无</td><td>状态触发条件：时间控制为 1s</td></tr>
<tr><td colspan="4">状态 2 参数设置</td></tr>
<tr><td>U_A：25∠0.00° V
U_B：57.74∠-120° V
U_C：57.74∠120° V</td><td>I_A：0.2∠0.00° A
I_B：1∠0.00° A
I_C：0.417∠0.00° A</td><td>开出触点：无</td><td>状态触发条件：时间控制为 0.3s</td></tr>
</table>

试验仪器设置 （状态序列 $m=0.95$）	参数设置略
装置报文	(1) 13msⅠ母差动动作。 (2) 214msⅠ母差动跟跳。 (3) 217ms 母联失灵保护动作
装置指示灯	保护跳闸
注意事项	(1) 电流定值应换算到基准变比。 (2) 母联失灵可以由母差保护跳母联的各类保护动作自启动，但需注意这些保护应持续保持动作不返回，外部启动也一样
思考	(1) 母联 TA 的安装位置对母联失灵保护试验有什么影响？ (2) 母联失灵保护与合位死区的区别
试验项目	母联合位死区保护校验
相关定值	大差比率制动系数：0.5，小差比率制动系数：0.3，差动启动电流 $I_{cdzd}=0.24A$
试验例题	(1) 运行方式为：支路 L2 合于Ⅰ母运行；支路 L3 合于Ⅱ母，双母线并列运行。 (2) 变比：L2(1200/1)、L3(1200/1)、L1(2500/1)。 (3) 基准变比：2500/1。 试验要求：模拟母联断路器合位死区保护动作，A 相单相接地故障，母联 TA 安装在Ⅱ母侧

试验条件	（1）硬压板设置：投入"投母差保护"压板 1KLP1。 （2）软压板设置：投入"差动保护软压板"。 （3）控制字设置："差动保护"置"1"。 （4）I_a 接 L1 间隔，I_b 接 L2 间隔，I_c 接 L3 间隔。 （5）仪器开出触点接母联 TWJ（1QD5-1QD12）。 （6）将母联跳闸出口备用触点（试验时需投入该备用出口压板）引入测试仪器的开入量			
计算方法	略。差流满足启动值，L1 电流满足有流条件即可（＞$0.1I_n$）			
试验仪器设置 （状态序列）	状态 1 参数设置			
	U_A：57.74∠0.00°V U_B：57.74∠-120°V U_C：57.74∠120°V	I_A：0.00∠0.00°A I_B：0.00∠0.00°A I_C：0.00∠0.00°A	开出触点：无	状态触发条件：时间控制为 1s
	状态 2 参数设置			
	U_A：25∠0.00°V U_B：57.74∠-120°V U_C：57.74∠120°V	I_A：1∠0.00°A I_A：1∠0.00°A I_C：2.083∠0.00°A	开出触点：无	状态触发条件：开入量翻转触发
	状态 3 参数设置			
	U_A：25∠0.00°V U_B：57.74∠-120°V U_C：57.74∠120°V	I_A：1∠0.00°A I_A：0.00∠0.00°A I_C：2.083∠0.00°A	开出触点：闭合；保持时间为 0.2s	状态触发条件：时间控制为 0.2s
装置报文	（1）3ms 差动保护启动。 （2）13ms Ⅰ母差动作。 （3）母联死区故障。 （4）Ⅱ母差动作			
装置指示灯	保护跳闸			
注意事项	（1）母联断路器合位死区故障指的是故障点位于母联断路器和母联 TA 之间，母联 TA 安装位置会影响先跳哪一段母线。本题中，根据题意，母联 TA 应该安装在母联断路器与Ⅱ母之间，为Ⅰ母保护区内。注意：母联 TA 安装位置可在母联断路器两侧，但 TA 的同名端始终靠Ⅰ母。 （2）进行试验时，后跳的母线的小差可以没有差流，但支路（非母联）必须要有电流。 （3）合位死区保护延时 150ms，为固有延时，不能整定。 （4）母联 TWJ 要变位			
思考	母联合位死区保护和分位死区保护的区别是什么			
试验项目	母联分位死区保护校验			
相关定值	大差比率制动系数：0.3，小差比率制动系数：0.5，差动启动电流 I_{cdzd}=0.24A			
试验例题	（1）运行方式为：支路 L2 合于Ⅰ母运行；支路 L3 合于Ⅱ母，双母线分列运行。 （2）变比：L2(1200/1)、L3(1200/1)、L1(2500/1)。 （3）基准变比：2500/1。 试验要求：模拟母联断路器分位死区保护动作			

试验条件	（1）硬压板设置：投入"差动保护投入"压板 1KLP1。 （2）软压板设置：投入"差动保护软压板""母联分列软压板"。 （3）控制字设置："差动保护"置"1"。 （4）I_a 接 L1 间隔，I_b 接 L2 间隔，I_c 接 L3 间隔。 （5）短接母联 TWJ（1QD5-1QD12）			
计算方法	略。大差、母联 TA 侧母线差流满足启动值即可			
试验仪器设置 （状态序列）	状态 1 参数设置			
	U_A：57.74∠0.00°V U_B：57.74∠-120°V U_C：57.74∠120°V	I_A：0.00∠0.00°A I_B：0.00∠0.00°A I_C：0.00∠0.00°A	开出触点：无	状态触发条件：时间控制为 0.1s
	状态 2 参数设置			
	U_A：25∠0.00°V U_B：57.74∠-120°V U_C：57.74∠120°V	I_A：1∠0.00°A I_B：0.00∠0.00°A I_C：2.083∠0.00°A	开出触点：无	状态触发条件：时间控制为 0.2s
装置报文	（1）33ms 差动保护启动。 （2）母联死区故障。 （3）Ⅱ母差动动作			
装置指示灯	保护跳闸			
注意事项	（1）母联断路器分位死区故障指的是故障点位于母联断路器和母联 TA 之间。本题中，根据题意，母联 TA 应该安装在母联断路器与Ⅱ母之间，为Ⅰ母保护区内。注意：母联 TA 安装位置可在母联断路器两侧，但 TA 的同名端始终靠Ⅰ母。 （2）分位死区保护无延时，只跳开靠母联 TA 的母线。 （3）母联 TWJ 和分列压板必须同时为"1"			
思考	母联合位死区保护和分位死区保护的区别是什么			

4. 失灵保护校验

CSC-150A 失灵保护校验见表 11-4。

表 11-4　　　　　　　　　　　CSC-150A 失灵保护校验

试验项目	线路间隔三相失灵保护校验
相关定值	（1）相电流定值：$0.08I_n$（线路无流定值，为固定值，不可整定）且需要任一相大差制动电流突变量大于 $0.25I_n$（条件满足自动展宽 15s）。 （2）零序失灵电流定值：0.1A（可整定）。 （3）负序失灵电流定值：0.1A（可整定）。 （4）失灵保护 1 时限：0.3s。 （5）失灵保护 2 时限：0.3s。 （6）当模拟三相故障启动失灵时，需要三相电流同时满足相电流过电流条件
试验例题	（1）运行方式为：支路 L2、支路 L4 合于Ⅰ母运行；支路 L3、L5 合于Ⅱ母，双母线并列运行。 （2）变比：L2(1200/1)、L3(1200/1)、L4(2500/1)、L5(2500/1)、L1(2500/1)。 （3）基准变比：2500/1。 试验要求：测试 L4 支路三相失灵保护定值及动作时间

试验条件	（1）硬压板设置：投入"失灵保护投入"压板 1KLP2。 （2）软压板设置：投入"失灵保护软压板"。 （3）控制字设置："失灵保护"置"1"。 （4）三相电流接 L4 间隔，L4 间隔的 A 相电流正串接至 L5 间隔 A 相。 （5）测试仪器开出触点接 L4 间隔三跳启动失灵开入触点（1C4D5-1C1D12）；开入触点接母联出口（1C1D1-1C1D3，1 时限出口）和 L2 出口（1C2D1-1C2D3，2 时限出口）
计算方法	$m=1.05$，$I=1.05\times0.08=0.084(\text{A})$；$I=1.05\times0.1=0.105(\text{A})$ $m=0.95$，$I=0.95\times0.08=0.076(\text{A})$；$I=0.95\times0.1=0.095(\text{A})$

试验仪器设置 （状态序列 $m=1.05$）	状态 1 参数设置			
	U_A：$57.74\angle0.00°$V U_B：$57.74\angle-120°$V U_C：$57.74\angle120°$V	I_A：$0.3\angle0.00°$A I_B：$0.00\angle0.00°$A I_C：$0.00\angle0.00°$A	开出触点：断开 保持时间：0.2s	状态触发条件：时间控制为 0.2s
	状态 2 参数设置			
	U_A：$25\angle0.00°$V U_B：$25\angle-120°$V U_C：$25\angle120°$V	校验相电流定值 I_A：$0.084\angle0.00°$A I_B：$0.084\angle-120°$A I_C：$0.084\angle120°$A	开出触点：闭合；保持时间为 0.4s	状态触发条件：时间控制为 0.4s

试验仪器设置 （状态序列 $m=0.95$）	状态 2 参数设置			
	U_A：$25\angle0.00°$V U_B：$25\angle-120°$V U_C：$25\angle120°$V	校验相电流定值 I_A：$0.076\angle0.00°$A I_B：$0.076\angle-120°$A I_C：$0.076\angle120°$A	开出触点：闭合；保持时间为 0.4s	状态触发条件：时间控制为 0.4s

装置报文	（1）保护启动。 （2）300ms 失灵保护跳母联。 （3）300ms Ⅰ 母失灵保护动作
装置指示灯	保护跳闸
注意事项	（1）电流定值应换算到基准变比。 （2）失灵保护出口有两个时限，1 时限跳母联，2 时限跳母线。 （3）三相失灵时，三相电流均应满足定值，可不考虑零序、负序电流
思考	（1）如果失灵开入改成单相失灵开入，上述试验方法保护是否会动作？ （2）状态序列第一态如果不从支路 5 加 0.3A 的电流，失灵保护能否动作

试验项目	线路间隔单相失灵保护校验			
相关定值	(1) 该相电流失灵定值：$0.08I_n$（线路无流定值，为固定值，不可整定）。 (2) 零序失灵电流定值：0.1A（可整定）。 (3) 负序失灵电流定值：0.1A（可整定）。 (4) 失灵保护 1 时限：0.3s。 (5) 失灵保护 2 时限：0.3s。 (6) 当模拟单相或两相故障启动失灵时，需要同时满足相电流和零序电流过电流条件，或者是同时满足相电流和负序电流过电流条件			
试验例题	(1) 运行方式为：支路 L2、支路 L4 合于 I 母运行；支路 L3、L5 合于 II 母，双母线并列运行。 (2) 变比：L2(1200/1)、L3(1200/1)、L4(2500/1)、L5(2500/1)、L1(2500/1)。 (3) 基准变比：2500/1。 试验要求：测试 L4 支路 A 相断路器失灵时，零序电流定值、负序电流定值及动作时间			
试验条件	(1) 硬压板设置：投入"失灵保护投入"压板 1KLP2。 (2) 软压板设置：投入"失灵保护软压板"。 (3) 控制字设置："失灵保护"置"1"。 (4) 三相电流接 L4 间隔。 (5) 测试仪器开出触点接 L4 间隔 A 相启动失灵开入触点（1C4D5-1C1D13）。 说明：零序失灵电流校验时，装置加单相电流，此时对应的负序电流值为所加电流的三分之一，不满足定值。 在进行负序失灵电流校验时，可修改零序电流的定值，值应大于三倍以上的负序电流值。如本例可修改成 1A，以保证加单相电流时，零序失灵电流不满足，而负序失灵电流条件满足			
计算方法	$m=1.05$，$I=1.05\times0.08=0.084$(A)；$I=1.05\times0.1=0.105$(A) $m=0.95$，$I=0.95\times0.08=0.076$(A)；$I=0.95\times0.1=0.095$(A)			
试验仪器设置	零序失灵电流定值			
	可靠动作值		可靠不动作值	
	状态 1	状态 2	状态 1	状态 2
	U_A：$57.74\angle0.00°$V U_B：$57.74\angle-120°$V U_C：$57.74\angle120°$V I_A：$0.00\angle0.00°$A I_B：$0.00\angle0.00°$A I_C：$0.00\angle0.00°$A 开出触点：断开。 状态触发条件：时间控制为 0.1s	U_A：$25\angle0.00°$V U_B：$57.74\angle-120°$V U_C：$57.74\angle120°$V I_A：$0.105\angle0.00°$A I_B：$0.00\angle0.00°$A I_C：$0.00\angle0.00°$A 开出触点：闭合；保持时间为 0.4s。 状态触发条件：时间控制为 0.4s	U_A：$57.74\angle0.00°$V U_B：$57.74\angle-120°$V U_C：$57.74\angle120°$V I_A：$0.00\angle0.00°$A I_B：$0.00\angle0.00°$A I_C：$0.00\angle0.00°$A 开出触点：断开。 状态触发条件：时间控制为 0.1s	U_A：$25\angle0.00°$V U_B：$57.74\angle-120°$V U_C：$57.74\angle120°$V I_A：$0.095\angle0.00°$A I_B：$0.00\angle0.00°$A I_C：$0.00\angle0.00°$A 开出触点：闭合；保持时间为 0.4s。 状态触发条件：时间控制为 0.4s

试验仪器设置	负序失灵电流定值（修改零序失灵电流定值为1A）			
	可靠动作值		可靠不动作值	
	状态1	状态2	状态1	状态2
	U_A：$57.74\angle0.00°$ V U_B：$57.74\angle-120°$ V U_C：$57.74\angle120°$ V I_A：$0.00\angle0.00°$ A I_B：$0.00\angle0.00°$ A I_C：$0.00\angle0.00°$ A 开出触点：断开。 状态触发条件：时间控制为0.1s。	U_A：$25\angle0.00°$ V U_B：$57.74\angle-120°$ V U_C：$57.74\angle120°$ V I_A：$0.315\angle0.00°$ A I_B：$0.00\angle0.00°$ A I_C：$0.00\angle0.00°$ A 开出触点：闭合；保持时间为0.4s。 状态触发条件：时间控制为0.4s。	U_A：$57.74\angle0.00°$ V U_B：$57.74\angle-120°$ V U_C：$57.74\angle120°$ V I_A：$0.00\angle0.00°$ A I_B：$0.00\angle0.00°$ A I_C：$0.00\angle0.00°$ A 开出触点：断开。 状态触发条件：时间控制为0.1s。	U_A：$25\angle0.00°$ V U_B：$57.74\angle-120°$ V U_C：$57.74\angle120°$ V I_A：$0.285\angle0.00°$ A I_B：$0.00\angle0.00°$ A I_C：$0.00\angle0.00°$ A 开出触点：闭合；保持时间为0.4s。 状态触发条件：时间控制为0.4s。
装置报文	（1）保护启动。 （2）Ⅰ母失灵保护动作			
装置指示灯	保护跳闸			
注意事项	（1）电流定值应换算到基准变比。 （2）失灵保护出口有两个时限，1时限跳母联，2时限跳母线。 （3）零序电流按$3I_0$整定，负序电流按I_2整定。 （4）测试负序电流定值的方法与零序电流类似，注意负序电流值等于单相电流的1/3，测试时可以临时调整零序电流定值			
思考	线路间隔和主变压器间隔失灵保护有什么异同			
试验项目	主变压器间隔失灵保护校验			
相关定值	（1）三相失灵相电流定值：0.3A。 （2）失灵零序电流定值：0.1A。 （3）失灵负序电流定值：0.1A。 （1）、（2）、（3）仅需满足其中一种就可。 失灵保护1时限：0.3s。 失灵保护2时限：0.3s			
试验例题	（1）运行方式为：支路L2、支路L4合于Ⅰ母运行；支路L3、L5合于Ⅱ母，双母线并列运行。 （2）变比：L2(1200/1)、L3(1200/1)、L4(2500/1)、L5(2500/1)、L1(2500/1)。 （3）基准变比：2500/1。 （4）试验要求：测试L2支路三相失灵保护定值及动作时间			
试验条件	（1）硬压板设置：投入"失灵保护投入"压板1KLP2。 （2）软压板设置：投入"失灵保护软压板"。 （3）控制字设置："失灵保护"置"1"。 （4）三相电流接L2间隔。 （5）测试仪器开出触点接L2间隔三跳启动失灵开入触点（1C2D5-1C2D12）；开入触点接母联出口（1C1D1-1C1D3，1时限出口）和L4出口（1C4D1-1C4D3，2时限出口）以及失灵联跳出口（1S2D1-1S2D3）			
计算方法	相电流定值： $m=1.05$，$I=1.05\times0.3\times(2500/1200)=0.656$（A） $m=0.95$，$I=0.95\times0.3\times(2500/1200)=0.594$（A）			

计算方法	零序电流定值： $m=1.05$，$I=1.0\times0.1\times(2500/1200)=0.219$（A） $m=0.95$，$I=0.95\times0.1\times(2500/1200)=0.198$（A） 负序电流定值： $m=1.05$，$I=1.05\times0.1\times3\times(2500/1200)=0.656$（A） $m=0.95$，$I=0.95\times0.1\times3\times(2500/1200)=0.594$（A）

试验仪器设置（状态序列 $m=1.05$）	状态 1 参数设置			
	U_A：57.74∠0.00°V U_B：57.74∠−120°V U_C：57.74∠120°V	I_A：0.00∠0.00°A I_B：0.00∠0.00°A I_C：0.00∠0.00°A	开出触点：闭合；保持时间为 0s	状态触发条件：时间控制为 0.1s
	状态 2 参数设置			
	U_A：25∠0.00°V U_B：57.74∠−120°V U_C：57.74∠120°V	I_A：0.656∠0.00°A I_B：0.656∠−120°A I_C：0.656∠120°A	开出触点：闭合；保持时间为 0.4s	状态触发条件：时间控制为 0.4s
	零序与负序按上述计算方式均加单相电流即可，不再赘述。注意在做负序失灵电流校验时，需将零序失灵电流定值调整至 3 倍以上的负序失灵电流定值			

试验仪器设置（状态序列 $m=0.95$）	参数设置略
装置报文	300ms Ⅰ 母失灵保护动作、主变压器 1 失灵联跳
装置指示灯	保护跳闸
注意事项	（1）电流定值应换算到基准变比。 （2）失灵保护出口有两个时限，1 时限跳母联，2 时限跳母线。 （3）例题以相电流定值为例进行故障量设置，零序、负序电流测试的故障量设置类似与其类似。 （4）主变压器间隔相电流定值只要一相电流大于定值即可
思考	如果故障态电压正常，应如何设置解除复压闭锁开入，失灵保护才能正确动作
试验项目	失灵保护电压闭锁元件校验
相关定值	（1）低电压闭锁定值：40V。 （2）零序电压闭锁定值：6V。 （3）负序电压闭锁定值：2V。 注：差动复压闭锁定值为固定，失灵复压闭锁定值为可整定
试验例题	（1）运行方式为：支路 L2、支路 L4 合于 Ⅰ 母运行；支路 L3、L5 合于 Ⅱ 母，双母线并列运行。 （2）变比：L2(1200/1)、L3(1200/1)、L4(2500/1)、L5(2500/1)、L1(2500/1)。 （3）基准变比：2500/1。 试验要求：测试 L2 支路失灵保护复压闭锁元件定值
试验条件	两段母线 TV 正常接线
计算方法	略

失灵保护低电压闭锁功能试验仪器设置（状态序列 m=1.05）	状态 1 参数设置				
	U_A：57.74∠0.00°V U_B：57.74∠-120°V U_C：57.74∠120°V	I_A：0.00∠0.00°A I_B：0.00∠0.00°A I_C：0.00∠0.00°A	开出触点：闭合；保持时间为 0s	状态触发条件：时间控制为 0.1s	
	状态 2 参数设置				
	U_A：38∠0.00°V U_B：38∠-120°V U_C：38∠120°V	I_A：2∠0.00°A I_B：0.00∠-120°A I_C：0.00∠120°A	开出触点：闭合；保持时间为 0.4s	状态触发条件：时间控制为 0.4s	
失灵保护低电压闭锁功能试验仪器设置（状态序列 m=0.95）	参数设置略				
失灵保护零序电压闭锁功能试验仪器设置（状态序列 m=1.05）	状态 1 参数设置				
	U_A：57.74∠0.00°V U_B：57.74∠-120°V U_C：57.74∠120°V	I_A：0.00∠0.00°A I_B：0.00∠0.00°A I_C：0.00∠0.00°A	开出触点：闭合；保持时间为 0s	状态触发条件：时间控制为 0.1s	
	状态 2 参数设置				
	U_A：51.44∠0.00°V U_B：57.74∠-120°V U_C：57.74∠120°V	I_A：2∠0.00°A I_B：0.00∠-120°A I_C：0.00∠120°A	开出触点：闭合；保持时间为 0.4s	状态触发条件：时间控制为 0.4s	
失灵保护零序电压闭锁功能试验仪器设置（状态序列 m=0.95）	参数设置略				
失灵保护负序电压闭锁功能试验仪器设置（状态序列 m=1.05）	状态 1 参数设置				
	U_A：57.74∠0.00°V U_B：57.74∠-120°V U_C：57.74∠120°V	I_A：0.00∠0.00°A I_B：0.00∠0.00°A I_C：0.00∠0.00°A	开出触点：闭合；保持时间为 0s	状态触发条件：时间控制为 0.1s	
	状态 2 参数设置				
	U_A：59.84∠0.00°V U_B：56.72∠-121.9°V U_C：56.72∠121.9°V	I_A：2∠0.00°A I_B：0.00∠-120°A I_C：0.00∠120°A	开出触点：闭合；保持时间为 0.4s	状态触发条件：时间控制为 0.4s	
失灵保护负序电压闭锁功能试验仪器设置（状态序列 m=0.95）	参数设置略				

续表

装置报文	Ⅰ母失灵电压开放（Ⅱ母失灵电压开放）
装置指示灯	保护跳闸
注意事项	（1）低电压闭锁值为 0.95 倍时失灵动作，1.05 倍不动作；零序、负序电压闭锁值为 1.05 倍时失灵动作，0.95 倍不动作。 （2）零序电压闭锁值为自产零序电压 $3U_0$，负序电压闭锁值 U_{2bs} 为负序相电压。 （3）进行零序、负序电压闭锁值试验时，可以临时调整相关定值
思考	失灵保护复压闭锁和差动保护复压闭锁有什么区别，试验方法可否互换

第二节　保护常见故障及故障现象

CSC-150A 母差保护常见故障及故障现象见表 11-5。

表 11-5　　　　　　　　　CSC-150A 母差保护常见故障及故障现象

类型	难易度	故障属性	故障现象	故障设置地点
A、B、C	易	电流回路	本间隔（L1 支路 A、B、C 相）电流采样分流。其他间隔类似	1I1D1-1I1D5、1I1D2-1I1D5、1I1D3-1I1D5 短接
A	难	电流回路	不同间隔之间（L1 支路和 L2 支路）A 相电流分流。其他间隔、相别类似（该故障仅在两个间隔均加量时出现，单间隔无法发现）	1I1D1-1I2D1 短接
A	中	电流回路	L1 支路 A 相电流回路开路，装置采样值为 0，试验仪器报警灯亮。其他间隔、相别类似	1I1D1（屏内 1-1n3a1）或 1I1D5（屏内 1-1n3b1）虚接
A、B、C	中	电压回路	Ⅰ段母线 TV 二次回路 AN 短路，试验仪器报警。Ⅰ段母线 TV 其他相别、Ⅱ段母线 TV 类似	UD1-UD7 或 1UD1-1UD7 短接
AB	中	电压回路	Ⅰ段母线 TV 二次回路 AB 短路，试验仪器报警。Ⅰ段母线 TV 其他相间、Ⅱ段母线 TV 类似	UD1-UD2 或 1UD1-1UD2 短接
A	易	电压回路	Ⅰ段母线 TV 二次回路 A 相开路，该相电压采样值为 0。Ⅰ段母线 TV 其他相别、Ⅱ段母线 TV 类似	UD1（屏内 1ZKK1-1）或 1UD1（屏内 1ZKK1-2）或 1UD1（屏内 2-1n9a1）虚接
N	易	电压回路	Ⅰ段母线 TV 二次回路 N 相开路，三相电压采样值不正确。Ⅱ段母线 TV 类似	UD7（屏内 1UD7）或 1UD7（屏内 UD7）或 1UD7（屏内 2-1n9b1）虚接
ⅠA-ⅡA	难	电压回路	Ⅰ、Ⅱ段母线 TV 二次回路 A 相短接，加任一路电压另一路均有读数。两段母线 TV 其他相别类似	UD1-UD4 或 1UD1-1UD4 短接
—	易	光纤回路	运行灯灭、CPU1 从机中断	装置背板 X1 板收发光纤松动
—	易	光纤回路	运行灯灭、CPU2 从机中断、CPU2 采样异常	装置背板 X2 板收发光纤松动
—	易	通信回路	主机无隔离开关位置开入，报"开入通信中断"，隔离开关模拟盘隔离开关位置灯均正常	3-1n 串口线拔掉

续表

类型	难易度	故障属性	故障现象	故障设置地点
—	中	电源回路	隔离开关模拟盘灯不亮	3-1n 无正电
I 母隔离开关	易	开入回路	短 L2 间隔 I 母隔离开关，隔离开关模拟屏灯不亮，开入无变位。其他间隔类似	1C2D9（屏内 3-1n10a6）虚接
I 母隔离开关	难	开入回路	短 L2 间隔 I 母隔离开关，隔离开关模拟屏灯不亮，开入无变位。其他间隔类似	隔离开关模拟屏背板横端子 3-1n10a6（线号 1C2D9）虚接
II 母隔离开关	易	开入回路	短 L2 间隔 II 母隔离开关，隔离开关模拟屏灯不亮，开入无变位。其他间隔类似	1C2D10（屏内 3-1n10c6）虚接
II 母隔离开关	难	开入回路	短 L2 间隔 II 母隔离开关，隔离开关模拟屏灯不亮，开入无变位。其他间隔类似	隔离开关模拟屏背板横端子 3-1n10c6（线号 1C2D10）虚接
双隔离开关	易	开入回路	短 L2 间隔 1 或 II 母隔离开关，隔离开关模拟屏 1、II 母隔离开关灯均亮，1、II 母隔离开关开入均变位。其他间隔类似	1C2D9-1C2D10 短接
双隔离开关	中	开入回路	短 L2 间隔 I 母隔离开关，隔离开关模拟屏 L3 间隔 I 母隔离开关灯也亮，开入变位。其他间隔类似	1C2D9-1C3D9 短接
—	中	开入回路	装置黑屏，面板运行灯灭（2-1n19a20、2-1n19a26；3-1n2a20、3-1n2a26 虚接）	1QD1（1K1-4、1-1n19a20）虚接（装置电源正电）或 1QD26（1K1-2、1-1n19a20）虚接（装置电源负电）
—	中	开入回路	隔离开关模拟屏上所有隔离开关切换无反应	1QD5（屏内 1K2-4、3-1n9a2、1C1D5）虚接
—	中	开入回路	隔离开关模拟屏上所有隔离开关切换无反应	1QD22（屏内 1K2-2、3-1n9a32）虚接
—	中	开入回路	所有功能压板及复归按钮无效	1-1n19c21（1-1n19a2、1-1n10a2、1KLP1-1）虚接（装置弱电开入电源正电）
—	中	开入回路	检修压板无效	1KLP7-1 虚接
—	中	开入回路	母差、失灵保护投入硬压板无效	1KLP1-1 虚接/1KLP2-1 虚接
—	中	开入回路	复归按钮无效	1FA-1 虚接
—	难	开入回路	投母差或失灵压板，另一压板开入也变位	1KLP1-2 和 1KLP2-2 短接
—	中	开入回路	短接母联跳位，开入无变位	1QD12（1-1n10c4）虚接（母联跳位开入）
—	中	开入回路	短接母联手合，开入无变位	1QD13（1-1n10c16）虚接（母联手合信号开入）
—	中	开入回路	母联跳位开入一直为 1	1QD5-1QD12 短接（母联跳位开入）
—	难	开入回路	投入母线互联压板或母差保护投入压板，另一个压板同时投入	1KLP1-2 和 1KLP5-2 短接
—	中	开入回路	复归按钮开入一直接通，跳闸后装置无信号无报文	1QD5-1QD19 短接（复归按钮开入）

续表

类型	难易度	故障属性	故障现象	故障设置地点
—	易	开入回路	短接 L2 间隔三相失灵启动开入，开入无变位。L3 间隔类似	1C2D12（3-1n9a18）虚接（L2 间隔三相失灵启动开入）
—	中	开入回路	短接 L2 间隔解除失灵电压闭锁开入，开入无变位。L3 间隔类似	1C2D13（3-1n9a28）虚接（L2 间隔解除失灵电压闭锁开入）
—	易	开入回路	L2 间隔三相失灵启动长期开入。L3 间隔类似	1C2D5 和 1C2D12 短接（L2 间隔三相失灵启动开入）
—	中	开入回路	L2 间隔解除失灵电压闭锁长期开入。L3 间隔类似	1C2D5 和 1C2D13 短接（L2 间隔解除失灵电压闭锁开入）
—	易	开入回路	短接 L4 间隔三相失灵启动开入，开入无变位。L5 间隔类似	1C4D12（3-1n9c10）虚接（L4 间隔三相失灵启动开入）
A、B、C	易	开入回路	短接 L4 间隔 A、B、C 相失灵启动开入，开入无变位。L5 间隔类似	1C4D13/14/15（3-1n9c4/6/8）虚接（L4 间隔 A 相失灵启动开入）
—	中	开出回路	L1 间隔无法开出，断路器无法传动	1C1D1（1-1n11c2）、1C1D3（1C1LP1-1）虚接（L1 间隔开出）
—	难	开出回路	L1 间隔无法开出，时间无法测试（该故障可以通过 L1 断路器一合闸马上跳闸判断）	1C1D1-1C1D3 短接（L1 间隔开出）
—	中	开出回路	L2 间隔无法开出，时间无法测试。L3 间隔类似	1C2D1（1-1n11c6）、1C2D3（1C2LP1-1）虚接（L2 间隔开出）
—	难	开出回路	L2 间隔无法开出，时间无法测试。L3 间隔类似（该故障可以通过 L2 断路器一合闸马上跳闸判断）	1C2D1-1C2D3 短接（L2 间隔开出）
—	中	开出回路	L2 间隔失灵联跳无法开出，时间无法测试。L3 间隔类似	1S2D1（1-1n16c2）、1S2D3（1S2LP1-1）虚接（L2 间隔失灵联跳开出）
—	难+	开出回路	L2 间隔失灵联跳无法开出，时间无法测试。L3 间隔类似	1S2D1-1S2D3 短接（L2 间隔失灵联跳开出）
—	中	开出回路	L4 间隔无法开出，时间无法测试。L5 间隔类似	1C4D1（1-1n11c14）、1C4D3（1C4LP1-1）虚接（L4 间隔开出）
—	难	开出回路	L4 间隔无法开出，时间无法测试。L5 间隔类似（该故障可以通过 L4 断路器一合闸马上跳闸判断）	1C4D1-1C4D3 短接（L4 间隔开出）

第十二章　NSR-371A 母线保护装置调试

NSR-371A 型微机母线保护装置，设有母线差动保护、断路器失灵保护、母联（分段）死区保护、母联（分段）失灵保护等其他选配功能，适用于 220kV 及其以下电压等级的双母线、双母双分段主接线形式，常规站和智能站保护装置最大允许连接元件数为 24 个，元件数均包括母联和分段断路器。

对于各种电压等级的双母双分段主接线方式，需要由两套 NSR-371A 装置实现对双母双分段母线的保护。

第一节　试验调试方法

一、负荷平衡态校验

负荷平衡态校验见表 12-1。

表 12-1　　　　　　　　　　　　NSR-371A 母线保护负荷平衡态校验

试验项目	负荷平衡态校验
试验例题	支路 L2（1250/1）、L4（2000/1）接 Ⅰ 母运行，L5（2000/1）、L6（3000/1）接 Ⅱ 母运行，TA 基准变比为 2500/1；两段母线并列运行，电压正常。已知 L1 母联（2500/1）间隔 B 相一次电流由 Ⅰ 母流入 Ⅱ 母，二次值为 0.8A，L4、L5 均流入母线，二次值为 0.5A。调整 L2、L6 支路电流，使差流平衡，屏上无任何告警、动作信号
试验条件	（1）硬压板设置：投入"投母差保护"压板 1RLP1。 （2）软压板设置：投入"差动保护"软压板。 （3）控制字设置："差动保护"置"1"。 （4）"运行"指示灯亮
计算方法	（1）根据题意，L1 一次电流幅值=2500/1×0.8=2000A；则 L4/L5 间隔一次电流=2000/1×0.5=1000A，换算为基准变比下的电流为 0.4A；方向流入母线。 （2）根据题意，L1 流出 Ⅰ 母，L4 流入 Ⅰ 母，因 L1 幅值大于 L4，L2 间隔电流应为流入 Ⅰ 母且幅值为 L1、L4 之差，故 L2 间隔一次电流=$I_{L1}-I_{L4}$=2000−1000=1000（A） 　　　　二次电流=1000/1250×1=0.8A，换算为基准变比下的电流为 0.4A L1 流入 Ⅱ 母，L5 流入 Ⅱ 母，L6 间隔电流应为流出 Ⅱ 母且幅值为 L1、L5 之和，故

计算方法	L6 间隔一次电流=I_{L1}+I_{L5}=1000+500=1500(A)
	二次电流=1500/3000×1=0.5A，换算为基准变比下的电流为 0.6A
	（3）综上可得：
	L1：0.8∠0°A
	L2：0.8∠180°A
	L4：0.5∠180°A
	L5：0.5∠180°A
	L6：1∠0°A
接线方式	（1）接线时，基本原则是试验仪器的各相电流均按极性端接入各支路电流极性端，这种接线的方式称为正接，反之为反接；在进行平衡态试验和大小差比率制动试验时，有时需要根据题意对几个支路进行接线串接；建议尽量按照正接的方式进行试验接线，电流角度通过仪器调整。
	（2）I_a 正接入 L1 间隔 B 相，反接串 L2 间隔 B 相；I_b 正接入 L4 间隔 B 相，正接串 L5 间隔 B 相；I_c 正接入 L6 间隔 B 相

负荷平衡态试验仪器设置（手动方式）	参数设置		
	$\dot{U}_A$：57.74∠0.00°V	$\dot{I}_A$：0.8∠0.00°A	
	$\dot{U}_B$：57.74∠−120°V	$\dot{I}_B$：0.5∠180°A	状态触发条件：手动控制
	$\dot{U}_C$：57.74∠120°V	$\dot{I}_C$：1∠0.00°A	

装置报文	无
装置指示灯	无
注意事项	（1）各间隔电流角度为通过装置菜单读到的角度；设置时，如果某支路一次电流从 TA 的同名端流进，则该支路电流采样读到的角度应为 0°。
	（2）根据说明书，各支路 TA 的同名端在母线侧，母联 TA 同名端在 Ⅰ 母侧。
	（3）互联压板不能投入，因为投入后保护装置不计算小差差流，存在母联电流计算错误或接线错误，但装置无告警的情况。
	（4）NSR-371 保护可在[厂家调试]——[调试设置]——[调试参数]——[参考相量]中改变相位基准，"0～23"分别代表支路 01～支路 24 的 A 相电流，"24～26"分别代表 Ⅰ 母、Ⅱ 母、Ⅲ 母的 A 相电压
思考	如何通过基准变比进行计算

二、差动保护检验

差动保护检验见表 12-2。表中检验的比率制动系数均为常规比率差动元件。本装置比例制动系数由程序固化，3/2 断路器接线差动比例制动系数固定为 0.4，双母线、双母双分段、双母单分段接线小差比例制动系数固定为 0.5，大差比例制动系数固定为 0.3。

表 12-2　　　　　　　　　　　　NSR-371A 差动保护检验

试验项目	差动启动值定值检验
相关定值	差动启动电流 I_{cdzd}=0.6A
试验条件	（1）硬压板设置：投入"投母差保护"压板 1RLP1。
	（2）软压板设置：投入"差动保护"软压板。
	（3）控制字设置："差动保护"置"1"。
	（4）I_a 接 L2 间隔

续表

计算方法	计算公式： L2 支路启动值：$I_{dz}=I_{cdzd}/$[（支路 TA 变比）/（基准 TA 变比）] 　　　　　　=0.6/[(1250/1)/(2500/1)] 　　　　　　=1.2(A) 　　　　m=1.05，I=1.2×1.05=1.26(A) 　　　　m=0.95，I=1.2×0.95=1.14(A) 　　　测试时间，m=2，I=1.2×2=2.4(A) 其他支路类似可得		
m=1.05 时 仪器设置（以状 态序列为例）	状态 1 参数设置		
	$\dot{U}_A$：57.74∠0.00°V $\dot{U}_B$：57.74∠−120°V $\dot{U}_C$：57.74∠120°V	$\dot{I}_A$：0.00∠0.00°A $\dot{I}_B$：0.00∠0.00°A $\dot{I}_C$：0.00∠0.00°A	状态触发条件：手动控制 或时间控制为 0.1s
	状态 2 参数设置		
	$\dot{U}_A$：25∠0.00°V $\dot{U}_B$：57.74∠−120°V $\dot{U}_C$：57.74∠120°V	$\dot{I}_A$：1.26∠0.00°A $\dot{I}_B$：0.00∠0.00°A $\dot{I}_C$：0.00∠0.00°A	状态触发条件：触点返回 或时间控制为 0.1s
装置报文	Ⅰ母差动动作		
装置指示灯	保护跳闸		
说明	差动保护动作时间应以 2 倍动作电流进行测试		
注意事项	（1）应保证复压闭锁条件开放，可降低对应相电压。 （2）可采用状态序列或手动试验		
思考	启动值试验能否用母联间隔进行校验，为什么		
试验项目	大差比率制动系数校验		
相关定值	大差比率制动系数：0.3		
试验例题	（1）运行方式为：支路 L2、L4 合于Ⅰ母；支路 L5、L6 合于Ⅱ母，双母线并列运行。 （2）变比：L2(1250/1)、L4(2000/1)、L5(2000/1)、L6(3000/1)、L1(2500/1)。 （3）基准变比：2500/1。 试验要求：Ⅱ母 C 相故障，验证大差比率制动系数，做 2 个点（不要求所有间隔均要通流）		
试验条件	（1）硬压板设置：投入"投母差保护"压板 1RLP1。 （2）软压板设置：投入"差动保护"软压板。 （3）控制字设置："差动保护"置"1"。 （4）母联开关合（母联 TWJ 开入为"0"，且分裂压板退出）。 （5）I_a 正接入 L2 间隔 B 相；I_b 正接入 L4 间隔 B 相；I_c 正接入 L6 间隔 B 相		
计算方法	假设Ⅰ母平衡，L2 流入等于 L4 流出，一次电流 2000A。 故 L2 间隔二次电流=2000/1250×1=1.6A，换算为基准变比下的电流为 0.8A。 故 L4 间隔二次电流=2000/2000×1=1A，换算为基准变比下的电流为 0.8A。 以单独外加量的支路为变量（例题 L6 支路）， 第一点：设 L6 支路需改变的电流值为 X，		

	$\begin{cases} I_{\mathrm{d}}=X \\ I_{\mathrm{r}}=(0.8+0.8+X)=1.6+X \\ I_{\mathrm{d}}>K_{\mathrm{r}}\times I_{\mathrm{r}} \end{cases}$ $X>0.3\times(1.6+X)$ $X>0.686$ 求得：L6$>X\times$(基准变比/支路变比)=0.58(A) 第二点：（将各支路外加量乘或除以一个系数） 计算：略		
大差比率制动系数试验仪器设置（以状态序列为例）第一点	状态 1 参数设置		
	$\dot{U}_{\mathrm{A}}:57.74\angle0.00°\mathrm{V}$ $\dot{U}_{\mathrm{B}}:57.74\angle-120°\mathrm{V}$ $\dot{U}_{\mathrm{C}}:57.74\angle120°\mathrm{V}$	$\dot{I}_{\mathrm{A}}:0.00\angle0.00°\mathrm{A}$ $\dot{I}_{\mathrm{B}}:0.00\angle0.00°\mathrm{A}$ $\dot{I}_{\mathrm{C}}:0.00\angle0.00°\mathrm{A}$	状态触发条件：手动控制或时间控制为 0.1s
	状态 2 参数设置		
	$\dot{U}_{\mathrm{A}}:57.74\angle0.00°\mathrm{V}$ $\dot{U}_{\mathrm{B}}:25\angle-120°\mathrm{V}$ $\dot{U}_{\mathrm{C}}:57.74\angle120°\mathrm{V}$	$\dot{I}_{\mathrm{A}}:1.6\angle180°\mathrm{A}$ $\dot{I}_{\mathrm{B}}:1\angle0.00°\mathrm{A}$ $\dot{I}_{\mathrm{C}}:0.58\angle0.00°\mathrm{A}$	状态触发条件：触点返回或时间控制为 0.1s
大差比率制动系数试验仪器设置（以状态序列为例）第二点	状态 1 参数设置		
	$\dot{U}_{\mathrm{A}}:57.74\angle0.00°\mathrm{V}$ $\dot{U}_{\mathrm{B}}:57.74\angle-120°\mathrm{V}$ $\dot{U}_{\mathrm{C}}:57.74\angle120°\mathrm{V}$	$\dot{I}_{\mathrm{A}}:0.00\angle0.00°\mathrm{A}$ $\dot{I}_{\mathrm{B}}:0.00\angle0.00°\mathrm{A}$ $\dot{I}_{\mathrm{C}}:0.00\angle0.00°\mathrm{A}$	状态触发条件：手动控制或时间控制为 0.1s
	状态 2 参数设置		
	$\dot{U}_{\mathrm{A}}:57.74\angle0.00°\mathrm{V}$ $\dot{U}_{\mathrm{B}}:25\angle-120°\mathrm{V}$ $\dot{U}_{\mathrm{C}}:57.74\angle120°\mathrm{V}$	$\dot{I}_{\mathrm{A}}:3.2\angle180°\mathrm{A}$ $\dot{I}_{\mathrm{B}}:2\angle0.00°\mathrm{A}$ $\dot{I}_{\mathrm{C}}:1.16\angle0.00°\mathrm{A}$	状态触发条件：触点返回或时间控制为 0.1s
装置报文	Ⅱ母差动动作		
装置指示灯	保护跳闸		
注意事项	（1）应保证复压闭锁条件开放，可降低对应相电压。 （2）模拟Ⅱ母应小差动作，应降低Ⅱ母电压。 （3）可采用状态序列或手动试验。 （4）本装置在满足大差且不满足小差时会启动大差动作跳母联逻辑，因小差系数大于大差系数，因此在校验大差定值时容易出现该报文		
思考	若要模拟四支路通流时，验证大差比率制动系数，各支路该如何加量，如何接线		
试验项目	小差比率制动系数校验		
相关定值	小差比率制动系数：0.5		
试验例题	（1）运行方式为：支路 L5、L6 合于Ⅱ母。 （2）变比：L2(1250/1)、L4(2000/1)、L5(2000/1)、L6(3000/1)、L1(2500/1)。 （3）基准变比：2500/1。 试验要求：Ⅱ母 C 相故障，验证小差比率制动系数值，做 2 个点		
试验条件	（1）硬压板设置：投入"投母差保护"压板 1RLP1。 （2）软压板设置：投入"差动保护"软压板。 （3）控制字设置："差动保护"置"1"。 （4）I_{a} 正接入 L5 间隔 C 相；I_{b} 正接入 L6 间隔 C 相		

续表

计算方法	设置 Ⅱ 母平衡： L5 电流流出 Ⅱ 母，二次电流 0.75A（换算成基准变比下的电流为 0.6A） L6 电流为变量，方向与 L5 相反，设其幅值为 X 则 $$\begin{cases} I_d = X - 0.6 \\ I_r = 0.6 + X \\ I_d > K_r \times I_r \end{cases}$$ $\Rightarrow$ $X - 0.6 > 0.5 \times (0.6 + X)$ $X > 1.8$ 换算成支路电流：$1.8 \times (2500/3000) = 1.5(A)$ 第二点：（将各支路外加量乘或除以一个系数） 计算：略

小差比率制动系数试验仪器设置（以状态序列为例）第一点	状态 1 参数设置		
	$\dot{U}_A : 57.74 \angle 0.00° \text{V}$ $\dot{U}_B : 57.74 \angle -120° \text{V}$ $\dot{U}_C : 57.74 \angle 120° \text{V}$	$\dot{I}_A : 0.00 \angle 0.00° \text{A}$ $\dot{I}_B : 0.00 \angle 0.00° \text{A}$ $\dot{I}_C : 0.00 \angle 0.00° \text{A}$	状态触发条件：手动控制或时间控制为 0.1s
	状态 2 参数设置		
	$\dot{U}_A : 57.74 \angle 0.00° \text{V}$ $\dot{U}_B : 57.74 \angle -120° \text{V}$ $\dot{U}_C : 25 \angle 120° \text{V}$	$\dot{I}_A : 0.75 \angle 180° \text{A}$ $\dot{I}_B : 1.6 \angle 0.00° \text{A}$ $\dot{I}_C : 0.00 \angle 0.00° \text{A}$	状态触发条件：触点返回或时间控制为 0.1s
小差比率制动系数试验仪器设置（以状态序列为例）第二点	状态 1 参数设置		
	$\dot{U}_A : 57.74 \angle 0.00° \text{V}$ $\dot{U}_B : 57.74 \angle -120° \text{V}$ $\dot{U}_C : 57.74 \angle 120° \text{V}$	$\dot{I}_A : 0.00 \angle 0.00° \text{A}$ $\dot{I}_B : 0.00 \angle 0.00° \text{A}$ $\dot{I}_C : 0.00 \angle 0.00° \text{A}$	状态触发条件：手动控制或时间控制为 0.1s
	状态 2 参数设置		
	$\dot{U}_A : 57.74 \angle 0.00° \text{V}$ $\dot{U}_B : 57.74 \angle -120° \text{V}$ $\dot{U}_C : 25 \angle 120° \text{V}$	$\dot{I}_A : 1.5 \angle 180° \text{A}$ $\dot{I}_B : 3.1 \angle 0.00° \text{A}$ $\dot{I}_C : 0.00 \angle 0.00° \text{A}$	状态触发条件：触点返回或时间控制为 0.1s

装置报文	Ⅱ 母差动动作
装置指示灯	保护跳闸
注意事项	（1）应保证复压闭锁条件开放，可降低对应相电压。 （2）可采用状态序列或手动试验
思考	如果要求母联有电流，计算小差，应如何校验
试验项目	差动保护电压闭锁元件校验
相关定值	$U_{bs} = 0.7U_n$，$U_{0bs} = 6\text{V}$，$U_{2bs} = 4\text{V}$
试验例题	略
试验条件	两段母线 TV 正常接线
计算方法	略

差动保护电压闭锁元件校验（手动方式）	相电压闭锁值 U_{bs} 参数设置		
	$\dot{U}_A:57.7\angle0.00°$V $\dot{U}_B:57.7\angle-120°$V $\dot{U}_C:57.7\angle120°$V	$\dot{I}_A:0.00\angle0.00°$A $\dot{I}_B:0.00\angle0.00°$A $\dot{I}_C:0.00\angle0.00°$A	选"三相电压"为变量、降至 40.4V 左右动作
	零序电压闭锁值 U_{0bs} 参数设置		
	$\dot{U}_A:57.74\angle0.00°$V $\dot{U}_B:57.74\angle-120°$V $\dot{U}_C:57.74\angle120°$V	$\dot{I}_A:0.00\angle0.00°$A $\dot{I}_B:0.00\angle0.00°$A $\dot{I}_C:0.00\angle0.00°$A	选"零序电压"为变量，监视"序分量"小视窗，升至 2V 左右动作（此时 $3U_0$=6V）
	负序电压闭锁值 U_{2bs} 参数设置		
	$\dot{U}_A:57.74\angle0.00°$V $\dot{U}_B:57.74\angle-120°$V $\dot{U}_C:57.74\angle120°$V	$\dot{I}_A:0.00\angle0.00°$A $\dot{I}_B:0.00\angle0.00°$A $\dot{I}_C:0.00\angle0.00°$A	选"负序电压"为变量，监视"序分量"小视窗，升至 4V 左右动作

装置报文	"Ⅰ母差动电压闭锁开放"或"Ⅱ母差动电压闭锁开放"
装置指示灯	无
注意事项	（1）复压闭锁定值由装置固化，不能整定。 （2）零序电压闭锁值 U_{0bs} 为自产零序电压 $3U_0$，负序电压闭锁值 U_{2bs} 为负序相电压。 （3）采用手动试验方式。 （4）对于中性点不接地系统，差动保护低电压判据改取线电压，同时退出零序电压判据；因此在校验零序电压时应确保控制字"中性点不接地系统投入"退出
试验项目	充电至死区元件校验
相关定值	差动启动电流 I_{cdzd}=0.6A
试验例题	（1）运行方式为：支路 L2、L4 合于Ⅰ母运行；母联、Ⅱ母热备用状态。 （2）变比：L2(1250/1)、L4(2000/1)、L5(2000/1)、L6(3000/1)、L1(2500/1)。 （3）基准变比：2500/1。 试验要求：模拟由Ⅰ母向Ⅱ母充电，Ⅱ母存在故障时母差保护的动作行为
试验条件	（1）硬压板设置：投入"投母差保护"压板 1RLP1。 （2）软压板设置：投入"差动保护"软压板。 （3）控制字设置："差动保护"置"1"。 （4）I_a 正接入 L2 间隔 A 相。 （5）Ⅱ母电压不接线。 （6）短接母联 TWJ 触点（1QD2-1QD8），测试仪器开出触点接保护装置母联 SHJ 开入（1QD3-1QD9）
计算方法	略

充电闭锁功能试验仪器设置（状态序列）	状态 1 参数设置			
	$\dot{U}_A:57.74\angle0.00°$V $\dot{U}_B:57.74\angle-120°$V $\dot{U}_C:57.74\angle120°$V	$\dot{I}_A:0.00\angle0.00°$A $\dot{I}_B:0.00\angle0.00°$A $\dot{I}_C:0.00\angle0.00°$A	开出触点：闭合；保持时间为 0s	状态触发条件：时间控制为 0.1s

充电闭锁功能试验仪器设置（状态序列）	状态 2 参数设置			
	$\dot{U}_A : 57.74\angle0.00°V$ $\dot{U}_B : 57.74\angle-120°V$ $\dot{U}_C : 57.74\angle120°V$	$\dot{I}_A : 0.00\angle0.00°A$ $\dot{I}_B : 0.00\angle0.00°A$ $\dot{I}_C : 0.00\angle0.00°A$	开出触点：闭合；保持时间为 0.1s	状态触发条件：时间控制为 0.1s
	状态 3 参数设置			
	$\dot{U}_A : 20\angle0.00°V$ $\dot{U}_B : 57.74\angle-120°V$ $\dot{U}_C : 57.74\angle120°V$	$\dot{I}_A : 1.26\angle180°A$ $\dot{I}_B : 0.00\angle180°A$ $\dot{I}_C : 0.00\angle0.00°A$	开出触点：闭合；保持时间为 0.4s	状态触发条件：时间控制为 0.4s
装置报文	（1）13ms 充电至死区跳母联。 （2）300ms Ⅰ 母差动动作			
装置指示灯	保护跳闸			
注意事项	（1）充电逻辑有效时间为 SHJ 触点由 "0" 变为 "1" 后的 1s 内，1s 后恢复为正常运行母线保护逻辑。 （2）母线保护在充电逻辑的有效时间内，如满足动作条件瞬时跳母联（分段）断路器，如母线保护仍不复归，延时 300ms 跳运行母线，以防止误切除运行母线。 （3）采用状态序列。 （4）无需校验定值，但所输入的故障量应大于差动定值。 （5）NSR-371A 保护的充电至死区保护相当于 PCS-915 充电闭锁功能，其故障点位于母联开关与母联 TA 之间			
思考	（1）如果母联有电流，故障点在哪里，差动保护会如何动作，是否还是充电闭锁功能？ （2）充电闭锁和母联分位死区的区别是什么？ （3）自行验证状态 3 时间小于 0.3s 时的动作行为			

三、母联保护校验

母联保护校验见表 12-3。

表 12-3　　　　　　　　　　　　　NSR-371A 母联保护检验

试验项目	外部启动母联失灵保护校验			
相关定值	母联分段失灵电流定值：0.67A；母联分段失灵时间：0.2s			
试验条件	（1）硬压板设置：投入 "投母差保护" 压板 1RLP1，"投支路 1 启动失灵" 压板 1SLP1。 （2）软压板设置：投入 "差动保护" 软压板。 （3）控制字设置："差动保护" 置 "1"。 （4）三相电流接 L1 间隔。 （5）测试仪器开出触点接母联间隔失灵开入触点（1C1D11-1C1D13）			
计算方法	m=1.05，I=1.05×0.67=0.71(A) m=0.95，I=0.95×0.67=0.63(A) 说明：母联 TA 变比与基准变比一致，故无需换算			
试验仪器设（状态序列 m=1.05）	状态 1 参数设置			
	$\dot{U}_A : 57.74\angle0.00°V$ $\dot{U}_B : 57.74\angle-120°V$ $\dot{U}_C : 57.74\angle120°V$	$\dot{I}_A : 0.00\angle0.00°A$ $\dot{I}_B : 0.00\angle0.00°A$ $\dot{I}_C : 0.00\angle0.00°A$	开出触点：闭合；保持时间为 0s	状态触发条件：时间控制为 0.1s

试验仪器设（状态序列 $m=1.05$）	状态 2 参数设置			
	$\dot{U}_A:20\angle0.00°\text{V}$ $\dot{U}_B:57.74\angle-120°\text{V}$ $\dot{U}_C:57.74\angle120°\text{V}$	$\dot{I}_A:0.71\angle0.00°\text{A}$ $\dot{I}_B:0.00\angle0.00°\text{A}$ $\dot{I}_C:0.00\angle0.00°\text{A}$	开出触点：闭合；保持时间为 0.3s	状态触发条件：时间控制为 0.3s
试验仪器设（状态序列 $m=0.95$）	参数设置略			
装置报文	（1）200ms 母联失灵保护动作。 （2）200ms 母联失灵保护跳 Ⅰ 母。 （3）200ms 母联失灵保护跳 Ⅱ 母			
装置指示灯	保护跳闸			
注意事项	电流定值应换算到基准变比			
思考	什么保护会启动母联失灵保护			

试验项目	母联失灵保护校验			
相关定值	差动启动电流 I_{cdzd}=0.6A；母联分段失灵电流定值：0.67A；母联分段失灵时间：0.2s			
试验例题	（1）运行方式为：支路 L2、L4 合于 Ⅰ 母；支路 L5、L6 合于 Ⅱ 母，双母线并列运行。 （2）变比：L1(2500/1)、L2(1250/1)、L4(2000/1)、L5(2000/1)、L6(3000/1)。 （3）基准变比：2500/1。 试验要求：模拟由 Ⅱ 母故障，母联开关失灵保护动作			
试验条件	（1）硬压板设置：投入"投母差保护"压板 1RLP1。 （2）软压板设置：投入"差动保护"软压板。 （3）控制字设置："差动保护"置"1"。 （4）I_a 正接入 L1 间隔 A 相，I_b 正接入 L2 间隔 A 相			
计算方法	$m=1.05$，$I=1.05\times0.67=0.71(\text{A})$ $m=0.95$，$I=0.95\times0.67=0.63(\text{A})$ 说明：母联 TA 变比与基准变比一致，故无需换算 L2 电流=$0.71\times(2500/1250)=1.42(\text{A})$			
试验仪器设置（状态序列 $m=1.05$）	状态 1 参数设置			
	$\dot{U}_A:57.74\angle0.00°\text{V}$ $\dot{U}_B:57.74\angle-120°\text{V}$ $\dot{U}_C:57.74\angle120°\text{V}$	$\dot{I}_A:0.00\angle0.00°\text{A}$ $\dot{I}_B:0.00\angle0.00°\text{A}$ $\dot{I}_C:0.00\angle0.00°\text{A}$	开出触点：无	状态触发条件：时间控制为 0.1s
	状态 2 参数设置			
	$\dot{U}_A:20\angle0.00°\text{V}$ $\dot{U}_B:57.74\angle-120°\text{V}$ $\dot{U}_C:57.74\angle120°\text{V}$	$\dot{I}_A:0.71\angle0.00°\text{A}$ $\dot{I}_B:1.42\angle180°\text{A}$ $\dot{I}_C:0.00\angle0.00°\text{A}$	开出触点：无	状态触发条件：时间控制为 0.3s
试验仪器设置（状态序列 $m=0.95$）	参数设置略			

续表

装置报文	（1）12ms Ⅱ母差动作。 （2）210ms 母联失灵保护动作。 （3）210ms 母联失灵保护跳Ⅰ母。 （4）210ms 母联失灵保护跳Ⅱ母
装置指示灯	保护跳闸
注意事项	电流定值应换算到基准变比
思考	（1）母联 TA 的安装位置对母联失灵保护试验有什么影响？ （2）母联失灵保护与合位死区的区别
试验项目	母联合位死区保护校验
相关定值	差动启动电流 $I_{cdzd}=0.6$A
试验例题	（1）运行方式为：支路 L2、L4 合于Ⅰ母；支路 L5、L6 合于Ⅱ母，双母线并列运行，母联 TA 靠Ⅰ母安装。 （2）变比：L2(1250/1)、L4(2000/1)、L5(2000/1)、L6(3000/1)、L1(2500/1)。 （3）基准变比：2500/1。 试验要求：模拟母联开关合位死区保护动作
试验条件	（1）硬压板设置：投入"投母差保护"压板 1RLP1。 （2）软压板设置：投入"差动保护"软压板。 （3）控制字设置："差动保护"置"1"。 （4）I_a 正接入 L1 间隔 A 相，I_b 正接入 L2 间隔 A 相。 （5）仪器开出触点接母联 TWJ（1QD2-1QD8）
计算方法	略。大差、母联 TA 侧母线差流满足启动值即可，L1 电流满足有流条件大于 $0.04I_n$ 即可

试验仪器设置 （状态序列）	状态 1 参数设置			
	$\dot{U}_A:57.74\angle0.00°$V $\dot{U}_B:57.74\angle-120°$V $\dot{U}_C:57.74\angle120°$V	$\dot{I}_A:0.00\angle0.00°$A $\dot{I}_B:0.00\angle0.00°$A $\dot{I}_C:0.00\angle0.00°$A	开出触点：闭合；保持时间为 0s	状态触发条件：时间控制为 0.1s
	状态 2 参数设置			
	$\dot{U}_A:20\angle0.00°$V $\dot{U}_B:57.74\angle-120°$V $\dot{U}_C:57.74\angle120°$V	$\dot{I}_A:0.71\angle0.00°$A $\dot{I}_B:1.42\angle180°$A $\dot{I}_C:0.00\angle0.00°$A	开出触点：闭合；保持时间为 0.2s	状态触发条件：时间控制为 0.2s

装置报文	（1）12ms Ⅱ母差动作。 （2）176ms Ⅰ母差动作。 （3）176ms 死区动作跳母联
装置指示灯	保护跳闸
注意事项	（1）母联开关合位死区故障指的是故障点位于母联开关和母联 TA 之间，母联 TA 安装位置会影响先跳哪一段母线。本题中，根据题意，母联 TA 应该安装在母联开关与Ⅰ母之间，为Ⅱ母保护区内。注意：母联 TA 安装位置可在母联开关两侧，但 TA 的同名端始终靠Ⅰ母。 （2）进行试验时，后跳的母线的小差可以没有差流，但支路（非母联）必须要有电流。 （3）合位死区保护延时 150ms，为固有延时，不能整定。 （4）母联 TWJ 要变位
思考	（1）母联合位死区保护和分位死区保护的区别是什么？ （2）母联 TWJ 不变位是否能校验母联合位死区逻辑

试验项目	母联分位死区保护校验
相关定值	差动启动电流 I_{cdzd}=0.6A
试验例题	（1）运行方式为：支路 L2、L4 合于 I 母；支路 L5、L6 合于 II 母，双母线分列运行，母联 TA 靠 I 母安装。 （2）变比：L2(1250/1)、L4(2000/1)、L5(2000/1)、L6(3000/1)、L1(2500/1)。 （3）基准变比：2500/1。 试验要求：模拟母联开关分位死区保护动作
试验条件	（1）硬压板设置：投入"投母差保护"压板 1RLP1。 （2）软压板设置：投入"差动保护"软压板，"母联分列"软压板。 （3）控制字设置："差动保护"置"1"。 （4）I_a 正接入 L1 间隔 B 相，I_b 正接入 L2 间隔 B 相。 （5）短接母联 TWJ（1QD2-1QD8）
计算方法	略。大差、母联 TA 侧母线差流满足启动值即可

试验仪器设置（状态序列）	状态 1 参数设置			
	$\dot{U}_A$: 57.74∠0.00°V $\dot{U}_B$: 57.74∠−120°V $\dot{U}_C$: 57.74∠120°V	$\dot{I}_A$: 0.00∠0.00°A $\dot{I}_B$: 0.00∠0.00°A $\dot{I}_C$: 0.00∠0.00°A	开出触点：无	状态触发条件：时间控制为 0.1s
	状态 2 参数设置			
	$\dot{U}_A$: 20∠0.00°V $\dot{U}_B$: 57.74∠−120°V $\dot{U}_C$: 57.74∠120°V	$\dot{I}_A$: 0.71∠0.00°A $\dot{I}_B$: 1.42∠180°A $\dot{I}_C$: 0.00∠0.00°A	开出触点：无	状态触发条件：时间控制为 0.1s

装置报文	（1）13ms I 母差动动作。 （2）13ms 死区动作跳母联
装置指示灯	保护跳闸
注意事项	（1）母联开关分位死区故障指的是故障点位于母联开关和母联 TA 之间。本题中，根据题意，母联 TA 应该安装在母联开关与 I 母之间，为 II 母保护区内。注意：母联 TA 安装位置可在母联开关两侧，但 TA 的同名端始终靠 I 母。 （2）分位死区保护无延时，只跳开靠母联 TA 的母线。 （3）母联 TWJ 和分列压板必须同时为"1"
思考	母联合位死区保护和分位死区保护的区别是什么

四、失灵保护校验

失灵保护校验见表 12-4。

表 12-4　　　　　　　　　　　NSR-371A 失灵保护校验

试验项目	线路间隔三相失灵保护校验
相关定值	失灵电流门槛：$0.04I_n$；失灵零序电流定值：0.2A；失灵负序电流定值：0.2A；失灵保护 1 时限：0.3s；失灵保护 2 时限：0.5s

续表

试验例题	(1) 运行方式为：支路 L2、L4 合于 I 母；支路 L5、L6 合于 II 母，双母线并列运行。 (2) 变比：L2(1250/1)、L4(2000/1)、L5(2000/1)、L6(3000/1)、L1(2500/1)。 (3) 基准变比：2500/1。 试验要求：测试 L4 支路三相失灵保护定值及动作时间
试验条件	(1) 硬压板设置：投入"投失灵保护"压板 1RLP2、"投支路 4 启动失灵"压板 1SLP4、"支路 1（母联）跳闸 1"压板 1C1LP1、"支路 2（主变 1）跳闸 1"压板 1C2LP1。 (2) 软压板设置：投入"失灵保护"软压板。 (3) 控制字设置："失灵保护"置"1"。 (4) 三相电流接 L4 间隔。 (5) 测试仪器开出触点接 L4 间隔三跳失灵开入触点（1C4D13-1C4D18）；测试仪器开入触点接母联出口（1C1D1-1C1D4，1 时限出口）和 L2 出口（1C2D1-1C2D5，2 时限出口）
计算方法	因本装置电流的失灵电流门槛较低，通过失灵零序、负序电流定值进行该保护校验。 零序电流： $m=1.05$，$I=1.05\times0.2\times1\times(2500/2000)=0.2625$（A） $m=0.95$，$I=0.95\times0.2\times1\times(2500/2000)=0.2375$（A）

试验仪器设置（状态序列 $m=1.05$）	状态 1 参数设置			
	$\dot{U}_A:57.74\angle0.00°V$ $\dot{U}_B:57.74\angle-120°V$ $\dot{U}_C:57.74\angle120°V$	$\dot{I}_A:0.00\angle0.00°A$ $\dot{I}_B:0.00\angle0.00°A$ $\dot{I}_C:0.00\angle0.00°A$	开出触点：闭合；保持时间为 0s	状态触发条件：时间控制为 0.1s
	状态 2 参数设置			
	$\dot{U}_A:20\angle0.00°V$ $\dot{U}_B:57.74\angle-120°V$ $\dot{U}_C:57.74\angle120°V$	$\dot{I}_A:0.263\angle0.00°A$ $\dot{I}_B:0.00\angle-120°A$ $\dot{I}_C:0.00\angle120°A$	开出触点：闭合；保持时间为 0.6s	状态触发条件：时间控制为 0.6s

试验仪器设置（状态序列 $m=0.95$）	参数设置略
装置报文	(1) 300ms 失灵保护跳母联。 (2) 300ms 失灵保护跳分段 1。 (3) 500ms I 母失灵保护动作
装置指示灯	保护跳闸
注意事项	(1) 电流定值应换算到基准变比。 (2) 失灵保护出口有两个时限，1 时限跳母联，2 时限跳母线。 (3) 三相失灵时，三相电流均应满足定值，可不考虑零序、负序电流。 (4) 线路三相跳闸失灵时，需任一相电流大于失灵电流门槛 $0.04I_n$（固有定值），且零序电流需大于零序电流定值（或负序电流大于负序电流定值）或三相电流工频变化量均动作
试验项目	线路间隔单相失灵保护校验
相关定值	失灵零序电流定值：0.2A；失灵负序电流定值：0.2A；失灵保护 1 时限：0.3s；失灵保护 2 时限：0.5s
试验例题	(1) 运行方式为：支路 L2、L4 合于 I 母；支路 L5、L6 合于 II 母，双母线并列运行。 (2) 变比：L2(1250/1)、L4(2000/1)、L5(2000/1)、L6(3000/1)、L1(2500/1)。 (3) 基准变比：2500/1。 试验要求：测试 L4 支路失灵保护零序电流定值

试验条件	（1）硬压板设置：投入"投失灵保护"压板 1RLP2、"投支路 4 启动失灵"压板 1SLP4。 （2）软压板设置：投入"失灵保护"软压板。 （3）控制字设置："失灵保护"置"1"。 （4）三相电流接 L4 间隔。 （5）测试仪器开出触点接 L4 间隔 A 相失灵开入触点（1C4D14-1C1D19）
计算方法	$m=1.05$，$I=1.05×0.2×(2500/2000)=0.2625$（A） $m=0.95$，$I=0.95×0.2×(2500/2000)=0.2375$（A）

试验仪器设置 （状态序列 $m=1.05$）	状态 1 参数设置			
	$\dot{U}_A:57.74∠0.00°V$ $\dot{U}_B:57.74∠-120°V$ $\dot{U}_C:57.74∠120°V$	$\dot{I}_A:0.00∠0.00°A$ $\dot{I}_B:0.00∠0.00°A$ $\dot{I}_C:0.00∠0.00°A$	开出触点：闭合；保持时间为 0s	状态触发条件：时间控制为 0.1s
	状态 2 参数设置			
	$\dot{U}_A:20∠0.00°V$ $\dot{U}_B:57.74∠-120°V$ $\dot{U}_C:57.74∠120°V$	$\dot{I}_A:0.263∠0.00°A$ $\dot{I}_B:0.00∠0.00°A$ $\dot{I}_C:0.00∠0.00°A$	开出触点：闭合；保持时间为 0.6s	状态触发条件：时间控制为 0.6s

试验仪器设置 （状态序列 $m=0.95$）	参数设置略
装置报文	（1）300ms 失灵保护跳母联。 （2）300ms 失灵保护跳分段 1。 （3）500ms Ⅰ母失灵保护动作
装置指示灯	保护跳闸
注意事项	（1）电流定值应换算到基准变比。 （2）失灵保护出口有两个时限，1 时限跳母联，2 时限跳母线。 （3）零序电流按 $3I_0$ 整定，负序电流按 I_2 整定。 （4）测试负序电流定值的方法与零序电流类似，注意负序电流值等于单相电流的 1/3，测试时可以临时调整零序电流定值。 （5）线路单相跳闸失灵时，对应相电流需大于有流定值门槛 $0.04I_n$（固有定制）且零序电流需大于零序电流定值（或负序电流大于负序电流定值）
思考	线路间隔和主变压器间隔失灵保护有什么异同
试验项目	主变压器间隔失灵保护校验
相关定值	三相失灵相电流定值：0.5A；失灵零序电流定值：0.2A；失灵负序电流定值：0.2A；失灵保护 1 时限：0.3s；失灵保护 2 时限：0.5s
试验例题	（1）运行方式为：支路 L2、L4 合于Ⅰ母；支路 L5、L6 合于Ⅱ母，双母线并列运行。 （2）变比：L2(1250/1)、L4(2000/1)、L5(2000/1)、L6(3000/1)、L1(2500/1)。 （3）基准变比：2500/1。 试验要求：测试 L2 支路三相失灵保护定值及动作时间
试验条件	（1）硬压板设置：投入"投失灵保护"压板 1RLP2、"投支路 2 启动失灵"压板 1SLP2。 （2）软压板设置：投入"失灵保护"软压板。

试验条件	（3）控制字设置："失灵保护"置"1"。 （4）三相电流接 L2 间隔。 （5）测试仪器开出触点接 L2 间隔三跳启动失灵开入触点（1C2D15-1C2D18）；测试仪器开入触点接母联出口（1C1D1-1C1D4，1 时限出口）和 L2 出口（1C2D1-1C2D5，2 时限出口）以及 L2 失灵联跳出口（1C2D3-1C2D7，2 时限出口）
计算方法	相电流定值： $m=1.05$，$I=1.05×0.5×(2500/1250)=1.05(A)$ $m=0.95$，$I=0.95×0.5×(2500/1250)=0.95(A)$ 零序电流定值： $m=1.05$，$I=1.05×0.2×(2500/1250)=0.42(A)$ $m=0.95$，$I=0.95×0.2×(2500/1250)=0.38(A)$ 负序电流定值： $m=1.05$，$I=1.05×0.2×3×(2500/1250)=1.26(A)$ $m=0.95$，$I=0.95×0.2×3×(2500/1250)=1.14(A)$

试验仪器设置（状态序列 $m=1.05$）	状态 1 参数设置			
	$\dot{U}_A:57.74∠0.00°V$ $\dot{U}_B:57.74∠-120°V$ $\dot{U}_C:57.74∠120°V$	$\dot{I}_A:0.00∠0.00°A$ $\dot{I}_B:0.00∠0.00°A$ $\dot{I}_C:0.00∠0.00°A$	开出触点：闭合；保持时间为 0s	状态触发条件：时间控制为 0.1s
	状态 2 参数设置			
	$\dot{U}_A:20∠0.00°V$ $\dot{U}_B:57.74∠-120°V$ $\dot{U}_C:57.74∠120°V$	$\dot{I}_A:1.05∠0.00°A$ $\dot{I}_B:1.05∠-120°A$ $\dot{I}_C:1.05∠120°A$	开出触点：闭合；保持时间为 0.6s	状态触发条件：时间控制为 0.6s

试验仪器设置（状态序列 $m=0.95$）	参数设置略
装置报文	（1）300ms 失灵保护跳母联。 （2）300ms 失灵保护跳分段 1。 （3）500ms Ⅰ 母失灵保护动作。 （4）500ms 变压器 1 失灵联跳
装置指示灯	保护跳闸
注意事项	（1）电流定值应换算到基准变比。 （2）失灵保护出口有两个时限，1 时限跳母联，2 时限跳母线。 （3）例题以相电流定值为例进行故障量设置，零序、负序电流测试的故障量设置类似与其类似。 （4）测试负序电流定值的方法与零序电流类似，注意负序电流值等于单相电流的 1/3，测试时可以临时调整零序电流定值。 （5）主变压器间隔相电流定值只要一相电流大于定值即可。 （6）母差保护动作后启动主变压器断路器失灵功能，采取内部逻辑实现，在母差保护动作跳开主变压器所在支路同时，启动该支路的断路器失灵保护。装置内固定支路 2、3、14、15 为主变压器支路
思考	如果故障态电压正常，应如何设置解除复压闭锁开入，失灵保护才能正确动作
试验项目	失灵保护电压闭锁元件校验
相关定值	低电压闭锁定值：43V；零序电压闭锁定值：5V；负序电压闭锁定值：5V

续表

试验例题	（1）运行方式为：支路 L2、支路 L4 合于 I 母；支路 L5、L6 合于 II 母，双母线并列运行。 （2）变比：L2(1250/1)、L4(2000/1)、L5(2000/1)、L6(3000/1)、L1(2500/1)。 （3）基准变比：2500/1。 试验要求：测试 L2 支路失灵保护复压闭锁元件定值			
试验条件	两段母线 TV 正常接线			
计算方法	略			
失灵保护低电压闭锁功能试验仪器设置（状态序列 m=1.05）	状态 1 参数设置			
	$\dot{U}_A:57.74\angle0.00°V$ $\dot{U}_B:57.74\angle-120°V$ $\dot{U}_C:57.74\angle120°V$	$\dot{I}_A:0.00\angle0.00°A$ $\dot{I}_B:0.00\angle0.00°A$ $\dot{I}_C:0.00\angle0.00°A$	开出触点：闭合；保持时间为 0s	状态触发条件：时间控制为 0.1s
	状态 2 参数设置			
	$\dot{U}_A:40.85\angle0.00°V$ $\dot{U}_B:40.85\angle-120°V$ $\dot{U}_C:40.85\angle120°V$	$\dot{I}_A:1.05\angle0.00°A$ $\dot{I}_B:1.05\angle-120°A$ $\dot{I}_C:1.05\angle120°A$	开出触点：闭合；保持时间为 0.6s	状态触发条件：时间控制为 0.6s
失灵保护低电压闭锁功能试验仪器设置（状态序列 m=0.95）	参数设置略			
失灵保护零序电压闭锁功能试验仪器设置（状态序列 m=1.05）	状态 1 参数设置			
	$\dot{U}_A:57.74\angle0.00°V$ $\dot{U}_B:57.74\angle-120°V$ $\dot{U}_C:57.74\angle120°V$	$\dot{I}_A:0.00\angle0.00°A$ $\dot{I}_B:0.00\angle0.00°A$ $\dot{I}_C:0.00\angle0.00°A$	开出触点：闭合；保持时间为 0s	状态触发条件：时间控制为 0.1s
	状态 2 参数设置			
	$\dot{U}_A:52.49\angle0.00°V$ $\dot{U}_B:57.74\angle-120°V$ $\dot{U}_C:57.74\angle120°V$	$\dot{I}_A:1.05\angle0.00°A$ $\dot{I}_B:1.05\angle-120°A$ $\dot{I}_C:1.05\angle120°A$	开出触点：闭合；保持时间为 0.6s	状态触发条件：时间控制为 0.6s
失灵保护零序电压闭锁功能试验仪器设置（状态序列 m=0.95）	参数设置略			
失灵保护负序电压闭锁功能试验仪器设置（状态序列 m=1.05）	状态 1 参数设置			
	$\dot{U}_A:57.74\angle0.00°V$ $\dot{U}_B:57.74\angle-120°V$ $\dot{U}_C:57.74\angle120°V$	$\dot{I}_A:0.00\angle0.00°A$ $\dot{I}_B:0.00\angle0.00°A$ $\dot{I}_C:0.00\angle0.00°A$	开出触点：闭合；保持时间为 0s	状态触发条件：时间控制为 0.1s
	状态 2 参数设置			
	$\dot{U}_A:41.99\angle0.00°V$ $\dot{U}_B:57.74\angle-120°V$ $\dot{U}_C:57.74\angle120°V$	$\dot{I}_A:1.05\angle0.00°A$ $\dot{I}_B:1.05\angle-120°A$ $\dot{I}_C:1.05\angle120°A$	开出触点：闭合；保持时间为 0.6s	状态触发条件：时间控制为 0.6s

续表

失灵保护负序电压闭锁功能试验仪器设置（状态序列 m=0.95）	参数设置略
装置报文	（1）300ms 失灵保护跳母联。 （2）300ms 失灵保护跳分段 1。 （3）500ms Ⅰ 母失灵保护动作。 （4）500ms 变压器 1 失灵联跳
装置指示灯	保护跳闸
注意事项	（1）低电压闭锁值为 0.95 倍时失灵动作，1.05 倍不动作；零序、负序电压闭锁值为 1.05 倍时失灵动作，0.95 倍不动作。 （2）零序电压闭锁值为自产零序电压 $3U_0$，负序电压闭锁值 U_{2bs} 为负序相电压。 （3）进行零序、负序电压闭锁值试验时，可以临时调整相关定值
思考	失灵保护复压闭锁和差动保护复压闭锁有什么区别，试验方法可否互换？

第二节　保护常见故障及故障现象

NSR-37A 母差保护常见故障设置及故障现象见表 12-5。

表 12-5　　　　　　　　NSR-371A 母差保护常见故障及故障现象

类型	难易度	故障属性	故障现象	故障设置地点
A、B、C	易	电流回路	本间隔（L1 支路 A、B、C 相）电流采样分流。其他间隔类似	1I1D1-1I1D4、1I1D2-1I1D4、1I1D3-1I1D4 短接
A、B、C	难	电流回路	不同间隔之间（L1 支路和 L2 支路）A 相电流分流。其他间隔、相别类似	1I1D1-1I2D1 短接
A、B、C	中	电流回路	L1 支路 A 相电流回路开路，装置采样值为"0"，试验仪器报警灯亮。其他间隔、相别类似	1I1D1（屏内 1n-18:13）或 1I1D5（屏内 1n-18:14）虚接
A、B、C	中	电压回路	Ⅰ 段母线 TV 二次回路 AN、BN、CN 短路，试验仪器报警。Ⅱ 段母线 TV 类似	UD1（或 1UD1）与 UD4（或 1UD4）短接（AN）
AB、BC、CA	中	电压回路	Ⅰ 段母线 TV 二次回路 AB、BC、CA 短路，试验仪器报警。Ⅱ 段母线 TV 类似	UD1（或 1UD1）与 UD2（或 1UD2）短接（AB）
A、B、C	易	电压回路	Ⅰ 段母线 TV 二次回路 A、B、C 相开路，该相电压采样值为"0"。Ⅱ 段母线 TV 类似	UD1（屏内 1ZKK1-1）或 1UD1（屏内 1ZKK1-2）或 1UD1（屏内 1n-18:01）虚接（Ⅰ 母 A）
A、B、C	易	电压回路	Ⅰ 段母线 TV 二次回路 A、B、C 相开路，该相电压采样值为"0"。Ⅱ 段母线 TV 类似	1UD4（屏内 1n-18:02）虚接（Ⅰ 母 N）
N	易	电压回路	Ⅰ 段母线 TV 二次回路 N 相开路，三相电压采样值不正确。Ⅱ 段母线 TV 类似	UD4（屏内 1UD4）或 1UD4（屏内 UD4）虚接或 1UD4、1UD 5、1UD 6 拆除短接片（Ⅰ 母 N）

续表

类型	难易度	故障属性	故障现象	故障设置地点
ⅠA-ⅡA	难	电压回路	Ⅰ、Ⅱ段母线 TV 二次回路 A 相短接，加任一路电压另一路均有读数。两段母线 TV 其他相别类似	UD1（或 1UD1）与 UD6（或 1UD7）短接
Ⅰ母隔离开关	易	开入回路	短 L2 间隔Ⅰ母隔离开关，隔离开关模拟屏灯不亮，开入无变位。其他间隔类似	1C2D13（屏内 MNP-1:04）虚接
Ⅱ母隔离开关	易	开入回路	短 L2 间隔Ⅱ母隔离开关，隔离开关模拟屏灯不亮，开入无变位。其他间隔类似	1C2D14（屏内 MNP-1:08）虚接
双隔离开关	易	开入回路	短 L2 间隔Ⅰ或Ⅱ母隔离开关，隔离开关模拟屏Ⅰ、Ⅱ母隔离开关灯均亮，Ⅰ、Ⅱ母隔离开关开入均变位。其他间隔类似	1C2D13-1C2D14 短接
双隔离开关	中	开入回路	短 L2 间隔Ⅰ母隔离开关，隔离开关模拟屏 L3 间隔Ⅰ母隔离开关灯也亮，开入变位。其他间隔类似	1C2D13-1C3D13 短接
—	中	开入回路	装置黑屏，面板运行灯灭	1QD1（1DK4、1n-1:04）虚接（装置电源正电）或 1QD18（1DK2、1n-1:05）虚接（装置电源负电）
—	中	开入回路	所有Ⅰ、Ⅱ母隔离开关及母联间隔开入无反应	1QD6（屏内 1C1D7）或 1C1D7（屏内 1QD6）虚接
—	中	开入回路	所有Ⅰ、Ⅱ母隔离开关开入无反应	1C1D9（屏内 1C2D9）或 1C2D9（屏内 1C1D9）虚接
—	中	开入回路	光耦失电，且所有功能压板及复归按钮无效	1RD1（1n-1:01）虚接（装置弱电开入电源正电） 1RD9（1n-1:02）虚接（装置弱电开入电源负电）
—	中	开入回路	所有功能压板无效	1RD3（1RLP1:1）虚接
—	中	开入回路	复归按钮无效	1RD2（1YA:13）虚接
—	难	开入回路	投差动保护或失灵保护压板，另一压板开入也变位	1RLP1:2 和 1RLP2:2 短接
—	中	开入回路	短接母联跳位，开入无变位	1QD8（1n-7:01）虚接（母联跳位开入）
—	中	开入回路	短接母联手合，开入无变位	1QD9（1n-7:02）虚接（母联手合信号开入）
—	中	开入回路	母联跳位开入一直为 1	1QD2-1QD8 短接（母联跳位开入）
—	中	开入回路	复归按钮开入一直接通，跳闸后装置无信号无报文	1RD1/2/3-1RD5（1FA:14）短接（复归按钮开入）
—	易	开入回路	短接 L2 间隔三相失灵开入，开入无变位。L3 间隔类似	1C2D15（1n-8:01）虚接（L2 间隔三相失灵开入）
—	中	开入回路	短接 L2 间隔解除失灵电压闭锁开入，开入无变位。L3 间隔类似	1QD11（1n-7:16）虚接（L2 间隔解除失灵电压闭锁开入）
—	中	开入回路	L2 间隔三相失灵有开入，该现象随压板投退会出现消失。L3 间隔类似	1C2D15 和 1C2D18 短接（L2 间隔三相失灵开入）

续表

类型	难易度	故障属性	故障现象	故障设置地点
—	中	开入回路	L2 间隔解除电压闭锁长期开入。L3 间隔类似	1QD4 和 1QD11 短接（L2 间隔解除电压闭锁开入）
—	易	开入回路	短接 L4 间隔三相失灵开入，开入无变位。L5 间隔类似	1C4D13（1n-8:03）虚接（L4 间隔三相失灵开入）
A、B、C	易	开入回路	短接 L4 间隔 A、B、C 相失灵开入，开入无变位。L5 间隔类似	1C4D14（1n-9:05）虚接（L4 间隔 A 相失灵开入）
I	中	开出回路	L1 间隔第 I 组无法开出，开关无法传动	1C1D1（1n-16:09）、1C1D4（1C1LP1:1）虚接（L1 间隔第 I 组开出）
II	中	开出回路	L1 间隔第 II 组无法开出，时间无法测试	1C1D2（1n-16:11）、1C1D5（1C1LP2:1）虚接（L1 间隔第 II 组开出）
II	难	开出回路	L1 间隔第 II 组无法开出，时间无法测试	1C1D2-1C1D5 短接（L1 间隔第 II 组开出）
I	中	开出回路	L2 间隔第 I 组无法开出，时间无法测试。L3 间隔类似	1C2D1（1n-17:01）、1C2D5（1C2LP1:1）虚接（L2 间隔第 I 组开出）
I	难	开出回路	L2 间隔第 I 组无法开出，时间无法测试。L3 间隔类似	1C2D1-1C2D5 短接（L2 间隔第 I 组开出）
II	中	开出回路	L2 间隔第 II 组无法开出，时间无法测试。L3 间隔类似	1C2D2（1n-17:03）、1C2D6（1C2LP2:1）虚接（L2 间隔第 II 组开出）
II	难	开出回路	L2 间隔第 II 组无法开出，时间无法测试。L3 间隔类似	1C2D2-1C2D6 短接（L2 间隔第 II 组开出）
—	中	开出回路	L2 间隔失灵联跳无法开出，时间无法测试。L3 间隔类似	1C2D3（1n-34:17）、1C2D7（1C3LP1:1）虚接（L2 间隔失灵联跳开出）
—	难	开出回路	L2 间隔失灵联跳无法开出，时间无法测试。L3 间隔类似	1C2D3-1C2D7 短接（L2 间隔失灵联跳开出）
I	中	开出回路	L4 间隔第 I 组无法开出，时间无法测试。L5 间隔类似	1C4D1（1n-17:09）、1C4D4（1C4LP1:1）虚接（L4 间隔第 I 组开出）
I	难	开出回路	L4 间隔第 I 组无法开出，时间无法测试。L5 间隔类似	1C4D1-1C4D4 短接（L4 间隔第 I 组开出）
II	中	开出回路	L4 间隔第 II 组无法开出，时间无法测试。L5 间隔类似	1C4D2（1n-17:11）、1C4D5（1C4LP2:1）虚接（L4 间隔第 II 组开出）
II	难	开出回路	L4 间隔第 II 组无法开出，时间无法测试。L5 间隔类似	1C4D2-1C4D5 短接（L4 间隔第 II 组开出）

第十三章　SGB-750C 母线保护装置调试（500kV）

SGB-750C 母线保护装置适用于 3/2 接线母线保护，装置功能包括差动保护、失灵经母差跳闸、TA 断线判别等功能。

一、差动保护

差动保护由分相式比率差动元件构成，动作判据为

$$\left|\sum_{j=1}^{m}I_j\right| > I_{cdzd}$$

$$\left|\sum_{j=1}^{m}I_j\right| > K\sum_{j=1}^{m}\left|I_j\right|$$

式中：K 为比率制动系数，由于采用多重抗 TA 饱和判据，能准确地判别区内区外故障，故采用较低制动系数 0.3；I_j 为第 j 个连接元件的电流；I_{cdzd} 为差动电流启动定值。

二、失灵经母差跳闸

当保护检测到接入母线的边断路器失灵启动输入触点动作时，经不需整定的电流元件（有流判断）并带 50ms 固定延时联跳母线的各个连接元件。

三、TA 断线检测功能

对于各种接线，当任一相差流超过 TA 断线告警定值并保持 5s 时，装置报"TA 断线告警"。同时差动保护配有 TA 断线闭锁功能，其作用是在母线正常运行时，对各相差电流和每个连接单元的相电流、零序电流等电流变化情况进行监视，当差流超过 TA 断线闭锁定值时，将闭锁差动保护（软件固定投入），避免重载支路 TA 断线时的差动保护误动作。

第一节　试验调试方法

一、差动保护校验

差动保护检验见表 13-1。

表 13-1 　　　　　　　　　　　　**SGB-750C 差动保护检验**

试验项目	差动启动值定值检验
相关定值	差动保护启动电流定值 $I_{cdzd} = 0.5A$；L1 支路 TA 变比 1200/1，基准变比 3000/1
试验条件	(1) 硬压板设置：投入"投差动保护"压板 1KLP1。 (2) 软压板设置：投入"差动保护"软压板。 (3) 控制字设置："差动保护"置"1"。 (4) I_A 接 L1 间隔
计算方法	计算公式： L1 支路差动启动值：$I_{dz} = I_{cdzd} /$ (支路TA变比 / 基准TA变比) $\qquad = 0.5/[(1200/1)/(3000/1)]$ $\qquad = 1.25(A)$ $\qquad m = 1.05$，$I = 1.25 \times 1.05 = 1.312(A)$ $\qquad m = 0.95$，$I = 1.25 \times 0.95 = 1.187(A)$ 测试时间，$m = 2$，$I = 1.25 \times 2 = 2.5(A)$

$m = 1.05$ 时 仪器设置 （以状态序列 为例）	状态 1 参数设置	
	$\dot{I}_A$: 1.312∠0.00° A $\dot{I}_B$: 0.00∠0.00° A $\dot{I}_C$: 0.00∠0.00° A	状态触发条件：时间控制 为 0.1s
	装置报文	15ms 差动保护动作
	装置指示灯	母差动作

$m = 0.95$ 时 仪器设置 （以状态序列 为例）	状态 1 参数设置	
	$\dot{I}_A$: 1.187∠0.00° A $\dot{I}_B$: 0.00∠0.00° A $\dot{I}_C$: 0.00∠0.00° A	状态触发条件：时间控制 0.1s
	装置报文	差动保护启动
	装置指示灯	无

说明：（1）差动保护动作时间应以两倍差动启动值进行测试；

（2）电流接入其他支路试验方式类似

试验项目	比率制动系数校验
相关定值	比率制动系数定值：0.3；L1 支路 TA 变比 1200/1，L2 支路 TA 变比 3000/1，基准变比 3000/1
试验条件	(1) 硬压板设置：投入"投差动保护"压板 1KLP1。 (2) 软压板设置：投入"差动保护"软压板。 (3) 控制字设置："差动保护"置"1"。 (4) I_A 接入 L1 支路 A 相；I_B 接 L2 支路 A 相
计算方法	选择折线上某一点求出各支路电流,再在第一点基础上将各支路外加量乘或除以一个系数求出第二点

续表

计算方法	第一点：L1 支路电流为 I_1，L2 支路电流为 I_2，假设 $I_r = 2A$，则 $I_d = 0.6A$ $$\begin{cases} I_1 - I_2 = 0.6A \\ I_1 + I_2 = 2A \end{cases}$$ $\Rightarrow \qquad I_1 = 1.3A \qquad I_2 = 0.7A$ 各支路所加电流：$I_1 = 1.3 \times$（基准变比/支路变比）=3.25A $\qquad\qquad\qquad I_2 = 0.7 \times$（基准变比/支路变比）=0.7A 第二点：将各支路外加量乘或除以一个系数。 计算：略
$I_r=2A$ 比率制动系数试验仪器设置（采用手动模块）	初始状态 $\dot{I}_A$：$3.2\angle 0.00°A$ $\dot{I}_B$：$0.7\angle 180°A$ $\dot{I}_C$：$0.00\angle 0.00°A$ 操作说明：适当降低 L1 支路电流，再升高至保护动作（或适当升高 L2 支路电流再降低至保护动作） 装置报文：差动保护动作 装置指示灯：母差动作
$I_r=4A$ 比率制动系数试验仪器设置（采用手动模块）	初始状态 $\dot{I}_A$：$6.45\angle 0.00°A$ $\dot{I}_B$：$1.4\angle 180°A$ $\dot{I}_C$：$0.00\angle 0.00°A$ 操作说明：适当降低 L1 支路电流，再升高至保护动作（或适当升高 L2 支路电流再降低至保护动作） 装置报文：差动保护动作 装置指示灯：母差动作

二、失灵经母差跳闸功能检验

失灵经母差跳闸功能检验见表 13-2。

表 13-2 　　　　　　　　　　SGB-750C 失灵经母差跳闸功能检验

试验项目	失灵经母差跳闸功能检验
相关定值	失灵经母差跳闸控制字：1；L1 支路 TA 变比 1200/1，基准变比 3000/1
试验条件	（1）硬压板设置：投入"失灵经母差跳闸"压板 1KLP2，投入"支路 1 失灵联跳"压板 1KLP5。 （2）软压板设置：投入"失灵经母差跳闸"软压板。 （3）控制字设置："失灵经母差跳闸"置"1"。 （4）仪器开出可闭合触点接入支路 1 失灵开入（两个失灵联跳开入均要动作）

续表

计算方法	（1）失灵支路满足有流条件，大于 $0.05I_n$ 即可。 （2）所加电流：$1.05\times0.05\times$(基准变比/支路变比)=0.131（A）	
试验仪器设置 （状态序列）	状态 1 参数设置	
	$\dot{I}_A$：$0.131\angle0.00°$A $\dot{I}_B$：$0.00\angle0.00°$A $\dot{I}_C$：$0.00\angle0.00°$A	状态触发条件：时间控制为0.1s
	说明：（1）支路失灵有流数值应按基准变比折算的二次电流数值的 1.05 倍以上设置参数。 （2）仪器同时开出一个闭合触点接入装置失灵开入，且装置上该支路的失灵联跳 1 和失灵联跳 2 需同时动作，保持时间为 0.1s	
	装置报文	52ms 失灵联跳动作
	装置指示灯	失灵动作

三、TA 断线告警及闭锁功能检验

TA 断线告警及闭锁功能检验见表 13-3。

表 13-3   SGB-750C TA 断线告警及闭锁功能检验

试验项目	TA 断线告警功能检验	
相关定值	TA 断线告警定值：0.1A；L1 支路 TA 变比 1200/1，基准变比 3000/1	
试验条件	（1）硬压板设置：投入"投差动保护"压板 1KLP1。 （2）软压板设置：投入"差动保护"软压板。 （3）控制字设置："差动保护"置"1"。 （4）I_A 接 L1 间隔	
计算方法	计算公式：$I=mI_{set}/$（支路TA变比 / 基准TA变比） 注：m 为系数。 计算数据：$m=1.05$，$I=1.05\times0.1/\left[(1200/1)/(3000/1)\right]=0.262$ (A) $m=0.95$，$I=0.95\times0.1/\left[(1200/1)/(3000/1)\right]=0.237$ (A)	
$m=1.05$ 试验仪器设置 （状态序列）	状态 1 参数设置	
	$\dot{I}_A$：$0.262\angle0.00°$A $\dot{I}_B$：$0.00\angle0.00°$A $\dot{I}_C$：$0.00\angle0.00°$A	状态触发条件：时间控制为 6s
	说明：对于各种接线，当任一相差流超过 TA 断线告警定值保持 5s 时，装置报 "TA 断线告警"	
	装置报文	TA 断线告警
	装置指示灯	TA 断线
$m=0.95$ 试验仪器设置 （状态序列）	状态 1 参数设置	
	$\dot{I}_A$：$0.237\angle0.00°$A $\dot{I}_B$：$0.00\angle0.00°$A $\dot{I}_C$：$0.00\angle0.00°$A	状态触发条件：时间控制为 6s
	装置报文	无
	装置指示灯	无

续表

试验项目	TA 断线闭锁功能检验	
相关定值	TA 断线告警定值：0.12A；L1 支路 TA 变比 1200/1，基准变比 3000/1	
试验条件	（1）硬压板设置：投入"投差动保护"压板 1KLP1。 （2）软压板设置：投入"差动保护"软压板。 （3）控制字设置："差动保护"置"1"。 （4）I_A 接 L1 间隔	
计算方法	计算公式：$I = mI_{set}/($支路TA变比$/$基准TA变比$)$ 注：m 为系数。 计算数据：$m = 1.05$，$I = 1.05 \times 0.12/\left[(1200/1)/(3000/1)\right] = 0.315$（A） $m = 0.95$，$I = 0.95 \times 0.12/\left[(1200/1)/(3000/1)\right] = 0.285$（A）	
$m = 1.05$ 试验仪器设置 （状态序列）	状态 1 参数设置	
	$\dot{I}_A$：0.315∠0.00°A $\dot{I}_B$：0.00∠0.00°A $\dot{I}_C$：0.00∠0.00°A	状态触发条件：时间控制为 6s
	状态 2 参数设置	
	$\dot{I}_A$：2.5∠0.00°A $\dot{I}_B$：0.00∠0.00°A $\dot{I}_C$：0.00∠0.00°A	状态触发条件：时间控制为 0.1s
	说明：当任一相差流超过 TA 断线闭锁定值保持 5s 时，装置报"TA 断线"，状态 2 加入对应相电流应大于差动启动值，用于检验 TA 断线时闭锁对应相差动保护功能，"TA 断线"信号灯需手动复归	
	装置报文	TA 断线告警、A 相 TA 断线
	装置指示灯	TA 断线
$m = 0.95$ 试验仪器设置 （状态序列）	状态 1 参数设置	
	$\dot{I}_A$：0.285∠0.00°A $\dot{I}_B$：0.00∠0.00°A $\dot{I}_C$：0.00∠0.00°A	状态触发条件：时间控制为 6s
	装置报文	TA 断线告警
	装置指示灯	TA 断线

第二节　保护常见故障及故障现象

SGB-750C 母线保护故障设置及故障现象见表 13-4。

表 13-4   SGB-750C 母线保护故障设置及故障现象

相别	难易度	故障属性	故障现象	故障设置地点
A、B、C	易	电流回路	本间隔（L1 支路 A、B、C 相）电流采样变小。其他间隔类似	1I1D1 与 1I1D4（1I1D2 与 1I1D5、1I1D3 与 1I1D6）短接
A、B、C	难	电流回路	不同间隔之间（L1 支路和 L2 支路）A 相电流分流。其他间隔、相别类似	1I1D1 与 1I2D1 短接
A、B、C	中	电流回路	L1 支路 A 相电流回路开路，装置采样值为 0，试验仪器报警灯亮。其他间隔、相别类似	1I1D1（1n1x1）或 1I1D4（1n1x2）虚接
—	中	开入回路	装置黑屏，面板运行灯灭	ZD1（1DK1:3）虚接（装置电源正电）或 ZD4（1DK1:1）虚接（装置电源负电）
—	中	开入回路	各间隔失灵开入无效	1QD1（1DK2:4）虚接（开入正电）或 1QD43（1DK2:2、1n6x18）（开入负电）
—	中	开入回路	差动保护投入硬压板无效	1KLP1:1 虚接
—	中	开入回路	失灵保护投入硬压板无效	1KLP2:1 虚接
—	难	开入回路	投母差或失灵压板，另一压板开入也变位	1KLP1-2 和 1KLP2-2 短接
—	中	开入回路	L1 间隔失灵开入无效。其他间隔类似	1QD15（1KLP5:2）虚接
—	中	开入回路	L1 间隔失灵启动长期开入。其他间隔类似	1QD15（1KLP5:2）和 1QD10 短接（L1 间隔失灵启动开入）
—	中	开出回路	L1 间隔第 I 组出口无法开出，时间无法测试，开关第一组无法跳闸。其他间隔类似	1C1D1（1n9x1）、1C1D4（1C1LP1-1）虚接（L1 间隔第 I 组开出）
—	中	开出回路	L1 间隔第 II 组出口无法开出，时间无法测试，开关第二组无法跳闸。其他间隔类似	1C1D2（1n9x3）、1C1D5（1C1LP2-1）虚接（L1 间隔第 II 组开出）
—	难	开出回路	L1 间隔无法开出，时间无法测试	1C1D1（1n9x1）和 1C1D2（1n9x3）对调

第十四章 CSC-150C 母线保护装置调试（500kV）

CSC-150C 母线保护装置适用于 3/2 接线母线保护，装置功能包括差动保护、失灵经母差跳闸、TA 断线判别等功能。

一、差动保护

差动保护由分相式比率差动元件构成，动作判据为

$$\left|\sum_{j=1}^{m} I_j\right| > I_{cdzd}$$

$$\left|\sum_{j=1}^{m} I_j\right| > K\sum_{j=1}^{m}\left|I_j\right|$$

式中：K 为比率制动系数，固定取 0.5；I_j 为第 j 个连接元件的电流；I_{cdzd} 为差动电流启动定值。

二、失灵经母差跳闸

当保护检测到接入母线的边断路器失灵启动输入触点动作且尚未出现失灵开入异常告警时，经固有的电流元件（有流判断）并带 50ms 固定延时，跳开母线上相连的边断路器。

三、TA 断线检测

在差动保护功能投入的情况下，装置进行 TA 断线检测。装置的 TA 断线判别分为两段：告警段和闭锁段，其中告警段差动电流越限定值低于闭锁段差动电流越限定值。告警段和闭锁段均经固定延时 10s 发告警信号。当 TA 断线告警满足时，只告警不闭锁差动保护；当 TA 断线闭锁条件满足时，装置执行按相闭锁差动保护，TA 断线闭锁条件消失后，自动解除闭锁。

第一节 试 验 调 试 方 法

一、差动保护检验

差动保护检验见表 14-1。

表 14-1   CSC-150C 差动保护检验

试验项目	差动启动值定值检验	
相关定值	差动保护启动电流定值 $I_{cdzd}=0.5A$ ；L1 支路 TA 变比 1200/1，基准变比 3000/1	
试验条件	（1）硬压板设置：投入"母差保护投入"压板 1KLP1。 （2）软压板设置：投入"差动保护"软压板。 （3）控制字设置："差动保护"置"1"。 （4）I_A 接 L1 间隔	

计算方法	计算公式：
	L1 支路启动值：$I_{dz}=I_{cdzd}/$（支路TA变比/基准TA变比）
	          $=0.5/[(1200/1)/(3000/1)]$
	          $=1.25(A)$
	    $m=1.05$，$I=1.25\times1.05=1.312\ (A)$
	    $m=0.95$，$I=1.25\times0.95=1.187(A)$
	测试时间：$m=2$，$I=1.25\times2=2.5(A)$	

$m=1.05$ 时仪器设置（以状态序列为例）	状态 1 参数设置	
	$\dot{I}_A$：$1.312\angle0.00°A$ $\dot{I}_B$：$0.00\angle0.00°A$ $\dot{I}_C$：$0.00\angle0.00°A$	状态触发条件：时间控制为 0.1s
	装置报文	17ms 差动保护动作
	装置指示灯	母差动作
$m=0.95$ 时仪器设置（以状态序列为例）	状态 1 参数设置	
	$\dot{I}_A$：$1.187\angle0.00°A$ $\dot{I}_B$：$0.00\angle0.00°A$ $\dot{I}_C$：$0.00\angle0.00°A$	状态触发条件：时间控制为 0.1s
	装置报文	差动保护启动
	装置指示灯	无

说明：（1）差动保护动作时间应以两倍动作电流进行测试；
（2）其他支路试验方式类似

试验项目	比率制动系数校验	
相关定值	比率制动系数定值：0.5；L1 支路 TA 变比 1200/1，L2 支路 TA 变比 3000/1，基准变比 3000/1	
试验条件	（1）硬压板设置：投入"母差保护投入"压板 1KLP1。 （2）软压板设置：投入"差动保护"软压板。 （3）控制字设置："差动保护"置"1"。 （4）I_A 接入 L1 支路 A 相，I_B 接 L2 支路 A 相	
计算方法	选择折线上某一点求出各支路电流,再在第一点基础上将各支路外加量乘或除以一个系数求出第二点。 第一点：L1 支路电流为 I_1，L2 支路电流为 I_2，假设 $I_r=1A$，则 $I_d=0.5A$	

续表

计算方法	$$\begin{cases} I_1 - I_2 = 0.5\text{A} \\ I_1 + I_2 = 1\text{A} \end{cases}$$ $\Rightarrow$ $I_1 = 0.75\text{A} \qquad I_2 = 0.25\text{A}$ 各支路所加电流：$I_1 = 0.75\times$(基准变比/支路变比)=1.875(A) $I_2 = 0.25\times$(基准变比/支路变比)=0.25(A) 第二点：将各支路外加量乘或除以一个系数。 计算：略
$I_r=1\text{A}$ 比率制动系数试验仪器设置（采用手动模块）	初始状态 $\dot{I}_A$：$1.825\angle 0.00°\text{A}$ $\dot{I}_B$：$0.25\angle 180°\text{A}$ $\dot{I}_C$：$0.00\angle 0.00°\text{A}$ 操作说明：适当降低 L1 支路电流，再升高至保护动作（或适当升高 L2 支路电流再降低至保护动作） 装置报文 | 差动保护动作 装置指示灯 | 母差动作
$I_r=2\text{A}$ 比率制动系数试验仪器设置（采用手动模块）	初始状态 $\dot{I}_A$：$3.70\angle 0.00°\text{A}$ $\dot{I}_B$：$0.50\angle 180°\text{A}$ $\dot{I}_C$：$0.00\angle 0.00°\text{A}$ 操作说明：适当降低 L1 支路电流，再升高至保护动作（或适当升高 L2 支路电流再降低至保护动作） 装置报文 | 差动保护动作 装置指示灯 | 保护跳闸

二、失灵经母差跳闸功能检验

失灵经母差跳闸功能检验见表 14-2。

表 14-2 　　　　　　　　　　CSC-150C 失灵经母差跳闸功能检验

试验项目	失灵经母差跳闸功能检验
相关定值	失灵经母差跳闸控制字：1
试验条件	（1）硬压板设置：投入"失灵经母差跳闸投入"压板 1KLP2，投入"支路 1 启动失灵"压板 1QLP1。 （2）软压板设置：投入"失灵经母差跳闸"软压板。 （3）控制字设置："失灵经母差跳闸"置"1"。 （4）仪器开出可闭合触点接入支路 1 失灵开入（两个失灵启动开入均要动作）
计算方法	支路满足有流条件，相电流大于 $0.08\,I_n$（I_n 为 TA 二次额定值）即可

试验仪器设置 （状态序列）	状态 1 参数设置	
	$\dot{I}_A$：0.10∠0.00°A	状态触发条件：时间控制为 0.1s
	$\dot{I}_B$：0.00∠0.00°A	
	$\dot{I}_C$：0.00∠0.00°A	
	说明：（1）支路有流判据无需经过基准变比折算，为各支路实测二次值，仪器可按照 0.1A 设置参数。 （2）仪器同时开出一个可闭合触点给对应支路失灵开入，保持时间为 0.1s	
	装置报文	49ms 失灵联跳动作
	装置指示灯	失灵动作

三、TA 断线告警及闭锁功能检验

TA 断线告警及闭锁功能检验见表 14-3。

表 14-3　　　　　　CSC-150C TA 断线告警及闭锁功能检验

试验项目	TA 断线告警功能检验	
相关定值	TA 断线告警定值：0.1A；L1 支路 TA 变比 1200/1，基准变比 3000/1	
试验条件	（1）硬压板设置：投入"母差保护投入"压板 1KLP1。 （2）软压板设置：投入"差动保护"软压板。 （3）控制字设置："差动保护"置"1"。 （4）I_A 接 L1 间隔	
计算方法	计算公式：$I = mI_{set}/($支路TA变比/基准TA变比$)$ （m 为系数） 计算数据：$m=1.05$ ， $I=1.05\times0.1/\left[(1200/1)/(3000/1)\right]=0.262$ (A) 　　　　　$m=0.95$ ， $I=0.95\times0.1/\left[(1200/1)/(3000/1)\right]=0.237$ (A)	
$m=1.05$ 试验仪器设置 （状态序列）	状态 1 参数设置	
	$\dot{I}_A$：0.262∠0.00°A	状态触发条件：时间控制为 11s
	$\dot{I}_B$：0.00∠0.00°A	
	$\dot{I}_C$：0.00∠0.00°A	
	说明：当任一相差流大于告警段定值保持 10s 时，装置报"TA 断线告警"	
	装置报文	TA 断线 A 相
	装置指示灯	交流异常、告警
$m=0.95$ 试验仪器设置 （状态序列）	状态 1 参数设置	
	$\dot{I}_A$：0.237∠0.00°A	状态触发条件：时间控制为 11s
	$\dot{I}_B$：0.00∠0.00°A	
	$\dot{I}_C$：0.00∠0.00°A	
	装置报文	无
	装置指示灯	无

续表

试验项目	TA 断线闭锁功能检验	
相关定值	TA 断线告警定值：0.12A；L1 支路 TA 变比 1200/1，基准变比 3000/1	
试验条件	（1）硬压板设置：投入"母差保护投入"压板 1KLP1。 （2）软压板设置：投入"差动保护"软压板。 （3）控制字设置："差动保护"置"1"。 （4）I_A 接 L1 间隔	
计算方法	计算公式：$I = mI_{set} / ($支路TA变比$/$基准TA变比$)$ 注：m 为系数。 计算数据：$m = 1.05$，$I = 1.05 \times 0.12 / \left[(1200/1)/(3000/1) \right] = 0.315 \,(A)$ $m = 0.95$，$I = 0.95 \times 0.12 / \left[(1200/1)/(3000/1) \right] = 0.285 \,(A)$	
$m = 1.05$ 试验仪器设置 （状态序列）	状态 1 参数设置	
	$\dot{I}_A$：$0.315\angle 0.00°$A $\dot{I}_B$：$0.00\angle 0.00°$A $\dot{I}_C$：$0.00\angle 0.00°$A	状态触发条件：时间控制为 11s
	状态 2 参数设置	
	$\dot{I}_A$：$2.5\angle 0.00°$A $\dot{I}_B$：$0.00\angle 0.00°$A $\dot{I}_C$：$0.00\angle 0.00°$A	状态触发条件：时间控制为 0.1s
	说明：当任一相差流大于闭锁段定值保持 10s 时，装置报"TA 断线"，状态 2 加入对应相电流应大于差动启动值，用于检验 TA 断线时闭锁对应相差动保护功能，"TA 断线"信号灯需手动复归	
	装置报文	TA 断线 A 相、TA 断线闭锁 A 相
	装置指示灯	交流异常、告警
$m = 0.95$ 试验仪器设置 （状态序列）	状态 1 参数设置	
	$\dot{I}_A$：$0.285\angle 0.00°$A $\dot{I}_B$：$0.00\angle 0.00°$A $\dot{I}_C$：$0.00\angle 0.00°$A	状态触发条件：时间控制为 11s
	装置报文	TA 断线 A 相
	装置指示灯	交流异常、告警

第二节　保护常见故障及故障现象

CSC-150C 母线保护故障设置及故障现象见表 14-4。

表 14-4　　　　　　　　　CSC-150C 母线保护故障设置及故障现象

相别	难易度	故障属性	故障现象	故障设置地点
A、B、C	易	电流回路	本间隔（L1 支路 A 或 B 或 C 相）电流采样变小。其他间隔类似	1I1D1-1I1D4（1I1D2-1I1D5、1I1D3-1I1D6）短接
A、B、C	难	电流回路	不同间隔之间（L1 支路和 L2 支路）A 相电流分流。其他间隔、相别类似	1I1D1 和 1I2D1 短接
A、B、C	中	电流回路	L1 支路 A 相电流回路开路，装置采样值为 0，试验仪器报警灯亮。其他间隔、相别类似	1I1D1（1n1-a1）或 1I1D4（1n1-b1）虚接
—	中	开入回路	装置黑屏，面板运行灯灭	1QD1（1K1-4、1n9-20）虚接（装置电源正电）或 1QD23（1K1-2、1n9-a26）虚接（装置电源负电）
—	中	开入回路	母差保护投入硬压板无效	1KLP1-1 虚接
—	中	开入回路	失灵经母差跳闸投入硬压板无效	1KLP2-1 虚接
—	难	开入回路	投母差或失灵经母差跳闸压板，另一压板开入也变位	1KLP1-2 和 1KLP2-2 短接
—	中	开入回路	各间隔失灵开入均不变位	1QD3（1K2-4）虚接或 1QD25（1K2-2、1n5-c28）虚接
—	易	开入回路	短接 L1 间隔启动失灵开入，开入无变位。其他间隔类似	1QD10（1QLP1-1）虚接（L1 间隔启动失灵开入）
—	易	开入回路	L1 间隔启动失灵开入长期开入，装置报警。其他间隔类似	1QD10 和 1QD8 短接（L1 间隔启动失灵开入）
—	中	开出回路	L1 间隔无法开出，时间无法测试，开关无法传动	1C1D1（1n14-c2）、1C1D3（1C1LP1-1）虚接（L1 间隔开出）
—	中	开出回路	L1 间隔长期开出，时间无法测试，L1 开关无法远方合闸。其他间隔类似	1C1D1-1C1D3 短接（L1 间隔开出）

第十五章　母线保护实操案例

本章以 NSR-371A 保护装置为例。假设保护装置中存在五处故障（具体故障见表 15-1），通过核对定值、采样及开入检查、逻辑校验（具体检验内容见表 15-2）、整组开出传动等手段，引导学员熟悉保护装置及二次回路，掌握故障分析及排查的技巧。

表 15-1　　　　　　　　　　　　故障类型及故障点

序号	故障类型	故障点
1	定值（变动）	"母线互联软压板"投入
2	采样（电压回路）	1UD4、1UD5、1UD6 拆除短接片
3	采样（电流短路）	支路 1 与支路 3 C 相内部线短接
4	开入（压板短路）	1RLP1:2 和 1RLP3:2 短接
5	开出（跳闸开路）	1C2D2（1n-17:03）虚接

表 15-2　　　　　　　　　　　　试验项目、要求及条件

序号	试验项目	要求	条件
1	负荷平衡态校验	220kV Ⅰ、Ⅱ母电压正常。L2 支路流入母线，二次值为 1A，L1 电流由 Ⅰ母流入 Ⅱ母，二次值为 0.2A，L5 支路流入母线，二次值为 0.6A。 要求：调整其他支路电流，以 U_A 为基准，使各支路 A 相差流平衡，屏上无任何告警、动作信号	（1）运行方式为：支路 L2、L4 挂 Ⅰ母；支路 L3、L5 挂 Ⅱ母，其他出线开关处分位；双母线并列运行，母联 TA 一次安装靠 Ⅱ母，定值区在 01 区。 （2）各支路 TA 变比：L2（2400/1）、L3（3000/1）、L4（1500/1）、L5（1000/1）、L1（3000/1）。 （3）基准变比：3000/1。
2	失灵电流值校验	校验 L4 支路 C 相失灵保护电流定值，测试 L2 支路第 Ⅱ组出口时间	（4）失灵零序电流定值 0.2A；失灵负序电流定值 0.2A

具体试验及故障分析排查：

1. 执行安全措施

（1）将故障信息系统上被检验设备进行可靠屏蔽。

（2）记录装置原始状态：定值区、已投入压板、空气开关。

（3）退出检验的母线保护装置上所有出口压板及失灵联跳压板。

（4）投入装置上检修压板。

（5）对检验保护装置所接入的所有运行中间隔的 TA 回路进行可靠短接，确认短接良好后（观察装置间隔采样在短接后幅值显著变小），打开端子排间隔输入端子中间连接片。

（6）解开并逐根绝缘包扎检验保护装置Ⅰ、Ⅱ段母线电压接线，并做好标记。

（7）解开并逐根包好装置与其他运行设备相关二次回路接线（测控、录波等），并做好标记。

（8）试验仪器电源必须接至继保试验电源屏。

2. 打印并核对定值单

（1）试验方法。检查并确认装置运行的定值区与定值单相同，打印并核对所有定值，包含装置参数、保护整定值、控制字、软压板等。

（2）试验现象。核对过程中发现装置"母线互联"指示灯常亮，"母线互联软压板"被置"1"，与定值单上不同。

（3）分析排查。将"母线互联软压板"软压板置"0"。

3. 开入量检查

（1）试验方法。进入装置菜单逐一查看开入量状态，压板、复归、打印、隔离开关位置等应与实际情况相同。

（2）试验现象。在检查"投母差保护"1RLP1 时，"差动保护硬压板"及"母线互联硬压板"均投入，且装置"母线互联"指示灯常亮，其他压板、复归、打印、隔离开关位置等开入与实际情况相同。

（3）分析排查。保护装置压板开入回路如图 15-1 所示。排查开入同时动作可以遵循以下步骤：再次投退"投母差保护"1RLP1 时，确认"差动保护硬压板"及"母线互联硬压板"同时变位。确认同时变位之后，缺陷定位在压板下端至装置这段回路，由于装置背板封闭，即可确定点在 1RLP1、1RLP3 压板下端。

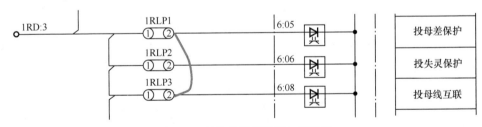

图 15-1 保护装置压板开入回路图

4. 模拟量输入的幅值、相位特性检验

（1）试验方法。按图纸将继电保护调试仪与端子排的相应端子用线连接，通入三相电压采样值：

$$\dot{U}_A:10\angle0°V、\dot{U}_B:20\angle240°V、\dot{U}_C:30\angle120°V。$$

按负荷平衡态要求将继电保护调试仪与端子排的相应端子用线连接，通入负荷电流值：试验仪器 A 相正接入 L1（0.2∠0°A），试验仪器 B 相正接入 L3（0.4∠0°A），试验仪器 C 相反接入 L5 通入（0.6∠0°A）；L3、L5 并联反接入 L2（1∠0°A）；L1、L2 并联正接入 L4

（1.2∠0°A），如图 15-2 所示。

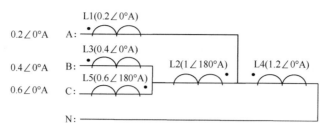

图 15-2 负荷平衡态电流图

（2）试验现象。

1）加入 I 段母线电压，B、C 两相电压幅值、相角不稳定。

2）保护装置有差流，L1、L2、L3 间隔采样有误，其他间隔无异常。

（3）分析排查。B、C 两相电压幅值、相角不稳定，证明 B、C 相回路有异常。万用表电压挡依次检查 I 母 A、B、C 相对 N，即可查出虚接点，如图 15-3 所示。

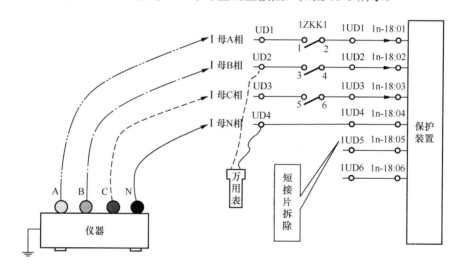

图 15-3 "电压虚接故障"示意图

L1、L2、L3 间隔采样有误，其他间隔无异常，证明故障在 L1、L3 间隔。解除试验线，用万用表"导通挡"测量 L1、L3 间隔，即可查出短接点，如图 15-4 所示。

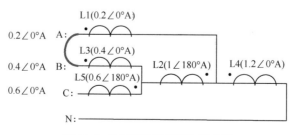

图 15-4 "电流短接故障"示意图

5. 定值校验及出口时间测试

（1）试验方法。

1）负荷平衡态校验。根据实验要求计算不同支路电流，画出电流平衡图并正确接线，装置屏上应无任何告警、动作信号，母线电压应正常，支路电流应正确。

2）失灵保护电流定值校验。线路支路采用相电流、零序电流（或负序电流）"与门"逻辑，因此应校验零序电流定值和负序电流定值，并检查装置报文情况正确。

3）测试出口时间。在屏内装置动作正常的情况下投入对应支路跳闸压板，再次模拟故障，测试动作时间。

（2）试验现象。装置报文正确，未测试到动作时间。

（3）分析排查。先查看装置开入报告，确认是否一直有开入，排除非出口节点正负端短接的故障。"出口虚接故障"示意图如 15-5 所示。出口正端侧直接接入装置，先用万用表"导通挡"排除非出口负端虚接的故障，排除后即可确认故障位于出口正端。

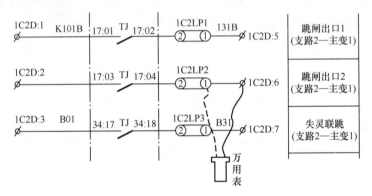

图 15-5 "出口虚接故障"示意图

排除缺陷后，用同样的试验方法再进行一次试验，故障现象正常，时间测试正确。

到此为止已经将五个故障全部排除。

6. 检验结束恢复安全措施

拆除试验接线，关闭试验设备电源，将安全措施和保护装置等设备恢复至开工前原始状态，确认各信号均正常，打印、核对定值。

第三篇
发电机及变压器保护装置调试

　　发电机及电力变压器是发电厂和变电站的主要电气设备之一，一旦发生故障遭到损坏，其检修难度大、时间长，会造成很大的经济损失，因此需要配置相应的发电机及变压器保护用来反映其故障和异常运行方式并进行及时的处理。常见的变压器保护通常会配置电量保护和非电量保护，其中电量保护包含纵差动保护和电流速断保护等主保护、反应相间短路故障的后备保护（复压过电流保护、阻抗保护）、反应接地故障的后备保护（零序过电压保护、间隙零序电流保护等），过负荷保护、过励磁保护等。常见的发电机保护通常会配置差动保护、失磁保护、失步保护、复压过电流保护、逆功率保护等。本篇主要介绍发电机及变压器保护装置（包括 NSR-378 变压器保护、CSC-326 变压器保护、PCS-978 变压器保护、PRS-778 变压器保护、DGT-801 发电机-变压器组保护、PCS-985B 发电机-变压器组保护）的试验调试方法、常见的故障现象分析及排查方法，并通过特定的案例进行分析。

第十六章　NSR-378 变压器保护装置调试

NSR-378 微机变压器成套保护装置可用于 220kV 电压等级的变压器。它集成了一台变压器的全套电量保护（含差动保护、高后备保护、中后备保护和低后备保护），差动保护及后备保护共用一组 TA，可满足 220kV 等级变压器的双套差动保护和双套后备保护完全独立配置的要求，适用于各种接线方式的变压器。

第一节　试　验　调　试　方　法

一、纵差保护相关试验

先根据定值单内的系统参数定值：$S_H = 180MVA$、$S_L = 90MVA$、$U_H = 220kV$、$U_M = 115kV$、$U_L = 10.5kV$、$n_H = 1200/1$、$n_M = 1200/1$、$n_L = 6000/1$、$n_{电抗} = 6000/1$。

差动保护各侧额定电流计算：

$$I_{e \cdot H} = \frac{S_H}{\sqrt{3} \times U_H \times n_H} = \frac{180 \times 10^3}{\sqrt{3} \times 220 \times 1200} \approx 0.394A$$

$$I_{e \cdot M} = \frac{S_H}{\sqrt{3} \times U_M \times n_M} = \frac{180 \times 10^3}{\sqrt{3} \times 115 \times 1200} \approx 0.753A$$

$$I_{e \cdot L} = \frac{S_H}{\sqrt{3} \times U_L \times n_L} = \frac{180 \times 10^3}{\sqrt{3} \times 10.5 \times 6000} \approx 1.650A$$

NSR-378 保护在计算纵差电流时，采用 Y 侧进行转角的方式，保护装置各项差流的计算公式见式（16-1）。

$$\begin{cases} I_{dA} = \dfrac{I_{AH} - I_{BH}}{\sqrt{3}} + \dfrac{I_{AM} - I_{BM}}{\sqrt{3}} + I_{aL} \\[2mm] I_{dB} = \dfrac{I_{BH} - I_{CH}}{\sqrt{3}} + \dfrac{I_{BM} - I_{CM}}{\sqrt{3}} + I_{bL} \\[2mm] I_{dC} = \dfrac{I_{CH} - I_{AH}}{\sqrt{3}} + \dfrac{I_{CM} - I_{AM}}{\sqrt{3}} + I_{cL} \end{cases} \tag{16-1}$$

1. 差动启动定值校验

如图 16-1 所示，假设差动启动电流定值 $I_{d0} = 0.5I_e$ 时，校验差动启动定值需保证差流值为 $1.05 \times I_{d0}$ 时纵差保护可靠动作，对应图 16-1 中的①点；而差流值为 $0.95 \times I_{d0}$ 时，纵差保护可靠不动作，对应图 16-1 中的②点。

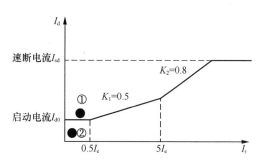

图 16-1 差动保护启动值校验图

考虑式（16-1）的差流构造形式，通常有三种通入电流的方法：从 Y 侧通入单相电流、从 Y 侧通入三相电流和从△侧通入电流三种情况。

（1）Y 侧加单相电流。以加 A 相电流为例，假设通入的电流值为 I，式（16-1）中的 $I_{AH} = I$、$I_{BH} = 0$、$I_{CH} = 0$，此时差流值为 $I_{dA} = \dfrac{I_{AH} - I_{BH}}{\sqrt{3}} = \dfrac{I}{\sqrt{3}}$，$I_{dB} = 0$，$I_{dC} = \dfrac{I_{CH} - I_{AH}}{\sqrt{3}} = \dfrac{-I}{\sqrt{3}}$。取差流值 $I_{dA} = m \times I_{d0} \times I_{e \cdot Y}$，则 Y 侧加单相电流，试验仪所加的实际电流量见式（16-2）。

$$I = \sqrt{3} \times I_{dA} = \sqrt{3} \times m \times I_{d0} \times I_{e \cdot Y} \tag{16-2}$$

（2）Y 侧加三相电流。Y 侧加入三相对称的正序电流：$\dot{I}_{AH} = I\angle 0°$，$\dot{I}_{BH} = I\angle -120°$，$\dot{I}_{CH} = I\angle 120°$。

此时差流值为 $\dot{I}_{dA} = \dfrac{\dot{I}_{AH} - \dot{I}_{BH}}{\sqrt{3}} = \dfrac{I\angle 0° - I\angle -120°}{\sqrt{3}} = \dfrac{\sqrt{3}I\angle 30°}{\sqrt{3}} = I\angle 30°$，同理，$\dot{I}_{dB} = I\angle -90°$，$\dot{I}_{dC} = I\angle 150°$。取差流值 $I_{dA} = m \times I_{d0} \times I_{e \cdot Y}$，则 Y 侧加三相电流，试验仪所加的实际电流量见式（16-3）。

$$I = I_{dA} = m \times I_{d0} \times I_{e \cdot Y} \tag{16-3}$$

（3）△侧加电流。

$$I_{dA} = I_a、\quad I_{dB} = I_b、\quad I_{dC} = I_c$$

因此，当△侧通入的单相电流值和通入的三相正序电流值相同时其差流值一致。

2. 试验接线方法

差动启动值校验试验接线图如图 16-2 所示。

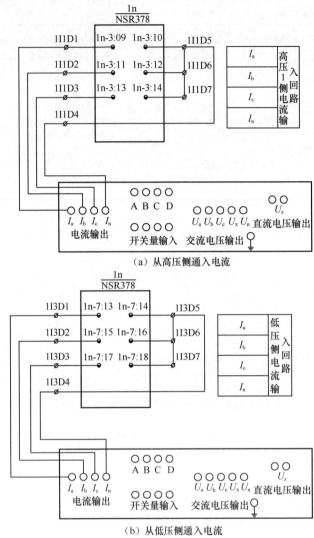

（a）从高压侧通入电流

（b）从低压侧通入电流

图 16-2　差动启动值校验试验接线图

纵差差动保护启动定值校验，加量及相关条件设置见表 16-1。

表 16-1　　　　　　　　　　　　　**纵差差动保护启动定值校验**

试验项目	纵差差动保护启动定值校验（区内、区外）
整定定值	纵差保护启动电流定值：$I_{d0} = 0.5I_e$
试验条件	（1）硬压板设置：投入"投主保护"压板 1RLP1。 （2）软压板设置：投入"主保护"软压板。 （3）控制字设置："纵差差动保护"置"1""TA 断线闭锁差动保护"置"0"
计算方法	计算公式见式（16-2）及式（16-3）。 计算数据：m 系数，其值为 1.05 时应可靠动作，其值为 0.95 时应可靠不动作。 以高压侧单相加入电流为例进行计算并说明试验仪器设置。

续表

| 计算方法 | $m=1.05$，$I_\varphi = m\times 0.5\times I_{e\cdot H}\times\sqrt{3}=1.05\times 0.5\times 0.394\times\sqrt{3}=0.358(A)$ |
| | $m=0.95$，$I_\varphi = m\times 0.5\times I_{e\cdot H}\times\sqrt{3}=0.95\times 0.5\times 0.394\times\sqrt{3}=0.324(A)$ |

| 试验方法
（状态序列） | （1）状态1加正常电压量，电流为空载状态即，$I=0$。本试验逻辑不判电压，可不加电压。
（2）状态2加故障量，所加故障时间小于100ms。
（3）接线为接线测试仪A相电流接到保护高压侧A相电流的采样通道 |

试验仪器 设置	采用状态序列			
	状态1	状态2	状态1	状态2
	可靠动作值		可靠不动作值	
	（1）状态参数设置： $\dot{I}_A$：$0.00\angle 0.00°A$ $\dot{I}_B$：$0.00\angle 0.00°A$ $\dot{I}_C$：$0.00\angle 0.00°A$ （2）状态触发条件： 时间控制为2.00s	（1）状态参数设置： $\dot{I}_A$：$0.358\angle 0.00°A$ $\dot{I}_B$：$0.00\angle 0.00°A$ $\dot{I}_C$：$0.00\angle 0.00°A$ （2）状态触发条件： 时间控制为0.1s	（1）状态参数设置： $\dot{I}_A$：$0.00\angle 0.00°A$ $\dot{I}_B$：$0.00\angle 0.00°A$ $\dot{I}_C$：$0.00\angle 0.00°A$ （2）状态触发条件： 时间控制为2.00s	（1）状态参数设置： $\dot{I}_A$：$0.324\angle 0.00°A$ $\dot{I}_B$：$0.00\angle 0.00°A$ $\dot{I}_C$：$0.00\angle 0.00°A$ （2）状态触发条件： 时间控制为0.1s

装置报文	26ms 纵差保护	0ms 保护启动
装置指示灯	"保护跳闸"灯亮	无
思考	纵差差动保护是否经二次谐波制动	

3. 差动速断定值校验

差动速断定值校验计算方法和试验接线与差动启动值校验一致。任一相差流大于整定值 I_{cdsd}（差动速断电流定值）时，纵差差动速断保护瞬时动作，详见表16-2。

表16-2　　　　　　　　　纵差差动速断保护定值校验

试验项目	纵差差动速断保护定值校验（区内、区外）
整定定值	纵差差动速断电流定值：$6I_e$
试验条件	（1）硬压板设置：投入"投主保护"压板1RLP1。 （2）软压板设置：投入"主保护"软压板。 （3）控制字设置："纵差差动速断"置"1""纵差差动保护"置"1"
计算方法	计算公式： $I_\varphi = m\times 6\times I_{e\cdot Y}\times\sqrt{3}$（高、中压侧单相加入电流） $I_\varphi = m\times 6\times I_{e\cdot Y}$（高、中压侧三相加入电流） $I_\varphi = m\times 6\times I_{e\cdot L}$（低压侧单相或三相加入电流） 计算数据：$m$系数，其值为1.05时应可靠动作，其值为0.95时应可靠不动作。 以高压侧单相加入电流为例进行计算并说明试验仪器设置。 $m=1.05$，$I_\varphi = m\times 6\times I_{e\cdot H}\times\sqrt{3}=1.05\times 6\times 0.394\times\sqrt{3}=4.295(A)$ $m=0.95$，$I_\varphi = m\times 6\times I_{e\cdot H}\times\sqrt{3}=0.95\times 6\times 0.394\times\sqrt{3}=3.886(A)$

试验方法 （状态序列）	（1）状态 1 加正常电压量，电流为空载状态即，$I=0$。本试验逻辑不判电压，可不加电压。 （2）状态 2 加故障量，所加故障时间小于 100ms。 （3）接线为接线测试仪 A 相电流接到保护高压侧 A 相电流的采样通道			
试验仪器 设置	采用状态序列			
	状态 1	状态 2	状态 1	状态 2
	可靠动作值		可靠不动作值	
	（1）状态参数设置： $\dot{I}_A$：$0.00\angle0.00°$A $\dot{I}_B$：$0.00\angle0.00°$A $\dot{I}_C$：$0.00\angle0.00°$A （2）状态触发条件： 时间控制为 2.00s	（1）状态参数设置： $\dot{I}_A$：$4.295\angle0.00°$A $\dot{I}_B$：$0.00\angle0.00°$A $\dot{I}_C$：$0.00\angle0.00°$A （2）状态触发条件： 时间控制为 0.1s	（1）状态参数设置： $\dot{I}_A$：$0.00\angle0.00°$A $\dot{I}_B$：$0.00\angle0.00°$A $\dot{I}_C$：$0.00\angle0.00°$A （2）状态触发条件： 时间控制为 2.00s	（1）状态参数设置： $\dot{I}_A$：$3.886\angle0.00°$A $\dot{I}_B$：$0.00\angle0.00°$A $\dot{I}_C$：$0.00\angle0.00°$A （2）状态触发条件：时间控制为 0.1s
装置报文	（1）20ms　纵差差动速断。 （2）22ms　纵差保护		22ms　纵差保护	
装置指示灯	"保护跳闸"灯亮		"保护跳闸"灯亮	
思考	（1）纵差差动速断保护是否经二次谐波制动？ （2）校验低压侧纵差差动速断保护定值应如何接线			
提示	（1）当变压器内部、变压器引出线或变压器套管发生故障 TA 饱和时，TA 二次电流的波形发生严重畸变，为防止比率差动保护误判为涌流而拒动或延缓动作，差动速断保护不经二次谐波制动，采用差动速断保护快速切除严重故障。 （2）低压侧采用上述公式进行计算，接线采用单相或三相电流接线均可			

4. 比率差动保护的差动制动系数校验

比率制动曲线如图 16-1 所示，比率制动系数校验需要选取线段上的两个点确定斜率，一般情况以斜率 $K_1=0.5$ 段开展校验。假设选取两点的制动电流分别为 $I_r = 2I_e$ 和 $I_r = 3I_e$。计算比率制动特性的时候，两侧电流方向要相反，否则制动电流过大导致装置无法动作。假设两侧电流折算给差流贡献的标幺值分别为 I_{1j}、 I_{2j}。

当 $I_r = 2I_e$ 时，

$$I_d = I_{d0} + 0.5 \times (I_r - I_e) = 0.5I_e + 0.5 \times (2I_e - 0.5I_e) = 1.25I_e \tag{16-4}$$

$$\begin{cases} I_d = I_{1j} - I_{2j} = 1.25I_e \\ I_r = \dfrac{1}{2} \times (I_{1j} + I_{2j}) = 2I_e \end{cases} \Rightarrow \begin{cases} I_{1j} = 2.625I_e \\ I_{2j} = 1.375I_e \end{cases}$$

同理可得，当 $I_r = 3I_e$ 时， $I_{1j} = 3.875I_{e1}$， $I_{2j} = 1.688I_{e2}$

其中 I_{e1} 和 I_{e2} 分别为对应侧额定电流。

（1）高压侧和中压侧两侧的比率制动特性。对于高压侧和中压侧均为 Y-Y 接线形式的变压器，其差流计算运用了相同的转角公式，仅需折算至标幺值进行计算。此时故障可为高压侧区外单相接地故障或中压侧区外单相接地故障。各相的差流和制动电流见式（16-5）和式（16-6）。

$$\begin{cases} I_{dA} = \left| \dfrac{\dot{I}_{AH} - \dot{I}_{BH}}{\sqrt{3}} + \dfrac{\dot{I}_{AM} - \dot{I}_{BM}}{\sqrt{3}} \right| \\[3mm] I_{dB} = \left| \dfrac{\dot{I}_{BH} - \dot{I}_{CH}}{\sqrt{3}} + \dfrac{\dot{I}_{BM} - \dot{I}_{CM}}{\sqrt{3}} \right| \\[3mm] I_{dC} = \left| \dfrac{\dot{I}_{CH} - \dot{I}_{AH}}{\sqrt{3}} + \dfrac{\dot{I}_{CM} - \dot{I}_{AM}}{\sqrt{3}} \right| \end{cases} \tag{16-5}$$

$$\begin{cases} I_{ares} = \dfrac{1}{2}\left(\left| \dfrac{\dot{I}_{AH} - \dot{I}_{BH}}{\sqrt{3}} \right| + \left| \dfrac{\dot{I}_{AM} - \dot{I}_{BM}}{\sqrt{3}} \right| \right) \\[3mm] I_{bres} = \dfrac{1}{2}\left(\left| \dfrac{\dot{I}_{BH} - \dot{I}_{CH}}{\sqrt{3}} \right| + \left| \dfrac{\dot{I}_{BM} - \dot{I}_{CM}}{\sqrt{3}} \right| \right) \\[3mm] I_{cres} = \dfrac{1}{2}\left(\left| \dfrac{\dot{I}_{CH} - \dot{I}_{AH}}{\sqrt{3}} \right| + \left| \dfrac{\dot{I}_{CM} - \dot{I}_{AM}}{\sqrt{3}} \right| \right) \end{cases} \tag{16-6}$$

从式（16-5）可以看出，从高压侧和中压侧加量时，仅需在两侧同时加同一相上的量，方向相反即可。以加入 A 相电流为例，此时保护装置在 A 相和 C 相两相上差动电流和制动电流不为零，而 B 相上差流和制动电流均为零。假设高压侧所加电流的标幺值为 $\dot{I}_1$，中压侧所加电流的标幺值为 $\dot{I}_2$。装置对应的差流值和制动电流值见式（16-7）和式（16-8）。

$$\begin{cases} I_{dA} = \left| \dfrac{\dot{I}_1}{\sqrt{3}} + \dfrac{\dot{I}_2}{\sqrt{3}} \right| = \dfrac{I_1 - I_2}{\sqrt{3}} \\[3mm] I_{dC} = \left| \dfrac{-\dot{I}_1}{\sqrt{3}} + \dfrac{-\dot{I}_2}{\sqrt{3}} \right| = \dfrac{I_1 - I_2}{\sqrt{3}} \end{cases} \tag{16-7}$$

$$\begin{cases} I_{ares} = \dfrac{1}{2}\left(\left| \dfrac{\dot{I}_1}{\sqrt{3}} \right| + \left| \dfrac{\dot{I}_2}{\sqrt{3}} \right| \right) = \dfrac{I_1 + I_2}{2\sqrt{3}} \\[3mm] I_{cres} = \dfrac{1}{2}\left(\left| \dfrac{-\dot{I}_1}{\sqrt{3}} \right| + \left| \dfrac{-\dot{I}_2}{\sqrt{3}} \right| \right) = \dfrac{I_1 + I_2}{2\sqrt{3}} \end{cases} \tag{16-8}$$

因此各侧实际加入电流标幺值需乘以 $\sqrt{3}$，即 $\dot{I}_1 = \sqrt{3}I_{1j}$，$\dot{I}_2 = -\sqrt{3}I_{2j}$，再将其折算成各侧有名值只需要乘以各自侧的额定值即可。

高中压侧比率制动试验接线图如图 16-3 所示。

（2）丫侧和△侧两侧的比率制动特性。以高低压侧通入电流为例，可以按图 16-4 假设的方向进行计算，即加不同侧电流时，一侧电流流进主变压器，另一侧电流流出主变压器。由式（16-1）可以看出，当高压侧仅加入 A 相电流时，此电流对 A 相和 C 相差流有贡献，且贡献的角度是相反方向的。因此低压侧在加电流时，仅需加 A 相和 C 相即可。

类似假设高压侧所加电流的标幺值为 I_1，低压侧所加电流的标幺值为 I_2。装置对应的差流值和制动电流值为式（16-9）和式（16-10）。

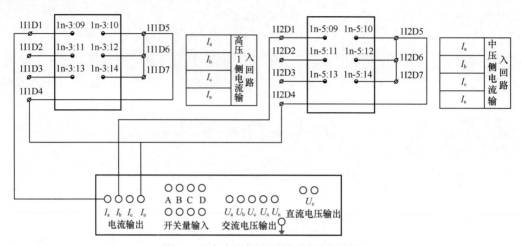

图 16-3　高中压侧比率制动试验接线图

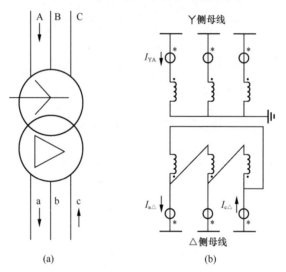

图 16-4　比率制动特性校验时电流假定方向

$$
\begin{cases}
I_{dA} = \left| \dfrac{\dot{I}_1}{\sqrt{3}} + \dot{I}_2 \right| = I_{1j} - I_{2j} \\[3mm]
I_{dC} = \left| \dfrac{-\dot{I}_1}{\sqrt{3}} + \left(-\dot{I}_2\right) \right| = I_{1j} - I_{2j}
\end{cases}
\tag{16-9}
$$

$$
\begin{cases}
I_{ares} = \dfrac{1}{2}\left(\left| \dfrac{I_1}{\sqrt{3}} \right| + \left| I_2 \right| \right) \\[3mm]
I_{cres} = \dfrac{1}{2}\left(\left| \dfrac{-I_1}{\sqrt{3}} \right| + \left| -I_2 \right| \right)
\end{cases}
\tag{16-10}
$$

因此可得各侧实际加入电流标幺值，$\dot{I}_1 = \sqrt{3}I_{1j}$，$\dot{I}_2 = -I_{2j}$，折算成各侧有名值只需要乘以各自侧的额定值即可。

高低压侧比率制动试验接线图如图 16-5 所示。

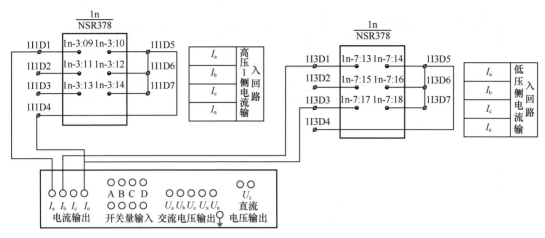

图 16-5　高低压侧比率制动试验接线图

比率差动保护的差动制动系数校验见表 16-3。

表 16-3　　　　　　　　　　**比率差动保护的差动制动系数校验**

试验项目	比率差动保护的差动制动系数校验
整定定值	纵差保护启动电流定值：$0.5I_e$ K_{r1} 为第二段差动制动系数（固定取 0.5）；K_{r2} 为第三段差动制动系数（固定取 0.8）
试验条件	（1）硬压板设置：投入"投主保护"压板 1RLP1。 （2）软压板设置：投入"主保护"软压板。 （3）控制字设置："纵差差动保护"置"1""TA 断线闭锁差动保护"置"0"
计算方法	以高低两侧比率制动第一折线为例，$K_{r1}=0.5$，范围 $0.5I_e \leq I_{res} \leq 5I_e$ 取 $I_r=2I_e$，计算结果见本小节试验计算部分 $I_H = I_1 \times \sqrt{3} = 2.625 \times 0.394 \times 1.732 = 1.790\angle 0° (A)$ $I_L = I_2 = 1.375 \times 1.650 = 2.268\angle 180° (A)$ 假设 $I_r=3I_e$ 时， $I_H = I_1 \times \sqrt{3} = 4.313 \times 0.394 \times 1.732 = 2.940 (A)$ $I_L = I_2 = 1.688 \times 1.650 = 2.784 (A)$

$I_r = 2I_e$ 时故障试验仪器设置（采用手动模块，以模拟 A 相故障为例）	初始状态	$\dot{I}_A$：$1.70\angle 0.00°A$（理论动作值 1.790A） $\dot{I}_B$：$2.26\angle 180°A$ $\dot{I}_C$：$0.00\angle 0.00°A$
	操作说明：接线测试仪电流 A 相接保护高压侧电流采样通道 A-N，B 相接保护低压侧电流采样通道的 A-C。 初始态将 $\dot{I}_A$ 设置比理论动作值略低，将 $\dot{I}_A$ 幅值设置为变量，步长设置为 0.01，逐步升高至保护动作，测试结果 1.75A 动作，1.74A 不动作。 另一种方式也可将 $\dot{I}_A$ 设置成理论动作值，将 $\dot{I}_B$ 初始值略微调高，再设置变量为 $\dot{I}_B$ 幅值，逐步降低至保护动作	
	装置报文	22 ms　纵差保护
	装置指示灯	"保护跳闸"灯亮

261

续表

$I_{\mathrm{r}} = 3I_{\mathrm{e}}$ 时故障试验仪器设置（采用手动模块，以模拟 A 相故障为例）	初始状态	$\dot{I}_{\mathrm{A}}$：2.60∠0.00°A $\dot{I}_{\mathrm{B}}$：3.505∠180°A $\dot{I}_{\mathrm{C}}$：0.00∠0.00°A
	操作说明：接线测试仪电流 A 相接保护高压侧电流采样通道 A-N，B 相接保护低压侧电流采样通道的 A-C。 初始态将 $\dot{I}_{\mathrm{A}}$ 设置比理论动作值略低，将 $\dot{I}_{\mathrm{A}}$ 幅值设置为变量，步长设置为 0.01，逐步升高至保护动作，测试结果 2.65A 动作，2.64A 不动作。 另一种方式也可将 $\dot{I}_{\mathrm{A}}$ 设置成理论动作值，将 $\dot{I}_{\mathrm{B}}$ 初始值略微调高，再设置变量为 $\dot{I}_{\mathrm{B}}$ 幅值，逐步降低至保护动作	
	装置报文	×××　ms　　纵差保护
	装置指示灯	"保护跳闸" 灯亮
思考	加入电流时，为什么 $\dot{I}_{\mathrm{A}}$ 与 $\dot{I}_{\mathrm{B}}$ 相位要相反？如果要模拟 B、C 相的故障，该如何接线	

5. 二次谐波制动励磁涌流特性

励磁涌流中含量最大的谐波是二次谐波，二次谐波电流模拟可以采用仪器一个专用通道并接入设备。试验接线方法如图 16-6 所示。根据 Q/GDW 1175—2013《变压器、高压并联电抗器和母线保护及辅助装置标准化设计规范》，装置取消了"二次谐波制动系数"定值、"二次谐波制动"控制字，默认采用综合涌流判据，因此在装置内部无此定值项了。二次谐波制动励磁涌流特性的校验方法，见表 16-4。

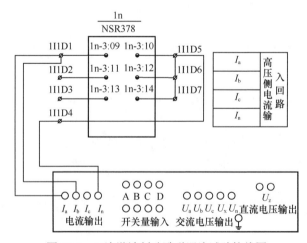

图 16-6　二次谐波制动励磁涌流试验接线图

表 16-4　　　　　　　　　　　二次谐波制动励磁涌流特性的校验

试验项目	二次谐波制动励磁涌流特性的校验
整定定值	二次谐波制动系数

续表

试验条件	(1) 硬压板设置：投入"投主保护"压板 1RLP1。 (2) 软压板设置：投入"主保护"软压板。 (3) 控制字设置："纵差差动保护"置"1""TA 断线闭锁差动保护"置"0"
计算方法	基波分量 2A

$I_r=2I_e$ 时 故障试验仪 器设置(手动 模块)	初始状态	$\dot{I}_A$: 2∠0.00°A　　　50Hz $\dot{I}_B$: 0.4∠180°A　　100Hz $\dot{I}_C$: 0.00∠0.00°A
	操作说明： 变量为 $\dot{I}_B$ 幅值；变化步长为 0.01；逐渐降低 $\dot{I}_B$ 幅值。 测试结果：0.35A 不动作，0.34A 动作，可计算出二次谐波系数。 接线测试仪电流 A 相接保护高压侧电流采样通道 A-N，B 相同样接保护高压侧电流采样通道，通过模拟量合成的方式输入保护装置。	
	装置报文	××× ms　纵差保护
	装置指示灯	"保护跳闸"灯亮

6. 区外故障主变压器电流平衡状态模拟

（1）区外故障高低两侧电流平衡试验模拟。假设故障为高压侧区外 A 相接地短路，所有故障电流由低压侧提供给高压侧的场景。

上述区外故障高低两侧电流平衡试验模拟，见表 16-5。试验接线方式和图 16-5 一致，即与高低压侧比率制动特性接线方式一致。

表 16-5　　　　　　　区外故障高低两侧电流平衡试验模拟

试验项目	区外故障高低两侧电流平衡
整定定值	无
试验条件	(1) 硬压板设置：投入"投主保护"压板 1RLP1。 (2) 软压板设置：投入"主保护"软压板。 (3) 控制字设置："纵差差动速断"置"1""纵差差动保护"置"1"
计算方法	题目：要求主变压器高低两侧同时通入电流（模拟低压侧也有电源点），模拟主变压器高压侧区外 A 相接地短路故障时差动平衡，差流为 0，制动电流 $I_{ra}=2A$。提示：对主变压器保护计算值，I_{ra} 为折算至高压侧的值。 计算方法：假设高、低侧电流及制动电流的标幺值幅值分别为 I_1、I_2 和 I_r。实际加入保护装置的输入电流有名值分别为 I_h 和 I_l。 ∵ $I_1+I_2=2I_r$ ，$I_1-I_2=0$ ，∴ $I_1=I_r$ ，$I_2=I_r$ 折算成各侧所加入量的有名值为 $I_h=I_r \times I_{eH} \times \sqrt{3}=I_{ra}/I_{eH} \times I_{eH} \times \sqrt{3}=2 \times 1.732=3.464(A)$ $I_l=I_r \times I_{eL}=I_{ra}/I_{eH} \times I_{eL}=2/0.394 \times 1.650=8.381(A)$

续表

$I_{\mathrm{r}}=2I_{\mathrm{e}}$ 时故障试验仪器设置（采用手动模块）	$\dot{I}_{\mathrm{A}}$: 3.464∠0.00°A
	$\dot{I}_{\mathrm{B}}$: 8.381∠180°A
	$\dot{I}_{\mathrm{C}}$: 0.00∠0.00°A
	装置报文	无
	装置指示灯	无
思考	$\dot{I}_{\mathrm{A}}$ 与 $\dot{I}_{\mathrm{B}}$ 的相位为什么为相差 180°

（2）主变压器区外故障高中低三侧电流平衡试验模拟。假设故障为中压侧区外 A 相接地短路，所有故障电流由高压侧和低压侧提供给中压侧的场景。高、中、低三侧电流平衡试验接线图如图 16-7 所示。

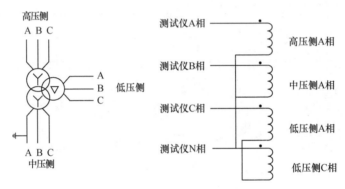

图 16-7　高、中、低三侧电流平衡试验接线图

上述区外故障高、中、低三侧电流平衡试验模拟见表 16-6。

表 16-6　　　　　　　　区外故障高、中、低三侧电流平衡试验模拟

试验项目	区外故障高中低三侧电流平衡
整定定值	无
试验条件	（1）硬压板设置：投入"投主保护"压板 1RLP1。 （2）软压板设置：投入"主保护"软压板。 （3）控制字设置："纵差差动速断"置"1""纵差差动保护"置"1"
计算方法	题目：要求主变压器三侧同时通入电流，模拟主变中压侧区外 A 相接地短路故障时差动平衡，差流为 0，制动电流 $I_{\mathrm{ra}}=1\mathrm{A}$，低压侧 A 相流入 1A 电流。提示：对主变压器保护计算值，I_{ra} 为折算至高压侧的值。 计算方法：假设高、中、低三侧电流及制动电流的标幺值幅值分别为 I_1、I_2、I_3 和 I_{r}。故障为中压侧 A 相接地故障，中压侧与高低两侧相位相反。实际加入保护装置的输入电流有名值分别为 I_{h}、I_{m} 和 I_1。 $\because I_1 + I_2 + I_3 = 2I_{\mathrm{r}}$，$I_1 - I_2 + I_3 = 0$ $\therefore I_1 + I_3 = I_2$，$2I_2 = 2I_{\mathrm{r}}$，$I_2 = I_{\mathrm{r}} = I_{\mathrm{ra}}/I_{\mathrm{eH}} = 1/0.394 = 2.540(\mathrm{A})$

续表

计算方法	$\because I_1 = 1\text{A}$ ，$\therefore I_3 = I_1 / I_{eL} = 1/1.650 = 0.606(\text{A})$ ，$I_1 = I_2 - I_3 = 2.540 - 0.606 = 1.934(\text{A})$ 折算成各侧所加入量的有名值为 $I_h = I_1 \times I_{eH} \times \sqrt{3} = 1.934 \times 0.394 \times 1.732 = 1.319\angle 0°$ $I_m = I_2 \times \sqrt{3} \times I_{eM} = 2.540 \times \sqrt{3} \times 0.753 = 3.313\angle 180°$ $I_l = 1\angle 0°$
$I_r = 2I_e$ 时 故障试验仪 器设置（采用 手动模块）	$\dot{I}_A$ ：$1.319\angle 0.00° \text{A}$ $\dot{I}_B$ ：$3.313\angle 180° \text{A}$ $\dot{I}_C$ ：$1\angle 0.00° \text{A}$

	装置报文	无
	装置指示灯	无
说明	测试仪接线图如图 16-7 所示	
思考	中压侧区外 AB 相故障应该如何计算	

二、后备保护试验

1. 复压方向过电流保护的校验

复压方向过电流保护的校验包含了复压元件的校验、方向元件的校验及过电流元件的校验。

（1）复压元件的校验。

1）低电压闭锁元件。低电压闭锁元件通常采用三相低电压值，加入三相正序电压。低电压定值为线电压值，需转换成相电压。

$U = m \times \dfrac{U_{\varphi\varphi zd}}{\sqrt{3}}$ ，$U_a = U\angle 0°$ ，$U_b = U\angle -120°$ ，$U_c = U\angle 120°$ 。当 $m=0.95$ 时，低电压元件应可靠动作；当 $m=1.05$ 时，低电压元件应可靠不动作。

2）负序电压闭锁元件。负序电压闭锁元件的校验需要构造负序电压值大于定值。直接加入三相负序电压值的方法是否可行？答案是不行，因为单纯加入负序电压时相间电压满足低电压的条件，无法验证是负序电压开放还是低电压元件开放。构造负序电压的方法有很多种，此处介绍两种。

方法一：采用正序电压和负序电压叠加的方法。取 $U_1 = 57.74\text{V}$ ，将 A 相正序电压和负序电压的角度都设置为零度，假设负序电压定值为 6V。

$m = 1.05$ 时，$U_2 = m \times U_{2zd} = 1.05 \times 6 = 6.3\text{V}$ ，复合电压元件动作。

$$U_a = U_{a1} + U_{a2} = 57.74\angle 0° + 6.3\angle 0° = 64.04\angle 0°\text{V}$$
$$U_b = U_{b1} + U_{b2} = 57.74\angle -120° + 6.3\angle 120° = 54.86\angle -125.7°\text{V}$$
$$U_c = U_{c1} + U_{c2} = 57.74\angle 120° + 6.3\angle -120° = 54.86\angle 125.7°\text{V}$$

$m = 0.95$ 时，$U_2 = m \times U_{2zd} = 0.95 \times 6 = 5.7\text{V}$ ，复合电压元件不动作。

$$U_a = 63.44\angle 0°V, \quad U_b = 55.11\angle -125.1°V, \quad U_c = 55.11\angle 125.1°V$$

相应的三相电压的相量图如图 16-8（a）所示。

方法二：采用降单相电压的方法。

本方法也是在正序电压的基础上降低一相电压，以降低 A 相电压为例。A、B、C 相电压相位仍然按正序电压角度分布，取正序电压 $\dot{U}_a' = 57.74\angle 0°V$、$\dot{U}_b' = 57.74\angle -120°V$、$\dot{U}_c' = 57.74\angle 120°V$。

A 相电压的幅值下降 ΔU_a，此时 A 相负序电压为

$$\dot{U}_{a2} = \frac{1}{3}\left(\dot{U}_a' - \Delta\dot{U}_a + \alpha^2\dot{U}_b' + \alpha\dot{U}'\right) = \frac{1}{3}\left(\dot{U}_a' + \alpha^2\dot{U}_b' + \alpha\dot{U}_c'\right) - \frac{1}{3}\Delta\dot{U}_a$$

注意，$\dot{U}_a' + \alpha^2\dot{U}_b' + \alpha\dot{U}_c' = 0$，故 $\dot{U}_{a2} = -\frac{1}{3}\Delta\dot{U}_a$，$\Delta\dot{U}_a = -3\dot{U}_{a2}$。

$m = 1.05$ 时，$U_{a2} = m \times U_{2zd} = 1.05 \times 6 = 6.3V$，复合电压元件动作。考虑角度，取

$$U_{a2} = 6.3\angle 180° = -6.3V, \quad \Delta\dot{U}_a = -3\dot{U}_{a2} = 18.9V$$

$$U_a = U_a' - \Delta U_a = 57.74 - 3\times 6.3 = 38.84\angle 0°V$$

$m = 0.95$ 时，$U_a = U_a' - \Delta U_a = 57.74 - 3\times 5.7 = 40.64\angle 0°$，复合电压元件不动作。

由对称分量法来分析降低单相电压的方法。

$$\dot{U}_{a1} = \frac{1}{3}\left(\dot{U}_a' - \Delta\dot{U}_a + \alpha\dot{U}_b' + \alpha^2\dot{U}_c'\right) = \dot{U}_a' - \frac{1}{3}\Delta\dot{U}_a$$

$$\dot{U}_{a2} = -\frac{1}{3}\Delta\dot{U}_a$$

$$\dot{U}_{a0} = \frac{1}{3}\left(\dot{U}_a' - \Delta\dot{U}_a + \dot{U}_b' + \dot{U}_c'\right) = -\frac{1}{3}\Delta\dot{U}_a$$

做相量图如图 16-8（b）所示。

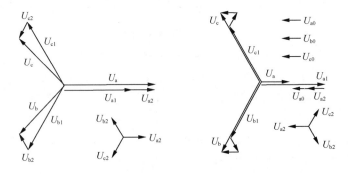

(a) 正序电压和负序电压叠加　　　　(b) 降单相电压的方法

图 16-8　正序电压和负序电压叠加及降单相电压的方法构造的复压相量图

因此，降低单相电压的方法实际上是构造了一组电压，该组电压包含正序、负序和零序电压分量，且零序电压分量和负序电压分量一致。

复压方向过电流保护复压元件的校验见表 16-7。

表 16-7   **复压方向过电流保护复压元件的校验**

试验项目	复压方向过电流保护复压闭锁定值校验			
整定定值	高低电压闭锁定值（指线电压）：70V，高负序电压闭锁定值（指相电压）：6V；高复压过电流Ⅰ段定值：1.25A，高复压过电流Ⅰ段1时限：1.5s，高复压过电流Ⅱ段定值：0.56A，高复压过电流Ⅱ段1时限：4.0s			
试验条件	（1）硬压板设置：投入"投高压侧后备保护"压板 1RLP2、"投高压侧电压"压板 1RLP3。 （2）软压板设置：投入"高压侧后备保护"软压板。 （3）控制字设置："高复压过电流Ⅰ段带方向"置"1""高复压过电流Ⅰ段指向母线"置"0"（表示指向变压器）、"高复压过电流Ⅰ段1时限"置"1""高复压过电流Ⅰ段经复压闭锁"置"1"			

计算方法	（1）低电压闭锁定值校验。采取降低三相电压方式校验，三相电压依然为正序。所加电压为 $$U_\varphi = m \times U_{\varphi\varphi set}/\sqrt{3}$$ 当 $m=0.95$ 时，$U_\varphi = 0.95 \times 70/\sqrt{3} = 38.4\text{(V)}$，低电压闭锁开放。 当 $m=1.05$ 时，$U_\varphi = 1.05 \times 70/\sqrt{3} = 42.4\text{(V)}$，低电压闭锁不开放。 （2）负序电压闭锁定值校验。采取降低一相电压方式校验（电压降低相与故障电流同相），三相电压角度与正常态比不变，依然各自夹角为120°。假设采取降低 A 相电压方式，即 $$U_a = U_N - m \times 3 \times U_{2set}$$ 当 $m=1.05$ 时，$U_a = 57.74 - 3 \times 1.05 \times 6 = 40.64\text{(V)}$，负序电压闭锁开放。 当 $m=0.95$ 时，$U_a = 57.74 - 0.95 \times 3 \times 6 = 38.84\text{(V)}$，负序电压闭锁不开放

试验方法 （状态序列）	（1）状态1加正常电压量，电流为空载状态即，$I=0$，待 TV 断线恢复转入状态2；所加时间5s。 （2）状态2加故障量，所加故障时间=整定时间+100ms

试验仪器 设置	采用状态序列			
	状态 1	状态 2	状态 1	状态 2
	低电压动点		低电压不动点	
	（1）状态参数设置： $\dot{U}_A$：57.74∠0.00°V $\dot{U}_B$：57.74∠-120°V $\dot{U}_C$：57.74∠120°V $\dot{I}_A$：0.00∠0.00°A $\dot{I}_B$：0.00∠0.00°A $\dot{I}_C$：0.00∠0.00°A （2）状态触发条件：时间控制为5.00s	（1）状态参数设置： $\dot{U}_A$：38.4∠0.00°V $\dot{U}_B$：38.4∠-120°V $\dot{U}_C$：38.4∠120°V $\dot{I}_A$：1.5∠-45°A $\dot{I}_B$：0.00∠0.00°A $\dot{I}_C$：0.00∠0.00°A （2）状态触发条件：时间控制为3.1s	（1）状态参数设置： $\dot{U}_A$：57.74∠0.00°V $\dot{U}_B$：57.74∠-120°V $\dot{U}_C$：57.74∠120°V $\dot{I}_A$：0.00∠0.00°A $\dot{I}_B$：0.00∠0.00°A $\dot{I}_C$：0.00∠0.00°A （2）状态触发条件：时间控制为5.00s	（1）状态参数设置： $\dot{U}_A$：42.4∠0.00°V $\dot{U}_B$：42.4∠-120°V $\dot{U}_C$：42.4∠120°V $\dot{I}_A$：1.5∠-45°A $\dot{I}_B$：0.00∠0.00°A $\dot{I}_C$：0.00∠0.00°A （2）状态触发条件：时间控制为3.6s

装置报文	1503ms 高复流Ⅰ段1时限		保护启动	
装置指示灯	"保护跳闸"灯亮		无	

	采用状态序列			
	状态 1	状态 2	状态 1	状态 2
	负序电压动点		负序电压不动点	
试验仪器设置	(1) 状态参数设置： $\dot{U}_A$：57.74∠0.00°V $\dot{U}_B$：57.74∠−120°V $\dot{U}_C$：57.74∠120°V $\dot{I}_A$：0.00∠0.00°A $\dot{I}_B$：0.00∠0.00°A $\dot{I}_C$：0.00∠0.00°A (2) 状态触发条件： 时间控制为 5.00s	(1) 状态参数设置： $\dot{U}_A$：41.99∠0.00°V $\dot{U}_B$：57.74∠−120°V $\dot{U}_C$：57.74∠120°V $\dot{I}_A$：3.15∠−45°A $\dot{I}_B$：0.00∠0.00°A $\dot{I}_C$：0.00∠0.00°A (2) 状态触发条件： 时间控制为 1.6s	(1) 状态参数设置： $\dot{U}_A$：57.74∠0.00°V $\dot{U}_B$：57.74∠−120°V $\dot{U}_C$：57.74∠120°V $\dot{I}_A$：0.00∠0.00°A $\dot{I}_B$：0.00∠0.00°A $\dot{I}_C$：0.00∠0.00°A (2) 状态触发条件： 时间控制为 5.00s	(1) 状态参数设置： $\dot{U}_A$：43.49∠0.00°V $\dot{U}_B$：57.74∠−120°V $\dot{U}_C$：57.74∠120°V $\dot{I}_A$：3.15∠−45°A $\dot{I}_B$：0.00∠0.00°A $\dot{I}_C$：0.00∠0.00°A (2) 状态触发条件： 时间控制为 1.6s
装置报文	1503ms 高复流 I 段 1 时限		保护启动	
装置指示灯	"保护跳闸" 灯亮		无	
思考	如果两相相间故障，低电压和负序电压定值校验故障量能否验证，应该如何加量？			
说明	负序电压闭锁还可以采用手动模式			

（2）方向元件的校验。

假设故障相为 A 相，此时通过比较 $\dot{I}_{A1}$ 和 $\dot{U}_{A1}$ 相位关系方式确定方向，以此为例说明动作范围。通常采用降低单相电压使复压开放的方法，A、B、C 相电压相位固定为 0°、−120° 和 120°，以降低 A 相单相电压为例。

由图 16-8 可知，当仅降单相电压时，$\dot{U}_{A1}$ 与 $\dot{U}_A$ 在同一方向上，而若只加单相电流 $\dot{I}_A$，此时 $\dot{I}_A$ 与 $\dot{I}_{A1}$ 也是在同一方向上。因此在上述加量方式下比较 A 相正序电压和正序电流分量的角度等同于直接比较 A 相电压和 A 相电流的角度。当方向指向主变压器时，本装置的灵敏角在正序电流滞后于正序电压 45° 的位置，由此可确定动作区，如图 16-9 所示。

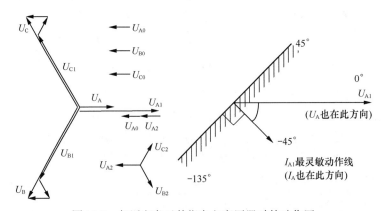

图 16-9　复压方向元件指向主变压器时的动作区

复压方向过电流保护复压元件的校验见表 16-8。

表 16-8　　　　　　　　　　复压方向过电流保护方向元件的校验

试验项目	复压方向过电流保护动作区及灵敏角			
整定定值	高低电压闭锁定值（指线电压）：70V，高负序电压闭锁定值（指相电压）：6V；高复压过电流Ⅰ段定值：1.25A，高复压过电流Ⅰ段1时限：1.5s，高复压过电流Ⅱ段定值：0.56A，高复压过电流Ⅱ段1时限：4.0s			
试验条件	（1）硬压板设置：投入"投高压侧后备保护"压板 1RLP2、"投高压侧电压"压板 1RLP3。 （2）软压板设置：投入"高压侧后备保护"软压板。 （3）控制字设置："高复压过电流Ⅰ段带方向"置"1""高复压过电流Ⅰ段指向母线"置"0"（表示指向变压器）、"高复压过电流Ⅰ段1时限"置"1""高复压过电流Ⅰ段经复压闭锁"置"1"			
计算方法	装置的方向元件的算法采用 0° 接线，选用正序电压和正序电流的夹角作为方向判断依据。接入装置的 TA 正极性端应在靠母线侧。 左图：相过电流方向指向主变压器时的动作区　　　右图：相过电流方向指向母线时的动作区 假设正常运行时，$\dot{U}_A$：57.74∠0.00°V，$\dot{U}_B$：57.74∠-120°V，$\dot{U}_C$：57.74∠120°V 以 A 相故障电流为例，此时 U_A 的电压还在 0° 位置，U_{A1}（A 相电压的正序分量）在 0° 位置，仅 A 相加故障电流时，I_{A1}（A 相电流的正序分量）和所加的 I_A 在同一个方向，因此指向主变压器正方向故障时，电流 I_A 的灵敏角在 -45° 位置			
试验方法（状态序列）	（1）状态 1 加正常电压量，电流为空载状态即，I=0，待 TV 断线恢复转入状态 2；所加时间 5s。 （2）状态 2 加故障量，所加故障时间=整定时间+100ms，故障态电压开放，故障相电压小于 30V			
试验仪器设置	采用状态序列			
	状态 1	状态 2	状态 1	状态 2
	边界一动点		边界一不动点	
	（1）状态参数设置： $\dot{U}_A$：57.74∠0.00°V $\dot{U}_B$：57.74∠-120°V $\dot{U}_C$：57.74∠120°V $\dot{I}_A$：0.00∠0.00°A $\dot{I}_B$：0.00∠0.00°A $\dot{I}_C$：0.00∠0.00°A （2）状态触发条件：时间控制为 5.00s	（1）状态参数设置： $\dot{U}_A$：30∠0.00°V $\dot{U}_B$：57.74∠-120°V $\dot{U}_C$：57.74∠120°V $\dot{I}_A$：1.5∠44°A $\dot{I}_B$：0.00∠0.00°A $\dot{I}_C$：0.00∠0.00°A （2）状态触发条件：时间控制为 1.6s	（1）状态参数设置： $\dot{U}_A$：57.74∠0.00°V $\dot{U}_B$：57.74∠-120°V $\dot{U}_C$：57.74∠120°V $\dot{I}_A$：0.00∠0.00°A $\dot{I}_B$：0.00∠0.00°A $\dot{I}_C$：0.00∠0.00°A （2）状态触发条件：时间控制为 5.00s	（1）状态参数设置： $\dot{U}_A$：30∠0.00°V $\dot{U}_B$：57.74∠-120°V $\dot{U}_C$：57.74∠120°V $\dot{I}_A$：1.5∠45°A $\dot{I}_B$：0.00∠0.00°A $\dot{I}_C$：0.00∠0.00°A （2）状态触发条件：时间控制为 1.6s
装置报文	1503ms 高复流Ⅰ段1时限		保护启动	
装置指示灯	"保护跳闸"灯亮		无	

试验仪器设置	采用状态序列			
	状态 1	状态 2	状态 1	状态 2
	边界二动点		边界二不动点	
	（1）状态参数设置： $\dot{U}_A$：$57.74\angle 0.00°\,V$ $\dot{U}_B$：$57.74\angle -120°\,V$ $\dot{U}_C$：$57.74\angle 120°\,V$ $\dot{I}_A$：$0.00\angle 0.00°\,A$ $\dot{I}_B$：$0.00\angle 0.00°\,A$ $\dot{I}_C$：$0.00\angle 0.00°\,A$ （2）状态触发条件：时间控制为 5.00s	（1）状态参数设置： $\dot{U}_A$：$30\angle 0.00°\,V$ $\dot{U}_B$：$57.74\angle -120°\,V$ $\dot{U}_C$：$57.74\angle 120°\,V$ $\dot{I}_A$：$1.5\angle -135°\,A$ $\dot{I}_B$：$0.00\angle 0.00°\,A$ $\dot{I}_C$：$0.00\angle 0.00°\,A$ （2）状态触发条件：时间控制为 1.6s	（1）状态参数设置： $\dot{U}_A$：$57.74\angle 0.00°\,V$ $\dot{U}_B$：$57.74\angle -120°\,V$ $\dot{U}_C$：$57.74\angle 120°\,V$ $\dot{I}_A$：$0.00\angle 0.00°\,A$ $\dot{I}_B$：$0.00\angle 0.00°\,A$ $\dot{I}_C$：$0.00\angle 0.00°\,A$ （2）状态触发条件：时间控制为 5.00s	（1）状态参数设置： $\dot{U}_A$：$30\angle 0.00°\,V$ $\dot{U}_B$：$57.74\angle -120°\,V$ $\dot{U}_C$：$57.74\angle 120°\,V$ $\dot{I}_A$：$1.5\angle -136°\,A$ $\dot{I}_B$：$0.00\angle 0.00°\,A$ $\dot{I}_C$：$0.00\angle 0.00°\,A$ （2）状态触发条件：时间控制为 1.6s
装置报文	1503ms 高复流 I 段 1 时限		保护启动	
装置指示灯	"保护跳闸"灯亮		无	
思考	如何通过动作边界计算最大灵敏角？将两个测试到的边界动作角度取平均值即为最大灵敏角。 如果复流过电流方向指向母线，此时动作区及灵敏角如何验证和计算？如果采用 B 相或 C 相故障如何验证			
说明	（1）"高复压过电流 I 段指向母线"置"0"，表示指向变压器，设置的灵敏角为-45°，按上述方式加量时动作边界（I_A）为-135°~44°。 （2）"高复压过电流 I 段指向母线"置"1"，表示指向母线，灵敏角为 135°，按上述方式加量时动作边界（I_A）为 45°~224°，45°为动作值，44°为不动作值，224°为动作值，225°为不动作值			

（3）过电流元件的校验。复压方向过电流保护过电流元件的校验见表 16-9。

表 16-9　　　　　　　　　　复压方向过电流保护过电流元件的校验

试验项目	复压方向过电流保护电流定值校验（区内、区外、正反方向）
整定定值	高低电压闭锁定值（指线电压）：70V，高负序电压闭锁定值（指相电压）：6V；高复压过电流 I 段定值：1.25A，高复压过电流 I 段 1 时限：1.5s，高复压过电流 II 段定值：0.56A，高复压过电流 II 段 1 时限：4.0s
试验条件	（1）硬压板设置：投入"投高压侧后备保护"压板 1RLP2、"投高压侧电压"压板 1RLP3。 （2）软压板设置：投入"高压侧后备保护"软压板。 （3）控制字设置："高复压过电流 I 段带方向"置"1""高复压过电流 I 段指向母线"置"0"（表示指向变压器）、"高复压过电流 I 段 1 时限"置"1""高复压过流 I 段经复压闭锁"置"1"
计算方法	$I_\varphi = m \times I_{set.1}^{I}$ 注：m 为系数，分别取 0.95、1.05 和 1.2，其中 1.05 倍过电流值时应可靠动作，0.95 倍过电流值时应可靠不动作，1.2 倍过电流值时测试保护动作时间。 $m = 1.05$，$I_\varphi = m \times I_{set.1}^{I} = 1.05 \times 1.25 = 1.313(A)$ $m = 0.95$，$I_\varphi = m \times I_{set.1}^{I} = 0.95 \times 1.25 = 1.188(A)$ $m = 1.2$，$I_\varphi = m \times I_{set.1}^{I} = 1.20 \times 1.25 = 1.5(A)$
试验方法（状态序列）	（1）状态 1 加正常电压量，电流为空载状态即 $I=0$，待 TV 断线恢复转入状态 2；所加时间 5s。 （2）状态 2 加故障量，所加故障时间=整定时间+100ms，故障态电压开放，故障相电压小于 30V

续表

采用状态序列			
状态 1	状态 2	状态 2	状态 2
正常运行态	区内故障，正方向	区外故障，正方向	区外故障，反方向
试验仪器设置			

试验仪器设置	（1）状态参数设置： $\dot{U}_A$：57.74∠0.00° V $\dot{U}_B$：57.74∠−120° V $\dot{U}_C$：57.74∠120° V $\dot{I}_A$：0.00∠0.00° A $\dot{I}_B$：0.00∠0.00° A $\dot{I}_C$：0.00∠0.00° A （2）状态触发条件：时间控制为 5.00s	（1）状态参数设置： $\dot{U}_A$：30∠0.00° V $\dot{U}_B$：57.74∠−120° V $\dot{U}_C$：57.74∠120° V $\dot{I}_A$：1.313∠−45° A $\dot{I}_B$：0.00∠0.00° A $\dot{I}_C$：0.00∠0.00° A （2）状态触发条件：时间控制为 1.6s	（1）状态参数设置： $\dot{U}_A$：30∠0.00° V $\dot{U}_B$：57.74∠−120° V $\dot{U}_C$：57.74∠120° V $\dot{I}_A$：1.188∠0.00° A $\dot{I}_B$：0.00∠0.00° A $\dot{I}_C$：0.00∠0.00° A （2）状态触发条件：时间控制为 1.6s	（1）状态参数设置： $\dot{U}_A$：30∠0.00° V $\dot{U}_B$：57.74∠−120° V $\dot{U}_C$：57.74∠120° V $\dot{I}_A$：1.313∠135° A $\dot{I}_B$：0.00∠0.00° A $\dot{I}_C$：0.00∠0.00° A （2）状态触发条件：时间控制为 1.6s
装置报文	—	1502ms 高复流Ⅰ段 1 时限	保护启动	保护启动
装置指示灯	—	"保护跳闸" 灯亮	—	—
说明	（1）"高复压过电流Ⅰ段指向母线" 置 "0"，表示指向变压器，灵敏角为−45°。 （2）"高复压过电流Ⅰ段指向母线" 置 "1"，表示指向母线，灵敏角为 135°			

2. 零序方向过电流保护的校验

零序方向过电流保护的校验包含了方向元件的校验及过电流元件的校验。

（1）零序方向元件的校验。零序方向元件通过比较 $3\dot{I}_0$ 和 $3\dot{U}_0$ 相位关系方式确定方向。

通常试验方法也是采用降低单相电压，同时加相应相的电流。假设故障相为 A 相，此时在加故障量时会降低 A 相电压，加 A 相故障电流，A 相电压的角度为 0°。此时零序电压 U_0 方向在电压降低相的反向，而电流 $3I_0$ 的方向和所加电流同向。当零序保护指向主变压器时，本装置的灵敏角为 $3I_0$ 超前 $3U_0$ 约 105° 的方向，如图 16-10 所示，按上述加量方式可绘制出其动作区，理论上 A 相电流的动作区域角度为−165°～15°。

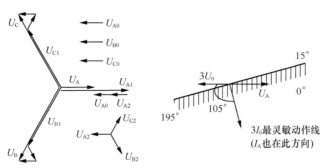

图 16-10　零序方向元件指向主变压器时的动作区

零序方向过电流保护方向元件的校验见表 16-10。

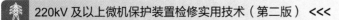

表 16-10 零序方向过电流保护方向元件的校验

试验项目	零序方向过电流保护动作区及灵敏角
整定定值	高零序过电流Ⅰ段定值：1.8A，高零序过电流Ⅰ段 1 时限：2.0s；高零序过电流Ⅱ段定值：0.55A，高零序过电流Ⅱ段 1 时限：4.0s
试验条件	（1）硬压板设置：投入"投高压侧后备保护"压板 1RLP2、"投高压侧电压"压板 1RLP3。 （2）软压板设置：投入"高压侧后备保护"软压板。 （3）控制字设置："高零序过电流Ⅰ段带方向"置"1""高零序过电流Ⅰ段指向母线"置"0"（指向变压器）、"高零序过定流Ⅰ段采用自产零流"置"0"（采用外接）、"高零序过电流Ⅱ段带方向"置"0""高零序过电流Ⅰ段 1 时限"置"1"

计算方法	零序功率方向根据零序电流 $3I_0$ 与零序电压 $3U_0$ 的夹角确定。方向指向变压器时，方向灵敏角为 105°；方向指向系统时，方向灵敏角为 75°。

左图：零序过电流方向指向主变压器时的动作区　右图：零序过电流方向指向母线时的动作区

考虑方向指向主变压器时，同样以模拟 A 相故障为例，A 相电压降低，仅 A 相有故障电流。则 $3U_0$ 与 U_A 反向（$3U_0$ 相位为 180°或−180°），$3I_0$ 与 I_A 同向，当 I_A 在灵敏角度时，I_A 的角度应为
$$\varphi_{IA} = \varphi_{3I0} = \varphi_{3U0} + 135° = -180° + 105° = -75°$$

试验方法 （状态序列）	（1）状态 1 加正常电压量，电流为空载状态即，$I=0$，待 TV 断线恢复转入状态 2；所加时间 5s。 （2）状态 2 加故障量，所加故障时间=整定时间+100ms，故障态电压开放，故障相电压小于 30V

试验仪器设置	采用状态序列			
	边界一动点		边界一不动点	
	状态 1	状态 2	状态 1	状态 2
	（1）状态参数设置： $\dot{U}_A$：57.74∠0.00°V $\dot{U}_B$：57.74∠−120°V $\dot{U}_C$：57.74∠120°V $\dot{I}_A$：0.00∠0.00°A $\dot{I}_B$：0.00∠0.00°A $\dot{I}_C$：0.00∠0.00°A （2）状态触发条件：时间控制为 5.00s	（1）状态参数设置： $\dot{U}_A$：30∠0.00°V $\dot{U}_B$：57.74∠−120°V $\dot{U}_C$：57.74∠120°V $\dot{I}_A$：2∠14°A $\dot{I}_B$：0.00∠0.00°A $\dot{I}_C$：0.00∠0.00°A （2）状态触发条件：时间控制为 2.1s	（1）状态参数设置： $\dot{U}_A$：57.74∠0.00°V $\dot{U}_B$：57.74∠−120°V $\dot{U}_C$：57.74∠120°V $\dot{I}_A$：0.00∠0.00°A $\dot{I}_B$：0.00∠0.00°A $\dot{I}_C$：0.00∠0.00°A （2）状态触发条件：时间控制为 5.00s	（1）状态参数设置： $\dot{U}_A$：30∠0.00°V $\dot{U}_B$：57.74∠−120°V $\dot{U}_C$：57.74∠120°V $\dot{I}_A$：2∠15°A $\dot{I}_B$：0.00∠0.00°A $\dot{I}_C$：0.00∠0.00°A （2）状态触发条件：时间控制为 2.1s
装置报文	2004ms 高零流Ⅰ段 1 时限		保护启动	
装置指示灯	"保护跳闸"灯亮		无	

	采用状态序列			
	边界二动点		边界二不动点	
	状态 1	状态 2	状态 1	状态 2
试验仪器 设置	(1) 状态参数设置： $\dot{U}_A$：57.74∠0.00°V $\dot{U}_B$：57.74∠-120°V $\dot{U}_C$：57.74∠120°V $\dot{I}_A$：0.00∠0.00°A $\dot{I}_B$：0.00∠0.00°A $\dot{I}_C$：0.00∠0.00°A (2) 状态触发条件： 时间控制为 5.00s	(1) 状态参数设置： $\dot{U}_A$：30∠0.00°V $\dot{U}_B$：57.74∠-120°V $\dot{U}_C$：57.74∠120°V $\dot{I}_A$：2∠195°A $\dot{I}_B$：0.00∠0.00°A $\dot{I}_C$：0.00∠0.00°A (2) 状态触发条件： 时间控制为 2.1s	(1) 状态参数设置： $\dot{U}_A$：57.74∠0.00°V $\dot{U}_B$：57.74∠-120°V $\dot{U}_C$：57.74∠120°V $\dot{I}_A$：0.00∠0.00°A $\dot{I}_B$：0.00∠0.00°A $\dot{I}_C$：0.00∠0.00°A (2) 状态触发条件： 时间控制为 5.00s	(1) 状态参数设置： $\dot{U}_A$：30∠0.00°V $\dot{U}_B$：57.74∠-120°V $\dot{U}_C$：57.74∠120°V $\dot{I}_A$：2∠194°A $\dot{I}_B$：0.00∠0.00°A $\dot{I}_C$：0.00∠0.00°A (2) 状态触发条件： 时间控制为 2.1s
装置报文	2004ms 高零流 I 段 1 时限		保护启动	
装置指示灯	"保护跳闸"灯亮		无	
思考	(1) 如何通过动作边界计算最大灵敏角？ (2) 电流应该如何接线？ (3) 如果"高零序过电流 I 段采用自产零流"置"1"时应该如何接线			
说明	(1) 说明："高零序过电流 I 段指向母线"置"0"，表示指向变压器，$3I_0$ 超前 $3U_0$ 灵敏角为 105°，按上述方式加量时动作边界（I_A）为-165°～14°。 (2) "高零序过电流 I 段指向母线"置"1"，表示指向母线，$3I_0$ 超前 $3U_0$ 灵敏角为 285°，按上述方式加量时动作边界（I_A）为 15°～194°			

（2）过电流元件的校验。零序方向过电流保护过电流元件的校验见表 16-11。

表 16-11　　　　　　　　　　零序方向过电流保护过电流元件的校验

试验项目	零序方向过电流保护过电流定值试验（正、反方向，区内、区外故障）
整定定值	高零序过电流 I 段定值：1.8A，高零序过电流 I 段 1 时限：2.0s；高零序过电流 II 段定值：0.55A，高零序过电流 II 段 1 时限：4.0s
试验条件	(1) 硬压板设置：投入"投高压侧后备保护"压板 1RLP2、"投高压侧电压"压板 1RLP3。 (2) 软压板设置：投入"高压侧后备保护"软压板。 (3) 控制字设置："高零序过电流 I 段带方向"置"1""高零序过电流 I 段指向母线"置"0"（指向变压器）、"高零序过电流 I 段采用自产零流"置"0"（采用外接）、"高零序过电流 II 段带方向"置"0""高零序过电流 I 段 1 时限"置"1"
计算方法	$I_\varphi = m \times I_{set.1}^I$ 注：m 为系数，分别取 0.95、1.05 和 1.2，其中 1.05 倍过流值时应可靠动作，0.95 倍过流值时应可靠不动作，1.2 倍过流值时测试保护动作时间。 $m = 1.05$，　$I_\varphi = m \times I_{set.1}^I = 1.05 \times 1.8 = 1.89(A)$ $m = 0.95$，　$I_\varphi = m \times I_{set.1}^I = 0.95 \times 1.8 = 1.71(A)$ $m = 1.2$，　$I_\varphi = m \times I_{set.1}^I = 1.20 \times 1.8 = 2.16(A)$
试验方法 （状态序列）	(1) 状态 1 加正常电压量，电流为空载状态即，$I=0$，待 TV 断线恢复转入状态 2；所加时间 5s。 (2) 状态 2 加故障量，所加故障时间=整定时间+100ms，故障态电压开放，故障相电压=0V

续表

	采用状态序列			
	状态 1	状态 2	状态 2	状态 2
	正常运行态	区内故障，正方向	区外故障，正方向	区外故障，反方向
试验仪器设置	(1) 状态参数设置： $\dot{U}_{A}$：$57.74\angle0.00°$V $\dot{U}_{B}$：$57.74\angle-120°$V $\dot{U}_{C}$：$57.74\angle120°$V $\dot{I}_{A}$：$0.00\angle0.00°$A $\dot{I}_{B}$：$0.00\angle0.00°$A $\dot{I}_{C}$：$0.00\angle0.00°$A (2) 状态触发条件：时间控制为 5.00s	(1) 状态参数设置： $\dot{U}_{A}$：$0.00\angle0.00°$V $\dot{U}_{B}$：$57.74\angle-120°$V $\dot{U}_{C}$：$57.74\angle120°$V $\dot{I}_{A}$：$1.89\angle-75°$A $\dot{I}_{B}$：$0.00\angle0.00°$A $\dot{I}_{C}$：$0.00\angle0.00°$A (2) 状态触发条件：时间控制为 2.1s	(1) 状态参数设置： $\dot{U}_{A}$：$0.00\angle0.00°$V $\dot{U}_{B}$：$57.74\angle-120°$V $\dot{U}_{C}$：$57.74\angle120°$V $\dot{I}_{A}$：$1.71\angle-75°$A $\dot{I}_{B}$：$0.00\angle0.00°$A $\dot{I}_{C}$：$0.00\angle0.00°$A (2) 状态触发条件：时间控制为 2.1s	(1) 状态参数设置： $\dot{U}_{A}$：$0.00\angle0.00°$V $\dot{U}_{B}$：$57.74\angle-120°$V $\dot{U}_{C}$：$57.74\angle120°$V $\dot{I}_{A}$：$1.89\angle105°$A $\dot{I}_{B}$：$0.00\angle0.00°$A $\dot{I}_{C}$：$0.00\angle0.00°$A (2) 状态触发条件：时间控制为 2.1s
装置报文	2004ms 高零流 I 段 1 时限	保护启动		
装置指示灯	"保护跳闸" 灯亮	无		
思考	(1) 为什么 $\dot{I}_{A}$ 的角度为-75°？ (2) 如果改为 B 相或 C 相故障，该如何通入电流和电压			
说明	(1) "高零序过电流 I 段指向母线" 置 "0"，表示指向变压器，I_{A} 的灵敏角为-75°，此时 $3I_0$ 超前 $3U_0$ 的角度为 105°。 (2) "高零序过电流 I 段指向母线" 置 "1"，表示指向母线，I_{A} 的灵敏角为 105°，此时 $3I_0$ 滞后 $3U_0$ 的角度为 75°			

3. 间隙保护校验

主变压器间隙保护包含了间隙零序过电流保护和零序过电压保护。

间隙过电流保护校验见表 16-12。

表 16-12   **间隙过电流保护校验**

试验项目	间隙过电流保护定值校验
整定定值	间隙过电流保护电流定值由装置固定为一次值 100A。"高间隙过电流时间" 为 1.2s。高压侧间隙 TA 变比为 200/1
试验条件	(1) 硬压板设置：投入 "投高压侧后备保护" 压板 1RLP2、"投高压侧电压" 压板 1RLP3。 (2) 软压板设置：投入 "高压侧后备保护" 软压板。 (3) 控制字设置："高间隙过电流" 置 "1"
计算方法	$I_{\varphi}=m\times I_{set}$ 注：m 为系数，分别取 0.95、1.05 和 1.2，其中 1.05 倍过电流值时应可靠动作，0.95 倍过电流值时应可靠不动作，1.2 倍过电流值时测试保护动作时间。 $m=0.95$，$I_{\varphi}=m\times I_{set.1}^{I}=0.95\times0.5=0.475(A)$ $m=1.05$，$I_{\varphi}=m\times I_{set.1}^{I}=1.05\times0.5=0.525(A)$ $m=1.2$，$I_{\varphi}=m\times I_{set.1}^{I}=1.2\times0.5=0.6(A)$

续表

试验方法（状态序列）	（1）状态 1 加正常电压量，电流为空载状态即，$I=0$，待 TV 断线恢复转入状态 2；所加时间 5s。			
	（2）状态 2 加故障量，所加故障时间=整定时间+100ms			
试验仪器设置	采用状态序列			
	状态 1	状态 2	状态 1	状态 2
	区内故障		区外故障	
	（1）状态参数设置：$\dot{I}_{A}$：$0.00\angle0.00°A$ $\dot{I}_{B}$：$0.00\angle0.00°A$ $\dot{I}_{C}$：$0.00\angle0.00°A$ （2）状态触发条件：时间控制为 5.00s	（1）状态参数设置：$\dot{I}_{A}$：$0.525\angle0.00°A$ $\dot{I}_{B}$：$0.00\angle0.00°A$ $\dot{I}_{C}$：$0.00\angle0.00°A$ （2）状态触发条件：时间控制为 1.3s	（1）状态参数设置：$\dot{I}_{A}$：$0.00\angle0.00°A$ $\dot{I}_{B}$：$0.00\angle0.00°A$ $\dot{I}_{C}$：$0.00\angle0.00°A$ （2）状态触发条件：时间控制为 5.00s	（1）状态参数设置：$\dot{I}_{A}$：$0.475\angle0.00°A$ $\dot{I}_{B}$：$0.00\angle0.00°A$ $\dot{I}_{C}$：$0.00\angle0.00°A$ （2）状态触发条件：时间控制为 1.3s
装置报文	1204ms 高间隙过流		保护启动	
装置指示灯	"保护跳闸"灯亮		无	
思考	间隙保护的作用			
说明	电流应加在间隙 TA 回路			

零序过电压保护校验见表 16-13。

表 16-13　　　　　　　　　　　零序过电压保护校验

试验项目	零序过电压保护定值校验
整定定值	零序过电压保护电压取外接时零序电压定值 $3U_0$ 固定为 180V，取自产零序电压时零序电压定值 $3U_0$ 固定为 120V。"高零序过电压时间"整定定值：0.50s
试验条件	（1）硬压板设置：投入"投高压侧后备保护"压板 1RLP2、"投高压侧电压"压板 1RLP3。 （2）软压板设置：投入"高压侧后备保护"软压板。 （3）控制字设置："高零序过电压"置"1""高零序电压采用自产零压"置"0"，代表外接电压
计算方法	$U_{\varphi}=m\times U_{\text{set}}$ 注：m 为系数，分别取 0.95、1.05 和 1.2，其中 1.05 倍过电流值时应可靠动作，0.95 倍过电流值时应可靠不动作，1.2 倍过电流值时测试保护动作时间。 $m=0.95$，$U_{\varphi}=m\times U_{\text{set}}=0.95\times180=171(V)$ $m=1.05$，$U_{\varphi}=m\times U_{\text{set}}=1.05\times180=189(V)$ $m=1.2$，$U_{\varphi}=m\times U_{\text{set}}=1.2\times180=216(V)$ 因测试仪输出电压尽量不超过 100V，加量时电压应将 A 相接在 L，B 相接在 N 上，通过测试仪加出的 AB 相间电压模拟输入保护的零序电压
试验方法（状态序列）	（1）状态 1 加电压量为零，电流为空载状态即，$U=0$，$I=0$，所加时间=5s。 （2）状态 2 加故障量，所加故障时间=整定时间+100ms

续表

试验仪器设置	采用状态序列			
	状态 1	状态 2	状态 1	状态 2
	区内故障		区外故障	
	（1）状态参数设置： $\dot{U}_A$：0.00∠0.00°V $\dot{U}_B$：0.00∠-120°V $\dot{U}_C$：0.00∠120°V （2）状态触发条件：时间控制为 5.00s。	（1）状态参数设置： $\dot{U}_A$：100∠0.00°V $\dot{U}_B$：89∠180°V $\dot{U}_C$：0.00∠120°V （2）状态触发条件：时间控制为 0.6s。	（1）状态参数设置： $\dot{U}_A$：0.00∠0.00°V $\dot{U}_B$：0.00∠-120°V $\dot{U}_C$：0.00∠120°V （2）状态触发条件：时间控制为 5.00s。	（1）状态参数设置： $\dot{U}_A$：100∠0.00°V $\dot{U}_B$：71∠180°V $\dot{U}_C$：0.00∠120°V （2）状态触发条件：时间控制为 0.6s。
装置报文	504ms 高零序过电压			
装置指示灯	保护跳闸		无	
思考	零序过电压保护的作用			
说明	电压应将 A 相接在 L、B 相接在 N 上			

4. 断路器失灵联跳保护校验

模拟失灵联跳三侧保护校验见表 16-14。

表 16-14　　　　　　　　　　模拟失灵联跳三侧保护校验

试验项目	模拟失灵联跳三侧保护	
整定定值	内部定值，无需整定	
试验条件	（1）硬压板设置：投入"投高压侧后备保护"压板 1RLP2、"投高压侧电压"压板 1RLP3。 （2）软压板设置：投入"高压侧后备保护"软压板。 （3）控制字设置："高压侧失灵经主变压器跳闸"置"1"	
计算方法	无	
试验方法 （状态序列）	（1）状态 1 加正常量，电流为空载状态即，I=0，待 TV 断线恢复转入状态 2；所加时间大于 4s。 （2）状态 2 加故障量，所加故障时间=整定时间+100ms，并提供失灵开入。本试验不判电压	
试验仪器设置	采用状态序列	
	状态 1	状态 2
	区内故障，正方向	
	（1）状态参数设置： $\dot{I}_A$：0.00∠0.00°A $\dot{I}_B$：0.00∠0.00°A $\dot{I}_C$：0.00∠0.00°A （2）状态触发条件： 1）时间控制为 5.00s； 2）开出触点保持断开	（1）状态参数设置： $\dot{I}_B$：0.6∠0.00°A $\dot{I}_B$：0.6∠-120°A $\dot{I}_C$：0.6∠120°A （2）状态触发条件： 1）时间控制为 0.1s； 2）开出触点闭合 0.1s
装置报文	55ms 高断路器失灵联跳	
装置指示灯	保护跳闸	
说明	测试仪三相电压接在高压侧 TV，三相电流接在高压侧 TA，开出触点 1 接在 1QD2-1QD6	

5. 中压侧后备保护（试验方法请参照高压侧后备保护）
6. 低压侧后备保护（试验方法请参照高压侧后备保护）
7. 电抗器后备保护（试验方法请参照高压侧后备保护）

第二节　保护常见故障及故障现象

保护常见故障及故障现象见表 16-15。

表 16-15　　　　　　　　　　　保护常见故障及故障现象

难易度	故障属性	故障现象	故障设置地点	同类型故障
易	定值	定值核对不一致	定值区改变	
易	定值	差动定值校验不准	主变压器高中压侧额定容量改变；中（低）压侧接线方式钟点数；TV 变比改变；高压侧额定电压改变；动作定值被修改	
易	定值	差动保护不动作，无法校验	"主保护软压板"置"0"；纵差差动保护控制字置"0"	后备保护不动作，无法校验
易	定值	保护动作报文正确，但未出口	高后备跳闸矩阵改变	
易	采样	高压侧电压挂 I 母时，A 相无电压	1-7UD1（1-7n-8:05）虚接；1-7UD11（1-7n-8:11）虚接；1-7UD12 （1ZKK1:1）虚接；取下 1-7UD11 与 1-7UD12 上的短接片；1U1D1（1ZKK:2）虚接；1U1D1（1n-3:01）虚接	在 B 相和 C 相上可设置同类型故障；挂 II 母时，可设置同类故障
易	采样	高压侧三相电压幅值及相位漂移	1-7UD20（1U1D:4）虚接；1U1D4（1-7UD:20）虚接	
易	采样	A 相电压幅值及相位漂移	1U1D4（1n-3:02）虚接	
易	采样	当高压侧电压挂在 I 母，A 和 B 相电压反	1-7UD1（1-7n-8:05）与 1-7UD2（1-7n-8:06）对调；1-7UD11（1-7n-8:11）与 1-7UD13（1-7n-8:12）对调；1-7UD12（1ZKK1:1）与 1-7UD14（1ZKK1:3）对调；1U1D1（1ZKK:2）与 1U1D2（1ZKK:4）对调；1U1D1（1n-3:01）与 1U1D2（1n-3:03）对调	其他两相上可设置同类型故障；挂 II 母时，可设置同类故障
易	采样	高压侧 I 母电压无法切换，切换箱指示灯不亮	1QD2（1-7QD:1）虚接；1-7QD1（1QD:2）虚接；1-7QD4（1-7n-8:01）虚接；1-7QD9（1-7n-8:32）虚接；1-7QD10（1QD:14）虚接；1QD14（1-7QD:10）虚接	II 母电压无法切换
易	采样	高压侧 A 相电流采样为零，试验仪器显示电流开路	1I1D1（1n-3:09）虚接	B相或C相等其他采样通道

续表

易	采样	高压侧 A 相电流采样为零或偏小,试验仪器显示无开路	1I1D1（1n-3:09）与 1I1D5（1n-3:10）短接	B相或C相等其他采样通道
易	采样	高压侧 A 相电流采样角度反向	1I1D1（1n-3:09）与 1I1D5（1n-3:10）反接	B相或C相等其他采样通道
中	开入	压板开入均无效	1RD4（1RLP1:1）虚接	
难	开入	高压侧失灵联跳无开入	1QD6（1ZJ:7）虚接； 1QD14（1ZJ:6）虚接； 1RD3（1ZJ:2）虚接； 1RD8（1ZJ:3）虚接； 1RD8（1n13:19）虚接	
易	出口	跳高压侧开关无法出口或动作时间无法测量	1CD:1（1-1n-17:07）虚接； 1KD1（1C1LP:1）虚接	

第十七章　CSC-326 变压器保护装置调试

CSC-326T2-G 数字式变压器保护装置，采用主后一体化的设计原则，集成了一台变压器的全套电量保护，主要适用于 220kV 及以下电压等级的变电站。满足 220kV 等级变压器的双套差动保护和双套后备保护完全独立配置的要求，适用于各种接线方式的变压器。

第一节　试验调试方法

一、纵差保护相关试验

先根据定值单内的系统参数定值：$S_H = 180MVA$、$S_L = 90MVA$、$U_H = 220kV$、$U_M = 115kV$、$U_L = 10.5kV$、$n_H = 1200/1$、$n_M = 1200/1$、$n_L = 6000/1$、$n_{电抗} = 6000/1$、$n_{零序} = 600/1$、$n_{间隙} = 200/1$。

差动保护各侧额定电流计算：

$$I_{e.H} = \frac{S_H}{\sqrt{3} \times U_H \times n_H} = \frac{180 \times 10^3}{\sqrt{3} \times 220 \times 1200/1} \approx 0.394(A)$$

$$I_{e.M} = \frac{S_H}{\sqrt{3} \times U_M \times n_M} = \frac{180 \times 10^3}{\sqrt{3} \times 115 \times 1200/1} \approx 0.753(A)$$

$$I_{e.L} = \frac{S_H}{\sqrt{3} \times U_L \times n_L} = \frac{180 \times 10^3}{\sqrt{3} \times 10.5 \times 6000/1} \approx 1.650(A)$$

1. 纵差差动速断保护定值校验

纵差差动速断保护定值校验见表 17-1。

表 17-1　　　　　　　　　　　纵差差动速断保护定值校验

试验项目	纵差差动速断保护定值校验（区内、区外）
整定定值	纵差差动速断电流定值：$5I_e$
试验条件	（1）硬压板设置：投入"主保护投入"压板 1KLP1。 （2）软压板设置：投入"投主保护"软压板。 （3）控制字设置："纵差差动速断"置"1""纵差差动保护"置"1"

计算方法	计算公式： $I_\varphi = m \times 5 \times I_e \times \sqrt{3}$ （高压侧单相加入电流） $I_\varphi = m \times 5 \times I_e$ （高压侧三相加入电流） $I_\varphi = m \times 5 \times I_e$ （低压侧单相或三相加入电流） 计算数据：m 系数，其值分别为 0.95 不动值、1.05 动作值和 1.2 测试时间。 $m = 0.95$ ， $I_\varphi = m \times 5 \times I_e \times \sqrt{3} = 0.95 \times 5 \times 0.394 \times \sqrt{3} = 3.24(A)$ $m = 1.05$ ， $I_\varphi = m \times 5 \times I_e \times \sqrt{3} = 1.05 \times 5 \times 0.394 \times \sqrt{3} = 3.58(A)$ $m = 1.2$ ， $I_\varphi = m \times 6 \times I_e \times \sqrt{3} = 1.05 \times 5 \times 0.394 \times \sqrt{3} = 4.09(A)$
试验方法 （状态序列）	（1）状态 1 加正常电压量，电流为空载状态即，$I_\varphi = 0$。本试验无需加电压。 （2）状态 2 加故障量，所加故障时间小于 100ms

试验仪器 设置	采用状态序列			
	状态 1	状态 2	状态 1	状态 2
	区内故障，正方向		区外故障，正方向	
	（1）状态参数设置： $\dot{I}_A$：$0.00\angle 0.00°$A $\dot{I}_B$：$0.00\angle 0.00°$A $\dot{I}_C$：$0.00\angle 0.00°$A （2）状态触发条件：时间控制为 5.00s	（1）状态参数设置： $\dot{I}_A$：$3.58\angle 0.00°$A $\dot{I}_B$：$0.00\angle 0.00°$A $\dot{I}_C$：$0.00\angle 0.00°$A （2）状态触发条件：时间控制为 0.1s	（1）状态参数设置： $\dot{I}_A$：$0.00\angle 0.00°$A $\dot{I}_B$：$0.00\angle 0.00°$A $\dot{I}_C$：$0.00\angle 0.00°$A （2）状态触发条件：时间控制为 5.00s	（1）状态参数设置： $\dot{I}_A$：$3.24\angle 0.00°$A $\dot{I}_B$：$0.00\angle 0.00°$A $\dot{I}_C$：$0.00\angle 0.00°$A （2）状态触发条件：时间控制为 0.1s

装置报文	（1）28ms 纵差差动速断。 （2）31ms 纵差保护	31ms 纵差保护
装置指示灯	保护跳闸	保护跳闸
思考	（1）纵差差动速断保护是否经二次谐波制动？作为差动保护范围内严重故障的保护，二次谐波制动不闭锁纵差差动速断保护。 （2）校验低压侧纵差差动速断保护定值应如何接线和计算	

2. 纵差差动保护启动定值校验

纵差差动保护启动定值校验见表 17-2。

表 17-2   **纵差差动保护启动定值校验**

试验项目	纵差差动保护启动定值校验（区内、区外）
整定定值	纵差保护启动电流定值：0.5 I_e
试验条件	（1）硬压板设置：投入"主保护投入"压板 1KLP1。 （2）软压板设置：投入"投主保护"软压板。 （3）控制字设置："纵差差动速断"置"1""纵差差动保护"置"1""TA 断线闭锁差动保护"置"0"

续表

计算方法	计算公式： $I_{\varphi} = m \times 0.5 \times I_e \times \sqrt{3} \div 0.9$ （高、中压侧单相加入电流） $I_{\varphi} = m \times 0.5 \times I_e \div 0.9$ （高、中压侧三相加入电流） $I_{\varphi} = m \times 0.5 \times I_e \div 0.9$ （低压侧单相或三相加入电流） 计算数据：m 系数，其值分别为 0.95 不动值、1.05 动作值和 1.2 测试时间。 $m = 0.95$，$I_{\varphi} = m \times 0.5 \times I_e \times \sqrt{3} = 0.95 \times 0.5 \times 0.394 \times \sqrt{3} \div 0.9 = 0.360(A)$ $m = 1.05$，$I_{\varphi} = m \times 0.5 \times I_e \times \sqrt{3} = 1.05 \times 0.5 \times 0.394 \times \sqrt{3} \div 0.9 = 0.398(A)$ $m = 1.2$，$I_{\varphi} = m \times 0.5 \times I_e \times \sqrt{3} = 1.2 \times 0.5 \times 0.394 \times \sqrt{3} \div 0.9 = 0.455(A)$			
试验方法 （状态序列）	（1）状态 1 加正常电压量，电流为空载状态即，$I_{\varphi}=0$。 （2）状态 2 加故障量，所加故障时间小于 100ms			
试验仪器 设置	采用状态序列			
	状态 1	状态 2	状态 1	状态 2
	区内故障，正方向		区外故障，正方向	
	（1）状态参数设置： $\dot{U}_A$：$57.74\angle 0.00° V$ $\dot{U}_B$：$57.74\angle -120° V$ $\dot{U}_C$：$57.74\angle 120° V$ $\dot{I}_A$：$0.00\angle 0.00° A$ $\dot{I}_B$：$0.00\angle 0.00° A$ $\dot{I}_C$：$0.00\angle 0.00° A$ （2）状态触发条件： 时间控制为 5.00s	（1）状态参数设置： $\dot{U}_A$：$57.74\angle 0.00° V$ $\dot{U}_B$：$57.74\angle -120° V$ $\dot{U}_C$：$57.74\angle 120° V$ $\dot{I}_A$：$0.398\angle 0.00° A$ $\dot{I}_B$：$0.00\angle 0.00° A$ $\dot{I}_C$：$0.00\angle 0.00° A$ （2）状态触发条件： 时间控制为 0.1s	（1）状态参数设置： $\dot{U}_A$：$57.74\angle 0.00° V$ $\dot{U}_B$：$57.74\angle -120° V$ $\dot{U}_C$：$57.74\angle 120° V$ $\dot{I}_A$：$0.00\angle 0.00° A$ $\dot{I}_B$：$0.00\angle 0.00° A$ $\dot{I}_C$：$0.00\angle 0.00° A$ （2）状态触发条件： 时间控制为 5.00s	（1）状态参数设置： $\dot{U}_A$：$57.74\angle 0.00° V$ $\dot{U}_B$：$57.74\angle -120° V$ $\dot{U}_C$：$57.74\angle 120° V$ $\dot{I}_A$：$0.360\angle 0.00° A$ $\dot{I}_B$：$0.00\angle 0.00° A$ $\dot{I}_C$：$0.00\angle 0.00° A$ （2）状态触发条件： 时间控制为 0.1s
装置报文	31ms　纵差保护		保护启动	
装置指示灯	保护跳闸		无	
思考	（1）纵差差动保护是否经二次谐波制动？ （2）为什么启动值校验电流要除以 0.9			

3. 比率差动保护比率制动系数定值校验

比率差动保护比率制动系数定值校验见表 17-3。

表 17-3　　　　　　　　　　　　**比率差动保护比率制动系数定值校验**

试验项目	比率差动保护比率制动系数校验
整定定值	纵差保护启动电流定值：0.5 I_e；K_1、K_2、K_3 为比率差动 "比率制动系数定值"（装置内部固定取 0.2、0.5、0.7）
试验条件	（1）硬压板设置：投入 "主保护投入" 压板 1KLP1。 （2）软压板设置：投入 "投主保护" 软压板。 （3）控制字设置："纵差差动速断" 置 "0" "纵差差动保护" 置 "1" "TA 断线闭锁差动保护" 置 "0"

计算方法	比例制动特性如图 17-1 所示。 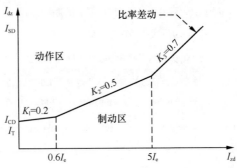 图 17-1 比例制动特性图 以高低两侧比率制动第二折线为例，$K_2=0.5$，范围 $0.6I_e \le I_r \le 6I_e$ 假设 $I_r = 2I_e$ $I_d = 0.5 \times (I_r - 0.6I_e) + I_{cdqd} + 0.12 \times I_e$ $\quad = 0.5 \times (2I_e - 0.6I_e) + 0.5 \times I_e + 0.12 \times I_e = 1.32I_e$ $I_1 + I_2 = 2I_r = 4I_e$ $I_1 - I_2 = I_d = 1.32I_e$ $I_1 = (4I_e + 1.32I_e)/2 = 2.66I_e$ $I_2 = I_1 - I_d = 2.66I_e - 1.32I_e = 1.34I_e$ $I_H = I_1 \times \sqrt{3} \times I_{e.H} = 2.66 \times 0.394 \times 1.732 = 1.82(A)$ $I_L = I_2 \times I_{e.L} = 1.34 \times 1.65 = 2.21(A)$ 同样可计算当 $I_r = 3I_e$ 时， $I_H = I_1 \times \sqrt{3} \times I_{e.H} = 3.91 \times 0.394 \times 1.732 = 2.67(A)$ $I_L = I_2 \times I_{e.L} = 2.09 \times 1.65 = 3.45(A)$

$I_r = 2I_e$ 时故障试验仪器设置（采用手动模块）	初始状态	$\dot{U}_A$：$57.74 \angle 0.00°$V　$\dot{I}_A$：$1.75 \angle 0.00°$A（略小于计算值） $\dot{U}_B$：$57.74 \angle -120°$V　$\dot{I}_B$：$2.21 \angle 180°$A $\dot{U}_C$：$57.74 \angle 120°$V　$\dot{I}_C$：$0.00 \angle 0.00°$A
	操作说明：$\dot{I}_A$ 加入高压侧，$\dot{I}_B$ 加入低压侧（A 进 C 出），变量为 $\dot{I}_A$ 幅值，步长设置 0.01A，再升高 $\dot{I}_A$ 至保护动作，也可以将 $\dot{I}_B$ 幅值设置为变量，初始态 $\dot{I}_B$ 加入大于计算值的模拟量，然后再降低至保护动作	
	装置报文	纵差保护
	装置指示灯	保护跳闸
$I_r = 3I_e$ 时故障试验仪器设置（采用手动模块）	初始状态	$\dot{U}_A$：$57.74 \angle 0.00°$V　$\dot{I}_A$：$2.60 \angle 0.00°$A（略小于计算值） $\dot{U}_B$：$57.74 \angle -120°$V　$\dot{I}_B$：$3.45 \angle 180°$A $\dot{U}_C$：$57.74 \angle 120°$V　$\dot{I}_C$：$0.00 \angle 0.00°$A

$I_r=3I_e$ 时故障试验仪器设置（采用手动模块）	操作说明：$\dot{I}_A$ 加入高压侧，$\dot{I}_B$ 加入低压侧（A 进 C 出），变量为 $\dot{I}_A$ 幅值，步长设置 0.01A，也可以将 $\dot{I}_B$ 幅值设置为变量，初始态 $\dot{I}_B$ 加入大于计算值的模拟量，然后再降低至保护动作	
	装置报文	纵差保护
	装置指示灯	保护跳闸
思考	（1）加入电流时，为什么 $\dot{I}_A$ 与 $\dot{I}_B$ 相位要相反？ （2）验证完两个动作点后，如何计算实际斜率	
说明	测试仪接线如图 17-2 所示（$\dot{I}_A$ 初始值过高可能造成变化量比率差动动作） 图 17-2　比率制动接线图	

4. 二次谐波制动励磁涌流定值校验

二次谐波制动励磁涌流定值校验见表 17-4。

表 17-4　　　　　　　　　　**二次谐波制动励磁涌流定值校验**

试验项目	二次谐波制动励磁涌流校验	
整定定值	二次谐波制动系数 0.15	
试验条件	（1）硬压板设置：投入"主保护投入"压板 1KLP1。 （2）软压板设置：投入"投主保护"软压板。 （3）控制字设置："纵差差动速断"置"0""纵差差动保护"置"1""TA 断线闭锁差动保护"置"0"	
计算方法	基波分量 2A，二次谐波分量=0.15×2A=0.3A	
$I_r=2I_e$ 时故障试验仪器设置（手动模块）	初始状态	$\dot{I}_A$：$2\angle 0.00°$A　　　50Hz $\dot{I}_B$：$0.4\angle 180°$A　　100Hz $\dot{I}_C$：$0.00\angle 0.00°$A
	操作说明：变量为 $\dot{I}_B$ 幅值，变化步长为 0.01，逐渐降低 $\dot{I}_B$ 幅值	
	装置报文	纵差保护
	装置指示灯	保护跳闸

5. 区外故障主变压器电流平衡计算

（1）区外故障高低两侧电流平衡试验模拟见表 17-5。

表 17-5   区外故障高低两侧电流平衡试验模拟

试验项目	区外故障高低两侧电流平衡
整定定值	无
试验条件	（1）硬压板设置：投入"主保护投入"压板 1KLP1。 （2）软压板设置：投入"投主保护"软压板。 （3）控制字设置："纵差差动速断"置"0""纵差差动保护"置"1""TA 断线闭锁差动保护"置"0"
计算方法	题目：要求主变压器高低两侧同时通入电流，模拟主变压器高压侧区外 A 相接地短路故障时差动平衡，差流为 0，制动电流 $I_r = I_e$。 计算方法： $$\begin{cases} I_1 + I_2 = 2I_r \\ I_1 - I_2 = 0 \end{cases} \Rightarrow \begin{aligned} I_1 &= I_r \\ I_2 &= I_r \end{aligned}$$ $I_h = I_{e.H} \times \sqrt{3} = 0.682(\text{A})$ $I_1 = I_{e.L} = 1.650(\text{A})$ 操作说明：$\dot{I}_A$ 加入高压侧，$\dot{I}_B$ 加入低压侧（A 进 C 出），变量为 $\dot{I}_A$ 幅值，步长设置 0.01A，也可以将 $\dot{I}_B$ 幅值设置为变量，初始态 $\dot{I}_B$ 加入大于计算值的模拟量，然后再降低至保护动作
$I_r = 2I_e$ 时故障试验仪器设置（采用手动模块）	$\dot{U}_A$：$57.74 \angle 0.00° \text{V}$ $\dot{I}_A$：$0.682 \angle 0.00° \text{A}$ $\dot{U}_B$：$57.74 \angle -120° \text{V}$ $\dot{I}_B$：$1.650 \angle 180° \text{A}$ $\dot{U}_C$：$57.74 \angle 120° \text{V}$ $\dot{I}_C$：$0.00 \angle 0.00° \text{A}$
	装置报文 无
	装置指示灯 无
思考	加入电流时，为什么 $\dot{I}_A$ 与 $\dot{I}_B$ 相位要相反

（2）区外故障高中低三侧电流平衡试验模拟见表 15-6。

表 17-6   区外故障高中低三侧电流平衡试验模拟

试验项目	区外故障高中低三侧电流平衡
整定定值	无
试验条件	（1）硬压板设置：投入"主保护投入"压板 1KLP1。 （2）软压板设置：投入"投主保护"软压板。 （3）控制字设置："纵差差动速断"置"0""纵差差动保护"置"1""TA 断线闭锁差动保护"置"0"
计算方法	题目：要求主变压器三侧同时通入电流，模拟主变压器中压侧区外 A 相接地短路故障时差动平衡，差流为 0，制动电流 $I_r = 3I_e$，低压侧 A 相流入 I_e 电流。 计算方法： （1）故障为中压侧区外 A 相接地故障，中压侧与高低两侧相位相反，则 $I_2 = I_r$。 推导过程： $I_1 + I_2 + I_3 = 2I_r$ $I_1 - I_2 + I_3 = 0$ $I_1 + I_3 = I_2$ $2I_2 = 2I_r$

计算方法	$I_2 = I_r$ $I_m = I_r \times \sqrt{3} \times I_{e.M} = 3 \times 1.732 \times 0.753 = 3.913 \angle 180^\circ (A)$ （2）低压侧流入电流 I_e， 则 $\begin{array}{l} I_3 = I_e \\ I_l = I_{e.M} = 1.650 \angle 0.00^\circ \end{array}$ （3）高压侧电流为 $\begin{array}{l} I_1 = I_r - I_3 = 2I_e \\ I_h = I_{e.H} \times 2 \times \sqrt{3} = 1.365 \angle 0.00^\circ (A) \end{array}$
$I_r = 2I_e$ 时故障试验仪器设置（采用手动模块）	$\dot{U}_A$: $57.74 \angle 0.00^\circ$ V $\dot{I}_A$: $1.365 \angle 0.00^\circ$ A $\dot{U}_B$: $57.74 \angle -120^\circ$ V $\dot{I}_B$: $3.913 \angle 180^\circ$ A $\dot{U}_C$: $57.74 \angle 120^\circ$ V $\dot{I}_C$: $1.650 \angle 0.00^\circ$ A
	装置报文 无
	装置指示灯 无
思考	中压侧区外 AB 相故障应该如何计算

二、高压侧后备保护校验

1. 复压方向过电流保护

复压方向过电流保护校验见表 17-7。

表 17-7   复压方向过电流保护校验

试验项目一	复压方向过电流保护定值校验（区内、区外、正反方向）			
整定定值	高复压过电流 I 段定值：3A，高复压过电流 I 段 1 时限：2s			
试验条件	（1）硬压板设置：投入"高压后备保护投入"压板 1KLP2、"高压电压投入"压板 1KLP3。 （2）软压板设置：投入"高压侧后备保护"软压板、"高压侧电压"软压板。 （3）控制字设置："高复压过电流 I 段指向母线"置"0""复压闭锁过电流 I 段 1 时限"置"1"			
计算方法	$I_\varphi = m \times I_{set.1}^1$ 计算数据：m 系数，其值分别为不动值 0.95、动作值 1.05 和测试时间 1.2。 $m = 0.95$ ； $I_\varphi = m \times I_{set.11}^1 = 0.95 \times 3 = 2.85 (A)$ $m = 1.05$ ； $I_\varphi = m \times I_{set.1}^1 = 1.05 \times 3 = 3.15 (A)$ $m = 1.2$ ； $I_\varphi = m \times I_{set.1}^1 = 1.2 \times 3 = 3.6 (A)$			
试验方法（状态序列）	（1）状态 1 加正常电压量，电流为空载状态即，$I=0$，待 TV 断线恢复转入状态 2；所加时间大于 4s。 （2）状态 2 加故障量，所加故障时间=整定时间+100ms，故障态电压开放，故障相电压小于 30V			
试验仪器设置	采用状态序列			
	状态 1	状态 2	状态 2	状态 2
	正常运行	区内故障，正方向	区外故障，正方向	区内故障，反方向
	（1）状态参数设置： $\dot{U}_A$: $57.74 \angle 0.00^\circ$ V	（1）状态参数设置： $\dot{U}_A$: $30 \angle 0.00^\circ$ V	（1）状态参数设置： $\dot{U}_A$: $30 \angle 0.00^\circ$ V	（1）状态参数设置： $\dot{U}_A$: $30 \angle 0.00^\circ$ V

试验仪器设置	$\dot{U}_B$：57.74∠-120°V $\dot{U}_C$：57.74∠120°V $\dot{I}_A$：0.00∠0.00°A $\dot{I}_B$：0.00∠0.00°A $\dot{I}_C$：0.00∠0.00°A （2）状态触发条件：时间控制为 5.00s	$\dot{U}_B$：57.74∠-120°V $\dot{U}_C$：57.74∠120°V $\dot{I}_A$：3.15∠-60°A $\dot{I}_B$：0.00∠0.00°A $\dot{I}_C$：0.00∠0.00°A （2）状态触发条件：时间控制为 2.1s	$\dot{U}_B$：57.74∠-120°V $\dot{U}_C$：57.74∠120°V $\dot{I}_A$：2.85∠-60°AA $\dot{I}_B$：0.00∠0.00°A $\dot{I}_C$：0.00∠0.00°A （2）状态触发条件：时间控制为 2.1s	$\dot{U}_B$：57.74∠-120°V $\dot{U}_C$：57.74∠120°V $\dot{I}_A$：3.15∠120°A $\dot{I}_B$：0.00∠0.00°A $\dot{I}_C$：0.00∠0.00°A （2）状态触发条件：时间控制为 2.1s
装置报文	—	2020ms 高复流 I 段 1 时限	—	—
装置指示灯	无	保护跳闸	无	无
思考	为什么 $\dot{I}_A$ 角度设置为-60°			
说明	之前介绍的相间元件动作特性取的角度是 $\dot{U}_{BC}$ 与 $\dot{I}_A$ 的关系，加量的时候要转换成 $\dot{U}_A$ 与 $\dot{I}_A$ 的关系。-60°是经过转换后 $\dot{U}_A$ 与 $\dot{I}_A$ 的灵敏角			
试验项目二	复压方向过电流保护动作区及灵敏角			
整定定值	高复压过电流 I 段定值：3A，高复压过电流 I 段 1 时限：2s			
试验条件	（1）硬压板设置：投入"高压后备保护投入"压板 1KLP2、"高压电压投入"压板 1KLP3。 （2）软压板设置：投入"高压侧后备保护"软压板、"高压侧电压"软压板。 （3）控制字设置："高复压过电流 I 段指向母线"置"0""复压闭锁过电流 I 段 1 时限"置"1"			
计算方法	装置的方向元件的算法采用 90°接线			
试验方法（状态序列）	（1）状态 1 加正常电压量，电流为空载状态即，$I=0$，待 TV 断线恢复转入状态 2；所加时间大于 4s。 （2）状态 2 加故障量，所加故障时间=整定时间+100ms，故障态电压开放，故障相电压小于 30V			
试验仪器设置	采用状态序列			
	状态 1	状态 2	状态 1	状态 2
	边界一动点		边界一不动点	
	（1）状态参数设置： $\dot{U}_A$：57.74∠0.00°V $\dot{U}_B$：57.74∠-120°V $\dot{U}_C$：57.74∠120°V $\dot{I}_A$：0.00∠0.00°A $\dot{I}_B$：0.00∠0.00°A $\dot{I}_C$：0.00∠0.00°A （2）状态触发条件：时间控制为 5.00s	（1）状态参数设置： $\dot{U}_A$：30∠0.00°V $\dot{U}_B$：57.74∠-120°V $\dot{U}_C$：57.74∠120°V $\dot{I}_A$：3.15∠24°A $\dot{I}_B$：0.00∠0.00°A $\dot{I}_C$：0.00∠0.00°A （2）状态触发条件：时间控制为 2.1s	（1）状态参数设置： $\dot{U}_A$：57.74∠0.00°V $\dot{U}_B$：57.74∠-120°V $\dot{U}_C$：57.74∠120°V $\dot{I}_A$：0.00∠0.00°A $\dot{I}_B$：0.00∠0.00°A $\dot{I}_C$：0.00∠0.00°A （2）状态触发条件：时间控制为 5.00s	（1）状态参数设置： $\dot{U}_A$：30∠0.00°V $\dot{U}_B$：57.74∠-120°V $\dot{U}_C$：57.74∠120°V $\dot{I}_A$：3.15∠25°A $\dot{I}_B$：0.00∠0.00°A $\dot{I}_C$：0.00∠0.00°A （2）状态触发条件：时间控制为 2.1s
装置报文	2020ms 高复流 I 段 1 时限		—	
装置指示灯	保护跳闸		无	

	采用状态序列			
	状态 1	状态 2	状态 1	状态 2
	边界二动点		边界二不动点	
试验仪器 设置	（1）状态参数设置： $\dot{U}_A$：57.74∠0.00°V $\dot{U}_B$：57.74∠−120°V $\dot{U}_C$：57.74∠120°V $\dot{I}_A$：0.00∠0.00°A $\dot{I}_B$：0.00∠0.00°A $\dot{I}_C$：0.00∠0.00°A （2）状态触发条件： 时间控制为 5.00s	（1）状态参数设置： $\dot{U}_A$：30∠0.00°V $\dot{U}_B$：57.74∠−120°V $\dot{U}_C$：57.74∠120°V $\dot{I}_A$：3.15∠−145°A $\dot{I}_B$：0.00∠0.00°A $\dot{I}_C$：0.00∠0.00°A （2）状态触发条件： 时间控制为 3.1s	（1）状态参数设置： $\dot{U}_A$：57.74∠0.00°V $\dot{U}_B$：57.74∠−120°V $\dot{U}_C$：57.74∠120°V $\dot{I}_A$：0.00∠0.00°A $\dot{I}_B$：0.00∠0.00°A $\dot{I}_C$：0.00∠0.00°A （2）状态触发条件： 时间控制为 5.00s	（1）状态参数设置： $\dot{U}_A$：30∠0.00°V $\dot{U}_B$：57.74∠−120°V $\dot{U}_C$：57.74∠120°V $\dot{I}_A$：3.15∠−146°A $\dot{I}_B$：0.00∠0.00°A $\dot{I}_C$：0.00∠0.00°A （2）状态触发条件：时间控制为 3.1s
装置报文	2020ms 高复流 I 段 1 时限		—	
装置指示灯	保护跳闸		无	
思考	如何通过动作边界计算最大灵敏角			
说明	动作区以 U_{BC} 为基准，灵敏角为 U_{BC} 超前 I_A 的角度。 指向主变压器：−55°＜$\dot{I}_A$＜115° 灵敏角=−30°。 指向母线：−225°＜$\dot{I}_A$＜−65° 灵敏角=150°			
试验项目三	复压方向过电流保护复压闭锁定值校验			
整定定值	高复压过电流 I 段定值：3A，高复压过电流 I 段 1 时限：2s，高低电压闭锁定值：70V，高负序电压闭锁定值：4V			
试验条件	（1）硬压板设置：投入"高压后备保护投入"压板 1KLP2、"高压电压投入"压板 1KLP3。 （2）软压板设置：投入"高压侧后备保护"软压板、"高压侧电压"软压板。 （3）控制字设置："高复压过电流 I 段指向母线"置"0""复压闭锁过电流 I 段 1 时限"置"1"			
计算方法	$U_\varphi = m \times U_{xjzd}$ 当 m=1.05 时，$U_\varphi = m \times U_{xjzd}/\sqrt{3} = 1.05 \times 70/\sqrt{3} = 42.4(\text{V})$，低电压闭锁不开放。 当 m=0.95 时，$U_\varphi = m \times U_{xjzd}/\sqrt{3} = 0.95 \times 70/\sqrt{3} = 38.4(\text{V})$，低电压闭锁开放。 $U_2 = m \times U_{fxzd}$ 当 m=1.05 时，$U_2 = m \times U_{fzzd} = 1.05 \times 4 = 4.2(\text{V})$，负序电压闭锁开放。 当 m=0.95 时，$U_2 = m \times U_{fzzd} = 0.95 \times 4 = 3.8(\text{V})$，负序电压闭锁不开放			
试验方法 （状态序列）	（1）状态 1 加正常电压量，电流为空载状态即，I=0，待 TV 断线恢复转入状态 2，所加时间大于 4s。 （2）状态 2 加故障量，所加故障时间=整定时间+100ms			

试验仪器设置	采用状态序列			
	状态 1	状态 2	状态 1	状态 2
	低电压动点		低电压不动点	
	（1）状态参数设置： $\dot{U}_A$：57.74∠0.00°V $\dot{U}_B$：57.74∠−120°V $\dot{U}_C$：57.74∠120°V $\dot{I}_A$：0.00∠0.00°A $\dot{I}_B$：0.00∠0.00°A $\dot{I}_C$：0.00∠0.00°A （2）状态触发条件：时间控制为 5.00s	（1）状态参数设置： $\dot{U}_A$：38.4∠0.00°V $\dot{U}_B$：38.4∠−120°V $\dot{U}_C$：38.4∠120°V $\dot{I}_A$：3.15∠−60°A $\dot{I}_B$：0.00∠0.00°A $\dot{I}_C$：0.00∠0.00°A （2）状态触发条件：时间控制为 2.1s	（1）状态参数设置： $\dot{U}_A$：57.74∠0.00°V $\dot{U}_B$：57.74∠−120°V $\dot{U}_C$：57.74∠120°V $\dot{I}_A$：0.00∠0.00°A $\dot{I}_B$：0.00∠0.00°A $\dot{I}_C$：0.00∠0.00°A （2）状态触发条件：时间控制为 5.00s	（1）状态参数设置： $\dot{U}_A$：42.4∠0.00°V $\dot{U}_B$：42.4∠−120°V $\dot{U}_C$：42.4∠120°V $\dot{I}_A$：3.15∠−60°A $\dot{I}_B$：0.00∠0.00°A $\dot{I}_C$：0.00∠0.00°A （2）状态触发条件：时间控制为 2.1s
装置报文	2020ms 高复流 I 段 1 时限		—	
装置指示灯	保护跳闸		无	
试验仪器设置	采用状态序列			
	状态 1	状态 2	状态 1	状态 2
	负序电压动点		负序电压不动点	
	（1）状态参数设置： $\dot{U}_A$：57.74∠0.00°V $\dot{U}_B$：57.74∠−120°V $\dot{U}_C$：57.74∠120°V $\dot{I}_A$：0.00∠0.00°A $\dot{I}_B$：0.00∠0.00°A $\dot{I}_C$：0.00∠0.00°A （2）状态触发条件：时间控制为 5.00s	（1）状态参数设置： $\dot{U}_A$：45.14∠0.00°V $\dot{U}_B$：57.74∠−120°V $\dot{U}_C$：57.74∠120°V $\dot{I}_A$：3.15∠−60°A $\dot{I}_B$：0.00∠0.00°A $\dot{I}_C$：0.00∠0.00°A （2）状态触发条件：时间控制为 3.1s	（1）状态参数设置： $\dot{U}_A$：57.74∠0.00°V $\dot{U}_B$：57.74∠−120°V $\dot{U}_C$：57.74∠120°V $\dot{I}_A$：0.00∠0.00°A $\dot{I}_B$：0.00∠0.00°A $\dot{I}_C$：0.00∠0.00°A （2）状态触发条件：时间控制为 5.00s	（1）状态参数设置： $\dot{U}_A$：46.34∠0.00°V $\dot{U}_B$：57.74∠−120°V $\dot{U}_C$：57.74∠120°V $\dot{I}_A$：3.15∠−60°A $\dot{I}_B$：0.00∠0.00°A $\dot{I}_C$：0.00∠0.00°A （2）状态触发条件：时间控制为 3.1s
装置报文	2020ms 高复流 I 段 1 时限		—	
装置指示灯	保护跳闸		无	
思考	负序电压闭锁验证时为何 $\dot{U}_A$：46.34∠0.00°V？是否还有其他方法验证			
说明	负序电压闭锁还可以采用手动模式。其他验证方法参加第十四章相关部分介绍			

2. 零序过电流方向保护校验

零序过电流方向保护校验见表 17-8。

表 17-8　　　　　　　　　　　零序过电流方向保护校验

试验项目一	零序过电流方向保护定值试验（正、反方向，区内、区外故障）
整定定值	零序过电流 I 段定值：12A，零序过电流 I 段 1 时限：1.5s
试验条件	（1）硬压板设置：投入"高压后备保护投入"压板 1KLP2、"高压电压投入"压板 1KLP3。 （2）软压板设置：投入"高压侧后备保护"软压板、"高压侧电压"软压板。 （3）控制字设置："高零序过电流 I 段指向母线"置"0""高零序过电流 I 段 1 时限"置"1""高零序过电流 I 段采用自产零流"置"1"

计算方法	同复压方向过电流保护			
试验方法 （状态序列）	（1）状态 1 加正常电压量，电流为空载状态即，$I=0$，待 TV 断线恢复转入状态 2；所加时间大于 4s。 （2）状态 2 加故障量，所加故障时间=整定时间+100ms，故障态电压开放，故障相电压=0V			
试验仪器 设置	采用状态序列			
	状态 1	状态 2	状态 1	状态 2
	正常运行	区内故障，正方向	区外故障，正方向	区内故障，反方向
	（1）状态参数设置： $\dot{U}_A$：$57.74\angle0.00°$V $\dot{U}_B$：$57.74\angle-120°$V $\dot{U}_C$：$57.74\angle120°$V $\dot{I}_A$：$0.00\angle0.00°$A $\dot{I}_B$：$0.00\angle0.00°$A $\dot{I}_C$：$0.00\angle0.00°$A （2）状态触发条件：时间控制为 5.00s	（1）状态参数设置： $\dot{U}_A$：$0.00\angle0.00°$V $\dot{U}_B$：$57.74\angle-120°$V $\dot{U}_C$：$57.74\angle120°$V $\dot{I}_A$：$12.6\angle-80°$A $\dot{I}_B$：$0.00\angle0.00°$A $\dot{I}_C$：$0.00\angle0.00°$A （2）状态触发条件：时间控制为 1.6s	（1）状态参数设置： $\dot{U}_A$：$0.00\angle0.00°$V $\dot{U}_B$：$57.74\angle-120°$V $\dot{U}_C$：$57.74\angle120°$V $\dot{I}_A$：$11.4\angle-100°$A $\dot{I}_B$：$0.00\angle0.00°$A $\dot{I}_C$：$0.00\angle0.00°$A （2）状态触发条件：时间控制为 1.6s	（1）状态参数设置： $\dot{U}_A$：$0.00\angle0.00°$V $\dot{U}_B$：$57.74\angle-120°$V $\dot{U}_C$：$57.74\angle120°$V $\dot{I}_A$：$12.6\angle100°$A $\dot{I}_B$：$0.00\angle0.00°$A $\dot{I}_C$：$0.00\angle0.00°$A （2）状态触发条件：时间控制为 1.6s
装置报文	—	1506ms 高零流 I 段 1 时限	—	—
装置指示灯	无	保护跳闸	无	无
思考	为什么 $\dot{I}_A$ 的角度是-80°			
说明	当"高零序过电流 I 段采用自产零流"置"0"时，需要在外接零序电流回路加模拟电流量			
试验项目二	零序过电流方向保护动作区及灵敏角			
整定定值	零序过电流 I 段定值：12A，零序过电流 I 段 1 时限：1.5s			
试验条件	（1）硬压板设置：投入"高压后备保护投入"压板 1KLP2、"高压电压投入"压板 1KLP3。 （2）软压板设置：投入"高压侧后备保护"软压板、"高压侧电压"软压板。 （3）控制字设置："高零序过电流 I 段指向母线"置"0""高零序过电流 I 段 1 时限"置"1""高零序过电流 I 段采用自产零流"置"1"			
计算方法	零序功率方向根据零序电流与零序电压的夹角确定。方向指向变压器时，方向灵敏角为-100°；方向指向系统时，方向灵敏角为80°			
试验方法 （状态序列）	（1）状态 1 加正常电压量，电流为空载状态即，$I=0$，待 TV 断线恢复转入状态 2；所加时间大于 4s。 （2）状态 2 加故障量，所加故障时间=整定时间+100ms，故障态电压开放，故障相电压小于 30V			
试验仪器 设置	采用状态序列			
	状态 1	状态 2	状态 1	状态 2
	边界一动点		边界一不动点	
	（1）状态参数设置： $\dot{U}_A$：$57.74\angle0.00°$V $\dot{U}_B$：$57.74\angle-120°$V	（1）状态参数设置： $\dot{U}_A$：$30\angle0.00°$V $\dot{U}_B$：$57.74\angle-120°$V	（1）状态参数设置： $\dot{U}_A$：$57.74\angle0.00°$V $\dot{U}_B$：$57.74\angle-120°$V	（1）状态参数设置： $\dot{U}_A$：$30\angle0.00°$V $\dot{U}_B$：$57.74\angle-120°$V

试验仪器设置	$\dot{U}_C$：$57.74\angle120°$V $\dot{I}_A$：$0.00\angle0.00°$A $\dot{I}_B$：$0.00\angle0.00°$A $\dot{I}_C$：$0.00\angle0.00°$A （2）状态触发条件：时间控制为5.00s	$\dot{U}_C$：$57.74\angle120°$V $\dot{I}_A$：$12.6\angle-1°$A $\dot{I}_B$：$0.00\angle0.00°$A $\dot{I}_C$：$0.00\angle0.00°$A （2）状态触发条件：时间控制为1.6s	$\dot{U}_C$：$57.74\angle120°$V $\dot{I}_A$：$0.00\angle0.00°$A $\dot{I}_B$：$0.00\angle0.00°$A $\dot{I}_C$：$0.00\angle0.00°$A （2）状态触发条件：时间控制为5.00s	$\dot{U}_C$：$57.74\angle120°$V $\dot{I}_A$：$12.6\angle0.00°$A $\dot{I}_B$：$0.00\angle0.00°$A $\dot{I}_C$：$0.00\angle0.00°$A （2）状态触发条件：时间控制为1.6s
装置报文	1506ms 高零流Ⅰ段1时限		—	
装置指示灯	保护跳闸		无	
试验仪器设置	采用状态序列			
	状态1	状态2	状态1	状态2
	边界二动点		边界二不动点	
	（1）状态参数设置： $\dot{U}_A$：$57.74\angle0.00°$V $\dot{U}_B$：$57.74\angle-120°$V $\dot{U}_C$：$57.74\angle120°$V $\dot{I}_A$：$0.00\angle0.00°$A $\dot{I}_B$：$0.00\angle0.00°$A $\dot{I}_C$：$0.00\angle0.00°$A （2）状态触发条件：时间控制为5.00s	（1）状态参数设置： $\dot{U}_A$：$30\angle0.00°$V $\dot{U}_B$：$57.74\angle-120°$V $\dot{U}_C$：$57.74\angle120°$V $\dot{I}_A$：$12.6\angle-159°$A $\dot{I}_B$：$0.00\angle0.00°$A $\dot{I}_C$：$0.00\angle0.00°$A （2）状态触发条件：时间控制为1.6s	（1）状态参数设置： $\dot{U}_A$：$57.74\angle0.00°$V $\dot{U}_B$：$57.74\angle-120°$V $\dot{U}_C$：$57.74\angle120°$V $\dot{I}_A$：$0.00\angle0.00°$A $\dot{I}_B$：$0.00\angle0.00°$A $\dot{I}_C$：$0.00\angle0.00°$A （2）状态触发条件：时间控制为5.00s	（1）状态参数设置： $\dot{U}_A$：$30\angle0.00°$V $\dot{U}_B$：$57.74\angle-120°$V $\dot{U}_C$：$57.74\angle120°$V $\dot{I}_A$：$12.6\angle-160°$A $\dot{I}_B$：$0.00\angle0.00°$A $\dot{I}_C$：$0.00\angle0.00°$A （2）状态触发条件：时间控制为1.6s
装置报文	1506ms 高零流Ⅰ段1时限		—	
装置指示灯	保护跳闸		无	
思考	如何通过动作边界计算最大灵敏角			
说明	动作区以$3U_0$为基准，灵敏角为$3U_0$超前$3I_0$的角度。 方向判定依据自产零序电流、自产零序电压。 指向主变压器：$-180°<3I_0$的角度$<-20°$；灵敏角为$-100°$。 指向母线：$0°<3I_0$的角度$<160°$；灵敏角为$80°$			

3. 间隙过电流保护校验

间隙过电流保护校验见表17-9。

表 17-9　　　　　　　　　　　　　　间隙过电流保护校验

试验项目	间隙过电流保护定值校验
整定定值	间隙电流保护电流定值由装置固定为一次值100 A；高间隙过电流时间：1.2s；高压侧间隙 TA 一次值：200A；高压侧间隙 TA 二次值：1A
试验条件	（1）硬压板设置：投入"高压后备保护投入"压板 1KLP2、"高压电压投入"压板 1KLP3。 （2）软压板设置：投入"高压侧后备保护"软压板、"高压侧电压"软压板。 （3）控制字设置："高间隙过电流"置"1"

计算方法	$I_\varphi = m \times I_{set}$ 计算数据：m 系数，其值分别为不动值 0.95、动作值 1.05 和测试时间 1.2。 $m = 0.95$, $I_\varphi = m \times I_{set.1}^{I} = 0.95 \times 0.5 = 0.475(A)$ $m = 1.05$, $I_\varphi = m \times I_{set.1}^{I} = 1.05 \times 0.5 = 0.525(A)$ $m = 1.2$, $I_\varphi = m \times I_{set.1}^{I} = 1.2 \times 0.5 = 0.6(A)$			
试验方法（状态序列）	（1）状态 1 加正常电压量，电流为空载状态即 $I=0$，待 TV 断线恢复转入状态 2；所加时间大于 4s。 （2）状态 2 加故障量，所加故障时间=整定时间+100ms			
试验仪器设置	采用状态序列			
	状态 1	状态 2	状态 1	状态 2
	区内故障，正方向		区外故障，正方向	
	（1）状态参数设置： $\dot{U}_A$: 57.74∠0.00°V $\dot{U}_B$: 57.74∠-120°V $\dot{U}_C$: 57.74∠120°V $\dot{I}_A$: 0.00∠0.00°A $\dot{I}_B$: 0.00∠0.00°A $\dot{I}_C$: 0.00∠0.00°A （2）状态触发条件：时间控制为 5.00s	（1）状态参数设置： $\dot{U}_A$: 57.74∠0.00°V $\dot{U}_B$: 57.74∠-120°V $\dot{U}_C$: 57.74∠120°V $\dot{I}_A$: 0.525∠0.00°A $\dot{I}_B$: 0.00∠0.00°A $\dot{I}_C$: 0.00∠0.00°A （2）状态触发条件：时间控制为 1.3s	（1）状态参数设置： $\dot{U}_A$: 57.74∠0.00°V $\dot{U}_B$: 57.74∠-120°V $\dot{U}_C$: 57.74∠120°V $\dot{I}_A$: 0.00∠0.00°A $\dot{I}_B$: 0.00∠0.00°A $\dot{I}_C$: 0.00∠0.00°A （2）状态触发条件：时间控制为 5.00s	（1）状态参数设置： $\dot{U}_A$: 57.74∠0.00°V $\dot{U}_B$: 57.74∠-120°V $\dot{U}_C$: 57.74∠120°V $\dot{I}_A$: 0.475∠0.00°A $\dot{I}_B$: 0.00∠0.00°A $\dot{I}_C$: 0.00∠0.00°A （2）状态触发条件：时间控制为 1.3s
装置报文	1206ms 高间隙过电流		—	
装置指示灯	保护跳闸		无	
思考	间隙保护的作用			
说明	电流应加在间隙 TA 回路			

4. 零序过电压保护校验

零序过电压保护校验见表 17-10。

表 17-10　　　　　　　　　　　零序过电压保护校验

试验项目	零序过电压保护定值校验
整定定值	零序过电压保护电压取外接时零序电压定值 $3U_0$ 固定为 180 V，取自产零序电压时零序电压定值 $3U_0$ 固定为 120V，高零序过电压时间为 0.5 s
试验条件	（1）硬压板设置：投入"高压后备保护投入"压板 1KLP2、"高压电压投入"压板 1KLP3。 （2）软压板设置：投入"高压侧后备保护"软压板、"高压侧电压"软压板。 （3）控制字设置："高零序过电压"置"1""高零序电压用自产零压"置"0"
计算方法	$U_\varphi = m \times U_{set}$ 计算数据：m 系数，其值分别为不动值 0.95、动作值 1.05 和测试时间 1.2。 $m = 0.95$, $U_\varphi = m \times U_{set} = 0.95 \times 180 = 171(V)$ $m = 1.05$, $U_\varphi = m \times U_{set} = 1.05 \times 180 = 189(V)$ $m = 1.2$, $U_\varphi = m \times U_{set} = 1.2 \times 180 = 216(V)$

试验方法 （状态序列）	（1）状态 1 加电压量为零，电流为空载状态即 U=0、I=0，所加时间=5s。 （2）状态 2 加故障量，所加故障时间=整定时间+100ms			
试验仪器 设置	采用状态序列			
	状态 1	状态 2	状态 1	状态 2
	区内故障，正方向		区外故障，正方向	
	（1）状态参数设置： $\dot{U}_A$：$0.00\angle 0.00°$V $\dot{U}_B$：$0.00\angle -120°$V $\dot{U}_C$：$0.00\angle 120°$V $\dot{I}_A$：$0.00\angle 0.00°$A $\dot{I}_B$：$0.00\angle 0.00°$A $\dot{I}_C$：$0.00\angle 0.00°$A （2）状态触发条件： 时间控制为 5.00s	（1）状态参数设置： $\dot{U}_A$：$100\angle 0.00°$V $\dot{U}_B$：$89\angle 180.00°$V $\dot{U}_C$：$0.00\angle 120°$V $\dot{I}_A$：$0.00\angle 0.00°$A $\dot{I}_B$：$0.00\angle 0.00°$A $\dot{I}_C$：$0.00\angle 0.00°$A （2）状态触发条件： 时间控制为 0.6s	（1）状态参数设置： $\dot{U}_A$：$0.00\angle 0.00°$V $\dot{U}_B$：$0.00\angle -120°$V $\dot{U}_C$：$0.00\angle 120°$V $\dot{I}_A$：$0.00\angle 0.00°$A $\dot{I}_B$：$0.00\angle 0.00°$A $\dot{I}_C$：$0.00\angle 0.00°$A （2）状态触发条件： 时间控制为 5.00s	（1）状态参数设置： $\dot{U}_A$：$100\angle 0.00°$V $\dot{U}_B$：$71\angle 180.00°$V $\dot{U}_C$：$0.00\angle 120°$V $\dot{I}_A$：$0.00\angle 0.00°$A $\dot{I}_B$：$0.00\angle 0.00°$A $\dot{I}_C$：$0.00\angle 0.00°$A （2）状态触发条件：时 间控制为 0.6s
装置报文	504ms 高零序过电压		—	
装置指示灯	保护跳闸		无	
思考	零序过电压保护的作用，接线应该如何接？			
说明	电压应将 A 相接在 L、B 相接在 N 上			

5. 模拟失灵联跳三侧保护

模拟失灵联跳三侧保护校验见表 17-11。

表 17-11　　　　　　　　　　模拟失灵联跳三侧保护校验

试验项目	模拟失灵联跳三侧保护	
整定定值	内部定值，无需整定	
试验条件	（1）硬压板设置：投入"高压后备保护投入"压板 1KLP2、"高压电压投入"压板 1KLP3。 （2）软压板设置：投入"高压侧后备保护"软压板、"高压侧电压"软压板。 （3）控制字设置："高失灵联跳经主变压器跳闸"置"1"	
计算方法	同间隙过电流保护	
试验方法 （状态序列）	（1）状态 1 加正常电压量，电流为空载状态即 I=0，待 TV 断线恢复转入状态 2；所加时间大于 4s。 （2）状态 2 加故障量，所加故障时间=整定时间+100ms，测试仪输出失灵开入	
试验仪器 设置	采用状态序列	
	状态 1	状态 2
	（区内故障，正方向）	
	（1）状态参数设置： $\dot{U}_A$：$57.74\angle 0.00°$V	（1）状态参数设置： $\dot{U}_A$：$30\angle 0.00°$V

试验仪器 设置	$\dot{U}_{\mathrm{B}}$: 57.74∠−120°V $\dot{U}_{\mathrm{C}}$: 57.74∠120°V $\dot{I}_{\mathrm{A}}$: 0.00∠0.00°A $\dot{I}_{\mathrm{B}}$: 0.00∠0.00°A $\dot{I}_{\mathrm{C}}$: 0.00∠0.00°A （2）状态触发条件：时间控制为 5.00s，开出 触点保持断开	$\dot{U}_{\mathrm{B}}$: 30∠−120°V $\dot{U}_{\mathrm{C}}$: 30∠120° $\dot{I}_{\mathrm{A}}$: 0.6∠0.00°A $\dot{I}_{\mathrm{B}}$: 0.6∠−120°A $\dot{I}_{\mathrm{C}}$: 0.6∠120°A （2）状态触发条件：时间控制为 0.1s，开出触点 闭合 0.1s
装置报文	55ms 高失灵联跳	
装置指示灯	保护跳闸	
说明	测试仪三相电压接在高压侧 TV，三相电流接在高压侧 TA，开出触点 1 接在 1QD5-1QD8	

三、中压侧后备保护

试验方法请参照高压侧后备保护。

四、低压侧后备保护

试验方法请参照高压侧后备保护。

五、电抗器后备保护

试验方法请参照高压侧后备保护。

第二节　保护常见故障及故障现象

保护常见故障及故障现象见表 17-12。

表 17-12　　　　　　　　　　保护常见故障及故障现象

难易度	故障属性	故障现象	故障设置地点	同类型故障
易	设备参数	定值核对不一致	定值区号改变	
易	设备参数	纵差定值校验不准	主变压器高中压侧额定容量改变	
易	设备参数	纵差定值校验不准	接线方式钟点数改变	
易	设备参数	纵差定值校验不准	额定电压改变	
易	设备参数	纵差定值校验不准	TA 变比改变	
易	软压板	主保护无法校验	主保护软压板置 0	高压侧后备保护软压板置 0
易	差动定值	纵差差动速断电流定值校验不准	纵差差动速断电流定值改变	

续表

难易度	故障属性	故障现象	故障设置地点	同类型故障
易	控制字	纵差差动速断无法校验	纵差差动速断控制字置 0	纵差差动保护控制字置 0
易	定值	复压过电流保护定值校验不准	复压过电流保护定值改变	
易	控制字	复压过电流保护无法校验或者方向反向	复压过电流控制字置 0	
易	跳闸矩阵	高后备保护跳闸出口验证错误	高后备跳闸矩阵改变	
易	电压采样	高压侧电压挂Ⅰ母时，A 相无电压	1-7UD1（1-7n02：01）虚接	1-7UD2（1-7n02：02）虚接、1-7UD3（1-7n02：03）虚接、1-7UD4（1-7n02：04）虚接
易	电压采样	高压侧电压挂Ⅱ母时，A 相无电压	1-7UD6（1-7n02：09）虚接	1-7UD7（1-7n02：10）虚接、1-7UD8（1-7n02：11）虚接、1-7UD9（1-7n02：12）虚接
易	电压采样	高压侧电压 A 相无电压	1-7UD11（1-7n03：01）虚接、1U1D1（1n1：a11）虚接	1-7UD12（1-7n03：02）虚接、1U1D2（1n1：a10）虚接、1-7UD13（1-7n03：03）虚接、1U1D3（1n1：b10）虚接、1-7UD14（1-7n03：04）虚接、1U1D4（1n1：a9）虚接
易	电压采样	高压侧三相电压相位漂移	1-1U1D5（1n1：b11）虚接	
易	电压采样	当高压侧电压挂在Ⅰ母，实际采用Ⅱ母	1-7QD4（1-7n01：01）与1-7QD6（1-7n01：03）对调	
易	电压采样	当高压侧电压挂在Ⅰ母，A 和 B 对调	1-7UD1（1-7n02：01）与1-7UD2（1-7n02：02）对调	1-7UD2（1-7n02：02）与1-7UD3（1-7n02：03）对调 1-7UD1、（1-7n02：01）与1-7UD3（1-7n02：03）对调
易	电压采样	当高压侧电压挂在Ⅱ母，A 和 B 对调	1-7UD6（1-7n02：09）与1-7UD7（1-7n02：10）对调	1-7UD6（1-7n02：1）与1-7UD7（1-7n02：10）对调 1-7UD6、（1-7n02：09）与1-7UD7（1-7n02：10）对调
易	电压采样	高压侧电压 A 和 B 对调	1U1D1（1n1：a11）与1U1D2（1n1：a10）对调	1U1D2（1n1：a10）与1U1D3（1n1：b10）对调、1U1D1（1n1：a11）与1U1D3（1n1：b10）对调
易	电流采样	高压侧电流 A 相无电流	1I1D：1（1n1：a1）虚接、1I1D：5（1n1：b1）虚接	1I1D：2（1n1：a2）虚接、1I1D：6（1n1：b2）虚接、1I1D：3（1n1：a3）虚接、1I1D：7（1n1：b3）虚接、1I1D：9（1n1：a7）虚接、1I1D：10（1n1：b7）虚接、1I1D：12（1n1：a8）虚接、1I1D：13（1n1：b8）虚接

续表

难易度	故障属性	故障现象	故障设置地点	同类型故障
易	电流采样	高压侧电流 A 相与 B 相对调	1I1D：1（1n1：a1）与 1I1D：2（1n1：a2）对调	1I1D：3（1n1：a3）与 1I1D：2（1n1：a2）对调、1I1D：3（1n1：a3）与 1I1D：1（1n1：a1）对调
中	电流采样	加高压侧电流 A 相电流时幅值变小且 B 相有电流	1I1D：1（1n1：a1）与 1I1D：2（1n1：a2）短接	1I1D：3（1n1：a3）与 1I1D：2（1n1：a2）短接、1I1D：3（1n1：a3）与 1I1D：1（1n1：a1）短接
中	电流采样	加高压侧电流 A 相电流时相位相反	1I1D：1（1n1：a1）与 1I1D：5（1n1：b1）对调	
中	出口	高压侧无法跳闸	1CD1（1n7：c2）虚接	1KD1（1C1LP1:1）虚接
中	出口	跳低分段时母联一起跳闸	1KD13 与 1KD14 短接	
中	开入	压板开入均无效	1KLP1-1（1n12：a2）虚接	
中	开入	高压侧失灵联跳开入无效	1QD8（1ZJ1:1）虚接	1QD19（1ZJ1:6）
难	开入	只有投入第一块压板时后面压板投入才有效	1KLP1-1（1n12：a2）与 1KLP1-2（1n6：a4）接线对调	

第十八章 PCS-978变压器保护装置调试（500kV）

PCS-978T5 是根据国网标准化要求而设计的适用于 500kV 常规变电站，需要提供双套主保护、双套后备保护的各种接线方式的变压器，可提供一台变压器保护所需要的全部电量保护，主保护和后备保护共用 TA。这些保护包括：纵差差动保护、差动速断、分相差动保护/低压侧小区差动保护、分侧差动保护/零序差动保护、过励磁保护、复合电压闭锁方向过电流保护、阻抗保护、零序方向过电流保护，另外还包括以下异常告警功能：过励磁报警、过负荷报警、差流异常报警、零序/分侧差流异常报警、TA 断线、TA 异常报警和 TV 异常报警。

第一节　试　验　调　试　方　法

一、试验计算

各侧额定电流及平衡系数计算

（1）系统参数定值：$S_H = 960MVA$；$S_L = 500MVA$；$U_H = 525kV$；$U_M = 230kV$；$U_L = 36kV$；$n_H = 3200/1$；$n_M = 4000/1$；$n_{低开关} = 8000/1$；$n_{公共绕组} = 4000/1$；$n_{低压侧套管} = 4000/1$。

（2）可求得各侧二次电流额定值为

高压侧：$I_{e \cdot H} = \dfrac{S_H}{\sqrt{3} \times U_H \times n_H} = \dfrac{960 \times 10^6}{\sqrt{3} \times 525 \times 10^3 \times 3200} \approx 0.33A$

中压侧：$I_{e \cdot M} = \dfrac{S_H}{\sqrt{3} \times U_M \times n_M} = \dfrac{960 \times 10^6}{\sqrt{3} \times 230 \times 10^3 \times 4000} \approx 0.602A$

公共绕组：
$$I_{e.G} = \left(\dfrac{S_H}{\sqrt{3} \times U_M} - \dfrac{S_H}{\sqrt{3} \times U_H} \right) \times \dfrac{1}{n_{公共绕组}} = \dfrac{1}{\sqrt{3} \times U_M \times n_{公共绕组}} \times \left(1 - \dfrac{U_M}{U_H} \right) \times S_H$$
$$= \dfrac{1}{\sqrt{3} \times 230 \times 10^3 \times 4000} \times \left(1 - \dfrac{230}{525} \right) \times 960 \times 10^6 \approx 0.339A$$

低压侧开关：$I_{e \cdot L} = \dfrac{S_H}{\sqrt{3} \times U_L \times n_L} = \dfrac{960 \times 10^6}{\sqrt{3} \times 36 \times 10^3 \times 8000} \approx 1.925A$

二、调试方法

1. 主保护检验

（1）纵差差动保护启动定值校验见表 18-1。

表 18-1   纵差差动保护启动定值校验

试验项目	纵差差动保护启动值校验	
整定定值	差动保护启动电流定值：$0.5I_e$	
试验条件	（1）硬压板设置：投入"主保护投入"压板 1QLP1。 （2）软压板设置：投入"主保护"软压板。 （3）控制字设置："差动速断"置"1""纵差保护"置"1""分相差动保护"置"0""低压侧小区差动保护"置"0""分侧差动保护"置"0""零序分量差动保护"置"0""纵差工频变化量保护"置"0""分相差工频变化量保护"置"0"	
计算方法	计算公式： $I_\varphi = m \times 1.11 \times 0.5 \times I_e$（高、中压侧两相加入电流） $I_\varphi = m \times 1.11 \times 0.5 \times I_e \times \dfrac{3}{2}$（高、中压侧单相加入电流） $I_\varphi = m \times 1.11 \times 5 \times I_e \times \sqrt{3}$（低压侧单相加入电流） $I_\varphi = m \times 1.11 \times 5 \times I_e$（低压侧三相加入电流） 计算数据（以高压侧单相加入电流为例）： $m = 0.95$，$I_\varphi = m \times 1.11 \times 0.5 \times I_e \times \dfrac{3}{2} = 0.95 \times 1.11 \times 0.5 \times 0.33 \times \dfrac{3}{2} = 0.26(\text{A})$ $m = 1.05$，$I_\varphi = m \times 1.11 \times 0.5 \times I_e \times \dfrac{3}{2} = 1.05 \times 1.11 \times 0.5 \times 0.33 \times \dfrac{3}{2} = 0.288(\text{A})$	
说明	（1）低压侧 TA 取外附 TA。 （2）高压侧若通入相间电流，电流接线可以从 A 相首端进从 B 相尾端出	
故障试验仪器设置（采用手动模块）	初始状态	$\dot{I}_A$：$0.265\angle 0.00°$A；$\dot{I}_B$：$0.00\angle 0.00°$A；$\dot{I}_C$：$0.00\angle 0.00°$A
	操作说明：接线测试仪电流 A 相接高压侧 TA 的 A-N；变量：$\dot{I}_A$ 幅值，变化量：步长设为 0.001A；缓慢上升，直到保护装置动作；如采用状态序列模式，电流直接设为 1.05 倍和 0.95 倍，状态控制时间 0.05s	
	装置报文	0016ms A 纵差保护
	装置指示灯	保护跳闸灯亮
思考	（1）进行启动值试验时，测试仪所加电流为何要乘以 1.11？ （2）高压侧通单相电流进行启动值试验时，测试仪所加电流为何要乘以 $\dfrac{3}{2}$？ （3）低压侧通单相电流进行启动值试验时，测试仪所加电流为何要乘以 $\sqrt{3}$	

（2）纵差比率差动比率系数定值校验见表 18-2。

表 18-2   纵差比率差动比率系数定值校验

试验项目	纵差比率差动比率系数定值校验	
整定定值	纵差保护启动电流定值：$0.5I_e$；K_1、K_2、K_3 为比率差动"比率制动系数定值"（装置内部固定取 0.2、0.5、0.75）	
试验条件	（1）硬压板设置：投入"主保护投入"压板 1QLP1。 （2）软压板设置：投入"主保护"软压板。 （3）控制字设置："差动速断"置"1""纵差保护"置"1""分相差动保护"置"0""低压侧小区差动保护"置"0""分侧差动保护"置"0""零序分量差动保护"置"0""纵差工频变化量保护"置"0""分相差工频变化量保护"置"0"	
计算方法	计算公式：以高低两侧比率制动第二折线为例，$K_2 = 0.5$ $$I_d = 0.5 \times (I_r - 0.5I_e) + 0.1I_e + I_{cdqd} \quad (0.5I_e \le I_r \le 6I_e)$$ 假设 $I_r = 2I_e$， $$\begin{cases} I_d = 0.5 \times (2I_e - 0.5I_e) + 0.6I_e = 1.35I_e = I_1 - I_2 \\ I_r = (I_1 + I_2)/2 = 2I_e \end{cases}$$ $$\Rightarrow \begin{cases} I_1 = 2.675I_e \\ I_2 = 1.325I_e \end{cases}$$ $$\Rightarrow \begin{cases} I_H = I_1 = 2.675I_{e.H} = 0.88\,(A) \\ I_L = I_2 \times \sqrt{3} = 1.325I_{e.L} \times \sqrt{3} = 4.42\,(A) \end{cases}$$ 假设 $I_r = 3I_e$， $$\begin{cases} I_d = 0.5 \times (3I_e - 0.5I_e) + 0.6I_e = 1.85I_e = I_1 - I_2 \\ I_r = (I_1 + I_2)/2 = 3I_e \end{cases}$$ $$\Rightarrow \begin{cases} I_1 = 3.925I_e \\ I_2 = 2.075I_e \end{cases}$$ $$\Rightarrow \begin{cases} I_H = I_1 = 3.925I_{e.H} = 1.3\,(A) \\ I_L = I_2 \times \sqrt{3} = 2.075I_{e.L} \times \sqrt{3} = 6.92\,(A) \end{cases}$$	
$I_r = 2I_e$ 时故障试验仪器设置（采用手动模块）	初始状态	$\dot{U}_A$：$57.74\angle 0.00°\text{V}$　　$\dot{I}_A$：$0.88\angle 0.00°\text{A}$ $\dot{U}_B$：$57.74\angle -120°\text{V}$　　$\dot{I}_B$：$4.42\angle 180°\text{A}$ $\dot{U}_C$：$57.74\angle 120°\text{V}$　　$\dot{I}_C$：$0.00\angle 0.00°\text{A}$
	操作说明：接线测试仪电流 A 相接高压侧 TA 的 A-B，B 相接低压侧 TA 的 A-N；变量：$\dot{I}_A$（或 $\dot{I}_B$）幅值；适当降低 $\dot{I}_A$ 值，再升高至保护动作（或适当升高 $\dot{I}_B$ 再降低）	
	装置报文	0016ms AB 纵差保护
	装置指示灯	保护跳闸灯亮
$I_r = 3I_e$ 时故障试验仪器设置（采用手动模块）	初始状态	$\dot{U}_A$：$57.74\angle 0.00°\text{V}$　　$\dot{I}_A$：$1.3\angle 0.00°\text{A}$ $\dot{U}_B$：$57.74\angle -120°\text{V}$　　$\dot{I}_B$：$6.92\angle 180°\text{A}$ $\dot{U}_C$：$57.74\angle 120°\text{V}$　　$\dot{I}_C$：$0.00\angle 0.00°\text{A}$

续表

$I_r = 3I_e$ 时故障试验仪器设置（采用手动模块）	操作说明：接线测试仪电流 A 相接高压侧 TA 的 A-B，B 相接低压侧 TA 的 A-N；变量：$\dot{I}_A$（或 $\dot{I}_B$）幅值；适当降低 $\dot{I}_A$ 值，再升高至保护动作（或适当升高 $\dot{I}_B$ 再降低）
	装置报文	0016ms AB 纵差保护
	装置指示灯	保护跳闸灯亮
思考	加入电流时，为什么 $\dot{I}_A$ 与 $\dot{I}_B$ 相位要相反

（3）纵差比率二次谐波系数校验见表 18-3。

表 18-3 纵差比率二次谐波系数校验

试验项目	纵差比率二次谐波系数校验		
整定定值	二次谐波制动系数：0.15		
试验条件	（1）硬压板设置：投入"主保护投入"压板 1QLP1。 （2）软压板设置：投入"主保护"软压板。 （3）控制字设置："差动速断"置"1""纵差保护"置"1""分相差动保护"置"0""低压侧小区差动保护"置"0""分侧差动保护"置"0""零序分量差动保护"置"0""纵差工频变化量保护"置"0""分相差工频变化量保护"置"0"		
计算方法	基波分量 1A，二次谐波分量 = 0.15×1A=0.15A		
故障试验仪器设置（采用手动模块）	初始状态	$\dot{I}_A$：$1\angle 0.00°$A 50Hz；$\dot{I}_B$：$0.2\angle 0.00°$A 100Hz；$\dot{I}_C$：$0.00\angle 0.00°$A	
	操作说明：接线测试仪电流 A 相接高压侧 TA 的 A-N，B 相同样接高压侧 TA 的 A-N；变量：$\dot{I}_B$ 幅值，变化步长：0.01；逐渐降低 $\dot{I}_B$ 幅值		
	装置报文	0016ms A 纵差保护	
	装置指示灯	保护跳闸灯亮	

（4）纵差差动速断保护定值校验见表 18-4。

表 18-4 纵差差动速断保护定值校验

试验项目	纵差差动速断保护定值校验
整定定值	差动速断电流定值：$5I_e$
试验条件	（1）硬压板设置：投入"主保护投入"压板 1QLP1。 （2）软压板设置：投入"主保护"软压板。 （3）控制字设置："差动速断"置"1""纵差保护"置"1""分相差动保护"置"0""低压侧小区差动保护"置"0""分侧差动保护"置"0""零序分量差动保护"置"0""纵差工频变化量保护"置"0""分相差工频变化量保护"置"0"
计算方法	计算公式同差动启动值校验，以高压侧 AB 相间为例： $I_\varphi = m \times 5 \times I_e$（高、中压侧两相加入电流） 计算数据： $m = 0.95$ ， $I_\varphi = m \times 5 \times I_e = 0.95 \times 5 \times 0.33 = 1.568(A)$ $m = 1.05$ ， $I_\varphi = m \times 5 \times I_e = 1.05 \times 5 \times 0.33 = 1.733(A)$

故障试验仪器设置（采用手动模块）	初始状态	$\dot{I}_A$：1.70∠0.00°A；$\dot{I}_B$：0.00∠0.00°A；$\dot{I}_C$：0.00∠0.00°A
	操作说明：接线测试仪电流 A 相接高压侧 TA 的 A-B；变量：$\dot{I}_A$ 幅值，变化量：步长设为 0.001A；适当降低 $\dot{I}_A$ 值，再升高至保护动作；如采用状态序列模式，电流直接设为 1.05 倍和 0.95 倍，状态控制时间 0.05s	
	装置报文	（1）0016ms AB 纵差保护。 （2）0029ms AB 纵差差动速断
	装置指示灯	保护跳闸灯亮

（5）分相差动保护校验（试验方法同纵差保护试验）。

（6）分侧差动保护定值校验见表 18-5。

表 18-5　　　　　　　　　　　　　　分侧差动保护定值校验

试验项目	分侧差动启动电流定值校验
整定定值	分侧差动启动电流定值：$0.5I_e$；高压侧 TA 变比为 3200/1，中压侧 TA 变比为 4000/1，公共绕组 TA 变比为 4000/1
试验条件	（1）硬压板设置：投入"主保护投入"压板 1QLP1。 （2）软压板设置：投入"主保护"软压板。 （3）控制字设置："差动速断"置"0""纵差保护"置"0""分相差动保护"置"0""低压侧小区差动保护"置"0""分侧差动保护"置"1""零序分量差动保护"置"0""纵差工频变化量保护"置"0""分相差工频变化量保护"置"0"
计算方法	I_1、I_2、I_G 分别为高压侧、中压侧和公共绕组侧电流： $I_1 = 0.5I_e = 0.5 \times 0.33 = 0.165(A)$ $I_2 = 0.5I_e \times \dfrac{n_H}{n_M} = 0.5 \times 0.33 \times \dfrac{3200}{4000} = 0.132(A)$ $I_G = 0.5I_e \times \dfrac{n_H}{n_{公共绕组}} = 0.5 \times 0.33 \times \dfrac{3200}{4000} = 0.132(A)$
故障试验仪器设置（手动模块）	初始状态：$\dot{I}_A$：0.16∠0.00°A；$\dot{I}_B$：0.00∠0.00°A；$\dot{I}_C$：0.00∠0.00°A 操作说明：接线测试仪电流 A 相接高压侧 TA 的 A-N；变量：$\dot{I}_A$ 幅值，变化步长：0.001；逐渐升高 $\dot{I}_A$ 幅值；如采用状态序列模式，电流直接设为 1.05 倍和 0.95 倍，状态控制时间 0.05s 装置报文：0020ms A 分侧差动 装置指示灯：保护跳闸灯亮
试验项目	分侧差动保护比率系数定值校验
整定定值	$K_{fc} = 0.5$
试验条件	（1）硬压板设置：投入"主保护投入"压板 1QLP1。 （2）软压板设置：投入"主保护"软压板。 （3）控制字设置："差动速断"置"0""纵差保护"置"0""分相差动保护"置"0""低压侧小区差动保护"置"0""分侧差动保护"置"1""零序分量差动保护"置"0""纵差工频变化量保护"置"0""分相差工频变化量保护"置"0"

计算方法	以高、低压侧为例，假设制动电流 $I_r = 1I_n$（$I_n = 3.03I_e$），I_1、I_G 分别为高压侧和公共绕组侧电流，则 $$I_d = K_{fc}[I_r - 0.5I_n] + 0.5I_e = 0.5[1I_n - 0.5I_n] + 0.5 \times 0.33 = 0.415I_n = 1.257I_e$$ $$I_r = MAX|I_1, I_G| = I_1 = 3.03I_e$$ $$I_G = (3.03 - 1.257) \times I_e \times \frac{n_H}{n_{公共绕组}} = 1.773 \times I_e \times \frac{n_H}{n_{公共绕组}} = 0.468A$$
故障试验仪器设置（手动模块）	手动模式参数设置

故障试验仪器设置（手动模块）	初始状态	$\dot{I}_A$：$1\angle 0.00° A$；$\dot{I}_B$：$0.468\angle 180° A$；$\dot{I}_C$：$0.00\angle 0.00° A$
	操作说明：接线测试仪电流 A 相接高压侧 TA 的 A-N，B 相接公共绕组侧 TA 的 A-N；变量为 $\dot{I}_A$（或 $\dot{I}_B$）幅值，变化步长为 0.01；适当降低 $\dot{I}_A$ 值，再升高至保护动作（或适当升高 $\dot{I}_B$ 再降低）	
	装置报文	0020ms A 分侧差动
	装置指示灯	保护跳闸灯亮

（7）零序差动保护校验（试验方法同分侧差动保护试验）。

（8）低压侧小区差动保护校验（试验方法同分侧差动保护试验）。

2. 高后备保护检验

（1）高压侧复合电压闭锁过电流保护校验见表 18-6。

表 18-6 　　　　　　　　　高压侧复合电压闭锁过电流保护校验

试验项目	高压侧复合电压闭锁方向过电流保护校验
整定定值	低电压闭锁定值：70V，负序电压闭锁定值：4V，复压闭锁过流定值：3A，负序闭锁过电流时间：2s
试验条件	（1）硬压板设置：投入"高压侧后备保护投入"压板 1QLP2、"高压侧电压投入"压板 1QLP3。 （2）软压板设置：投入"高压侧后备保护"软压板。 （3）控制字设置："高复压过电流保护"置"1"
计算方法	（1）复压闭锁过电流定值 $I_\varphi = m \times I_{set}$ 注：m 为系数，取 0.95 或 1.05。 计算数据： $m = 0.95$，$I_\varphi = m \times I_{set} = 0.95 \times 3 = 2.85(A)$ $m = 1.05$，$I_\varphi = m \times I_{set} = 1.05 \times 3 = 3.15(A)$ （2）低电压闭锁定值 $U_\varphi = m \times U_{\varphi\varphi set} / \sqrt{3}$ 当 $m = 1.05$ 时，$U_\varphi = m \times U_{\varphi\varphi set} / \sqrt{3} = 1.05 \times 70 / \sqrt{3} = 42.4(V)$，低电压闭锁不开放。 当 $m = 0.95$ 时，$U_\varphi = m \times U_{\varphi\varphi set} / \sqrt{3} = 0.95 \times 70 / \sqrt{3} = 38.4(V)$，低电压闭锁开放。 （3）负序电压闭锁定值 $U_2 = m \times U_{2set}$ 当 $m = 1.05$ 时，$U_2 = m \times U_{2set} = 1.05 \times 4 = 4.2(V)$，负序电压闭锁开放。 当 $m = 0.95$ 时，$U_2 = m \times U_{2set} = 0.95 \times 4 = 3.8(V)$，负序电压闭锁不开放

试验方法 （状态序列）	（1）状态 1 加正常电压量，电流 $I_\varphi = 0$，所加时间大于 10s，待 TV 断线恢复转入状态 2。 （2）状态 2 加故障量，所加故障时间=整定时间+100ms，故障态电压开放，故障相电压小于 45V			
复压闭锁过电流定值试验仪器设置	采用状态序列（以高压侧 A 相时为例）			
	m=0.95		m=1.05	
	状态 1 参数设置（故障前状态）	状态 2 参数设置（故障状态）	状态 1 参数设置（故障前状态）	状态 2 参数设置（故障状态）
	$\dot{U}_A$：57.74∠0.00°V	$\dot{U}_A$：0.00∠0.00°	$\dot{U}_A$：57.74∠0.00°V	$\dot{U}_A$：0.00∠0.00°
	$\dot{U}_B$：57.74∠-120°V	$\dot{U}_B$：57.74∠-120°V	$\dot{U}_B$：57.74∠-120°V	$\dot{U}_B$：57.74∠-120°V
	$\dot{U}_C$：57.74∠120°V	$\dot{U}_C$：57.74∠120°V	$\dot{U}_C$：57.74∠120°V	$\dot{U}_C$：57.74∠120°V
	$\dot{I}_A$：0.00∠0.00°A	$\dot{I}_A$：2.85∠0.00°A	$\dot{I}_A$：0.00∠0.00°A	$\dot{I}_A$：3.15∠0.00°A
	$\dot{I}_B$：0.00∠0.00°A	$\dot{I}_B$：0.00∠0.00°A	$\dot{I}_B$：0.00∠0.00°A	$\dot{I}_B$：0.00∠0.00°A
	$\dot{I}_C$：0.00∠0.00°A	$\dot{I}_C$：0.00∠0.00°A	$\dot{I}_C$：0.00∠0.00°A	$\dot{I}_C$：0.00∠0.00°A
	状态触发条件：时间控制为 12s	状态触发条件：时间控制为 2.1s	状态触发条件：时间控制为 12s	状态触发条件：时间控制为 2.1s
装置报文	—		2005ms A 高复压过电流	
装置指示灯	—		保护跳闸灯亮	
低电压闭锁定值试验仪器设置	采用状态序列（以高压侧 A 相时为例）			
	m=0.95		m=1.05	
	状态 1 参数设置（故障前状态）	状态 2 参数设置（故障状态）	状态 1 参数设置（故障前状态）	状态 2 参数设置（故障状态）
	$\dot{U}_A$：57.74∠0.00°V	$\dot{U}_A$：38.4∠0.00°	$\dot{U}_A$：57.74∠0.00°V	$\dot{U}_A$：42.4∠0.00°
	$\dot{U}_B$：57.74∠-120°V	$\dot{U}_B$：38.4∠-120°	$\dot{U}_B$：57.74∠-120°V	$\dot{U}_B$：42.4∠-120°
	$\dot{U}_C$：57.74∠120°V	$\dot{U}_C$：38.4∠120°	$\dot{U}_C$：57.74∠120°V	$\dot{U}_C$：42.4∠120°
	$\dot{I}_A$：0.00∠0.00°A	$\dot{I}_A$：3.6∠0.00°A	$\dot{I}_A$：0.00∠0.00°A	$\dot{I}_A$：3.6∠0.00°A
	$\dot{I}_B$：0.00∠0.00°A	$\dot{I}_B$：0.00∠0.00°A	$\dot{I}_B$：0.00∠0.00°A	$\dot{I}_B$：0.00∠0.00°A
	$\dot{I}_C$：0.00∠0.00°A	$\dot{I}_C$：0.00∠0.00°A	$\dot{I}_C$：0.00∠0.00°A	$\dot{I}_C$：0.00∠0.00°A
	状态触发条件：时间控制为 12s	状态触发条件：时间控制为 2.1s	状态触发条件：时间控制为 12s	状态触发条件：时间控制为 2.1s
装置报文	2005ms A 高复压过电流		—	
装置指示灯	保护跳闸灯亮		—	

续表

	采用状态序列（以高压侧 A 相时为例）			
	m=0.95		m=1.05	
	状态 1 参数设置（故障前状态）	状态 2 参数设置（故障状态）	状态 1 参数设置（故障前状态）	状态 2 参数设置（故障状态）
负序电压闭锁定值试验仪器设置	$\dot{U}_A$：57.74∠0.00°V $\dot{U}_B$：57.74∠-120°V $\dot{U}_C$：57.74∠120°V $\dot{I}_A$：0.00∠0.00°A $\dot{I}_B$：0.00∠0.00°A $\dot{I}_C$：0.00∠0.00°A 状态触发条件：时间控制为 12s	$\dot{U}_A$：46.34∠0.00°V $\dot{U}_B$：57.74∠-120°V $\dot{U}_C$：57.74∠120°V $\dot{I}_A$：3.6∠0.00°A $\dot{I}_B$：0.00∠0.00°A $\dot{I}_C$：0.00∠0.00°A 状态触发条件：时间控制为 2.1s	$\dot{U}_A$：57.74∠0.00°V $\dot{U}_B$：57.74∠-120°V $\dot{U}_C$：57.74∠120°V $\dot{I}_A$：0.00∠0.00°A $\dot{I}_B$：0.00∠0.00°A $\dot{I}_C$：0.00∠0.00°A 状态触发条件：时间控制为 12s	$\dot{U}_A$：45.14∠0.00°V $\dot{U}_B$：57.74∠-120°V $\dot{U}_C$：57.74∠120°V $\dot{I}_A$：3.6∠0.00°A $\dot{I}_B$：0.00∠0.00°A $\dot{I}_C$：0.00∠0.00°A 状态触发条件：时间控制为 2.1s
装置报文	—		2005ms A 高复压过电流	
装置指示灯	—		保护跳闸灯亮	

（2）高压侧零序方向过电流保护校验见表 18-7。

表 18-7　　　　　　　　　高压侧零序方向过电流保护校验

试验项目	零序过电流方向保护定值试验（正、反方向，区内、区外故障）			
整定定值	高零序过电流Ⅰ段定值：0.2A，高零序过电流Ⅰ段 1 时限：4.5s，高零序过电流Ⅰ段 2 时限：4.8s，高零序过电流Ⅱ段定值：1.0A，高零序过电流Ⅱ段 1 时限：9.0s，高零序过电流Ⅱ段 2 时限：10.0s，高零序过电流Ⅲ段定值：3.0A，高零序过电流Ⅲ段 1 时限：20.0s			
试验条件	（1）硬压板设置：投入"高压侧后备保护投入"压板 1QLP2、"高压侧电压投入"压板 1QLP3。 （2）软压板设置：投入"高压侧后备保护"软压板。 （3）控制字设置："高零序过电流Ⅰ段带方向"置"1""高零序过电流Ⅰ段指向母线"置"1""高零序过电流Ⅱ段带方向"置"1""高零序过电流Ⅱ段指向母线"置"1""高零序过电流Ⅰ段 1 时限"置"1""高零序过电流Ⅰ段 2 时限"置"1""高零序过电流Ⅱ段 1 时限"置"1""高零序过电流Ⅱ段 2 时限"置"1"			
计算方法	同复压方向过电流保护			
试验方法（状态序列）	（1）状态 1 加正常电压量，电流 $I_\varphi = 0$，所加时间大于 10s，待 TV 断线恢复转入状态 2。 （2）状态 2 加故障量，所加故障时间=整定时间+100ms，故障态电压开放			
试验仪器设置	采用状态序列（区内故障）			
	正方向		反方向	
	状态 1 参数设置（故障前状态）	状态 2 参数设置（故障状态）	状态 1 参数设置（故障前状态）	状态 2 参数设置（故障状态）
	$\dot{U}_A$：57.74∠0.00°V $\dot{U}_B$：57.74∠-120°V $\dot{U}_C$：57.74∠120°V $\dot{I}_A$：0.00∠0.00°A $\dot{I}_B$：0.00∠0.00°A $\dot{I}_C$：0.00∠0.00°A 状态触发条件：时间控制为 12.00s	$\dot{U}_A$：0.00∠0.00°V $\dot{U}_B$：57.74∠-120°V $\dot{U}_C$：57.74∠120°V $\dot{I}_A$：0.21∠105°A $\dot{I}_B$：0.00∠0.00°A $\dot{I}_C$：0.00∠0.00°A 状态触发条件：时间控制为 4.6s	$\dot{U}_A$：57.74∠0.00°V $\dot{U}_B$：57.74∠-120°V $\dot{U}_C$：57.74∠120°V $\dot{I}_A$：0.00∠0.00°A $\dot{I}_B$：0.00∠0.00°A $\dot{I}_C$：0.00∠0.00°A 状态触发条件：时间控制为 12.00s	$\dot{U}_A$：0.00∠0.00°V $\dot{U}_B$：57.74∠-120°V $\dot{U}_C$：57.74∠120°V $\dot{I}_A$：0.21∠-75°A $\dot{I}_B$：0.00∠0.00°A $\dot{I}_C$：0.00∠0.00°A 状态触发条件：时间控制为 4.6s

续表

装置报文	4506ms A 高零流Ⅰ段1时限		—	
装置指示灯	保护跳闸灯亮		—	
试验仪器设置	采用状态序列（正方向）			
	m=0.95		m=1.05	
	状态1参数设置（故障前状态）	状态2参数设置（故障状态）	状态1参数设置（故障前状态）	状态2参数设置（故障状态）
	$\dot{U}_A$：57.74∠0.00°V $\dot{U}_B$：57.74∠−120°V $\dot{U}_C$：57.74∠120°V $\dot{I}_A$：0.00∠0.00°A $\dot{I}_B$：0.00∠0.00°A $\dot{I}_C$：0.00∠0.00°A 状态触发条件：时间控制为12.00s	$\dot{U}_A$：0.00∠0.00°V $\dot{U}_B$：57.74∠−120°V $\dot{U}_C$：57.74∠120°V $\dot{I}_A$：0.19∠105°A $\dot{I}_B$：0.00∠0.00°A $\dot{I}_C$：0.00∠0.00°A 状态触发条件：时间控制为4.6s	$\dot{U}_A$：57.74∠0.00°V $\dot{U}_B$：57.74∠−120°V $\dot{U}_C$：57.74∠120°V $\dot{I}_A$：0.00∠0.00°A $\dot{I}_B$：0.00∠0.00°A $\dot{I}_C$：0.00∠0.00°A 状态触发条件：时间控制为12.00s	$\dot{U}_A$：0.00∠0.00°V $\dot{U}_B$：57.74∠−120°V $\dot{U}_C$：57.74∠120°V $\dot{I}_A$：0.21∠105°A $\dot{I}_B$：0.00∠0.00°A $\dot{I}_C$：0.00∠0.00°A 状态触发条件：时间控制为4.6s
装置报文	—		4506ms A 高零流Ⅰ段1时限	
装置指示灯	—		保护跳闸灯亮	
思考	为什么$\dot{I}_A$的角度为105°			
试验项目	零序过电流方向保护动作区及灵敏角			
整定定值	高零序过电流Ⅰ段定值：0.2A，高零序过电流Ⅰ段1时限：4.5s，高零序过电流Ⅰ段2时限：4.8s，高零序过电流Ⅱ段定值：1.0A，高零序过电流Ⅱ段1时限：9.0s，高零序过电流Ⅱ段2时限：10.0s，高零序过电流Ⅲ段定值：3.0A，高零序过电流Ⅲ段1时限：20.0s			
试验条件	（1）硬压板设置：投入"高压侧后备保护投入"压板1QLP2、"高压侧电压投入"压板1QLP3。 （2）软压板设置：投入"高压侧后备保护"软压板。 （3）控制字设置："高零序过电流Ⅰ段带方向"置"1""高零序过电流Ⅰ段指向母线"置"1""高零序过电流Ⅱ段带方向"置"1""高零序过电流Ⅱ段指向母线"置"1""高零序过电流Ⅰ段1时限"置"1""高零序过电流Ⅰ段2时限"置"1""高零序过电流Ⅱ段1时限"置"1""高零序过电流Ⅱ段2时限"置"1"			
计算方法	零序功率方向根据零序电流与零序电压的夹角确定。方向指向变压器时，方向灵敏角为−105°；方向指向系统时，方向灵敏角为75°。零序过电流方向保护动作区示意图如图18-1所示。 （a）方向指向系统　　　　（b）方向指向变压器 图18-1　零序过电流方向保护动作区示意图			
试验方法（状态序列）	（1）状态1加正常电压量，电流I_φ=0，所加时间大于10s，待TV断线恢复转入状态2。 （2）状态2加故障量，所加故障时间=整定时间+100ms，故障态电压开放			

续表

	采用状态序列（边界一）			
	动点		不动点	
	状态 1 参数设置（故障前状态）	状态 2 参数设置（故障状态）	状态 1 参数设置（故障前状态）	状态 2 参数设置（故障状态）
试验仪器设置	$\dot{U}_A$：57.74∠0.00°V $\dot{U}_B$：57.74∠-120°V $\dot{U}_C$：57.74∠120°V $\dot{I}_A$：0.00∠0.00°A $\dot{I}_B$：0.00∠0.00°A $\dot{I}_C$：0.00∠0.00°A 状态触发条件：时间控制为 12.00s	$\dot{U}_A$：30∠0.00°V $\dot{U}_B$：57.74∠-120°V $\dot{U}_C$：57.74∠120°V $\dot{I}_A$：0.21∠15°A $\dot{I}_B$：0.00∠0.00°A $\dot{I}_C$：0.00∠0.00°A 状态触发条件：时间控制为 4.6s	$\dot{U}_A$：57.74∠0.00°V $\dot{U}_B$：57.74∠-120°V $\dot{U}_C$：57.74∠120°V $\dot{I}_A$：0.00∠0.00°A $\dot{I}_B$：0.00∠0.00°A $\dot{I}_C$：0.00∠0.00°A 状态触发条件：时间控制为 12.00s	$\dot{U}_A$：30∠0.00°V $\dot{U}_B$：57.74∠-120°V $\dot{U}_C$：57.74∠120°V $\dot{I}_A$：0.21∠14°A $\dot{I}_B$：0.00∠0.00°A $\dot{I}_C$：0.00∠0.00°A 状态触发条件：时间控制为 4.6s
装置报文	4506ms A 高零流 I 段 1 时限		—	
装置指示灯	保护跳闸灯亮		—	
	采用状态序列（边界二）			
	动点		不动点	
	状态 1 参数设置（故障前状态）	状态 2 参数设置（故障状态）	状态 1 参数设置（故障前状态）	状态 2 参数设置（故障状态）
试验仪器设置	$\dot{U}_A$：57.74∠0.00°V $\dot{U}_B$：57.74∠-120°V $\dot{U}_C$：57.74∠120°V $\dot{I}_A$：0.00∠0.00°A $\dot{I}_B$：0.00∠0.00°A $\dot{I}_C$：0.00∠0.00°A 状态触发条件：时间控制为 12.00s	$\dot{U}_A$：30∠0.00°V $\dot{U}_B$：57.74∠-120°V $\dot{U}_C$：57.74∠120°V $\dot{I}_A$：0.21∠-166°A $\dot{I}_B$：0.00∠0.00°A $\dot{I}_C$：0.00∠0.00°A 状态触发条件：时间控制为 4.6s	$\dot{U}_A$：57.74∠0.00°V $\dot{U}_B$：57.74∠-120°V $\dot{U}_C$：57.74∠120°V $\dot{I}_A$：0.00∠0.00°A $\dot{I}_B$：0.00∠0.00°A $\dot{I}_C$：0.00∠0.00°A 状态触发条件：时间控制为 12.00s	$\dot{U}_A$：30∠0.00°V $\dot{U}_B$：57.74∠-120°V $\dot{U}_C$：57.74∠120°V $\dot{I}_A$：0.21∠-165°A $\dot{I}_B$：0.00∠0.00°A $\dot{I}_C$：0.00∠0.00°A 状态触发条件：时间控制为 4.6s
装置报文	4506ms A 高零流 I 段 1 时限		—	
装置指示灯	保护跳闸灯亮		—	
思考	如何通过动作边界计算最大灵敏角			
说明	（1）"高零序过流 I 段指向母线"置"1"，灵敏角为 75°；动作边界：-15°<动作区<165°。 （2）"高零序过流 I 段指向母线"置"0"，灵敏角为-105°；动作边界：165°<动作区<345°			

（3）高压侧过励磁保护校验见表 18-8。

表 18-8　　　　　　　　　　　　　　　　高压侧过励磁保护校验

试验项目	过励磁保护校验
整定定值	高过励磁告警定值：1.05，高过励磁告警时间：5s，高反时限过励磁 1 段倍数：1.1，高反时限过励磁 1 段时间：720s，高反时限过励磁 2 段时间：200s，高反时限过励磁 3 段时间，100s，高反时限过励磁 4 段时间：20s，高反时限过励磁 5 段时间：12s，高反时限过励磁 6 段时间：3s，高反时限过励磁 7 段时间：1.5s
试验条件	（1）硬压板设置：投入"高压侧后备保护投入"压板 1QLP2、"高压侧电压投入"压板 1QLP3。 （2）软压板设置：投入"高压侧后备保护"软压板。 （3）控制字设置："高过励磁保护跳闸"置"1"
计算方法	（1）过励磁告警 $U=1.05\times57.74=60.63(\mathrm{V})$。 （2）反时限过励磁 1 段 $U=1.1\times57.74=63.51(\mathrm{V})$。 （3）反时限过励磁 2 段 $U=1.15\times57.74=66.40(\mathrm{V})$。 （4）反时限过励磁 3 段 $U=1.2\times57.74=69.29(\mathrm{V})$。 （5）反时限过励磁 4 段 $U=1.25\times57.74=72.18(\mathrm{V})$。 （6）反时限过励磁 5 段 $U=1.3\times57.74=75.06(\mathrm{V})$。 （7）反时限过励磁 6 段 $U=1.35\times57.74=77.95(\mathrm{V})$。 （8）反时限过励磁 7 段 $U=1.4\times57.74=80.84(\mathrm{V})$
说明	过励磁基准电压采用高压侧额定电压进行计算，装置自动根据"高压侧额定电压"和"高压侧 TV 一次值"定值转换调整系数；反时限过励磁 1 段倍数需整定，其余各段倍数固定按级差 0.05 递增

反时限过励磁 6 段定值试验仪器设置（采用状态序列模式）	参数设置（以反时限过磁 6 段为例）		
	状态 1 参数设置（故障前状态）		
	$\dot{U}_{\mathrm{A}}$：57.74∠0.00°V $\dot{U}_{\mathrm{B}}$：57.74∠-120°V $\dot{U}_{\mathrm{C}}$：57.74∠120°V	$\dot{I}_{\mathrm{A}}$：0.00∠0.00°A $\dot{I}_{\mathrm{B}}$：0.00∠0.00°A $\dot{I}_{\mathrm{C}}$：0.00∠0.00°A	状态触发条件：时间控制为 12s
	状态 2 参数设置（故障状态）		
	$\dot{U}_{\mathrm{A}}$：77.95∠0.00°V $\dot{U}_{\mathrm{B}}$：77.95∠-120°V $\dot{U}_{\mathrm{C}}$：77.95∠120°V	$\dot{I}_{\mathrm{A}}$：0.00∠0.00°A $\dot{I}_{\mathrm{B}}$：0.00∠0.00°A $\dot{I}_{\mathrm{C}}$：0.00∠0.00°A	状态触发条件：时间控制为 3.1s
	装置报文	3008ms 反时限过励磁	
	装置指示灯	保护跳闸灯亮	

（4）高压侧阻抗保护校验见表 18-9。

表 18-9　　　　　　　　　　　　　　　　高压侧阻抗保护校验

试验项目	高压侧相间阻抗保护校验
整定定值	指向主变压器相间阻抗定值：18.52Ω，指向母线相间阻抗定值：1.93Ω，相间阻抗 1 时限：2.0s；相间阻抗 2 时限：10s，灵敏角固定为 80°
试验条件	（1）硬压板设置：投入"高压侧后备保护投入"压板 1QLP2、"高压侧电压投入"压板 1QLP3。 （2）软压板设置：投入"高压侧后备保护"软压板。 （3）控制字设置："高相间阻抗 1 时限"置"1""高相间阻抗 2 时限"置"1""高接地阻抗 1 时限"置"0""高接地阻抗 2 时限"置"0"

计算方法	具体方法参考线路保护相间距离保护的计算方法			
试验方法 （状态序列）	（1）状态 1 加正常电压量，电流 $I_\varphi = 0$，所加时间大于 10s，待 TV 断线恢复转入状态 2。 （2）状态 2 加故障量，所加故障时间=整定时间+100ms			
试验仪器 设置	参数设置（方向指向主变压器，以 BC 相间短路为例）			
	m=0.95		m=1.05	
	状态 1 参数设置（故障前状态）	状态 2 参数设置（故障状态）	状态 1 参数设置（故障前状态）	状态 2 参数设置（故障状态）
	$\dot{U}_A$：57.74∠0.00°V	$\dot{U}_A$：57.74∠0.00°V	$\dot{U}_A$：57.74∠0.00°V	$\dot{U}_A$：57.74∠0.00°V
	$\dot{U}_B$：57.74∠−120°V	$\dot{U}_B$：33.81∠−148.6°V	$\dot{U}_B$：57.74∠−120°V	$\dot{U}_B$：34.81∠−146.0°V
	$\dot{U}_C$：57.74∠120°V	$\dot{U}_C$：33.81∠148.6°V	$\dot{U}_C$：57.74∠120°V	$\dot{U}_C$：34.81∠146.0°V
	$\dot{I}_A$：0.00∠0.00°A	$\dot{I}_A$：0.00∠0.00°A	$\dot{I}_A$：0.00∠0.00°A	$\dot{I}_A$：0.00∠0.00°A
	$\dot{I}_B$：0.00∠0.00°A	$\dot{I}_B$：1∠−170°A	$\dot{I}_B$：0.00∠0.00°A	$\dot{I}_B$：1∠−170°A
	$\dot{I}_C$：0.00∠0.00°A	$\dot{I}_C$：1∠10°A	$\dot{I}_C$：0.00∠0.00°A	$\dot{I}_C$：1∠10°A
	状态触发条件：时间控制为 12s	状态触发条件：时间控制为 2.1s	状态触发条件：时间控制为 12s	状态触发条件：时间控制为 2.1s
装置报文	2020ms BC 高相间阻抗 1 时限	—		
装置指示灯	保护跳闸灯亮	—		
试验仪器 设置	参数设置（方向指向母线，以 BC 相间短路为例）			
	m=0.95		m=1.05	
	状态 1 参数设置（故障前状态）	状态 2 参数设置（故障状态）	状态 1 参数设置（故障前状态）	状态 2 参数设置（故障状态）
	$\dot{U}_A$：57.74∠0.00°V	$\dot{U}_A$：57.74∠0.00°V	$\dot{U}_A$：57.74∠0.00°V	$\dot{U}_A$：57.74∠0.00°V
	$\dot{U}_B$：57.74∠−120°V	$\dot{U}_B$：28.93∠−176.4°V	$\dot{U}_B$：57.74∠−120°V	$\dot{U}_B$：28.94∠−176.0°V
	$\dot{U}_C$：57.74∠120°V	$\dot{U}_C$：28.93∠176.4°V	$\dot{U}_C$：57.74∠120°V	$\dot{U}_C$：28.94∠176.0°V
	$\dot{I}_A$：0.00∠0.00°A	$\dot{I}_A$：0.00∠0.00°A	$\dot{I}_A$：0.00∠0.00°A	$\dot{I}_A$：0.00∠0.00°A
	$\dot{I}_B$：0.00∠0.00°A	$\dot{I}_B$：1.00∠10°A	$\dot{I}_B$：0.00∠0.00°A	$\dot{I}_B$：1.00∠10°A
	$\dot{I}_C$：0.00∠0.00°A	$\dot{I}_C$：1.00∠−170°A	$\dot{I}_C$：0.00∠0.00°A	$\dot{I}_C$：1.00∠−170°A
	状态触发条件：时间控制为 12s	状态触发条件：时间控制为 2.1s	状态触发条件：时间控制为 12s	状态触发条件：时间控制为 2.1s
装置报文	2020ms BC 高相间阻抗 1 时限	—		
装置指示灯	保护跳闸灯亮	—		
试验项目	高压侧接地阻抗保护校验			
整定定值	指向主变压器接地阻抗定值：18.52Ω，指向母线接地阻抗定值：1.93Ω，接地阻抗 1 时限：2.0s；接地阻抗 2 时限：10s，接地阻抗零序补偿系数：0.7，灵敏角固定为 80°			
试验条件	（1）硬压板设置：投入"高压侧后备保护投入"压板 1QLP2、"高压侧电压投入"压板 1QLP3。 （2）软压板设置：投入"高压侧后备保护"软压板。 （3）控制字设置："高相间阻抗 1 时限"置"0""高相间阻抗 2 时限"置"0""高接地阻抗 1 时限"置"1""高接地阻抗 2 时限"置"1"			

续表

计算方法	具体方法参考线路保护接地距离保护的计算方法			
试验方法 （状态序列）	（1）状态 1 加正常电压量，电流 $I_\varphi=0$，所加时间大于 10s，待 TV 断线恢复转入状态 2。 （2）状态 2 加故障量，所加故障时间=整定时间+100ms			
说明	接地阻抗保护中的零序补偿系数只对指向母线的阻抗有效			
试验仪器 设置	参数设置（方向指向主变压器，以 A 相接地短路为例）			
	m=0.95		m=1.05	
	状态 1 参数设置（故障前状态）	状态 2 参数设置（故障状态）	状态 1 参数设置（故障前状态）	状态 2 参数设置（故障状态）
	$\dot{U}_A$：57.74∠0.00°V $\dot{U}_B$：57.74∠−120°V $\dot{U}_C$：57.74∠120°V $\dot{I}_A$：0.00∠0.00°A $\dot{I}_B$：0.00∠0.00°A $\dot{I}_C$：0.00∠0.00°A 状态触发条件：时间控制为 12s	$\dot{U}_A$：17.59∠0.00°V $\dot{U}_B$：57.74∠−120°V $\dot{U}_C$：57.74∠120°V $\dot{I}_A$：1∠−80°A $\dot{I}_B$：0.00∠0.00°A $\dot{I}_C$：0.00∠0.00°A 状态触发条件：时间控制为 2.1s	$\dot{U}_A$：57.74∠0.00°V $\dot{U}_B$：57.74∠−120°V $\dot{U}_C$：57.74∠120°V $\dot{I}_A$：0.00∠0.00°A $\dot{I}_B$：0.00∠0.00°A $\dot{I}_C$：0.00∠0.00°A 状态触发条件：时间控制为 12s	$\dot{U}_A$：19.45∠0.00°V $\dot{U}_B$：57.74∠−120°V $\dot{U}_C$：57.74∠120°V $\dot{I}_A$：1∠−80°A $\dot{I}_B$：0.00∠0.00°A $\dot{I}_C$：0.00∠0.00°A 状态触发条件：时间控制为 2.1s
装置报文	2020ms A 高接地阻抗 1 时限	—		
装置指示灯	保护跳闸灯亮	—		
试验仪器 设置	参数设置（方向指向母线，以 A 相接地短路为例）			
	m=0.95		m=1.05	
	状态 1 参数设置（故障前状态）	状态 2 参数设置（故障状态）	状态 1 参数设置（故障前状态）	状态 2 参数设置（故障状态）
	$\dot{U}_A$：57.74∠0.00°V $\dot{U}_B$：57.74∠−120°V $\dot{U}_C$：57.74∠120°V $\dot{I}_A$：0.00∠0.00°A $\dot{I}_B$：0.00∠0.00°A $\dot{I}_C$：0.00∠0.00°A 状态触发条件：时间控制为 12s	$\dot{U}_A$：3.12∠0.00°V $\dot{U}_B$：57.74∠−120°V $\dot{U}_C$：57.74∠120°V $\dot{I}_A$：1∠100°A $\dot{I}_B$：0.00∠0.00°A $\dot{I}_C$：0.00∠0.00°A 状态触发条件：时间控制为 2.1s	$\dot{U}_A$：57.74∠0.00°V $\dot{U}_B$：57.74∠−120°V $\dot{U}_C$：57.74∠120°V $\dot{I}_A$：0.00∠0.00°A $\dot{I}_B$：0.00∠0.00°A $\dot{I}_C$：0.00∠0.00°A 状态触发条件：时间控制为 12s	$\dot{U}_A$：3.45∠0.00°V $\dot{U}_B$：57.74∠−120°V $\dot{U}_C$：57.74∠120°V $\dot{I}_A$：1∠100°A $\dot{I}_B$：0.00∠0.00°A $\dot{I}_C$：0.00∠0.00°A 状态触发条件：时间控制为 2.1s
装置报文	2020ms A 高接地阻抗 1 时限	—		
装置指示灯	保护跳闸灯亮	—		

（5）高压侧失灵联跳保护校验见表 18-10。

表 18-10　　　　　　　　　　　　　　　高压侧失灵联跳保护校验

试验项目	高压侧失灵联跳保护校验		
整定定值	装置固定。高压侧相电流大于 1.1 倍额定电流，或零序电流大于 $0.1I_n$，或负序电流大于 $0.1I_n$		
试验条件	（1）硬压板设置：投入"高压侧后备保护投入"压板 1QLP2。 （2）软压板设置：投入"高压侧后备保护"软压板。 （3）控制字设置："高压侧失灵经主变压器跳闸"置"1"		
计算方法	无		
失灵联跳保护试验仪器设置（采用状态序列模式）	参数设置		
	状态 1 参数设置（故障前状态）		
	$\dot{U}_A$：57.74∠0.00°V $\dot{U}_B$：57.74∠-120°V $\dot{U}_C$：57.74∠120°V	$\dot{I}_A$：0.00∠0.00°A $\dot{I}_B$：0.00∠0.00°A $\dot{I}_C$：0.00∠0.00°A	状态触发条件： （1）开出量：断开。 （2）时间控制：1s
	状态 2 参数设置（故障状态）		
	$\dot{U}_A$：57.74∠0.00°V $\dot{U}_B$：57.74∠-120°V $\dot{U}_C$：57.74∠120°V	$\dot{I}_A$：0.105∠0.00°A $\dot{I}_B$：0.00∠0.00°A $\dot{I}_C$：0.00∠0.00°A	状态触发条件： （1）开出量：闭合。 （2）时间控制：0.1s
装置报文	52ms 高断路器失灵联跳		
装置指示灯	保护跳闸灯亮		
说明	（1）当外部保护动作触点经失灵联跳开入触点进入装置后，经过装置内部灵敏的、不需整定的电流元件并带 50ms 延时后跳变压器各侧断路器。 （2）失灵联跳开入超过 3 s 后，装置报"失灵联跳开入报警"，并闭锁失灵联跳功能		

3. 中后备保护检验

（1）中压侧复合电压闭锁过电流保护校验（试验方法同高压侧复合电压闭锁过电流保护校验）。

（2）中压侧零序方向过电流保护校验（试验方法同高压侧零序方向过电流保护校验）。

（3）中压侧阻抗保护校验（试验方法同高压侧阻抗保护校验）。

（4）中压侧失灵联跳保护校验（试验方法同高压侧失灵联跳保护校验）。

4. 低后备保护检验（低压侧过电流及复压过电流不经方向闭锁）

（1）低压侧开关过电流保护校验见表 18-11。

表 18-11　　　　　　　　　　　　　　　低压侧开关过电流保护校验

试验项目	低压侧开关过电流保护校验
整定定值	低过电流定值：$1.3I_e$，低过电流 1 时限：1.0s，低过电流 2 时限：1.3s（I_e 为低压侧额定电流，以低压侧额定容量计算）
试验条件	（1）硬压板设置：投入"低压侧后备保护投入"压板 1QLP6、"低压侧电压投入"压板 1QLP7。 （2）软压板设置：投入"低压侧后备保护"软压板。 （3）控制字设置："低过电流 1 时限"置"1""低过电流 2 时限"置"1"

计算方法	低压侧开关过电流值：$I_\varphi = m \times I_{\text{set}}$ 注：m 为系数，取 0.95 或 1.05。 计算数据： 低压侧开关 TA 额定电流 $I_e = \dfrac{500 \times 10^6}{36 \times 10^3 \times \sqrt{3} \times 8000} = 1.002\text{A}$ $m = 0.95$，$I_\varphi = m \times I_{\text{set}} = 0.95 \times 1.3 \times 1.002 = 1.237(\text{A})$ $m = 1.05$，$I_\varphi = m \times I_{\text{set}} = 1.05 \times 1.3 \times 1.002 = 1.368(\text{A})$
注意事项	采用外附 TA

	参数设置（以 A 相为例）			
	m=0.95		m=1.05	
试验仪器 设置	状态 1 参数设置（故障前状态）	状态 2 参数设置（故障状态）	状态 1 参数设置（故障前状态）	状态 2 参数设置（故障状态）
	$\dot{U}_\text{A}$：57.74∠0.00°V	$\dot{U}_\text{A}$：57.74∠0.00°V	$\dot{U}_\text{A}$：57.74∠0.00°V	$\dot{U}_\text{A}$：57.74∠0.00°V
	$\dot{U}_\text{B}$：57.74∠−120°V	$\dot{U}_\text{B}$：57.74∠−120°V	$\dot{U}_\text{B}$：57.74∠−120°V	$\dot{U}_\text{B}$：57.74∠−120°V
	$\dot{U}_\text{C}$：57.74∠120°V	$\dot{U}_\text{C}$：57.74∠120°V	$\dot{U}_\text{C}$：57.74∠120°V	$\dot{U}_\text{C}$：57.74∠120°V
	$\dot{I}_\text{A}$：0.00∠0.00°A	$\dot{I}_\text{A}$：1.237∠0.00A°	$\dot{I}_\text{A}$：0.00∠0.00°A	$\dot{I}_\text{A}$：1.368∠0.00°A
	$\dot{I}_\text{B}$：0.00∠0.00°A	$\dot{I}_\text{B}$：0.00∠0.00°A	$\dot{I}_\text{B}$：0.00∠0.00°A	$\dot{I}_\text{B}$：0.00∠0.00°A
	$\dot{I}_\text{C}$：0.00∠0.00°A	$\dot{I}_\text{C}$：0.00∠0.00°A	$\dot{I}_\text{C}$：0.00∠0.00°A	$\dot{I}_\text{C}$：0.00∠0.00°A
	状态触发条件：时间控制为 5s	状态触发条件：时间控制为 1.1s	状态触发条件：时间控制为 5s	状态触发条件：时间控制为 1.1s

装置报文	—	1005ms A 低压过电流 1 时限
装置指示灯	—	保护跳闸灯亮

（2）低压侧开关复压闭锁过电流保护校验见表 18-12。

表 18-12　　　　　　　低压侧开关复压闭锁过电流保护校验

试验项目	低压侧开关复压闭锁过电流保护校验
整定定值	低复压过电流定值：$2.5I_e$，低电压闭锁定值：70V，负序电压闭锁定值（相电压）：4V（固定），低复压闭锁过电流 1 时限：0.4s，低复压闭锁过电流 2 时限：10s
试验条件	（1）硬压板设置：投入"低压侧后备保护投入"压板 1QLP6、"低压侧电压投入"压板 1QLP7。 （2）软压板设置：投入"低压侧后备保护"软压板。 （3）控制字设置："低复压过电流 1 时限"置"1""低复压过电流 2 时限"置"1"
计算方法	低复压闭锁过流值：$I_\varphi = m \times I_{\text{set}}$ 注：m 为系数，取 0.95 或 1.05。 计算数据： $m = 0.95$，$I_\varphi = m \times I_{\text{set}} = 0.95 \times 2.5 \times 1.002 = 2.38(\text{A})$ $m = 1.05$，$I_\varphi = m \times I_{\text{set}} = 1.05 \times 2.5 \times 1.002 = 2.63(\text{A})$ 注：复压闭锁定值的校验方法请参照高压侧后备保护

续表

注意事项	采用外附 TA			
试验仪器设置	参数设置（以 A 相为例）			
	m=0.95		m=1.05	
	状态 1 参数设置（故障前状态）	状态 2 参数设置（故障状态）	状态 1 参数设置（故障前状态）	状态 2 参数设置（故障状态）
	$\dot{U}_A$：$57.74\angle0.00°\text{V}$	$\dot{U}_A$：$30\angle0.00°\text{V}$	$\dot{U}_A$：$57.74\angle0.00°\text{V}$	$\dot{U}_A$：$30\angle0.00°\text{V}$
	$\dot{U}_B$：$57.74\angle-120°\text{V}$	$\dot{U}_B$：$57.74\angle-120°\text{V}$	$\dot{U}_B$：$57.74\angle-120°\text{V}$	$\dot{U}_B$：$57.74\angle-120°\text{V}$
	$\dot{U}_C$：$57.74\angle120°\text{V}$	$\dot{U}_C$：$57.74\angle120°\text{V}$	$\dot{U}_C$：$57.74\angle120°\text{V}$	$\dot{U}_C$：$57.74\angle120°\text{V}$
	$\dot{I}_A$：$0.00\angle0.00°\text{A}$	$\dot{I}_A$：$2.38\angle0.00°\text{A}$	$\dot{I}_A$：$0.00\angle0.00°\text{A}$	$\dot{I}_A$：$2.63\angle0.00°\text{A}$
	$\dot{I}_B$：$0.00\angle0.00°\text{A}$	$\dot{I}_B$：$0.00\angle0.00°\text{A}$	$\dot{I}_B$：$0.00\angle0.00°\text{A}$	$\dot{I}_B$：$0.00\angle0.00°\text{A}$
	$\dot{I}_C$：$0.00\angle0.00°\text{A}$	$\dot{I}_C$：$0.00\angle0.00°\text{A}$	$\dot{I}_C$：$0.00\angle0.00°\text{A}$	$\dot{I}_C$：$0.00\angle0.00°\text{A}$
	状态触发条件：时间控制为 5s	状态触发条件：时间控制为 0.5s	状态触发条件：时间控制为 5s	状态触发条件：时间控制为 0.5s
装置报文	—	402ms A 低复流 1 时限		
装置指示灯	—	保护跳闸灯亮		

（3）低压侧绕组过电流保护校验（试验方法同低压侧过电流保护校验）。

（4）低压侧绕组复压闭锁过电流保护校验（试验方法同低压侧开关复压闭锁过电流保护校验）。

5. 区外故障主变压器三侧平衡

区外故障三侧纵差平衡校验见表 18-13。

表 18-13　　　　　　　　　　　　　区外故障三侧纵差平衡校验

试验项目	区外故障三侧纵差平衡校验（以中压侧区外故障为例）
整定定值	无
试验条件	（1）硬压板设置：投入"主保护投入"压板 1QLP1。 （2）软压板设置：投入"主保护"软压板。 （3）控制字设置："差动速断"置"1""纵差保护"置"1""分相差动保护"置"0""低压侧小区差动保护"置"0""分侧差动保护"置"0""零序分量差动保护"置"0""纵差工频变化量保护"置"0""分相差工频变化量保护"置"0"
计算方法	题目：要求主变压器三侧同时通入电流，模拟中压侧区外 AB 相间故障时差动平衡，差流为 0 A，高压侧流入电流 0.5A，制动电流 $4I_e$。 计算过程：假设高压侧所加电流为 $I_1 = 0.5\text{A}$，中压侧所加电流为 I_2，低压侧所加电流为 I_3，则各侧二次额定电流满足如下公式： $$\begin{cases} I_d = \dfrac{I_1}{0.33} - \dfrac{I_2}{0.602} + \dfrac{I_3/\sqrt{3}}{1.925} = 0 \\ I_r = \left(\dfrac{I_1}{0.33} + \dfrac{I_2}{0.602} + \dfrac{I_3/\sqrt{3}}{1.925} \right) / 2 = 4 \end{cases} \Rightarrow \begin{cases} I_2 = 2.408\text{A} \\ I_3 = 8.28\text{A} \end{cases}$$

仪器设置（采用手动模式）	参数设置	
	$\dot{I}_A$：0.5∠0°A $\dot{I}_B$：2.408∠180°A $\dot{I}_C$：8.28∠0°A	
	装置报文	无
	装置指示灯	无
说明	测试仪的 A 相通道接高压侧的 AB 相，测试仪的 B 相通道接中压侧 AB 相，测试仪的 C 相通道接低压侧的 A 相	
思考	中压侧区外 BC 相间故障，高压侧流入电流 0.5A，制动电流 $4I_e$。	

第二节 保护常见故障及故障现象

保护常见故障及故障现象见表 18-14。

表 18-14   保护常见故障及故障现象

难易度	故障属性	故障现象	故障设置地点	同类型故障
易	定值	定值核对不一致	定值区改变	
易	定值	纵差、分相差动、低小区差动、分侧差动定值校验不准	主变压器高中压侧额定容量改变	主变压器低压侧额定容量改变
易	定值	纵差、分相差动、低小区差动、分侧差动定值校验不准	高压侧额定电压改变	中压侧额定电压改变
易	定值	纵差、分相差动、低小区差动、分侧差动定值校验不准	高压侧 TA 一次值（二次值）改变	TA 二次值改变
易	定值	纵差、分相差动、低小区差动定值校验不准	差动保护启动电流定值改变	分侧差动启动电流定值改变
易	定值	差动速断保护不动作	差动速断控制字改变	
易	开入	压板、复归按钮、打印按钮无开入	1QD3（1QLP1:1）或 1QD5（1YA:13）虚接	
易	开入	保护装置失电，无法启动	1QD1（1n-P1:10）、1QD24（1n-P1:11）虚接	
易	开入	所有电源消失	ZD1 虚接（假线）	
中	开入	中压侧电压切换继电器失电	2-7QD2（7n-F:29）虚接	
中	开入	高压侧失灵开入无法开入	1QD8（1n-12:25）虚接或假线或移一格端子	
难	开入	高压侧失灵长期开入报警	1QD8 与 1QD1 短接（或 1n-12:25 移至 1QD1 端子）	
难	开入	主保护压板投入后保护无开入	1QLP1（1n-12:9）与 1QLP2（1n-12:10）互换	
中	采样	中压侧切 I 母时无电压	2-7QD4（7n-F:01）虚接	
易	采样	A 相电压采样为 0	U1D1 或 1U1D1 虚接（假线）	

续表

难易度	故障属性	故障现象	故障设置地点	同类型故障
难	采样	三相电压采样漂移	U1D8 或 1U1D5 虚接（假线）	
中	采样	A 相电压短路，仪器报警	U1D1 与 U1D8 或 1U1D1 与 1U1D5 短接	
中	采样	A 相电流采样为 0	1I1D1（1n-04:01）或 1I1D4（1n-04:02）虚接（假线）	
难	采样	A 相电流采样极性反	1I1D1（1n-04:01）与 1I1D4（1n-04:02）互换	
中	采样	AB 相电流采样对调	1I1D1（1n-04:01）与 1I1D2（1n-04:03）互换	
难	采样	AB 相电流采样分流	1I1D1（1n-04:01）与 1I1D2（1n-04:03）短接	
难	采样	A 相电流采样为 0	1I1D1（1n-04:01）与 1I1D4（1n-04:02）短接	
难	采样	A 相电流采样分流	1I1D1 与 1I3D1 短接	
中	出口	跳高边开关出口时间无法监视或无法出口	1CD1（1n-13:01）或 1KD1（1C1LP1:1）虚接	
中	出口	跳高边开关出口时间无法监视	1CD1（1n-13:01）与 1KD1（1C1LP1:1）短接	
中	出口	跳高边开关出口时间无法监视或无法出口	1C1LP1:2（1n-13:02）虚接（假线）	
中	出口	跳高中开关出口时间无法监视或无法出口	1CD3（1n-13:05）或 1KD3（1C1LP3:1）虚接	
中	出口	跳高中开关出口时间无法监视	1CD3（1n-13:05）与 1KD3（1C1LP3:1）短接	
中	出口	跳高中开关出口时间无法监视或无法出口	1C1LP3:2（1n-13:06）虚接（假线）	

第十九章 PRS-778变压器保护装置调试（500kV）

PRS-778T5微机变压器成套保护装置适用500kV电压等级传统变压器保护。它集成了一台变压器的全套电量保护，主备保护共用一组 TA，可满足各种电压等级变压器的双套主保护和双套后备保护完全独立配置的要求，适用于各种接线方式的变压器。装置功能配置有：纵联差动保护（差动速断、比率差动保护、谐波制动功能、TA断线闭锁功能）；分相差动保护；低压侧小区差动保护；分侧差动保护；后备保护，包括：相间阻抗保护、接地阻抗保护、复压闭锁（方向）过电流保护、零序（方向）过电流保护、过励磁保护、失灵联跳各侧、低压侧过电流保护、公共绕组过电流保护等功能。

第一节 试 验 调 试 方 法

一、试验计算

各侧额定电流及平衡系数计算

（1）系统参数定值：$S_H = 960MVA$、$S_L = 500MVA$、$U_H = 525kV$、$U_M = 230kV$、$U_L = 36kV$、$n_H = 3200/1$、$n_M = 4000/1$、$n_{低开关} = 8000/1$、$n_{公共绕组} = 4000/1$、$n_{低压侧套管} = 4000/1$。

（2）可求得各侧二次电流额定值为

高压侧：$I_{e \cdot H} = \dfrac{S_H}{\sqrt{3} \times U_H \times n_H} = \dfrac{960 \times 10^6}{\sqrt{3} \times 525 \times 10^3 \times 3200} \approx 0.33(A)$

中压侧：$I_{e \cdot M} = \dfrac{S_H}{\sqrt{3} \times U_M \times n_M} = \dfrac{960 \times 10^6}{\sqrt{3} \times 230 \times 10^3 \times 4000} \approx 0.602(A)$

公共绕组：
$$I_{e \cdot G} = \left(\dfrac{S_H}{\sqrt{3} \times U_M} - \dfrac{S_H}{\sqrt{3} \times U_H} \right) \times \dfrac{1}{n_{公共绕组}} = \dfrac{1}{\sqrt{3} \times U_M \times n_{公共绕组}} \times \left(1 - \dfrac{U_M}{U_H} \right) \times S_H$$

$$= \dfrac{1}{\sqrt{3} \times 230 \times 10^3 \times 4000} \times \left(1 - \dfrac{230}{525} \right) \times 960 \times 10^6 \approx 0.339(A)$$

低压侧开关：$I_{e \cdot L} = \dfrac{S_H}{\sqrt{3} \times U_L \times n_L} = \dfrac{960 \times 10^6}{\sqrt{3} \times 36 \times 10^3 \times 8000} \approx 1.925(A)$

二、调试方法

1. 主保护校验

（1）纵差差动速断保护定值校验见表 19-1。任一相差流大于整定值 I_{cdsd}（差动速断电流定值）时，纵差差动速断保护瞬时动作切除变压器。作为差动保护范围内严重故障的保护，TA 断线不闭锁差动速断保护。

表 19-1　　　　　　　　　　　　纵差差动速断保护定值校验

试验项目	纵差差动速断保护定值校验（区内、区外）			
整定定值	纵差差动速断电流定值：$5I_e$			
试验条件	（1）硬压板设置：投入"投主保护"压板 1KLP1。 （2）软压板设置：投入"主保护软压板"。 （3）控制字设置："差动速断"置"1""纵差保护"置"1""分相差动保护" 置"0""低压侧小区差动保护"置"0""分侧差动保护"置"0"			
计算方法	计算公式： $I_\varphi = m \times 5 \times I_e \times \sqrt{3}$ （高、中压侧单相加入电流） $I_\varphi = m \times 5 \times I_e$ （高、中压侧三相加入电流） $I_\varphi = m \times 5 \times I_e$ （低压侧单相或三相加入电流） 计算数据（以高压侧单相加入电流为例）： $m = 0.95$，$I_\varphi = m \times 5 \times I_e \times \sqrt{3} = 0.95 \times 5 \times 0.33 \times \sqrt{3} = 2.71(A)$ $m = 1.05$，$I_\varphi = m \times 5 \times I_e \times \sqrt{3} = 1.05 \times 5 \times 0.33 \times \sqrt{3} = 3.00(A)$			
试验方法 （状态序列）	（1）状态 1 加正常电压量，电流为空载状态即，$I_\varphi = 0$。 （2）状态 2 加故障量，所加故障时间小于 100ms。 （3）接线为接线测试仪 A 相电流接到高压侧 A 相 TA			
试验仪器 设置	采用状态序列			
	$m=0.95$		$m=1.05$	
	状态 1	状态 2	状态 1	状态 2
	$\dot{U}_A$：$57.74\angle 0.00°$V	$\dot{U}_A$：$57.74\angle 0.00°$V	$\dot{U}_A$：$57.74\angle 0.00°$V	$\dot{U}_A$：$57.74\angle 0.00°$V
	$\dot{U}_B$：$57.74\angle -120°$V	$\dot{U}_B$：$57.74\angle -120°$V	$\dot{U}_B$：$57.74\angle -120°$V	$\dot{U}_B$：$57.74\angle -120°$V
	$\dot{U}_C$：$57.74\angle 120°$V	$\dot{U}_C$：$57.74\angle 120°$V	$\dot{U}_C$：$57.74\angle 120°$V	$\dot{U}_C$：$57.74\angle 120°$V
	$\dot{I}_A$：$0.00\angle 0.00°$A	$\dot{I}_A$：$2.71\angle 0.00°$A	$\dot{I}_A$：$0.00\angle 0.00°$A	$\dot{I}_A$：$3.00\angle 0.00°$A
	$\dot{I}_B$：$0.00\angle 0.00°$A	$\dot{I}_B$：$0.00\angle 0.00°$A	$\dot{I}_B$：$0.00\angle 0.00°$A	$\dot{I}_B$：$0.00\angle 0.00°$A
	$\dot{I}_C$：$0.00\angle 0.00°$A	$\dot{I}_C$：$0.00\angle 0.00°$A	$\dot{I}_C$：$0.00\angle 0.00°$A	$\dot{I}_C$：$0.00\angle 0.00°$A
	状态触发条件：时间控制为 5.00s	状态触发条件：时间控制为 0.1s	状态触发条件：时间控制为 5.00s	状态触发条件：时间控制为 0.1s
装置报文	00023ms　纵差保护 选相 CA		00023ms　纵差差动速断 选相 CA 00023ms　纵差保护 选相 CA	

装置指示灯	—	保护跳闸灯亮
思考	（1）纵差差动速断保护是否经二次谐波制动？ （2）校验低压侧纵差差动速断保护定值应如何接线和计算	

（2）纵差差动保护启动定值校验见表 19-2。

表 19-2 纵差差动保护启动定值校验

试验项目	纵差差动保护启动定值校验（区内、区外）			
整定定值	纵差保护启动电流定值：$0.5I_e$			
试验条件	（1）硬压板设置：投入"投主保护"压板 1KLP1。 （2）软压板设置：投入"主保护软压板"。 （3）控制字设置："差动速断"置"1""纵差保护"置"1""分相差动保护"置"0""低压侧小区差动保护"置"0""分侧差动保护"置"0"			
计算方法	计算公式： $I_\varphi = m \times 0.5 \times I_e \times \sqrt{3}$ （高、中压侧单相加入电流） $I_\varphi = m \times 0.5 \times I_e$ （高、中压侧三相加入电流） $I_\varphi = m \times 0.5 \times I_e$ （低压侧单相或三相加入电流） 计算数据（以高压侧单相加入电流为例）： $m = 0.95$，$I_\varphi = m \times 0.5 \times I_e \times \sqrt{3} = 0.95 \times 0.5 \times 0.33 \times \sqrt{3} = 0.271(A)$ $m = 1.05$，$I_\varphi = m \times 0.5 \times I_e \times \sqrt{3} = 1.05 \times 0.5 \times 0.33 \times \sqrt{3} = 0.3(A)$			
试验方法（状态序列）	（1）状态 1 加正常电压量，电流为空载状态即，$I_\varphi = 0$。 （2）状态 2 加故障量，所加故障时间小于 100ms。 （3）接线为接线测试仪 A 相电流接到高压侧 A 相 TA			
试验仪器设置	采用状态序列			
	$m=0.95$		$m=1.05$	
	状态 1	状态 2	状态 1	状态 2
	$\dot{U}_A$：$57.74\angle 0.00°$V	$\dot{U}_A$：$57.74\angle 0.00°$V	$\dot{U}_A$：$57.74\angle 0.00°$V	$\dot{U}_A$：$57.74\angle 0.00°$V
	$\dot{U}_B$：$57.74\angle -120°$V	$\dot{U}_B$：$57.74\angle -120°$V	$\dot{U}_B$：$57.74\angle -120°$V	$\dot{U}_B$：$57.74\angle -120°$V
	$\dot{U}_C$：$57.74\angle 120°$V	$\dot{U}_C$：$57.74\angle 120°$V	$\dot{U}_C$：$57.74\angle 120°$V	$\dot{U}_C$：$57.74\angle 120°$V
	$\dot{I}_A$：$0.00\angle 0.00°$A	$\dot{I}_A$：$0.271\angle 0.00°$A	$\dot{I}_A$：$0.00\angle 0.00°$A	$\dot{I}_A$：$0.3\angle 0.00°$A
	$\dot{I}_B$：$0.00\angle 0.00°$A	$\dot{I}_B$：$0.00\angle 0.00°$A	$\dot{I}_B$：$0.00\angle 0.00°$A	$\dot{I}_B$：$0.00\angle 0.00°$A
	$\dot{I}_C$：$0.00\angle 0.00°$A	$\dot{I}_C$：$0.00\angle 0.00°$A	$\dot{I}_C$：$0.00\angle 0.00°$A	$\dot{I}_C$：$0.00\angle 0.00°$A
	状态触发条件：时间控制为 5.00s	状态触发条件：时间控制为 0.1s	状态触发条件：时间控制为 5.00s	状态触发条件：时间控制为 0.1s
装置报文	—		00025ms 纵差保护 选相 CA	
装置指示灯	—		保护跳闸灯亮	
思考	纵差差动保护是否经二次谐波制动			

（3）比率差动保护比率制动系数定值校验见表 19-3。

表 19-3   比率差动保护比率制动系数定值校验

试验项目	比率差动保护比率制动系数校验
整定定值	纵差保护启动电流定值：$0.5I_e$；K_1、K_2、K_3 为比率差动"比率制动系数定值"（装置内部固定取 0、0.5、0.75）
试验条件	（1）硬压板设置：投入"投主保护"压板 1KLP1。 （2）软压板设置：投入"主保护软压板"。 （3）控制字设置："差动速断"置"1""纵差保护"置"1""分相差动保护"置"0""低压侧小区差动保护"置"0""分侧差动保护"置"0"
计算方法	计算公式：以高低两侧比率制动第二折线为例，$K_2 = 0.5$ $I_d = 0.5 \times (I_r - I_e) + I_{cdqd} \quad (I_e \leq I_r \leq 6I_e)$ 假设 $I_r = 2I_e$， $\begin{cases} I_e = 0.5 \times (2I_e - I_e) + 0.5 \times I_e = 1I_e = I_1 - I_2 \\ I_r = (I_1 + I_2)/2 = 2I_e \end{cases}$ $\Rightarrow \begin{cases} I_1 = 2.5I_e \\ I_2 = 1.5I_e \end{cases}$ $\Rightarrow \begin{cases} I_H = I_1 \times \sqrt{3} = 2.5I_{e.H} \times \sqrt{3} = 1.43(A) \\ I_L = I_2 = 1.5I_{e.L} = 2.89(A) \end{cases}$ 假设 $I_r = 3I_e$， $\begin{cases} I_d = 0.5 \times (3I_e - I_e) + 0.5 \times I_e = 1.5I_e = I_1 - I_2 \\ I_r = (I_1 + I_2)/2 = 3I_e \end{cases}$ $\Rightarrow \begin{cases} I_1 = 3.75I_e \\ I_2 = 2.25I_e \end{cases}$ $\Rightarrow \begin{cases} I_H = I_1 \times \sqrt{3} = 3.75I_{e.H} \times \sqrt{3} = 2.14(A) \\ I_L = I_2 = 2.25I_{e.L} = 4.33(A) \end{cases}$
$I_r = 2I_e$ 时故障试验仪器设置（采用手动模块）	初始状态： $\dot{U}_A : 57.74\angle 0.00° V \quad \dot{I}_A : 1.43\angle 0.00° A$ $\dot{U}_B : 57.74\angle -120° V \quad \dot{I}_B : 2.89\angle 180° A$ $\dot{U}_C : 57.74\angle 120° V \quad \dot{I}_C : 0.00\angle 0.00° A$ 操作说明：接线测试仪电流 A 相接高压侧 TA 的 A-N，B 相接低压侧 TA 的 A-C；变量为 $\dot{I}_A$（或 $\dot{I}_B$）幅值；适当降低 $\dot{I}_A$ 值，再升高至保护动作（或适当升高 $\dot{I}_B$ 再降低） 装置报文：00020ms 纵差保护 选相 CA 装置指示灯：保护跳闸灯亮
$I_r = 3I_e$ 时故障试验仪器设置（采用手动模块）	初始状态： $\dot{U}_A : 57.74\angle 0.00° V \quad \dot{I}_A : 2.14\angle 0.00° A$ $\dot{U}_B : 57.74\angle -120° V \quad \dot{I}_B : 4.33\angle 180° A$ $\dot{U}_C : 57.74\angle 120° V \quad \dot{I}_C : 0.00\angle 0.00° A$

续表

$I_{\mathrm{r}}=3I_{\mathrm{e}}$ 时故障试验仪器设置（采用手动模块）	操作说明：接线测试仪电流 A 相接高压侧 TA 的 A-N，B 相接低压侧 TA 的 A-C；变量：$\dot{I}_{\mathrm{A}}$（或 $\dot{I}_{\mathrm{B}}$）幅值，适当降低 $\dot{I}_{\mathrm{A}}$ 值，再升高至保护动作（或适当升高 $\dot{I}_{\mathrm{B}}$ 再降低）	
	装置报文	00020ms　纵差保护 选相 CA
	装置指示灯	保护跳闸灯亮
思考	加入电流时，为什么 $\dot{I}_{\mathrm{A}}$ 与 $\dot{I}_{\mathrm{B}}$ 相位要相反	

（4）二次谐波制动励磁涌流定值校验见表 19-4。

表 19-4　　　　　　　　　　　二次谐波制动励磁涌流定值校验

试验项目	二次谐波制动励磁涌流校验	
整定定值	二次谐波制动系数：0.15	
试验条件	（1）硬压板设置：投入"投主保护"压板 1KLP1。 （2）软压板设置：投入"主保护软压板"。 （3）控制字设置："差动速断"置"0""纵差保护"置"1""分相差动保护" 置"0""低压侧小区差动保护" 置"0""分侧差动保护"置"0"	
计算方法	基波分量 2A，二次谐波分量=0.15×2A=0.3A	
故障试验仪器设置（手动模块）	初始状态	$\dot{I}_{\mathrm{A}}$：$2\angle0.00°$A 50Hz；$\dot{I}_{\mathrm{B}}$：$0.35\angle180°$A 100Hz；$\dot{I}_{\mathrm{C}}$：$0.00\angle0.00°$A
	操作说明：接线测试仪电流 A 相接高压侧 TA 的 A-N，B 相同样接高压侧 TA 的 A-N；变量为 $\dot{I}_{\mathrm{B}}$ 幅值，变化步长为 0.01；逐渐降低 $\dot{I}_{\mathrm{B}}$ 幅值	
	装置报文	00020ms　纵差保护动作 选相 A
	装置指示灯	保护跳闸灯亮

（5）分相差动保护校验（试验方法同纵差保护试验类似）。

（6）分侧差动保护定值校验见表 19-5。

表 19-5　　　　　　　　　　　分侧差动保护定值校验

试验项目	分侧差动启动电流定值校验
整定定值	分侧差动启动电流定值：$0.5I_{\mathrm{e}}$；高压侧 TA 变比=3200/1，中压侧 TA 变比=4000/1，公共绕组 TA 变比=4000/1
试验条件	（1）硬压板设置：投入"投主保护"压板 1KLP1。 （2）软压板设置：投入"主保护软压板"。 （3）控制字设置："差动速断"置"0""纵差保护"置"0""分相差动保护" 置"0""低压侧小区差动保护" 置"0""分侧差动保护"置"1"
计算方法	I_1、I_2、I_{G} 分别为高压侧、中压侧和公共绕组侧电流： $I_1=0.5I_{\mathrm{e}}=0.5\times0.33=0.165(\mathrm{A})$ $I_2=0.5I_{\mathrm{e}}\times\dfrac{n_{\mathrm{H}}}{n_{\mathrm{M}}}=0.5\times0.33\times\dfrac{3200}{4000}=0.132(\mathrm{A})$ $I_{\mathrm{G}}=0.5I_{\mathrm{e}}\times\dfrac{n_{\mathrm{H}}}{n_{公共绕组}}=0.5\times0.33\times\dfrac{3200}{4000}=0.132(\mathrm{A})$

续表

故障试验仪器设置（手动模块）	初始状态	$\dot{I}_A$：$0.16\angle 0.00°$A；$\dot{I}_B$：$0.00\angle 0.00°$A；$\dot{I}_C$：$0.00\angle 0.00°$A
	操作说明	接线测试仪电流 A 相接高压侧 TA 的 A-N；变量：$\dot{I}_A$ 幅值，变化步长：0.001；逐渐升高 $\dot{I}_A$ 幅值；如采用状态序列模式，电流直接设为 1.05 倍和 0.95 倍，状态控制时间 0.05s
	装置报文	00020ms　分侧差动　选相 A
	装置指示灯	保护跳闸灯亮
试验项目	分侧差动保护比率系数定值校验	
整定定值	$K_{fc}=0.6$	
试验条件	（1）硬压板设置：投入"投主保护"压板 1KLP1。 （2）软压板设置：投入"主保护软压板"。 （3）控制字设置："差动速断"置"0""纵差保护"置"0""分相差动保护"置"0""低压侧小区差动保护"置"0""分侧差动保护"置"1"	
计算方法	以高压侧、公共绕组侧为例，假设制动电流 $I_r=1I_e$，I_1、I_G 分别为高压侧和公共绕组侧电流，则 $I_d=K_{fc}I_r=0.6I_e=I_1-I_G$ $I_r=\max|I_1,I_G|=I_1=1I_e=0.33A$ $I_G=(1-0.6)\times I_e\times\dfrac{n_H}{n_{公共绕组}}=0.4I_e\times\dfrac{n_H}{n_{公共绕组}}=0.105A$	
故障试验仪器设置（手动模块）	初始状态	$\dot{I}_A$：$0.33\angle 0.00°$A；$\dot{I}_B$：$0.105\angle 180°$A；$\dot{I}_C$：$0.00\angle 0.00°$A
	操作说明	接线测试仪电流 A 相接高压侧 TA 的 A-N，B 相接公共绕组侧 TA 的 A-N；变量为 $\dot{I}_A$（或 $\dot{I}_B$）幅值，变化步长为 0.01；适当降低 $\dot{I}_A$ 值，再升高至保护动作（或适当升高 $\dot{I}_B$ 再降低）
	装置报文	00020ms　分侧差动　选相 A
	装置指示灯	保护跳闸灯亮

（7）零序差动保护校验（试验方法同分侧差动保护试验）。

（8）低压侧小区差动保护校验（试验方法同分侧差动保护试验）。

2. 区外故障主变压器电流平衡计算

（1）区外故障高低两侧电流平衡试验模拟见表 19-6。

表 19-6　　　　　　　　　**区外故障高低两侧电流平衡试验模拟**

试验项目	区外故障高低两侧电流平衡
整定定值	无
试验条件	（1）硬压板设置：投入"投主保护"压板 1KLP1。 （2）软压板设置：投入"主保护软压板"。 （3）控制字设置："差动速断"置"0""纵差保护"置"1""分相差动保护"置"0""低压侧小区差动保护"置"0""分侧差动保护"置"0"
计算方法	题目：要求主变压器高低两侧同时通入电流，模拟主变压器高压侧区外 A 相接地短路故障时差动平衡，差流为 0A，制动电流 $I_r=2A=6.06I_e$（以高压侧为基准） 计算推导过程：

计算方法	$\begin{cases} I_1 + I_2 = 2I_r \\ I_1 - I_2 = 0 \end{cases} \Rightarrow \begin{cases} I_1 = I_r \\ I_2 = I_r \end{cases}$ $\begin{cases} I_H = I_r \times \sqrt{3} = 2 \times 1.732 = 3.464(A) \\ I_L = I_r = 6.06 \times I_{e.L} = 11.67(A) \end{cases}$
$I_r = 2A$ 时故障试验仪器设置（采用手动模块）	$\dot{U}_A : 57.74\angle 0.00°\text{V}$ $\dot{I}_A : 3.464\angle 0.00°\text{A}$ $\dot{U}_B : 57.74\angle -120°\text{V}$ $\dot{I}_B : 11.67\angle 180°\text{A}$ $\dot{U}_C : 57.74\angle 120°\text{V}$ $\dot{I}_C : 0.00\angle 0.00°\text{A}$ 说明：接线测试仪电流 A 相接高压侧 TA 的 A-N，B 相接低压侧 TA 的 A-C
	装置报文 无
	装置指示灯 无

（2）区外故障高中低三侧电流平衡试验模拟见表 19-7。

表 19-7   **区外故障高中低三侧电流平衡试验模拟**

试验项目	区外故障高中低三侧电流平衡
整定定值	无
试验条件	（1）硬压板设置：投入"投主保护"压板 1KLP1。 （2）软压板设置：投入"主保护软压板"。 （3）控制字设置："差动速断"置"0""纵差保护"置"1""分相差动保护"置"0""低压侧小区差动保护"置"0""分侧差动保护"置"0"
计算方法	题目：要求主变压器三侧同时通入电流，模拟主变压器中压侧区外 A 相接地短路故障时差动平衡，差流为 0A，制动电流 $I_r = 3A$，低压侧 A 相流入 1A 电流。 计算推导过程（以高压侧为额定电流基准，$I_r = 3A = 9.09I_e$）： （1）故障为中压侧 A 相接地故障，中压侧与高低两侧相位相反，则 $\begin{cases} I_1 + I_2 + I_3 = 2I_r \\ I_1 - I_2 + I_3 = 0 \end{cases} \Rightarrow I_2 = I_r = 9.09I_e$ 中压侧电流为 $I_M = I_2 \times \sqrt{3} = 9.478(A)$。 （2）低压侧电流为 $I_L = 1A \Rightarrow I_3 = 0.519I_e$。 （3）高压侧电流为 $I_1 = I_2 - I_3 = 8.571I_e$，$I_H = I_1 \times \sqrt{3} = 4.899(A)$
$I_r = 3A$ 时故障试验仪器设置（采用手动模块）	$\dot{U}_A : 57.74\angle 0.00°\text{V}$ $\dot{I}_A : 4.899\angle 0.00°\text{A}$ $\dot{U}_B : 57.74\angle -120°\text{V}$ $\dot{I}_B : 9.478\angle 180°\text{A}$ $\dot{U}_C : 57.74\angle 120°\text{V}$ $\dot{I}_C : 1\angle 0.00°\text{A}$ 说明：接线测试仪电流 A 相接高压侧 TA 的 A-N，B 相接中压侧 TA 的 A-N，C 相接低压侧 TA 的 A-C
	装置报文 无
	装置指示灯 无
思考	中压侧区外 AB 相故障应该如何计算

3. 高压侧后备保护校验

（1）复压过电流保护校验见表19-8。

表 19-8　　　　　　　　　　　　　　**复压过电流保护校验**

试验项目	复压过电流保护定值校验（区内、区外、正反方向）			
整定定值	低电压闭锁定值：70V，负序电压闭锁定值：4V，复压闭锁过电流定值：3A，复压闭锁过电流时间：2s			
试验条件	（1）硬压板设置：投入"投高压侧后备保护"压板1KLP2、"投高压侧电压"压板1KLP3。 （2）软压板设置：投入"高压侧后备保护软压板"。 （3）控制字设置："高复压过电流保护"置"1"			
计算方法	$I_\varphi = m \times I_{set}$ 注：m 为系数，取 0.95 或 1.05。 计算数据： $m = 0.95$，$I_\varphi = m \times I_{set} = 0.95 \times 3 = 2.85(A)$ $m = 1.05$，$I_\varphi = m \times I_{set} = 1.05 \times 3 = 3.15(A)$			
试验方法 （状态序列）	（1）状态1加正常电压量，电流 $I_\varphi = 0$，所加时间大于4s，待TV断线恢复转入状态2。 （2）状态2加故障量，所加故障时间=整定时间+100ms，故障态电压开放，故障相电压小于45V			
试验仪器 设置	采用状态序列			
	m=0.95		m=1.05	
	状态1	状态2	状态1	状态2
	$\dot{U}_A$：$57.74\angle0.00°\,\mathrm{V}$ $\dot{U}_B$：$57.74\angle-120°\,\mathrm{V}$ $\dot{U}_C$：$57.74\angle120°\,\mathrm{V}$ $\dot{I}_A$：$0.00\angle0.00°\,\mathrm{A}$ $\dot{I}_B$：$0.00\angle0.00°\,\mathrm{A}$ $\dot{I}_C$：$0.00\angle0.00°\,\mathrm{A}$ 状态触发条件：时间控制为5.00s	$\dot{U}_A$：$30\angle0.00°\,\mathrm{V}$ $\dot{U}_B$：$57.74\angle-120°\,\mathrm{V}$ $\dot{U}_C$：$57.74\angle120°\,\mathrm{V}$ $\dot{I}_A$：$2.85\angle0.00°\,\mathrm{A}$ $\dot{I}_B$：$0.00\angle0.00°\,\mathrm{A}$ $\dot{I}_C$：$0.00\angle0.00°\,\mathrm{A}$ 状态触发条件：时间控制为2.1s	$\dot{U}_A$：$57.74\angle0.00°\,\mathrm{V}$ $\dot{U}_B$：$57.74\angle-120°\,\mathrm{V}$ $\dot{U}_C$：$57.74\angle120°\,\mathrm{V}$ $\dot{I}_A$：$0.00\angle0.00°\,\mathrm{A}$ $\dot{I}_B$：$0.00\angle0.00°\,\mathrm{A}$ $\dot{I}_C$：$0.00\angle0.00°\,\mathrm{A}$ 状态触发条件：时间控制为5.00s	$\dot{U}_A$：$30\angle0.00°\,\mathrm{V}$ $\dot{U}_B$：$57.74\angle-120°\,\mathrm{V}$ $\dot{U}_C$：$57.74\angle120°\,\mathrm{V}$ $\dot{I}_A$：$3.15\angle0.00°\,\mathrm{A}$ $\dot{I}_B$：$0.00\angle0.00°\,\mathrm{A}$ $\dot{I}_C$：$0.00\angle0.00°\,\mathrm{A}$ 状态触发条件：时间控制为2.1s
装置报文	—		02005ms 高复压过流 选相A	
装置指示灯	—		保护跳闸灯亮	
试验项目	复压过电流保护复压闭锁定值校验			
整定定值	低电压闭锁定值：70V，负序电压闭锁定值：4V，复压闭锁过电流定值：3A，复压闭锁过电流时间：2s			
试验条件	（1）硬压板设置：投入"投高压侧后备保护"压板1KLP2、"投高压侧电压"压板1KLP3。 （2）软压板设置：投入"高压侧后备保护软压板"。 （3）控制字设置："高复压过电流保护"置"1"			
计算方法	$U_\varphi = m \times U_{\varphi\varphi set} / \sqrt{3}$ 当 $m = 1.05$，$U_\varphi = m \times U_{\varphi\varphi set} / \sqrt{3} = 1.05 \times 70 / \sqrt{3} = 42.4(V)$，低电压闭锁不开放。 当 $m = 0.95$，$U_\varphi = m \times U_{\varphi\varphi set} / \sqrt{3} = 0.95 \times 70 / \sqrt{3} = 38.4(V)$，低电压闭锁开放。			

计算方法	$U_2 = m \times U_{2set}$ 当 $m=1.05$，$U_2 = m \times U_{2set} = 1.05 \times 4 = 4.2(V)$，负序电压闭锁开放。 当 $m=0.95$，$U_2 = m \times U_{2set} = 0.95 \times 4 = 3.8(V)$，负序电压闭锁不开放			
试验方法 （状态序列）	（1）状态 1 加正常电压量，电流 $I_\varphi = 0$，所加时间大于 4s，待 TV 断线恢复转入状态 2。 （2）状态 2 加故障量，所加故障时间=整定时间+100ms			
试验仪器设置	采用状态序列			
	$m=0.95$		$m=1.05$	
	状态 1	状态 2	状态 1	状态 2
	$\dot{U}_A$：$57.74\angle 0.00°$V $\dot{U}_B$：$57.74\angle -120°$V $\dot{U}_C$：$57.74\angle 120°$V $\dot{I}_A$：$0.00\angle 0.00°$A $\dot{I}_B$：$0.00\angle 0.00°$A $\dot{I}_C$：$0.00\angle 0.00°$A 状态触发条件：时间控制为 5.00s	$\dot{U}_A$：$38.4\angle 0.00°$V $\dot{U}_B$：$38.4\angle -120°$V $\dot{U}_C$：$38.4\angle 120°$V $\dot{I}_A$：$3.15\angle 0.00°$A $\dot{I}_B$：$0.00\angle 0.00°$A $\dot{I}_C$：$0.00\angle 0.00°$A 状态触发条件：时间控制为 2.1s	$\dot{U}_A$：$57.74\angle 0.00°$V $\dot{U}_B$：$57.74\angle -120°$V $\dot{U}_C$：$57.74\angle 120°$V $\dot{I}_A$：$0.00\angle 0.00°$A $\dot{I}_B$：$0.00\angle 0.00°$A $\dot{I}_C$：$0.00\angle 0.00°$A 状态触发条件：时间控制为 5.00s	$\dot{U}_A$：$42.4\angle 0.00°$V $\dot{U}_B$：$42.4\angle -120°$V $\dot{U}_C$：$42.4\angle 120°$V $\dot{I}_A$：$3.15\angle 0.00°$A $\dot{I}_B$：$0.00\angle 0.00°$A $\dot{I}_C$：$0.00\angle 0.00°$A 状态触发条件：时间控制为 2.1s
装置报文	02005ms 高复压过电流 选相 A		—	
装置指示灯	保护跳闸灯亮		—	
试验仪器设置	采用状态序列			
	$m=0.95$		$m=1.05$	
	状态 1	状态 2	状态 1	状态 2
	$\dot{U}_A$：$57.74\angle 0.00°$V $\dot{U}_B$：$57.74\angle -120°$V $\dot{U}_C$：$57.74\angle 120°$V $\dot{I}_A$：$0.00\angle 0.00°$A $\dot{I}_B$：$0.00\angle 0.00°$A $\dot{I}_C$：$0.00\angle 0.00°$A 状态触发条件：时间控制为 5.00s	$\dot{U}_A$：$46.34\angle 0.00°$V $\dot{U}_B$：$57.74\angle -120°$V $\dot{U}_C$：$57.74\angle 120°$V $\dot{I}_A$：$3.15\angle 0.00°$A $\dot{I}_B$：$0.00\angle 0.00°$A $\dot{I}_C$：$0.00\angle 0.00°$A 状态触发条件：时间控制为 2.1s	$\dot{U}_A$：$57.74\angle 0.00°$V $\dot{U}_B$：$57.74\angle -120°$V $\dot{U}_C$：$57.74\angle 120°$V $\dot{I}_A$：$0.00\angle 0.00°$A $\dot{I}_B$：$0.00\angle 0.00°$A $\dot{I}_C$：$0.00\angle 0.00°$A 状态触发条件：时间控制为 5.00s	$\dot{U}_A$：$45.14\angle 0.00°$V $\dot{U}_B$：$57.74\angle -120°$V $\dot{U}_C$：$57.74\angle 120°$V $\dot{I}_A$：$3.15\angle 0.00°$A $\dot{I}_B$：$0.00\angle 0.00°$A $\dot{I}_C$：$0.00\angle 0.00°$A 状态触发条件：时间控制为 2.1s
装置报文	—		02005ms 高复压过电流 选相 A	
装置指示灯	—		保护跳闸灯亮	
思考	负序电压闭锁验证时为何 $\dot{U}_A$：$45.14\angle 0.00°$V？是否还有其他方法验证			

（2）零序过电流保护校验见表 19-9。

表 19-9　　　　　　　　　　　　　　零序过电流保护校验

试验项目	零序过电流保护定值试验			
整定定值	高零序过电流Ⅰ段定值：0.2A，高零序过电流Ⅰ段1时限：4.5s，高零序过电流Ⅰ段2时限：4.8s，高零序过电流Ⅱ段定值：1.0A，高零序过电流Ⅱ段1时限：9.0s，高零序过电流Ⅱ段2时限：10.0s，高零序过电流Ⅲ段定值：3.0A，高零序过电流Ⅲ段1时限：20.0s			
试验条件	（1）硬压板设置：投入"投高压侧后备保护"压板1KLP2、"投高压侧电压"压板1KLP3。 （2）软压板设置：投入"高压侧后备保护软压板"。 （3）控制字设置："高零序过电流Ⅰ段带方向"置"1""高零序过电流Ⅰ段指向母线"置"1""高零序过电流Ⅰ段1时限"置"1""高零序过电流Ⅰ段2时限"置"1""高零序过电流Ⅱ段带方向"置"1""高零序过电流Ⅱ段指向母线"置"1""高零序过电流Ⅱ段1时限"置"1""高零序过电流Ⅱ段2时限"置"1""高零序过电流Ⅲ段"置"1"			
计算方法	同复压过电流保护			
试验方法（状态序列）	（1）状态1加正常电压量，电流 $I_\varphi = 0$，所加时间大于4s，待 TV 断线恢复转入状态2。 （2）状态2加故障量，所加故障时间=整定时间+100ms，故障态电压开放			
试验仪器设置	采用状态序列			
	正方向(m=1.05)		反方向(m=1.05)	
	状态1	状态2	状态1	状态2
	$\dot{U}_A$：57.74∠0.00°V $\dot{U}_B$：57.74∠-120°V $\dot{U}_C$：57.74∠120°V $\dot{I}_A$：0.00∠0.00°A $\dot{I}_B$：0.00∠0.00°A $\dot{I}_C$：0.00∠0.00°A 状态触发条件：时间控制为5.00s	$\dot{U}_A$：30∠0.00°V $\dot{U}_B$：57.74∠-120°V $\dot{U}_C$：57.74∠120°V $\dot{I}_A$：0.21∠90°A $\dot{I}_B$：0.00∠0.00°A $\dot{I}_C$：0.00∠0.00°A 状态触发条件：时间控制为4.6s	$\dot{U}_A$：57.74∠0.00°V $\dot{U}_B$：57.74∠-120°V $\dot{U}_C$：57.74∠120°V $\dot{I}_A$：0.00∠0.00°A $\dot{I}_B$：0.00∠0.00°A $\dot{I}_C$：0.00∠0.00°A 状态触发条件：时间控制为5.00s	$\dot{U}_A$：30∠0.00°V $\dot{U}_B$：57.74∠-120°V $\dot{U}_C$：57.74∠120°V $\dot{I}_A$：0.21∠-90°A $\dot{I}_B$：0.00∠0.00°A $\dot{I}_C$：0.00∠0.00°A 状态触发条件：时间控制为4.6s
装置报文	04516ms 高零流Ⅰ段1时限		—	
装置指示灯	保护跳闸灯亮		—	
试验仪器设置	采用状态序列			
	m=0.95（正方向）		m=1.05（正方向）	
	状态1	状态2	状态1	状态2
	$\dot{U}_A$：57.74∠0.00°V $\dot{U}_B$：57.74∠-120°V $\dot{U}_C$：57.74∠120°V $\dot{I}_A$：0.00∠0.00°A $\dot{I}_B$：0.00∠0.00°A $\dot{I}_C$：0.00∠0.00°A 状态触发条件：时间控制为5.00s	$\dot{U}_A$：30∠0.00°V $\dot{U}_B$：57.74∠-120°V $\dot{U}_C$：57.74∠120°V $\dot{I}_A$：0.19∠90°A $\dot{I}_B$：0.00∠0.00°A $\dot{I}_C$：0.00∠0.00°A 状态触发条件：时间控制为4.6s	$\dot{U}_A$：57.74∠0.00°V $\dot{U}_B$：57.74∠-120°V $\dot{U}_C$：57.74∠120°V $\dot{I}_A$：0.00∠0.00°A $\dot{I}_B$：0.00∠0.00°A $\dot{I}_C$：0.00∠0.00°A 状态触发条件：时间控制为5.00s	$\dot{U}_A$：30∠0.00°V $\dot{U}_B$：57.74∠-120°V $\dot{U}_C$：57.74∠120°V $\dot{I}_A$：0.21∠90°A $\dot{I}_B$：0.00∠0.00°A $\dot{I}_C$：0.00∠0.00°A 状态触发条件：时间控制为4.6s

装置报文	—	04516ms 高零流Ⅰ段1时限
装置指示灯	—	保护跳闸灯亮
思考	为什么 $\dot{I}_A$ 的角度为 90°	
说明	(1)"零序过电流Ⅰ段指向母线"置"1"，灵敏角为 90°。 (2)"零序过电流Ⅰ段指向母线"置"0"，灵敏角为-90°	
试验项目	零序过电流保护动作区及灵敏角	
整定定值	高零序过电流Ⅰ段定值：0.2A，高零序过电流Ⅰ段1时限：4.5s，高零序过电流Ⅰ段2时限：4.8s，高零序过电流Ⅱ段定值：1.0A，高零序过电流Ⅱ段1时限：9.0s，高零序过电流Ⅱ段2时限：10.0s，高零序过电流Ⅲ段定值：3.0A，高零序过电流Ⅲ段1时限：20.0s	
试验条件	(1)硬压板设置：投入"投高压侧后备保护"压板 1KLP2、"投高压侧电压"压板 1KLP3。 (2)软压板设置：投入"高压侧后备保护软压板"。 (3)控制字设置："高零序过电流Ⅰ段带方向"置"1""高零序过电流Ⅰ段指向母线"置"1""高零序过电流Ⅰ段1时限"置"1""高零序过电流Ⅰ段2时限"置"1""高零序过电流Ⅱ段带方向"置"1""高零序过电流Ⅱ段指向母线"置"1""高零序过电流Ⅱ段1时限"置"1""高零序过电流Ⅱ段2时限"置"1""高零序过电流Ⅲ段"置"1"	
计算方法	零序功率方向根据零序电流与零序电压的夹角确定。方向指向变压器时，方向灵敏角为-90°；方向指向系统（即母线）时，方向灵敏角为 90°。图 19-1 零序过电流保护动作区示意图如图 19-1 所示。 （a）方向指向系统　　　　（b）方向指向变压器 图 19-1　零序过电流保护动作区示意图	
试验方法 （状态序列）	(1)状态1加正常电压量，电流 $I_\varphi=0$，所加时间大于 4s，待 TV 断线恢复转入状态2。 (2)状态2加故障量，所加故障时间=整定时间+100ms，故障态电压开放	

试验仪器设置	采用状态序列			
	边界一动点		边界一不动点	
	状态1	状态2	状态1	状态2
	$\dot{U}_A$：57.74∠0.00°V	$\dot{U}_A$：30∠0.00°V	$\dot{U}_A$：57.74∠0.00°V	$\dot{U}_A$：30∠0.00°V
	$\dot{U}_B$：57.74∠-120°V	$\dot{U}_B$：57.74∠-120°V	$\dot{U}_B$：57.74∠-120°V	$\dot{U}_B$：57.74∠-120°V
	$\dot{U}_C$：57.74∠120°V	$\dot{U}_C$：57.74∠120°V	$\dot{U}_C$：57.74∠120°V	$\dot{U}_C$：57.74∠120°V
	$\dot{I}_A$：0.00∠0.00°A	$\dot{I}_A$：5.25∠0.00°A	$\dot{I}_A$：0.00∠0.00°A	$\dot{I}_A$：5.25∠-1°A
	$\dot{I}_B$：0.00∠0.00°A	$\dot{I}_B$：0.00∠0.00°A	$\dot{I}_B$：0.00∠0.00°A	$\dot{I}_B$：0.00∠0.00°A
	$\dot{I}_C$：0.00∠0.00°A	$\dot{I}_C$：0.00∠0.00°A	$\dot{I}_C$：0.00∠0.00°A	$\dot{I}_C$：0.00∠0.00°A
	状态触发条件：时间控制为 5.00s	状态触发条件：时间控制为 4.6s	状态触发条件：时间控制为 5.00s	状态触发条件：时间控制为 4.6s

续表

装置报文	04516ms 高零流Ⅰ段1时限	—		
装置指示灯	保护跳闸灯亮	—		
试验仪器设置	采用状态序列			
	边界二动点		边界二不动点	
	状态 1	状态 2	状态 1	状态 2
	$\dot{U}_A$：57.74∠0.00°V $\dot{U}_B$：57.74∠−120°V $\dot{U}_C$：57.74∠120°V $\dot{I}_A$：0.00∠0.00°A $\dot{I}_B$：0.00∠0.00°A $\dot{I}_C$：0.00∠0.00°A 状态触发条件：时间控制为 5.00s	$\dot{U}_A$：30∠0.00°V $\dot{U}_B$：57.74∠−120°V $\dot{U}_C$：57.74∠120°V $\dot{I}_A$：5.25∠180°A $\dot{I}_B$：0.00∠0.00°A $\dot{I}_C$：0.00∠0.00°A 状态触发条件：时间控制为 4.6s	$\dot{U}_A$：57.74∠0.00°V $\dot{U}_B$：57.74∠−120°V $\dot{U}_C$：57.74∠120°V $\dot{I}_A$：0.00∠0.00°A $\dot{I}_B$：0.00∠0.00°A $\dot{I}_C$：0.00∠0.00°A 状态触发条件：时间控制为 5.00s	$\dot{U}_A$：30∠0.00°V $\dot{U}_B$：57.74∠−120°V $\dot{U}_C$：57.74∠120°V $\dot{I}_A$：5.25∠181°A $\dot{I}_B$：0.00∠0.00°A $\dot{I}_C$：0.00∠0.00°A 状态触发条件：时间控制为 4.6s
装置报文	04516ms 高零流Ⅰ段1时限		—	
装置指示灯	保护跳闸灯亮		—	
思考	如何通过动作边界计算最大灵敏角			
说明	（1）"高零序过电流Ⅰ段指向母线"置"1"，灵敏角为 90°；动作边界：0°<动作区<180°。 （2）"高零序过电流Ⅰ段指向母线"置"0"，灵敏角为-90°；动作边界：−180°<动作区<0°			

（3）高压侧过励磁保护校验见表 19-10。

表 19-10　　　　　　　　　　高压侧过励磁保护校验

试验项目	过励磁保护校验
整定定值	高过励磁告警定值：1.05，高过励磁告警时间：5s，高反时限过励磁 1 段倍数：1.1，高反时限过励磁 1 段时间：720s，高反时限过励磁 2 段时间：200s，高反时限过励磁 3 段时间，100s，高反时限过励磁 4 段时间：20s，高反时限过励磁 5 段时间：12s，高反时限过励磁 6 段时间：3s，高反时限过励磁 7 段时间：1.5s
试验条件	（1）硬压板设置：投入"投高压侧后备保护"压板 1KLP2、"投高压侧电压"压板 1KLP3。 （2）软压板设置：投入"高压侧后备保护软压板"。 （3）控制字设置："高过励磁保护跳闸"置"1"
计算方法	（1）过励磁告警 $U=1.05\times57.74=60.63(\text{V})$。 （2）反时限过励磁 1 段 $U=1.1\times57.74=63.51(\text{V})$。 （3）反时限过励磁 2 段 $U=1.15\times57.74=66.40(\text{V})$。 （4）反时限过励磁 3 段 $U=1.2\times57.74=69.29(\text{V})$。 （5）反时限过励磁 4 段 $U=1.25\times57.74=72.18(\text{V})$。 （6）反时限过励磁 5 段 $U=1.3\times57.74=75.06(\text{V})$。 （7）反时限过励磁 6 段 $U=1.35\times57.74=77.95(\text{V})$。 （8）反时限过励磁 7 段 $U=1.4\times57.74=80.84(\text{V})$。

续表

说明	反时限过励磁 1 段倍数需整定，其余各段倍数按级差 0.05 递增		
反时限过励磁 6 段定值试验仪器设置（采用状态序列模式）	参数设置（以反时限过励磁 6 段为例）		
	状态 1 参数设置（故障前状态）		
	$\dot{U}_A$：57.74∠0.00°V $\dot{U}_B$：57.74∠-120°V $\dot{U}_C$：57.74∠120°V	$\dot{I}_A$：0.00∠0.00°A $\dot{I}_B$：0.00∠0.00°A $\dot{I}_C$：0.00∠0.00°A	状态触发条件：时间控制为 5s
	状态 2 参数设置（故障状态）		
	$\dot{U}_A$：77.95∠0.00°V $\dot{U}_B$：77.95∠-120°V $\dot{U}_C$：77.95∠120°V	$\dot{I}_A$：0.00∠0.00°A $\dot{I}_B$：0.00∠0.00°A $\dot{I}_C$：0.00∠0.00°A	状态触发条件：时间控制为 3.1s
	装置报文	03008ms 反时限过励磁	
	装置指示灯	保护跳闸灯亮	

（4）高压侧阻抗保护校验见表 19-11。

表 19-11　　　　　　　　　　　　　高压侧阻抗保护校验

试验项目	高压侧相间阻抗保护校验			
整定定值	指向主变压器相间阻抗定值：18.52Ω，指向母线相间阻抗定值：1.93Ω，相间阻抗 1 时限：2.0s；相间阻抗 2 时限：10s，灵敏角固定为 80°			
试验条件	（1）硬压板设置：投入"投高压侧后备保护"压板 1KLP2、"投高压侧电压"压板 1KLP3。 （2）软压板设置：投入"高压侧后备保护软压板"。 （3）控制字设置："高相间阻抗 1 时限"置"1""高相间阻抗 2 时限"置"1""高接地阻抗 1 时限"置"0""高接地阻抗 2 时限"置"0"			
计算方法	具体方法参考线路保护相间距离保护的计算方法			
试验方法（状态序列）	（1）状态 1 加正常电压量，电流 $I_\varphi = 0$，所加时间大于 4s，待 TV 断线恢复转入状态 2。 （2）状态 2 加故障量，所加故障时间=整定时间+100ms			
试验仪器设置	参数设置（方向指向主变压器，以 BC 相间短路为例）			
	m=0.95		m=1.05	
	状态 1	状态 2	状态 1	状态 2
	$\dot{U}_A$：57.74∠0.00°V $\dot{U}_B$：57.74∠-120°V $\dot{U}_C$：57.74∠120°V $\dot{I}_A$：0.00∠0.00°A $\dot{I}_B$：0.00∠0.00°A $\dot{I}_C$：0.00∠0.00°A 状态触发条件：时间控制为 5s	$\dot{U}_A$：57.74∠0.00°V $\dot{U}_B$：33.81∠-148.6°V $\dot{U}_C$：33.81∠148.6°V $\dot{I}_A$：0.00∠0.00°A $\dot{I}_B$：1.00∠-170°A $\dot{I}_C$：1.00∠10°A 状态触发条件：时间控制为 2.1s	$\dot{U}_A$：57.74∠0.00°V $\dot{U}_B$：57.74∠-120°V $\dot{U}_C$：57.74∠120°V $\dot{I}_A$：0.00∠0.00°A $\dot{I}_B$：0.00∠0.00°A $\dot{I}_C$：0.00∠0.00°A 状态触发条件：时间控制为 5s	$\dot{U}_A$：57.74∠0.00°V $\dot{U}_B$：34.81∠-146.0°V $\dot{U}_C$：34.81∠146.0°V $\dot{I}_A$：0.00∠0.00°A $\dot{I}_B$：1.00∠-170°A $\dot{I}_C$：1.00∠10°A 状态触发条件：时间控制为 2.1s

续表

装置报文	02017ms 高相间阻抗1时限 选相BC		—	
装置指示灯	保护跳闸灯亮		—	
试验仪器设置	参数设置（方向指向母线，以BC相间短路为例）			
试验仪器设置	m=0.95		m=1.05	
试验仪器设置	状态1	状态2	状态1	状态2
试验仪器设置	$\dot{U}_A$：57.74∠0.00°V	$\dot{U}_A$：57.74∠0.00°V	$\dot{U}_A$：57.74∠0.00°V	$\dot{U}_A$：57.74∠0.00°V
试验仪器设置	$\dot{U}_B$：57.74∠-120°V	$\dot{U}_B$：28.93∠-176.4°V	$\dot{U}_B$：57.74∠-120°V	$\dot{U}_B$：28.94∠-176.0°V
试验仪器设置	$\dot{U}_C$：57.74∠120°V	$\dot{U}_C$：28.93∠176.4°V	$\dot{U}_C$：57.74∠120°V	$\dot{U}_C$：28.94∠176.0°V
试验仪器设置	$\dot{I}_A$：0.00∠0.00°A	$\dot{I}_A$：0.00∠0.00°A	$\dot{I}_A$：0.00∠0.00°A	$\dot{I}_A$：0.00∠0.00°A
试验仪器设置	$\dot{I}_B$：0.00∠0.00°A	$\dot{I}_B$：1.00∠10°A	$\dot{I}_B$：0.00∠0.00°A	$\dot{I}_B$：1.00∠10°A
试验仪器设置	$\dot{I}_C$：0.00∠0.00°A	$\dot{I}_C$：1.00∠-170°A	$\dot{I}_C$：0.00∠0.00°A	$\dot{I}_C$：1.00∠-170°A
试验仪器设置	状态触发条件：时间控制为5s	状态触发条件：时间控制为2.1s	状态触发条件：时间控制为5s	状态触发条件：时间控制为2.1s
装置报文	02017ms 高相间阻抗1时限 选相BC		—	
装置指示灯	保护跳闸灯亮		—	
试验项目	高压侧接地阻抗保护校验			
整定定值	指向主变压器接地阻抗定值：18.52Ω，指向母线接地阻抗定值：1.93Ω；接地阻抗1时限：2.0s；接地阻抗2时限：10s，接地阻抗零序补偿系数：0.7，灵敏角固定为80°			
试验条件	（1）硬压板设置：投入"投高压侧后备保护"压板1KLP2、"投高压侧电压"压板1KLP3。 （2）软压板设置：投入"高压侧后备保护软压板"。 （3）控制字设置："高相间阻抗1时限"置"0""高相间阻抗2时限"置"0""高接地阻抗1时限"置"1""高接地阻抗2时限"置"1"			
计算方法	具体方法参考线路保护接地距离保护的计算方法			
试验方法（状态序列）	（1）状态1加正常电压量，电流$I_\varphi = 0$，所加时间大于4s，待TV断线恢复转入状态2。 （2）状态2加故障量，所加故障时间=整定时间+100ms			
说明	接地阻抗保护中的零序补偿系数只对指向系统（即母线）的阻抗有效			
试验仪器设置	参数设置（方向指向主变压器，以A相接地短路为例）			
试验仪器设置	m=0.95		m=1.05	
试验仪器设置	状态1	状态2	状态1	状态2
试验仪器设置	$\dot{U}_A$：57.74∠0.00°V	$\dot{U}_A$：17.59∠0.00°V	$\dot{U}_A$：57.74∠0.00°V	$\dot{U}_A$：19.45∠0.00°V
试验仪器设置	$\dot{U}_B$：57.74∠-120°V	$\dot{U}_B$：57.74∠-120°V	$\dot{U}_B$：57.74∠-120°V	$\dot{U}_B$：57.74∠-120°V
试验仪器设置	$\dot{U}_C$：57.74∠120°V	$\dot{U}_C$：57.74∠120°V	$\dot{U}_C$：57.74∠120°V	$\dot{U}_C$：57.74∠120°V
试验仪器设置	$\dot{I}_A$：0.00∠0.00°A	$\dot{I}_A$：1∠-80°A	$\dot{I}_A$：0.00∠0.00°A	$\dot{I}_A$：1∠-80°A
试验仪器设置	$\dot{I}_B$：0.00∠0.00°A	$\dot{I}_B$：0.00∠0.00°A	$\dot{I}_B$：0.00∠0.00°A	$\dot{I}_B$：0.00∠0.00°A
试验仪器设置	$\dot{I}_C$：0.00∠0.00°A	$\dot{I}_C$：0.00∠0.00°A	$\dot{I}_C$：0.00∠0.00°A	$\dot{I}_C$：0.00∠0.00°A
试验仪器设置	状态触发条件：时间控制为5s	状态触发条件：时间控制为2.1s	状态触发条件：时间控制为5s	状态触发条件：时间控制为2.1s

续表

装置报文	02017ms 高接地阻抗 1 时限 选相 A	—
装置指示灯	保护跳闸灯亮	—

试验仪器设置	参数设置（方向指向母线，以 A 相接地短路为例）

	$m=0.95$		$m=1.05$	
	状态 1	状态 2	状态 1	状态 2
	$\dot{U}_A$：$57.74\angle0.00°$V $\dot{U}_B$：$57.74\angle-120°$V $\dot{U}_C$：$57.74\angle120°$V $\dot{I}_A$：$0.00\angle0.00°$A $\dot{I}_B$：$0.00\angle0.00°$A $\dot{I}_C$：$0.00\angle0.00°$A 状态触发条件：时间控制为 5s	$\dot{U}_A$：$3.12\angle0.00°$V $\dot{U}_B$：$57.74\angle-120°$V $\dot{U}_C$：$57.74\angle120°$V $\dot{I}_A$：$1\angle100°$A $\dot{I}_B$：$0.00\angle0.00°$A $\dot{I}_C$：$0.00\angle0.00°$A 状态触发条件：时间控制为 2.1s	$\dot{U}_A$：$57.74\angle0.00°$V $\dot{U}_B$：$57.74\angle-120°$V $\dot{U}_C$：$57.74\angle120°$V $\dot{I}_A$：$0.00\angle0.00°$A $\dot{I}_B$：$0.00\angle0.00°$A $\dot{I}_C$：$0.00\angle0.00°$A 状态触发条件：时间控制为 5s	$\dot{U}_A$：$3.45\angle0.00°$V $\dot{U}_B$：$57.74\angle-120°$V $\dot{U}_C$：$57.74\angle120°$V $\dot{I}_A$：$1\angle100°$A $\dot{I}_B$：$0.00\angle0.00°$A $\dot{I}_C$：$0.00\angle0.00°$A 状态触发条件：时间控制为 2.1s

装置报文	02017ms 高接地阻抗 1 时限 选相 A	—
装置指示灯	保护跳闸灯亮	—

4. 中压侧后备保护

试验方法请参照高压侧后备保护。

5. 低压侧后备保护

试验方法请参照高压侧后备保护。

第二节　保护常见故障及故障现象

保护常见故障及故障现象见表 19-12。

表 19-12　　　　　　　　　保护常见故障及故障现象

难易度	故障属性	故障现象	故障设置地点	同类型故障
易	定值	定值核对不一致	定值区号改变	
易	定值	纵差定值校验不准	主变压器高中压侧额定容量改变	
易	定值	纵差定值校验不准	额定电压改变	
易	定值	纵差定值校验不准	TA 变比改变	
易	定值	主保护无法校验	主保护软压板置 0	高压侧后备保护软压板置 0
易	定值	纵差差动速断电流定值校验不准	纵差差动速断电流定值改变	
易	定值	纵差差动速断无法校验	纵差差动速断控制字置 0	纵差差动保护控制字置 0

续表

难易度	故障属性	故障现象	故障设置地点	同类型故障
易	定值	复压过电流保护定值校验不准	复压过电流保护定值改变	
易	定值	零序过电流保护无法校验或者方向反向	零序过电流控制字置0	
易	定值	高后备保护跳闸出口验证错误	高后备跳闸矩阵改变	
易	电压采样	中压侧电压挂Ⅰ母时，A相无电压	2-7UD：1（7n217）虚接	2-7UD：2（7n218）虚接、 2-7UD：3（7n219）虚接、 2-7UD：11（7n201）虚接、 2-7UD：12（7n202）虚接、 2-7UD：13（7n203）虚接
易	电压采样	中压侧电压挂Ⅱ母时，A相无电压	2-7UD：1（7n232）虚接	2-7UD：2（7n231）虚接、 2-7UD：3（7n230）虚接
易	电压采样	高压侧电压A相无电压	1U1D：1（1n820）虚接	1U1D：2（1n821）虚接、 1U1D：3（1n822）虚接
易	电压采样	高压侧三相电压相位漂移	1U1D：5（1n823）虚接	
易	电压采样	当中压侧电压挂在Ⅰ母，A和B对调	2-7UD：1（7n217）与2-7UD：2（7n218）对调	2-7UD：2（7n218）与 2-7UD：3（7n219）对调、 2-7UD：3（7n219）与 2-7UD：1（7n217）对调
易	电压采样	当中压侧电压挂在Ⅱ母，A和B对调	2-7UD：1（7n232）与2-7UD：2（7n231）对调	2-7UD：2（7n231）与 2-7UD：3（7n230）对调、 2-7UD：3（7n230）与 2-7UD：1（7n232）对调
易	电压采样	高压侧电压A和B对调	1U1D：1（1n820）与1U1D：2（1n821）对调	1U1D：2（1n821）与 1U1D：3（1n822）对调、 1U1D：3（1n822）与 1U1D：1（1n820）对调
中	电压采样	A相电流采样为0	1I1D1（1nA17）或1I1D5（1nA01）虚接（假线）	
难	电压采样	A相电流采样极性反	1I1D1（1nA17）与1I1D5（1nA01）互换	
中	电压采样	AB相电流采样对调	1I1D1（1nA17）与1I1D2（1nA18）互换	
难	电压采样	AB相电流采样分流	1I1D1（1nA17）与1I1D2（1nA18）短接	
难	电压采样	A相电流采样为0	1I1D1（1nA17）或1I1D5（1nA01）短接	
难	电压采样	A相电流采样分流	1I1D1与1I3D1短接	
中	出口	中压侧无法跳闸	1CD5（1n149）虚接	

续表

难易度	故障属性	故障现象	故障设置地点	同类型故障
中	开入	压板开入均无效	1KLP1-1（1QD3）虚接	
中	开入	高压侧失灵开入无效	1QD8 虚接	
难	开入	只有投入第一块压板时后面压板投入才有效	压板 1KLP1-1 与 1KLP1-2 接线对调	
易	开入	压板开入对调	压板 1KLP3-1 与 1KLP2-1 对调	
易	出口	无法跳中压侧	1KD5（1C2LP1-1）虚接	

第二十章　DGT-801 发电机-变压器组保护装置调试

DGT-801 系列数字式发电机-变压器组保护装置，适用于容量 1000MW 及以下、电压等级 750kV 及以下的各种容量各种接线方式的火电及水电发电机-变压器组保护，也可单独作为发电机、主变压器、厂用变压器、高压启动备用变压器、励磁变压器（励磁机）、大型同步调相机、厂用电抗器等保护，并满足电厂自动化系统的要求。

由于发电机-变压器组保护涉及内容较多，原理多有不同，每个保护项目逻辑也相对独立，为方便调试理解，故将原理简介放在对应保护调试项中。部分项目逻辑与前述主变压器保护部分重复，本章不再赘述。

第一节　试　验　调　试　方　法

一、发电机-变压器组差动保护

发电机-变压器组差动保护测试见表 20-1。

发电机-变压器组差动保护、高厂变差动保护、励磁变压器差动保护原理及调试方法与变压器差动保护类似。由于各侧电压等级和 TA 变比的不同，计算差流时需要对各侧电流进行折算：发电机-变压器组差动保护各侧电流均折算至发电机中性点侧；主变压器差动保护各侧电流均折算至主变压器低压侧。变压器各侧电流互感器采用星形接线，二次电流直接接入本装置。电流互感器各侧的极性都以母线侧为极性端。由于丫侧和△侧的线电流的相位不同，计算差动差流时，变压器各侧 TA 二次电流相位由软件调整，装置采用由丫→△变化计算差动差流。

以下以 Yd-11 接线主变压器为例来说明发电机-变压器组差动电流的计算。

表 20-1　　　　　　　　　　　发电机-变压器组差动保护测试

试验项目	比率差动差流平衡试验
定值整定	差动启动定值：$0.4I_e$；差动速断定值：$8.0I_e$；差流越限定值：$0.15I_e$；差动拐点 1 定值：$0.8I_e$；差动拐点 2 定值：$3.0I_e$；差动斜率 1 定值：0.5；差动斜率 2 定值：0.7；二次谐波制动系数：0.15
试验条件	（1）硬压板设置：投入"主变压器/发电机-变压器组差动保护投入 1KLP20"压板。 （2）发电机-变压器组差动保护控制字设置："发电机-变压器组差动速断投入"置"投入""发电机-变压器组比率差动投入"置"投入""发电机-变压器组故障分量差动投入"置"投入""发电机-变压器组 TA 断线闭锁比率差动"置"投入""发电机-变压器组涌流闭锁功能选择"置"波形分析"。 （3）保护软压板设置："发电机-变压器组差动保护软压板"置"投入"

注意事项	主变压器差动和发电机-变压器组差动投入同一块硬压板,主变压器差动选择主变压器高压侧和机端侧电流通道,发电机-变压器组差动选择主变压器高压侧和中性点侧电流通道
相关计算	（1）参数定值：主变容量为 300MVA；高压侧一次额定电压为 242kV；低压侧一次额定电压为 13.8kV；TA 变比为高压侧 1200/1、低压侧 16000/1。 （2）二次额定电流 I_e 计算公式：$I_e = \dfrac{S}{\sqrt{3} \times U_n \times n_{TA}}$。其中：$S$ 为容量，U_n 为各侧一次额定电压，n_{TA} 为各侧 TA 变比。 各侧额定电流按参数计算得高压侧 $I_{e \cdot H} = 0.596A$；低压侧额定电流 $I_{e \cdot L} = 0.784A$。 （3）如何做差流平衡（单相法）。高压侧电流从 A 相极性端进入，由 A 相非极性端流回试验仪器；低压侧电流从 A 相极性端进入，流出后进入 C 相非极性端，由 C 相极性端流回试验仪器，接线如图 20-1 所示。 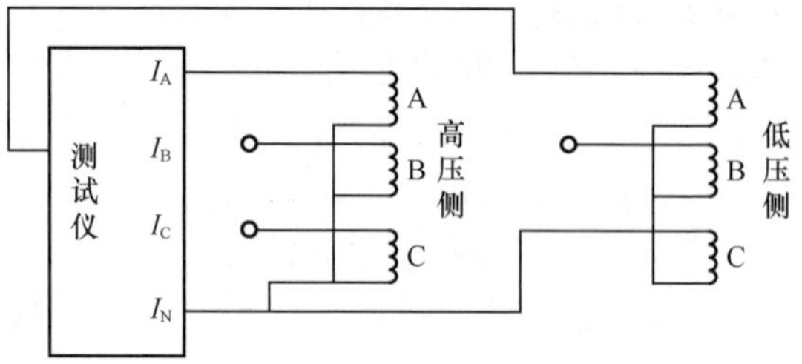 图 20-1　单相法差流平衡接线图
试验方法	用手动试验,固定主变压器高压侧电流不变,改变低压侧电流。接线方式如图 20-1 所示
试验仪器设置	采用手动试验 I_A：$1.032\angle 0.00°A$　　I_B：$0.784\angle 180°A$
相关说明	高压侧加入单相电流时,考虑到相角校正,应在计算值的基础上乘以 1.732
试验项目	比率制动特性测试
相关计算	（1）差动特性图如图 20-2 所示。 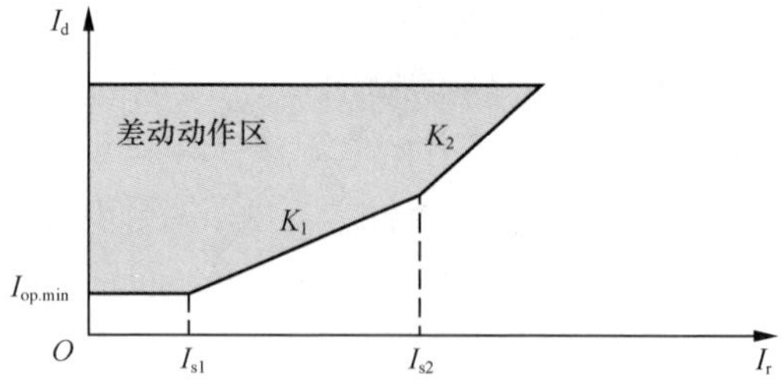 图 20-2　差动特性图 比率制动曲线为 3 折段,采用了如下动作方程： $$I_d \geq I_{op.min} \qquad\qquad\qquad\qquad\qquad I_r < I_{s1}$$ $$I_d \geq I_{op.min} + (I_r - I_{s1}) \times K_1 \qquad\quad I_{s1} \leq I_r < I_{s2}$$ $$I_d \geq I_{op.min} + (I_{s2} - I_{s1}) \times K_1 + (I_r - I_{s2}) \times K_2 \quad I_r \geq I_{s2}$$ 式中：I_d 为差动电流；I_r 为制动电流；$I_{op.min}$ 为最小动作电流；I_{s1} 为拐点 1 制动电流；I_{s2} 为拐点 2 制动电流；K_1 为斜率 1；K_2 为斜率 2。基准侧额定电流为低压侧额定电流。 （2）取点计算。假设 I_1 为高压侧电流，I_2 为低压侧电流，求 $I_r = 2I_e$ 时的两侧电流值，则

续表

相关计算	$\begin{cases} I_d = \left\lvert \sum\limits_{i=1}^{N} I_i \right\rvert \\ I_r = \dfrac{1}{2}\sum\limits_{i=1}^{i=1} \lvert I_i \rvert \end{cases} \Rightarrow \begin{cases} I_d = I_1 - I_2 = 0.4 + 0.5 \times (2-0.8) = 1I_e \\ I_r = \dfrac{I_1 + I_2}{2} = 2I_e \end{cases} \Rightarrow \begin{cases} I_1 = 2.5I_e \\ I_2 = 1.5I_e \end{cases}$ $I_1 = 2.5 \times 0.596 \times 1.732 = 2.581(\mathrm{A})$ $I_2 = 1.5 \times 0.784 = 1.176(\mathrm{A})$ （3）接线方式同"差流平衡"
试验方法	（1）用手动试验，固定主变压器高压侧电流不变，改变低压侧电流。 （2）差动的启动值和差动速断校验方法相同，在高、低压侧校验都可以，若选择在高压侧做启动值校验，记得乘以 1.732。 （3）从主变压器各侧瞬时加入 1.5 倍整定值的电流，实测差动速断动作时间
试验仪器设置	采用手动试验 I_A：$1.176\angle 0.00°\mathrm{A}$ I_B：$2.6\angle 180°\mathrm{A}$ ▼2.581A 动作
装置报文	发电机-变压器组比率差动
装置指示灯	保护跳闸
试验项目	二次谐波制动系数测试
试验方法	从高压侧输入单相电流（同时注入二次谐波分量），固定基波电流，先加入大于定值的二次谐波电流，降低二次谐波电流的大小，实测保护动作时的二次谐波电流，计算二次谐波制动比
试验仪器设置	采用手动试验 I_A：$1\angle 0.00°\mathrm{A}$（50Hz） I_B：$0.2\angle 0.00°\mathrm{A}$（100Hz）▼0.15A
试验项目	差流越限告警测试
相关说明	发电机-变压器组差动设有差流越限告警功能，提醒运行人员及时查找问题，差流越限门槛值可设置，延时固定为 6s。需要投入相应差动保护控制字，速断或者比率都可以
试验方法	从各侧 A、B、C 相电流通道，从零逐步增加电流至装置报"发电机-变压器组差流越限"或"主变压器差流越限"
装置报文	发电机-变压器组差流越限/主变压器差流越限
装置指示灯	异常
试验项目	TA 断线闭锁比率差动
相关说明	（1）TA 断线判据为判别单侧 TA 断线，须同时满足以下条件： 1）本侧 $3I_0 > 0.15$ 倍本侧额定电流； 2）本侧异常相无流并且电流突降； 3）断线相差流大于 0.12 倍基准额定电流。 （2）TA 断线闭锁差动可由控制字投退，当 TA 断线闭锁差动控制字投入，但差动电流大于 1.2 倍额定电流时，TA 断线不闭锁保护
试验方法	（1）模拟 TA 断线。使用有 6 路电流输出的继保测试仪，采用手动试验，将测试仪的两组 A、B、C 分别接入高压侧和低压侧 A、B、C 相，高压侧和低压侧加入额定电流使其差流为 0（主变压器为 Yd-11 接线，低压侧电流相角应超前高压侧 210°），状态稳定后（可锁住），将低压侧某一相电流降为零，检查 TA 断线的告警情况。 （2）TA 断线闭锁比率差动：在 TA 断线的基础上，增加低压侧某一相电流，使得差流大于 1.2 倍额定电流，差动保护动作

续表

试验仪器设置	采用手动试验（6路电流输出模块）
	模拟 TA 断线。 I_A：$0.596\angle0.00°A$　　▼0A　　　　I'_A：$0.784\angle210°A$ I_B：$0.596\angle240°A$　　　　　　　　I'_B：$0.784\angle90°A$ I_C：$0.596\angle120°A$　　　　　　　　I'_C：$0.784\angle330°A$
	TA 断线闭锁比率差动。 I_A：$0.00\angle0.00°A$　　　　I'_A：$0.784\angle210°A$　　▲1.314A（差流 0.945A=1.2 I_e） I_B：$0.596\angle240°A$　　I'_B：$0.784\angle90°A$ I_C：$0.596\angle120°A$　　I'_C：$0.784\angle330°A$
装置报文	主变压器高压1侧 TA 异常
装置指示灯	TA 断线、保护跳闸

二、发电机差动保护

发电机差动保护测试见表 20-2。

表 20-2　　　　　　　　　　　发电机差动保护测试

试验项目	比率制动特性测试
定值整定	差动启动定值：$0.3I_e$；差动速断定值：$4I_e$；差流越限定值：$0.2I_e$；差动拐点定值：$1I_e$；差动斜率定值：0.4
试验条件	（1）硬压板设置：投入"发电机差动保护投入 1KLP1"压板。 （2）差动保护控制字设置："发电机差动速断投入"置"投入""发电机比率差动投入"置"投入""发电机故障分量差动投入"置"投入""发电机差动 TA 断线闭锁比率差动"置"投入""发电机循环闭锁 TA 断线投入"置"退出"。 （3）保护软压板设置："发电机差动保护软压板"置"投入"
注意事项	与发电机-变压器组差动不同，发电机差动两侧不用进行相角校正，平衡系数为1，任意一侧加入单相电流仅在该相产生差流
相关计算	（1）参数定值：发电机容量为 300MW；发电机功率因数为 0.95；发电机一次额定电压为 13.8kV；TA 变比为机端 16000/1、中性点 16000/1。 （2）二次额定电流 I_e、额定电压 U_e 计算公式： $$I_e=\frac{S}{\sqrt{3}\times U_n\times n_{TA}}=\frac{300\div0.95\times10^6}{\sqrt{3}\times13.8\times10^3\times16000}=0.826(A)　　　U_e=\frac{U_n}{\sqrt{3}\times n_{TV}}=\frac{13.8}{\sqrt{3}\times13.8\div100}=57.74(V)$$ （3）差动特性图如图 20-3 所示。 图 20-3　发电机差动特性图

相关计算	比率制动曲线为 2 折段，采用了如下动作方程： （1）$I_d \geq I_{op.min}$ $\qquad$ $I_r < I_{s1}$； （2）$I_d \geq I_{op.min} + (I_r - I_{s1}) \times K$ $\qquad$ $I_r \geq I_{s1}$ 式中，I_d 为差动电流；I_r 为制动电流；$I_{op.min}$ 为最小动作电流；I_s 为制动电流拐点，k 为斜率。 （3）取点计算，如取 $I_r = 2I_e$ 时，假设 I_1 为机端电流，I_2 为中性点电流，则 $$\begin{cases} I_d = I_1 - I_2 \\ I_r = \dfrac{1}{2}(I_1 + I_2) \end{cases} \Rightarrow \begin{cases} I_d = I_1 - I_2 = 0.7I_e \\ I_1 = (I_1 + I_2)/2 = 2I_e \end{cases} \Rightarrow \begin{cases} I_1 = 2.35I_e \\ I_2 = 1.65I_e \end{cases}$$ $I_1 = 2.35 \times 0.826 = 1.941\text{(A)}$；$I_2 = 1.65 \times 0.826 = 1.363\text{(A)}$
试验方法	（1）用手动试验，固定机端侧电流不变，改变中性点侧电流。 （2）差动的启动值和差动速断校验方法相同，在机端侧和中性点侧校验都可以。差动速断动作时间应加入 2 倍整定值的电流，实测不大于 20ms
试验仪器设置	采用手动试验 I_A：$1.941 \angle 0.00°\,A$ $\quad$ I_B：$1.4 \angle 0.00°\,A$ $\quad$ ▼1.363A
装置报文	发电机比率差动
装置指示灯	保护跳闸
试验项目	差流越限告警测试
试验方法	参考发电机-变压器组差流越限告警
装置报文	发电机差流越限
装置指示灯	异常
试验项目	TA 断线闭锁比率差动
相关说明	（1）发电机 TA 断线判据有两种方式：电流判别方式、循环闭锁方式。励磁机 TA 断线判据只有电流判别方式。电流判别方式：TA 断线判据为判别单侧 TA 断线，须同时满足以下条件： 1）本侧 $3I_0 > 0.15$ 倍本侧额定电流。 2）本侧异常相无流并且电流突降。 3）断线相差流大于 0.12 倍基准额定电流。 循环闭锁判别方式：一相差动动作又无负序电压，即判定为 TA 断线。这是因为发电机中性点不直接接地，内部间短路时一般都会二相差动或三相差动同时动作。 （2）TA 断线闭锁差动可由控制字投退。当 TA 断线闭锁差动控制字投入，但差动电流大于 1.2 倍额定电流时，TA 断线不闭锁保护
试验方法	参考"发电机-变压器组 TA 断线闭锁差动保护"试验方法

三、发电机匝间保护

发电机匝间保护见表 20-3。

发电机纵向零序电压匝间保护，是发电机同相同分支匝间短路、同相不同分支之间匝间短路及匝间分支开焊的主保护。该保护反映的是发电机纵向零序电压的基波分量，纵向零序电压取自机端匝间专用 TV 的开口三角输出端，并网后受负序功率方向闭锁，并网前（并网开关跳位且无流）自动退出负序功率方向闭锁。

表 20-3 　　　　　　　　　　　　发电机匝间保护

试验项目	并网前纵向零序电压式匝间保护定值测试
定值整定	纵向零压定值：3V；纵向零压延时：0.5s；自产纵向零压系数 1:1；自产纵向零压系数 2:1
试验条件	（1）硬压板设置：投入"发电机匝间保护投入 1KLP2"压板。 （2）匝间保护控制字设置："纵向零压保护投入"置"投入""负序变化量方向保护投入"置"投入""纵向零压回路异常监视投入"置"退出""纵向零序电压是否自产"置"否""自产纵向零压试验状态"置"退出""自产纵向零压用 U0n 极性调整"置"退出"。 （3）保护软压板设置："发电机匝间保护软压板"置"投入"
相关计算	保护动作方程为：$3U_0 > U_{0g}$。式中：$3U_0$ 为匝间专用 TV 零序电压基波计算值，U_0g 为动作值定值
相关说明	"纵向零序电压是否自产"置"否"，采用机端侧匝间保护专用 TV 的零序电压
试验方法	（1）将测试仪的 A 相电压同时输入发电机机端电压 A 相（U_{G1a}）和机端侧匝间保护专用 TV 的 A 相（U_{G2a}），并保证 TV 断线不动作。 （2）将测试仪的 B 相电压输入机端侧匝间保护专用 TV 的开口三角输出端（U_{G2O}）。 （3）短接保护屏后端子 1QD1-1QD10，以模拟机端断路器位置处于跳位。 （4）采用手动试验，缓慢增加零序电压至保护动作值
试验仪器设置	采用手动试验
	U_A：57.74∠0.00°V
	U_B：2∠0.00°V　　　　▲3.01∠0.00°V
装置报文	纵向零压保护
装置指示灯	保护跳闸
试验项目	并网后负序变化量方向匝间保护测试
相关说明	为防止区外故障或其他原因（例如匝间专用 TV 回路有问题）产生的纵向零序电压使保护误动，引入负序功率方向闭锁。负序功率取机端电压和机端电流，机端负序电流滞后机端负序电压 90°为负序功率灵敏角
试验方法	（1）将测试仪的 A 相电压同时输入发电机机端电压 A 相（U_{G1a}）和机端侧匝间保护专用 TV 的 A 相（U_{G2a}），并保证 TV 断线不动作。 （2）将测试仪的 B 相电压输入机端侧匝间保护专用 TV 的开口三角输出端（U_{G2O}）。 （3）将测试仪的 A 相电流输入发电机机端电流 A 相，角度滞后机端电压 90°。 （4）确认机端断路器处于合位。 （5）采用手动试验，缓慢增加零序电压至保护动作值
试验仪器设置	采用手动试验
	U_A：57.74∠0.00°V　　　　　　　　　　I_A：1∠−90°A（机端电流）
	U_B：2∠0.00°V　　　▲3.02∠0.00°V
装置报文	变化量匝间保护
装置指示灯	保护跳闸

四、发电机相间后备保护

发电机相间后备保护测试见表 20-4。

发电机相间后备保护主要作为发电机相间短路的后备保护，分为复压过电流保护和相间阻抗保护。当发电机为自并励方式时，在短路故障后电流衰减变小，故障电流在过电流保护动作出口前可能小于过电流定值，因此复压过电流保护应有电流记忆功能，使保护能够可靠动作出口。

表 20-4　　　　　　　　　　　　发电机相间后备保护测试

试验项目	复压过电流保护动作值及动作时间测试
定值整定	负序电压定值：4V；相间低电压定值：60V；过电流 I 段定值 ：1A；过电流 I 段延时：3s；过电流 II 段定值：1A；过电流 II 段延时：5s；电流记忆时间：10s
试验条件	（1）硬压板设置：投入"发电机相间后备保护投入 1KLP3"压板。 （2）复压过电流保护控制字设置："过电流 I 段经机端复压闭锁"置"投入""过电流 II 段经机端复压闭锁"置"投入""过电流 I 段经高压侧复压闭锁"置"退出""过电流 II 段经高压侧复压闭锁"置"退出""过电流保护 I 段投入"置"投入""过电流保护 II 段投入"置"投入""电流记忆功能投入"置"投入""TV 断线复压闭锁逻辑"置"TV 断线本侧复压闭锁""过电流 I 段经解列状态闭锁"置"退出""过电流 TA 选择"置"中性点后备 TA/分支和电流"。 （3）保护软压板设置："发电机复压过电流保护软压板"置"投入"
相关说明	"过电流 I 段经解列状态闭锁"置"投入"时，并网前闭锁过电流 I 段保护。并网的状态由机端断路器位置决定
试验方法	校验过电流 I 段、II 段定值可不加电压： （1）从发电机中性点 TA 通道加入试验电流，实测并记录保护动作电流值。 （2）从发电机中性点 TA 通道加入电流 1.2 倍值，进行动作时间测试
装置报文	发电机过电流 I 段/发电机过电流 II 段
装置指示灯	保护跳闸
试验项目	相间低电压动作值测试
试验方法	从发电机中性点 TA 通道加入大于整定值的电流，同时在机端电压回路施加三相电压；等待上述状态稳定后，逐渐降低三相电压，直到保护动作，实测并记录保护动作时的电压值。由于过电流 I 段动作时间为 3s，用手动试验存在误差，可以将延时改为 0.1s 进行测试，结果较为准确
相关说明	"过电流 I 段经机端复压闭锁"置"投入"时，复压元件取机端电压；"过电流 I 段经高压侧复压闭锁"置"投入"时，复压元件取主变压器高压侧电压。若两者均投入，则机端电压和主变压器高压侧电压取"或"门，在校验定值时，为保证变量唯一只选择其一投入
试验仪器设置	采用手动试验 U_A：$35\angle 0.00°$V　　　▼$34.62\angle 0.00°$V　　　　　　　I_A：1.2 $\angle 0.00°$A U_B：$35\angle -120°$V　　　▼$34.62\angle -120°$V U_C：$35\angle 120°$V　　　▼$34.62\angle 120°$V
试验项目	负序电压动作值测试
试验方法	从发电机中性点 TA 通道加入大于整定值的电流，同时在机端电压回路施加三相电压大于相间低电压值，增加机端某一相电压（或加三相额定电压，减小机端某一相电压），实测并记录保护动作电压值
试验仪器设置	采用手动试验 U_A：$35\angle 0.00°$V　　　▲$47.1\angle 0.00°$V　　　　　　　I_A：1.2 $\angle 0.00°$A U_B：$35\angle -120°$V U_C：$35\angle 120°$V

续表

试验项目	TV 断线对复压元件的影响	
相关说明	"TV 断线复压闭锁逻辑"置"TV 断线本侧复压闭锁"时，该侧 TV 的复合电压判据闭锁；"TV 断线复压闭锁逻辑"置"TV 断线无影响"时，TV 断线后正常判复合电压，不闭锁过电流元件，如果此时没有投入复压闭锁，则变成纯过电流保护（TV 断线后会有误动的风险）	
试验仪器设置	采用状态序列	
	状态 1（模拟 TV 断线）	状态 2
	U_A：57.74∠0.00°V	U_A：57.74∠0.00°V
	U_B：57.74∠-120°V	U_B：57.74∠-120°V
	U_C：0∠120°V	U_C：0∠120°V
	I_A：0∠0.00°A	I_A：1.2 ∠0.00°A
	状态触发条件：时间控制为 10s	状态触发条件：时间控制为 6s
装置报文	机端 TV 断线	
装置指示灯	异常、TV 断线	
试验项目	发电机电流记忆功能试验	
相关说明	"电流记忆功能投入"置"投入"时，复合电压过电流保护启动后，电流带记忆功能。电流记忆必须在满足复压元件时才有效	
试验方法	分别在 A、B、C 相加电流使保护动作，可以不加电压或者让电压满足复压条件，突然下降电流至动作值以下并且电流在 0.04A 以上，测试保护返回时间	
注意事项	若采用博电测试仪，则应选择"以上一态为参考"才能测得电流记忆时间	
试验仪器设置	采用状态序列	
	状态 1	状态 2
	I_A：1.2∠0.00°A	I_A：0.5∠0.00°A
	状态触发条件：开入量翻转	状态触发条件：开入量翻转
装置报文	发电机过电流Ⅰ段、发电机过电流Ⅱ段	
装置指示灯	保护跳闸	
试验项目	阻抗保护测试（以阻抗Ⅰ段为例）	
定值整定	Ⅰ段正向阻抗：20Ω；Ⅰ段反向阻抗：20Ω；Ⅱ段正向阻抗：0.1Ω；Ⅱ段反向阻抗：0.1Ω；阻抗Ⅰ段 1 时限延时：1.0s；阻抗Ⅰ段 2 时限延时：1.5s；阻抗Ⅱ段延时：10s	
试验条件	（1）硬压板设置：投入"发电机相间后备保护投入 1KLP3"压板。 （2）相间阻抗保护控制字设置："发电机阻抗Ⅰ段 1 时限投入"置"投入""发电机阻抗Ⅰ段 2 时限投入"置"投入""发电机阻抗Ⅱ段投入"置"退出"阻抗Ⅰ段经列状态闭锁置"退出"。 （3）保护软压板设置："发电机相间阻抗保护软压板"置"投入"	
相关说明	相间阻抗保护主要由三个相间阻抗元件构成，取自机端电压和机端电流。发电机阻抗保护设置有电流启动元件，电流启动元件包括相电流突变增量启动、自产零序电流启动、负序电流启动。低阻抗保护在阻抗复平面的动作特性为方向阻抗圆，灵敏角固定为 85°，如图 20-4 所示。当测量阻抗落在圆内时，阻抗保护动作。 整定不同的 Z_F 和 Z_B 值，可以得到不同的阻抗圆特性。$Z_F=Z_B$ 时，阻抗圆为全阻抗圆；$Z_B=0$ 或 $Z_F=0$ 时，为通过坐标原点的方向阻抗圆；$Z_B≠Z_F≠0$ 时，为具有某一偏移度的方向阻抗圆	

相关说明	 图 20-4　阻抗特性图
注意事项	（1）"阻抗Ⅰ段经解列状态闭锁"置"投入"时，并网前闭锁阻抗Ⅰ段保护。 （2）机端 TV 断线后闭锁发电机阻抗保护，机端 TV 断线延时 10s 发出
试验方法	正向阻抗定值测试：用三相电压和三相电流测试，加三相正序电流和三相正序电压，三相电压超前三相电流角度为 85°，固定正序电流、小步长降低正序电压让保护测量进入阻抗圆或者固定正序电压、小步长增加正序电流让保护测量进入阻抗圆，记录阻抗圆边界动作值
试验仪器 设置	采用手动试验

试验仪器 设置			
U_A：$21\angle0.00°$V	▼$19.95\angle0.00°$V		I_A：$1\angle-85°$A
U_B：$21\angle-120°$V	▼$19.95\angle-120°$V		I_B：$1\angle-205°$A
U_C：$21\angle120°$V	▼$19.95\angle120°$V		I_C：$1\angle35°$A

装置报文	发电机阻抗Ⅰ段 1 时限、发电机阻抗Ⅰ段 2 时限
装置指示灯	保护跳闸

五、发电机基波零压定子接地保护

发电机基波零压定子接地保护测试见表 20-5。

零序电压定子接地保护由基波零序电压定子接地保护与三次谐波电压定子接地保护组成，两者共同组成发电机的 100%定子接地保护。基波零序电压定子接地保护，保护范围为由机端至机内 90%左右的定子绕组单相接地故障。

表 20-5　　　　　　　　　　　　发电机基波零压定子接地保护测试

试验项目	零压动作值及保护动作时间测试
定值整定	高压侧零序电压闭锁定值：40V；零序电压定值：10V；零序电压保护延时：1.0s；零序电压高定值：15V；零序电压高定值延时：0.5s
试验条件	（1）硬压板设置：投入"基波零压定子接地保护投入 1KLP4"压板。 （2）基波零压定子接地保护控制字设置："基波零序电压投跳闸"置"投入""基波零序电压投告警"置"退出""基波零序电压高值段投入"置"投入""定子零序电压选择"置"机端零压与中性点零压"。 （3）保护软压板设置："发电机基波零序定子接地保护软压板"置"投入"
相关计算	"定子零序电压选择"控制字，可选择 0 机端零压与中性点零压，1 机端零压，2 中性点零压。

续表

相关计算	基波零序电压保护动作判据：定子零序电压 $U_{n0} > U_{0zd}$，主变压器高压侧零序 $U_{h0} < U_{h0zd}$，防止区外故障时定子接地基波零序电压灵敏段误动。当"定子零序电压选择"控制字置 0 时，动作判据还需满足，机端零序电压 $U_{t0} > U_{tset}$，机端零序电压计算定值 U_{tset} 不需整定，保护装置根据系统参数中机端、中性点 TV 的变比自动转换。 机端零序电压计算定值：$U_{tset} = 3 \times \dfrac{U_{0zd}}{n_{TVt0}} \times n_{TVn0} = 3 \times 10 \times \dfrac{57.74}{13.8} \times \dfrac{13.8}{137.2} = 12.63$
试验方法	（1）采用手动试验，从发电机中性点零序电压通道加入电压（同时要在机端零压通道加入大于 12.63V 的电压），固定机端零压不变，改变中性点侧零序电压并记录保护动作值。 （2）中性点零序电压通道接入大于 1.2 倍定值的零序电压（机端零压通道加入大于 12.63V 的电压），固定机端零压不变，突加以上交流量进行动作时间测试
装置报文	定子零序电压保护
装置指示灯	保护跳闸
注意事项	（1）验证机端零序电压计算定值 U_{tset} 时，固定中性点零序电压大于定值（>10V），根据计算定值，设置机端零压起始电压 12V，采用手动试验缓慢增加机端零压至动作值。 （2）验证高压侧零序电压闭锁定值时，在机端、中性点零压同时加入大于定值的量，在主变压器高压侧零序电压通道加入大于定值的量（>40V），采用手动试验缓慢减小至动作值
试验项目	零压高值段动作值及保护动作时间测试
注意事项	零序电压高值段不经机端零序电压和主变压器高压侧零序电压闭锁。因此，只需在发电机中性点侧零序电压输入端子上加入电流量进行试验
试验方法	（1）从发电机中性点零序电压通道加入电压，实测并记录保护动作值。 （2）从发电机中性点零序电压通道接入大于 1.2 倍定值的零序电压，突加以上交流量进行动作时间测试
装置报文	定子零序电压高值段
装置指示灯	保护跳闸

六、三次谐波定子接地保护

发电机三次谐波定子接地保护测试见表 20-6。

三次谐波电压定子接地保护，反映发电机中性点向机内 20%左右定子绕组或机端附近定子绕组单相接地故障。三次谐波电压定子接地保护，按比较发电机中性点及机端三次谐波电压的大小和相位构成。

表 20-6 　　　　　　　　　　　发电机三次谐波定子接地保护测试

试验项目	三次谐波电压幅值比定值测试
定值整定	3ω 并网前幅值比定值：1.5；3ω 并网后幅值比定值：1；3ω 保护延时：5s
试验条件	（1）硬压板设置：投入"三次谐波定子接地保护投入 1KLP5"压板。 （2）三次谐波定子接地保护控制字设置："3ω 幅值比保护投跳闸"置"退出""3ω 幅值比保护投告警"置"投入""零压回路断线监视选择"置"退出"。 （3）保护软压板设置："发电机三次谐波定子接地保护软压板"置"投入"

续表

注意事项	三次谐波保护动作方程：$\dfrac{U_{3T}}{U_{3n}} > K_{3ozd}$。式中：$U_{3T}$ 为机端三次谐波电压值、U_{3n} 为中性点三次谐波电压值，K_{3ozd} 为三次谐波电压比值整定值。 由于三次谐波比率保护的三次谐波比率随工况变化而变化（如进相试验时），比较灵敏，建议只投报警。 并网前、后受机端断路器位置控制，还应保证机端电压大于 85V，机端三次谐波电压大于 0.3V	
试验仪器设置	采用手动试验	
	并网前： U_A:14∠0.00° V 150Hz（机端侧）▲15.02V U_B:10∠0.00° V 150Hz（中性点侧） U_a':57.74∠0.00° V U_b':57.74∠−120° V U_c':57.74∠120° V	并网后： U_A:9∠0.00° V 150Hz（机端侧）▲10.02V U_B:10∠0.00° V 150Hz（中性点侧） U_a':57.74∠0.00° V U_b':57.74∠−120.00° V U_c':57.74∠120° V
装置报文	3ω 幅值比定子接地告警	
装置指示灯	异常	

七、转子接地保护

转子接地保护测试见表 20-7。

发电机转子接地保护是发电机转子接地的主保护，反应发电机转子对大轴绝缘电阻的下降。

表 20-7　　　　　　　　　　　　　转子接地保护测试

试验项目	转子一点接地保护测试
定值整定	一点接地电阻高定值：20kΩ；一点接地高值段延时：6s 一点接地电阻低定值：10kΩ；一点接地低值段延时：6s；二次谐波负序电压定值：0.5V；两点接地保护延时：6s；切换周期：1s；转子接地保护原理选择：双端注入原理
试验条件	（1）硬压板设置：投入"转子接地保护投入 1KLP7"压板。 （2）转子一点接地保护控制字设置："转子接地故障电流告警"置"退出""一点接地高值段投告警"置"投入""一点接地低值段投跳闸"置"退出""一点接地低值段投告警"置"投入""两点接地保护投入"置"投入""回路异常判别方式"置"转子电压或漏电流消失判别""直流调零控制字"置"退出"。 （3）保护软压板设置："发电机转子接地保护软压板"置"投入"
试验方法	分别从端子排 1VD2、1VD9 外加直流电压 220V，将转子正端 1VD2 接入一个可调电阻（一般用可调电阻箱），可调电阻的另一端接到转子大轴 1VD4 上，可调电阻的初始电阻值大于转子一点接地定值，逐步降低可调电阻的阻值，在保护装置上查看测量的一点接地电阻数值是否与可调电阻的阻值相同（或在误差范围内），在可调电阻的阻值小于保护定值后，经过延时，转子一点接地保护动作。用同样的方法测试转子负端 1VD9 对大轴的接地电阻定值
装置报文	转子一点接地高值段告警/转子一点接地低值段告警
装置指示灯	异常

续表

试验项目	转子两点接地保护功能测试
试验方法	（1）按照上述试验方法（转子正端对大轴短接）做出转子一点接地告警信号。 （2）转子一点接地报警发出后延时 15s，在发电机机端电压回路加入二次谐波负序电压，超过"二次谐波负序电压定值"，并且插拔转子正端对大轴短接线（模拟两个相近接地点）。 （3）装置发出"转子两点接地保护"信号
装置报文	转子两点接地保护
装置指示灯	异常
注意事项	做转子接地试验时，不可将转子正负端短接！工程应用时，转子接地保护只能投入一套运行，不能同时投入两套保护

八、发电机定子过负荷保护

发电机定子过负荷保护测试见表 20-8。

定子过负荷保护是发电机定子的过热保护，主要用于内冷式发电机。保护取发电机机端三相电流和发电机中性点三相电流（火电选配 F 采用发电机中性点后备 TA，水电选配 W 采用发电机中性点分支合成电流）来计算发电机定子电流。

表 20-8 发电机定子过负荷保护测试

试验项目	定子过负荷定时限电流动作值测试
定值整定	定时限电流定值：10A；定时限保护延时：1s；定时限告警电流定值：4.5A；定时限告警延时：5s；反时限下限电流值：4.8A；反时限下限长延时：300s；反时限上限电流值：30A；反时限上限短延时：0.5s；定子绕组热容量：40；反时限散热系数：1.05
试验条件	（1）硬压板设置：投入"定子过负荷保护投入 1KLP8"压板。 （2）定子过负荷保护控制字设置："定子过负荷定时限投入"置"投入""定子过负荷反时限投入"置"退出"。 （3）保护软压板设置："发电机定子过负荷保护软压板"置"投入"
试验方法	（1）发电机定时限定子过负荷保护所用电流取发电机机端、中性点最大相电流，保护测试仪的电流通道 A 相加入发电机机端电流的 A 相，测试仪的电流通道 B 相加入发电机中性点侧电流的 A 相。 （2）做定时限电流定值校验时，应退出定子反时限过负荷，不然反时限会先动作。 （3）改变任一侧电流的幅值，当测试电流大于定值，保护延时告警或跳闸
装置报文	定子过负荷告警/定子过负荷定时限
装置指示灯	异常/保护跳闸
试验项目	定子过负荷反时限特性测试
注意事项	（1）保护控制字"定子过负荷反时限投入"置"投入"。 （2）反时限测试前需要清除热积累，可通过投退"定子过负荷保护投入 1KLP8"硬压板来清除，如热积累未清零进行测试，测得时间误差会很大
相关计算	当发电机的定子电流大于反时限启动电流值时，保护的动作时间与电流大小成反比，动作于解列或程序跳闸。 定子过负荷保护反时限的动作判据为 $t > \dfrac{K_{tc}}{\left(I/I_e\right)^2 - K_{sr}^2}$，式中：$t$ 为反时限保护的动作延时；K_{tc} 定子绕组热容量系数；K_{sr} 反时限散热系数；I_e 为发电机额定电流

试验方法	以 $I_{max}=5A$ 为例，从发电机机端或中性点任一相电流回路加入试验电流 5A，测试并记录定子绕组反时限动作时间（实测 1.13s），与计算值比较
装置报文	定子过负荷反时限
装置指示灯	保护跳闸

九、发电机负序过负荷保护测试

发电机负序过负荷保护测试见表 20-9。

发电机负序过负荷保护，引入发电机定子电流中的负序分量，当发电机不对称故障或不对称运行时，负序电流引起发电机转子表层过热超过限值会对转子造成损伤，故该保护是发电机的转子过热保护，也叫转子表层过热保护。

表 20-9　　　　　　　　　　　发电机负序过负荷保护测试

试验项目	负序定时限电流动作值及动作时间测试
定值整定	负序定时限电流定值：10A；负序定时限保护延时：1s；负序定时限告警电流定值：0.5A；负序定时限告警延时：5s；负序反时限下限电流值：0.6A；负序反时限下限长延时：200s；负序反时限上限电流值：15A；负序反时限上限短延时：0.5s；转子发热常数：10；长期允许负序电流标幺值：0.08
试验条件	（1）硬压板设置：投"负序过负荷保护投入 1KLP9"压板。 （2）负序过负荷保护控制字设置："负序过负荷定时限投入"置"投入""负序过负荷反时限投入"置"退出"。 （3）保护软压板设置："发电机负序过负荷保护软压板"置"投入"
注意事项	做定时限电流定值校验时，应退出反时限过负荷，不然反时限会先动作
试验方法	（1）发电机定时限负序过负荷保护所用电流取发电机机端、中性点负序电流最小值（试验时在发电机端和中性点均需要加负序电流）。 （2）测试电流大于定值保护启动，延时告警或跳闸。 （3）用单相电流输入测试时，输入值应为 3 倍。例如：要得到 1A 负序电流则需单相输入 3A 电流（负序定时限定值较大，若采用单相输入的试验方法，应减小定值做）。 （4）保护接线方式同"定子过负荷保护"
装置报文	负序过负荷告警/负序过负荷定时限
装置指示灯	异常/保护跳闸
试验项目	负序过负荷反时限特性测试
注意事项	反时限测试前需要清除热积累，可通过投退"负序过负荷保护投入 1KLP9"硬压板来清除。如热积累未清零进行测试，测得时间误差会很大
相关计算	负序过负荷保护反时限的动作判据为 $t > \dfrac{A}{\left(I_2/I_e\right)^2 - I_{2\infty}^2}$，式中：$t$ 为反时限保护的动作延时；A 为转子发热常数；$I_{2\infty}$ 为发电机长期允许负序电流标幺值；I_e 为发电机额定电流。 取电流 $I_2=1A$ 则有 $t = \dfrac{10}{(1 \div 0.826)^2 - 0.08^2} = 6.853s$

续表

试验方法	以 $I_2 = 1A$ 为例，从发电机机端、中性点 A 相电流回路同时加入试验电流 3A，按照所给定值整定，测试并记录负序反时限动作时间（实测 6.897s），与计算值比较
装置报文	负序过负荷反时限
装置指示灯	保护跳闸

十、发电机失磁保护

发电机失磁保护测试见表 20-10。

阻抗型失磁保护，通常由阻抗判据、转子低电压判据、机端低电压判据、母线低电压判据及过功率判据构成。保护输入量有机端三相电压、发电机三相电流、主变压器高压侧三相电压（或某一相间电压）、转子直流电压。各功能模块判据可根据实际工程的需要，通过定值整定时限灵活投退。

表 20-10 　　　　　　　　　　　　发电机失磁保护测试

试验项目	失磁阻抗判据特性测试
定值整定	失磁阻抗定值 1：10Ω；反应功率标幺值：0.2；失磁阻抗定值 2：−20Ω；进相运行切线斜率定值：0.1；母线低电压定值：90V；失磁 I 段延时：10s；机端低电压定值：80V；失磁 II 段延时：1s；失磁过功率百分比定值：40；失磁 III 段母线低电压延时：1.5s；反向无功功率百分比定值：10；失磁 IV 段机端低电压延时：2s；转子低电压定值：100V；失磁 V 段过功率延时：3s；转子低电压系数定值：12
试验条件	（1）硬压板设置：投入"失磁保护投入 1KLP10"压板。 （2）失磁保护控制字设置："进相运行切线判据投入"置"退出""无功反向判据投入"置"退出""失磁 I 段投跳闸"置"退出""失磁 I 段投告警"置"退出""失磁 II 段跳闸投入"置"投入""失磁 III 段母线低电压跳闸投入"置"退出""失磁 IV 段机端低电压跳闸投入"置"退出""失磁 V 段过功率跳闸投入"置"退出"。 （3）保护软压板设置："发电机失磁保护软压板"置"投入"
相关计算	失磁保护阻抗采用发电机机端正序电压、发电机机端正序电流来计算。失磁保护逻辑如图 20-5 所示。 图 20-5　失磁保护逻辑

续表

相关计算	$Z_1=\mathrm{j}X_1$：阻抗圆上边界，$Z_2=\mathrm{j}X_2$：阻抗圆下边界（分别对应失磁阻抗定值 1 和失磁阻抗定值 2），按照定值单输入定值，$Z_1=10\Omega$，$Z_2=-20\Omega$，失磁保护阻抗圆为静稳圆。静稳圆 Z_1 在纵轴上半轴，Z_2 在下半轴。根据需要整定定值选择静稳圆、过原点的下抛阻抗圆或异步边界阻抗圆。失磁保护阻抗圆如图 20-6 所示
	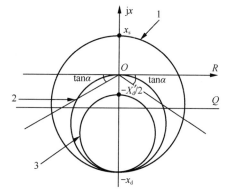 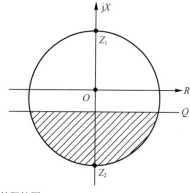 图 20-6　失磁保护阻抗圆

试验方法	将试验仪的三相电压接到保护屏的机端电压通道上，三相电流接到保护屏的机端电流通道上。做阻抗判据特性试验的时候，为了避免反向无功判据的影响，将"无功反向判据投入"置"退出"

试验仪器设置	上边界校验	下边界校验
	采用手动试验	采用手动试验
	U_A：$21\angle 0.00°\mathrm{V}$　▼$19.97\angle 0.00°\mathrm{V}$	U_A：$41\angle 0.00°\mathrm{V}$　▼$39.94\angle 0.00°\mathrm{V}$
	U_B：$21\angle -120°\mathrm{V}$　▼$19.97\angle -120°\mathrm{V}$	U_B：$41\angle -120°\mathrm{V}$　▼$39.94\angle -120°\mathrm{V}$
	U_C：$21\angle 120°\mathrm{V}$　▼$19.97\angle 120°\mathrm{V}$	U_C：$41\angle 120°\mathrm{V}$　▼$39.94\angle 120°\mathrm{V}$
	I_A：$2\angle -90°\mathrm{A}$	I_A：$2\angle 90°\mathrm{A}$
	I_B：$2\angle -210°\mathrm{A}$	I_B：$2\angle -30°\mathrm{A}$
	I_C：$2\angle 30°\mathrm{A}$	I_C：$2\angle 210°\mathrm{A}$

装置报文	失磁 Ⅱ 段

装置指示灯	保护跳闸

试验项目	无功反向判据动作值测试

试验条件	"无功反向判据投入"置"投入""失磁 Ⅱ 段跳闸投入"置"投入"，其余退出

相关计算	无功反向判据测试时，首先要保证阻抗圆落到静稳圆内，其次无功需要满足无功反向判据。装置显示的无功功率为百分数，即实际二次无功功率与二次额定有功功率的百分比： $$Q_\mathrm{set}=\dfrac{3U_1I_1\sin\theta}{3U_\mathrm{ef}I_\mathrm{ef}\cos\varphi_\mathrm{e}}\times100\%$$ 式中：U_ef 为发电机二次额定电流；I_ef 为发电机二次额定电流；$\cos\varphi_\mathrm{e}$ 为发电机额定功率因数。可在"模拟量→计算量→发电机公共计算"中查看发电机无功功率的百分比。 计算实例： $Q_\mathrm{set}=-10\%,I_\mathrm{ef}=0.826\mathrm{A},U_\mathrm{ef}=57.74\mathrm{V},\cos\varphi_\mathrm{e}=0.95$，固定电流幅值为 $I_1=1\mathrm{A}$，电压滞后电流 $90°$，即 $\sin\theta=-1$，由上述公式计算出此时的电压为 $$U_1=\dfrac{3U_\mathrm{ef}I_\mathrm{ef}\cos\varphi_\mathrm{e}\cdot Q_\mathrm{set}}{3I_1\sin\theta\cdot100\%}=\dfrac{3\times57.74\times0.826\times0.95\times(-10\%)}{3\times1\times(-1)\times100\%}=4.53(\mathrm{V})$$ 由于此时 $Z=U_1/I_1=4.53\div1=4.53(\Omega)$，正好在静稳圆内

试验方法	根据以上计算，在三相电压通道上加 4V 的正序电压，电压 A 相角度为 0°，固定三相电流的角度为 1A，电流 A 相角度为 90°，电压幅值从 4V 缓慢增加直到失磁保护动作。记录此时的动作电压，并根据动作电流电压计算动作无功功率（或在计算值处查看此时的无功功率）
试验仪器设置	采用手动试验 U_A：$4\angle0.00°V$　　▲$4.55\angle0.00°V$　　　　　I_A：$1\angle90°A$ U_B：$4\angle-120°V$　　▲$4.55\angle-120°V$　　　I_B：$1\angle-30°A$ U_C：$4\angle120°V$　　▲$4.55\angle120°V$　　　　I_C：$1\angle210°A$
装置报文	失磁 II 段
装置指示灯	保护跳闸
试验项目	母线低电压动作值的测试
试验条件	"失磁Ⅲ段母线低电压跳闸投入"置"投入"，其余控制字退出
相关说明	当发电机失磁时，会从系统吸收无功功率，造成系统无功缺额，如果系统此时无功储备不足的话，母线电压会被拉低，所以失磁保护中增加了母线低电压判据。母线低电压取主变压器高压侧 TV。 加入主变压器高压侧三相电压、机端三相电压和机端三相电流，减小主变压器高压侧电压幅值，直到满足相间电压最小值小于定值
试验方法	将试验仪的三相电压接到保护屏的发电机机端电压通道上，同时将此电压并接到主变压器高压侧电压通道上，电压幅值加 53V（大于定值 $U=90/\sqrt{3}=51.96$V）；将试验仪三相电流接到发电机机端电流通道上，固定加 5A，电压相角滞后于电流 90°，此时阻抗为 10.6Ω，落在静稳圆内。缓慢减小三相电压直至失磁Ⅲ段保护动作，记录此时的母线低电压动作值
试验仪器设置	采用手动试验 U_A：$53\angle0.00°V$　　▼$51.91\angle0.00°V$　　　I_A：$5\angle90°A$ U_B：$53\angle-120°V$　　▼$51.91\angle-120°V$　　I_B：$5\angle-30°A$ U_C：$53\angle120°V$　　▼$51.91\angle120°V$　　　I_C：$5\angle210°A$
装置报文	失磁母线低电压Ⅲ段
装置指示灯	保护跳闸
试验项目	机端低电压动作值的测试
试验条件	"失磁Ⅳ段机端低电压跳闸投入"置"投入"，其余控制字退出
相关说明	当发电机失磁后发出的无功功率减小，从系统吸收无功功率，造成机端电压降低，影响厂用电的安全
试验方法	将试验仪的三相电压接到发电机机端电压通道上，电压幅值加 48V（大于定值 $U=80/\sqrt{3}=46.19$V），将试验仪三相电流接到发电机机端电流通道上，电流固定加 5A，电压相角滞后于电流 90°，此时阻抗 $Z=9.6$Ω，落在静稳圆内。缓慢减小三相电压直至失磁Ⅳ段保护动作，记录此时的机端低电压动作值。试验仪器设置参照"母线低电压动作值的测试"，手动试验得到动作值 46.19V
装置报文	失磁机端低电压Ⅳ段
装置指示灯	保护跳闸
试验项目	失磁保护转子电压判据试验
试验条件	"失磁Ⅰ段投跳闸"置"投入"，失磁Ⅰ段延时定值改为 0.1s，其余控制字退出

续表

相关说明	转子电压判据分为转子低电压判据与转子变励磁电压判据，水轮发电机和中小型汽轮发电机，用转子低电压判据；而对于大型汽轮发电机，在进相运行时转子低电压判据可能会处于动作状态，导致失磁保护失去辅助判据的闭锁作用，此时宜用转子变励磁电压判据。 转子低电压判据的动作方程为 $U_{fd} < U_{fdl}$。 转子变励磁电压判据中动作电压与发电机有功功率有关，故又称 $U_{fd} - P$ 判据，其动作方程为 $$U_{fd} < \frac{P - S_e P_t^*}{K_{fd}}$$ 式中：P 为发电机的有功功率计算值（二次值）；S_e 为发电机视在功率二次额定值；P_t^* 为反应功率标幺值；K_{fd} 为转子低电压系数定值。 当转子电压小于转子电压初始定值 U_{fdl}，阻抗元件无固定延时出口；当转子电压小于变励磁电压 U_{fd}，阻抗元件固定增加 0.5s 出口；当转子电压大于变励磁电压 U_{fd}，且大于转子电压初始定值 U_{fdl}，阻抗元件固定增加 1.5s 出口
试验方法	加入机端三相电压、机端三相电流和转子电压，满足测量阻抗落在阻抗圆内，减小转子电压，直到小于定值。是否满足判据要求可通过出口延时来判断

试验仪器设置	状态序列	
	状态 1	状态 2
	U_A：$57.74\angle0.00°$ V　　I_A：$1\angle90°$ A U_B：$57.74\angle-120°$ V　I_B：$1\angle-30°$ A U_C：$57.74\angle120°$ V　I_C：$1\angle210°$ A $\dot{U}'_A$：101V（直流） 状态触发条件：时间控制为 5s	U_A：$10\angle0.00°$ V　　I_A：$1\angle90°$ A U_B：$10\angle-120°$ V　I_B：$1\angle-30°$ A U_C：$10\angle120°$ V　I_C：$1\angle210°$ A $\dot{U}'_A$：101V（直流） 状态触发条件：开入量翻转
	测得动作时间 1.6s	
	状态 1	状态 2
	U_A：$57.74\angle0.00°$ V　　I_A：$1\angle90°$ A U_B：$57.74\angle-120°$ V　I_B：$1\angle-30°$ A U_C：$57.74\angle120°$ V　I_C：$1\angle210°$ A $\dot{U}'_A$：99V（直流） 状态触发条件：时间控制为 5s	U_A：$10\angle0.00°$ V　　I_A：$1\angle90°$ A U_B：$10\angle-120°$ V　I_B：$1\angle-30°$ A U_C：$10\angle120°$ V　I_C：$1\angle210°$ A $\dot{U}'_A$：99V（直流） 状态触发条件：开入量翻转
	测得动作时间 0.1s	

注意事项	变励磁电压计算值可在"模拟量→计算量→发电机失磁失步保护计算"中查看，选取静稳圆内的点（X 轴上除外），记录此时的变励磁电压，改变转子电压使得其小于变励磁电压值，记录此时的出口延时，以验证转子变励磁电压判据

十一、发电机失步保护

发电机失步保护测试见表 20-11。

失步保护反应发电机机端测量阻抗的变化轨迹，能可靠躲过系统短路和稳定振荡，并能在失步摇摆过程中区分加速失步和减速失步。失步保护采取多直线遮挡器特性，电阻直线将阻抗平面分为多区域。

表 20-11　　　　　　　　　　　　　　　　　　发电机失步保护

试验项目	区内失步保护逻辑校验
定值整定	失步保护电抗定值 X_B：6Ω；失步保护电抗定值 X_A：−6Ω；主变电抗定值 X_t：3Ω；停留时间 t_1：0.01s；停留时间 t_2：0.01s；停留时间 t_3：0.01s；停留时间 t_4：0.01s；电阻边界定值 R：4Ω；区内滑极定值：1；区外滑极定值：3；失步保护启动电流：1A；失步保护开断电流：10A
试验条件	（1）硬压板设置：投入"失步保护投入 1KLP11"压板。 （2）失步保护控制字设置："区内失步投跳闸"置"投入""区内失步投告警"置"退出""区外失步投跳闸"置"退出""区外失步投告警"置"投入""电流启动判据投入"置"投入""遮断电流判据投入"置"投入""失步经失磁动作闭锁"置"退出" （3）保护软压板设置："发电机失步保护软压板"置"投入"
相关说明	失步保护反应电机机端测量阻抗的变化轨迹，动作特性为双遮挡器。引入保护的电压为机端 TV 三相电压，电流为发电机机端 TA 三相电流，如图 20-7 所示。 （见图） 图 20-7　失步保护阻抗变化轨迹 X_T 为电抗整定值；R_1 为电阻边界定值 R；R_2、R_3、R_4 分别由程序固定设 0.5R、−0.5R、−R；$X_B = X_S + X_T$（X_S 为系统电抗；X_T 为主变压器电抗）；$X_A = -(1.8 \sim 2.6)X_d'$（$X_d'$ 为发电机暂态电抗）。 电阻线 R_1、R_2、R_3、R_4 及电抗线 X_T 将阻抗复平面分成 0~4 共 5 个区。发电机失步后，当机端测量阻抗较缓慢地从 +R 向 −R 方向变化，且依次由 0 区→Ⅰ区→Ⅱ区→Ⅲ区→Ⅳ区穿过时，判断为加速失步；而当测量阻抗由 −R 方向向 +R 方向变化，且依次穿过各区时，就判断为减速失步。测量阻抗依次穿过 5 个区后记录一次滑极，当滑极次数累计到达整定值时，便发出跳闸命令。 主变电抗线 X_T 上方记为区外滑极次数，主变电抗线 X_T 下方记为区内滑极次数
试验方法	将保护测试仪的三相电压接入到发电机机端 TV 上，三相电流输入到发电机机端电流通道上，以加速失步为例：测量阻抗从 0 区依次穿过Ⅰ、Ⅱ、Ⅲ、Ⅳ区，在每个区内的停留时间应大于定值中所对应的时间 0.01s。为方便计算，将动作点设于中间位置，阻抗特性以纯电阻试验

采用状态序列

状态 1	状态 2	状态 3
U_A：$50\angle0.00°$V	U_A：$30\angle0.00°$V	U_A：$10\angle0.00°$V
U_B：$50\angle-120°$V	U_B：$30\angle-120°$V	U_B：$10\angle-120°$V
U_C：$50\angle120°$V	U_C：$30\angle120°$V	U_C：$10\angle120°$V
I_A：$10\angle0.00°$A	I_A：$10\angle0.00°$A	I_A：$10\angle0.00°$A

（左列标题：试验仪器设置）

试验仪器设置	I_B：$10\angle-120°A$	I_B：$10\angle-120°A$	I_B：$10\angle-120°A$
	I_C：$10\angle120°A$	I_C：$10\angle120°A$	I_C：$10\angle120°A$
	状态触发条件：时间控制为0.02s	状态触发条件：时间控制为0.02s	状态触发条件：时间控制为0.02s
	状态 4	状态 5	状态 6
	U_A：$10\angle180°V$	U_A：$30\angle180°V$	U_A：$50\angle180°V$
	U_B：$10\angle60°V$	U_B：$30\angle60°V$	U_B：$50\angle60°V$
	U_C：$10\angle300°V$	U_C：$30\angle300°V$	U_C：$50\angle300°V$
	I_A：$10\angle0.00°A$	I_A：$10\angle0.00°A$	I_A：$10\angle0.00°A$
	I_B：$10\angle-120°A$	I_B：$10\angle-120°A$	I_B：$10\angle-120°A$
	I_C：$10\angle120°A$	I_C：$10\angle120°A$	I_C：$10\angle120°A$
	状态触发条件：时间控制为0.02s	状态触发条件：时间控制为0.02s	状态触发条件：时间控制为0.02s

装置报文	加速失步保护告警、区内失步保护
装置指示灯	保护跳闸
注意事项	上述试验状态若删去状态 1，未完整穿越 5 个区，区内滑极次数为 0，只发加速失步保护告警，保护不动作
试验项目	区外失步保护逻辑校验
试验条件	退出"区内失步投跳闸"，投入"区外失步投跳闸"，将区外失步保护滑极次数设置为 1（方便试验）
试验方法	用状态序列菜单，所模拟的故障状态序列的测量阻抗位于所整定的电抗线之上，为区外失步，取 $X_T=3.15\Omega$（1.05 倍主变压器电抗定值），将动作点设于中间位置，计算以 2 区为例：即电压超前电流 $46.38°$，将各计算定值进行相应状态设置，仅改变幅值及角度。 以加速失步为例：测量阻抗从 0 区依次穿过 Ⅰ、Ⅱ、Ⅲ、Ⅳ区，在每个区内的停留时间应大于定值中所对应的时间 0.01s。当滑极次数累计达到整定值时，区外失步保护动作或发信。 各状态所对应的阻抗点如图 20-8 所示。 图 20-8 状态序列阻抗示意图

试验仪器设置	采用状态序列		
	状态 1	状态 2	状态 3
	U_A：$59\angle32.2°$V U_B：$59\angle-87.8°$V U_C：$59\angle152.2°$V I_A：$10\angle0.00°$A I_B：$10\angle-120°$A I_C：$10\angle120°$A 状态触发条件：时间控制为 0.02s	U_A：$43.5\angle46.38°$V U_B：$43.5\angle-73.62°$V U_C：$43.5\angle166.38°$V I_A：$10\angle0.00°$A I_B：$10\angle-120°$A I_C：$10\angle120°$A 状态触发条件：时间控制为 0.02s	U_A：$33\angle72.38°$V U_B：$33\angle-47.62°$V U_C：$33\angle192.38°$V I_A：$10\angle0.00°$A I_B：$10\angle-120°$A I_C：$10\angle120°$A 状态触发条件：时间控制为 0.02s
	状态 4	状态 5	状态 6
	U_A：$33\angle107.62°$V U_B：$33\angle-12.38°$V U_C：$33\angle227.62°$V I_A：$10\angle0.00°$A I_B：$10\angle-120°$A I_C：$10\angle120°$A 状态触发条件：时间控制为 0.02s	U_A：$43.5\angle133.62°$V U_B：$43.5\angle13.62°$V U_C：$43.5\angle253.62°$V I_A：$10\angle0.00°$A I_B：$10\angle-120°$A I_C：$10\angle120°$A 状态触发条件：时间控制为 0.02s	U_A：$59\angle147.8°$V U_B：$59\angle27.8°$V U_C：$59\angle267.8°$V I_A：$10\angle0.00°$A I_B：$10\angle-120°$A I_C：$10\angle120°$A 状态触发条件：时间控制为 0.02s
装置报文	加速失步保护告警、区外失步保护		
装置指示灯	保护跳闸		
试验项目	启动电流、遮断电流测试		
试验方法	取 R 轴线上的点，机端电流取 1.05 倍启动电流整定值，保持机端电流不变，$U=I\times R$，通过计算设置机端电压的幅值和角度，依次穿越 5 个区域，保护动作；机端电流取 0.95 倍启动电流整定值，保持机端电流不变，依次穿越 5 个区域，保护不动作。遮断电流的动作情况与之相反。试验仪器设置参考"区内失步保护逻辑校验"		

十二、发电机电压保护

发电机电压保护测试见表 20-12。

发电机电压保护用于保护发电机各种运行工况下引起的定子绕组过电压。设两段过电压保护跳闸段，Ⅱ段可用作空载过电压保护，经发电机组并网状态闭锁，在并网后自动退出。

表 20-12　　　　　　　　　　　　发电机电压保护

试验项目	过电压保护动作值测试
定值整定	过电压Ⅰ段定值：130V；过电压Ⅰ段延时：0.3s；过电压Ⅱ段定值：115V；过电压Ⅱ段延时：0.3s；
试验条件	（1）硬压板设置：投入"发电机电压异常保护投入 1KLP12"压板。 （2）发电机过电压保护控制字设置："过电压Ⅰ段投入"置"投入""过电压Ⅱ段投跳闸"置"投入""过电压Ⅱ段投告警"置"退出""过电压Ⅱ段经并网状态闭锁"置"投入"。 （3）保护软压板设置："发电机电压保护软压板"置"投入"

试验方法	电压保护取发电机机端相间电压，过电压保护取三个相间电压最大值。在机端 TV 输入三相正序电压缓慢增加三相电压直到过电压保护动作，分别测试过电压 I 段和过电压 II 段动作值，其中过电压 II 段可用于空载过电压保护，电压 II 段可选择经并网状态闭锁（过电压保护 II 段经并网状态闭锁置投入时，并网后退出过电压 II 段）	
试验仪器设置	过电压 I 段	过电压 II 段
	U_A：$100\angle 0.00°$ V	U_A：$100\angle 0.00°$ V
	U_B：$20\angle 180°$ V　▲30V	U_B：$10\angle 180°$ V　▲15V
装置报文	发电机过电压 I 段/发电机过电压 II 段	
装置指示灯	保护跳闸	

十三、发电机过励磁保护

发电机过励磁保护测试见表 20-13。

发电机或变压器过励磁运行时，电流会很大，电流波形将发生严重畸变，漏磁大大增加，长时间运行损坏发电机或变压器。因此，对于大容量发电机及变压器，装设过励磁保护非常必要。

表 20-13　　　　　　　　　　　发电机过励磁保护

试验项目	定时限过励磁动作值及动作时间测试
定值整定	过励磁定时限定值：1.35；过励磁定时限延时：0.5s；过励磁报警定值：1.05；过励磁报警延时：5s；过励磁反时限 I 段定值：1.12；过励磁反时限 I 段延时：600s；过励磁反时限 II 段定值：1.15；过励磁反时限 II 段延时：30s；过励磁反时限 III 段定值：1.18；过励磁反时限 III 段延时：15s；过励磁反时限 IV 段定值：1.2；过励磁反时限 IV 段延时：10s；过励磁反时限 V 段定值：1.22；过励磁反时限 V 段延时：5s；过励磁反时限 VI 段定值：1.27；过励磁反时限 VI 段延时：2s；过励磁反时限 VII 段定值：1.3；过励磁反时限 VII 段延时：1.5s；过励磁反时限 VIII 段定值：1.32；过励磁反时限 VIII 段延时：1s
试验条件	（1）硬压板设置：投入"发电机过励磁保护投入 1KLP13"压板。 （2）发电机过励磁保护控制字设置："过励磁定时限投入"置"投入"，"过励磁反时限投入"置"退出"。 （3）保护软压板设置："发电机过励磁保护软压板"置"投入"
相关计算	发电机过励磁采用三相最大线电压计算逻辑出口。过励磁程度可以用过励磁倍数来表示： $$N = \frac{B}{B_n} = \frac{U/f}{U_n/f_n}$$ 式中：N 为过励磁倍数；B、B_n 分别为铁芯磁通密度的实际值和额定值；U、U_n 分别为加在绕组的实际电压和额定电压；f、f_n 分别为实际频率和额定频率。 取频率为 $f = 50$Hz 时，$U = N \times U_n = 1.35 \times 57.74 = 77.949$(V) 取电压为 $U = 57.74$V 时，$f = f_n / N = 50 \div 1.35 = 37.04$(Hz)
试验方法	（1）从发电机机端电压回路 A、B、C 相同时通入三相平衡的电压，频率为 50Hz，实测保护动作时的电压幅值，计算动作时的过激倍数。 （2）定值测试两组，一组改变电压，另一组改变频率。 （3）突然加电压达到 1.5 倍过励磁倍数定值，保护出口，记录动作时间。误差不超过±1%或±70ms。 注意：定时限校验时要退出反时限，否则会干扰试验

试验仪器设置	采用手动试验						
	U_A：77∠0.00°V	50Hz	▲77.69V	U_A：57.74∠0.00°V	50Hz	▼37Hz	
	U_B：77∠-120°V	50Hz	▲77.69V	U_B：57.74∠-120°V	50Hz	▼37Hz	
	U_C：77∠120°V	50Hz	▲77.69V	U_C：57.74∠120°V	50Hz	▼37Hz	
装置报文	发电机过励磁定时限						
装置指示灯	保护跳闸						
试验项目	反时限过励磁保护动作特性						
相关计算	反时限过励磁曲线如图 20-9 所示。 图 20-9　反时限过励磁曲线 图 20-9 中 $N_1 \sim N_8$ 分别为 Ⅰ 至 Ⅷ段的反时限定值，$T_1 \sim T_8$ 分别为 Ⅰ 至 Ⅷ段的反时限延时						
试验方法	以过励磁反时限Ⅳ段为例，采用状态序列，不可采用手动试验，加入 $1.2U_n$ 或 $f_n/1.2$ 定值，测试反时限动作时间，与整定时间对比						
注意事项	由于过励磁倍数要求的精度很高，电压采样固有的偏差，建议加入 57.74V、50Hz 电压，观察过励磁倍数，调整电压幅值，取使过励磁倍数为 1 的电压幅值作为基准						
装置报文	发电机过励磁反时限						
装置指示灯	保护跳闸						

十四、发电机功率保护

发电机功率保护测试见表 20-14。

逆功率保护是作为汽轮机突然停机，发电机变为电动机运行，为防止汽轮机叶片过热而导致叶片损坏的保护。

表 20-14　　　　　　　　　　　　发电机功率保护

试验项目	逆功率保护动作值测试
定值整定	逆功率百分比定值：3%；逆功率跳闸延时：5s；逆功率告警延时：10s；程序逆功率百分比定值：3%；程序逆功率跳闸延时：1s；低功率百分比定值：1%；低功率跳闸延时：0.5s

试验条件	（1）硬压板设置：投"发电机功率保护投入 1KLP14"压板。 （2）发电机功率保护控制字设置："逆功率保护投入"置"投入"，其余退出。 （3）保护软压板设置："发电机功率保护软压板"置"投入"
相关计算	根据逆功率保护定值 $P=3\%$ 、 $I_{ef}=0.826A$ 、 $U_{ef}=57.74V$ 、 $\cos\varphi=0.95$ ，固定机端三相电压不变，计算不同角度时功率 TA 的三相电流动作值。由功率百分比计算公式 $P=\dfrac{3U_1I_1\cos\theta}{3U_{ef}I_{ef}\cos\varphi}\times100\%$ ，取 $\theta=180°$ ，固定 $U_1=20V$ （电压应大于 16V，否则会报 TV 断线），计算得 $I_1=0.068A\angle180°$
试验方法	从机端电压回路通入电压，从机端电流回路通入电流，固定电压不变，改变电流值，实测保护动作时的电流值
试验仪器 设置	采用手动试验 U_A：$20\angle0.00°V$　　　I_A：$0.06\angle180°A$　　▲　$0.070\angle180°$ U_B：$20\angle-120°V$　　I_B：$0.06\angle60°A$　　▲　$0.070\angle60°$ U_C：$20\angle120°V$　　　I_C：$0.06\angle-60°A$　　▲　$0.070\angle-60°$
装置报文	逆功率保护
装置指示灯	保护跳闸
试验项目	程跳逆功率保护测试
试验条件	发电机功率保护控制字设置："程序逆功率保护投入"置"投入"，其余退出
相关说明	程序逆功率保护，需要在并网状态，且经"主汽门关闭接点"闭锁，当主汽门关闭后且发电机吸收的有功功率大于整定值时，经短延时去启动机组程序跳闸
试验方法	基本与逆功率相同，除了要求解掉屏上断路器位置开入的外部线，模拟机端断路器在合位，且主汽门全关位置开入为 1
装置报文	程序逆功率保护
装置指示灯	保护跳闸
试验项目	低功率保护测试
相关说明	低功率保护，需要在并网状态，且经"主汽门关闭接点"或"非紧急停机开入"闭锁，发电机输出的有功功率小于定值时保护跳闸
装置报文	低功率保护
装置指示灯	保护跳闸

十五、发电机频率异常保护

发电机频率异常保护测试见表 20-15。

汽轮机叶片有自己的自振频率。在并网运行状态下的发电机，当系统频率异常时，汽轮机叶片可能产生共振，使叶片发生疲劳，长久发展可能损坏汽轮机的叶片，故应配置发电机频率异常保护。

表 20-15   **发电机频率异常保护**

试验项目	低频保护动作值及动作时间测试（以低频 I 段为例）
定值整定	过频 I 段定值：51.5Hz；过频 I 段延时：1s；过频 II 段定值：51Hz；过频 II 段延时：1.5s；低频 I 段定值：48Hz；低频 I 段延时：1.5s；低频 II 段定值：47.5Hz；低频 II 段延时：1s；低频 III 段定值：47Hz；低频 III 段延时：0.5s
试验条件	（1）硬压板设置：投入"频率异常保护投入 1KLP15"压板。 （2）发电机低频保护控制字设置：在"频率异常保护控制方式字"中投入"低频 I 段保护"，控制方式字根据需要整定，为 16 进制。 （3）保护软压板设置："发电机频率异常保护软压板"置"投入"
注意事项	测频取发电机机端电压或发电机中性点 TA 电流，试验需在并网状态
试验方法	从机端 A、B、C 相电压通道加入幅值为额定的电压（频率值 49Hz），逐渐降低频率，实测并记录保护动作时的频率值，即为低频 I 段频率动作值
试验仪器设置	采用手动试验 U_A：57.74∠0.00°V 49Hz ▼ 47.99 Hz U_B：57.74∠−120°V 49Hz ▼ 47.99 Hz U_C：57.74∠120°V 49Hz ▼ 47.99 Hz
装置报文	发电机低频 I 段
装置指示灯	保护跳闸
试验项目	过频 I 段/过频 II 段动作值及动作时间测试
试验方法	整定过频 I 段/II 段保护投入，在机端 A、B、C 相电压通道加入幅值为额定的电压，逐渐增加频率，实测并记录保护动作时的频率值。不受并网状态影响
装置报文	发电机过频 I 段/发电机过频 II 段
装置指示灯	保护跳闸

十六、发电机启停机保护

发电机启停机保护测试见表 20-16。

发电机启动或停机过程中，配置反应相间故障的保护和定子接地故障的保护。对于发电机定子接地故障，配置一套零序过电压启停机保护。对于发电机相间故障，根据需要配置一组差回路过电流保护或发电机低频过电流保护。由于启停机过程中，定子电压频率很低，因此保护采用了不受频率影响的算法，保证了启停机过程对发电机的保护。启停机保护经控制字整定，需选择低频元件闭锁投入。

表 20-16   **发电机启停机保护**

试验项目	启停机保护差流动作值测试
整定定值	启停机频率闭锁定值：45Hz；发电机差流定值：$0.3I_e$；发电机低频过电流定值：1A；发电机低频过电流延时：0.5s；定子零序电压定值：10V；零序电压延时：0.5s
试验条件	（1）硬压板设置：投入"启停机误上电保护投入 1KLP16"压板。 （2）发电机启停机保护控制字设置："发电机差流启停机保护投入"置"投入""低频过电流启停机保护投入"置"投入""零序电压启停机保护投入"置"投入"。 （3）保护软压板设置："发电机启停机保护软压板"置"投入"

续表

注意事项	并网开关分位，测频单元为机端电压或者中性点电流，频率小于"启停机频率闭锁定值"
试验方法	用实验仪在中性点加入满足低频条件的电流，缓慢增加电流直至差流启停机保护动作，记录发电机差流启停机动作值。若采用机端电流输入，还应输入机端 A 相电压幅值 57V（用于测频），缓慢增加电流直至差流启停机保护动作
试验仪器设置	采用手动试验 I_A：0.1∠0.00°A　▲0.25∠0.00°A
装置报文	发电机差流启停机
装置指示灯	保护跳闸
试验项目	启停机零压保护动作值测试
试验方法	高压侧断路器跳位或者机端断路器跳位（并网前），输入机端 A 相电压幅值 57V 和中性点零序电压（两者的频率均需满足低频条件），缓慢增加中性点零序电压幅值，直到保护出口动作
装置报文	零序电压启停机
装置指示灯	保护跳闸
试验项目	启停机低频过电流保护动作值测试
试验方法	低频过电流保护的电流固定取发电机中性点电流。在中性点电流通道加入满足低频条件的电流值（单相即可），缓慢增加中性点电流幅值，直到保护出口动作。若不想让差流启停机动作，可以退出差流启停机控制字，或者在机端和中性点输入相位相同的电流，同时增加两个通道的电流进行测试
装置报文	低频过电流启停机
装置指示灯	保护跳闸

十七、发电机误上电保护

发电机误上电保护测试见表 20-17。

发电机盘车或转子静止时突然并入电网，定子电流（正序）在气隙产生旋转磁场会在转子本体中感应工频或者接近工频的电流，其影响与发电机并网运行时定子负序电流相似，会造成转子过热损伤，特别是机组容量越大，相对承受过热的能力越弱，故配置发电机误上电保护。

表 20-17　　　　　　　　　　发电机误上电保护

试验项目	误上电保护电流动作值及动作时间测试
定值整定	误上电频率闭锁定值：45Hz；误上电相间低压定值：60V；误上电过电流定值：1A；误上电保护延时：0.2s
试验条件	（1）硬压板设置：投入"启停机误上电保护投入 1KLP16"压板。 （2）发电机误上电保护控制字设置："误上电保护逻辑选择"置"判非同期合闸""误上电保护投入"置"投入""误上电保护判机端无流"置"投入"。 （3）保护软压板设置："发电机误上电保护软压板"置"投入"
相关说明	机端和中性点电流同时大于定值，低电压定值取发电机正序线电压，频率取发电机频率。误上电有两种版本：判非同期合闸逻辑为满足（1）或（2）以后，机端及中性点过电流元件动作；不判非同期合闸逻辑为同时满足（1）与（2）以后，机端及中性点过电流元件动作：

相关说明	（1）断路器无流且断路器分位。 （2）低压或低频元件满足（低频时正序线电压需要大于 10V）。 装置默认为判非同期合闸逻辑，如果现场采用不判非同期合闸逻辑，需要修改保护定值"误上电保护逻辑选择"进行切换
试验方法	（1）将测试仪开出触点第一组与断路器辅助触点开入端子对接。 （2）将试验仪的三相电压接到机端电压通道上，试验仪的 I_A 相接到机端电流通道的 A 相上，将试验仪的 I_B 相接到发电机中性点电流通道的 A 相上，I_C 相接到主变压器高压侧电流通道的 A 相上。 （3）测试"误上电频率闭锁定值"：第一态为正常态，断路器为分位且无流；第二态在机端、中性点、主变压器高压侧电流通道同时输入任一相电流（如 A 相），幅值为 1.5 倍电流定值；在电压通道加工频电压高于电压定值，电压频率小于频率闭锁定值。 （4）测试"误上电过流定值"：第一态为正常态，断路器为分位且无流；第二态满足低频或低压条件，在机端、中性点、主变同期高压侧电流通道同时输入任一相电流（如 A 相）大于定值。 （5）测试"误上电相间低压定值"：第一态为正常态，断路器为分位且无流；第二态在机端、中性点、主变压器高压侧电流通道同时输入任一相电流（如 A 相），幅值为 1.5 倍电流定值；在电压通道加低频，电压幅值小于低压定值。
试验仪器设置	采用状态序列（以测试"误上电频率闭锁定值"为例） **状态 1（正常态）** U_A：57.74∠0.00°V　50Hz U_B：57.74∠−120°V　50Hz U_C：57.74∠120°V　50Hz I_A：0.00∠0.00°A I_B：0.00∠0.00°A I_C：0.00∠0.00°A 状态触发条件：时间控制为 3s。 开出触点：合位。 （保护采的是断路器跳位开入触点） **状态 2** U_A：57.74∠0.00°V　44Hz U_B：57.74∠−120°V　44Hz U_C：57.74∠120°V　44Hz I_A：1.5∠0.00°A（机端） I_B：1.5∠0.00°A（中性点） I_C：1.5∠0.00°A（主变压器高压侧） 状态触发条件：时间控制为 0.5s。 开出触点：分位。 （保护采的是断路器跳位开入触点）
装置报文	误上电保护
装置指示灯	保护跳闸

十八、断路器非全相保护

断路器非全相保护测试见表 20-18。

主变压器高压侧断路器由于误操作或者机械方面等原因，使三相不能同时合闸或跳闸，或在正常运行时突然一相跳闸，这些情况都会导致系统三相不平衡，对发电机造成危害。非全相保护检测到非全相运行状态后，经过整定的延时动作于跳闸或者启动断路器失灵。

表 20-18　　　　　　　　　断路器非全相保护

试验项目	非全相保护电流动作值测试（以非全相 1 时限为例）
定值整定	非全相电流定值：1.2A；非全相负序电流定值：0.2A；非全相零序电流定值：0.3A；非全相 1 时限延时：0.5s；非全相 2 时限延时：1s；非全相 3 时限延时：1.5s
试验条件	（1）硬压板设置：投入"断路器非全相保护投入 1KLP28"压板。 （2）非全相保护控制字设置："非全相 1 时限投入"置"投入""非全相经负序电流闭锁"置"投入""非全相经零序电流闭锁"置"投入"。 （3）保护软压板设置："断路器非全相保护软压板"置"投入"

续表

试验方法	采用状态序列进行试验，在发电机机端加入正常三相电压，主变压器高压侧 TA 加入非全相电流定值（或者零序、负序电流大于定值），同时保护有高压 1 侧三相不一致开入，保护经延时动作
相关说明	保护用电流取值主变压器高压侧断路器 TA，保护引入断路器本体三相不一致动作触点，三相不一致触点开入经长延时 20s 告警，装置报"三相不一致开入异常"，但不闭锁非全相保护功能。保护动作触点开入超过 20s 后，装置报"保护动作开入异常"，但不闭锁非全相保护功能
装置报文	高压 1 侧断路器非全相 1 时限
装置指示灯	保护跳闸

十九、断路器失灵启动保护

断路器失灵启动保护测试见表 20-19。

发电机内部故障保护跳闸时，如果断路器失灵，需要及时跳开发电机相邻侧开关。失灵保护电流通道可独立整定。失灵电流启动为一个过电流判别元件，可以是相电流、负序电流或零序电流，经保护动作触点和断路器位置触点闭锁。

表 20-19　　　　　　　　　　　　　　断路器失灵启动保护

试验项目	发电机开关失灵保护动作值及动作时间测试
定值整定	失灵启动相电流定值：1.2A；失灵启动负序电流定值：0.2A；　失灵启动零序电流定值：0.3A；失灵启动 1 时限延时：0.15s；失灵启动 2 时限延时：0.25s
试验条件	（1）硬压板设置：投入"断路器失灵启动保护投入 1KLP29"压板。 （2）开关失灵保护控制字设置："失灵启动 1 时限投入"置"投入""失灵启动 2 时限投入"置"投入""失灵启动经相电流闭锁投入"置"投入""失灵启动经负序电流闭锁投入"置"投入""失灵启动经零序电流闭锁投入"置"投入""经高压侧断路器跳位闭锁"置"投入"。 （3）保护软压板设置：断路器失灵保护软压板置"投入"
相关说明	断路器失灵启动保护在保护动作触点开入后，经电流元件并延时跳闸；电流元件取高压侧开关 TA 电流，采用相电流、负序电流、零序电流或门开放，可经控制字投退；可选择经断路器跳位闭锁。保护动作触点开入超过 20s 后，装置报"保护动作开入异常"，但不闭锁断路器失灵启动保护功能
试验方法	（1）在屏上用短接线短接"保护动作开入"触点，并确认高压侧断路器在合闸位置。 （2）将"经负序电流闭锁"置"投入"，经相电流和零序电流闭锁退出，用测试仪在主变压器高压侧 TA 通道上加入单相电流，单相电流达到 3 倍的负序电流定值，经整定延时，发电机断路器失灵保护动作。零序电流动作值校验同理。 （3）将"经相电流闭锁"置"投入"，经负序电流、零序电流闭锁退出，用测试仪在主变压器高压侧 TA 通道上加入单相电流，单相电流达到相电流定值，经整定延时，发电机断路器失灵保护动作
装置报文	高压 1 侧断路器失灵启动 1 时限
装置指示灯	保护跳闸

二十、断路器闪络保护

断路器闪络保护测试见表 20-20。

发电机在进行同期并网过程中，当断路器两侧电压方向为 180°，若断路器污秽严重造成断口绝缘下降，断口易发生闪络。断路器断口闪络一般只考虑一相或两相发生闪络，不考虑三相同时闪络。

表 20-20　　　　　　　　　　　　　　　断路器闪络保护

试验项目	断路器闪络保护动作值及动作时间测试
定值整定	断路器闪络相电流定值：1.2A；断路器闪络负序电流定值：0.2A；断路器闪络零序电流定值：0.3A；断路器闪络 1 时限延时 0.05s；断路器闪络 2 时限延时 0.1s
试验条件	（1）硬压板设置：投入"断路器闪络保护投入 1KLP30"压板。 （2）断路器闪络保护控制字设置："断路器闪络 1 时限投入"置"投入""断路器闪络 2 时限投入"置"投入""断路器闪络经相电流闭锁"置"投入""断路器闪络经零序电流闭锁"置"投入"。 （3）保护软压板设置："断路器闪络保护软压板"置"投入"
相关说明	闪络保护取主变压器高压侧电流，保护判据为： （1）断路器三相均为断开状态。 （2）机组已加励磁，主变压器低压侧有流。 （3）主变压器高压侧断路器 TA 中负序电流（或相电流或零序电流）大于整定值，满足以上条件判断为断路器断口处闪络，经延时出口。负序电流判据固定投入，相电流判据和零序电流判据可经控制字进行投退
试验方法	（1）在屏上用短接线短接断路器位置开入触点，模拟高压 1 侧断路器位置在跳位或者将测试仪的开出量接入保护屏后"高压 1 侧断路器跳位"端子。 （2）在主变压器高压侧、发电机机端（即主变压器低压侧）均加入单相电流，通过投退保护控制字，分别进行相电流、负序电流和零序电流动作值和动作时间测试
装置报文	高压 1 侧断路器闪络 1 时限
装置指示灯	保护跳闸

第二节　保护常见故障及故障现象

DGT-801 发电机-变压器组保护故障设置及故障现象见表 20-21。

表 20-21　　　　　　DGT-801 发电机-变压器组保护故障设置及故障现象

功能模块	故障属性	难易度	故障现象	故障设置地点
发电机差动	开入回路	易	发电机差动保护硬压板无法投入	1KLP1 压板虚接
—	开入回路	易	所有硬压板开入均无	1QD2 内部虚接
发电机差动	开入回路	易	发电机差动保护与发电机匝间保护同时投入	IKLP1-2 与 1KLP2-2 下方短接
—	开入回路	中	机端断路器跳位开入无	1n3X9 虚接
—	开出回路	易	跳灭磁开关Ⅰ无法出口	1n6X9 或 1CLP5-2 虚接
—	开出回路	难	跳灭磁开关出口压板未投入，但保护动作跳灭磁开关	1CLP5 或 1CLP6 上下短接
发电机差动、启停机	定值	易	比率差动校验不准	发电机定值机端 TA 改为 12000/1
逆功率保护	定值	易	逆功率保护不动作	逆功率保护软压板退出

续表

功能模块	故障属性	难易度	故障现象	故障设置地点
发电机失步	定值	中	区内失步保护不动作	区内滑极次数设为 10
发电机差动	电压回路	易	机端电压 C 相虚接	1ZKK1-5 或 1ZKK1-6 虚接
主变压器差动/发电机-变压器组差动	电压回路	易	电压 B 相与 C 相反	1ZKK3-4 或 1ZKK3-6 对换
基波零压定子接地	电压回路	易	$3U_0$ 无采样	1n27x13 虚接
三次谐波零压定子接地保护	电压回路	难	机端电压 $3U_0$ 采样变为中性点 $3U_0$，保护不动作	U1D6 与 U2D2 对换
发电机差动	电流回路	易	机端测试装置电流开路	解除 1I1D4-7 短接片
发电机失磁保护	电流回路	易	机端侧 B 相测量电流相位错误	1n26x3 与 1n26x4 交换
逆功率保护	电流回路	中	C 相电流采样分流	1n26x5 与 1n26x6 短接
启停机保护	电流回路	难	C 相比率差动测试值不准	1n26x5 与 1n26x12 短接
定子过负荷	电流回路	易	A、B 相采样不正确	1n26x1 与 1n26x3 短接
负序过负荷	电流回路	易	机端 A 相无流	1n26x1 虚接

359

第二十一章 PCS-985B 发电机－变压器组保护装置调试

PCS-985B 发电机-变压器组保护装置，适用于大型汽轮发电机、燃汽轮发电机、核电机组等类型的发电机-变压器组单元接线及其他机组接线方式，并能满足发电厂电气监控自动化系统的要求。

PCS-985B 提供一个发电机变压器单元所需要的全部电量保护，保护范围：主变压器、发电机、高压厂用变压器、励磁变压器（励磁机）。由于发电机-变压器组保护涉及内容较多，PCS-985B 作为发电机-变压器组保护装置，其内部多达三十多项大大小小的保护，且原理各有不同。每个保护项目逻辑也相对独立，为方便调试理解，故将原理简介放在对应保护调试项中。部分项目逻辑与前述主变压器保护部分重复，本章不再赘述。

第一节 试 验 调 试 方 法

一、发电机－变压器组差动保护

发电机-变压器组差动保护测试见表 21-1。

变压器差动保护、高压厂用变压器差动保护、励磁变压器差动保护保护原理及调试方法与发电机-变压器组差动保护类似。对于 Yd-11 的主变压器接线方式，PCS-985 装置采用主变压器高压侧电流 $\dot{I}'_A = \dot{I}_A - \dot{I}_B$、$\dot{I}'_B = \dot{I}_B - \dot{I}_C$、$\dot{I}'_C = \dot{I}_C - \dot{I}_A$ 的方法进行相位校正至低压侧，并进行系数补偿。即在高压侧 A 相加入电流，会同时在 A 相、C 相产生差流。B 相、C 相同理。高压侧差动保护试验时分别从高压侧、低压侧加入电流。

表 21-1 以发电机-变压器组差动为例进行说明。

表 21-1 发电机-变压器组差动保护

试验项目	比率差动差流平衡试验
定值整定	比率差动启动定值：0.3 I_e；差动速断定值：6.0 I_e；差流报警定值：0.1 I_e；比率差动起始斜率：0.1； 比率差动最大斜率：0.7；二次谐波制动系数：0.15；差动保护跳闸控制字：FFFF
试验条件	硬压板设置：投入主变压器&发电机-变压器组差动保护压板。 保护控制字：差动速断投入：1。 　　　　　　比率差动投入：1。 　　　　　　涌流闭锁原理选择：1（二次谐波制动）。 　　　　　　TA 断线闭锁比率差动：0

注意事项	由于第一折曲线带制动，通过加入单相电流的方法试验所获得的动作电流并不是实际的启动值 I_{cdqd}，因此单独校验启动值没有意义，定值 I_{cdqd} 可在比率差动试验中得到验证
相关计算	（1）参数定值。主变压器参数为容量 370MVA；高压侧一次额定电压：500kV，低压侧一次额定电压：20kV；TA 变比：高压侧 1200/1，低压侧 12000/1；机组参数：容量 300MVA，功率因数：0.85；发电机一次额定电压：20kV；TA 变比：机端 12000/1，中性点 12000/1。 （2）二次额定电流 I_e 计算公式： $$I_e = \frac{S}{\sqrt{3} \times U_n \times n_{TA}}$$ 式中：S 为容量；U_n 为各侧额定电压；n_{TA} 为各侧 TA 变比。 各侧额定电流也可以直接从保护装置"模拟量——启动测量——计算定值"中读取。按文中参数计算得主变压器高压侧 $I_{e \cdot H}$ =0.356A；发电机-变压器组机组侧额定电流 $I_{e \cdot L}$=0.89A。 （3）如何做差流平衡。Y 侧电流从 A 相极性端进入，由 A 相非极性端流回试验仪器；d 侧电流从 A 相极性端进入，流出后进入 C 相非极性端，由 C 相极性端流回试验仪器，接线如图 21-1 所示 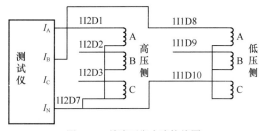 图 21-1　差流平衡电流接线图
试验方法	用手动试验，固定主变压器高压侧电流不变，改变低压侧电流。接线方式如图 21-1 所示
试验仪器设置	采用手动试验 I_A：0.616∠0.00°A　（0.356×1.732=0.616） I_B：0.89∠180°A
相关说明	高压侧加入单相电流时，考虑到相角校正，应在计算值的基础上乘以 1.732
试验项目	比率制动特性测试
相关计算	（1）差动特性图如图 21-2 所示。 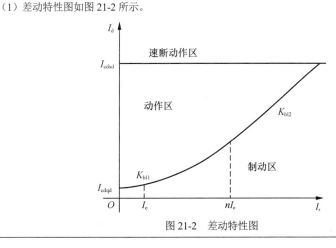 图 21-2　差动特性图

相关计算	$$\begin{cases} I_\mathrm{d} > K_\mathrm{bl} \times I_\mathrm{r} + I_\mathrm{cdqd} & (I_\mathrm{r} < nI_\mathrm{e}) \\ I_\mathrm{d} > K_\mathrm{bl2} \times (I_\mathrm{r} - nI_\mathrm{e}) + b + I_\mathrm{cdqd} & (I_\mathrm{r} \le nI_\mathrm{e}) \\ K_\mathrm{blr} = (K_\mathrm{bl2} - K_\mathrm{bl1})/(2 \times n) \\ K_\mathrm{bl} = K_\mathrm{bl1} + K_\mathrm{blr} \times (I_\mathrm{r}/I_\mathrm{e}) \\ b = (K_\mathrm{bl1} + K_\mathrm{blr} \times n) \times nI_\mathrm{e} \end{cases}$$ $$\begin{cases} I_\mathrm{r} = \dfrac{|I_1| + |I_2| + |I_3| + |I_4| + |I_5|}{2} \\ I_\mathrm{d} = |\dot{I}_1 + \dot{I}_2 + \dot{I}_3 + \dot{I}_4 + \dot{I}_5| \end{cases}$$ 其中，$K_\mathrm{bl1} = 0.1$，n 固定取 6，$K_\mathrm{bl2} = 0.7$，因此 $K_\mathrm{blr} = (0.7-0.1)/12 = 0.05$。 （2）取点计算，如取 $I_\mathrm{r} = 2I_\mathrm{e}$ 时，$K_\mathrm{bl} = 0.1 + 0.05 \times 2 = 0.2$，$I_\mathrm{d} > 0.2 \times 2 + 0.3 = 0.7$，假设 I_1 为高压侧电流，I_2 为低压侧电流，则 $$\begin{cases} I_\mathrm{d} = \sum_{i=1}^{N} I_i \\ I_\mathrm{r} = \dfrac{1}{2}\sum |I_i| \end{cases} \Rightarrow \begin{cases} I_\mathrm{d} = I_1 - I_2 = 0.7I_\mathrm{e} \\ I_\mathrm{r} = (I_1 + I_2)/2 = 2I_\mathrm{e} \end{cases} \Rightarrow \begin{cases} I_1 = 2.35I_\mathrm{e} \\ I_2 = 1.65I_\mathrm{e} \end{cases}$$ $I_1 = 2.35 \times 0.356 \times 1.732 = 1.449 (\mathrm{A})$ $I_2 = 1.65 \times 0.89 = 1.469 (\mathrm{A})$ （3）接线方式同"差流平衡"
试验方法	用手动试验，固定主变压器高压侧电流不变，改变低压侧电流
试验仪器 设置	采用手动试验 I_A：$1.449\angle 0.00°\mathrm{A}$ I_B：$1.6\angle 180°\mathrm{A}$ ▼1.47A
试验项目	差动速断和动作时间测试
相关计算	高压侧加入单相电流时 $I_\mathrm{A} = 6 \times 0.356 \times 1.732 = 3.7 (\mathrm{A})$ 低压侧加入单相电流时 $I_\mathrm{a} = 6 \times 0.89 = 5.34 (\mathrm{A})$
试验方法	（1）从各侧 A、B、C 相电流通道分别输入单相电流，实测并记录保护动作电流值。 （2）从各侧瞬时加入 1.5 倍整定值的电流，实测差动速断动作时间
装置报文	发电机-变压器组差动速断保护
装置指示灯	跳闸
试验项目	差流越限告警测试
相关说明	只有在相关差动保护控制字投入时（与压板投入无关），差流报警功能投入，满足判据，延时 300ms 报相应差动保护差流报警，不闭锁差动保护，差流消失，延时 1.2s 返回
试验方法	从各侧 A、B、C 相电流通道，从 0A 逐步增加电流至装置报"发电机-变压器组差流报警"
装置报文	发电机-变压器组差流报警
装置指示灯	报警

试验项目	TA 断线闭锁比率差动
涉及定值项	控制字：比率差动保护投入置 1。 TA 断线闭锁比率差动：1
相关说明	"TA 断线闭锁比率差动投入"置 1，则闭锁差动保护，并发差动 TA 断线报警信号，如控制字置 0，差动保护动作于出口，同时发差动 TA 断线报警信号。在发出差动保护 TA 断线信号后，消除 TA 断线情况，复位装置才能消除信号。在发电机-变压器组未并网前，TA 断线报警或闭锁功能自动退出
试验方法	（1）模拟 TA 断线。使用有 6 电流输出的继保测试仪。 使用手动试验，测试仪的两组 A、B、C 分别接入高压侧和低压侧 A、B、C 相，高压侧和低压侧加入额定电流使其差流为 0（主变压器为 Yd11 接线时，低压侧电流相应应超前高压侧 210°），状态稳定后（保护启动灯不闪时），将其中某一相电流降为 0A，检查 TA 断线的告警情况。 （2）TA 断线闭锁比率差动。在 TA 断线的基础，增加低压侧 A 相电流至 2 倍额定电流，差动保护不动作
试验仪器设置	采用手动试验（进入 6 电流输出模块） 模拟 TA 断线： I_A：0.356∠0.00°A ▼ 0A I'_A：0.89∠210°A I_B：0.356∠240°A I'_B：0.89∠90°A I_C：0.356∠120°A I'_C：0.89∠330°A TA 断线闭锁比率差动： I_A：0∠0.00°A I'_A：0.89∠210°A ▲1.78A I_B：0.356∠240°A I'_B：0.89∠90°A I_C：0.356∠120°A I'_C：0.89∠330°A
装置报文	发电机-变压器组差动 TA 断线
装置指示灯	报警、TA 断线
试验项目	二次谐波制动系数测试
试验方法	从高压侧输入单相电流（同时注入二次谐波分量），固定基波电流，先加入大于定值的二次谐波电流，降低二次谐波电流的大小，实测保护动作时的二次谐波电流，计算二次谐波制动比
试验仪器设置	采用手动试验 I_A：1∠0.00°A（50Hz） I_B：0.2∠0.00°A（100Hz）▼0.15A

二、发电机差动保护

发电机差动保护测试见表 21-2。

表 21-2 发电机差动保护

试验项目	比率制动特性测试
定值整定	比率差动启动定值：$0.2 I_e$；差动速断定值：$6.0 I_e$；差流报警定值：$0.1 I_e$；比率差动起始斜率：0.1；比率差动最大斜率：0.5；差动保护跳闸控制字：FFFF

续表

试验条件	硬压板设置：投入发电机差动保护压板。 保护控制字：差动速断投入：1。 　　　　　比率差动投入：1。 　　　　　工频变化量差动：0。 　　　　　TA 断线闭锁比率差动：0
注意事项	与发电机-变压器组差动不同，发电机差动两侧不用进行相角校正，平衡系数为1，任意一侧加入单相电流仅在该相产生差流
相关计算	（1）参数定值。发电机容量：300MW；发电机功率因数：0.85；发电机一次额定电压：20kV；TA 变比：机端 12000/1，中性点 12000/1。 （2）二次额定电流 I_e 计算公式： $$I_e = \frac{S}{\sqrt{3} \times U_n \times n_{TA}} = \frac{300 \div 0.85}{\sqrt{3} \times 20 \times 12} = 0.849$$ 式中：S 为容量；U_n 为发电机机端额定电压；n_{TA} 为各侧 TA 变比。 额定电流也可以直接从装置计算定值中读取。 （3）发电机差动特性图如图 21-3 所示。 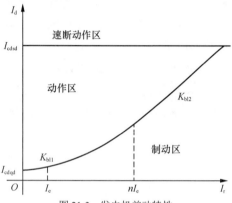 图 21-3　发电机差动特性 $$\begin{cases} I_d > K_{bl} \times I_r + I_{cdqd} & (I_r < nI_e) \\ I_d > K_{bl2} \times (I_r - nI_e) + I_{cdqd} & (I_r \geq nI_e) \\ K_{blr} = (K_{bl2} - K_{bl1})/(2 \times n) \\ K_{bl} = K_{bl1} + K_{blr} \times (I_r / I_e) \\ b = (K_{bl1} + K_{blr} \times n) \times nI_e \end{cases}$$ $$\begin{cases} I_r = \dfrac{\left|\dot{I}_1 + \dot{I}_2\right|}{2} \\ I_d = \left|\dot{I}_1 - \dot{I}_2\right| \end{cases}$$ 其中，$K_{bl1} = 0.1$，n 固定取 4，$K_{bl2} = 0.5$，因此 $K_{blr} = (0.5-0.1)/8 = 0.05$。 （4）取点计算，如取 $I_r = 2I_e$ 时，$K_{bl} = 0.1 + 0.05 \times 2 = 0.2$，$I_d > 0.2 \times 2 + 0.2 = 0.6$，假设 I_1 为机端电流，I_2 为中性点电流，则： $$\begin{cases} I_d = I_1 - I_2 \\ I_r = \frac{1}{2}(I_1 + I_2) \end{cases} \Rightarrow \begin{cases} I_d = I_1 - I_2 = 0.6I_e \\ I_r = (I_1 + I_2)/2 = 2I_e \end{cases} \Rightarrow \begin{cases} I_1 = 2.3I_e \\ I_2 = 1.7I_e \end{cases}$$ $$I_1 = 2.3 \times 0.849 = 1.95(A)$$ $$I_2 = 1.7 \times 0.849 = 1.44(A)$$

续表

试验方法	用手动试验，固定机端侧电流不变，改变中性点侧电流
试验仪器设置	采用手动试验 I_A：$1.95\angle 0.00°$A I_B：$1.5\angle 0.00°$A ▼1.44A
试验项目	差动速断和动作时间测试
相关计算	加入单相电流时：$I_A = 6 \times 0.849 = 5.094$（A）
试验方法	（1）从发电机各侧 A、B、C 相电流通道分别输入单相电流，实测并记录保护动作电流值。 （2）从发电机各侧瞬时加入 1.5 倍整定值的电流，实测差动速断动作时间
装置报文	发电机差动速断保护
装置指示灯	跳闸
试验项目	差流越限告警测试
试验方法	可参考发电机-变压器组差流越限告警
装置报文	发电机差流报警
装置指示灯	报警
试验项目	TA 断线闭锁比率差动
涉及定值项	控制字：比率差动保护投入置 1。 TA 断线闭锁比率差动：1
相关说明	"TA 断线闭锁比率差动投入"置 1，则闭锁差动保护，并发差动 TA 断线报警信号，如控制字置 0，差动保护动作于出口，同时发差动 TA 断线报警信号。在发出差动保护 TA 断线信号后，消除 TA 断线情况，复位装置才能消除信号。在发电机-变压器组未并网前，TA 断线报警或闭锁功能自动退出
试验方法	（1）模拟 TA 断线。使用有 6 路电流输出的继保测试仪。 使用手动试验，测试仪的两组 A、B、C 分别接入机端侧和中性点侧 A、B、C 相，机端侧和中性点侧加入额定电流使其差流为 0，状态稳定后（保护启动灯不闪时），将其中某一相电流降为 0A，检查 TA 断线的告警情况。 （2）TA 断线闭锁比率差动。在 TA 断线的基础，增加中性点侧 A 相电流至 2 倍额定电流，差动保护不动作
试验仪器设置	采用手动试验（进入 6 电流输出模块） 模拟 TA 断线： I_A：$0.85\angle 0.00°$A ▼0A　　　I'_A：$0.85\angle 0.00°$A I_B：$0.85\angle 240°$A　　　　　　I'_B：$0.85\angle 240°$A I_C：$0.85\angle 120°$A　　　　　　I'_C：$0.85\angle 120°$A TA 断线闭锁比率差动： I_A：$0\angle 0.00°$A　　　　　　　I'_A：$0.85\angle 0.00°$A　▲1.70A I_B：$0.85\angle 240°$A　　　　　　I'_B：$0.85\angle 240°$A I_C：$0.85\angle 120°$A　　　　　　I'_C：$0.85\angle 120°$A
装置报文	发电机差动 TA 断线
装置指示灯	报警、TA 断线

三、主变压器复压过电流保护

主变压器复压过电流保护测试见表 21-3。

复压过电流保护作为主变压器压器相间后备保护。复合电压过电流保护电流元件取主变压器高压侧后备保护 TA 三相电流。通过整定控制字可选择是否经复合电压闭锁。PCS-985B 配置两段复合电压过电流保护。

表 21-3 主变压器高压侧复压过电流保护

试验项目	主变压器复压过电流Ⅰ段动作值及动作时间测试
定值整定	主变压器负序电压定值 4V；相间低电压定值 60V；过电流Ⅰ段电流 2.0A；过电流Ⅰ段延时 1.00s；过电流Ⅰ段跳闸控制字 FFFE
试验条件	硬压板设置：投入主变压器高压侧后备保护压板。 保护控制字：主变压器间后备总控制字投入：1。 过电流Ⅰ段经复压闭锁投入：1。 TV 断线保护投退原则：1
试验方法	可参照第 18 章表 18-6，本处不做详细介绍

四、主变压器相间阻抗保护

主变压器相间阻抗保护测试见表 21-4。

主变压器相间阻抗保护取主变压器高压侧相间电压、后备 TA 相间电流，电流方向流入主变压器为正方向，阻抗方向指向主变压器，灵敏角固定为 78°。

表 21-4 主变压器相间阻抗保护

试验项目	阻抗Ⅰ段动作值及动作时间测试
定值整定	阻抗Ⅰ段正向定值 20Ω；阻抗Ⅰ段反向定值 20Ω；阻抗Ⅰ段时限 1.0s；阻抗Ⅰ段跳闸控制字：FFFE
试验条件	硬压板设置：投入主变压器高压侧后备保护压板。 保护控制字：主变压器间后备总控制字投入：1。 TV 断线保护投退原则：1
相关说明	主变压器阻抗保护可通过整定值选择采用方向阻抗圆、偏移阻抗圆或全阻抗圆，如图 21-4 所示。当某段阻抗反向定值整定为零时，选择方向阻抗圆；当某段阻抗正向定值大于反向定值时，选择偏移阻抗圆；当某段阻抗正向定值与反向定值整定为相等时，选择全阻抗圆。 图 21-4 阻抗保护特性圆 图中：I 为相间电流，U 为相间电压，Z_n 为阻抗反向整定值，Z_p 为阻抗正向整定值
试验方法	可参照第 18 章表 18-9，本处不做详细介绍

五、主变压器接地后备保护

主变压器接地后备保护测试见表 21-5。

PCS-985B 设有两段定时限零序过电流保护（各两时限）和反时限零序过电流保护，作为主变压器压器中性点接地运行时的后备保护。零序电流一般取自主变压器中性点连线上的零序 TA。

表 21-5　　　　　　　　　　　　主变压器接地后备保护

试验项目	零序过电流 I 段动作值及动作时间测试
定值整定	零序电压闭锁值：10V；零序过电流 I 段定值：2A；零序过电流 I 段 1 时限：1.0s；零序过电流 I 段 1 时限跳闸控制字：0007
试验条件	硬压板设置：投入主变压器接地零序保护压板。 保护控制字：主变压器接地后备保护字投入：1。 　　　零序过电流 I 段电流自产：0
相关说明	零序过电流保护可选择各段零序过电流是否自产、是否经零序电压闭锁、是否经方向闭锁、是否经 2 次谐波闭锁。其中方向元件所采用的零序电流是自产零序电流，零序电压为自产零序电压，固定指向系统母线方向，灵敏角为 75°，零序过电流保护动作区如图 21-5 所示。如果高压侧 TV 断线，则零序方向条件不满足 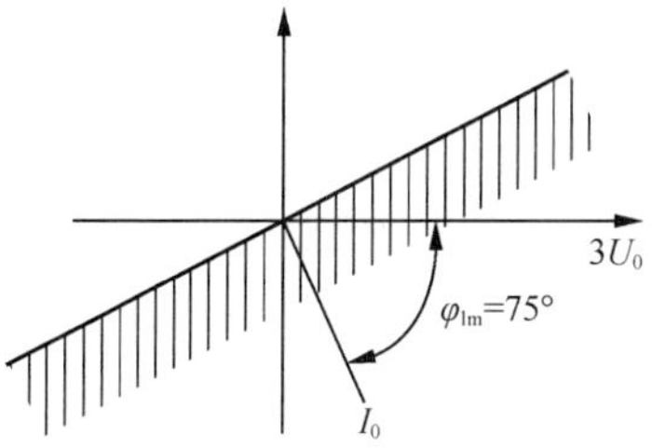 图 21-5　零序过电流保护动作区
试验方法	可参照第 18 章表 18-7，本处不做详细介绍

六、纵向零序电压保护

纵向零序电压保护测试见表 21-6。

反映发电机内部相间、匝间故障，装设在发电机出口专用 TV 开口三角上的纵向零序电压，用作发电机定子绕组的匝间短路的保护。为此必须装设专用电压互感器。该互感器的一次侧中性点直接与发电机中性点连接，一次绕组应是全绝缘，动作方程为 $U_{z0} > U_{z0zd}$，U_{z0zd} 为零序电压定值。

表 21-6　　　　　　　　　　　　纵向零序电压保护

试验项目	并网前纵向零序电压动作值及动作时间测试
整定定值	零序电压定值 U_{z0zd}：3V；时间定值 t_{z0zd}：0.1s
试验条件	硬压板设置：投发电机匝间保护压板。 保护控制字：发电机匝间保护投入：1。 　　　零序电压保护投入：1

续表

试验方法	（1）在发电机机端 U_{Fa1} 和匝间专用 U_{Fa2} 回路并联加入电压，$U_{Fa1} = U_{Fa2} > 20$V，保证 TV 断线不动作。 （2）短接外部开入使"高压侧断路器跳闸位置"为 1，模拟并网前状态。 （3）向纵向零序电压回路 U_{FL2} 通入 ($m=1.05$) 倍定值，保护动作
试验仪器 设置	采用状态序列
	状态 1
	U_A：$25\angle 0.00°$V
	U_B：$3.15\angle 0.00°$V ($m=1.05$)
	状态触发条件：时间控制为 0.2s
注意事项	TV 回路恢复正常，必须按屏上"复归"按钮才能清除闭锁信号并解除匝间保护的闭锁，否则闭锁一直有效
装置报文	匝间保护
装置指示灯	跳闸
试验项目	并网后纵向零序电压动作值及动作时间测试
试验方法	并网后，纵向零序匝间保护经工频变化量方向元件闭锁，工频变化量方向元件取机端负序功率的方向判别故障是在区内还是区外，区内动作、区外不动。所以试验需加机端负序电压和负序电流，一般可在机端加入相电压和相电流。同时为了避免出现发电机匝间专用 TV2 断线报警，机端 TV2 也需加入与 TV1 相同的电压，接线同上
试验仪器 设置	采用状态序列
	正方向动作： U_A：$25\angle 0.00°$V U_B：$3.15\angle 90°$V ($m=1.05$) I_A：$1\angle -78°$A	反方向不动作： U_A：$25\angle 0.00°$V U_B：$3.15\angle 90°$V ($m=1.05$) I_A：$1\angle 102°$A
注意事项	工频变化量负序功率方向元件灵敏角度为 78°，方向元件的正向区域是以 78°为中心左右延展 90°的区域（上述方向元件是以机端负序电压超前负序电流的角度）

七、发电机相间后备保护

发电机相间后备保护测试见表 21-7。

发电机相间后备保护包括了复压过电流保护和阻抗保护，其中阻抗保护现在基本上不投。发电机复压过电流保护可作为发电机、变压器、高压母线和相邻线路的后备，保护的范围根据整定定值决定。

表 21-7　　　　　　　　　　　　　　发电机相间后备保护

试验项目	复压过电流保护动作值及动作时间测试
定值整定	过电流 I 段定值：5.5A；过电流 I 段延时：3.7s；过电流 II 段定值：5.2A；过电流 II 段延时：4.5s；相间低电压定值：70V；发电机负序电压定值：4V

续表

试验条件	硬压板设置：投入发电机相间后备保护压板。 保护控制字：发电机后备保护投入：1。 　　　　　　过电流Ⅰ段经复合电压闭锁：1。 　　　　　　过电流Ⅱ段经复合电压闭锁：1。 　　　　　　经高压侧复合电压闭锁：0。 　　　　　　TV 断线保护投退原则：1。 　　　　　　后备Ⅰ段经并网状态闭锁：1。 　　　　　　电流记忆功能投入：1
注意事项	注："TV 断线保护投退原则"置 0 时，如 TV 断线时，复合电压判据自动满足，控制字置 1，TV 断线时，该侧 TV 的复合电压判据退出
试验方法	以过电流Ⅰ段为例，以下试验不加电压： （1）从发电机后备 TA 通道加入试验电流，实测并记录保护动作电流值。 （2）从发电机后备 TA 通道加入 1.2 倍定值电流，突加以上交流量进行时间测试
装置报文	发电机过电流Ⅰ段
装置指示灯	跳闸
试验项目	低电压动作值测试
试验方法	从发电机后备 TA 通道加入大于整定值的电流，同时在机端电压回路施加三相正常的额定电压；等待上述状态稳定后，逐渐降低三相电压，直到保护动作，实测并记录保护动作时的电压值
试验仪器设置	采用手动试验 U_A：$57.74\angle 0.00°$V　　▼$34.6\angle 0.00°$V　　　　I_A：$6\angle 0.00°$A U_B：$57.74\angle -120°$V　　▼$34.6\angle -120°$V U_C：$57.74\angle 120°$V　　▼$34.6\angle 120°$V
注意事项	为保证低电压定值校验精确，可临时将过电流Ⅰ段延时整定为 0.1s
试验项目	负序电压动作值测试
试验方法	从发电机后备 TA 通道加入大于整定值的电流，同时在机端电压回路施加大于低电压定值的三相电压，然后下降 A 相电压，实测并记录保护动作电压值
试验仪器设置	采用手动试验 U_A：$57.74\angle 0.00°$V　　▼$45.6\angle 0.00°$V　　　　I_A：$6\angle 0.00°$A U_B：$57.74\angle -120°$V U_C：$57.74\angle 120°$V
试验项目	TV 断线对复压元件的影响
相关说明	做 "TV 断线闭锁复压过电流" 逻辑时，先将 "TV 断线保护投退原则" 置 1，用实验仪加量模拟一个 TV 断线（所加电压量也同时满足复压定值），然后等 TV 断线信号报出来后，在后备 TA 通道加入大于过电流Ⅰ段定值的电流，过电流Ⅰ段不动作。将 "TV 断线保护投退原则" 置 0，按照上述试验方法，过电流保护可以动作

试验仪器设置	采用状态序列	
	状态 1（模拟 TV 断线）	状态 2
	U_A：$57.74\angle 0.00°$V　　I_A：$0.00\angle 0.00°$A	U_A：$57.74\angle 0.00°$V　　I_A：$6\angle 0.00°$A
	U_B：$57.74\angle -120°$V	U_B：$57.74\angle -120°$V
	U_C：$0.00\angle 120°$V	U_C：$40\angle 120°$V
	状态触发条件为时间控制：10s	状态触发条件为时间控制：3.8s

装置报文	发电机机端 TV 断线	
装置指示灯	告警、TV 断线	
试验项目	发电机电流记忆功能试验	
相关说明	对于自并励发电机需投入"电流记忆功能投入"控制字，记录最大的故障电流，记忆的时间由系统参数"内部配置"定值中的"电流记忆时间"整定。 对于投入了"电流记忆功能投入"控制字的机组，过电流保护必须投经复压闭锁，防止区外故障时复压记忆过电流保护误动。当后备 TA 通道的电流小于 $0.1\ I_e$，或者复合电压不满足条件时，记忆功能返回	
试验仪器 设置	采用状态序列	
	状态 1	状态 2
	U_A：$57.74\angle0.00°$ V	U_A：$57.74\angle0.00°$ V
	U_B：$57.74\angle-120°$ V	U_B：$57.74\angle-120°$ V
	U_C：$40\angle120°$ V	U_C：$40\angle120°$ V
	I_A：$6\angle0.00°$ A	I_A：$2\angle0.00°$ A
	状态触发条件：时间控制为 1s	状态触发条件：时间控制为 2.8s
装置报文	发电机过电流 I 段	
装置指示灯	跳闸	
试验项目	后备 I 段经并网状态闭锁逻辑试验	
相关说明	"后备 I 段经并网状闭锁"是指过电流 I 段经过高压侧断路器跳闸位置分位闭锁，主要用于过电流 I 段保护动作跳主变压器高压侧开关或者母联开关时投入	
试验方法	在屏柜端子排上用短接线短接高压侧断路器跳闸位置开入，在发电机后备 TA 通道上加入大于过电流 I 段定值的电流 6A，满足复压条件，过电流 I 段不动作；解除高压侧断路器跳闸位置后，重复上述加量过程，过电流 I 段动作	
试验项目	阻抗保护测试（以阻抗 I 段为例）	
定值整定	阻抗 I 段正向定值：20Ω；阻抗 I 段反向定值：20Ω；阻抗 I 段延时：1.0s	
试验条件	硬压板设置：投入发电机相间后备保护压板。 保护控制字：发电机相间后备总控制字投入：1。 TV 断线保护投退原则：1。 后备 I 段经并网状态闭锁：1	
相关说明	发电机阻抗保护的阻抗元件取发电机机端 TV 的相间电压和发电机后备电流通道的相间电流。由于电流元件极性要求必须靠近发电机，所以其阻抗正方向指向系统，作为系统的后备，灵敏角为 78°；其阻抗反向指向发电机，作为发电机本体的后备保护。阻抗元件动作特性如图 21-6 所示。 图 21-6　发电机阻抗保护动作特性 图中：$\dot{I}$ 为相间电流，$\dot{U}$ 为对应相间电压，Z_n 为阻抗反向整定值，Z_p 为阻抗正向整定值	

续表

试验方法	将"过电流Ⅰ段跳闸控制字"、"过电流Ⅱ段跳闸控制字""阻抗Ⅱ段跳闸控制字"设置为0000，即只投入阻抗Ⅰ段保护
注意事项	由于阻抗保护的阻抗元件经相间电流工频变化量启动或者负序电压启动。因此，对于"固定正序电流、小步长降低正序电压让保护测量进入阻抗圆"或者"固定正序电压、小步长增加正序电流让保护测量进入阻抗圆"这种试验方法都会造成阻抗保护无法动作，需要保证故障电流是突加才行
计算方法	正向阻抗定值测试：用三相电压电流测试，加三相正序电流和三相正序电压，三相电压超前三相电流角度为78°，则电压加 $Z \times I \times 0.95$，阻抗保护动作；电压加 $Z \times I \times 1.05$，阻抗不动作
试验仪器设置	采用状态序列（m=0.95）
	U_A：38∠0.00°V　　　　　　　　　　I_A：2∠−78°A
	U_B：38∠−120°V　　　　　　　　　　I_B：2∠−198°A
	U_C：38∠120°V　　　　　　　　　　　I_C：2∠42°A
装置报文	发电机阻抗Ⅰ段
装置指示灯	跳闸

八、发电机基波零压定子接地保护

发电机基波零压定子接地保护测试见表 21-8。

基波零序电压保护发电机 85%～95%的定子绕组单相接地。基波零序电压保护反映发电机零序电压大小。基波零序电压保护设两段定值，一段为灵敏段，另一段为高定值段。

表 21-8　　　　　　　　　　　　发电机基波零压定子接地保护

试验项目	主变压器零压动作值及保护动作时间测试
定值整定	主变压器零序电压闭锁定值：40V；零序电压定值：10V； 零序电压高定值：20V；零序电压保护延时 2.0s；零序电压高定值延时：1.0s
试验条件	硬压板设置：投入发电机 95%定子接地保护压板。
	保护控制字：发电机定子接地保护投入：1。
	零序电压保护报警投入：1。
	零序电压保护跳闸投入：1。
	零序电压保护高值段跳闸投入：1
注意事项	灵敏段基波零序电压保护，动作于信号时，其动作方程为：$U_{n0} > U_{0zd}$
	式中：U_{n0} 为发电机中性点零序电压；U_{0zd} 为零序电压定值。
	灵敏段动作于跳闸时，经主变压器高压侧零序电压闭锁，$U_{h0} < U_{h0zd}$ 以防止区外故障时定子接地基波零序电压灵敏段误动，主变压器高压侧零序电压闭锁定值可进行整定；还需经机端开口三角零序电压闭锁，$U_{t0} > U'_{0zd}$，U'_{0zd} 闭锁定值不需整定，保护装置根据系统参数中机端、中性点 TV 的变比自动转换
试验方法	（1）从发电机中性点零序电压通道加入电压（同时要在机端零压通道加入大于 0.9 倍定值的电压），实测并记录保护动作值。
	（2）从发电机中性点零序电压通道接入大于 1.2 倍定值的零序电压（同时要在机端零压通道加入大于 0.9 倍定值的电压），突加以上交流量进行时间测试
装置报文	定子零序电压保护

续表

装置指示灯	跳闸
试验项目	主变压器零压高值段动作值及保护动作时间测试
注意事项	将"零序电压高值段跳闸投入"置 1，因为零序电压高值段不经机端零序电压和主变压器高压侧零序电压闭锁。因此，只需在发电机中性点零序电压输入端子上加入试验
试验方法	（1）从发电机中性点零序电压通道加入电压，实测并记录保护动作值。 （2）从发电机中性点零序电压通道加入 1.2 倍定值的零序电压，进行时间测试
装置报文	定子零序电压高值
装置指示灯	跳闸

九、三次谐波比率定子接地保护

三次谐波比率定子接地保护测试见表 21-9。

三次谐波电压比率只保护发电机中性点 25%左右的定子接地，机端三次谐波电压取机端开口三角零序电压或 TV1 自产零序电压，中性点侧三次谐波电压取自发电机中性点 TV。

表 21-9 三次谐波比率定子接地保护

试验项目	三次谐波比率定子接地保护功能测试
定值整定	并网前三次谐波比率定值：1.3；并网后三次谐波比率定值：1.5；三次谐波保护延时：1.0s
试验条件	硬压板设置：投入发电机 100%定子接地保护压板。 保护控制字：发电机定子接地保护投入：1。 　　　　　　三次谐波比率报警投入：1。 　　　　　　三次谐波比率跳闸投入：0。 　　　　　　TV1 开口三角断线判据投入：1。 　　　　　　中性点 TV 断线判据投入：1
注意事项	三次谐波保护动作方程： $$\frac{U_{3T}}{U_{3n}} > K_{3\omega zd}$$ 式中：U_{3T} 和 U_{3n} 为机端和中性点三次谐波电压值；$K_{3\omega zd}$ 为三次谐波电压比值整定值。 该保护动作于告警时，只需投入定值中的"三次谐波比率报警投入"控制字；动作于跳闸时，需投入"三次谐波比率跳闸投入"控制字和屏上的"投发电机 100%定子接地保护"硬压板。由于三次谐波比率保护的三次谐波比率随工况变化（比如进相实验时）而变化，比较灵敏，建议只投报警。 辅助判据：机端正序电压大于 $0.5\,U_n$，机端零序三次谐波电压值大于 0.3V，因此试验时需要在机端电压通道加入大于 28.85V 的正序基波电压。 受限于继保测试仪的电压输出通道仅 1 组，建议将 PT 断线闭锁判据退出（置 0）
试验仪器设置	（1）状态参数设置：机端三次谐波　　　$\dot{U}_A = 10\angle 180°\text{V}\ 150\text{Hz}$； 　　　　　　　　　中性点三次谐波　　$\dot{U}_B = 23.1\angle 180°\text{V}\ 150\text{Hz}\quad(m=1.05)$； 　　　　　　　　　机端任意一相电压通道　　$\dot{U}_C = 100\angle 180°\text{V}\ 50\text{Hz}$。 （2）状态触发条件：时间控制：1.1s
装置报文	三次谐波比率信号
装置指示灯	报警、定子接地

十、转子接地保护

转子接地保护测试见表 21-10。

转子一点接地保护反应发电机转子对大轴绝缘电阻的下降，此处以转子接地保护采用切换采样原理（乒乓式）为例进行试验。

表 21-10 转子接地保护

试验项目	转子一点接地灵敏段段功能测试
定值整定	一点接地灵敏段电阻定值：20kΩ；一点接地电阻跳闸定值：10kΩ；一点接地报警延时：1.0s；一点接地跳闸延时：2.0s；二次谐波负序电压定值：2V；两点接地保护延时：1.0s；切换周期定值：1.0s
试验条件	硬压板设置：投入发电机转子接地压板。 保护控制字：发电机转子接地保护投入：1。 　　　　　　一点接地灵敏段信号投入：1。 　　　　　　一点接地信号投入：1。 　　　　　　一点接地投跳闸：0。 　　　　　　转子两点接地投入：1。 　　　　　　两点接地二次谐波电压投入：0。 　　　　　　转子接地保护原理选择：0
试验方法	从相应屏端子 1VD2、1VD4 外加直流电压 100V，将电压正端 1VD2 接入一个可调电阻（一般用可调电阻箱，可调电阻的另一端接到装置的大轴 1VD7 上，可调电阻的初始电阻值大于转子一点接地定值，逐步降低可调电阻的阻值，保护装置测量的一点接地电阻数值应该基本和可调电阻的阻值相同，在可调电阻的阻值小于保护定值后，经过延时，转子一点接地保护动作。同样的方法测试负端 1VD4 接地。转子一点接地接线图如图 21-7 所示。 图 21-7　转子一点接地接线图
装置报文	转子一点接地灵敏信号
装置指示灯	报警、转子接地
试验项目	转子两点接地保护功能测试
试验方法	按照上述试验方法在"一点接地报警"信号发出后延时 15s，装置发出"转子两点接地保护投入"信号（在装置采样的"模拟量→启动测量→保护状态量→发电机保护→转子接地保护"里面观察"转子两点接地投入状态"由"0"→"1"）。 投入"发电机转子接地保护"硬压板，将大轴输入端与电压负端（或正端）短接（注：与"一点接地"试验时短接端相对；例如做转子一点接地时是正端和大轴短接，则将正端短接线移至负端，切机不能同时短接正负端）；若"两点接地二次谐波电压投入"控制字置 0，则"两点接地"保护出口跳闸；若"两点接地二次谐波电压投入"控制字置 1，则"两点接地"不出口跳闸，还需在机端 TV 加二次谐波负序电压，此时"两点接地"保护出口跳闸
装置报文	转子两点接地保护
装置指示灯	跳闸

十一、发电机定子过负荷保护

发电机定子过负荷保护测试见表 21-11。

定子过负荷保护反映发电机定子绕组的平均发热状况。保护动作量同时取发电机机端、中性点定子电流。

表 21-11 发电机定子过负荷保护

试验项目	定子过负荷定时限电流动作值及动作时间测试
定值整定	定时限电流定值：1A；定时限延时定值：1.0s；定时限报警电流定值：1A；定时限报警信号延时：1.0s；反时限启动电流定值：1A；反时限上限时间定值：0.5s；定子绕组热容量：30；散热效应系数：1.03
试验条件	硬压板设置：投定子过负荷保护压板。 保护控制字：发电机定子过负荷保护投入：1
试验方法	（1）发电机定时限定子过负荷保护所用电流取发电机机端、中性点最大相电流。 （2）当测试电流大于定值保护启动，延时告警或跳闸
装置报文	定子过负荷信号
装置指示灯	报警
试验项目	定子过负荷反时限特性测试
注意事项	反时限测试前需要清除热积累，可通过投退"投定子过负荷保护"硬压板来清除。如热积累未清零进行测试，测得时间误差会很大
相关计算	定子过负荷保护反时限的动作判据为 $$\left[\left(I_{\max}/I_{ef}\right)^2 - K_{srzd}^2\right]t \geq KS_{zd}$$ 式中：t 为保护延时元件；K_{srzd} 为散热效应系数；KS_{zd} 为发电机定子绕组热容量，为反时限启动电流定值。以 2 倍 I_e 为例，I_e =0.84，则 $I_{\max}$ =2×0.84=1.68（A），则 2.94t>30s，t>10.2s
试验方法	以 $I_{\max}$ =1.68A 为例，从发电机中性点任一相电流回路加入试验电流 1.68A，按照所给定值整定，测试并记录定子绕组反时限动作时间，与计算值比较
装置报文	定子反时限过负荷
装置指示灯	跳闸

十二、发电机负序过负荷保护

发电机负序过负荷保护测试见表 21-12。

当电力系统中发生不对称短路或在正常运行情况下三相负荷不平衡时，在发电机绕组中将出现负序电流，此电流在发电机气隙中建立的负序旋转磁场相对于转子两倍的同步转速旋转，因此将在转子绕组、阻尼绕组以及转子铁芯等部件上感应出 100Hz 的倍频电流，该电流使得转子上电流密度很大的某些部位（如转子端部、护环内表面等）可能出现局部灼伤，或引起 100Hz 的振动，所以需单独配置负序过负荷保护。

表 21-12　　　　　　　　　　　　　　发电机负序过负荷保护

试验项目	负序过负荷定时限电流动作值及动作时间测试
定值整定	定时限电流定值：0.6A；定时限延时定值：1.0s；定时限报警电流定值：0.6A；定时限报警信号延时：2.0s；反时限启动电流定值：0.5A；长期允许负序电流：0.4A；反时限上限时间定值：0.4s；反时限下限长延时定值：1000s；转子发热常数：10
试验条件	硬压板设置：投负序过负荷保护压板。 保护控制字：发电机负序过负荷保护投入：1
试验方法	（1）发电机定时限负序过负荷保护所用电流取发电机机端、中性点负序电流较小值（防止一侧 TA 断线时负序过负荷保护误动，故试验时在发电机机端和中性点均需要加负序电流）。 （2）测试电流大于定值保护启动，延时告警或跳闸。 （3）用单相电流输入测试时，输入值应为 3 倍。例如：要得到 1A 负序电流则需单相输入 3A 电流
装置报文	负序过负荷信号
装置指示灯	报警
试验项目	负序过负荷反时限特性测试
注意事项	反时限测试前需要清除热积累，可通过投退"投负序过负荷保护"硬压板来清除。如热积累未清零进行测试，测得时间误差会很大
相关计算	负序过负荷保护反时限的动作判据为 $$\left[(I_2/I_{edz})^2 - I_{21}^2\right]t \geq A$$ 式中：t 为保护延时元件；I_{edz} 为发电机额定电流；A 为转子发热常数；I_{21} 为长期允许负序电流定值。若 $I_2 = 2I_e = 2 \times 0.84 = 1.68$（A），则 $3.84t > 10s$，$t > 2.6s$
试验方法	以 $I_2 = 1.68$ 为例，从发电机中性点、机端 A 相电流回路同时加入 5.04A（3 倍 I_2）试验电流，按照所给定值整定，测试并记录负序反时限动作时间，与计算值比较
装置报文	反时限负序过负荷
装置指示灯	跳闸

十三、发电机失磁保护

发电机失磁保护测试见表 21-13。

失磁保护反映发电机励磁回路故障引起的发电机异常运行。失磁保护由以下四个判据组合，完成需要的失磁保护方案：母线（机端）低电压判据、定子阻抗判据、无功反向判据、转子低电压判据。

表 21-13　　　　　　　　　　　　　　发电机失磁保护

试验项目	失磁阻抗判据特性测试
定值整定	失磁保护阻抗定值 1：5Ω；失磁保护阻抗定值 2：50Ω；无功反向定值：10%；阻抗圆选择：1（异步阻抗圆）；转子低电压定值：120V；转子空载电压定值：160V；转子低电压判据系数：2；机端低电压定值 85V；母线低电压定值：95V；失磁Ⅰ段延时：1.0s；失磁Ⅱ段延时：1.2s；失磁Ⅲ段延时：0.5s
试验条件	硬压板设置：投入发电机失磁保护压板。 保护控制字：发电机失磁保护投入：1。 　　　　无功反向判据投入：0。 　　　　Ⅰ段阻抗判据投入：1。 　　　　Ⅰ段转子电压判据投入：0。 　　　　Ⅰ段母线低电压判据投入：0

相关计算	采用发电机机端正序电压、发电机机端正序电流来计算阻抗动作方程： $$270° \geq \mathrm{Arg}\left[(Z+Z_2)/(Z-Z_1)\right] \geq 90°$$ $Z_1 = \mathrm{j}X_1$：阻抗圆上边界，$Z_2 = \mathrm{j}X_2$：阻抗圆下边界（分别对应失磁保护阻抗定值 1 和失磁保护阻抗定值 2）。 其中阻抗判据的辅助判据为机端正序电压 $U_1 > 6\mathrm{V}$；负序电压 $U_2 > 0.1 U_\mathrm{n}$；机端电流 $I \geq 0.1 I_\mathrm{e}$。 按照定值单输入定值，失磁保护阻抗圆选择为异步圆（火电以异步圆为主，静稳圆做法可参考异步圆），失磁保护的上下阻抗边界 $Z_1 = 6\Omega$，$Z_2 = 50\Omega$。异步圆 Z_1、Z_2 均在纵轴下半轴。失磁保护阻抗圆如图 21-8 所示 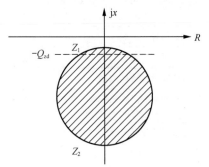 图 21-8　失磁保护阻抗圆
试验方法	将"Ⅰ段阻抗判据投入"控制字置 1，"Ⅰ段转子电压判据投入""Ⅰ段母线低电压判据投入""无功反向判据投入"控制字置 0，将失磁Ⅱ段、失磁Ⅲ段跳闸控制字整定为 0000。将试验仪的三相电压接到保护屏的机端电压通道上，三相电流接到保护屏的机端电流通道上

	上边界校验		下边界校验	
试验仪器设置	U_A：$9\angle0.00°\mathrm{V}$	▲$10\angle0.00°\mathrm{V}$	U_A：$52\angle0.00°\mathrm{V}$	▼$50\angle0.00°\mathrm{V}$
	U_B：$9\angle-120°\mathrm{V}$	▲$10\angle-120°\mathrm{V}$	U_B：$52\angle-120°\mathrm{V}$	▼$50\angle-120°\mathrm{V}$
	U_C：$9\angle120°\mathrm{V}$	▲$10\angle120°\mathrm{V}$	U_C：$52\angle120°\mathrm{V}$	▼$50\angle120°\mathrm{V}$
	I_A：$2\angle90°\mathrm{A}$		I_A：$1\angle90°\mathrm{A}$	
	I_B：$2\angle-30°\mathrm{A}$		I_B：$1\angle-30°\mathrm{A}$	
	I_C：$2\angle210°\mathrm{A}$		I_C：$1\angle210°\mathrm{A}$	

装置报文	失磁保护Ⅰ段
装置指示灯	跳闸
试验项目	无功反向判据动作值测试
试验条件	硬压板设置：　投入发电机失磁保护压板。 保护控制字：　发电机失磁保护投入：1。 　　　　　　　无功反向判据投入：1。 　　　　　　　Ⅰ段阻抗判据投入：1。 　　　　　　　Ⅰ段转子电压判据投入：0。 　　　　　　　Ⅰ段母线低电压判据投入：0
试验方法	将"Ⅰ段阻抗判据投入""无功反向判据投入"控制字置 1，"Ⅰ段转子电压判据投入""Ⅰ段母线低电压判据投入"控制字置 0，将失磁Ⅱ段、失磁Ⅲ段跳闸控制字整定为 0000。将试验仪的三相电压接到保护屏的机端电压通道上，三相电流接到保护屏的机端电流通道上

相关计算	无功反向判据测试时，首先要保证阻抗圆落到异步圆内，其次无功需要满足无功反向判据。装置显示的无功功率为百分数（即实际二次无功功率与二次额定有功功率的百分比）： $$Q_{\text{set}} = \frac{3U_1 I_1 \sin\theta}{3U_{\text{ef}} I_{\text{ef}} \cos\varphi_{\text{e}}} \times 100\% \, 。$$ 式中：U_{ef} 为发电机二次额定电流；I_{ef} 为发电机二次额定电流；$\cos\varphi_{\text{e}}$ 为发电机额定功率因数。可在"模拟量→保护测量→发电机采样→发电机综合量"中查看发电机无功功率的百分比。 计算实例： $Q_{\text{set}} = 10\%, I_{\text{ef}} = 0.84\text{A}, U_{\text{ef}} = 57.74\text{V}, \cos\varphi_{\text{e}} = 0.85$，固定电流幅值为 $I_1 = 0.5\text{A}$，电压滞后电流90°，即 $\sin\theta = -1$，由上述公式计算出此时的电压为： $$U_1 = \frac{3U_{\text{ef}} I_{\text{ef}} \cos\varphi_{\text{e}} \cdot Q_{\text{set}}}{3 I_1 \sin\theta \cdot 100\%} = \frac{3 \times 57.74 \times 0.84 \times 0.85 \times 10\%}{3 \times 0.5 \times (-1) \times 100\%} = 8.24(\text{V})$$ 由于此时 $Z = \dfrac{U_1}{I_1} = \dfrac{8.24}{0.5} = 16.48(\Omega)$，正好在异步圆内
试验方法（手动试验）	根据以上计算，在三相电压通道上加 8V 的正序电压，A 相电压角度为 0°，固定三相电流幅值为0.5A，A 相电流角度为 90°，电压幅值从8V缓慢增加直到失磁Ⅰ段保护动作。记录此时的动作电压，并根据动作电流电压计算动作无功功率
试验仪器设置	采用手动试验 U_A：$8\angle 0.00°\text{V}$　　▲$8.24\angle 0.00°\text{V}$　　　I_A：$0.5\angle 90°\text{A}$ U_B：$8\angle -120°\text{V}$　　▲$8.24\angle -120°\text{V}$　　I_B：$0.5\angle -30°\text{A}$ U_C：$8\angle 120°\text{V}$　　▲$8.24\angle 120°\text{V}$　　　I_C：$0.5\angle 210°\text{A}$
装置报文	失磁保护Ⅰ段
装置指示灯	跳闸
试验项目	母线低电压动作值的测试
试验条件	硬压板设置：投入发电机失磁保护压板。 失磁保护控制字设置：发电机失磁保护投入：1。 　　　　　　　　　　无功反向判据投入：0。 　　　　　　　　　　Ⅰ段阻抗判据投入：1。 　　　　　　　　　　Ⅰ段转子电压判据投入：0。 　　　　　　　　　　Ⅰ段母线低电压判据投入：1
相关说明	当发电机失磁时，会从系统吸收无功功率，造成系统无功缺额，如果系统此时无功储备不足的话，母线电压会被拉低，所以失磁保护中增加了母线低电压判据。母线低电压取主变压器高压侧TV。只有失磁保护Ⅰ段可以经"Ⅰ段母线低电压判据投入"闭锁
试验方法	将"Ⅰ段阻抗判据投入""Ⅰ段母线低电压判据投入"控制字置 1，"Ⅰ段转子电压判据投入""无功反向判据投入"控制字置 0，将失磁Ⅱ段、失磁Ⅲ段跳闸控制字整定为 0000。 将试验仪的三相电压接到保护屏的发电机机端电压通道上，同时将此电压并接到主变压器高压侧电压通道上，电压幅值加 56V（大于定值 U=54.85V）；将试验仪三相电流接到发电机机端电流通道上，固定加 2A，电压相角滞后于电流90°，此时阻抗为 27.42Ω，在异步圆内。缓慢减小三相电压直至失磁Ⅰ段保护动作，记录此时的母线低电压动作值
试验仪器设置	采用手动试验 U_A：$56\angle 0.00°\text{V}$　　▼$54.85\angle 0.00°\text{V}$　　　I_A：$2\angle 90°\text{A}$ U_B：$56\angle -120°\text{V}$　　▼$54.85\angle -120°\text{V}$　　I_B：$2\angle -30°\text{A}$ U_C：$56\angle 120°\text{V}$　　▼$54.85\angle 120°\text{V}$　　　I_C：$2\angle 210°\text{A}$

续表

装置报文	失磁保护Ⅰ段
装置指示灯	跳闸
试验项目	机端低电压动作值的测试
试验条件	硬压板设置：投入发电机失磁保护压板。 失磁保护控制字设置：发电机失磁保护投入：1。 　　　　　　　　　　无功反向判据投入：0。 　　　　　　　　　　Ⅱ段阻抗判据投入：1。 　　　　　　　　　　Ⅱ段转子电压判据投入：0。 　　　　　　　　　　Ⅱ段机端低电压判据投入：1
相关说明	当发电机失磁后发出的无功功率减小，从系统吸收无功功率，造成机端电压降低，影响厂用电的安全。所以失磁保护中增加"Ⅱ段机端低电压判据投入"控制字，只有失磁保护Ⅱ段可以经"Ⅱ段机端低电压判据投入"闭锁
试验方法	将"Ⅱ段阻抗判据投入""Ⅱ段机端低电压判据投入"控制字置 1，"Ⅱ段转子电压判据投入""无功反向判据投入"控制字置 0，将失磁Ⅰ段、失磁Ⅲ段跳闸控制字整定为 0000。 将试验仪的三相电压接到发电机机端电压通道上，电压幅值加 51V（大于定值 U=49.07V），将试验仪三相电流接到发电机机端电流通道上，电流固定加 2A，电压相角滞后于电流 90°，此时阻抗 Z=25.5Ω，在异步圆内，缓慢减小三相电压直至失磁Ⅱ段保护动作，记录此时的机端低电压动作值。试验仪器设置参照"母线低电压动作值的测试"
装置报文	失磁保护Ⅱ段
装置指示灯	跳闸
试验项目	失磁保护转子电压判据试验
试验条件	硬压板设置：投入发电机失磁保护压板。 失磁保护控制字设置：发电机失磁保护投入：1。 　　　　　　　　　　无功反向判据投入：0。 　　　　　　　　　　Ⅰ段阻抗判据投入：1。 　　　　　　　　　　Ⅰ段转子电压判据投入：1。 　　　　　　　　　　Ⅰ段母线低电压判据投入：0
试验方法	将"Ⅰ段阻抗判据投入""Ⅰ段转子电压判据投入"控制字置 1，"Ⅰ段母线低电压判据投入""无功反向判据投入"控制字置 0，将失磁Ⅱ段、失磁Ⅲ段跳闸控制字整定为 0000。 将试验仪的三相电压接到发电机机端电压通道上，固定加电压 50V，三相电流接到发电机机端电流通道上，固定加电流 2A，电压滞后电流 90°，此时阻抗 Z=25Ω，阻抗轨迹可靠进入异步阻抗圆内。 将试验仪的直流电压输出接到转子电压输入上，合上失磁保护用转子电压空气开关，加入大于转子低电压定值的直流电压，缓慢降低直流电压直至保护动作
试验项目	变励磁电压判据试验
试验条件	同"失磁保护转子电压判据试验"
相关说明	与系统并网运行的发电机，对应某一有功功率 P，将有为维持静态稳定极限所必需的励磁电压 U_1。当实际励磁电压小于该有功功率对应所必须的励磁电压时，转子电压判据开放： $$U_r < K \times (P - P_t) \times U_{f0}$$ 式中：K 为转子低电压判据系数；P 为发电机输出功率标幺值（以机组额定视在功率为基准）；P_t 为发电机凸极功率幅值标幺值（以机组额定有功为基准），对于汽轮发电机 P_t =0；U_{f0} 为发电机励磁空载额定电压有名值（对应转子空载电压定值）。 以所给定值可得：$U_r < K \times (P - Pt) \times U_{f0} = 2 \times (P - 0) \times 160 = 320P$

试验方法	做变励磁电压判据时，为使定励磁电压判据不满足，将"转子低电压定值"改小，专门试验变励磁电压判据的动作特性。按照所加电压电流计算出当前功率对应的变励磁电压门槛（或者直接在装置上"模拟量→启动测量→保护状态量→发电机保护→失磁保护"查看当前功率对应励磁电压值），缓慢减小转子电压直至失磁 I 段保护动作。记录当前功率对应变励磁电压动作值
试验仪器设置	采用手动试验
	U_A：30∠0.00°V 　　I_A：2∠80°A 　　此时当前功率对应励磁电压为：68V
	U_B：30∠-120°V 　　I_B：2∠-40°A 　　U_z（励磁电压）：65V
	U_C：30∠120°V 　　I_C：2∠-160°A 　　保护动作
装置报文	失磁保护 I 段
装置指示灯	跳闸

十四、发电机失步保护

发电机失步保护测试见表 21-14。

失步保护反映发电机失步振荡引起的异步运行，失步保护阻抗元件计算采用发电机正序电压、正序电流，阻抗轨迹在各种故障下均能正确反映。

表 21-14 　　　　　　　　　　　　　　　　发电机失步保护

试验项目	测试失步保护边界阻抗 Z_A、Z_B 定值校验
定值整定	失步保护阻抗定值 Z_A：2.94Ω；失步保护阻抗定值 Z_B：3.61Ω；主变压器阻抗定值 Z_C：2.35Ω；灵敏角定值：85°；透镜内角定值 120°；区外滑极定值：2；区内滑极定值：1；跳闸允许电流定值：6.8A
试验条件	硬压板设置：投发电机失步保护。 保护控制字：发电机失步保护投入：1。 　　　　　区外失步动作于信号：1。 　　　　　区外失步动作于跳闸：0。 　　　　　区内失步动作于信号：0。 　　　　　区内失步动作于跳闸：1
相关说明	发电机失步保护取发电机机端 TV 正序电压、发电机机端正序电流来进行阻抗计算。如图 21-9 所示，把阻抗平面分成四个区 OL、IL、IR、OR，阻抗轨迹顺序穿过四个区（OL→IL→IR→OR 或 OR→IR→IL→OL），则保护判为发电机失步振荡。 图 21-9 三元件失步保护继电器特性

相关说明	Z_C 电抗线用于区分振荡中心是位于发电机-变压器组内还是发电机-变压器组外，当阻抗轨迹顺序穿过电抗线以下的四个区时，则认为振荡中心位于发电机-变压器组内，是区内振荡；当顺序穿过电抗线以上的四个区时，则认为振荡中心位于发电机-变压器组外，属于区外振荡。每顺序穿过一次，保护在区内或区外的滑极计数加 1，达到整定次数，保护则动作或发信
试验方法	以验证为例：Z_A 为阻抗透镜的上端阻抗，是区外失步的上端边界，校验时分别按照 95% Z_A 和 105% Z_A 校验阻抗值。将试验仪的三相电压接入到发电机机端 TV 上，试验仪的三相电流输入到发电机机端电流通道上，输入 95% Z_A（0.95×2.94=2.79）保持阻抗值不变（如图 21-9 所示），变化三相电压的相位，使阻抗从 0°平缓增加，阻抗按轨迹 I 穿越阻抗透镜则区外积累 1 次（在模拟量→启动测量→保护状态量→发电机保护→失步保护中查看区内区外积累次数）。每看到"区外振荡滑次数"增加一次计数，随即反方向变化阻抗角，直到区外失步累计值达到定值动作或发信；输入 105% Z_A（1.05×2.94=3.09）保持阻抗值不变，变化三相电压的相位，使阻抗角从 0°平缓增加至 180°区外震荡次数应该不积累

试验仪器设置	采用手动试验		
	95% Z_A		105% Z_A
	U_A：13.95∠0.00°V	0°»180°	U_A：15.45∠0.00°V	0°»180°
	U_B：13.96∠-120°V	0°»180°	U_B：15.45∠-120°V	0°»180°
	U_C：13.95∠120°V	0°»180°	U_C：15.45∠120°V	0°»180°
	I_A：5∠0.00°A		I_A：5∠0.00°A
	I_B：5∠-120°A		I_B：5∠-120°A
	I_C：5∠120°A		I_C：5∠120°A
	区外失步滑极次数+1		区外失步滑极次数+0

装置报文	区外失步
装置指示灯	报警

试验仪器设置	采用手动试验		
	95% Z_B		105% Z_B
	U_A：17.15∠0.00°V	0°»-180°	U_A：18.95∠0.00°V	0°»-180°
	U_B：17.15∠-120°V	0°»-180°	U_B：18.95∠-120°V	0°»-180°
	U_C：17.15∠120°V	0°»-180°	U_C：18.95∠120°V	0°»-180°
	I_A：5∠0.00°A		I_A：5∠0.00°A
	I_B：5∠-120°A		I_B：5∠-120°A
	I_C：5∠120°A		I_C：5∠120°A
	区内失步滑极次数+1		区内失步滑极次数+0

装置报文	区内失步
装置指示灯	跳闸

试验项目	失步保护阻抗 Z_C 校验	
试验方法	Z_C 为阻抗透镜的电抗线阻抗，是区内失步和区外失步的边界，校验时分别按照 95% Z_C 和 105% Z_C 校验阻抗值，输入 95% Z_C（0.95×2.35=2.23）保持阻抗值不变，变化三相电压的相位，使阻抗角从 0°平缓增加，阻抗按轨迹Ⅱ穿越阻抗透镜则区内积累 1 次后随即反方向变化阻抗角，直到区内失步累计值到定值动作或发信；输入 105% Z_C（1.05×2.35=2.5）保持阻抗值不变，变化三相电压的相位，使阻抗角从 0°平缓增加到 180°，可以看到区外失步有积累，当区外失步积累次数达到定值时动作或发信	
试验仪器设置	采用手动试验	
	95% Z_C	105% Z_C
	U_A：11.2∠0.00°V　　0°»180°	U_A：12.5∠0.00°V　　0°»180°
	U_B：11.2∠−120°V　　0°»180°	U_B：12.5∠−120°V　　0°»180°
	U_C：11.2∠120°V　　0°»180°	U_C：12.5∠120°V　　0°»180°
	I_A：5∠0.00°A	I_A：5∠0.00°A
	I_B：5∠−120°A	I_B：5∠−120°A
	I_C：5∠120°A	I_C：5∠120°A
	区内失步滑极次数+1	区外失步滑极次数+1

十五、发电机电压保护

发电机电压保护测试见表 21-15。

发电机电压保护用于保护发电机各种运行工况下引起的定子绕组过电压。

表 21-15　　　　　　　　　　　发电机电压保护

试验项目	过电压保护动作值及动作时间测试
定值整定	过电压Ⅰ段定值：130V；过电压Ⅰ段延时：0.3s；过电压Ⅰ段定值：125V；过电压Ⅰ段延时：1.5s
试验条件	硬压板设置：投入发电机电压保护压板。 保护控制字：发电机电压保护投入
试验方法	在机端 TV 输入三相正序电压缓慢增加三相电压直到过电压保护动作，分别测试过电压Ⅰ段和过电压Ⅱ段动作值，其中过电压Ⅰ段可用于空载过电压保护，电压Ⅱ段可选择经并网状态闭锁（即 GCB 跳位或者高压侧断路器跳位开入为 1 的时候才动作，在并网后自动退出）
装置报文	发电机过电压Ⅰ段
装置指示灯	跳闸

十六、过励磁保护

过励磁保护测试见表 21-16。

过励磁保护用于防止发电机、变压器因过励磁引起的危害。

表 21-16 　　　　　　　　　　　　　　　　**过励磁保护**

试验项目	定时限过励磁动作值及动作时间测试
定值整定	过励磁定时限定值：1.1；过励磁定时限延时：1.0s；过励磁报警定值：1.1；过励磁报警信号延时：10s；过励磁反时限上限定值1.5；过励磁反时限上限延时：1.0s；过励磁反时限定值 I：1.45；过励磁反时限 I 延时：2.0s；过励磁反时限定值 II：1.40；过励磁反时限 II 延时：5.0s；过励磁反时限定值III：1.30；过励磁反时限III延时：15s；过励磁反时限定值IV：1.25；　过励磁反时限IV延时：30s；过励磁反时限定值 V：1.20；　过励磁反时限 V 延时：100s；过励磁反时限定值VI：1.15；过励磁反时限VI延时：300s；过励磁反时限下限定值：1.10；过励磁反时限下限延时：1000s
试验条件	硬压板设置：投入发电机过励磁保护压板。 保护控制字：过励磁保护投入：1
试验方法	（1）从发电机机端电压回路 A、B、C 相同时通入三相平衡的电压，频率为 50Hz，实测保护动作时的电压幅值，计算动作时的过激倍数。 （2）参照（1）的方法，加入 1.2 倍定值的电压量，测量动作时间
试验仪器设置	采用状态序列 U_A：66.7∠0.00˚V　50Hz　（m=1.05） U_B：66.7∠−120˚V　50Hz U_C：66.7∠120˚V　50Hz 状态触发条件：时间控制为 1.1s
装置报文	发电机定时限过激磁
装置指示灯	跳闸
试验项目	反时限过励磁保护动作特性
相关计算	反时限过励磁曲线如图 21-10 所示。 图 21-10　反时限过励磁曲线 纵轴上 n 点的确定： （1）n_0 =1.5 过励磁反时限上限定值，n_7 =1.1 过励磁反时限下限定值； （2）$n_1 \sim N_6$ 分别为 I 至VI段的反时限
试验方法	以过励磁反时限 I 段为例，参照定时限校验做法，通入 1.45 U_n 即可，测试动作时间，与整定时间对比
注意事项	做反时限试验前要将定时限过励磁出口控制字整定为 0000
装置报文	发电机反时限过激磁
装置指示灯	跳闸

十七、发电机频率保护

发电机频率保护测试见表 21-17。

低频保护的频率取发电机机端电压的频率（可在"模拟量→保护测量→发电机采样→发电机综合量"中查看发电机频率），加单相电压和三相电压均可。低频保护辅助判据：发电机处于并网状态，即 GCB 位置为合位且发电机机端最大相电流大于 0.04 I_n，低频 I 段时间为保持性累计需要清报文才能归 0。

过频保护的频率取发电机机端电压的频率，过频保护不受并网状态闭锁，即不判断机端断路器位置和机端电流。

表 21-17　　　　　　　　　　　　　发电机频率保护

试验项目	低频保护动作值及动作时间测试（低频III段）
定值整定	低频III段频率定值：47.5Hz；低频III段延时：2.0s；过频II段频率定值：52Hz；过频II段延时：2.0s
试验条件	硬压板设置：投入发电机频率保护压板。 保护控制字：低频III段投跳闸：1。 　　　　　　过频II段投跳闸：1
注意事项	试验时注意在机端电流回路中加入大于 1A 的电流（作为有流判据）
试验方法	只整定低频III段投入，从机端 A、B、C 相电压通道加入幅值为额定的电压（频率值 48Hz），逐渐降低频率，实测并记录保护动作时的频率值，即为低频III段频率动作值
试验仪器设置	采用手动试验 U_A：57.74∠0.00°V　　48Hz　　▼　47.5 Hz　　I_A：1∠0.00°A U_B：57.74∠-120°V　　48Hz　　▼　47.5 Hz　　I_B：1∠-120°A U_C：57.74∠120°V　　48Hz　　▼　47.5 Hz　　I_C：1∠120°A
装置报文	发电机低频III段
装置指示灯	跳闸
试验项目	过频II段动作值及动作时间测试
试验方法	只整定过频保护II段投入，在机端 A、B、C 相电压通道加入幅值为额定的电压（频率值 52Hz），逐渐增加频率，实测并记录保护动作时的频率值，即为过频保护II段频率动作值
装置报文	发电机过频II段
装置指示灯	跳闸

十八、发电机功率保护

发电机功率保护测试见表 21-18。

逆功率保护是作为汽轮机突然停机，发电机变为电动机运行，为防止汽轮机叶片过热而导致叶片损坏的保护。

表 21-18　　　　　　　　　　　　　发电机功率保护

试验项目	逆功率保护动作值测试
定值整定	逆功率定值：3.44%；逆功率信号延时：3.0s；逆功率跳闸延时：5.0s；程序逆功率定值：3.44%；程序逆功率跳闸延时：1.0s；低功率定值：1%；低功率跳闸延时：1.0s
试验条件	硬压板设置：投发电机功率保护压板。 保护控制字：发电机逆功率保护投入：1

续表

相关计算	根据逆功率保护定值 P =3.44%，I_{ef} =0.84A，U_{ef} =57.74V，$\cos\varphi_{\text{e}}$ =0.85，固定机端三相电压不变，计算不同角度时功率 TA 的三相电流动作值。由功率百分比计算公式 $P=\dfrac{3U_1I_1\cos\theta}{3U_{\text{ef}}I_{\text{ef}}\cos\varphi_{\text{e}}}\times100\%$，取 θ =180°，固定 U_1 =20V。计算得 I_1 =0.071A∠180°
试验方法	从机端电压回路通入电压，从机端电流回路通入电流，固定电压不变，改变电流值，实测保护动作时的电流值
试验仪器设置	采用手动试验 U_{A}：20∠0.00°V　　I_{A}：0.06∠180°A　▲　0.071∠180° U_{B}：20∠−120°V　　I_{B}：0.06∠60°A　▲　0.071∠60° U_{C}：20∠120°V　　I_{C}：0.06∠−60°A　▲　0.071∠−60°
装置报文	发电机逆功率保护
装置指示灯	跳闸
试验项目	发电机程跳逆功率保护测试
试验条件	硬压板设置：投发电机功率保护压板。 保护控制字：发电机程序逆功率保护投入：1
相关说明	辅助判据：发电机机端正序电压大于12V，I 经断路器分位和主汽门全关位置闭锁
试验方法	基本与逆功率相同，除了要求解掉屏上断路器位置开入的外部线，模拟机端断路器在合位，且主汽门全关位置开入为1
装置报文	发电机程序逆功率保护
装置指示灯	跳闸

十九、发电机启停机保护

发电机启停机保护测试见表 21-19。

发电机启动或停机过程中，配置反映相间故障的保护和定子接地故障的保护。对于发电机定子接地故障，配置一套零序过电压启停机保护。对于发电机相间故障，根据需要配置一组差回路过电流保护或发电机低频过电流保护。由于启停机过程中，定子电压频率很低，因此保护采用了不受频率影响的算法，保证了启停机过程对发电机的保护。启停机保护经控制字整定，需选择低频元件闭锁投入。

表 21-19　　　　　　　　　　发电机启停机保护

试验项目	启停机保护差流动作值测试
整定定值	发电机差流定值：1.0 I_{e}；频率闭锁定值：45Hz；定子零序电压定值：8V；零序电压延时：0.7s；发电机低频过电流定值：1A；发电机低频过电流延时：2.0s
试验条件	硬压板设置：投入发电机启停机保护压板。 保护控制字：发电机启停机保护投入：1

续表

注意事项	根据需要整定"发电机差流启停机投入""零序电压启停机投入""低频过流启停机投入"控制字。低频过电流保护的电流固定取发电机中性点电流。对于主变压器和组机之间配置出口断路器的发电机-变压器组保护,应同时短接机端断路器和主变压器高压侧断路器位置触点,模拟并网前状态
试验方法	将"发电机差流启停机投入"控制字置 1,将"零序电压启停机投入""低频过电流启停机投入"控制字置 0。用短接线短接屏上的断路器位置触点,模拟并网前状态,在不加任何量的情况下,此时"启停机状态"为"1"(在"模拟量→启动测量→保护状态量→发电机保护→保护状态"里面查看)。用实验仪在机端电流或中性点加入电流,缓慢增加电流直至差流启停机保护动作,记录发电机差流启停机动作值
试验仪器设置	采用手动试验 U_A: 57.74∠0.00°V　44Hz　I_A: 0.7∠0.00°A　▲0.840∠0.00°A U_B: 57.74∠-120°V　44Hz　I_B: 0∠-120°A U_C: 57.74∠120°V　44Hz　I_C: 0∠120°A
装置报文	发电机差流启停机
装置指示灯	跳闸
试验项目	启停机零压保护动作值测试
试验方法	将"零序电压启停机投入"控制字置 1,将"发电机差流启停机投入""低频过流启停机投入"控制字置 0。用短接线短接屏上的断路器位置触点,模拟并网前状态,在不加任何量的情况下此时"启停机状态"为"1"(在"模拟量→启动测量→保护状态量→发电机保护→保护状态"里面查看)。将试验仪的 U_z 相接到发电机中性点零序电压通道上,缓慢增加电压直至零序电压启停机保护动作,记录零序电压启停机保护试验值
装置报文	定子零序电压启停机
装置指示灯	跳闸
试验项目	启停机低频过电流保护动作值测试
试验方法	将"低频过电流启停机投入"控制字置 1,将"发电机差流启停机投入""零序电压启停机投入"控制字置 0。用短接线短接屏上的断路器位置触点,模拟并网前状态,在不加任何量的情况下此时"启停机状态"为"1"(在"模拟量→启动测量→保护状态量→发电机保护→保护状态"里面查看)。用实验仪在发电机中性点加入电流,缓慢增加电流直至低频过电流启停机保护动作,记录发电机低频过流试验值
装置报文	低频过电流启停机
装置指示灯	跳闸

二十、发电机误上电保护

发电机误上电保护测试见表 21-20。

当发电机盘车或转子静止时发生误合闸操作,从系统向发电机定子绕组倒送的大电流在气隙中产生旋转磁场。

表 21-20　　　　　　　　　　　发电机误上电保护

试验项目	误上电保护电流动作值及动作时间测试
定值整定	误上电电流定值: 0.7A;误上电电频率闭锁定值: 45Hz;误合闸延时定值: 1.3s;误上电正序低电压定值: 12.0V

续表

试验条件	硬压板设置：投入发电机误上电保护压板。 保护控制字：发电机误上电保护投入：1。 断路器位置触点闭锁投入：1
相关说明	PCS-985B 装置误上电保护同时取发电机机端与中性点电流，二者均大于定值时才动作，由于开关误合瞬间，电流是一个从无流到有流的过程，所以当误上电状态开放后，需要在机端和中性点电流突加电流（对于机端中性点变比不一致时，例如机端 TA：5000/5、中性点 TA：15000/1，两侧突加电流应保证同样倍数的 I_e，即机端突增 2A 时，中性点突增 0.4A；其中保护定值中的电流突增定值是按机端电流计算的） 误合闸保护同时取发电机机端、中性点电流，为提高可靠性，保护还主取主变压器高压侧电流大于 $0.2 I_e$ 作为辅助判据
试验方法	（1）将断路器辅助触点（1QD12）开入端子和正端短接，模拟机组出口断路器 GCB 在断开位置。 （2）将试验仪的三相电压接到机端电压通道上，试验仪的 I_a 相接到机端电流通道的 A 相上，将试验仪的 I_b 相接到发电机中性点电流通道的 A 相上，将试验仪的 I_c 相接到主变压器高压侧电流通道的 A 相上
试验仪器 设置	U_A：$10\angle 0.00° V$　　　I_A：$0.725\angle 0.00° A$ U_B：$10\angle -120° V$　　　I_B：$0.725\angle 0.00° A$ U_C：$10\angle 120° V$　　　I_C：$1.0\angle 0.00° A$
装置报文	误上电保护
装置指示灯	跳闸

二十一、断路器闪络保护

断路器闪络保护测试表 21-21。

发电机在进行并列过程中，当断路器两侧电压方向为 180°，断口易发生闪络。断路器断口闪络只考虑一相或两相，不考虑三相闪络。断路器闪络保护取主变压器高压侧开关 TA 电流。

表 21-21　　　　　　　　　　　　断路器闪络保护

试验项目	断路器闪络保护动作值及动作时间测试
定值整定	断口闪络负序电流 0.25A；断口闪络零序电流 0.5A；断口闪络相电流 1.0A；断口闪络 t_1 延时 0.2s；断口闪络 t_2 延时：0.4s
试验条件	硬压板设置：投断路器闪络压板。 保护控制字：断路器闪络保护投入：1
相关说明	闪络保护动作判据：主变压器高压侧开关 TA 的负序电流判据，零序电流判据或者相电流判据任意一个满足定值（其中零序电流判据和相电流判据可以通过定值投退）。 辅助判据：①主变压器高压侧开关在跳位；②发电机机端 TV 正序电压大于 $0.1 U_n$；③发电机机端 TA 电流大于 $0.03 I_e$
试验方法	对于主变压器高压侧只有一侧的主接线方式，用短接线短接断路器 A 位置开入触点，模拟断路器 A 在分位，机端 TV 加入正常电压，在主变压器高低压侧均加入单相电流，通过修改定值，分别测量负序电流、零序电流和相电流动作值和动作时间
装置报文	断路器闪络保护 I 时限
装置指示灯	跳闸

二十二、发电机开关失灵保护

发电机开关失灵保护测试表 21-22。

发电机内部故障保护跳闸时，如果发电机出口开关失灵，需要及时跳开主变压器高压侧开关、厂变开关，并启动主变压器高压侧开关失灵。失灵保护电流通道可独立整定。失灵电流启动为一个过电流判别元件，可以是相电流或负序电流，经保护动作触点和断路器合闸位置触点闭锁。

表 21-22　　　　　　　　　　　发电机开关失灵保护

试验项目	发电机开关失灵保护动作值及动作时间测试
定值整定	失灵相电流定值：1.0A；失灵负序电流定值 0.5A；失灵 I 时限定值：0.5s；失灵 II 时限定值：1.0s
试验条件	硬压板设置：投发电机开关失灵保护压板。 保护控制字：发电机开关失灵保护投入：1
相关说明	发电机开关失灵保护电流取失灵专用 TA 的电流，失灵专用 TA 通道定义在"系统定值→内部配置"中整定，当外部没有单独的失灵专用 TA 时，失灵专用 TA 一般定义来机端电流通道一致，如果有单独的失灵专用 TA 时，则按照实际整定。 辅助判据：发电机开关失灵保护要判保护动作节点开入（即启动失灵开入）和机端断路器位置（断路器需在合位，该判据可经"失灵经开关位置闭锁"控制字投退）
试验方法	（1）在屏上用短接线短接"保护动作触点"开入，若控制字"失灵经开关位置闭锁"置 1，还需将"机端断路器跳位"的外部线解开。 （2）将"经负序电流闭锁"控制字置 1、"经相电流闭锁"控制字 0，用实验仪在失灵专用 TA 通道上加入单相电流，单相电流达到 3 倍的负序电流定值，经整定延时，发电机断路器失灵保护动作。 （3）将"经负序电流闭锁"控制字置 0、"经相电流闭锁"控制字置 1，用实验仪在失灵专用 TA 通道加入单相电流，单相电流达到相电流定值，经整定延时，发电机断路器失灵保护动作
装置报文	断路器失灵保护
装置指示灯	跳闸

第二节　保护常见故障及故障现象

PCS-985B 发电机-变压器组保护故障设置及故障现象见表 21-23。

表 21-23　　　　　PCS-985B 发电机-变压器组保护故障设置及故障现象

功能模块	故障属性	难易度	故障现象	故障设置地点
转子一点接地保护	直流回路	难	大轴虚接、定值测试无法进行	1VD：7 内部虚接
转子一点接地保护	直流回路	易	转子电压无采样	1VD：4 内部虚接
发电机差动	开入回路	易	保护压板无法投入	1RD：2 1RLP1:1 虚接
发电机差动	开入回路	易	发电机差动、主变压器差动同时出口	IRLP1-2 与 1RLP23-2 下方短接
程跳逆功率	开入回路	易	主汽门位置开入无	1QD17 内部线虚接

续表

功能模块	故障属性	难易度	故障现象	故障设置地点
发电机-变压器组差动	开入回路	难	光耦开入异常	1QD29 内部虚接
发电机-变压器组差动	开入回路	易	复归开入异常	1RD1 跟 1RD5 短接
发电机差动	开出回路	易	跳高压侧无法出口	1K2D1 1C1LP1:1 虚接，开出量虚接
发电机差动	定值	易	定值核对不一致	定值区改变
发电机差动	定值	易	机端二次额定电流改变	将发电机容量改 500MVA
定子接地保护	定值	难	测量不到机端零序电压	1U1D5 内部线虚接
发电机失磁保护	定值	易	失磁保护退出	系统参数中投入总控制字中将"失磁保护"置 0
发电机失步	定值	易	区内失步不动作	区内失步滑极次数=30
主变压器差动	定值	难	主变压器额定容量不对，定值不准	主变压器额定容量改为 200MVA
发电机差动	电压回路	易	机端 B 相电流开路	1I1D：2 虚接
发电机失磁保护	电压回路	难	三相电压采样漂移	1U1D：4 内部线虚接
发电机启停机	电压回路	难	采样为匝间保护 $3U_0$	1U1D:5 与 1U1D:11 1U1D:6 与 1U1D:12 内部线分别对换
匝间保护	电压回路	难	电压变为中性点 $3U_0$，保护不动作	1U1D:11 与 1U1D:12 1U1D:13 与 1U1D:14 内部线分别对换
定子接地保护	电压回路	易	电压采样不正确	1U1D:5 虚接
发电机差动	电流回路	易	采样无电流，试验仪器开路告警	解除 1I1D4-7 短接片
逆功率保护	电流回路	易	机端侧 A 相测量电流相位错误	1I1D1 与 1I1D2 交换
发电机差动	电流回路	易	中性点采样异常	1I1D8 与 1I1D9 短接
发电机差动	电流回路	易	A 相电流无采样	短接 1I1D8-1I1D14

第二十二章 发电机及变压器保护实操案例

第一节 变压器保护实操案例

以 NSR-378 保护装置为例，假设 NSR-378 保护装置中存在四处故障（具体故障见表 22-1），通过核对定值、采样及开入检查、逻辑校验（具体检验内容见表 22-2）、整组开出传动等手段，引导学员熟悉变压器保护装置及二次回路，掌握故障分析及排查的技巧。

表 22-1 故障类型及故障点

序号	故障类型	故障点
1	定值（定值区）	定值单定值区为 1 区，装置实际定值区为 2 区
2	采样（电流异常）	1I1D1（1n-3:09）虚接
3	开入（压板无开入）	1RD4（1RLP1:1）虚接
4	开出（无法跳闸）	1CD:1（1-1n-17:07）虚接

表 22-2 试验项目、要求及条件

序号	项目	要求	条件
1	模拟主变压器低压侧 10kV 馈线故障时，主变压器平衡态	（1）低压侧馈线为 AB 相间短路。 （2）主变压器各项数据见第十六章第一节。 （3）制动电流为 0.394A。 （4）差动保护无差流	（1）主变压器高压侧和低压侧在运行，中压侧在热备用；电源点在高压侧。 （2）变压器为 Yyd11 接线
2	按要求完成主变压器纵差保护比率制动特性校验	（1）在高压侧和低压侧检验，高压侧电流加在 B 相。 （2）制动电流为 $1.5I_e$ 及 $2.5I_e$ 下差动电流的计算值与实测值，并计算装置比率制动系数	
3	按要求完成高后备保护校验，并对高压侧开关进行传动试验	（1）校验高压侧纵差保护启动值。 （2）校验高压侧复压过电流 II 段 1 时限电流定值。 （3）校验高压侧复压过电流 II 段 1 时限保护动作边界	

一、试验前计算

（1）主变压器平衡态电流值计算。低压侧发生 AB 相间故障，流经主变压器低压侧的电流 A 相和 B 相电流幅值相等，方向相反。假设低压侧电流标幺值为 I_2，$I_{a\Delta} = I_2$，$I_{b\Delta} = -I_2$。

当主变压器低压侧发生 AB 相间短路，而主变压器通过高低压侧流过穿越性电流时，主变压器高压侧的电流表现为高压侧 A 相和 C 相电流幅值相等，相位相同，而高压侧 B 相电流幅值是 A 相和 C 相电流幅值的 2 倍，且相位相反。因此可假设主变压器高侧各相电流的标幺值为 $I_{AY} = I_1$，$I_{BY} = -2I_1$，$I_{CY} = I_1$

因主变压器各相差流为零，取 A 相（也可取 B 相）差流为零的约束方程为

$$I_{da} = \frac{I_{AY} - I_{BY}}{\sqrt{3}} + I_{a\Delta} = \frac{I_1 - (-2I_1)}{\sqrt{3}} + I_2 = 0 \Rightarrow I_2 = -\sqrt{3}I_1$$

根据制动电流值计算式，可推断出各相的制动电流为

$$\begin{cases} I_{ares} = \frac{1}{2}\left(\left| \frac{I_{AY} - I_{BY}}{\sqrt{3}} \right| + |I_{a\Delta}| \right) = |I_{a\Delta}| = I_2 \\ I_{bres} = \frac{1}{2}\left(\left| \frac{I_{BY} - I_{CY}}{\sqrt{3}} \right| + |I_{b\Delta}| \right) = |I_{b\Delta}| = -I_2 \\ I_{cres} = \frac{1}{2}\left(\left| \frac{I_{CY} - I_{AY}}{\sqrt{3}} \right| + |I_{c\Delta}| \right) = 0 \end{cases}$$

题目已知差动保护的制动电流为 0.394A，该电流为有名值（折算至高压侧的值），故制动电流标幺值 $I_{r标幺值} = \frac{I_{r有名值}}{I_{e.H}} = 1$，因此 $I_2 = 1$，$I_1 = -\frac{1}{\sqrt{3}}$。

因此各侧所加电流有名值为

$$\begin{cases} \dot{I}_{AH} = \dot{I}_1 I_{eH} = -\frac{1}{\sqrt{3}} \times 0.394 = 0.23\angle 180°\text{A} \\ \dot{I}_{BH} = -2\dot{I}_1 = 0.46\angle 0°\text{A} \\ \dot{I}_{CH} = \dot{I}_{AH} = 0.23\angle 180°\text{A} \end{cases} \quad \begin{cases} \dot{I}_{AL} = \dot{I}_2 I_{eL} = 1.65\angle 0°\text{A} \\ \dot{I}_{BL} = -\dot{I}_2 I_{eL} = 1.65\angle 180°\text{A} \\ \dot{I}_{CL} = 0 \end{cases}$$

需要采用的试验接线形式如图 22-1 所示。

（2）比率制动特性电流值计算。参考第十六章中比率差动保护的差动制动系数校验部分计算方法。

二、具体试验及故障分析排查

1. 执行安全措施

按各侧断路器对应实际状态的要求做好安全隔离措施，执行二次工作安全措施票，继电保护调试仪电源必须接至试验电源屏，保护装置电源应取自移动式直流电源。

2. 打印并核对定值单

打印定值前，应检查装置定值区是否与定值单上定值区相符，发现装置定值为 2 区，定值单上为 1 区，即定值区设置错误。将定值切换至 1 区，打印定值并核对。

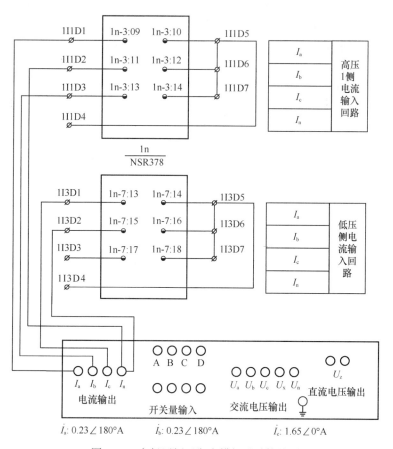

$\dot{I}_a$: 0.23∠180°A $\dot{I}_b$: 0.23∠180°A $\dot{I}_c$: 1.65∠0°A

图 22-1 高低压侧平衡态模拟试验接线图

3. 模拟量输入的幅值、相位特性检验

（1）试验方法。按图纸将继电保护调试仪与端子排的相应端子用电流线连接，轮流进行高压侧、中压侧、低压侧的模拟量采样值检验。

通入三相电流采样值：$\dot{I}_A$：1∠0.00°A、$\dot{I}_B$：2∠0.00°A、$\dot{I}_C$：4∠0.00°A。

通入三相电压采样：$\dot{U}_A$：10∠0.00°V、$\dot{U}_B$：20∠−120°V、$\dot{U}_C$：30∠120°V。

（2）故障现象。

1）A 相电流采样值异常，电流值为 0，测试仪显示 A 相开路。

2）B、C 两相电流幅值正确。

（3）分析排查。

1）B、C 相电流采样值正常，电流幅值和相位均正确，可以判断 B 相和 C 相电流上没有故障。

2）A 相电流值采样值为 0，测试仪显示 A 相开路，可判断 A 相电流回路存在开路。

3）因装置背板封闭，无法通过测量导线两端的导通性迅速判断故障点，故解出保护装置 A 相采样小 TA 两端的线进行检查，即逐一解出 1I1D1（1n-3:09）与 1I1D5（1n-3:10）两根线，检查是否有虚接。如接线端本身无问题，则可通过测量两根线之间的电阻，判断是否有可能存在错线或假线的情况。若测得电阻为无穷大，可怀疑其中一根线为假线或错线。

排除故障，重新连接测试仪输入，根据上述试验方法通入电流。装置采样应为 $\dot{I}_A$：1∠0.00°A、

$\dot{I}_B$: $2\angle0.00°$ A、$\dot{I}_C$: $4\angle0.00°$ A。

高压侧电流回路如图 22-2 所示。

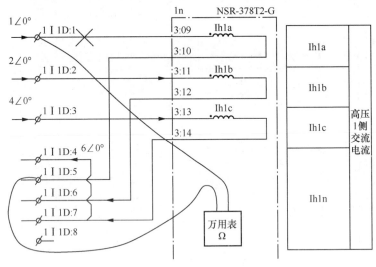

图 22-2　高压侧电流回路

4. 开入量检验

（1）试验方法。投入 1RLP1 投主保护压板，装置开入无反应。继续投入 1RLP2 投高压侧后备保护压板、1RLP3 投高压侧电压压板等硬压板，装置开入均无反应。

（2）故障现象。投入任意压板，装置开入无反应。

（3）分析排查。投入任意压板，装置开入均无反应，可判断为公共端故障。公共端分为正公共端和负公共端。首先，检查 1RD4 与 1RD11（如图 22-3 所示）的弱电正负极间是否有24V 的电压差，如电压正常，则确定电源板 24V 输出至本端子排的连接正常。然后，检查 1n13插件是否插牢。当检查 1RD4（1RLP1:1）接线时，发现该线虚接。

5. 试验项目检查

（1）主变压器高低压侧平衡态试验。根据图 22-1 连接试验电流线，往主变压器保护通入计算电流值。投入"1RLP1 投主保护"硬压板，检查装置显示的各项差流应接近为零。

（2）主变压器高低压侧的比率制动特性校验。参考图 16-5 的接线形式。

（3）故障现象。校验差动保护启动值时，保护装置跳闸灯亮，高压侧模拟断路器没有跳开。

（4）分析排查。

1）保护能正常动作，但断路器无法跳闸，说明回路中某点被断开，跳闸回路不完整导致。

2）在保护屏上测量 1CD1 和 1KD1 端子，发现电位分别为+110V 和−110V，说明外部至操作箱部分回路没有问题，锁定为进主变压器保护的回路异常，解开 1CD1 和 1KD 保护屏内部线进行检查，发现 1CD:1（1-1n-17:07）虚接，排除故障后，能正常传动。

到此为止已经将四个故障全部排除。

6. 检验结束恢复安全措施

拆除试验接线，关闭试验设备电源，将保护装置等设备恢复至开工前原始状态，恢复二次安全措施，确认各信号均正常，打印定值单并核对无误。

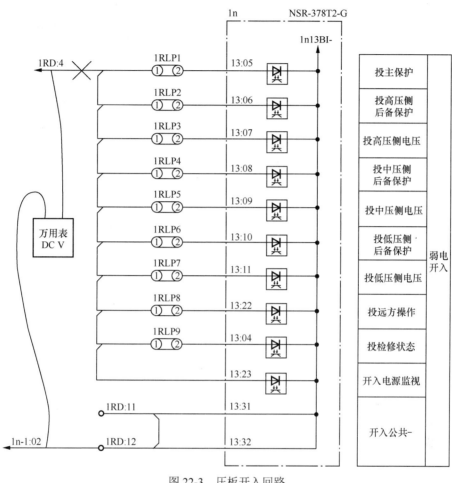

图 22-3 压板开入回路

第二节 发电机保护实操案例

本节以 PCS-985B 为例。假设 PCS-985B 保护装置中存在四处故障（具体故障见表 22-3），通过核对定值、采样及开入检查、逻辑校验（具体检验内容见表 22-4）、整组开出传动等手段，引导学员熟悉保护装置及二次回路，掌握故障分析及排查的技巧。

表 22-3 　　　　　　　　　　　　　　　故障类型及故障点

序号	故障类型	故障点
1	控制字	定值区改变
2	采样	1I1D：2 虚接；1I1D8 与 1I1D9 短接
3	开入	IRLP1-2 与 1RLP23-2 下方短接
4	开出（无法跳闸）	1K2D1（1C1LP1：1）虚接

表 22-4   试验项目、要求及条件

序号	项目	要求	条件
1	发电机纵差保护校验	进行比率制动特性校验，验证差动速断定值，整组传动正确	（1）被试设备安装在继电保护实训室内，所带断路器为模拟三相跳闸断路器；
2	发电机失磁保护测试	进行失磁阻抗动作圆下边界验证及动作时间测试，校验机端低电压、母线低电压定值，并进行逆无功判据校验，整组传动正确	（2）安全措施按一次设备处于冷备用状态执行，按最新检验规程要求进行检验；（3）试验仪器电源接至继电试验电源屏，保护装置电源应取自移动式直流电源

具体试验及故障分析排查：

1. 执行安全措施

按发电机各侧断路器处于冷备用状态要求做好安全隔离措施，执行二次工作安全措施票，继电保护调试仪电源必须接至试验电源屏，保护装置电源应取自移动式直流电源。

2. 检查定值区

（1）故障现象。定值区号显示在装置循环显示屏上显示与定值单不符。

（2）分析排查。发现定值区设置与定值不符（由于装置显示屏循环显示，且内容较多，往往忽视检查）将定值区正确整定。

3. 打印并核对定值单

（1）试验方法。检查并确认装置运行的定值区与定值单相同，打印并核对所有定值，包含装置参数、保护整定值、控制字、软压板等。

（2）试验现象。核对过程中发现"纵联差动保护"软压板被置"0"，与定值单不一致。

4. 模拟量输入的幅值、相位特性检验

（1）试验方法。按图纸将继电保护调试仪与端子排的相应端子用电流线连接，通入三相电流采样值：I_a=1.00∠0.00°A、I_b=2.00∠0.00°A、I_c=3.00∠0.00°A。

（2）故障现象。进行电流采样时：

1）机端 B 相无电流，试验装置 B 相电流开路报警；

2）中性点 A、B 相电流异常。

（3）分析排查。

1）仅 B 相电流开路，可以判断为发电机机端电流回路 B 相某处断开，因背板无法设置故障，判断为 B 相电流通道 1I1D：2 虚接。

2）仅 A、B 相电流值异常，C 相电流正常，且 A 相电流大于 1A，B 相小于 2A，可以判断为 A、B 相短接分流。

5. 开入量检验

（1）故障现象。投入发电机差动压板时，查看开入：发电机差动与发电机-变压器组差动保护同时投入。退出发电机差动压板时，发电机-变压器组差动保护同时退出。

（2）分析排查。用万用表直流电压挡测量发电机差动压板与发电机-变压器组差动保护压板下端电位，即可发现两块压板下端短接。找出短接线并拆除。

6. 定值校验及整组传动

（1）试验方法。在盘内试验正常的情况下投入出口压板，模拟发电机纵差保护故障，带

模拟断路器进行整组试验。

（2）故障现象。

1）模拟发电机纵差保护故障时，保护装置差动作灯亮。

2）操作箱上跳闸信号灯不亮。

3）模拟断路器没有跳开。

（3）分析排查。

1）盘内试验能够顺利进行，而保护无法完成跳合闸，大都因为回路中某点断开，跳合闸回路不完整导致。

2）在保护装置跳闸触点没动作时，从 1K2D:2 端子到 1C2LP2 的上端对地均为−110V 电压，若有一处断开，用万用表的电压挡从负电端开始监视，采用逐点逼近法；如果负电端正常，再从正电端开始监视，很容易定位到断开点。

7. 检验结束恢复安全措施

拆除试验接线，关闭试验设备电源，将安全措施和保护装置等设备恢复至开工前原始状态，确认各信号均正常，打印、核对定值正确。

第四篇
备用电源自动投入装置调试

　　备用电源自动投入装置是当电力系统故障或其他原因使工作电源被断开后，能迅速将备用电源自动投入工作，或将被停电的设备自动投入到其他正常工作的电源，使用户能迅速恢复供电的一种自动装置，适用于各种电压等级的分段（内桥）、进线、变压器备用电源自动投切的控制，包含备自投功能、联切功能（联跳小电源）、过负荷减载功能、分段过流加速保护功能。本篇主要介绍 CSD-246 备用电源自动投入装置的试验调试方法、常见的故障现象分析及排查方法，并通过特定的案例进行分析。

第二十三章 CSD-246 备用电源自动投入装置调试

CSD-246A-G 装置备自投功能包括进线备自投、分段（内桥）备自投和变压器备自投。当备投自投用于内桥接线时，采用进线和分段（内桥）备投方式，主变压器保护动作闭锁备自投采用按主变压器运行方式闭锁接入，即备用电源自动投入装置的 1 号变压器保护动作开入、2 号变压器保护动作开入接入对应变压器电量及非电量保护动作跳高压侧断路器功能的保护出口触点，主变压器电量及非电量保护包括差动保护、非电量保护和各侧后备保护。当备用电源自动投入装置用于高压侧为单母或单母分段接线时，主变压器间隔配置独立断路器时，主变压器保护动作不闭锁备用电源自动投入装置。当备用电源自动投入装置用于中低压侧为单母分段接线时，采用变压器备投方式或分段备投方式，主变压器保护动作闭锁备自投采用按总闭锁方式接入，即变压器中低压侧后备保护动作闭锁触点应接到备用电源自动投入装置的备自投总闭锁开入。

第一节 试验调试方法

一、备自投充电状态检查

系统正常运行时备自投充电状态检查见表 23-1。

表 23-1 系统正常运行时备自投充电状态检查

试验项目	试验步骤、方法
装置检查	（1）执行安全措施，检查装置外观及信号是否正常。 （2）打印核对定值，检查系统定值、保护定值是否正确
项目一	分段（内桥）备自投方式（备自投方式 3、4）
试验条件	备自投方式 3、4 接线图如图 23-1 所示。 （1）检查定值设置正确（控制字"备自投方式 3""备自投方式 4"置 1）。 （2）硬压板设置：退出备自投总闭锁压板 31KLP1。 （3）软压板设置：投入备自投功能软压板，投入备自投方式 3、备自投方式 4 软压板。 （4）检查开关状态：合上 1QF、2QF，分 3QF，即装置开入"电源 1 跳位"=0、"电源 1 合后位置"=1、"电源 2 跳位"=0、"电源 2 合后位置"=1、"分段跳位"=1、"分段合后位置"=0（当"合后位置接入"控制字置 1 时需考虑各接入间隔的合后位置状态，置 0 时不考虑）；

续表

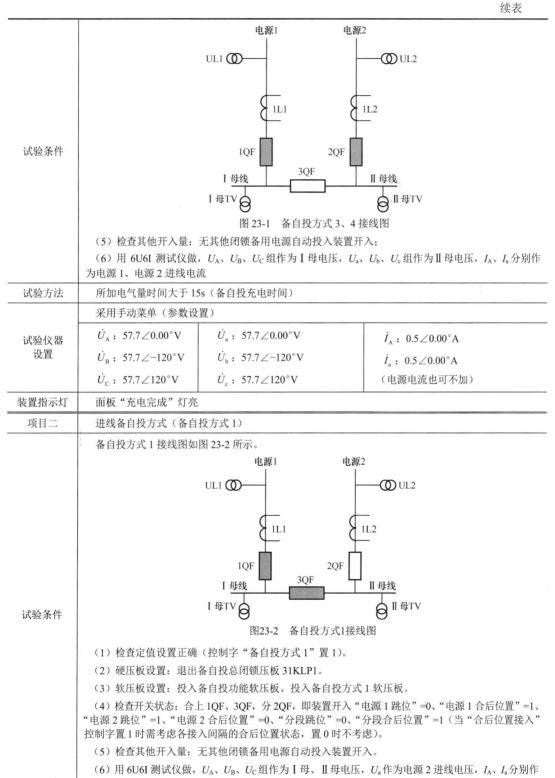

试验条件	图 23-1 备自投方式 3、4 接线图 （5）检查其他开入量：无其他闭锁备用电源自动投入装置开入； （6）用 6U6I 测试仪做，U_A、U_B、U_C 组作为 I 母电压，U_a、U_b、U_c 组作为 II 母电压，I_A、I_a 分别作为电源 1、电源 2 进线电流
试验方法	所加电气量时间大于 15s（备自投充电时间）
试验仪器 设置	采用手动菜单（参数设置）

$\dot{U}_A$：$57.7\angle 0.00°$ V	$\dot{U}_a$：$57.7\angle 0.00°$ V	$\dot{I}_A$：$0.5\angle 0.00°$ A
$\dot{U}_B$：$57.7\angle -120°$ V	$\dot{U}_b$：$57.7\angle -120°$ V	$\dot{I}_a$：$0.5\angle 0.00°$ A
$\dot{U}_C$：$57.7\angle 120°$ V	$\dot{U}_c$：$57.7\angle 120°$ V	（电源电流也可不加）

装置指示灯	面板"充电完成"灯亮
项目二	进线备自投方式（备自投方式 1）
试验条件	备自投方式 1 接线图如图 23-2 所示。 图23-2 备自投方式1接线图 （1）检查定值设置正确（控制字"备自投方式 1"置 1）。 （2）硬压板设置：退出备自投总闭锁压板 31KLP1。 （3）软压板设置：投入备自投功能软压板、投入备自投方式 1 软压板。 （4）检查开关状态：合上 1QF、3QF，分 2QF，即装置开入"电源 1 跳位"=0、"电源 1 合后位置"=1、"电源 2 跳位"=1、"电源 2 合后位置"=0、"分段跳位"=0、"分段合后位置"=1（当"合后位置接入"控制字置 1 时需考虑各接入间隔的合后位置状态，置 0 时不考虑）。 （5）检查其他开入量：无其他闭锁备用电源自动投入装置开入。 （6）用 6U6I 测试仪做，U_A、U_B、U_C 组作为 I 母、II 母电压，U_a 作为电源 2 进线电压，I_A、I_a 分别作为电源 1、电源 2 进线电流

试验方法	所加电气量时间人于 15s（备自投充电时间）		
试验仪器设置	采用手动菜单（参数设置）		
	$\dot{U}_A$：57.7∠0.00°V	$\dot{U}_a$：57.7∠0.00°V	$\dot{I}_A$：0.5∠0.00°A
	$\dot{U}_B$：57.7∠-120°V	$\dot{U}_b$：0.00∠-120°V	$\dot{I}_a$：0.00∠0.00°A
	$\dot{U}_C$：57.7∠120°V	$\dot{U}_c$：0.00∠120°V	（电源电流也可不加）
装置指示灯	充电完成灯亮		
思考	（1）参考"备自投方式 1"试验方法，模拟系统正常运行时"备自投方式 2"的备自投充电状态。 （2）当"合后位置接入"控制字置 1，当 1QF、2QF、3QF 合后位置输入均为 1 时，对于进线备自投方式及分段备自投方式的备自投充电状态各有何影响？ （3）运行中出现某一带负荷的电源断路器分位触点异常，此时是否会影响备自投运行方式判别？此时装置有何报警信息		

二、有压无压定值校验

有压无压定值校验见表 23-2。

表 23-2　　　　　　　　　　　有压无压定值校验

试验项目一	母线有压定值校验	
整定定值	U_{dz1} = 40V（注：U_{dz1} 为 TV 二次线电压）	
试验条件	同表 23-1 的"项目一"试验条件，电源电流均不加	
计算方法	动作值 $U_\varphi = 1.05 \times \dfrac{70}{\sqrt{3}} = 42.4(\text{V})$，不动值 $U_\varphi = 0.95 \times \dfrac{70}{\sqrt{3}} = 38.4(\text{V})$	
试验方法	（1）Ⅰ 母有压校验时，在 Ⅰ 母分别加入 1.05 倍和 0.95 倍有压定值的三相对称电压，在 Ⅱ 母加入三相对称额定电压，检查装置面板的"充电完成"指示灯状态。 （2）Ⅱ 母有压校验时，在 Ⅱ 母分别加入 1.05 倍和 0.95 倍有压定值的三相对称电压，在 Ⅰ 母加入三相对称额定电压，检查装置面板的"充电完成"指示灯状态。 （3）所加电压量时间大于 15s（备投充电时间）	
试验仪器设置	采用手动菜单（参数设置）：Ⅰ 母有压校验（Ⅱ 母有压校验参照）	
	m=1.05	m=0.95
	$\dot{U}_A$：42.4∠0.00°V	$\dot{U}_A$：38.4∠0.00°A
	$\dot{U}_B$：42.4∠-120°V	$\dot{U}_B$：38.4∠-120°A
	$\dot{U}_C$：42.4∠120°V	$\dot{U}_C$：38.4∠120°A
	$\dot{U}_a$：57.7∠0.00°V	$\dot{U}_a$：57.7∠0.00°A
	$\dot{U}_b$：57.7∠-120°V	$\dot{U}_b$：57.7∠-120°A
	$\dot{U}_c$：57.7∠120°V	$\dot{U}_c$：57.7∠120°A
装置指示灯	充电完成灯亮	充电完成灯不亮

续表

试验项目二	母线无压定值校验		
整定定值	$U_{dz2} = 30V$ （注：U_{dz2} 为 TV 二次线电压）		
试验条件	同表 23-1 的"项目一"试验条件，电源电流均不加		
计算方法	不动作值 $U_\varphi = 1.05 \times \dfrac{30}{\sqrt{3}} = 18.2(V)$，动作值 $U_\varphi = 0.95 \times \dfrac{30}{\sqrt{3}} = 16.5(V)$		
试验方法	（1）在 I 母、II 母加入三相对称额定电压，所加电压量时间大于 15s（备自投充电时间），检查装置面板的"充电完成"指示灯点亮。 （2）校验 I 母无压定值时，II 母仍为三相对称额定电压，设置 I 母三相电压步长为 39.5V，然后同时降 I 母三相相电压至 18.2V（1.05 倍无压定值）后，观察备用电源自动投入装置应未动作；然后再降 I 母三相相电压至 16.5（0.95 倍无压定值）后，此时备用电源自动投入装置应动作。 （3）校验 II 母无压定值时，I 母仍为三相对称额定电压，设置 II 母三相电压步长为 39.5V，然后同时降 II 母三相相电压至 18.2V（1.05 倍无压定值）后，观察备用电源自动投入装置应未动作；然后再降 II 母三相相电压至 16.5（0.95 倍无压定值）后，此时备用电源自动投入装置应动作		
试验仪器设置	采用手动菜单		
	（1）初始参数设置： $\dot{U}_A$：$57.7\angle 0.00°V$ $\dot{U}_B$：$57.7\angle -120°V$ $\dot{U}_C$：$57.7\angle 120°V$ $\dot{U}_a$：$57.7\angle 0.00°V$ $\dot{U}_b$：$57.7\angle -120°V$ $\dot{U}_c$：$57.7\angle 120°V$ （2）按测试"开始"按钮，直至"充电完成"灯亮	（1）变量 U_{abc}（幅值），变化步长为 39.5V： $\dot{U}_A$：$18.2\angle 0.00°V$ $\dot{U}_B$：$18.2\angle -120°V$ $\dot{U}_C$：$18.2\angle 120°V$ $\dot{U}_a$：$57.7\angle 0.00°V$ $\dot{U}_b$：$57.7\angle -120°V$ $\dot{U}_c$：$57.7\angle 120°V$ （2）按测试仪"▼"→备自投不动	（1）变量 U_{abc}（幅值），变化步长为 1.7V： $\dot{U}_A$：$16.5\angle 0.00°V$ $\dot{U}_B$：$16.5\angle -120°V$ $\dot{U}_C$：$16.5\angle 120°V$ $\dot{U}_a$：$57.7\angle 0.00°V$ $\dot{U}_b$：$57.7\angle -120°V$ $\dot{U}_c$：$57.7\angle 120°V$ （2）按测试仪"▼"→备自投动作
试验项目三	线路有压定值校验		
整定定值	$U_{xdz} = 40V$		
试验条件	同表 23-1 的"项目二"试验条件，电源电流均不加		
计算方法	动作值 $U_x = 1.05 \times 40 = 42(V)$，不动值 $U_x = 0.95 \times 40 = 38(V)$		
试验方法	（1）电源 2 有压校验：在 I 母、II 母加入三相对称额定电压，在电源 2 线路电压分别加入 m=1.05 和 0.95 倍有压定值的电压值，检查装置面板的"充电完成"指示灯状态。 （2）电源 1 有压校验：应在"备自投方式 2"方式下，检查相关定值、软硬压板及开关量正确时，同样在 I 母、II 母加入三相对称额定电压，在电源 1 线路电压分别加入 m=1.05 和 0.95 倍有压定值的电压值，检查装置面板的"充电完成"指示灯状态。 （3）所加电压量时间大于 15s（备自投充电时间）		
试验仪器设置	采用手动菜单（参数设置）：电源 2 有压校验（电源 1 有压校验参照）		
	m=1.05	m=0.95	
	$\dot{U}_A$：$57.7\angle 0.00°V$	$\dot{U}_A$：$57.7\angle 0.00°V$	
	$\dot{U}_B$：$57.7\angle -120°V$	$\dot{U}_B$：$57.7\angle -120°V$	

试验仪器 设置	$\dot{U}_C$：57.7∠120°V $\dot{U}_a$：57.7∠0.00°V $\dot{U}_b$：57.7∠−120°V $\dot{U}_c$：57.7∠120°V U_x：42∠0.00°V	U_C：57.7∠120°V $\dot{U}_a$：57.7∠0.00°V $\dot{U}_b$：57.7∠−120°V $\dot{U}_c$：57.7∠120°V U_x：38∠0.00°V
装置指示灯	充电完成灯亮	充电完成灯不亮
思考	（1）参考"Ⅰ母有压、Ⅰ母无压、电源2有压定值"校验方法，模拟"Ⅱ母有压、Ⅱ母无压、电源1有压定值"校验。 （2）当正常运行时出现Ⅰ母空气开关损坏断开，请分别模拟在各种备自投方式以及电源进线不同负荷状态下备自投如何动作或报警	

三、无流定值校验

电源进线无流定值校验见表 23-3。

表 23-3   **电源进线无流定值校验**

试验项目	无流定值校验			
整定定值	$I_{dz1} = 0.2A$（注：电源1无电流定值）；$I_{dz2} = 0.2A$（注：电源2无电流定值）			
试验条件	同表 23-1 的"项目一"试验条件			
计算方法	不动值 $I_{L1} = I_{L2} = 1.05 \times 0.2 = 0.21(A)$，动作值 $I_{L1} = I_{L2} = 0.95 \times 0.2 = 0.19(A)$			
试验方法	（1）电源1无流校验： 1）故障前在Ⅰ母、Ⅱ母加入三相对称额定电压，在电源1线路电流分别加入 m=1.05 和 0.95 倍无流定值的电流值，检查装置面板的"充电完成"指示灯状态。 2）故障时，降低Ⅰ母三相电压为0V，在电源1线路电流分别加入 m=1.05 和 0.95 倍无流定值的电流值，模拟备自投动作情况。 （2）电源2无流校验： 1）故障前在Ⅰ母、Ⅱ母加入三相对称额定电压，在电源2线路电流分别加入 m=1.05 和 0.95 倍无流定值的电流值，检查装置面板的"充电完成"指示灯状态。 2）故障时，降低Ⅱ母三相电压为0V，在电源2线路电流分别加入 m=1.05 和 0.95 倍无流定值的电流值，模拟备自投动作情况。 （3）故障前电气量时间大于 15s（备投充电时间）			
试验仪器 设置	采用手动菜单：电源1无流校验（电源2无流校验参照）			
	m=1.05		m=0.95	
	（1）初始参数设置： $\dot{U}_A$：57.74∠0.00°V° $\dot{U}_B$：57.74∠−120°V $\dot{U}_C$：57.74∠120°V $\dot{I}_A$：0.21∠0.00°A $\dot{U}_a$：57.7∠0.00°V	（1）变量 U_{abc}（幅值）变化步长为57.74V： $\dot{U}_A$：0.00∠0.00°V $\dot{U}_B$：0.00∠−120°V $\dot{U}_C$：0.00∠120°V $\dot{I}_A$：0.21∠0.00°A	（1）初始参数设置： $\dot{U}_A$：57.74∠0.00°V $\dot{U}_B$：57.74∠−120°V $\dot{U}_C$：57.74∠120°V $\dot{I}_A$：0.19∠0.00°A $\dot{U}_a$：57.7∠0.00°V	（1）变量 U_{abc}（幅值）变化步长为57.74V： $\dot{U}_A$：0.00∠0.00°V $\dot{U}_B$：0.00∠−120°V $\dot{U}_C$：0.00∠120°V $\dot{I}_A$：0.19∠0.00°A

续表

试验仪器设置	$\dot{U}_{\rm b}$: $57.7\angle-120°$V $\dot{U}_{\rm c}$: $57.7\angle120°$V $\dot{I}_{\rm a}$: $0.00\angle0.00°$A （2）按测试"开始"按钮，直至"充电完成"灯亮	$\dot{U}_{\rm a}$: $57.7\angle0.00°$V $\dot{U}_{\rm b}$: $57.7\angle-120°$V $\dot{U}_{\rm c}$: $57.7\angle120°$V $\dot{I}_{\rm a}$: $0.00\angle0.00°$A （2）断Ⅰ母电压空气开关或改变 $U_{\rm A}$、$U_{\rm B}$、$U_{\rm C}$ 输出为0V持续时间大于备自投跳合闸时间	$\dot{U}_{\rm b}$: $57.7\angle-120°$V $\dot{U}_{\rm c}$: $57.7\angle120°$V $\dot{I}_{\rm a}$: $0.00\angle0.00°$A （2）按测试"开始"按钮，直至"充电完成"灯亮	$\dot{U}_{\rm a}$: $57.7\angle0.00°$V $\dot{U}_{\rm b}$: $57.7\angle-120°$V $\dot{U}_{\rm c}$: $57.7\angle120°$V $\dot{I}_{\rm a}$: $0.00\angle0.00°$A （2）断Ⅰ母电压空气开关或改变 $U_{\rm A}$、$U_{\rm B}$、$U_{\rm C}$ 输出为0V持续时间大于备自投跳合闸时间
装置报文	"Ⅰ母TV断线"		（1）0ms 备自投启动。 （2）501ms 跳电源1断路器。 （3）1045ms 合分段断路器	
装置指示灯	异常灯亮		跳闸灯亮、合闸灯亮、充电完成灯灭	
操作箱信号	无		1QF 跳闸，3QF 合闸	
思考	（1）参考"电源1无流定值"校验方法，模拟"电源2无流定值"校验。 （2）当主变压器或电源进线轻载运行时（即负荷电流低于无流定值），在母线电压二次回路上工作需采取哪些防备自投误动作措施			

四、备自投逻辑校验

备自投逻辑校验见表 23-4。

表 23-4   备自投逻辑校验

试验项目一	分段（内桥）备投方式逻辑校验
相关定值	（1）检查定值控制字"备自投方式3"置1。 （2）$U_{\rm dz1}=70$V、$U_{\rm dz2}=30$V、$I_{\rm dz1}=I_{\rm dz2}=0.2$A。 （3）$t_{\rm dz1}=t_{\rm dz2}=0.5$s（电源1/2跳闸时间）、$t_{\rm hz1}=0.5$s（合备用电源长延时）、$t_{\rm dz3}=0.5$s（合分段断路器延时）
动作逻辑	（1）"备自投方式3"：Ⅰ母"母无压"，且电源1"线无流"，Ⅱ母"母有压"时，经"电源1跳闸时间"跳电源1断路器（1QF）及Ⅰ母并网线的断路器；确认电源1断路器（1QF）跳开后，延时合分段断路器（3QF）。 （2）主变压器保护动作闭锁备自投动作
试验条件	（1）硬压板设置：退出备投总闭锁压板31KLP1。 （2）软压板设置：投入备自投功能软压板、投入备自投方式3软压板。 （3）检查开关状态：合上1QF、2QF，分3QF，即装置开入"电源1跳位"=0、"电源1合后位置"=1、"电源2跳位"=0、"电源2合后位置"=1、"分段跳位"=1、"分段合后位置"=0（"合后位置接入"控制字设置同上）。 （4）检查其他开入量：无其他闭锁备自投装置开入。 （5）投入备用电源自动投入装置分段（内桥）合闸出口硬压板31CLP2，电源1跳闸出口硬压板31CLP3。 （6）用6U6I测试仪做，$U_{\rm A}$、$U_{\rm B}$、$U_{\rm C}$ 组作为Ⅰ母电压，$U_{\rm a}$、$U_{\rm b}$、$U_{\rm c}$ 组作为Ⅱ母电压，$I_{\rm A}$、$I_{\rm a}$ 分别作为电源1、电源2进线电流

试验方法	（1）故障前在 I 母、II 母加入三相对称额定电压，电源 1、2 进线电流加一定负荷值（叮不加），所加电气量时间大于 15s（备投充电时间），检查装置面板的"充电完成"指示灯点亮。 （2）"备自投方式 3"功能逻辑校验：模拟电源 1 进线因上级故障或失压导致 I 母"母无压"、电源 1"线无流"，降低 I 母三相电压至 0V，电源 1 电流为 0A，此时备用电源自动投入装置应动作，跳开 1QF、合上 3QF。 （3）测试"备自投方式 3"电源 1 开关跳闸时间及分段（内桥）开关合闸时间，将相应开关的跳合闸出口接线引接至测试仪开入 A、开入 B

试验仪器设置	采用状态序列："备自投方式 3"校验（"备自投方式 4"校验参照）

（1）状态参数 1 设置：	（1）状态参数 2 设置：	（1）状态参数 3 设置：
$\dot{U}_A$：57.74∠0.00°V	$\dot{U}_A$：0.00∠0.00°V	$\dot{U}_A$：0.00∠0.00°V
$\dot{U}_B$：57.74∠-120°V	$\dot{U}_B$：0.00∠-120°V	$\dot{U}_B$：0.00∠-120°V
$\dot{U}_C$：57.74∠120°V	$\dot{U}_C$：0.00∠120°V	$\dot{U}_C$：0.00∠120°V
$\dot{I}_A$：1∠0.00°A	$\dot{I}_A$：0.00∠0.00°A	$\dot{I}_A$：0.00∠0.00°A
$\dot{U}_a$：57.7∠0.00°V	$\dot{U}_a$：57.7∠0.00°V	$\dot{U}_a$：57.7∠0.00°V
$\dot{U}_b$：57.7∠-120°V	$\dot{U}_b$：57.7∠-120°V	$\dot{U}_b$：57.7∠-120°V
$\dot{U}_c$：57.7∠120°V	$\dot{U}_c$：57.7∠120°V	$\dot{U}_c$：57.7∠120°V
$\dot{I}_a$：1∠0.00°A	$\dot{I}_a$：1∠0.00°A	$\dot{I}_a$：1∠0.00°A
（2）触发条件：时间触发为 16s	（2）触发条件： 开入量触发（电源 1 跳闸触点接入开入 A）	（2）触发条件： 开入量触发（分闸触点触入开入 B）

装置报文	（1）0ms 备自投启动。 （2）501ms 跳电源 1 断路器。 （3）1045ms 合分段断路器
装置指示灯	跳闸灯亮、合闸灯亮、充电完成灯灭
操作箱信号	1QF 跳闸，3QF 合闸
思考	（1）参考"备自投方式 3"逻辑功能校验及带开关整组，模拟"备自投方式 4" 逻辑功能校验及带开关整组。 （2）若备自投动作跳电源 1 开关 1QF 后未收到 1QF 跳位开入，此时备自投将如何动作或报警？
试验项目二	进线备投（备自投方式 1）逻辑校验
相关定值	（1）检查定值控制字"备自投方式 1""备自投方式 2"置 1。 （2）$U_{dz1} = 70V$、$U_{dz2} = 30V$、$U_{xdz} = 40V$、$I_{dz1} = I_{dz2} = 0.2A$。 （3）$t_{dz1} = t_{dz2} = 0.5s$（电源 1/2 跳闸时间）、$t_{hz1} = 0.5s$（合备用电源长延时）、$t_{dz3} = 0.5s$（合分段断路器延时）
动作逻辑	（1）两段母线电压均"母无压"，电源 1"线无流"，电源 2"线有压"，经"电源 1 跳闸时间"跳电源 1 断路器及 I 母、II 母并网线的断路器，确认电源 1 断路器（1QF）跳开后，经"合备用电源长延时"合电源 2 断路器（2QF）。 （2）若分段断路器（3QF）偷跳，经"电源 1 跳闸时间"补跳分段断路器（3QF）及 II 母并网线的断路器，确认分段断路器（3QF）跳开后，经"合备用电源长延时"合电源 2 断路器（2QF）。 （3）1 号变压器保护动作跳分段断路器（3QF）和电源 1 断路器（1QF），经"电源 1 跳闸时间"补跳分段断路器及 II 母并网线的断路器，确认分段断路器（3QF）跳开后，经"合备用电源长延时"合电源 2 断路器（2QF）。2 号变压器保护动作闭锁备自投动作

试验条件	（1）硬压板设置：退出备投总闭锁压板 31KLP1。 （2）软压板设置：投入备自投功能软压板、投入备自投方式 1 软压板。 （3）检查开关状态：合上 1QF、3QF，分 2QF，即装置开入"电源 1 跳位"=0、"电源 1 合闸位置"=1、"电源 2 跳位"=1、"电源 2 合闸位置"=0、"分段跳位"=0、"分段合后位置"=1（"合后位置接入"控制字设置同上）。 （4）检查其他开入量：无其他闭锁备用电源自动投入装置开入。 （5）投入备用电源自动投入装置电源 1 跳闸出口硬压板 31CLP3，电源 2 合闸出口硬压板 31CLP6。 （6）用 6U6I 测试仪做，U_A、U_B、U_C 组作为Ⅰ母、Ⅱ母电压，U_a 作为电源 2 进线电压。I_A、I_a 分别作为电源 1、电源 2 进线电流
试验方法	（1）故障前在Ⅰ母、Ⅱ母加入三相对称额定电压，电源 1 进线电流加一定负荷值（可不加），电源 2 进线电压 U_x 加额定电压，所加电气量时间大于 15s（备投充电时间），检查装置面板的"充电完成"指示灯点亮。 （2）"备自投方式 1"功能逻辑校验：模拟电源 1 进线因上级故障或失压导致Ⅰ母、Ⅱ母"母无压"、电源 1"线无流"，同时降低Ⅰ母、Ⅱ母三相电压至 0V，电源 1 电流为 0A，此时备用电源自动投入装置应动作，跳开 1QF、合上 2QF。 （3）测试"备自投方式 1"电源 1 跳闸时间和电源 2 合闸时间，将相应开关的跳合闸出口接线引接至测试仪开入 A、开入 B。通过设置状态 2 触发条件采用开入量触发（开入 A）、状态 3 触发条件采用开入量触发（开入 B）

采用状态序列："备自投方式 1"校验（"备自投方式 2"校验参照）

| 试验仪器设置 | （1）状态参数 1 设置：

$\dot{U}_A$：57.74∠0.00°V

$\dot{U}_B$：57.74∠-120°V

$\dot{U}_C$：57.74∠120°V

$\dot{I}_A$：1∠0.00°A

$\dot{U}_a$：57.7∠0.00°V

$\dot{U}_b$：0.00∠-120°V

$\dot{U}_c$：0.00∠120°V

$\dot{I}_a$：0.00∠0.00°A

U_x：57.7∠0.00°V

（2）触发条件：时间触发为 16s | （1）状态参数 2 设置：

$\dot{U}_A$：0.00∠0.00°V

$\dot{U}_B$：0.00∠-120°V

$\dot{U}_C$：0.00∠120°V

$\dot{I}_A$：0.00∠0.00°A

$\dot{U}_a$：57.7∠0.00°V

$\dot{U}_b$：0.00∠-120°V

$\dot{U}_c$：0.00∠120°V

$\dot{I}_a$：0.00∠0.00°A

U_x：57.7∠0.00°V

（2）触发条件：开入量触发（电源 1 跳闸触点接入开入 A） | （1）状态参数 3 设置：

$\dot{U}_A$：0.00∠0.00°V

$\dot{U}_B$：0.00∠-120°V

$\dot{U}_C$：0.00∠120°V

$\dot{I}_A$：0.00∠0.00°A

$\dot{U}_a$：57.7∠0.00°V

$\dot{U}_b$：0.00∠-120°V

$\dot{U}_c$：0.00∠120°V

$\dot{I}_a$：0.00∠0.00°A

U_x：57.7∠0.00°V

（2）触发条件：开入量触发（电源 2 合闸触点接入开入 B） |

装置报文	（1）0ms 备自投启动。 （2）502ms 跳电源 1 断路器。 （3）1045ms 合电源 2 断路器
装置指示灯	跳闸灯亮、合闸灯亮、充电完成灯灭
操作箱信号	1QF 跳闸，2QF 合闸
思考	（1）参考"备自投方式 3""备自投方式 1"逻辑功能校验及带开关整组，模拟"备自投方式 4""备自投方式 2"逻辑功能校验及带开关整组。 （2）若备自投动作跳电源 1 断路器（1QF）后未收到 1QF 跳位开入，此时备自投将如何动作或报警？ （3）若备自投动作跳电源 1 断路器（1QF）误接至操作箱手跳输入，此时备自投将如何动作或报警

五、分段过电流加速功能校验

分段过电流加速功能校验见表 23-5。

表 23-5　　　　　　　　　　　　分段过电流加速功能校验

试验项目	分段过电流加速功能校验			
相关定值	（1）检查定值控制字"备自投方式 3""过电流加速保护""零序过电流加速保护"置 1。 （2）$U_{dz1}=70V$，$U_{dz2}=30V$，$I_{dz1}=I_{dz2}=0.2A$。 （3）$t_{dz1}=t_{dz2}=0.5s$（电源 1/2 跳闸时间），$t_{hzl}=0.5s$（合备用电源长延时），$t_{dz3}=0.5s$（合分段断路器延时）。 （4）$I_{g1js}=I_{glojs}=2A$（过电流加速/零序过电流加速）、$t_{g1js}=t_{glojs}=0.5s$（过电流加速/零序过电流加速时间）			
动作逻辑	分段过电流或零序过电流加速保护在备自投动作合上分段断路器后开放 3s，在开放时间内分段电流大于对应过电流或零序过电流加速定值，加速保护启动，经"加速时间"后相应过电流加速保护动作			
试验条件	（1）硬压板设置：退出备投总闭锁压板 31KLP1。 （2）软压板设置：投入备自投功能软压板、投入备自投方式 3、过电流加速保护软压板。 （3）检查开关状态：合上 1QF、2QF，分 3QF，即装置开入"电源 1 跳位"=0、"电源 1 合后位置"=1、"电源 2 跳位"=0、"电源 2 合后位置"=1、"分段跳位"=1、"分段合后位置"=0（"合后位置接入"控制字设置同上）。 （4）检查其他开入量：无其他闭锁备自投装置开入。 （5）投入备自投装置分段（内桥）跳合闸出口硬压板 31CLP1、31CLP2，电源 1 跳闸出口硬压板 31CLP3。 （6）用 6U6I 测试仪做，U_A、U_B、U_C 组作为 I 母电压，U_a、U_b、U_c 组作为 II 母电压，I_A 作为分段 A 相电流			
计算方法	动作值 $I_{fdjs}=1.05\times2=2.1(A)$，不动值 $I_{fdjs}=0.95\times2=1.9(A)$			
试验方法	（1）故障前在 I 母、II 母加入三相对称额定电压，所加电气量时间大于 15s（备投充电时间），检查装置面板的"充电完成"指示灯点亮。 （2）分段过电流加速功能逻辑校验：模拟电源 1 进线因上级故障或失压导致 I 母"母无压"、电源 1"线无流"，降低 I 母三相电压至 0V，电源 1 电流为 0A（故障前不加），此时备自投装置应动作，跳开 1QF、合上 3QF，在合上 3QF 同时加入分段 A 相电流（分段断路器合上的 3s 内），经过电流加速时延动作跳开 3QF。 （3）测试"分段过电流加速时间"，将分段断路器跳闸出口接线引接至测试仪开入 A。通过设置状态 3 触发条件采用开入量触发（开入 A）测得动作时间			
试验仪器设置	采用状态序列：分段过电流加速功能校验			
	（1）状态参数 1 设置： $\dot{U}_A$：57.74∠0.00°V $\dot{U}_B$：57.74∠-120°V $\dot{U}_C$：57.74∠120°V $\dot{I}_A$：0.00∠0.00°A $\dot{U}_a$：57.7∠0.00°V $\dot{U}_b$：57.7∠-120°V $\dot{U}_c$：57.7∠120°V	（1）状态参数 2 设置： $\dot{U}_A$：0.00∠0.00°V $\dot{U}_B$：0.00∠-120°V $\dot{U}_C$：0.00∠120°V $\dot{I}_A$：0.00∠0.00°A $\dot{U}_a$：57.7∠0.00°V $\dot{U}_b$：57.7∠-120°V $\dot{U}_c$：57.7∠120°V	（1）状态参数 3 设置 （过流加速动作）： $\dot{U}_A$：0.00∠0.00°V $\dot{U}_B$：0.00∠-120°V $\dot{U}_C$：0.00∠120°V $\dot{I}_A$：2.1∠0.00°A $\dot{U}_a$：57.7∠0.00°V $\dot{U}_b$：57.7∠-120°V $\dot{U}_c$：57.7∠120°V	（1）状态参数 3 设置 （过流加速不动作）： $\dot{U}_A$：0.00∠0.00°V $\dot{U}_B$：0.00∠-120°V $\dot{U}_C$：0.00∠120°V $\dot{I}_A$：1.9∠0.00°A $\dot{U}_a$：57.7∠0.00°V $\dot{U}_b$：57.7∠-120°V $\dot{U}_c$：57.7∠120°V

续表

试验仪器设置	（2）触发条件：时间触发为 16s	（2）触发条件：时间触发为 1s+0.1s（电源 1 跳闸时间+分段合闸时间）	（2）触发条件：开入量触发（分段跳闸触点接入开入 A）	（2）触发条件：开入量触发（分段跳闸触点接入开入 A）
装置报文	（1）0ms 备自投启动。 （2）502ms 跳电源 1 断路器。 （3）1109ms 合分段断路器。 （4）1604 ms 过电流加速动作		（1）0ms 备自投启动。 （2）502ms 跳电源 1 断路器。 （3）1109ms 合分段断路器	
装置指示灯	跳闸灯亮、合闸灯亮、充电完成灯灭			
操作箱信号	1QF 跳闸，3QF 合闸，3QF 合闸过电流加速跳闸		1QF 跳闸，3QF 合闸	
思考	（1）参考"过电流加速保护"逻辑功能校验及带开关整组，模拟"零序过电流加速保护"逻辑功能校验及带开关整组。 （2）在上述备投定值下，当过电流加速和零序过电流加速时间定值改为大于 2.5s，备自投加速功能还能够实现			

六、过负荷减载功能校验

过负荷减载功能校验见表 23-6。

表 23-6　　　　　　　　　　　过负荷减载功能校验方法

试验项目	过负荷减载功能校验
相关定值	（1）检查定值控制字"备自投方式 3""电源 1/2 过负荷减载"控制字同时投入置 1。 （2）$U_{dz1}=70V$、$U_{dz2}=30V$、$I_{dz1}=I_{dz2}=0.2A$。 （3）$t_{dz1}=t_{dz2}=0.5s$（电源 1/2 跳闸时间）、$t_{hz1}=0.5s$（合备用电源长延时）、$t_{dz3}=0.5s$（合分段断路器延时）。 （4）$I_{gfhjz1}=I_{gfhjz2}=1A$（电源 1/2 过负荷减载）、$t_{gfhjz1}=t_{gfhjz2}=1s$（电源 1/2 过负荷减载时间）
动作逻辑	（1）电源 1 过负荷减载功能：方式 2 合电源 1 断路器或方式 4 合分段断路器动作后 10min 内开放，开放时间内 I_{L1} 大于"电源 1 过负荷减载定值"，电源 1 过负荷减载启动，经"第一轮过负荷减载时间"第一轮过负荷减载动作，经"第二轮过负荷减载时间"第二轮过负荷减载动作。 （2）电源 2 过负荷减载功能：方式 1 合电源 2 断路器或方式 3 合分段断路器动作后 10min 内开放，开放时间内 I_{L2} 大于"电源 2 过负荷减载定值"，电源 2 过负荷减载启动，经"第一轮过负荷减载时间"第一轮过负荷减载动作；经"第二轮过负荷减载时间"第二轮过负荷减载动作
试验条件	（1）硬压板设置：退出备投总闭锁压板 31KLP1。 （2）软压板设置：投入备自投功能软压板、投入备自投方式 3、电源 1/2 过负荷减载软压板。 （3）检查开关状态：合上 1QF、2QF，分 3QF，即装置开入"电源 1 跳位"=0、"电源 1 合后位置"=1、"电源 2 跳位"=0、"电源 2 合后位置"=1、"分段跳位"=1、"分段合后位置"=0（"合后位置接入"控制字设置同上）。 （4）检查其他开入量：无其他闭锁备自投装置开入。 （5）投入备自投装置分段（内桥）合闸出口硬压板 31CLP2，电源 1 跳闸出口硬压板 31CLP3。 （6）用 6U6I 测试仪做，U_A、U_B、U_C 组为Ⅰ母电压，U_a、U_b、U_c 组作为Ⅱ母电压，I_A 作为电源 2 进线电流
计算方法	动作值 $I_{gfhjz}=1.05×1=1.05(A)$，不动值 $I_{gfhjz}=0.95×1=0.95(A)$

续表

试验方法	（1）故障前在Ⅰ母、Ⅱ母加入三相对称额定电压，所加电气量时间大于 15s（备投充电时间），检查装置面板的"充电完成"指示灯点亮。 （2）电源 2 过负荷减载功能校验：模拟电源 1 进线因上级故障或失压导致Ⅰ母"母无压"、电源 1"线无流"，降低Ⅰ母三相电压至 0V，电源 1 电流为 0A（故障前不加），此时备用电源自动投入装置应动作，跳开 1QF、合上 3QF，在合上 3QF 同时加入电源 2 进线电流，经整定时延并配合第一轮、第二轮过负荷减载跳闸矩阵实现电源 2 过负荷减载出口。 （3）测试"过负荷减载时间"，将过负荷减载跳闸触点引接至测试仪开入 A。通过设置状态 3 触发条件采用开入量触发（开入 A）测得动作时间			
试验仪器设置	采用状态序列：过负荷减载功能校验			
	（1）状态参数 1 设置： $\dot{U}_A$：57.74∠0.00°V $\dot{U}_B$：57.74∠−120°V $\dot{U}_C$：57.74∠120°V $\dot{I}_A$：0.00∠0.00°A $\dot{U}_a$：57.7∠0.00°V $\dot{U}_b$：57.7∠−120°V $\dot{U}_c$：57.7∠120°V （2）触发条件：时间触发为 16s	（1）状态参数 2 设置： $\dot{U}_A$：0.00∠0.00°V $\dot{U}_B$：0.00∠−120°V $\dot{U}_C$：0.00∠120°V $\dot{I}_A$：0.00∠0.00°A $\dot{U}_a$：57.7∠0.00°V $\dot{U}_b$：57.7∠−120°V $\dot{U}_c$：57.7∠120°V （2）触发条件：时间触发：1s（+0.1s 电源 1 跳闸时间+分段合闸时间）	（1）状态参数 3 设置（过负荷减载动作）： $\dot{U}_A$：0.00∠0.00°V $\dot{U}_B$：0.00∠−120°V $\dot{U}_C$：0.00∠120°V $\dot{I}_A$：1.05∠0.00°A $\dot{U}_a$：57.7∠0.00°V $\dot{U}_b$：57.7∠−120°V $\dot{U}_c$：57.7∠120°V （2）触发条件：开入量触发（过负荷减载跳闸触点接入开入 A）	（1）状态参数 3 设置（过负荷减载不动作）： $\dot{U}_A$：0.00∠0.00°V $\dot{U}_B$：0.00∠−120°V $\dot{U}_C$：0.00∠120°V $\dot{I}_A$：0.95∠0.00°A $\dot{U}_a$：57.7∠0.00°V $\dot{U}_b$：57.7∠−120°V $\dot{U}_c$：57.7∠120°V （2）触发条件：开入量触发（过负荷减载跳闸触点接入开入 A）
装置报文	（1）0ms 备自投启动。 （2）501ms 跳电源 1 断路器。 （3）1108ms 合分段断路器。 （4）2105 ms 第一轮过负荷减载。 （5）2105 ms 第二轮过负荷减载		（1）0ms 备自投启动。 （2）502ms 跳电源 1 断路器。 （3）1109ms 合分段断路器	
装置指示灯	跳闸灯亮、合闸灯亮、充电完成灯灭			
操作箱信号	1QF 跳闸，3QF 合闸，第一轮/第二轮/过负荷减载		1QF 跳闸，3QF 合闸	
思考	参考在"备自投方式 3"下电源 2 过负荷减载功能校验，模拟其他备自投方式下电源 1/2 过负荷减载功能校验			

第二节　保护常见故障及故障现象

CSD-246A-G 装置通用故障设置及故障现象见表 23-7。

表 23-7　　　　　　　CSD-246A-G 装置通用故障设置及故障现象

故障属性	适用试验项目	相别	故障性质	难易度	故障点位置	故障现象	故障点设置
定值	通用	通用	—	易	装置	定值核对不一致	定值区改变
定值	通用	通用	—	易	装置	定值核对不一致	母线有压定值整定错误

续表

故障属性	适用试验项目	相别	故障性质	难易度	故障点位置	故障现象	故障点设置
定值	通用	通用	—	易	装置	定值核对不一致	母线无压定值整定错误
定值	通用	通用	—	易	装置	定值核对不一致	电源1无流定值整定错误
定值	通用	通用	—	易	装置	定值核对不一致	电源2跳闸时间整定错误
定值	通用	通用	—	易	装置	定值核对不一致	合分段断路器时间整定错误
定值	备自投装置	通用	—	易	装置	备自投保护不动作	备自投功能软压板退出
定值	备自投装置	通用	—	易	装置	备自投保护不动作	备自投方式1、2、3、4软压板退出
定值	备自投装置	通用	—	易	装置	备自投保护不动作	备自投方式1、2、3、4控制字退出
定值	采样	通用	—	易	装置	采样值为所加值0.2倍	TA额定电流5A改为1A
开入	开入检查	通用	—	易	端子排	投备自投总闭锁压板，无变位	31QD17（31n6x-26）虚接
开入	开入检查	通用	—	易	端子排	投备自投总闭锁压板，无变位	31QD19（31KLP1:2）与31QD20接反
开入	开入检查	通用	—	中	端子排	所有开入都没变位	31QD3（31KLP1-1）虚接
开入	开入检查	通用	—	难	端子排	闭锁备自投开入不变位	取消31QD17-10短接片
电流回路	有流闭锁	通用	开路	易	端子排	电源1无流，有流闭锁逻辑失效	31ID8或31ID9虚接
电流回路	有流闭锁	通用	开路	易	端子排	电源2无流，有流闭锁逻辑失效	31ID17或31ID18虚接
电流回路	有流闭锁	通用	错接	中	端子排	有流闭锁逻辑失效	31n2x-23与31n2x-25对调
电流回路	有流闭锁	通用	错接	中	端子排	有流闭锁逻辑失效	31ID8与31ID17对调
电流回路	有流闭锁	通用	短路	易	端子排	电源1电流采样变小，有流闭锁定值不准	31ID8与31ID9短接
电流回路	有流闭锁	通用	短路	易	端子排	电源1电流采样变小，有流闭锁定值不准	31ID8与31ID9短接
电流回路	有流闭锁	通用	短路	易	端子排	电源2电流采样变小，有流闭锁定值不准	31ID17与31ID18短接
电压回路	I母有压无压定值校验	A	虚接	易	空开	A相电压采样0	31ZZK1-2虚接
电压回路	I母有压无压定值校验	A	虚接	易	端子排	A相电压采样0	31UD1虚接
电压回路	I母有压无压定值校验	B	虚接	易	空开	B相电压采样0	31ZZK1-4虚接
电压回路	I母有压无压定值校验	B	虚接	易	端子排	B相电压采样0	31UD2虚接

故障属性	适用试验项目	相别	故障性质	难易度	故障点位置	故障现象	故障点设置
电压回路	Ⅰ母有压无压定值校验	C	虚接	易	空开	C 相电压采样 0	31ZZK1-6 虚接
电压回路		C		易	端子排		31UD3 虚接
电压回路	Ⅱ母有压无压定值校验	A	虚接	易	空开	A 相电压采样 0	31ZZK2-2 虚接
电压回路				易	端子排		31UD5 虚接
电压回路	Ⅱ母有压无压定值校验	B	虚接	易	空开	B 相电压采样 0	31ZZK2-4 虚接
电压回路				易	端子排		31UD6 虚接
电压回路	Ⅱ母有压无压定值校验	C	虚接	易	空开	C 相电压采样 0	31ZZK2-6 虚接
电压回路				易	端子排		31UD7 虚接
电压回路	有压无压定值校验	ⅠCⅡA	错接	中	端子排	Ⅰ母C相无压	31UD3 与 31UD5 对调
电压回路	电源1有压无压定值校验	S630	虚接	易	端子排	电源 1 无压	31UD10 虚接
电压回路	电源2有压无压定值校验	S640	虚接	易	端子排	电源 2 无压	31UD13 虚接
电压回路	电源有压无压定值校验	S630、S640	错接	中	端子排	电源 1、电源 2 电压异常	31UD10 与 31UD13 对调
开入回路	备投逻辑校验	通用	虚接	中	端子排	1QF 跳位异常，Ⅱ母暗备用备投，逻辑无法完成	31QD11 虚接
开入回路	备投逻辑校验	通用	虚接	中	端子排	2QF 跳位异常，Ⅰ母暗备用备投，逻辑无法完成	31QD13 虚接
开入回路	备投逻辑校验	通用	虚接	中	端子排	3QF 跳位异常，母联备投无法充电	31QD15 虚接
开入回路	备投逻辑校验	通用	错接	中	端子排	1QF（2QF）跳位异常，母联备投逻辑无法完成	31QD11 与 31QD13 对调
开入回路	备投逻辑校验	通用	短接	中	端子排	闭锁备自投，备投无法充电	31QD1 与 31QD17 短接
开出回路	整组传动	通用	虚接	中	端子排	1QF 无法跳闸	31CD3（外部线 101）虚接
开出回路					端子排		31KD3（外部线 133）虚接
开出回路					压板		31CLP3 虚接
开出回路	整组传动	通用	虚接	中	端子排	2QF 无法跳闸	31CD5（外部线 101）虚接
开出回路					端子排		31KD5（外部线 133）虚接
开出回路					压板		31CLP5 虚接

续表

故障属性	适用试验项目	相别	故障性质	难易度	故障点位置	故障现象	故障点设置
开出回路	整组传动	通用	错接	中	端子排	1QF 无法跳闸	31KD3（屏内 3CLP3）与 31KD4（屏内 3CLP4）对调
开出回路	整组传动	通用	错接	中	端子排	2QF 无法跳闸	31KD5（屏内 3CLP5）与 31KD6（屏内 3CLP6）对调
开出回路	整组传动	通用	短接	中	压板	1QF 与 2QF 同时跳闸	31CLP3-2 与 31CLP5-2 短接
开出回路	整组传动	通用	虚接	中	端子排	3QF 无法跳闸	31CD1（31n4x-03）虚接
					端子排		31KD1（外部线 233）虚接
					压板		31CLP1 虚接
开出回路	整组传动	通用	虚接	中	端子排	3QF 无法合闸	解除 31CD1 与 31CD2 之间短接片
					端子排		31KD2（外部线 203）虚接
					压板		31CLP2 虚接
开出回路	整组传动	通用	错接	中	端子排	3QF 跳闸变合闸、合闸变跳闸	31KD1 与 31KD2 对调
开出回路	整组传动	通用	错接	难	端子排	主变压器保护动作闭锁备自投无法闭锁	31QD9 与 31QD10 对调

第二十四章　备用电源自动投入装置实操案例

本案例以 CSD-246A-G 备用电源自动投入装置为例，假设 CSD-246A-G 备用电源自动投入装置存在 4 处故障（具体故障见表 24-1），通过定值核对、模拟量校验及开入量检查、逻辑校验、整组传动等手段（具体检验内容见表 24-2），引导学员熟悉保护装置及二次回路，掌握故障分析及排查的技巧。

表 24-1　　　　　　　　　　　　　　故障类型及故障点

序号	故障类型	故障点
1	采样（电压错接）	31ZKK1-6 与 31ZKK2-2 对调
2	开入（位置开入错误）	31QD11（31n6x-20）与 31QD13（31n6x-22）对调
3	开出（跳闸回路）	31CLP3-2 与 31CLP5-2 对调
4	开出（跳闸回路）	31KD1（内部线 31CLP1-1）虚接

表 24-2　　　　　　　　　　　　　　试验项目、要求及条件

序号	项目	要求	条件
1	无压定值校验	按规程要求对定值进行校验	（1）被试设备安装在继电保护实训室内，所带断路器为模拟断路器。
2	分段备自投逻辑检验	模拟母线 II 失压，校验分段备投逻辑，带开关整组传动正确	（2）安全措施按一次设备处于冷备用状态执行，按最新检验规程要求进行检验。
3	分段过电流加速功能校验	模拟母线 II 失压，校验分段过电流加速功能，带开关整组传动正确	（3）试验仪器电源接至继保试验电源屏，保护装置电源应取自移动式直流电源

具体试验及故障分析排查：

1. 执行安全措施

按附录 E 表格执行，注意能实际操作的安全措施如：记录压板、空气开关、切换把手原始状态，投退压板等应实际操作，其余口述即可。

2. 打印并核对定值单

检查并确认装置运行的定值区与定值单相同，打印并核对所有定值，包含装置参数、保护整定值、控制字、软压板等。本案例定值检查正常。

3. 模拟量输入的幅值、相位特性检验

（1）试验方法。按图纸将继电保护调试仪与端子排的相应电流端子用电流试验线连接，

通入三相电压采样值：$\dot{U}_A$：10.00∠0.00°V、$\dot{U}_B$：20.00∠−120°V、$\dot{U}_C$：30.00∠120°V，三相电流采样值：$\dot{I}_A$：1.00∠0.00°A、$\dot{I}_B$：2.00∠0.00°A、$\dot{I}_C$：3.00∠0.00°A，为便于故障判断，此处三相电流相角设置相同。

（2）故障现象。

1）电流采样值正常。

2）Ⅱ母A相电压显示30V，Ⅰ母电压C相电压显示10V，其他相电压正常。

交流电压回路故障图如图24-1所示。

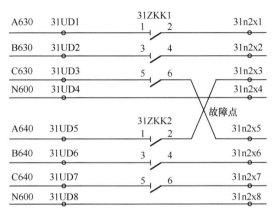

图 24-1 交流电压回路故障图

（3）分析排查。Ⅱ母A相电压显示30V，Ⅰ母C相电压显示10V，其他相电压正常。初步判断Ⅰ母C相电压与Ⅱ母A相电压二次线接反。继保调试仪电压量保持输出，用万用表交流电压挡测量Ⅰ母C相电压回路对N600点的电压，测量端子排31UD4及空气开关上下端31ZKK1-5、31ZKK1-6均为30V；用万用表交流电压挡测量Ⅱ母A相电压回路对N600点的电压，测量端子排31UD5及空气开关上下端31ZKK1-1、31ZKK1-2均为10V，即母线电压在空气开关上下端处测量正确，进保护装置后显示错误，判断31ZKK1-6与31ZKK2-2接线对调。关闭继保调试仪输出，将装置背板31ZKK1-6与31ZKK2-2对调后重新加量测试正确。

4. 开入量检验

（1）进入装置菜单——保护状态——开关量——常规开入显示，检查开入变位情况。功能压板、开关位置、复归、闭锁备自投开入逐一检查。

（2）故障现象：1QF开关分位时电源1跳位开入为0，电源2跳位开入为1；2QF开关分位时电源1跳位开入为1，电源2跳位开入为0；其他开入检查正常。

（3）故障分析：1QF电源1跳位开入与2QF电源2跳位开入量二次线接反。

（4）故障排查：1QF在分位、2QF在合位时测量31QD11、31QD13电位，将黑表笔点在地电位不动，红表笔从31QD11开始，测量31QD11电位为+110V，31QD13电位为−110V，电位正确，因该型号备用电源自动投入装置背板接线全封闭，故判断端子排处 31QD11（31n6x-20）与 31QD13（31n6x-22）接反。因开入电源为强电开入，需关闭装置电源，在端子排处对调31QD11（31n6x-20）与31QD13（31n6x-22）接线，装置上电重新检查开入量显示正确。

CSD-246 开入回路故障图如图 24-2 所示。

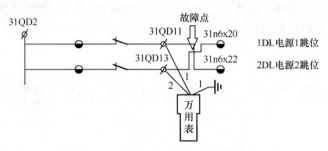

图 24-2　CSD-246 开入回路故障图

5. 定值校验及整组传动（无压定值校验、分段备自投逻辑校验见前述）

（1）故障现象：模拟Ⅱ段母线失压，装置发出"跳电源 2 断路器"令，1QF 跳闸，2QF 未跳闸。

（2）故障分析：1QF 与 2QF 跳闸回路接反。

（3）故障排查：本案例中现象是跳错开关，判断是跳闸负电回路接错。断开进线 2（2QF）操作电源，用万用表直流电压挡分别测试 31KD5、31CLP5-1、31CLP5-2 对地电位变化情况，对地电位由 −110V 变为 0V，判断 31KD5、31CLP5-1、31CLP5-2 回路无故障；断开进线 1（1QF）操作电源，用万用表直流电压挡分别测试 31KD3、31CLP3-1、31CLP3-2 对地电位变化情况，对地电位由 −110V 变为 0V，判断 31KD3、31CLP3-1、31CLP5-3 回路无故障。因该型号备用电源自动投入装置背板接线全封闭，故判断出口压板上端内部线 31CLP3-2 与 31CLP5-2 接反。断开进线 1（1QF）、进线 2（2QF）操作电源后，对调 31CLP3-2 与 31CLP5-2 内部接线，合上操作电源后重新整组试验正确。进线跳闸回路故障图如图 24-3 所示。

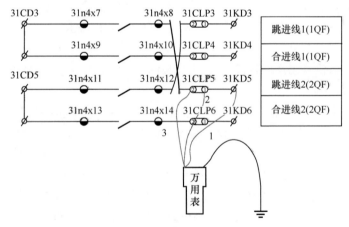

图 24-3　进线跳闸回路故障图

6. 定值校验及整组传动（分段过电流加速校验见前述）

（1）故障现象：模拟Ⅱ段母线失压，502ms 跳电源 1 断路器，1109ms 合分段断路器，装置发出"1604ms 过电流加速动作"令，3QF 未跳闸。

（2）故障分析：3QF 跳闸回路未导通。万用表电压挡测量，先用黑表笔点在地电位上不动，红表笔从 31KD1 开始，测量 31KD1 电位为–110V，电位正确，继续测量红表笔点在 31CLP1-1 上，测量 31CLP1-1 电位为 0V，电位错误，则可判断 31KD1 与 31CLP1-1 未导通，检查端子排 31KD1（至 31CLP1-1）内部线，发现线芯虚接，综上可判断故障点为 31KD1（内部线 31CLP1-1）虚接。分段跳闸回路故障图如图 24-4 所示。

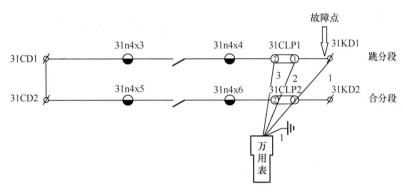

图 24-4　分段跳闸回路故障图

附录 A　线路保护评分标准及检验报告

一、技能评分标准

1. 总评分表

评分项目	二次安全措施及前期准备	保护装置调试	故障排查	试验报告	总分
分值比例	10	50	20	20	100

2. 评分项目及细则

<table>
<tr><th colspan="3">评分项目</th><th colspan="2" rowspan="2">评分细则</th><th rowspan="2">分值</th></tr>
<tr><th>总项目</th><th colspan="2">分项目</th></tr>
<tr><td rowspan="17">第二部分
调试项目
(选5项,
共50分)</td><td rowspan="13">1.纵联差动
保护检验
(10分)</td><td rowspan="9">保护校验</td><td>通道检查</td><td>通道处于自环状态,无异常告警</td><td>0.5</td></tr>
<tr><td>投主保护硬压板</td><td>通入模拟量前正确投入主保护压板并确认已开入(通入模拟量后发现压板未投入该项不得分)</td><td>1.0</td></tr>
<tr><td>计算正确</td><td>正确计算区内、区外动作值</td><td>1.0</td></tr>
<tr><td>动作报文正确</td><td>参见具体保护装置</td><td>1.0</td></tr>
<tr><td>动作信号正确</td><td>保护跳闸、重合闸</td><td>1.0</td></tr>
<tr><td>打印故障报告</td><td>实际打印,故障波形报告太长影响屏幕显示时和裁判口头交代后可以停止打印波形</td><td>0.5</td></tr>
<tr><td>反方向故障</td><td>保护启动且不动作</td><td>2.0</td></tr>
<tr><td>动作时间测试</td><td>没引接点测量时间不给分</td><td>0.5</td></tr>
<tr><td>重合闸时间测试</td><td>没引接点测量时间不给分</td><td>0.5</td></tr>
<tr><td rowspan="4">整组试验</td><td>投入跳闸出口压板</td><td>正确投入三相出口跳闸压板</td><td>0.5</td></tr>
<tr><td>投入合闸出口压板</td><td>正确投入重合闸出口压板</td><td>0.5</td></tr>
<tr><td>操作箱信号指示正确</td><td>单跳、重合闸</td><td>0.5</td></tr>
<tr><td>开关动作行为正确</td><td>单跳、重合闸</td><td>0.5</td></tr>
</table>

续表

评分项目			评分细则		分值
总项目	分项目				
第二部分调试项目（选5项，共50分）	2.工频变化量阻抗保护校验（10分）	保护校验	计算正确	按公式正确计算模拟量	1.0
			定值校验正确	输入的模拟量符合试验项目	1.0
			动作报文正确	参见具体保护装置	1.0
			动作信号正确	保护跳闸、重合闸（相间故障时三跳）	1.0
			打印故障报告	实际打印，故障波形报告太长影响屏幕显示时和裁判口头交代后可以停止打印波形	0.5
			区外故障	保护启动且不动作	1.5
			反方向故障	保护启动且不动作	1.0
			动作时间测试	没引接点测量时间不给分	0.5
			重合闸时间测试	没引接点测量时间不给分	0.5
		整组试验	投入跳闸出口压板	正确投入三相出口跳闸压板	0.5
			投入合闸出口压板	正确投入重合闸出口压板	0.5
			操作箱信号指示正确	单跳、重合闸（相间故障时三跳）	0.5
			开关动作行为正确	单跳、重合闸（相间故障时三跳）	0.5
	3.距离保护校验（10分）	保护校验	计算正确	按公式正确计算模拟量	1.0
			定值校验正确	输入的模拟量符合试验项目	1.0
			动作报文正确	"距离X段动作"	1.0
			动作信号正确	保护跳闸、重合闸（相间故障时三跳）	1.0
			打印故障报告	实际打印，故障波形报告太长影响屏幕显示时和裁判口头交代后可以停止打印波形	0.5
			区外故障	保护启动且不动作	1.5
			反方向故障	保护启动且不动作	1.0
			动作时间测试	没引接点测量时间不给分	0.5
			重合闸时间测试	没引接点测量时间不给分	0.5
		整组试验	投入跳闸出口压板	正确投入三相出口跳闸压板	0.5
			投入合闸出口压板	正确投入重合闸出口压板	0.5
			操作箱信号指示正确	单跳、重合闸（相间故障时三跳）	0.5
			开关动作行为正确	单跳、重合闸（相间故障时三跳）	0.5
	4.零序过电流定值校验（10分）	保护校验	计算正确	按公式正确计算模拟量	1.0
			定值校验正确	输入的模拟量符合试验项目	1.0
			动作报文正确	零序过电流X段动作	1.0
			动作信号正确	保护跳闸、重合闸（相间故障时三跳）	1.0

续表

评分项目		评分细则			分值
总项目	分项目				
第二部分调试项目（选5项，共50分）	4. 零序过电流定值校验（10分）	保护校验	打印故障报告	实际打印，故障波形报告太长影响屏幕显示时和裁判口头交代后可以停止打印波形	0.5
			区外故障	保护启动且不动作	1.5
			反方向故障	保护启动且不动作	1.0
			动作时间测试	没引接点测量时间不给分	0.5
			重合闸时间测试	没引接点测量时间不给分	0.5
		整组试验	投入跳闸出口压板	正确投入三相出口跳闸压板	0.5
			投入合闸出口压板	正确投入重合闸出口压板	0.5
			操作箱信号指示正确	单跳、重合闸（相间故障时三跳）	0.5
			开关动作行为正确	单跳、重合闸（相间故障时三跳）	0.5
	5. 零序方向动作区及灵敏角、零序最小动作电压校验（10分）	动作边界1	报文正确	零序过电流 X 段动作	0.5
			信号正确	保护跳闸	0.5
			边界正确	$3U_0$ 超前 $3I_0$ 的角度为 φ，动作区：$10° < \varphi < 190°$	2.0
		打印故障报告		实际打印，故障波形报告太长影响屏幕显示时和裁判口头交代后可以停止打印波形	0.5
		动作边界2	报文正确	零序过电流 X 段动作	0.5
			信号正确	保护跳闸	0.5
			边界正确	$3U_0$ 超前 $3I_0$ 的角度为 φ，动作区：$10° < \varphi < 190°$	2.0
		打印故障报告		实际打印，故障波形报告太长影响屏幕显示时和裁判口头交代后可以停止打印波形	0.5
		最小动作电压测试		最小动作电压约 0.55V	2.5
		打印故障报告		实际打印，故障波形报告太长影响屏幕显示时和裁判口头交代后可以停止打印波形	0.5
	6. 重合闸检验（10分）	保护校验	修改定值中重合闸相关控制字定值，使之符合三相重合闸	将控定值制字"三相重合闸"置1，"单相重合闸"置0	1.0
			同期无压定值校验 同期电压 <30V	同期无压定值装置参见具体保护装置	1.0
			同期电压 >30V	不重合	1.0

续表

评分项目			评分细则		分值
总项目	分项目				
第二部分调试项目（选5项，共50分）	6.重合闸检验（10分）	保护校验	打印故障报告	实际打印，故障波形报告太长影响屏幕显示时和裁判口头交代后可以停止打印波形	1.0
			重合闸时间测试	没引接点测量时间不给分	1.0
			重合闸脉冲宽度测试	没引接点测量时间不给分	1.0
		整组试验	投入跳闸出口压板	三相出口跳闸压板	1.0
			投入合闸出口压板	合闸出口压板	1.0
			操作箱信号指示正确	单跳、重合闸	1.0
			开关动作行为正确	单跳、重合闸	1.0

二、试验报告

线路保护试验报告

试验单位：_____ 被试设备：_____

检验时间：_____ 试验人员：_____

检验仪器：_____

一、装置型号及参数

序号	项目	主要技术参数
1	装置型号	
2	直流工作电源	
3	交流额定电流	
4	交流额定电压	
5	额定频率	
6	生产厂家	
7	通道及接口方式	

二、装置回路及外观检验：_____

三、二次回路绝缘检查：_____

四、软件版本、程序校验码及管理序号核查

序号	名称	版本号	CRC校验码	程序形成时间
1				
2				
3	核查对侧保护的软件版本、程序校验码与本侧的对应性 （ ）			

五、开关量输入、输出触点及信号检查：_____

六、装置模数变换系统检验：

1. 零漂检验：允许范围在 $-0.05V<U<0.05V$ 及 $-0.01I_n<I<0.01I_n$ 内。

结论：_____

2. 模拟量输入的幅值特性检验：允许误差小于 ±5%。

结论：_____

七、定值检验（根据定值单编号"_____号"，定值运行在"_____"区）

1. 纵联差动保护

整定值：_____，投入_____主保护压板

项目	相别	故障报告	信号指示	动作时间（ms）
m=1.05 时 I=____A				
m=0.95 时 I=____A				
反方向检查				
结论				
计算过程	（1）故障电流 $I=m×I_{cd}$； （2）建议故障电压 U=50V； （3）通入 A、B、C 任一相电流； （4）m=1.2 时，测量动作时间			

2. 工频变化量阻抗保护

整定值：工频变化量阻抗 ΔZ_{set}=_____Ω，K=_____，φ=_____°。

项目	相别	故障报告	信号指示	动作时间（ms）
m=1.4 时 I=____A				
m=0.9 时 I=____A				
反方向检查				
结论				
计算过程	以 PCS-931 为例： （1）计算公式：$I_{\varphi}=2×I_n$ 单相故障 $U_{\varphi}=(1+K_Z)×I×\Delta Z_{set}+(1-1.05m)×U_n$ 相间故障 $U_{\varphi\varphi}=2×I×\Delta Z_{set}+(1-1.05m)×\sqrt{3}\,U_n$ $U_{\varphi}=(U_{\varphi\varphi}^2+U_n^2)^{1/2}/2$ $\theta=\arctan(U_{\varphi\varphi}/U_n)$ （2）m=1.4 时测量动作时间			

3. 距离保护

整定值：接地/相间距离_____段定值=_____Ω，K（接地距离）=_____，φ=_____°。

项目	相别	故障报告	信号指示	动作时间（ms）
m=0.95 时 I=____A				
m=1.05 时 I=____A				

项目	相别	故障报告	信号指示	动作时间（ms）
反方向检查				
结论				
计算过程	（1）计算公式：$I_\varphi=2\times I_n$ 单相故障 $U_\varphi=(1+K_Z)\,m\,\times I\times Z_{zdpx}$ 相间故障 $U_{\varphi\varphi}=2\times m\times I\times Z_{zdppx}$ $\quad U_\varphi=(U_{\varphi\varphi}^2+U_n^2)^{1/2}/2$ $\quad \theta=\arctan(U_{\varphi\varphi}/U_n)$ （2）$m=0.7$ 时测量动作时间			

4．零序过电流保护

（1）零序过电流元件。

整定值：零序过电流 X 段 $I_{0x}=$____A，零序过电流 X 段时间 $t_{02}=$____s。

项目	相别	故障报告	信号指示	动作时间（ms）
$m=1.05$ 时 $I=$____A				
$m=0.95$ 时 $I=$____A				
反方向检查				
结论				
计算过程	（1）故障电流 $I=m\times I_{0x}$； （2）建议故障电压 $U=50V$；（3）通入 A、B、C 任一相电流； （3）$m=1.2$ 时，测量动作时间			

（2）零序功率方向。

故障量	动作区	灵敏角 φ_{lm}
$3U_0=$___V，$3I_0=$___A	___°$<\varphi<$___°	___°
备注	（1）$3U_0=U_a+U_b+U_c$，$U_a=50V$，$3U_0$ 应大于 2V； （2）加入 I_a，$3I_0=I_a$，$3I_0$ 应大于零序电流动作值； （3）电流角度以 $3U_0$ 为基准，$3I_0$ 超前 $3U_0$ 角度为灵敏角	

（3）零序最小动作电压。

零序最小动作电压（V）	
备注	（1）$3U_0=U_a+U_b+U_c$，改变 U_a 的值； （2）加入 I_a，$3I_0=I_a$，$3I_0$ 值为额定电流

5．重合闸

（1）重合闸同期定值校验。

整定值：同期合闸角=_____°。

项目	相别	动作边界角
同期合闸角校验		−_____°<Δφ<+_____°
无压定值校验		$U_X<$_____V
结论		
备注		无压定值装置默认为30V

（2）重合闸时间及脉冲宽度测试。

整定值：重合闸时间=_____s。重合闸方式_____。

相别	故障报告	动作时间（ms）	脉冲宽度（ms）
结论			

八、整组试验

重合闸置_____位置，投入三相跳闸出口压板、合闸出口压板。

故障类型	故障相别	信号指示	操作箱信号	开关动作情况
结论				

九、与厂站自动化系统、故障录波和继电保护及故障信息管理系统的配合检验

十、结论

保护装置调试正常，开关整组传动正确，保护可以投运。

十一、试验仪器仪表

序号	设备名称	编号	生产厂家	精度	仪器检验合格期
1					
2					
3					
4					

十二、故障排除与分析报告

序号	故障现象描述	排除故障点
1		
2		
3		
4		

附录 B　母线保护评分标准及检验报告

一、技能评分标准

1. 总评分表

评分项目	二次安全措施及前期准备	保护装置调试	故障排查	试验报告	总分
分值比例	10	50	20	20	100

2. 评分项目及细则

<table>
<tr><td colspan="2" align="center">评分项目</td><td rowspan="2" colspan="2" align="center">评分细则</td><td rowspan="2" align="center">分值</td></tr>
<tr><td align="center">总项目</td><td align="center">分项目</td></tr>
<tr><td rowspan="20" align="center">第二部分
调试项目
（任选 5 项，
共 50 分）</td><td rowspan="8" align="center">1. 负荷平衡态
（10 分）</td><td colspan="2">相别正确，各支路电流采样正确得分，否则扣 1.0 分/支路，直至扣完</td><td align="center">2.0</td></tr>
<tr><td colspan="2">Ⅰ母电压：电压采样正确得 1.0 分，否则不得分</td><td align="center">1.0</td></tr>
<tr><td colspan="2">Ⅱ母电压：电压采样正确得 1.0 分，否则不得分</td><td align="center">1.0</td></tr>
<tr><td colspan="2">开入检查：正确投入差动压板得分，否则扣 1.0 分/支路，直至扣完</td><td align="center">2.0</td></tr>
<tr><td colspan="2">Ⅰ母差流：无差流得 1.0 分，否则不得分</td><td align="center">1.0</td></tr>
<tr><td colspan="2">Ⅱ母差流：无差流得 1.0 分，否则不得分</td><td align="center">1.0</td></tr>
<tr><td colspan="2">大差差流：无差流得 1.0 分，否则不得分</td><td align="center">1.0</td></tr>
<tr><td colspan="2">装置面板无任何异常信号，发现一错不得分</td><td align="center">1.0</td></tr>
<tr><td rowspan="9" align="center">2. 差动启动值校验
（10 分）</td><td colspan="2">投入压板，检查开入正常得分</td><td align="center">1.0</td></tr>
<tr><td rowspan="5" align="center">区内校验</td><td>定值计算正确得分</td><td align="center">1.5</td></tr>
<tr><td>报文正确得分</td><td align="center">1.0</td></tr>
<tr><td>信号正确得分</td><td align="center">1.0</td></tr>
<tr><td>打印报告得分</td><td align="center">1.0</td></tr>
<tr><td>信号复归得分</td><td align="center">1.0</td></tr>
<tr><td align="center">区外校验</td><td>定值计算正确得分</td><td align="center">1.5</td></tr>
<tr><td align="center">测试时间</td><td>2 倍定值校验正确得分</td><td align="center">2.0</td></tr>
</table>

续表

评分项目		评分细则		分值
总项目	分项目			
第二部分 调试项目 （任选 5 项， 共 50 分）	3. 差动系数校验 （8分）	第一点	报文正确得分	1.0
			信号正确得分	1.0
			打印报告得分	1.0
			信号复归得分	1.0
		第二点	报文正确得分	1.0
			信号正确得分	1.0
			打印报告得分	1.0
			信号复归得分	1.0
	4. 电压闭锁元件定 值校验 （6分）	低电压	定值校验正确得分	1.0
			报文正确得分	1.0
		负序电压	定值校验正确得分	1.0
			报文正确得分	1.0
		零序电压	定值校验正确得分	1.0
			报文正确得分	1.0
	5. 母联充电过流 I 段保护定值校验 （10分）	投入压板，检查开入正常得分		1.0
		区内校验	定值计算正确得分	1.5
			报文正确得分	1.0
			信号正确得分	1.0
			打印报告得分	1.0
			信号复归得分	1.0
		区外校验	定值计算正确得分	1.5
		测试时间	2 倍定值校验正确得分	2.0
	6. 母联失灵保护 校验 （10分）	投入压板，检查开入正常得分		1.0
		区内校验	定值计算正确得分	1.5
			报文正确得分	1.0
			信号正确得分	1.0
			打印报告得分	1.0
			信号复归得分	1.0
		区外校验	定值计算正确得分	1.5
		测试时间	时间测试正确得分	2.0
	7. 母联死区故障功 能校验 （10分）	报文正确得分		2.0
		信号正确得分		2.0
		打印报告得分		2.0
		测试时间得分		2.0
		信号复归得分		2.0

续表

评分项目		评分细则		分值
总项目	分项目			
第二部分 调试项目 （任选 5 项， 共 50 分）	8. 失灵电流定值 校验 （10 分）	投入压板，检查开入正常得分		1.0
		区内校验	定值计算正确得分	1.5
			报文正确得分	1.0
			信号正确得分	1.0
			打印报告得分	1.0
			信号复归得分	1.0
		区外校验	定值计算正确得分	1.5
		测试时间	2 倍定值校验正确得分	2.0

二、试验报告

母线保护试验报告

试验单位：_____ 被试设备：_____

检验时间：_____ 试验人员：_____

检验仪器：_____

一、铭牌参数

序号	项目	主要技术参数
1	装置型号	
2	直流工作电源	
3	交流额定电流	
4	交流额定电压	
5	额定频率	
6	生产厂家	
7	母线接线方式	

二、装置回路及外观检验：_____

三、二次回路绝缘检查：_____

四、软件版本、程序校验码及管理序号核查

序号	项目	版本号	CRC 校验码	装置编号	程序形成时间
1	CPU				
2	核查运行版本为适用版本（ ）				

五、开关量输入、输出触点及信号检查：_____

六、装置模数变换系统检验

1. 零漂检验：允许范围在 $-0.05V < U < 0.05V$ 及 $-0.01I_n < I < 0.01I_n$ 内。

结论：_____

2．模拟量输入的幅值特性检验：允许误差小于±5%。

结论：_____

七、定值检验（按照定值单号_____整定，整定在_____区）

1．差电流启动值校验

定值：I_{cd}=_____A，投入主保护压板

序号	试验项目	相别	故障报告	信号指示	动作时间(ms)
1	m=1.05 I=___A				
2	m=0.95 I=___A				
3	结　论				
4	备　注	（1）$I=m \times I_{cd} \times k$（$k$ 为折算至基准变比系数）； （2）m=2 时测量动作时间			

2．负荷平衡态（举例）（图必须附上）

项目	L1 支路	L2 支路	L3 支路	L4 支路	L5 支路	I 母电压	II 母电压
装置显示值	5∠0.00°A	5∠0.00°A	2.5∠180°A	2.5∠180°A	3∠180°A	U_A: 57.7∠0.00°V U_B: 57.7∠−120°V U_C: 57.7∠120°V	U_A: 57.7∠0.00°V U_B: 57.7∠−120°V U_C: 57.7∠120°V
I 母差流	0					—	—
II 母差流	0					—	—
大差	0					—	—
装置面板信号	无						
结论	合格						
备注	按下图接线外加电流及正常电压量						

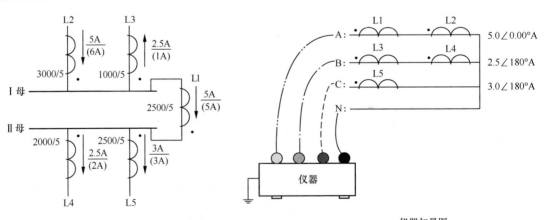

一次接线图
注：括号外为实际加入量，括号内为折算至基准变比后的值。

仪器加量图

3. 母联分列时大差比率制动（举例）

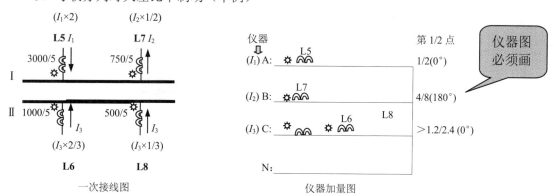

一次接线图　　　　　　　　　　　仪器加量图

说明：括号内为折算至基准变比后电流值

Ⅰ 母平衡：$(I_1 \times 2) = (I_2 \times 1/2) \Longrightarrow 4I_1 = I_2$

Ⅱ 母 L6、L8 串联加一路电流 I_3

计算：$I_d = (I_3 \times 2/3) + (I_3 \times 1/3) = I_3$

$I_r - I_d = (I_1 \times 2) + (I_2 \times 1/2) = 4I_1$

$I_d > K_L \times (I_r - I_d) \Longrightarrow I_3 > 0.3 \times 4I_1 = 1.2I_1$

取值：第一点：A 串：$I_1 = 1A$　　　　　第二点：A 串：$I_1 = 2A$

B 串：$I_2 = 4A$　　　　　　　　　　　　B 串：$I_2 = 8A$

C 串：$I_3 > 1.2A$ 即动　　　　　　　　C 串：$I_3 > 2.4A$ 即动

比率系数低值：$K_{rL} = 0.3$

动作电流	施加电流（A）			
	第一点		第二点	
	I_1	I_2	I_1	I_2
I_3(A)				
I_d(A)				
$I_r - I_d$(A)				
K_{rL}				
结论				
备注	按上图接线外加 I_1、I_2 电流，调整 I_3 电流直至差动动作			

4. 母联失灵保护检验

整定值：I_{sl}=＿＿＿＿＿A，t_{sl}=＿＿＿＿＿s。

序号	项目	相别	故障报告	信号指示	动作时间（ms）		
					Ⅰ 母	母联	Ⅱ 母
1	m=1.05 时 I_1=＿＿A，I_2=＿＿A						

续表

序号	项目	相别	故障报告	信号指示	动作时间（ms）		
					I 母	母联	II 母
2	$m=0.95$ 时 $I_1=\_\_$A，$I_2=\_\_$A						
3	结论						
4	备注	（1）母联开关置合位； （2）模拟母联 TA 靠近＿＿＿母侧； （3）I_1 为＿＿＿＿间隔，I_2 为＿＿＿＿间隔					

5．电压闭锁保护检验

（1）差动保护电压闭锁定值。

整定值：$U_L=$＿＿＿＿＿＿＿U_n，$U_2=$＿＿＿＿＿V，$3U_0=$＿＿＿＿＿V。

序号	项目	动作电压（V）
1	U_{ABC}	
2	$3U_0$	
3	U_2	
4	结论	

（2）失灵保护电压闭锁定值。

整定值：$U_L=$＿＿＿＿＿＿＿U_n，$U_2=$＿＿＿＿＿V，$3U_0=$＿＿＿＿＿V。

序号	项目	动作电压（V）
1	U_{ABC}	
2	$3U_0$	
3	U_2	
4	结论	

6．失灵保护

整定值：相电流 $I_{sSL}=\_\_$A，零序电流 $I_{oSL}=\_\_$A，负序电流 $I_{2SL}=\_\_$A，$t_{SL}=\_\_$s，$t_{SH}=\_\_$s。

（1）相电流。

序号	项目	相别	信号指示	开关动作时间（ms）	母联动作时间（ms）
1	$m=1.05$ 时，$I=\_\_$A				
2	$m=0.95$ 时，$I=\_\_$A				
3	结论				
4	备注	模拟＿＿＿＿间隔挂＿＿＿母运行			

（2）零序电流。

序号	项目	相别	信号指示	开关动作时间（ms）	母联动作时间（ms）
1	m=1.05 时，I=___A				
2	m=0.95 时，I=___A				
3	结论				
4	备注	模拟_____间隔挂_____母运行			

（3）负序电流。

序号	项目	相别	信号指示	开关动作时间（ms）	母联动作时间（ms）
1	m=1.05 时，I=___A				
2	m=0.95 时，I=___A				
3	结论				
4	备注	模拟_____间隔挂_____母运行			

7. 模拟充电至死区故障动作逻辑

序号	项目	相别	信号指示	故障报告	动作时间（ms）
1	I=___A				
2	结论				
3	备注	模拟_____间隔向_____母充电			

8. 模拟母联分列死区故障动作逻辑

序号	项目	相别	信号指示	故障报告	动作时间（ms）
1	I_1=___A，I_2=___A				
2	结论				
3	备注	（1）母联开关置跳位，投入母联分裂压板； （2）I_1 为_____间隔，I_2 为_____间隔			

9. 模拟母联并列死区故障动作逻辑

序号	项目	相别	故障报告	信号指示	动作时间（ms） I 母	动作时间（ms） II 母
1	I_1=___A，I_2=___A					
2	结论					
3	备注	（1）母联开关置合位，退出母联分裂压板； （2）I_1 为_____间隔，I_2 为_____间隔				

八、整组传动试验（举例）

故障类型	故障相别	故障报告	信号指示	开关动作情况	检查结果
Ⅰ母故障	A	Ⅰ母差动动作	保护跳闸	母联（√）、 接Ⅰ母上所有间隔（√）、 接Ⅱ母上所有间隔（　）	正确
母联失灵	A	Ⅰ、Ⅱ母差动动作	保护跳闸	母联（√）、 接Ⅰ母上所有间隔（√）、 接Ⅱ母上所有间隔（√）	正确
备注	（1）将电流、电压回路恢复正常试验接线； （2）电气量只能从端子排处加入，采用电压、电流突然变化的办法使保护动作； （3）试验结束，应清除试验过程中装置产生的故障报告、告警记录等所有报告				

九、与厂站自动化系统、故障录波和继电保护及故障信息管理系统的配合检验

十、结论

保护装置调试正常，开关整组传动正确，保护可以投运。

十一、试验仪器仪表

序号	设备名称	编号	生产厂家	精度	仪器检验合格期
1					
2					
3					
4					

十二、故障排除与分析报告

序号	故障现象描述	排除故障点
1		
2		
3		
4		

附录 C 变压器保护评分标准及检验报告技能评分标准

一、技能评分标准

1. 总评分表

评分项目	二次安全措施及前期准备	保护装置调试	故障排查	试验报告	总分
分值比例	10	50	20	20	100

2. 评分项目及细则

评分项目		评分细则		分值
总项目	分项目			
第二部分 调试项目 （任选5个项目， 共50分）	1. 区外故障平衡态 （10分）	压板投退（投入主保护硬压板，投入主保护软压板，投入相应差动控制字），检查压板开入正确得分，否则不得分		0.5
		接线正确得分，否则不得分		0.5
		高压侧电流采样及相位正确		1.0
		中压侧电流采样及相位正确		1.0
		低压侧电流采样及相位正确		1.0
		差流值小于0.02A		4.0
		装置面板无任何异常信号，发现一错不得分		2.0
	2. 差动启动值校验 （10分）	压板投退（投入主保护硬压板，投入主保护软压板，投入相应差动控制字），检查压板开入正确得分，否则不得分		0.5
		区内校验	定值校验正确得分	1.0
			报文正确得分	1.0
			信号正确得分	1.0
			打印报告得分	1.0
			信号复归得分	1.0
		区外校验	定值校验正确得分	2.0
		测试时间	2倍定值校验正确得分	1.0
		传动开关	开关传动正确	1.5

续表

评分项目		评分细则		分值
总项目	分项目			
第二部分 调试项目（任选 5 个项目，共 50 分）	3. 比例制动系数（10 分）	压板投退（投入主保护硬压板，投入主保护软压板，投入相应差动控制字），检查压板开入正确得分，否则不得分		0.5
		接线正确得分，否则不得分		0.5
		第一点	定值校验正确得分	1.5
			报文正确得分	1.0
			信号正确得分	1.0
			打印报告得分	0.5
			信号复归得分	0.5
		第二点	定值校验正确得分	1.5
			报文正确得分	1.0
			信号正确得分	1.0
			打印报告得分	0.5
			信号复归得分	0.5
	4. 二次谐波制动系数校验（10 分）	压板投退（投入主保护硬压板，投入主保护软压板，投入相应差动控制字），检查压板开入正确得分，否则不得分		0.5
		接线正确得分，否则不得分		0.5
		第一点	定值校验正确得分	1.5
			报文正确得分	1.0
			信号正确得分	1.0
			打印报告得分	0.5
			信号复归得分	0.5
		第二点	定值校验正确得分	1.5
			报文正确得分	1.0
			信号正确得分	1.0
			打印报告得分	0.5
			信号复归得分	0.5
	5. 差动速断定值校验（10 分）	压板投退（投入主保护硬压板，投入主保护软压板，投入相应差动控制字），检查压板开入正确得分，否则不得分		0.5
		区内校验	定值校验正确得分	1.0
			报文正确得分	1.0
			信号正确得分	1.0
			打印报告得分	1.0
			信号复归得分	1.0
		区外校验	定值校验正确得分	2.0
		测试时间	2 倍定值校验正确得分	1.0
		传动开关	开关传动正确	1.5

续表

评分项目		评分细则		分值
总项目	分项目			
第二部分 调试项目 （任选5个项目， 共50分）	6. 高压侧后备复压 方向过电流保护 （10分）	压板投退（投入后备保护、电压投入硬压板，投入后备软压板，投入相应后备保护控制字），检查压板开入正确得分，否则不得分		0.5
		区内校验	定值校验正确得分（过电流定值、复压定值、动作区及灵敏角）	1.0
			报文正确得分	1.0
			信号正确得分	1.0
			打印报告得分	1.0
			信号复归得分	1.0
		区外校验	定值校验正确得分	2.0
		测试时间	1.2倍定值校验正确得分	1.0
		传动开关	开关传动正确	1.5
	7. 高压侧后备零序 过电流方向保护 （10分）	压板投退（投入后备保护、电压投入硬压板，投入后备软压板，投入相应后备保护控制字），检查压板开入正确得分，否则不得分		0.5
		区内校验	定值校验正确得分（过电流定值、最小动作电压、动作区及灵敏角）	1.0
			报文正确得分	1.0
			信号正确得分	1.0
			打印报告得分	1.0
			信号复归得分	1.0
		区外校验	定值校验正确得分	2.0
		测试时间	1.2倍定值校验正确得分	1.0
		传动开关	开关传动正确	1.5
	8. 间隙过电流保护 定值校验 （10分）	压板投退（投入后备保护、电压投入硬压板，投入后备软压板，投入相应后备保护控制字），检查压板开入正确得分，否则不得分		0.5
		区内校验	定值校验正确得分	1.0
			报文正确得分	1.0
			信号正确得分	1.0
			打印报告得分	1.0
			信号复归得分	1.0
		区外校验	定值校验正确得分（过电流定值和复压定值）	2.0
		测试时间	1.2倍定值校验正确得分	1.0
		传动开关	开关传动正确	1.5

续表

评分项目		评分细则		分值
总项目	分项目			
第二部分 调试项目 （任选 5 个项目， 共 50 分）	9. 零序过电压保护 定值校验 （10 分）	压板投退（投入后备保护、电压投入硬压板，投入后备软压板，投入相应后备保护控制字），检查压板开入正确得分，否则不得分		0.5
		区内校验	定值校验正确得分	1.0
			报文正确得分	1.0
			信号正确得分	1.0
			打印报告得分	1.0
			信号复归得分	1.0
		区外校验	定值校验正确得分（过电流定值、动作区、灵敏角）	2.0
		测试时间	1.2 倍定值校验正确得分	1.0
		传动开关	开关传动正确	1.5
	10. 模拟失灵联跳 三侧保护检验 （10 分）	压板投退（投入后备保护、电压投入硬压板，投入后备软压板，投入相应后备保护控制字），检查压板开入正确得分，否则不得分		0.5
		定值校验	模拟该试验项目(检查失灵开入正确得分，否则不得分)	2.0
			报文正确得分	1.0
			信号正确得分	1.0
			打印报告得分	1.0
			信号复归得分	1.0
		测试时间	1.2 倍定值校验正确得分	2.0
		传动开关	开关传动正确	1.5
	11. 中压侧后备限 时速断过电流保护 检验（10 分）	压板投退（投入后备保护、电压投入硬压板，投入后备软压板），检查压板开入正确得分，否则不得分		0.5
		区内校验	定值校验正确得分	2.0
			报文正确得分	1.0
			信号正确得分	1.0
			打印报告得分	1.0
			信号复归得分	1.0
		区外校验	定值校验正确得分	2.0
		测试时间	1.2 倍定值校验正确得分	1.5
	12. 低压侧后备复 压过电流保护检验 （10 分）	压板投退（投入后备保护、电压投入硬压板，投入后备软压板，投入相应后备保护控制字），检查压板开入正确得分，否则不得分		0.5
		区内校验	定值校验正确得分	1.0
			报文正确得分	1.0

续表

评分项目		评分细则		分值
总项目	分项目			
第二部分 调试项目 （任选 5 个项目， 共 50 分）	12. 低压侧后备复 压过电流保护检验 （10 分）	区内校验	信号正确得分	1.0
			打印报告得分	1.0
			信号复归得分	1.0
		区外校验	定值校验正确得分	2.0
		测试时间	1.2 倍定值校验正确得分	1.0
		传动开关	开关传动正确	1.0
	13. 低压侧过电流 保护检验 （10 分）	压板投退（投入后备保护、电压投入硬压板，投入后备软压板， 投入相应后备保护控制字），检查压板开入正确得分，否则不得分		0.5
		区内校验	定值校验正确得分	1.0
			报文正确得分	1.0
			信号正确得分	1.0
			打印报告得分	1.0
			信号复归得分	1.0
		区外校验	定值校验正确得分	2.0
		测试时间	1.2 倍定值校验正确得分	1.0
		传动开关	开关传动正确	1.5
	14. 电抗器复压闭 锁过电流保护检验 （10 分）	压板投退（投入后备保护、电压投入硬压板，投入后备软压板， 投入相应后备保护控制字），检查压板开入正确得分，否则不得 分		0.5
		区内校验	定值校验正确得分（过电流定值和复压定值）	1.0
			报文正确得分	1.0
			信号正确得分	1.0
			打印报告得分	1.0
			信号复归得分	1.0
		区外校验	定值校验正确得分（过电流定值和复压定值）	2.0
		测试时间	1.2 倍定值校验正确得分	1.0
		传动开关	开关传动正确	1.5

二、试验报告

变压器保护试验报告

试验单位：_____ 被试设备：_____

检验时间：_____ 试验人员：_____

检验仪器：_____

一、装置型号及参数

序号	项目	主要技术参数
1	装置型号	
2	直流工作电源	
3	交流额定电流	
4	交流额定电压	
5	额定频率	
6	生产厂家	

二、装置回路及外观检验：_____

三、二次回路绝缘检查：_____

四、软件版本、程序校验码及管理序号核查

序号	项目	版本号	CRC 校验码	装置编号	程序形成时间
1	CPU				
2	核查运行版本为适用版本（　　）				

五、开关量输入、输出触点及信号检查：_____

六、装置模数变换系统检验：

1. 零漂检验：允许范围在 $-0.05V < U < 0.05V$ 及 $-0.01I_n < I < 0.01I_n$ 内。

结论：_____

2. 模拟量输入的幅值特性检验：允许误差小于 $\pm 5\%$。

结论：_____

七、定值检验（按照定值单号_____整定，整定在_____区）

1. 差动启动值校验（例：高压侧 A 相）

整定值：I_{cdqd} =_____I_e，I_e =_____A

序号	项目	相别	故障报告	信号指示	动作时间
1	m=1.05 时 I=_____A				
2	m=0.95 时 I=_____A				
3	结论				
4	测试方法	（1）单相故障电流 $I=m \times I_{cdqd} \times 1.732$； （2）$m$=2 时，测量动作时间			

2. 比例制动系数校验（例：高压侧 A 相对低压侧 A、C 相）

动作电流	施加电流 I_1（A）	
I_2（A）		
I_{cdd}（I_e）		
I_{zdd}（I_e）		
制动系数 K		
结论		
备注	I_1 高压侧 A 相电流；I_2 低压侧 A、C 相电流，大小相等、方向相反	

3. 区外故障平衡（例：中压侧区外 A 相）

项目	高压侧 I_1	中压侧 I_2	低压侧 I_3
相别	A	A	A、C
施加电流（A）			
装置差流（A）			
装置面板信号			
结论			
备注	I_1 高压侧 A 相电流；I_2 中压侧 A 相电流；I_3 低压侧 A、C 相电流，大小相等、方向相反		

4. 二次谐波制动特性

整定值：二次谐波制动系数=_____ ，投入_____主保护压板

位置	试验项目	施加电流（A）				
高压侧	谐波电流 I_H					
	基波电流 I_m					
	$K_H(\%)$					
结论						
备注	谐波制动系数为 $K_H = \dfrac{I_H}{I_m} \times 100\%$					

5. 差动速断定值校验（例：高压侧 A 相）

整定值：I_{cdsd}=_____I_e，I_e=_____A，投入_____主保护压板

序号	项目	相别	故障报告	信号指示	动作时间(ms)
1	m=1.05 时 I=_____A	A			
2	m=0.95 时 I=_____A	A			
3	结论				
4	测试方法	（1）单相故障电流 $I=m \times I_{cdsd} \times 1.732$； （2）$m$=2 时，测量动作时间			

6. 高压侧后备复压闭锁过电流方向保护（例：高压侧 A 相）

整定值：过电流 I 段定值=＿＿A，过电流 I 段第一时限=＿＿s，第二时限=＿＿s。

（1）过电流 I 段第一时限。

序号	项目	相别	故障报告	信号指示	动作时间(ms)
1	m=1.05				
2	m=0.95				
3	出口矩阵检查	矩阵整定值：		检查结果：	
4	结论				
5	备注	（1）故障电流 $I=m×$整定值； （2）m=1.2 时，测量动作时间			

（2）过电流 I 段第二时限。

序号	项目	相别	故障报告	信号指示	动作时间(ms)
1	m=1.05				
2	m=0.95				
3	出口矩阵检查	矩阵整定值：		检查结果：	
4	结论				
5	备注	（1）故障电流 $I=m×$整定值； （2）m=1.2 时，测量动作时间			

（3）过电流方向动作区。

序号	项目	动作区
1	动作区	$<\varphi<$
2	灵敏角	
3	结论	
4	备注	方向元件动作边界允许误差为±3°；动作区电流角度以 U_a 为基准，灵敏角 φ_{sen} 为 I_a 超前 U_{BC} 角度

7. 高压侧后备零序过电流方向保护（例：高压侧 A 相）

整定值：零序 II 段定值=＿＿A，零序 II 段第一时限=＿＿s。

（1）零序 II 段第一时限。

序号	项目	相别	故障报告	信号指示	动作时间(ms)
1	m=1.05				
2	m=0.95				
3	出口矩阵检查	矩阵整定值：		检查结果：	
4	结论				
5	备注	（1）故障电流 $I=m×$整定值； （2）m=1.2 时，测量动作时间			

（2）零序过电流方向动作区。

序号	项目	动作区
1	动作区	$<\varphi<$
2	灵敏角	
3	结论	
4	备注	（1）$3U_0=U_a+U_b+U_c$，$U_a=50V$，$3U_0$ 应大于 2V； （2）加入 I_a，$3I_0=I_a$，$3I_0$ 应大于零序电流动作值； （3）动作区电流角度以 $3U_0$ 为基准，灵敏角 φ_{sen} 为 $3I_0$ 超前 $3U_0$ 角度

（3）最小零序电压。

序号	项目	相别	动作电压（V）
1	最小零序电压		
2	结论		

8．间隙过电流保护定值校验（例：高压侧 A 相）

整定值：间隙过电流定值=____A，间隙过电流第一时限=____s。

序号	项目	相别	故障报告	信号指示	动作时间(ms)
1	$m=1.05$	间隙零序			
2	$m=0.95$	间隙零序			
3	出口矩阵检查	矩阵整定值：		检查结果：	
4	结论				
5	备注	（1）故障电流 $I=m×$整定值； （2）$m=1.2$ 时，测量动作时间			

9．零序过电压保护定值校验（例：高压侧）

整定值：零序过电压定值=____V，零序过电压时限=____s。

序号	项目	相别	故障报告	信号指示	动作时间(ms)
1	$m=1.05$	LN			
2	$m=0.95$	LN			
3	出口矩阵检查	矩阵整定值：		检查结果：	
4	结论				
5	备注	（1）故障电流 $I=m×$整定值； （2）$m=1.2$ 时，测量动作时间			

10．模拟失灵联跳三侧保护定值校验

整定值：失灵相电流定值:_____A，失灵零序电流定值：_____A，失灵负序电流定值：_____A，失灵保护时限：_____s。

序号	项目	相别	故障报告	信号指示	动作时间(ms)
1	$m=1.05$				
2	$m=0.95$				
3	出口矩阵检查	矩阵整定值：		检查结果：	
4	结论				
5	备注	（1）故障电流 $I=m×$整定值； （2）$m=1.2$ 时，测量动作时间			

220kV 及以上微机保护装置检修实用技术（第二版） <<<

11．中压侧方向零序Ⅰ段定值校验

整定值：零序Ⅰ段定值=____A，零序Ⅰ段第一时限=____s，零序Ⅰ段第二时限=____s。

序号	项目	相别	故障报告	信号指示	动作时间(ms)
1	m=1.05				
2	m=0.95				
3	出口矩阵检查	矩阵整定值：		检查结果：	
4	结论				
5	备注	（1）故障电流 I=m×整定值； （2）m=1.2 时，测量动作时间			

12．低压侧复压过电流定值校验

过电流Ⅰ段定值=____A，过电流Ⅰ段第一时限=____s，过电流Ⅰ段第二时限=____s，过电流Ⅰ段第三时限=____s；

过电流Ⅱ段定值=____A，过电流Ⅱ段第一时限=____s，过电流Ⅱ段第二时限=____s。

（1）复压过电流。

序号	项目	相别	故障报告	信号指示	动作时间(ms)
1	m=1.05				
2	m=0.95				
3	出口矩阵检查	矩阵整定值：		检查结果：	
4	结论				
5	备注	（1）故障电流 I=m×整定值； （2）m=1.2 时，测量动作时间			

（2）低压侧复压元件。

序号	项目	整定值（V）	动作电压（V）
1	U_{AB}		
2	U_{BC}		
3	U_{CA}		
4	U_2		
5	结论		

八、整组传动试验

投入正常运行下的保护压板以及所有出口压板，加入相应的电流、电压，模拟故障。

模拟故障类型	装置动作报告	装置动作信号	断路器名称	操作箱信号	开关动作情况	检查结果
差动保护						

续表

模拟故障类型	装置动作报告	装置动作信号	断路器名称	操作箱信号	开关动作情况	检查结果
后备保护						
备注	（1）将电流、电压回路恢复正常试验接线； （2）电气量只能从端子排处加入，采用电压、电流突然变化的办法使保护动作； （3）试验结束，应清除试验过程中装置产生的故障报告、告警记录等所有报告； （4）整组试验中应检查三侧至母线保护解除复压的开出量； （5）断路器名称以现场实际为准					

九、与厂站自动化系统、故障录波和继电保护及故障信息管理系统的配合检验

十、结论

保护装置调试正常，开关整组传动正确，保护可以投运。

十一、试验仪器仪表

序号	设备名称	编号	生产厂家	精度	仪器检验合格期
1					
2					
3					
4					

十二、故障排除与分析报告

序号	故障现象描述	排除故障点
1		
2		
3		
4		

附录 D 备用电源自动投入保护评分标准及检验报告

一、技能评分标准

1. 总评分表

评分项目	二次安全措施及前期准备	保护装置调试	故障排查	试验报告	总分
分值比例	10	50	20	20	100

2. 评分项目及细则

评分项目		评分细则	分值
总项目	分项目		
第二部分 调试项目 （50分）	1. 有压定值校验 （10分）	检查定值、控制字正确得分	1.0
		动作值校验：定值计算正确 2.0，装置正确充电 3.0	5.0
		不动值校验：定值计算正确 2.0，装置不充电 2.0	4.0
	2. 无压定值校验 （10分）	检查定值、控制字正确得分	1.0
		动作值校验：定值计算正确 2.0，装置正确动作 3.0	5.0
		不动值校验：定值计算正确 2.0，装置不动作 2.0	4.0
	3. 无流定值校验 （10分）	检查定值、控制字正确得分	1.0
		闭锁值校验：定值计算正确 2.0，装置正确闭锁 3.0	5.0
		不闭锁值校验：定值计算正确 2.0，装置动作 2.0	4.0
	4. 分段备投逻辑校验 （8分）	检查定值、控制字正确得分	1.0
		逻辑校验：正确充电 1.0，正确跳进线开关 2.0，正确合母联开关 2.0，信号正确 1.0，打印故障报告得分 1.0（可口头报告）	7.0
	5. 进线备投逻辑校验 （8分）	检查定值、控制字正确得分	1.0
		逻辑校验：正确充电 1.0，正确跳进线开关 2.0，正确合母联开关 2.0，信号正确 1.0，打印故障报告得分 1.0（可口头报告）	7.0
	6.带开关整组传动 （4分）	开关跳闸正确	1.5
		开关合闸正确	1.5
		操作箱信号正确	1.0

二、试验报告

备自投装置试验报告

试验单位：_____ 被试设备：_____

检验时间：_____ 试验人员：_____

检验类型：_____

检验内容

一、装置型号及参数

序号	项目	主要技术参数
1	装置型号	
2	直流工作电源	
3	交流额定电流	
4	交流额定电压	
5	额定频率	
6	生产厂家	
7	接线方式	

二、装置回路及外观检验：_____

三、二次回路绝缘检查：_____

四、软件版本、程序校验码及管理序号核查

序号	名称	版本号	CRC 校验码	程序形成时间
1				
2				
3	核查运行版本为适用版本（　　）			

五、开关量输入、输出触点及信号检查：_____

六、装置模数变换系统检验：

1. 零漂检验：允许范围在$-0.05V<U<0.05V$ 及$-0.01I_n<I<0.01I_n$内。

结论：_____

2. 模拟量输入的幅值特性检验：允许误差小于$\pm5\%$。

结论：_____

七、定值检验（按照定值单号_____整定，整定在_____区）

（一）公用定值校验

1. 母线（进线）有压无压检查

（1）母线（进线）有。

整定值 $U_{yy}=$＿＿＿V。

序号	项目	相别	备自投充电指示灯	动作报告
1	$m=0.95$ 时 $U_{yy}=$＿＿V			
2	$m=1.05$ 时 $U_{yy}=$＿＿V			
3	结论			
4	测试方法	动作电压 $U=m\times U_{yy}$		

（2）母线（进线）无压。

整定值 $U_{wy}=$＿＿＿V。

序号	项目	相别	备投充电指示灯	动作报告
1	$m=0.95$ 时 $U_{wy}=$＿＿V			
2	$m=1.05$ 时 $U_{wy}=$＿＿V			
3	结论			
4	测试方法	动作电压 $U=m\times U_{wy}$		

2．进线有流检查

整定值 $I_{wl}=$＿＿＿V。

（1）L1 进线有流检查。

序号	项目	相别	备投充电指示灯	动作报告
1	$m=0.95$ 时 $I_{wl}=$＿＿V			
2	$m=1.05$ 时 $I_{wl}=$＿＿V			
3	结论			
4	测试方法	动作电流 $I=m\times I_{wl}$		

（2）L2 进线有无流检查。

序号	项目	相别	备投充电指示灯	动作报告
1	$m=0.95$ 时 $I_{wl}=$＿＿V			
2	$m=1.05$ 时 $I_{wl}=$＿＿V			
3	结论			
4	测试方法	动作电流 $I=m\times I_{wl}$		

（二）备投动作逻辑检查

1. 进线备投动作逻辑检查

分别模拟在满足进线备自投动作逻辑的情况下，进线备自投的动作情况。

序号	项目	两段母线均无压	2 号（1 号）进线无流	检查情况
1	I 备用 II（1 号进线热备，2 号进线运行）	跳 2QF（　） 合 1QF（　）	跳 2QF（　） 合 1QF（　）	
2	II 备用 I（2 号进线热备，1 号进线运行）	跳 1QF（　） 合 2QF（　）	跳 1QF（　） 合 2QF（　）	

注　1QF 为 1 号进线断路器；2QF 为 2 号进线断路器；3QF 为母联断路器。

2. 母线备投动作逻辑检查

分别模拟在满足母线备自投动作逻辑的情况下，母线备自投的动作情况。

序号	项目	II（I）段母线无压	2 号（1 号）进线无流	检查情况
1	I 备用 II（两段母线均运行，I 母备用 II 母）	跳 2QF（　） 合 3QF（　）	跳 2QF（　） 合 3QF（　）	
2	II 备用 I（两段母线均运行，II 母备用 I 母）	跳 1QF（　） 合 3QF（　）	跳 1QF（　） 合 3QF（　）	

八、整组传动

序号	保护类型	模拟故障	故障报告	信号指示	开关动作情况	检查结果
1	桥备投					
2	进线备投					
结论						

九、与厂站自动化系统、故障录波和继电保护及故障信息管理系统的配合检验

十、结论

保护装置调试正常，开关整组传动正确，保护可以投运。

十一、试验仪器仪表

序号	设备名称	编号	生产厂家	精度	仪器检验合格期
1					
2					
3					
4					

十二、故障排除与分析报告

序号	故障现象描述	排除故障点
1		
2		
3		
4		

附表一 二次安全措施及前期准备评分表

评分项目		评分细则	分值
总项目	分项目		
第一部分 二次安措及 前期准备 （10分）	1. 二次安措票编写 （2分）	安全措施票格式应包含编号、被试设备名称、调试单位、执行时间、执行人、恢复人以及执行、恢复栏。缺一项扣0.1分，扣完为止	0.5
		正确记录装置原始状态：包含定值区、已投入压板、已投入空气开关。缺一项扣0.1分，扣完为止	0.5
		正确填写应退出的保护跳闸及失灵压板	0.5
		正确填写应投入装置检修状态压板、隔离故障信息系统的信号、隔离至故障录波、测控和故障信息系统的回路、隔离电流回路电压回路。缺一项扣0.1分，扣完为止	0.5
	2. 二次安措票执行 （3分）	口述并记录开工前保护装置等设备的原始状态（如：压板、保护定值区、空气开关等）未实际操作的，每项扣0.25分，扣完为止	0.5
		应断开的出口压板未实际操作的，每块扣0.25分，扣完为止	0.5
		投入检修压板（如选手未投入，裁判扣分后提醒投入不得分）	0.25
		TA及TV回路（操作应正确，如TA应先接地线、短接TA并确认无电流后将TA划片划开，否则将扣分）	0.5
		断开至故障录波、测控和故障信息系统的回路	0.25
		选手每执行一项应在票上相应执行栏打"√"，执行完全部安全措施内容，应在票上"执行人"一栏签名，未执行该规定，每项扣0.25分，扣完为止	0.5
		试验仪器电源必须接至继保试验电源屏，保护装置电源应取自移动式直流电源	0.5
	3. 试验接线 （1分）	电压A/B/C/N接线，装置及试验装置两侧的接线均正确得满分，不正确或漏接一处扣0.25分，扣完为止	0.25
		电流A/B/C/N接线；装置及试验装置两侧的接线均正确得满分，不正确或漏接一处扣0.25分，扣完为止	0.25
		测试整组动作时间，整组试验时间应从模拟断路器辅助触点引接线测试	0.25
		继电保护试验装置的接地	0.25
	4. 试验前检查 （1分）	定值检查，打印、核对定值，并在装置菜单中（或打印定值）检查定值是否正确	0.25

续表

评分项目		评分细则	分值
总项目	分项目		
第一部分 二次安措及 前期准备 （10 分）	4. 试验前检查 （1 分）	检查软压板是否正确投退	0.25
		保护压板投入，检查开入量是否正确	0.25
		检验装置正常运行工况下，保护装置电流、电压采样值检查（幅值、相角）	0.25
	5. 二次安措票恢复 （2 分）	关闭试验仪器电源，拆除试验仪器接线，缺一项扣 0.25 分，扣完为止	0.5
		复归面板及操作箱信号、检查开关处分位，缺一项扣 0.25 分，扣完为止	0.5
		退出检修压板，按安全措施票内容逐项恢复，缺一项扣 0.25 分、顺序错误每处扣 0.25 分，扣完为止	0.5
		选手每执行一项应在票上相应恢复栏打"√"，执行完全部安措内容，应在票上"恢复人"一栏签名，未执行该规定，每项扣 0.25 分，扣完为止	0.5

附表二　故障排除及报告编写评分表

评分项目		评分细则	分值
总项目	分项目		
第二部分 故障排除 （20 分）	简单故障 （2 分/个）	指出故障 0.5 分/个，没有故障现象发现的不得分	0.5
		排除故障 1.5 分/个	1.5
	中等故障 （4 分/个）	指出故障 1.5 分/个，没有故障现象发现的不得分	1.5
		排除故障 2.5 分/个	2.5
	较难故障 （6 分/个）	指出故障 2.5 分/个，没有故障现象发现的不得分	2.5
		排除故障 3.5 分/个	3.5
	其他扣分（8 分）	强电回路拆、接线未先断开电源的，发现一次扣 2 分	—
		由于操作不当，造成直流空气开关跳开的，发现一次扣 5 分	—
		由于操作不当，造成装置损坏的，发现一次扣 5 分	—
第三部分编写报告 （20 分）	试验报告 （15 分）	格式符合省公司检验规程要求的	2.0
		装置参数、二次回路绝缘检查、版本信息、采样检查、开入检查，每项 0.5 分	2.5
		项目一　完成试验报告：含整定定值、计算结果、故障动作报文、信号指示、动作时间、试验结论。缺一项扣 0.5 分，扣完为止	2.0
		项目二　完成试验报告：含整定定值、计算结果、故障动作报文、信号指示、动作时间、试验结论。缺一项扣 0.5 分，扣完为止	2.0
		项目三　完成试验报告：含整定定值、计算结果、故障动作报文、信号指示、动作时间、试验结论。缺一项扣 0.5 分，扣完为止	2.0

续表

评分项目		评分细则		分值
总项目	分项目			
第三部分编写报告（20分）	试验报告（15分）	项目四	完成试验报告：含整定定值、计算结果、故障动作报文、信号指示、动作时间、试验结论。缺一项扣 0.5 分，扣完为止	2.0
		项目五	完成试验报告：含整定定值、计算结果、故障动作报文、信号指示、动作时间、试验结论。缺一项扣 0.5 分，扣完为止	2.0
		试验仪器清单		0.5
	故障报告（5分）	故障现象描述正确 1.0 分/个		3.0
		故障点描述正确 0.5 分/个		2.0

附表三　二次工作安全措施票格式

二次工作安全措施票

单位：_____　　　编号：_____

被试设备名称			
工作负责人		工作时间	
审核人		签发人	

工作内容：

工作条件：

1. 一次设备运行情况	
2. 二次设备运行情况	

　　安全措施：包括应投入和退出出口和接收软压板、出口硬压板、检修硬压板，解开及恢复直流线、交流线、信号线、联锁线，断开或合上空气开关，插入和拔出光纤等，按工作顺序填写安全措施。已执行，在执行栏上打"√"，已恢复，恢复栏上打"√"

序号	执行	安全措施内容	恢复
		屏蔽被试设备上送报文至故障信息系统及调度监控系统	
1		记录装置原始状态： 定值区：_____ 已投入压板：_____ 已投入空气开关：_____	
2		投入装置检修状态压板_____	
3		退出保护跳闸及失灵启动压板_____	
4		解开并逐根包好装置与运行设备相关二次回路接线（跳闸、母差失灵、备自投等），并用红色绝缘胶布做好标记	
5		可靠短接装置端子排上电流二次电缆侧端子，确认装置无流后打开中间连片，并用红色绝缘胶布做好标记	

续表

6		解开并逐根包好装置母线电压源头及 N600 接线,并用红色绝缘胶布做好标记	
7		解开并逐根包好装置与故障录波、测控等运行设备相关二次回路接线,并用红色绝缘胶布做好标记	
8			
9			
10			

执行			恢复		
操作人	监护人	时间	操作人	监护人	时间

附录 E 继电保护及综自系统检验项目

1. 常规变电站线路保护检验项目

序号	检验项目	新安装	首检	全检	部检	带开关传动
1	装置型号及参数	√	√	√	√	√
2	电流、电压互感器检查	√				
3	二次回路及外观检查	√	√	√	√	√
3.1	交流电流、电压二次回路	√	√	√	√	√
3.2	其他二次回路	√	√	√	√	√
3.3	保护装置检查	√	√	√	√	
4	绝缘试验	√	√	√	√	√
4.1	二次回路绝缘检查	√	√	√	√	√
4.2	装置绝缘检查	√				
5	装置上电检查	√	√	√	√	√
5.1	保护装置通电自检	√	√	√	√	√
5.2	软件版本、程序校验码及管理序号核查	√	√	√	√	
5.3	时钟整定及对时功能检查	√	√	√	√	
5.4	定值整定及其失电保护功能检查	√	√	√	√	
6	工作电源检查	√	√	√		
7	装置开入量检验	√	√	√	√整组试验时检查	√整组试验时检查
8	装置开出量检验	√	√	√	√整组试验时检查	
9	装置模数变换系统检验	√	√相角检查45°	0A/I_n；0V/U_n	0A/I_n；0V/U_n	I_n；U_n
10	整定值的整定及检验	√	√主保护检验三相，后备保护任选一相	√仅功能检查	√仅功能检查	√整组试验时检查装置报文
10.1	光纤纵差保护	√	√	√仅功能检查	√仅功能检查	

450

续表

序号	检验项目	新安装	首检	全检	部检	带开关传动
10.2	纵联保护	√	√	√仅功能检查	√仅功能检查	
10.3	工频变化量阻抗（快速距离）	√	√	√仅功能检查		
10.4	接地距离保护	√	√可选一相进行	√仅功能检查，选一相进行		
10.5	相间距离保护	√	√可选一相进行	√仅功能检查，选一相进行		
10.6	零序过流保护	√	√			
10.7	PT 断线过流元件	√	√			
10.8	合闸于故障零序电流判据元件	√	√			
10.9	保护反方向出口故障性能检验	√	√			
10.10	重合闸功能测试	√	√	√结合整组进行	√结合整组进行	√结合整组进行
11	逻辑检查	√	√			
12	开关非全相保护	√	√	√仅带开关传动	√仅带开关传动	√仅带开关传动
13	纵联保护通道检验	√	√	√丢包、误码率检查、对调、逻辑检查、电平检测	√丢包、误码率检查、对调、逻辑检查	
14	与厂站自动化系统（综自系统）配合检验	√	√	√结合整组检查	√结合整组检查	
15	与故障录波装置及继电保护故障信息系统配合检查	√	√	√结合整组检查	√结合整组检查	
16	带开关整组传动试验	√	√	√	√	√
16.1	80%U_e条件下进行整组带开关传动试验	√				
16.2	100%U_e条件下进行整组带开关传动试验		√	√	√	√
17	保护带负荷相量测试	√				

2. 常规变电站母线保护检验项目

序号	检验项目	新安装	首检	全检	部检
1	装置型号及参数	√	√	√	√
2	电流、电压互感器的检验	√			
2.1	互感器检查	√			

451

续表

序号	检验项目	新安装	首检	全检	部检
2.2	电流互感器	√			
3	二次回路及外观检查	√	√	√	√
3.1	交流电流、电压二次回路	√	√	√	√
3.2	其他二次回路	√	√	√	√
3.3	保护装置检查	√	√	√	√
4	绝缘试验	√	√	√	√
4.1	二次回路绝缘检查	√	√	√	√
4.2	装置绝缘检查	√			
5	装置上电检查	√	√	√	√
5.1	保护装置通电自检	√	√	√	√
5.2	软件版本核查	√	√	√	√
5.3	时钟整定及对时功能检查	√	√	√	
5.4	定值整定及其失电保护功能检查	√	√	√	√
6	工作电源检查	√	√	√	
7	装置开入量检验	√	与运行情况核对	与运行情况核对	与运行情况核对
8	装置开出量检验	√	√		
9	装置模数变换系统检验	√	√	√	√
9.1	零漂检查	√		√	√
9.2	幅值精度检验	√	√相角检查 45°	0A/I_n; 0V/U_n	0A/I_n; 0V/U_n
10	整定值的整定及检验	√	√	√	√
10.1	差动保护	√	√任选一相进行	√仅功能检查	√仅功能检查
10.2	母联死区保护检验	√	√任选一相进行		
10.3	母联充电保护检验	√	√任选一相进行		
10.4	母联过流保护检验	√	√任选一相进行		
10.5	分段开关充电保护检验	√	√任选一相进行		
10.6	分段开关过流保护检验	√	√任选一相进行		
10.7	失灵保护	√	√任选一相进行	√仅功能检查	
10.8	复合电压闭锁	√	√		
10.9	TA 断线	√	√		
10.5	TV 断线	√	√		
11	逻辑检查	√	√		
12	与厂站自动化系统（综自系统）配合检验	√	√		

序号	检验项目	新安装	首检	全检	部检
13	与故障录波装置及继电保护故障信息系统配合检查	√	√		
14	带开关整组传动试验	√			
14.1	80%U_e 条件下进行整组带开关传动试验	√			
15	保护带负荷相量测试	√			

3. 常规变电站变压器保护检验项目

序号	检验项目	新安装	首检	全检	部检	带开关传动
1	检查装置型号及参数	√	√	√	√	√
2	电流、电压互感器的检验	√				
2.1	互感器检查	√				
2.2	电流互感器	√				
3	二次回路及外观检查	√	√	√	√	√
3.1	交流电流、电压二次回路	√	√	√	√	√
3.2	其他二次回路	√	√	√	√	√
3.3	保护装置检查	√	√	√	√	
4	绝缘试验	√	√	√	√	√
4.1	二次回路绝缘检查	√	√	√	√	√
4.2	装置绝缘检查	√				
5	装置上电检查	√	√	√	√	√
5.1	保护装置通电自检	√	√	√	√	√
5.2	软件版本、程序校验码及管理序号核查	√	√	√	√	√
5.3	时钟整定及对时功能检查	√	√	√	√	
5.4	定值整定及其失电保护功能检查	√	√	√	√	
6	工作电源检查	√	√	√		
7	装置开入量检验	√	√	√	√整组试验时检查	√整组试验时检查
8	装置开出量检验	√	√	√	√整组试验时检查	
9	装置模数变换系统检验	√	√相角检查45°	0A/I_n；0V/U_n	0A/I_n；0V/U_n	I_n；U_n
10	整定值的整定及检验	√	√	√	√	√

续表

序号	检验项目	新安装	首检	全检	部检	带开关传动
10.1	变压器差动保护	√（高对中、高对低每折线取三点测试）	√（高对低每折线取两点）	√仅检查功能	√仅检查功能	√仅检查功能
10.2	高压侧后备保护（500kV 及以上）	√	√可选一相进行	√仅功能检查	√仅功能检查	
10.3	过激磁保护（500kV 及以上）	√	√	√仅功能检查		
10.4	公共绕组后备保护（500kV 及以上）	√	√可选一相进行	√仅功能检查		
10.5	高压侧相间后备保护（仅220kV）	√	√可选一相进行	√仅功能检查	√仅功能检查	
10.6	高压侧接地后备保护试验（仅220kV）	√	√可选一相进行	√仅功能检查	√仅功能检查	
10.7	高压侧过负荷	√	√			
10.8	中压侧相间后备保护试验（500kV 及以上）	√	√可选一相进行	√仅功能检查	√仅功能检查	
10.9	中压侧相间后备保护试验（仅220kV）	√	√可选一相进行	√仅功能检查	√仅功能检查	
10.10	中压侧接地后备保护试验（仅220kV）	√	√可选一相进行	√仅功能检查	√仅功能检查	
10.11	低压侧后备保护	√	√可选一相进行	√仅功能检查	√仅功能检查	
11	开关非全相保护	√	√	√仅带开关传动	√仅带开关传动	√仅带开关传动
12	逻辑检查	√	√			
13	与厂站自动化系统（综自系统）配合检验	√	√	√结合整组检查	√结合整组检查	
14	与故障录波装置及继电保护故障信息系统配合检查	√	√	√结合整组检查	√结合整组检查	
15	带开关整组传动试验	√	√	√	√	√
15.1	80%U_e条件下进行整组带开关传动试验	√				
15.2	100%U_e条件下进行整组带开关传动试验		√	√	√	√
16	保护带负荷相量测试	√				
16.1	全电压投入变压器励磁涌流对差动保护影响	√				
16.2	保护带负荷相量测试	√				
17	非电量保护装置试验					
17.1	装置开入量检验	√	√	整组试验检查	整组试验检查	整组试验检查
17.2	装置开出量检验	√	√	√		

4. 常规变电站断路器保护检验项目

序号	检验项目	新安装	首检	全检	部检	带开关传动
1	装置型号及参数	√	√	√	√	√
2	电流、电压互感器的检验	√				
3	二次回路及外观检查	√	√	√	√	√
3.1	交流电流、电压二次回路	√	√	√	√	
3.2	其他二次回路	√	√	√	√	√
3.3	保护装置检查	√	√	√	√	
4	绝缘试验	√	√	√		√
4.1	二次回路绝缘检查	√	√	√		√
4.2	装置绝缘检查	√				
5	装置上电检查	√	√	√	√	√
5.1	保护装置通电自检	√	√	√	√	√
5.2	软件版本、程序校验码及管理序号核查	√	√	√	√	
5.3	时钟整定及对时功能检查	√	√	√	√	
5.4	定值整定及其失电保护功能检查	√	√	√	√	
6	工作电源检查	√	√	√		
7	装置开入量检验	√	√	√	√整组试验时检查	√整组试验时检查
8	装置开出量检验	√	√	√	√整组试验时检查	
9	装置模数变换系统检验	√	√相角检查 45°	0A/I_n；0V/U_n	0A/I_n；0V/U_n	I_n；U_n
10	整定值的整定及检验	√	√	√仅功能检查	√仅功能检查	√整组试验时检查装置报文
10.1	联跳逻辑检查	√	√	√仅功能检查		
10.2	失灵保护	√	√	√仅功能检查	√仅功能检查	
10.3	死区保护	√	√			
10.4	充电保护	√	√			
10.5	重合闸功能测试	√	√	√整组试验时检查		
11	开关非全相保护	√	√	√仅带开关传动	√仅带开关传动	√仅带开关传动
12	逻辑检查	√	√			
13	与厂站自动化系统（综自系统）配合检验	√	√	√结合整组检查	√结合整组检查	

续表

序号	检验项目	新安装	首检	全检	部检	带开关传动
14	与故障录波及故障信息系统配合检查	√	√	√结合整组检查	√结合整组检查	
15	带开关整组传动试验	√	√	√	√	√
15.1	80%U_e 条件下进行整组带开关传动试验	√				
15.2	100%U_e 条件下进行整组带开关传动试验		√	√	√	√
16	保护带负荷相量测试	√				

5. 常规变电站备自投装置检验项目

序号	检验项目	新安装	首检	全检	部检
1	装置型号及参数	√	√	√	√
2	电流、电压互感器的检验	√			
3	二次回路及外观检查	√	√	√	√
3.1	交流电流、电压二次回路	√	√	√	√
3.2	其他二次回路	√	√	√	√
3.3	保护装置检查	√	√	√	√
4	绝缘试验	√	√	√	√
4.1	二次回路绝缘检查	√	√	√	√
4.2	装置绝缘检查	√			
5	装置上电检查	√	√	√	√
5.1	保护装置通电自检	√	√	√	√
5.2	软件版本核查	√	√	√	√
5.3	时钟整定及对时功能检查	√	√	√	√
5.4	定值整定及其失电保护功能检查	√	√	√	√
6	工作电源检查	√	√	√	
7	装置开入量检验	√	√	√	√整组试验时检查
8	装置开出量检验	√	√	√	√整组试验时检查
9	装置模数变换系统检验	√	√相角检查 45°	0A/I_n；0V/U_n	0A/I_n；0V/U_n
10	定值检验	√	√（根据现场运行方式检验）	√（根据现场运行方式检验）	√（根据现场运行方式检验）
11	逻辑检查	√			
12	与厂站自动化系统（综自系统）配合检验	√	√	√结合整组检查	√结合整组检查

续表

序号	检验项目	新安装	首检	全检	部检
13	与故障录波装置及继电保护故障信息系统配合检查	√	√	√结合整组检查	√结合整组检查
14	带开关整组传动试验	√	√		
14.1	80%U_e条件下进行整组带开关传动试验	√			
14.2	100%U_e条件下进行整组带开关传动试验		√		
15	保护带负荷相量测试	√			